PINGMIAN JIHE TUXING TEXING XINXI

平面几何

图形特性新析（下篇）

沈文选　杨清桃　著

哈爾濱工業大學出版社
HARBIN INSTITUTE OF TECHNOLOGY PRESS

内容简介

本书为《平面几何图形特性新析》的下篇，以专题的形式介绍了平面几何中最基本的图形性质．这些性质是作者在平面几何研究中以新的角度探索并呈现的，是求解有关几何难题的知识储备．

本书内容适合初、高中学生，尤其是数学竞赛选手和初、高中数学教师，以及数学奥林匹克教练员使用，也可作为高等师范院校数学教育专业，以及教师进修数学教育研讨班开设的"竞赛数学"或"初等数学研究"等课程的教学参考书．

图书在版编目(CIP)数据

平面几何图形特性新析．下篇/沈文选，杨清桃著．—哈尔滨：哈尔滨工业大学出版社，2018．8

ISBN 978-7-5603-7079-8

Ⅰ．①平…　Ⅱ．①沈…　②杨…　Ⅲ．①几何课－中学－教学参考资料　Ⅳ．①G634．633

中国版本图书馆CIP数据核字(2017)第295271号

策划编辑　刘培杰　张永芹
责任编辑　张永芹　关虹玲
封面设计　孙茵艾
出版发行　哈尔滨工业大学出版社
社　　址　哈尔滨市南岗区复华四道街10号　邮编150006
传　　真　0451－86414749
网　　址　http://hitpress.hit.edu.cn
印　　刷　哈尔滨市工大节能印刷厂
开　　本　787mm×960mm　1/16　印张32.25　字数559千字
版　　次　2018年8月第1版　2018年8月第1次印刷
书　　号　ISBN 978-7-5603-7079-8
定　　价　88.00元

前言

谁看不起欧氏几何，谁就好比是从国外回来看不起自己的家乡.

——H. G. 费德

平面几何，在数学里占有举足轻重的地位. 在历史上，《几何原本》的问世奠定了数学科学的基础，平面几何中提出的问题，诱发出了一个又一个重要的数学概念和有力的数学方法；在现代，计算机科学的迅猛发展，几何定理机器证明的突破性进展，以及现代脑心理学的重大研究成果——“人脑左右半球功能上的区别”获诺贝尔奖，使得几何学研究又趋于复兴活跃. 几何学的方法和代数的、分析的、组合的方法相辅相成，扩展着人类对数与形的认识.

几何，不仅仅是对我们所生活的空间进行了解、描述或解释的一种工具，而且是我们为认识绝对真理而进行的直观可视性教育的合适学科，是训练思维、开发智力不可缺少的学习内容. 青少年中的数学爱好者，大多数首先是平面几何爱好者. 平面几何对他们来说，同时提供了生动直观的图像和严谨的逻辑结构，这有利于发掘青少年的大脑左右两个半球的潜力，促使学习效率增强，智力发展完善，为今后从事各类创造活动打下坚实的基础，其他学科内容是无法替代的. 正因为如此，在数学智力竞赛中，在数学奥林匹克竞赛中，平面几何内容占据着十分显著的位置. 平面几何试题以优美和精巧的构思吸引着广大数学爱好者，以丰富的知识、技巧、思想给我们的研究留下思考和开拓的广阔余地.

如果我们把数学比作巍峨的宫殿，那么平面几何恰似这宫殿门前五彩缤纷的花坛，它吸引着人们更多地去了解数学科学，研究数学科学.

数学难学，平面几何难学，这也是很多人感受到了的问题，这里面有客观因素，也有主观因素，有认识问题，也有方法问题. 学习不得法也许是其中的一个重要的根源. 要学好平面几何，就要学会求解平面几何问题. 如果把求解平面几何问题比作打仗，那么解题者的“兵力”就是平面几何基本图形的性质，解题者的“兵器”就是求解平面几何问题的基本方法，解题者的“兵法”就是求解各类典型问题的基本思路. 如果说，装备精良“兵器”，懂得诸子“兵法”，部署优势“兵力”是夺取战斗胜利的根本保证，那么，掌握求解平面几何问题的基本方法，熟悉各类典型问题的基本思路，善用基本图形的性质，就是解决平面几何问题的基础.

基于上述考虑，笔者积多年的研究成果，并把笔者陆续发表在各级报纸杂志上的文章进行删增、整理、汇编，并参阅了多年来各类报纸杂志上关于平面几何解题研究的文章，于1999完成了本书的初稿，在2005年由哈尔滨工业大学出版社以《平面几何证明方法全书》的书名出版，出版后受到广大读者的好评，并获得第八届全国高校出版社优秀图书奖.

这次修订把原书中的第一篇和第二篇增写了两章，并补充了大量的例题、习题后以《平面几何证明方法思路》的书名呈现给读者. 笔者此次对原书中的第三篇进行了大幅度地扩充，便得《平面几何图形特性新析》. 另外，笔者新增写了《平面几何范例多解探究》，收集整理了近300道平面几何问题的多解. 这不包括全国高中联赛、全国女子赛、东南赛、西部赛、北方赛，以及冬令营和国家代表队选拔考试题（这100多道题将在《走向国际数学奥林匹克的试题诠释》中介绍）中的平面几何问题.

衷心感谢刘培杰数学工作室，感谢刘培杰老师、张永芹老师、关虹玲老师等诸位老师，是他们的大力支持，精心编辑，使得本书以这样的面目展现在读者面前!

衷心感谢我的同事邓汉元教授，我的朋友赵雄辉、欧阳新龙、黄仁寿，我的研究生们：羊明亮、吴仁芳、谢圣英、彭熹、谢立红、陈丽芳、谢美丽、陈淼君、孔璐璐、邹宇、谢罗庚、彭云飞等对我写作工作的大力协助，还要感谢我的家人对我们写作的大力支持!

限于作者的水平，书中的疏漏之处敬请读者批评指正!

沈文选

2017年冬于长沙岳麓山下

目　录

科学不仅仅是事实的积累，它是经过组织和推理得出的知识.

——利赫涅罗维奇(A. Lichnerowicz)

如果我们对该论题知识贫乏，是不容易产生好念头的. 如果我们完全没有知识，则根本不可能产生好念头. 一个好念头的基础是过去的经验和已有的知识. 仅仅靠记忆不足以产生好念头. 但若不重新收集一些有关事实，则也不会出现好念头.

——波利亚(Pólya)

牢固的基础知识，熟悉的图形基本性质，是我们能够翱翔在平面几何空间里的首要条件. 在求解某些稍为复杂的平面几何问题时，虽然能够根据问题所求解的目标，找到一个大致思路或准备运用的方法，但有时苦于具体的思路、步骤、方法难以选定，也难以入手. 因为这些问题的求解关键往往不止一处，若仅仅考虑最后的一个目标是远远不够的. 解题实践告诉我们：比较有效的办法之一是把一些基础知识，包括定义、定理等，按照图形分别归类. 每一个基本图形都与许多定义、定理有关. 把这些定义、定理和图形结合起来，不光能记住这些定理等图形的基本性质，而且更重要的是，能够掌握在图形中有怎样的条件就能够得出怎样的结论，同时，能更深入地掌握图形的特征及其基本性质，便于灵活运用. 在求解时，能从题设图形及已知的条件和求解的结论，联想到近似的基本图形，找到合适的定理等图形的基本性质，就容易探索到求解的有效途径.

第33章　含90°角的三角形(即直角三角形)[①]

性质1　一个三角形为直角三角形的充要条件是两条边长的平方和等于第三条边长的平方(勾股定理及其逆定理).

性质2　一个三角形为直角三角形的充要条件是一条边上的中线长等于该边长的一半.

推论1　直角三角形的外心为斜边中点.

性质3　$\triangle ABC$ 为直角三角形,且 C 为直角顶点的充要条件是当 C 在边 AB 上的射影为 D 时,下列五个等式之一成立:

(1) $AC^2=AD\cdot AB$;

(2) $BC^2=BD\cdot AB$;

(3) $CD^2=AD\cdot DB$;

(4) $\frac{BC^2}{CD^2}=\frac{AB}{AD}$;

(5) $\frac{AC^2}{CD^2}=\frac{AB}{DB}$.

事实上,由 $AC^2=AD\cdot AB$,有 $\frac{AB}{AC}=\frac{AC}{AD}$. 注意到 $\angle A$ 公用,知 $\triangle ACB\backsim\triangle ADC$. 而 $\angle ADC=90°$,故 $\angle ACB=90°$. 即可得(1)的充分性.

我们又由 $\frac{BC^2}{CD^2}=\frac{AB}{AD}\Rightarrow\frac{BC^2-CD^2}{CD^2}=\frac{AB-AD}{AD}\Rightarrow\frac{DB^2}{CD^2}=\frac{DB}{AD}$,即 $CD^2=AD\cdot DB$. 即可证得(4)的充分性.

其余的证明略.

性质4　非等腰 $\triangle ABC$ 为直角三角形,且 C 为直角顶点的充要条件是当 C 在边 AB 上的射影为 D 时,$\frac{AC^2}{BC^2}=\frac{AD}{DB}$.

---

①　沈文选. 直角三角形中的一些数量关系[J]. 中学数学,1997(7):14-17.

证明　必要性显然(略),只证充分性.由

$$\frac{AD}{DB}=\frac{AC^2}{BC^2}=\frac{AD^2+CD^2}{CD^2+DB^2}$$

有

$$(CD^2-AD\cdot DB)(AD-DB)=0$$

而 $AD\neq DB$,即有 $CD^2=AD\cdot DB$.由此即证.

性质5　$\triangle ABC$ 为直角三角形,且 C 为直角顶点的充要条件是当 C 在边 AB 上的射影为点 D,过 CD 中点 P 的直线 AP(或 BP)交 BC(或 AC)于点 E,E 在 AB 上的射影为 F 时,$EF^2=CE\cdot EB$(或 $EF^2=CE\cdot EA$).

证明　必要性:如图33.1,过 D 作 $DG/\!/AE$ 交 BC 于点 G,则 $CE=EG$,且$\frac{AD}{DB}=\frac{EG}{GB}$,即有

$$\frac{AD}{AD+DB}=\frac{EG}{EG+BG}$$

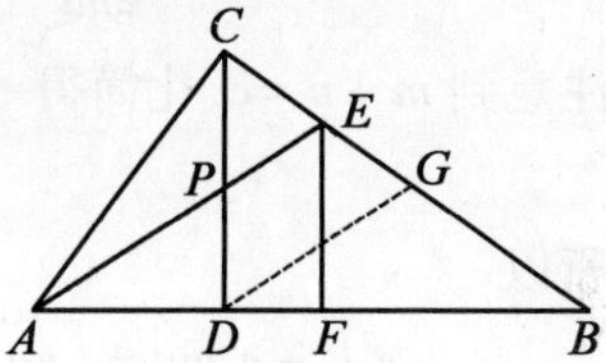

图33.1

即

$$\frac{AD}{AB}=\frac{CE}{EB} \quad ①$$

又 $EF/\!/CD$,有

$$\frac{EF}{CD}=\frac{EB}{CB} \quad ②$$

在 $\text{Rt}\triangle ABC$ 中,有

$$CD^2=AD\cdot DB,BC^2=DB\cdot AB \quad ③$$

将③代入②^2,得

$$EF^2=\frac{EB^2\cdot AD}{AB} \quad ④$$

将①代入④,得

$$EF^2=CE\cdot EB$$

充分性:由 $EF^2=CE\cdot EB$,注意到②^2 及①,有

$$\frac{BC^2}{CD^2}=\frac{AB}{AD}$$

再注意到性质3(4)即证.

对于 $EF^2=CE\cdot EA$ 的情形也类似上述证明.

性质6　$\triangle ABC$ 为直角三角形,且 C 为直角顶点的充要条件是当 D 为边

AB 上异于端点的任一点时,$(AB\cdot CD)^2=(AC\cdot BD)^2+(BC\cdot AD)^2$.

证明 必要性:如图 33.2,作 $BK/\!/DC$ 交 AC 的延长线于点 K,则

$$BK=\frac{AB}{AD}\cdot CD,CK=\frac{BD}{AD}\cdot AC$$

由 $BK^2=CK^2+BC^2$,将式①代入化简即可证.

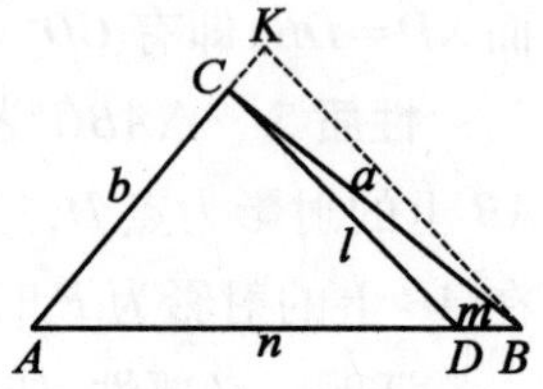

图 33.2

充分性:令 $BC=a,AC=b,AB=c,CD=l,AD=n$, $DB=m$,在△ABC 与△ADC 中,应用余弦定理,得

$$-\frac{m^2+l^2-a^2}{2ml}=\frac{n^2+l^2-b^2}{2nl}$$

注意到 $m+n=c$,化简得

$$cl^2+cmn=na^2+mb^2$$

所以

$$c^2l^2+c^2mn=(na^2+mb^2)(m+n)=mn(a^2+b^2)+b^2m^2+a^2n^2$$

而已知有 $c^2l^2=b^2m^2+a^2n^2$,从而 $c^2=a^2+b^2$ 即证.

性质7 如图 33.3,在 Rt△ABC 中,CD 为斜边 AB 上的高,I_1,I_2 分别为△ACD 和△CDB 的内心,过 I_1,I_2 的直线交 AC 于点 M,交 BC 于点 N;延长 CI_1 交 AD 于点 P,延长 CI_2 交 DB 于点 Q;设 I 为△ABC 的内心,则:

(1)$\angle PCQ=45°$;

(2)$AQ=AC,BP=BC$;

(3)$CM=CD=CN$,且 $MI_1^2+I_2N^2=I_1I_2^2$;

(4)三直线 PI_2,QI_1,CD 共点;

(5)$CI\perp I_1I_2$,且 $CI=I_1I_2$;

(6)$\angle PIQ=90°$.

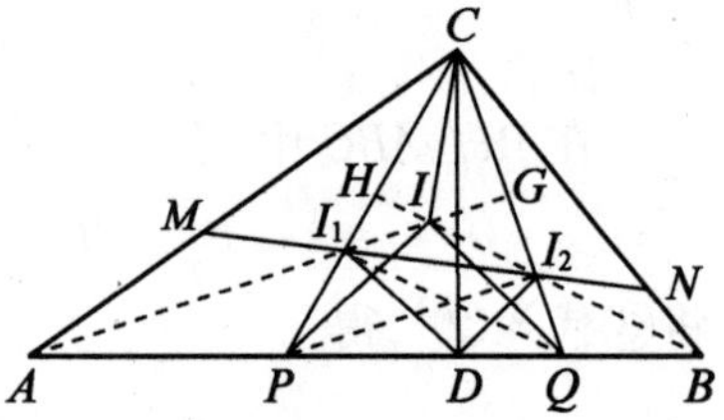

图 33.3

证明 (1)$\angle PCQ=\frac{1}{2}\angle ACD+\frac{1}{2}\angle DCB=\frac{1}{2}\angle ACB=45°$.

(2)由 $\angle ACQ=\angle ACD+\frac{1}{2}\angle DCB=\angle B+\frac{1}{2}\angle DCB=\angle AQC$,知

$$AQ=AC$$

同理

$$BP=BC$$

(3)由 Rt△ADC∽Rt△CDB,有

$$\frac{DI_1}{DI_2}=\frac{AC}{BC}$$

又$\angle I_1DI_2=\frac{1}{2}\angle ADB=90°=\angle ACB$,则$\triangle I_1DI_2\backsim\triangle ACB$,即

$$\angle I_2I_1D=\angle A$$

故M,A,D,I_1四点共圆,则

$$\angle CMI_1=\angle ADI_1=\angle CDI_1=45°$$

于是

$$MI_1=DI_1,I_2N=DI_2,\triangle CMI_1\cong\triangle CDI_1$$

即

$$CM=CD,MI_1=DI_1$$

同理

$$CN=CD,I_2N=DI_2$$

在$\mathrm{Rt}\triangle I_1DI_2$中,有

$$I_1D^2+I_2D^2=I_1I_2^2$$

由此即证得

$$MI_1^2+I_2N^2=I_1I_2^2$$

(4)由$AQ=AC$,及I_1在$\angle A$的平分线上,知I_1在CQ的中垂线上,即$CI_1=I_1Q$,又$\angle PCQ=45°$,则$\angle CI_1Q=90°$. 同理$\angle CI_2P=90°$,故PI_2与QI_1相交于$\triangle CPQ$的垂心,而$CD\perp PQ$,故CD过此垂心,即三直线PI_2,QI_1,CD共点.

(5)联结AI,BI,易知点I_1,I_2分别在AI,BI上,且有$AI\perp CQ,BI\perp PC$,即I为$\triangle CI_1I_2$的垂心,得$CI\perp I_1I_2$.

又$\angle I_1CI_2=45°$,设I_1I交CI_2于点G,有$CG=I_1G$,则$\mathrm{Rt}\triangle CIG\cong\mathrm{Rt}\triangle I_1I_2G$,故$CI=I_1I_2$.

(6)延长AI交CQ于点G,延长BI交CP于点H,则I_1,I_2分别在AG,HB上.

由$AC=AQ,BC=BP$可知,AG为QC的中垂线,BH为CP的中垂线,有

$$IQ=IC,IP=IC$$

即

$$IP=IQ=IC$$

故I为$\triangle CPQ$的外心,于是

$$\angle PIQ=2\angle PCQ=\angle ACB=90°$$

即

$$\angle PIQ=90°$$

性质8 如图33.4,在 Rt$\triangle ABC$ 中,$\angle C$ 为直角,$CD\perp AB$ 于点 D,$\triangle ACB$,$\triangle ADC$,$\triangle CDB$ 的内心分别为 I,I_1,I_2;圆 I_1 与圆 I_2 的另一条外公切线交 CD 于点 G,交 AC 于点 E,交 BC 于点 F;I_1I_2 所在直线交 CD 于点 K,交 AC 于点 M,交 BC 于点 N. 设圆 I,圆 I_1,圆 I_2 的半径分别为 r,r_1,r_2,则:

(1) $\triangle I_1DI_2\backsim\triangle ACB$;

(2) $I_1G=I_2G$;

(3) $\triangle CEF\backsim\triangle CBA$;

(4) $r_1^2+r_2^2=r^2$;

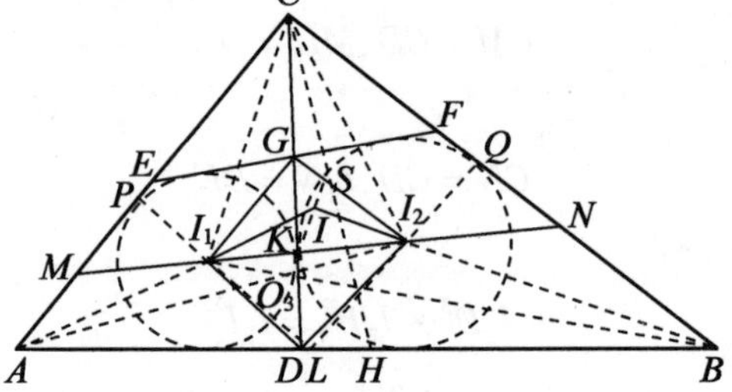

图33.4

(5) 当$\triangle ABC$,$\triangle ADC$,$\triangle CDB$ 的半周长分别为 p,p_1,p_2 时,有

$$(p_1\pm r_1)^2+(p_2\pm r_2)^2=(p+r)^2$$

(6) C,I,I_1,I_2 为一垂心组;

(7) $S_{\triangle ABC}\geqslant 2S_{\triangle MCN}$;

(8) 以边 AB 上的中线 HC 为直径的圆必与内切圆圆 I 相切;

(9) $CG=p-c=r,r_1+r_2+r=CD$;

(10) $\angle AI_2C=\angle BI_1C$;

(11) 设$\triangle DI_1I_2$ 的内心为 O_3,则 $II_1O_3I_2$ 为平行四边形;

(12) 延长 O_3I_1 交 AC 于点 S,延长 O_3I_2 交 BC 于点 T,则 S,I,T 三点共线;

(13) 设圆 I_1 切 AC 于点 P,圆 I_2 切 BC 于点 Q,圆 I_1 与圆 I_2 的另一条内公切线(不同于 CD)交 AB 于点 L,则 P,I_1,L 及 Q,I_2,L 分别三点共线;

(14) 延长 AI 交 BC 于点 U,延长 BI 交 AC 于点 V,则 $S_{四边形ABUV}=2S_{\triangle AIB}$;

(15) $\dfrac{1}{BC}+\dfrac{1}{AC}=\dfrac{1}{CK}$.

证明 (1) 由 Rt$\triangle ADC\backsim$ Rt$\triangle BDC$,知 $\dfrac{I_1D}{I_2D}=\dfrac{AC}{BC}$,而 $\angle I_1DI_2=90^\circ$,故

$Rt\triangle I_1DI_2 \backsim Rt\triangle ACB$.

(2)由$\angle I_1DI_2=90°=\angle I_1GI_2$,知$I_1,D,I_2,G$共圆,从而

$$\angle I_1I_2G=\angle I_1DG=45°=\angle I_2DG=\angle I_2I_1G$$

故

$$I_1G=I_2G$$

(3)由$\angle I_1I_2G=45°=\angle I_2NC$,知$I_2G/\!/NC$,故

$$\angle CFE=\angle FGI_2=\angle I_2GD=\angle I_2I_1D=\angle A$$

同理,$\angle CEF=\angle B$,故$\triangle CEF\backsim\triangle CBA$.

由上亦推之A,B,F,E四点共圆.

(4),(5)由$Rt\triangle ACB\backsim Rt\triangle ADC\backsim Rt\triangle BDC$,知

$$\frac{S_{\triangle ADC}}{S_{\triangle ACB}}=\frac{r_1^2}{r^2}=\frac{p_1^2}{p^2},\frac{S_{\triangle BDC}}{S_{\triangle ACB}}=\frac{r_2^2}{r^2}=\frac{p_2^2}{p^2}$$

而$S_{\triangle ADC}+S_{\triangle BDC}=S_{\triangle ACB}$,从而有

$$r_1^2+r_2^2=r^2,p_1^2+p_2^2=p^2,r_1p_1+r_2p_2=rp$$

前两式之和加或减第三式的2倍即证得(5).

(6)设BI的延长线交CI_1于点T,由$\angle I_1II_2=135°$,知$\angle I_1IT=45°=\angle CI_1I$,从而知$I_2I\perp CI_1$. 同理$I_1I\perp CI_2$,即知$I$为$\triangle CI_1I_2$的垂心,故$C,I,I_1,I_2$为一垂心组.

(7)设H为AB的中点,则$CD\leqslant CH$. 由(2),则

$$S_{\triangle ABC}=\frac{1}{2}AB\cdot CD=AH\cdot CD\geqslant CD^2$$

$$S_{\triangle MCN}=\frac{1}{2}CM\cdot CN=\frac{1}{2}CD^2$$

故

$$S_{\triangle ABC}\geqslant 2S_{\triangle MCN}$$

(8)由于H为AB的中点,则H为$Rt\triangle ABC$的外心. 设HC的中点为S,则圆I与圆S相切$\Leftrightarrow IS^2=(r-SC)^2=(r-\frac{R}{2})^2$(其中$R$为$\triangle ABC$外接圆的半径),注意到$IS$为$\triangle IHC$的中线,则

$$4IS^2=2CI^2+2IH^2-CH^2=4r^2+2(R^2-2Rr)-R^2=(R-2r)^2$$

其中$IH^2=R^2-2Rr$,则$IS^2=(\frac{R}{2}-r)^2$,由此即证.

(9)利用切线长关系即可推得前式,后式由内切圆半径与边长关系即可推得.

(10)由

$$\angle AI_1D=90^\circ+\frac{1}{2}\angle ACD=90^\circ+\frac{1}{2}\angle ABC,\angle ABI_2=\frac{1}{2}\angle ABC$$

知

$$\begin{aligned}\angle AI_1I_2+ABI_2&=(\angle AI_1D+\angle DI_1I_2)+\angle ABI_2\\&=90^\circ+\frac{1}{2}\angle ABC+\angle BAC+\frac{1}{2}\angle ABC\\&=90^\circ+\angle ABC+\angle BAC=180^\circ\end{aligned}$$

从而知 A,B,I_2,I_1 四点共圆,则有

$$\angle AI_2B=\angle AI_1B$$

又 $\angle BI_2C=90^\circ+\frac{1}{2}\angle BDC=90^\circ+\frac{1}{2}\angle ADC=\angle AI_1C$,故

$$\begin{aligned}\angle AI_2C&=360^\circ-\angle AI_2B-\angle BI_2C\\&=360^\circ-\angle AI_1B-\angle AI_1C\\&=\angle BI_1C\end{aligned}$$

(11)由 $CM=CD=NC$ 及(5)知,$AI_1/\!/DN$(因 $DN\perp CI_2,I_1I\perp CI_2$).又

$$\angle DI_2O_3=\frac{1}{2}\angle I_1I_2D=\frac{1}{2}\angle B=\angle NBI_2=\angle NDI_2$$

从而 $DN/\!/O_3I_2$,即有 $I_1I/\!/O_3I_2$.

同理,$O_3I_1/\!/I_2I$.故 $II_1O_3I_2$ 为平行四边形.

(12)因 $II_1O_3I_2$ 为平行四边形,则 $II_2=I_1O_3=SI_1,II_1=O_3I_2=I_2T,\angle SI_1I=\angle I_1II_2=\angle II_2T$,从而 $\triangle SI_1I\cong\triangle I_2II_1\cong\triangle II_2T$,有

$$\angle SII_1=\angle II_1I_2,\angle TII_2=\angle II_2I_1$$

即

$$\angle SII_1+\angle I_1II_2+\angle I_2IT=180^\circ$$

故 S,I,T 三点共线.

(13)由 $\angle I_1LI_2=\frac{1}{2}\times180^\circ=90^\circ$,知 I_2,L,D,I_1 四点共圆,则 $\angle I_1LD$ 或 $\angle I_2DL=\angle I_2I_1D=\angle A$,即 $I_2L/\!/CA$.又 $AC\perp BC$,则 $I_2L\perp BC$.又 $I_2Q\perp BC$,则 L,I_2,Q 三点共线.同理 P,I_1,L 三点共线.

(14)注意到 $ab=2pr=2p(p-c)$,$CU=\frac{ab}{b+c}$,$CV=\frac{ab}{a+c}$,由

$$S_{\text{四边形}ABUV}=S_{\triangle ABC}-S_{\triangle CUV}=\frac{abcp}{(a+c)(b+c)}=cr$$

即证.

(15)证法1:令$\angle ACD=\alpha$,则$\angle DCB=90^\circ-\alpha$,由张角定理,有

$$\frac{\sin 90^\circ}{CK}=\frac{\sin(90^\circ-\alpha)}{CM}+\frac{\sin\alpha}{CN}$$

而

$$\sin(90^\circ-\alpha)=\sin A=\frac{CD}{AC}=\frac{CM}{AC}$$

$$\sin\alpha=\sin B=\frac{CD}{BC}=\frac{CN}{BC}$$

于是
$$\frac{1}{CK}=\frac{1}{AC}+\frac{1}{BC}$$

证法2:延长AC至R,使$CR=CB$.由$CM=CN$,知$\triangle BAR\backsim\triangle KCN$.从而

$$AR\cdot CK=AB\cdot CN$$

即
$$(AC+CR)\cdot CK=AB\cdot CD$$

亦即
$$(AC+CB)\cdot CK=AC\cdot CB$$

故
$$\frac{1}{CK}=\frac{1}{AC}+\frac{1}{BC}$$

推论2 如图33.5,在$\mathrm{Rt}\triangle ABC$中,$\angle C=90^\circ$,$CD\perp AB$于点D,r,r_1,r_2分别为$\mathrm{Rt}\triangle ABC$,$\mathrm{Rt}\triangle ADC$,$\mathrm{Rt}\triangle CDB$的内切圆半径,则①

$$r_1\cos A+r_2\cos B=r$$

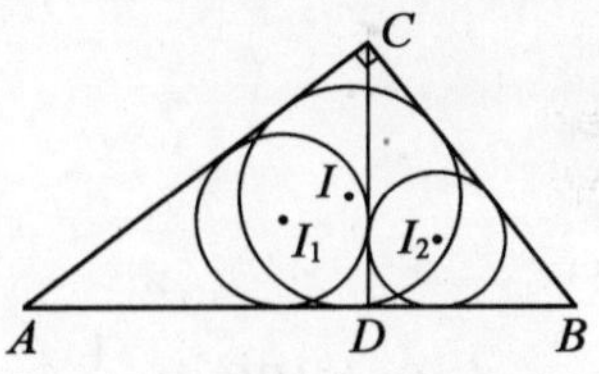

图33.5

证明 记$AB=c,AC=b,BC=a$.

由$\mathrm{Rt}\triangle ABC$内切圆半径的特点,可知

$$r=\frac{AC+BC-AB}{2}=\frac{c\cos A+c\sin A-c}{2}$$

$$=\frac{c}{2}(\cos A+\sin A-1)$$

同理

① 蔡祖才.直角三角形内有关内切圆半径的有趣结论[J].数学通讯,2010(5):40.

$$r_1=\frac{AD+DC-AC}{2}=\frac{b}{2}(\cos A+\sin A-1)$$

$$r_2=\frac{BD+DC-BC}{2}=\frac{a}{2}(\cos A+\sin A-1)$$

所以$\frac{r_1}{r}=\frac{b}{c}=\cos A$,$\frac{r_2}{r}=\frac{a}{c}=\cos B$. 从而,由上可知,$r_1=r\cos A$,$r_2=r\cos B$,且 $\cos B=\sin A$. 所以

$$r_1\cos A+r_2\cos B=r\cos^2A+r\cos^2B=r(\cos^2A+\sin^2A)=r$$

推论 3 如图 33.6,在 Rt$\triangle ABC$ 中,$\angle ACB=90°$,CD 为斜边上的中线. 圆 I,圆 I_1 和圆 I_2 分别为 Rt$\triangle ABC$,$\triangle ACD$ 和$\triangle BCD$ 的内切圆,半径分别为 r,r_1 和 r_2,则①:

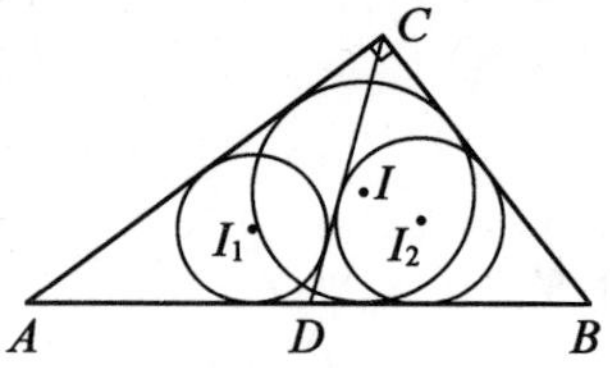

图 33.6

(1)$2r_1r_2=r^2$;

(2)$\frac{r_1}{1+\tan\frac{A}{2}}+\frac{r_2}{1+\tan\frac{B}{2}}=r$.

证明 记 $AB=c$,$AC=b$,$BC=a$.

(1)在 Rt$\triangle ABC$ 中,$\angle ACB=90°$,因为 CD 为斜边上的中线,所以

$$AD=CD=BD=\frac{c}{2}$$

$$S_{\triangle ACD}=S_{\triangle BCD}=\frac{1}{2}S_{\triangle ABC}=\frac{ab}{4}$$

在 Rt$\triangle ABC$ 中,$\frac{1}{2}(a+b+c)r=S_{\triangle ABC}=\frac{ab}{2}$,所以 $r=\frac{ab}{a+b+c}$.

同理可得,$r_1=\frac{ab}{2(b+c)}$,$r_2=\frac{ab}{2(a+c)}$. 所以

$$2r_1r_2=2\cdot\frac{ab}{2(b+c)}\cdot\frac{ab}{2(a+c)}$$
$$=\frac{(ab)^2}{2ab+2bc+2ca+2c^2}$$

① 蔡祖才. 直角三角形内有关内切圆半径的有趣结论[J]. 数学通讯,2010(5):40.

$$=\frac{(ab)^2}{2ab+2bc+2ca+a^2+b^2+c^2}$$

$$=(\frac{ab}{a+b+c})^2=r^2$$

即 $2r_1r_2=r^2$.

(2)由(1)可知

$$r_1(b+c)+r_2(a+c)=r(a+b+c)$$

所以

$$r_1(c\cos A+c)+r_2(c\sin A+c)=r(c\cos A+c\sin A+c)$$

即

$$r=\frac{\cos A+1}{\cos A+\sin A+1}r_1+\frac{\sin A+1}{\cos A+\sin A+1}r_2$$

$$=\frac{\cos A+1}{\cos A+\sin A+1}r_1+\frac{\cos B+1}{\cos B+\sin B+1}r_2$$

$$=\frac{r_1}{1+\tan\frac{A}{2}}+\frac{r_2}{1+\tan\frac{B}{2}}$$

推论4① 如图 33.7,在 Rt$\triangle ABC$ 中,$\angle ACB=90°$,CD 为斜边上的中线,圆 O,圆 O_1,圆 O_2 分别为$\triangle ABC$,$\triangle ACD$,$\triangle BCD$ 的外接圆,半径分别为 r,r_1,r_2,则$\frac{1}{r_1^2}+\frac{1}{r_2^2}=\frac{4}{r^2}$.

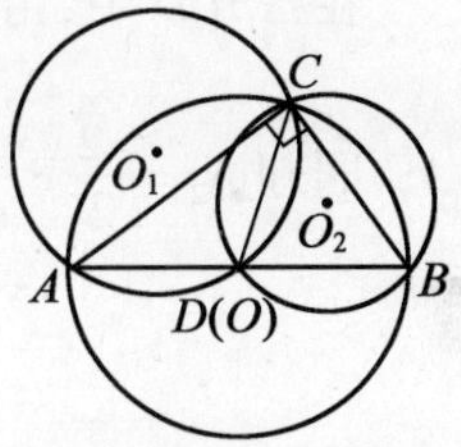

图 33.7

证明 记 $AC=b,BC=a,AB=c$. 由于 CD 为 Rt$\triangle ABC$ 斜边上的中线,则 $CD=\frac{c}{2}$.

在$\triangle ACD$ 中,由正弦定理得$\frac{CD}{\sin A}=2r_1$,所以

$$r_1=\frac{CD}{2\sin A}=\frac{c^2}{4a}$$

---

① 汪华. 直角三角形中的三个有趣结论[J]. 中学生数学,2011(2):31.

同理可得,$r_2=\frac{c^2}{4b}$. 又 $r=\frac{c}{2}$,$a^2+b^2=c^2$,所以

$$\frac{1}{r_1^2}+\frac{1}{r_2^2}=\frac{16(a^2+b^2)}{c^4}=\frac{16c^2}{c^4}=\frac{16}{c^2}=\frac{4}{r^2}$$

推论5 如图33.8,在 Rt△ABC 中,$\angle ACB=90°$,CD 为斜边上的角平分线,圆 O,圆 O_1,圆 O_2 分别为△ABC,△ACD,△BCD 的外接圆,半径分别为 r,r_1,r_2,则 $r_1+r_2=\sqrt{2}r$.

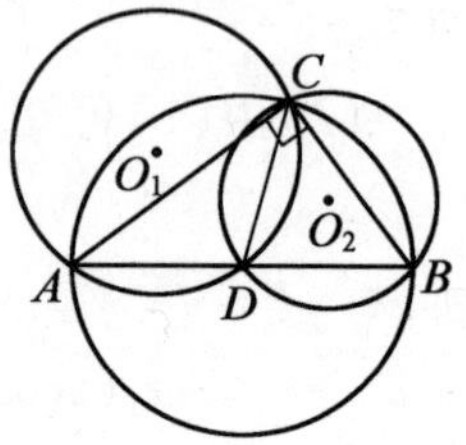

图33.8

证明 记 $AC=b$,$BC=a$,$AB=c$. 由于 CD 为 Rt△ABC 斜边上的角平分线,则 $\angle ACD=\angle BCD=45°$.

由角平分线定理知,$\frac{AD}{AC}=\frac{BD}{BC}$,所以$\frac{AD}{DB}=\frac{b}{a}$,则

$$\frac{AD}{AB}=\frac{b}{a+b}$$

即

$$AD=\frac{bc}{a+b},DB=\frac{ac}{a+b}$$

在△ACD 中,由正弦定理得,$\frac{AD}{\sin 45°}=2r_1$,所以 $r_1=\frac{\sqrt{2}}{2}\cdot\frac{bc}{a+b}$.

同理,$r_2=\frac{\sqrt{2}}{2}\cdot\frac{ac}{a+b}$. 又 $r=\frac{c}{2}$,所以

$$r_1+r_2=\frac{\sqrt{2}}{2}\cdot\frac{(a+b)c}{a+b}=\frac{\sqrt{2}}{2}c=\sqrt{2}r$$

性质9 在△ABC 中,$\angle A>\angle B$,$\angle C$ 的平分线和过该顶点的高线、中线与边 AB 分别交于点 L,H,D. 则△ABC 是以 C 为直角顶点的直角三角形的充要条件是$\angle HCL=\angle DCL$.

证明 必要性:当$\angle C=90°$时,由 CD 为中线,有 $AD=CD=DB$,则$\angle ACH=\angle CBA=\angle BCD$. 又$\angle ACL=\angle BCL$,故$\angle HCL=\angle DCL$.

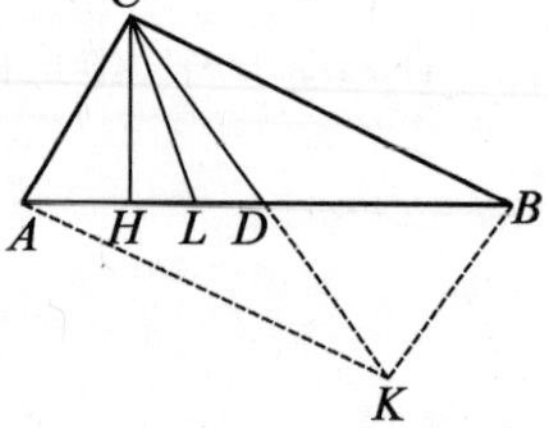

图33.9

充分性:当 $\angle HCL=\angle DCL$ 时,如图 33.9. 由$\angle ACL=\angle BCL$,知$\angle ACH=\angle BCD$.

作 $BK\perp CB$ 交 CD 的延长线于点 K,连 AK 则

$$\angle CKB = 90° - \angle DCB = 90° - \angle ACH = \angle CAB$$

于是,C,A,K,B 四点共圆,从而$\angle CAK = 90°$.

所以,CK 为四边形 $CAKB$ 的外接圆的直径.

易知 CD 与 AB 不垂直,又 CK 平分 AB,所以 AB 也为外接圆直径.

故$\angle C = 90°$.

注:此性质为 2004 年土耳其数学奥林匹克竞赛试题的改述题.

性质 10 设 m_x,h_x 分别表示三角形顶点 x 所对边上的中线长、高线长. $\triangle ABC$ 为直角三角形,且 C 为直角顶点的充要条件是下列两式之一成立:

(1)$m_A^2 + m_B^2 = 5m_C^2$;

(2)$h_A \cdot h_B = h_C \cdot \sqrt{h_A^2 + h_B^2}$.

证明提示 (1)注意到三角形的中线长公式(如 $m_A^2 = \frac{1}{4}(2b^2 + 2c^2 - a^2)$)及性质 1 即证.

(2)注意到面积关系$\frac{h_A}{\frac{1}{a}} = \frac{h_B}{\frac{1}{b}} = \frac{h_C}{\frac{1}{c}}$及性质 1 即证.

性质 11 $\triangle ABC$ 为直角三角形,且 C 为直角顶点的充要条件是下列条件成立.

设 m_C,h_C,t_C 分别为$\angle C$ 所对边上的中线长、高线长及$\angle C$ 的平分线长,$(m_C + h_C) \cdot t_C = 2m_C \cdot h_C^2$.

证明 设 CD,CH,CL 分别是边 AB 上的中线、高线、$\angle C$ 的平分线.

$Rt\triangle CDH$ 中,由角平分线的判定与性质知,CL 平分$\angle DCH$ 的充要条件是 $LH = \frac{DH \cdot CH}{CD + CH}$. 而

$$性质 9 的结论 \Leftrightarrow LH = \frac{DH \cdot CH}{DC + CH} \Leftrightarrow CL^2 = h_C^2 + LH^2 = \frac{2m_C \cdot h_C^2}{m_C + h_C^2}$$

$$\Leftrightarrow (m_C + h_C) \cdot t_C^2 = 2m_C \cdot h_C^2$$

性质 12 在 $Rt\triangle ABC$ 中,C 为直角顶点.

(1)设内角 A,B,C 所对的边长分别为 a,b,c,记 $p = \frac{1}{2}(a + b + c)$,则

$$S_{\triangle ABC} = p(p - c) = (p - a)(p - b) = \frac{1}{2}ab$$

(2)设 AB 被内切圆切点 D 分为两段,则 $S_{\triangle ABC}=AD\cdot DB$.

证明 (1)略.

(2)设内切圆半径为 r,由

$$\frac{1}{2}(AD+r)(DB+r)=\frac{1}{2}(AB+BC+AC)r=(AD+DB+r)r$$

即
$$AD\cdot DB=(AD+DB+r)r=S_{\triangle ABC}$$

性质 13 在 $\triangle ABC$ 中,D 在 AB 上,$AD=\lambda AB$,$BC=a$,$CA=b$,$CD=m$,则 $\angle C=90°$的充要条件是 $m^2=\lambda^2a^2+(1-\lambda)^2b^2(0<\lambda<1)$.

证明 设$\overrightarrow{CA}=\boldsymbol{b}$,$\overrightarrow{CB}=\boldsymbol{a}$,则

$$\overrightarrow{AB}=\boldsymbol{a}-\boldsymbol{b},\overrightarrow{AD}=\lambda\overrightarrow{AB}=\lambda(\boldsymbol{a}-\boldsymbol{b}),\overrightarrow{CD}=\overrightarrow{CA}+\overrightarrow{AD}=\lambda\boldsymbol{a}+(1-\lambda)\boldsymbol{b}$$

$$(\overrightarrow{CD})^2=[\lambda\boldsymbol{a}+(1-\lambda)\boldsymbol{b}]^2$$

则
$$m^2=\lambda^2a^2+(1-\lambda)^2b^2+2\lambda(1-\lambda)\boldsymbol{a}\cdot\boldsymbol{b}$$

$\angle C=90°$的充要条件为 $\boldsymbol{a}\cdot\boldsymbol{b}=0$,即

$$m^2=\lambda^2a^2+(1-\lambda)^2b^2$$

性质 14 如图 33.10,在 $\triangle ABC$ 中,T 为 AB 上异于 A,B 的点,$AT=d$,$BT=e$,$CT=t$,$\angle CTB=\alpha$,则 $\angle ACB=90°$的充要条件是

$$t^2+t(d-e)\cos\alpha-de=0 \quad ①$$

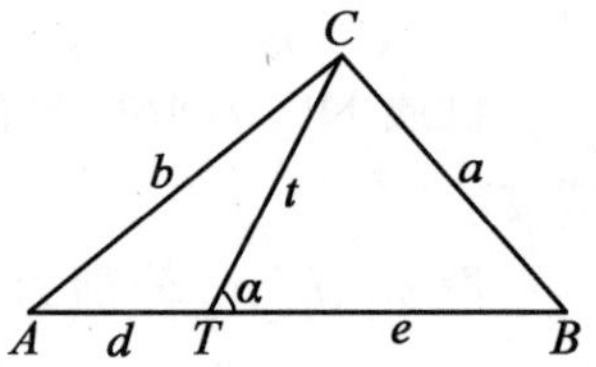

图 33.10

证明 必要性:设 $AC=b$,$BC=a$,由余弦定理,得

$$a^2=t^2+e^2-2te\cos\alpha \quad ②$$

$$b^2=t^2+d^2+2td\cos\alpha \quad ③$$

②,③两式相加,由于 $\angle ACB=90°$,得

$$(d+e)^2=a^2+b^2=d^2+e^2+2t^2+2t(d-e)\cos\alpha$$

整理即得式①.

充分性:由式①出发,得

$$(d+e)^2=d^2+e^2+2t^2+2t(d-e)\cos\alpha$$

应用余弦定理,得

$$(d+e)^2=a^2+b^2$$

故
$$\angle ACB=90°$$

性质 15 如图 33.11,设 Rt$\triangle ABC$($\angle A$ 为直角)的内切圆圆 I 与$\triangle ABC$ 的三边分别切于点 D,E,F, $\triangle DEF,\triangle BDF,\triangle CDE$ 的垂心分别为 H_1,H_2,H_3. 则$\triangle H_1H_2H_3$ 是等腰直角三角形.

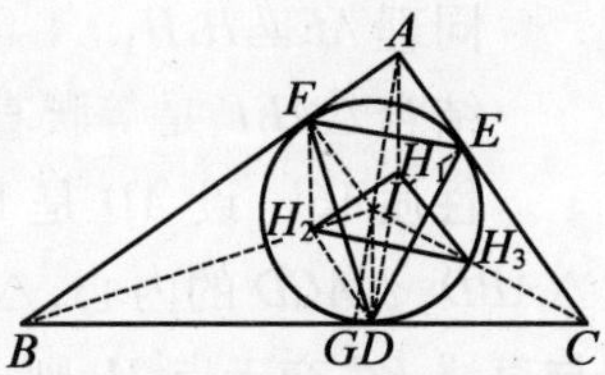

图 33.11

证明 延长 AI 交 BC 于点 G,联结 BI,CI,由已知得 H_2,H_3 分别在 BI,CI 上. 其余连线如图所示.

易知 $AEIF$ 是正方形,所以$\angle EIF=90°$,且 $AI=EF$.

又因为$\angle EDF=\frac{1}{2}\angle EIF=45°$,$H_1$ 是$\triangle DEF$ 的垂心,由第 35 章的性质 2,知 $DH_1=EF$,所以 $AI=DH_1$.

另一方面,有

$$\angle AGC=\angle BAG+\angle B=45°+\angle B$$

$$\begin{aligned}\angle H_1DC&=\angle H_1DE+\angle EDC=(90°-\angle DEF)+(90°-\frac{\angle C}{2})\\&=(90°-\frac{1}{2}\angle DIF)+90°-(45°-\frac{\angle B}{2})\\&=90°-\frac{1}{2}(180°-\angle B)+45°+\frac{\angle B}{2}\\&=45°+\angle B\end{aligned}$$

所以$\angle AGC=\angle H_1DC$,即得 $AI/\!/DH_1$.

从而 $AIDH_1$ 是平行四边形,所以

$$AH_1\underline{\mathrel{/\!/}}DI \qquad ①$$

又因为

$$\angle IH_2D=\frac{\angle B}{2}+\angle H_2DB=\frac{\angle B}{2}+90°-\angle B=90°-\frac{\angle B}{2}$$

$$\angle BID=90°-\frac{\angle B}{2}$$

所以 $$DI=DH_2$$

且因为 H_2 是等腰$\triangle DBF$ 的垂心,所以 $DH_2=FH_2$,所以 $DI=FH_2$. 同时,因为 DI,FH_2 都垂直于 BC,所以

$$DI\underline{\mathrel{/\!/}}FH_2 \qquad ②$$

由①,②知 $AH_1/\!/FH_2$,所以 AH_1H_2F 是平行四边形,所以 $AF\underline{\mathrel{/\!/}}H_1H_2$.

同理 $AE \mathrel{\underline{\parallel}} H_1H_3$.

结合$\triangle AEF$是等腰直角三角形,知$\triangle H_1H_2H_3$是等腰直角三角形.

性质16 设 AD 是 $\mathrm{Rt}\triangle ABC$ 斜边 BC 上的高(设 $AB<AC$),I_1,I_2 分别是$\triangle ABD$,$\triangle ACD$的内心,$\triangle AI_1I_2$ 的外接圆圆 O 分别交 AB,AC 于点 E,F,直线 EF 与直线 BC 交于点 M,则 I_1,I_2 分别是$\triangle ODM$的内心与旁心.

证明 如图33.12,因$\angle BAC=90°$,则知$\triangle AI_1I_2$的外接圆圆心 O 在 EF 上.联结 OI_1,OI_2,I_1D,I_2D,则由 I_1,I_2 为内心,知$\angle I_1AI_2=45°$,所以

$$\angle I_1OI_2=2\angle I_1AI_2=90°=\angle I_1DI_2$$

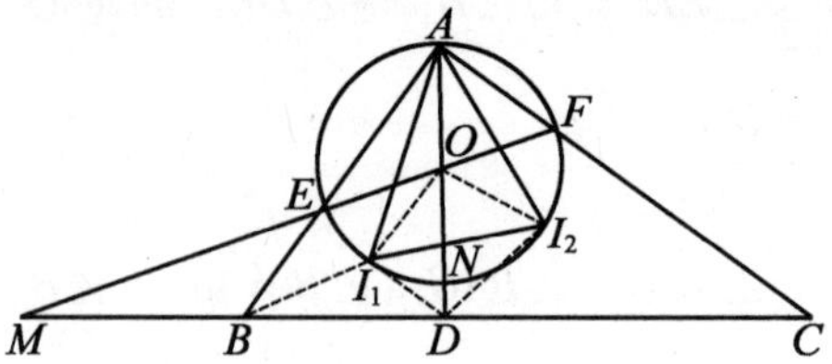

图33.12

于是 O,I_1,D,I_2 四点共圆,所以

$$\angle I_2I_1O=\angle I_1I_2O=45°$$

又因为$\angle I_2DO=\angle I_2I_1O=45°=\angle I_2DA$,所以点 O 在 AD 上,即 O 为 EF 与 AD 的交点.

设 AD 与圆 O 的另一交点为 N,由$\angle EAI_1=\angle I_1AN$,$\angle NAI_2=\angle FAI_2$,可知 I_1,I_2 分别为$\overset{\frown}{EN}$,$\overset{\frown}{NF}$的中点,所以

$$\angle EOI_1=\angle DOI_1,\angle DOI_2=\angle FOI_2$$

因此,I_1,I_2 分别为$\triangle OMD$的内心与旁心.

注:(1)由性质16知,EF 为圆 I_1 与圆 I_2 的公切线,且可推证 N 为$\triangle DI_1I_2$的内心.

(2)此性质即为2008年江西省竞赛题.

例1 如图33.13,在$\triangle ABC$中,$\angle ABC=5\angle ACB$,BD与$\angle A$的平分线垂直于点 H,$DE\perp BC$,若 M 是 BC 的中点,求证:$EM=\frac{1}{2}BD$.

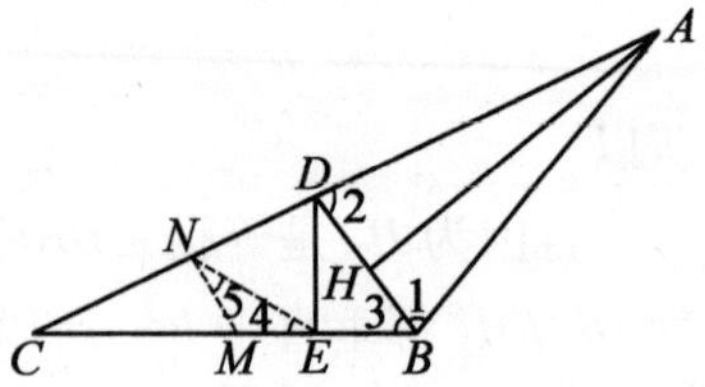

图33.13

证明 取 CD 的中点 N,连 MN,EN,则 $MN=\frac{1}{2}BD$.

由已知得 $AB=AD$，则 $\angle 1=\angle 2=\angle C+\angle 3$，而 $\angle 1+\angle 3=5\angle C$，从而知 $\angle 3=2\angle C$. 又 EN 是 $\mathrm{Rt}\triangle CDE$ 斜边 CD 的中线，则 $\angle 4=\angle C$. 由

$$\angle 3=\angle NMC=\angle 4+\angle 5=\angle C+\angle 5=2\angle C$$

知 $\angle 5=\angle C=\angle 4$，故 $ME=MN=\frac{1}{2}BD$.

例 2 如图 33.14，在 $\mathrm{Rt}\triangle ABC$ 中，AD 是斜边 BC 上的高，$\triangle ABD$ 中外切边 AB 的旁切圆圆心为 M，$\triangle ACD$ 中外切边 AC 的旁切圆圆心为 N，直线 MN 分别交 BA，CA 的延长线于点 K，L. 求证：$S_{\triangle ABC}\geqslant 2S_{\triangle AKL}$.

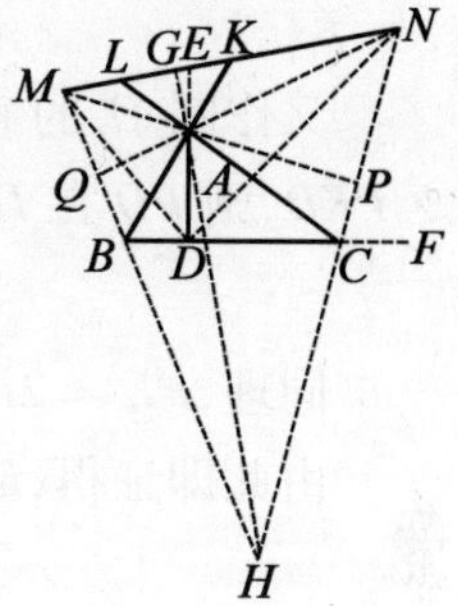

图 33.14

证明 连 MB，NC 并延长相交于点 H，因 M，N 分别为 $\triangle ABD$，$\triangle ACD$ 的旁心，则 BH，CH 分别为 $\angle ABC$，$\angle ACB$ 的外角平分线，H 为 $\triangle ABC$ 的旁心. 延长 DA 交 MN 于点 E，连 MA 并延长交 HN 于点 P，连 NA 并延长交 MH 于点 Q，由 $\angle BAD=\angle ACD$，有其补角 $\angle BAE=\angle ACF$，其半角 $\angle BAM=\angle ACN$，从而 $\angle MAD=\angle PCD$，故 A，P，C，D 四点共圆. 由此知 $AP\perp HN$.

同理，$AQ\perp MH$. 因此 A 为 $\triangle MNH$ 的垂心. 连 HA 并延长交 MN 于点 G，则 $HG\perp MN$. 又 $\angle LAG=\angle CAH$，$\angle KAG=\angle BAH$，而 $\angle CAH=\angle BAH$，所以 $\angle LAG=\angle KAG=45^\circ$. 进而 $\angle ALK=45^\circ$，$AK=AL$.

由 $\angle ALN=45^\circ=\angle ADN$，$\angle LAN=\angle DAN$ 知，$\triangle ALN\cong\triangle ADN$，有 $AL=AD$. 从而

$$S_{\triangle ABC}=\frac{1}{2}AB\cdot AC,\ S_{\triangle AKL}=\frac{1}{2}AK\cdot AL=\frac{1}{2}AD^2=\frac{AB^2\cdot AC^2}{2(AB^2+AC^2)}$$

而 $\frac{AB^2+AC^2}{2AB\cdot AC}\geqslant 1$，故 $S_{\triangle ABC}\geqslant 2S_{\triangle AKL}$.

例 3 如图 33.15，已知半径为 R 的圆 O 内切于 $\triangle ABC$，P 为圆 O 上任一点，由点 P 分别向 $\triangle ABC$ 的三条边 BC，CA，AB 与切点 $\triangle DEF$ 的三边 EF，FD，DE 引垂线，$PH_a=h_a$，$PH_b=h_b$，$PH_c=h_c$，$PH_d=h_d$，$PH_e=h_e$，$PH_f=h_f$，试证：$h_ah_bh_c=h_dh_eh_f$.

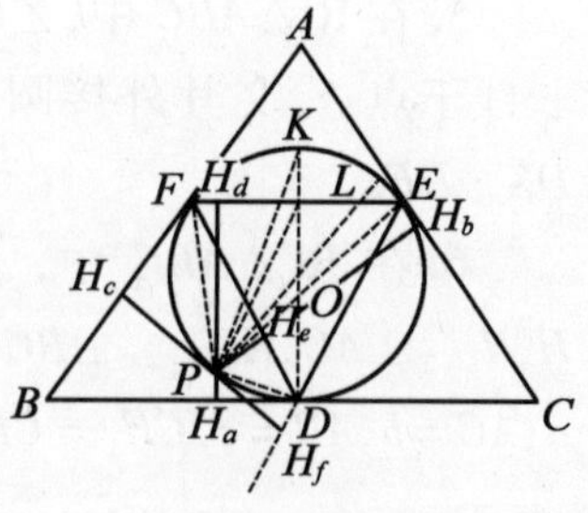

图 33.15

证明 作圆 O 的直径 PL. 连 PE，PF，则由 $\mathrm{Rt}\triangle FPH_d\backsim\mathrm{Rt}\triangle LPE$，有

$$PE \cdot PF = 2R \cdot h_d$$

同理

$$PF \cdot PD = 2R \cdot h_e$$

$$PD \cdot PE = 2R \cdot h_f$$

此三式相乘,得

$$(PD \cdot PE \cdot PF)^2 = 8R^3 \cdot h_d h_e h_f$$

又作圆 O 的直径 DK,连 PD,PK. 由 $\angle PH_aD = \angle DPK = 90°$,$\angle PDH_a = \angle PKD$,则 PD 在 DK 上的射影等于 PH_a(或 $\triangle PH_aD \backsim \triangle PDK$),即有

$$PD^2 = DK \cdot PH_a = 2R \cdot h_a$$

同理,$PE^2 = 2R \cdot h_b$,$PF^2 = 2R \cdot h_c$.

由此即证得,$h_ah_bh_c = h_dh_eh_f$.

思考题

1. AH 是 $Rt\triangle ABC$ 斜边 BC 上的高,在 AC 上取点 E 作 $DE /\!/ BC$ 分别交 AH,AB 于点 G,D,联结 DC. 求证:$DC \geqslant AG + AH$.

2. (2009 年印度数学奥林匹克题)设 P 为 $\triangle ABC$ 内一点,且满足 $\angle BPC = 90°$,$\angle BAP = \angle BCP$,M,N 分别是边 AC,BC 的中点. 若 $BP = 2PM$,证明:A,P,N 三点共线.

3. (《数学通报》2009(12)数学问题 1821 号)在 $\triangle ABC$ 中,$\angle A$,$\angle B$ 皆为锐角,CD 是高,P,Q 各是 $\triangle ACD$,$\triangle BCD$ 的内心,且 A,B,Q,P 四点共圆. 求证:$\triangle ABC$ 是等腰三角形或直角三角形.

4. 锐角 $\triangle ABC$ 中有内接 $\triangle DEF$,且 $FD \perp BC$ 于点 D,$DE \perp AC$ 于点 E,$EF \perp AB$ 于点 F,求证:$S_{\triangle ABC} \geqslant 3S_{\triangle DEF}$.

5. 在 $Rt\triangle ABC$ 中,$\angle C$ 为直角,过 AB 上的一点作 AB 的垂线交 BC 或其延长线于点 K,交其外接圆于点 E,交 AC 的延长线或 AC 于点 F. 求证:$DE^2 = DK \cdot DF$.

6. 在 $Rt\triangle ABC$ 中,$\angle C$ 为直角,$CH_1(CK_1) \perp AB$. 当 n 为正奇数时,$H_nH_{n+1} \perp AC$,$K_nK_{n+1} \perp BC$;当 n 为正偶数时,$H_nH_{n+1} \perp AB$,$K_nK_{n+1} \perp AB$. 设 $BC = a$,$AC = b$,$AB = c$,$CH_1 = CK_1 = h$,$AH_n = q_n$,$BK_n = p_n$,$H_nH_{n+1} = r_n$,$K_nK_{n+1} = s_n$. 求证:(1)$p_n : q_n = a^{n+1} : b^{n+1}$;(2)$s_n : r_n = a^n : b^n$;(3)$p_n^{\frac{2}{n+1}} + q_n^{\frac{2}{n+1}} = c^{\frac{2}{n+1}}$.

7. 在 $Rt\triangle ABC$ 中,$\angle C$ 为直角,三角形内任一点 P 在三边 AB,BC,AC 上的

射影分别为 D,E,F,设 $BE=a_1,EC=a_2,CF=b_1,FA=b_2,AD=c_1,DB=c_2$. 求证:(1) $aa_1+bb_1+cc_1=c^2$;(2) $a(a_1-a_2)+b(b_1-b_2)+c(c_1-c_2)=0$.

8. P,Q 分别在 Rt△ABC 两直角边 AB,AC 上,M 为斜边中点,$PM\perp QM$. 求证:$PB^2+QC^2=PM^2+QM^2$.

9. Q 为圆 O 外一点,AB 为圆 O 的一条弦,AQ 交圆 O 于点 C,BC 与 OQ 交于点 P,若 $OQ\perp AB$. 求证:$OP\cdot OQ=OA^2$.

10. 直线 l 与圆 O 相交,$OA\perp l$ 于点 A,在 l 的圆外部分的两边上各取一点 E,F,且使 $AE=AF$. 过 E,F 在 l 的两侧分别作圆 O 的两条切线 EP,EQ,且 P,Q 为切点. 求证:P,A,Q 三点共线.

11. 顺次将线段 AD 三等分于点 B,C,取以 BC 为直径的圆周上任意一点 P. 求证:$\tan\angle APB\cdot\tan\angle CPD=\frac{1}{4}$.

思考题　参考解答

1. 如图 33.16,因为 AG 是 Rt△ADE 斜边上的高,可设 $\angle EAG=\angle ADG=\theta$,则

$$AH=AC\cdot\cos\theta,AG=AD\cdot\sin\theta$$

从而

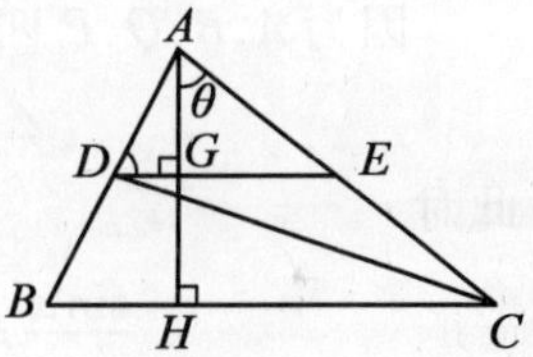

图 33.16

$$\begin{aligned}DC^2&=AD^2+AC^2=\left(\frac{AH}{\cos\theta}\right)^2+\left(\frac{AG}{\sin\theta}\right)^2\\&=(AH\cdot\sec\theta)^2+(AG\cdot\csc\theta)^2\\&=AH^2(1+\tan^2\theta)+AG^2(1+\cot^2\theta)\\&=AH^2+AG^2+AH^2\cdot\tan^2\theta+AG^2\cdot\cot^2\theta\\&\geqslant AH^2+AG^2+2\sqrt{AH^2\cdot\tan^2\theta\cdot AG^2\cdot\cot^2\theta}\\&=AH^2+AG^2+2AH\cdot AG\\&=(AH+AG)^2\end{aligned}$$

当且仅当 $\tan\theta=\sqrt{\frac{AG}{AH}}$ 时取等号.

因此 $DC\geqslant AG+AH$.

2. 如图 33.17,作△PAB 的外接圆圆 O,延长 CP 交圆 O 于点 C',联结 BC',AC'.

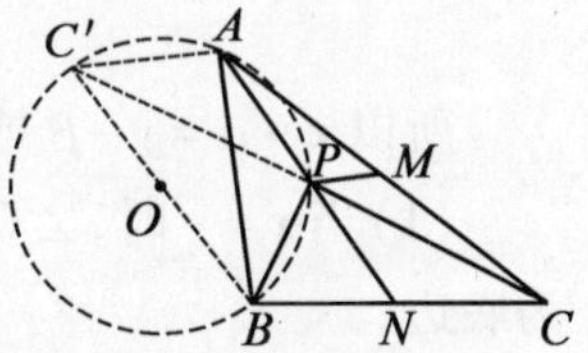

图 33.17

因为 $\angle BC'P=\angle BAP=\angle BCP$,$\angle BPC=90°$,所

以 $PC'=PC, BC'=BC$.

又 M,P 分别为 AC, CC' 的中点,则 $AC'/\!/PM \Rightarrow AC'=2PM=PB$.

由 A,C',B,P 四点共圆,故 $AP/\!/BC'$.

因为 P 为 CC' 的中点,所以,$PN/\!/BC'$.

故 A,P,N 三点共线.

3. 如图 33.18,联结 AP,BQ 并延长交于点 O,则 O 是 $\triangle ABC$ 的内心. 联结 CP,CQ,CO.

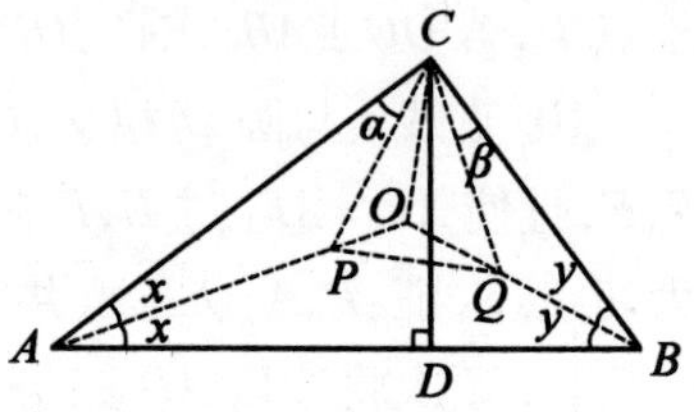

图 33.18

记 $\angle CAB=2x$, $\angle CBA=2y$, $\angle ACD=2\alpha$, $\angle BCD=2\beta$,则

$$\angle ACB=\angle ACD+\angle BCD=2(\alpha+\beta)$$

$$\angle PCQ=\frac{1}{2}\angle ACB=\alpha+\beta$$

从而知 $\angle PCO=\beta$, $\angle QCO=\alpha$.

易证 $x+\alpha=45^\circ=y+\beta$,所以

$$\angle CPO=x+\alpha=45^\circ=y+\beta=\angle CQO$$

因为 A,B,Q,P 四点共圆,所以

$$\angle OQP=\angle OAB=x, \angle OPQ=\angle OBA=y$$

此时

$$\frac{\sin x}{\sin y}=\frac{OP}{OQ}=\frac{OP}{OC}\cdot\frac{OC}{OQ}=\frac{\sin\beta}{\sin 45^\circ}\cdot\frac{\sin 45^\circ}{\sin\alpha}=\frac{\sin\beta}{\sin\alpha}$$

$$\Rightarrow \sin x\cdot\sin\alpha=\sin y\cdot\sin\beta \quad ①$$

但

$$\cos(x+\alpha)=\cos 45^\circ=\cos(y+\beta) \quad ②$$

由① + ②,得

$$\cos x\cdot\cos\alpha=\cos y\cdot\cos\beta \quad ③$$

由① + ③,得

$$\cos(x-\alpha)=\cos(y-\beta)$$

所以 $x-\alpha=y-\beta$ 或 $x-\alpha=\beta-y$. 但 $x+\alpha=y+\beta$,解得 $x=y$ 或 $x=\beta$.

(1) 当 $x=y$ 时, $\angle CAB=2x=2y=\angle CBA$, $\triangle ABC$ 为等腰三角形,其中 AB 为底边;

(2) 当 $x=\beta$ 时, $\angle ACB=2(\alpha+\beta)=2(\alpha+x)=2\cdot 45^\circ=90^\circ$, $\triangle ABC$ 为直

角三角形,其中 AB 为斜边.

4. 如图 33.19,$\triangle ABC$ 的三边分别与 $\triangle DEF$ 的三边垂直,又 $\triangle ABC$ 为锐角三角形,有 $A=\angle DEF, B=\angle EFD, C=\angle FDE$,即有 $\triangle ABC \backsim \triangle DEF$.

又公比

$$
\begin{aligned}
q &= \frac{BC}{DF}=\frac{BD}{DF}+\frac{CD}{DF}=\cot B+\frac{DE}{DF\sin C}\\
&=\cot B+\frac{\sin B}{\sin A\sin C}=\cot B+\frac{\sin(A+C)}{\sin A\sin C}\\
&=\cot B+\frac{\sin A\cos C+\cos A\sin C}{\sin A\sin C}\\
&=\cot A+\cot B+\cot C
\end{aligned}
$$

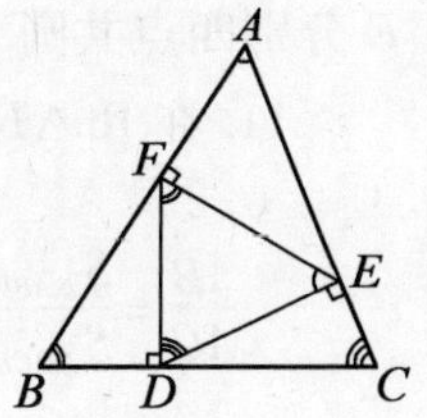

图 33.19

又由 $q=\cot A+\cot B+\cot C\geqslant\sqrt{3}$,知

$$S_{\triangle ABC}=q^2S_{\triangle DEF}\geqslant 3S_{\triangle DEF}$$

当且仅当 $A=B=C=60°$ 时等号成立.

5. 连 AE, BE,由 $DE^2=AD\cdot DB=DK\cdot DF$ 即证.

6. (1)由 $p_1=BK_1=\frac{a}{c}\cdot a, p_2=BK_2=\frac{a}{c}\cdot BK_1=\frac{a^3}{c^2},\cdots,p_n=\frac{a^{n+1}}{c^n}$. 同理 $q_n=\frac{b^{n+1}}{c^n}$ 即证.

(2),(3)类似可证.

7. (1)由 $PE=b_1, PF=a-a_1, (a-a_1)^2+(b-b_1)^2=AP^2=c_1^2+PD^2, a_1^2+b_1^2=PB^2=c_1^2+(c-c_1)^2$ 即可证.

(2)由(1) $aa_1+bb_1+cc_1=c^2$,有 $a(a-a_2)+b(b-b_2)+c(c-c_2)=c^2=aa_1+bb_1+cc_1$.

8. 过 M 作 $MD\perp AB$ 于点 D, $ME\perp AC$ 于点 E,则 $\triangle MEQ\backsim\triangle MDP$,有 $ME\cdot DP=DM\cdot EQ$,即 $AD\cdot DP=AE\cdot EQ$.

又 $PM^2+QM^2=PQ^2=AP^2+AQ^2$. 注意到 $BD=AD, CE=AE$,从而

$$
\begin{aligned}
PB^2+QC^2 &= (PD+BD)^2+(CE-EQ)^2\\
&=(AD-PD)^2+(AE+EQ)^2\\
&=AP^2+AQ^2\\
&=PM^2+QM^2
\end{aligned}
$$

9. 连 AP, CO 并延长 CO 交圆 O 于点 E,连 AE,则 $\angle B=\angle E=\angle OAE$,且

$\angle E+\angle ACE=90^\circ$,从而由 $OQ\perp AB$ 知,$\angle OPB=\angle ACE$.

又 $\angle OPA=\angle OPB=\angle ACE=\angle OAQ$,故 $\triangle OPA\backsim\triangle OAQ$,即 $OA^2=OP\cdot OQ$.

10. 连 OP,OQ,OE,OF,则知 $\mathrm{Rt}\triangle POE\cong\mathrm{Rt}\triangle QOF$ 且 O,P,E,A 与 O,A,Q,F 分别四点共圆. 有 $\angle PAE=\angle POE=\angle QOF=\angle QAF$ 即证.

11. 在 $\mathrm{Rt}\triangle BPC$ 中,有

$$\frac{AB}{AC}=\frac{S_{\triangle ABP}}{S_{\triangle ACP}}=\frac{\frac{1}{2}AP\cdot PB\cdot\sin\angle APB}{\frac{1}{2}AP\cdot PC\cdot\sin\angle APC}=\frac{1}{\frac{PC}{PB}}\cdot\frac{\sin\angle APB}{\cos\angle APB}=\frac{\tan\angle APB}{\tan\angle PBC}$$

同理,$\frac{DC}{DB}=\frac{\tan\angle DPC}{\tan\angle PCB}$.

再注意到 $\tan\angle PBC=\cot\angle PCB$,$AB=DC=\frac{1}{2}AC=\frac{1}{2}BD$ 即证.

第 34 章　含 30°角的三角形

性质 1　在含 30°角的直角三角形中,该角所对的边长是斜边的一半.

证明　事实上,如图 34.1,在 Rt$\triangle ABC$ 中,$\angle C=90°$,$\angle B=30°$. 在 AB 上取一点 M,使 $\angle MCB=30°$,则 $\triangle BCM$ 为等腰三角形,有 $MC=BM$.

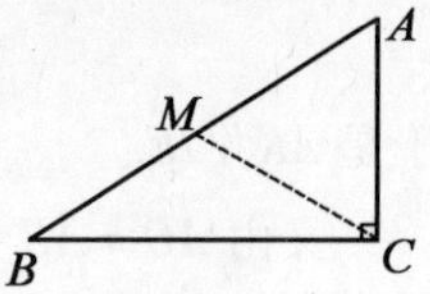

图 34.1

又由 $\angle MCA=60°=\angle BAC$,知 $\triangle MCA$ 为等腰三角形.

即知 $MA=MC=MB$. 故 M 为 AB 的中点. 结论获证.

性质 2　在含 30°角的 $\triangle ABC$ 中,$\angle C=30°$,且 $\angle C$ 所对的边为最短边,在 AC,BC 上分别取点 D,E,使 $AD=BE=AB$. 若 O,I 分别为 $\triangle ABC$ 的外心、内心. 则 $OI=DE$ 且 $OI\perp DE$.

证法 1　如图 34.2,连 AI 并延长交圆 O 于点 M. 连 BD,OM,OB,BM. 由 I 为内心知,$BM=IM$,M 为 $\overset{\frown}{BC}$ 的中点.

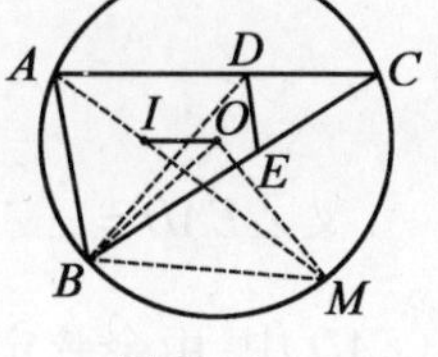

图 34.2

从而 $OM\perp BC$,$AI\perp BD$. 于是知 $\angle OMI$ 与 $\angle EBD$ 的两组对边分别垂直,且均为锐角. 因此

$$\angle OMI=\angle EBD \qquad ①$$

由正弦定理,有 $AB=2R\sin C=R=OB=OM$.

又 $\angle BAD=\dfrac{1}{2}\angle BOC=\angle BOM$,有 $\triangle DAB\cong\triangle MOB$,亦有 $BD=BM$.

从而 $IM=BD$,$OM=R=AB=BE$. 注意到式①,知 $\triangle OMI\cong\triangle EBD$. 通过旋转 90°和平移可使这两个三角形全等.

故 $OI\perp DE$,$OI=DE$.

证法 2　如图 34.3,作 $\angle DAO$ 的平分线交 BC 于点 K. 连 AI,BI,DI,EI,AO. 易证 $\triangle AID\cong\triangle AIB\cong\triangle EIB$,从而 $\angle AID=\angle AIB=\angle EIB$.

而 $\angle AIB=90°+\dfrac{1}{2}\angle C=105°$,则 $\angle DIE=45°$.

又$\angle AOB=60^\circ$,知$\triangle AOB$为正三角形,从而

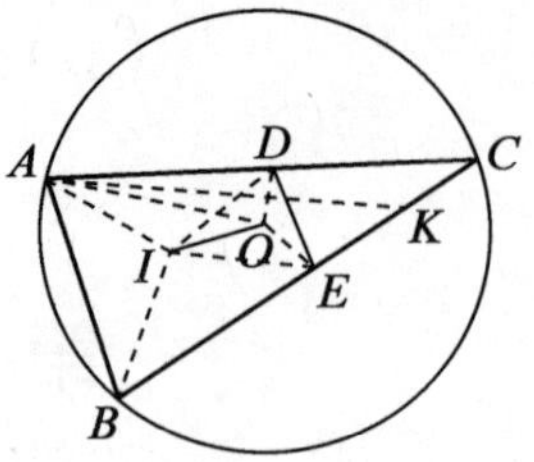

图 34.3

$$\begin{aligned}\angle AKB&=30^\circ+\frac{1}{2}\angle DAO\\&=30^\circ+\frac{1}{2}(\angle BAC-\angle BAO)\\&=\frac{1}{2}\angle BAC\\&=\angle BAI\\&=\angle BEI\end{aligned}$$

于是$AK/\!/IE$.

又由$AO=AB=AD$知$AK\perp DO$. 从而$DO\perp IE$. 同理$EO\perp ID$. 即知O是$\triangle DIE$的垂心. 于是知$IO\perp DE$.

由$\angle DIE=\angle IDO=45^\circ$(因$DO\perp IE$)及垂心组性质知,$\triangle IDE$与$\triangle IOD$的外接圆是等圆. 从而$DI=DE$.

证法3 设$\triangle ABC$内切圆、外接圆的半径分别为r,R,则

$$AB=AD=BE=2R\sin 30^\circ=R$$

$$AE=2AB\cdot\sin\frac{B}{2}=2R\sin\frac{B}{2}$$

又$\angle EAD=\angle AEB-30^\circ=60^\circ-\frac{\angle B}{2}$(由$BI\perp AE$,有$\angle AEB+\frac{\angle B}{2}=90^\circ$),在$\triangle EAD$中,由余弦定理,有

$$\begin{aligned}DE^2&=AE^2+AD^2-2AE\cdot AD\cdot\cos\angle EAD\\&=4R^2\cdot\sin^2\frac{B}{2}+R^2-4R^2\cdot\sin\frac{B}{2}\cdot\cos\left(60^\circ-\frac{B}{2}\right)\\&=R^2-4R^2\sin\frac{B}{2}\left[\sin\left(30^\circ+\frac{B}{2}\right)-\sin\frac{B}{2}\right]\\&=R^2-8R^2\sin 15^\circ\cdot\sin\frac{B}{2}\cdot\cos\left(\frac{B}{2}+15^\circ\right)\end{aligned}$$

由熟知结论,有

$$r=4R\cdot\sin\frac{A}{2}\cdot\sin\frac{B}{2}\cdot\sin\frac{C}{2},OI^2=R^2-2Rr$$

知

$$
\begin{aligned}
OI^2 &= R^2 - 8R^2 \cdot \sin\frac{A}{2} \cdot \sin\frac{B}{2} \cdot \sin\frac{C}{2} \\
&= R^2 - 8R^2 \cdot \sin 15^\circ \cdot \sin\frac{B}{2} \cdot \cos\frac{B+30^\circ}{2} \\
&= DE^2
\end{aligned}
$$

故 $OI = DE$. 同前证, $OI \perp DE$.

注:(1)上述性质 2 中,若去掉$\angle C = 30^\circ$的条件,则仍有 $OI \perp DE$.

(2)此性质 2 即为 1988 年中国数学奥林匹克题.

第35章 含45°角的三角形

含有45°内角的三角形也是一类特殊的基本图形,它出现在等腰直角三角形中,出现在直角三角形等图形中. 它也有一系列有趣的性质及广泛的应用①.

性质1 在含有45°内角的三角形中,其外心与45°角所对的边的两端点构成直角三角形的顶点,且外心为直角顶点.

性质2 在含有45°内角的三角形中,其垂心与45°角的顶点的距离等于45°角所对的边长.

证明 如图35.1,点 H 为 $\triangle ABC$ 的垂心,$\angle BAC=45°$.

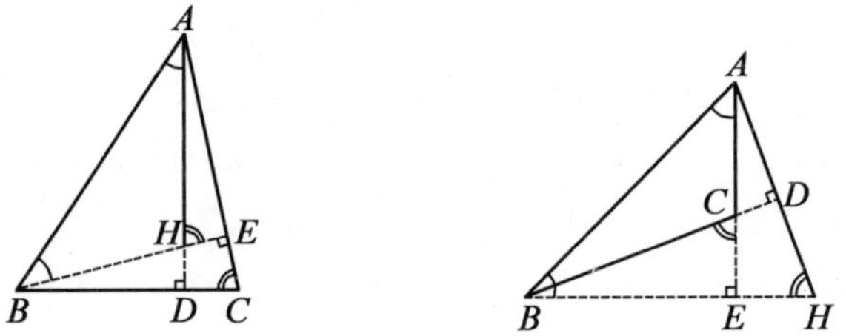

图35.1

设 AD,BE 分别是边 BC,AC 上的高,D,E 分别为垂足,则 $\triangle ABE$ 为等腰直角三角形,于是有 $AE=BE$. 又 $\angle AHE=90°-\angle HAE=\angle BCE$,则有 $\mathrm{Rt}\triangle AHE\cong \mathrm{Rt}\triangle BCE$.

故 $AH=BC$.

性质3 在锐角 $\triangle AMN$ 中,$\angle A=45°$,$AH\perp MN$ 于点 H,则 $\triangle AMN$ 可内接于一个以 A 为一个顶点,边长等于 AH 的正方形 $ABCD$.

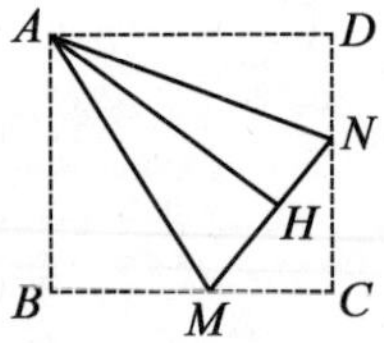

图35.2

证明 如图35.2,分别以 AM,AN 为对称轴,作 AH 的对称图形 AB,AD,则 $\triangle ABM\cong\triangle AHM$,$\triangle ADN\cong\triangle AHN$,此时 $\angle BAD=2\angle MAN=90°$,$\angle ABM=90°=\angle ADN$. 延长 BM,

① 沈文选. 含有45°角的三角形的问题及求解[J]. 中等数学,2009(8):2-6.

DN 交于点 C,则 $ABCD$ 为矩形. 又 $AB=AH=AD$,故 $ABCD$ 为正方形,且 $\triangle AMN$ 内接于此正方形.

性质 4　在锐角 $\triangle AMN$ 中,$\angle A=45°$,$AH\perp MN$ 于点 H,则 $\triangle AMN$ 可内接于以 A 为直角顶点,AH 为斜边上的高的 $\mathrm{Rt}\triangle ABC$.

证明　如图 35.3,分别以 AM,AN 为角平分线作 $\angle BAM=\angle MAH$,作 $\angle CAN=\angle NAH$,与 MN 两端的延长线,分别交于点 B,C,则 $\angle BAC=2\angle MAN=90°$,且 $AH\perp BC$,故 $\triangle ABC$ 为直角三角形,且 $\triangle AMN$ 内接于此直角三角形.

性质 5　在锐角 $\triangle AMN$ 中,$\angle A=45°$,$AH\perp MN$ 于点 H,则 $\dfrac{AH^2+MH^2}{AH^2+NH^2}=\dfrac{AH+MN}{AH+NH}$.

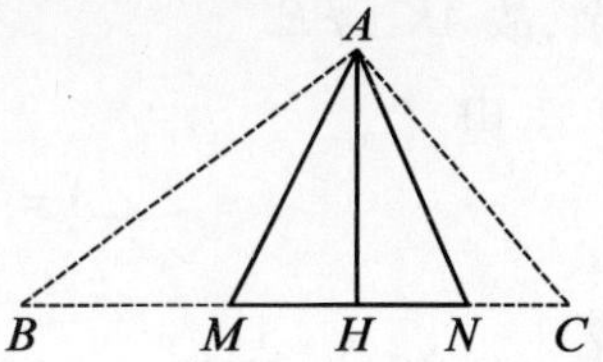

图 35.3

证明　如图 35.3,设 $AH=h,MH=m,HN=n$,$\angle MAH=\alpha$,则 $\angle NAH=45°-\alpha$,$m=h\cdot\tan\alpha$,$n=h\cdot\tan(45°-\alpha)$. 于是

$$\frac{AH^2+MH^2}{AH^2+NH^2}=\frac{h^2+h^2\cdot\tan^2\alpha}{h^2+h^2\cdot\tan^2(45°-\alpha)}=\frac{1+\tan^2\alpha}{1+\left(\dfrac{1-\tan\alpha}{1+\tan\alpha}\right)^2}=\frac{(1+\tan\alpha)^2}{2}$$

$$\frac{AH+MH}{AH+NH}=\frac{h+h\cdot\tan\alpha}{h+h\cdot\tan(45°-\alpha)}=\frac{1+\tan\alpha}{1+\dfrac{1-\tan\alpha}{1+\tan\alpha}}=\frac{(1+\tan\alpha)^2}{2}$$

由此即证.

性质 6　在锐角 $\triangle AMN$ 中,$\angle A=45°$,作 $ME\perp AN$ 于点 E,作 $NF\perp AM$ 于点 F,则 EF 平分 $\triangle AMN$ 的面积,即 $S_{\triangle AEF}=S_{\text{四边形}MNEF}$.

证明　如图 35.4,由 $\angle MAN=45°$,则 $\angle AME=45°$,$\angle ANF=45°$,从而 $AE=EM$,$AF=FN$,且 ME 与 FN 所成的锐角为 $45°$.

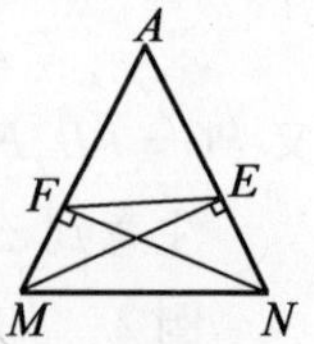

图 35.4

于是

$$\begin{aligned}S_{\triangle AEF}&=\frac{1}{2}AE\cdot AF\cdot\sin 45°\\&=\frac{1}{2}EM\cdot FN\cdot\sin 45°\\&=S_{\text{四边形}MNEF}\end{aligned}$$

即知线段 EF 平分 $\triangle AMN$ 的面积.

性质7 在锐角$\triangle AMN$中,作$ME\perp AN$于点E,作$NF\perp AM$于点F,设K为$\triangle AMN$的外心,则$\angle A=45°$的充要条件是K为$\triangle AEF$的垂心.

证明 如图35.5,设ME与FN交于点C,则C为$\triangle AMN$的垂心.

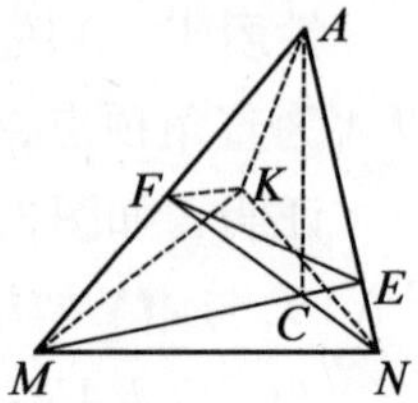

图35.5

联结AC,AK,MK,NK,则A,F,C,E四点共圆,且由三角形垂心与外心的性质,知$\angle FAK=\angle EAC$.于是,$\angle CFE=\angle CAE=\angle FAK$,而$\angle CFA=90°$,从而$\angle AFE$与$\angle FAK$互余,故$AK\perp FE$.

由

$$\angle A=45°\Leftrightarrow\angle MKN=90°=\angle MFN$$
$$\Leftrightarrow\angle M,N,K,F\text{ 四点共圆}$$

注意由$\angle MNC=\angle KNE$,有$\angle MNK=\angle FNE$,此时有

$$\angle AME=\angle FNE=\angle MNK=\angle AFK\Leftrightarrow FK/\!/ME\Leftrightarrow FK\perp AE\Leftrightarrow K\text{ 为}\triangle AEF\text{ 的垂心}$$

其中注意到$ME\perp AE$.

例1 设P为等腰$\mathrm{Rt}\triangle ACB$斜边AB上任一点,PE垂直AC于点E,PF垂直BC于点F,PG垂直EF于点G,延长GP并在其延长线上取一点D,使得$PD=PC$.试证:$BC\perp BD$,且$BC=BD$.

证明 如图35.6,由题设,有

$$\angle EPG=\angle EFP=\angle CPF$$

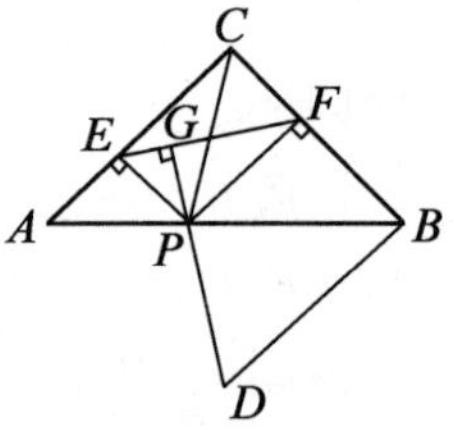

图35.6

从而

$$\angle DPB=\angle APG=45°+\angle EPG=45°+\angle CPF$$
$$=\angle BPF+\angle CPF=\angle BPC$$

又$PC=PD$,PB公共,则$\triangle PDB\cong\triangle PCB$,有$BC=BD$.

注意到$\angle PBD=\angle CBP=45°$,则$\angle CBD=90°$.故$BC\perp BD$.

例2 如图35.7,在等腰$\mathrm{Rt}\triangle ABC$中,$AB=1$,$\angle A=90°$,点E为腰AC的中点,点F在底边BC上,且$FE\perp BE$.求$\triangle CEF$的面积.

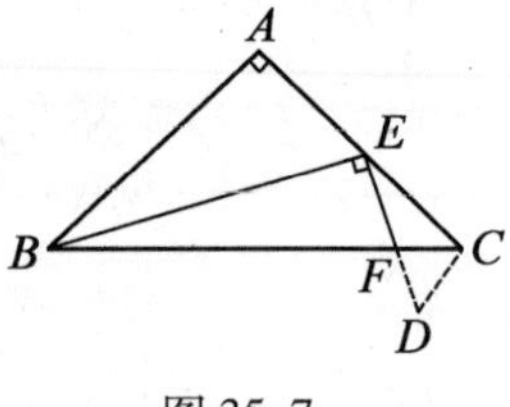

图35.7

解 过点C作$CD\perp CE$与EF的延长线交于点D.

因$\angle ABE+\angle AEB=90°$,$\angle CED+\angle AEB=90°$,则$\angle ABE=\angle CED$.于是$\mathrm{Rt}\triangle ABE\backsim\mathrm{Rt}\triangle CED$.

从而$\frac{S_{\triangle CDE}}{S_{\triangle AEB}}=\left(\frac{CE}{AB}\right)^2=\frac{1}{4}$,且$\frac{CE}{CD}=\frac{AB}{AE}=2$.

又$\angle ECF=\angle DCF=45°$,则 CF 是$\angle DCE$ 的平分线,从而点 F 到 CE 和 CD 的距离相等.

于是$\frac{S_{\triangle CEF}}{S_{\triangle CDF}}=\frac{CE}{CD}=2$. 故

$$S_{\triangle CEF}=\frac{2}{3}S_{\triangle CDE}=\frac{2}{3}\cdot\frac{1}{4}S_{\triangle AEB}=\frac{2}{3}\cdot\frac{1}{4}\cdot\frac{1}{2}S_{\triangle ABC}=\frac{1}{24}$$

此即为所求.

例3 如图35.8,在正方形 $ABCD$ 中,E,F 分别是边 BC,CD 上的点,满足 $EF=BE+DF$,AE,AF 分别与对角线 BD 交于点 M,N. 求证:(1)$\angle EAF=45°$;(2)$MN^2=BM^2+DN^2$.

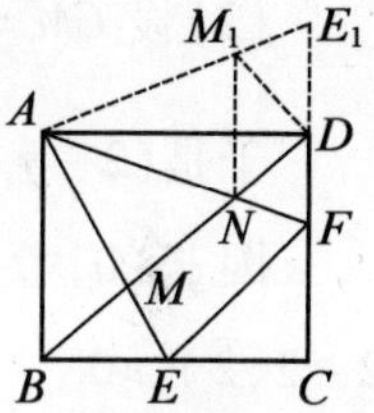

图35.8

证明 (1)延长 CD 至点 E_1,使 $DE_1=BE$,联结 AE_1,则$\triangle ADE_1\cong\triangle ABE$,从而$\angle DAE_1=\angle BAE$,且 $AE_1=AE$,于是$\angle EAE_1=90°$.

在$\triangle AEF$ 和$\triangle AE_1F$ 中,$EF=BE+DF=E_1D+DF=E_1F$,则$\triangle AEF\cong\triangle AE_1F$,于是$\angle EAF=\angle E_1AF=\frac{1}{2}\angle EAE_1=45°$.

(2)在 AE_1 上取一点 M_1,使得 $AM_1=AM$,联结 M_1D,M_1N,则$\triangle ABM\cong\triangle ADM_1$,$\triangle ANM\cong\triangle ANM_1$.

于是有$\angle ABM=\angle ADM_1$,$BM=DM_1$,$MN=M_1N$,即$\angle NDM_1=90°$,亦即有 $M_1N^2=M_1D^2+ND^2$,故 $MN^2=BM^2+DN^2$.

注:由此例,在图35.8中,有$\angle EAF=45°\Leftrightarrow EF=BE+DF$,亦有$\angle EAF=45°\Leftrightarrow MN^2=BM^2+DN^2$.

例4 如图35.9,正方形 $ABCD$ 的边长为1,点 M,N 分别在 BC,CD 上,使得$\triangle CMN$ 的周长为2. 求:(1)$\angle MAN$ 的大小;(2)$\triangle MAN$ 面积的最小值.

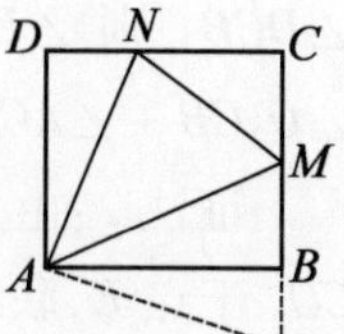

图35.9

解 (1)延长 CB 至 L,使 $BL=DN$,则 Rt$\triangle ABL\cong$Rt$\triangle ADN$. 从而 $AL=AN$,$\angle LAB=\angle NAD$,$\angle NAL=\angle DAB=90°$.

又

$$\begin{aligned} MN &= 2 - CN - CM \\ &= 1 - CN + 1 - CM \\ &= DN + BM \\ &= BL + BM \\ &= ML \end{aligned}$$

及 AM 公用,所以 $\triangle AMN \cong \triangle AML$,故 $\angle MAN = \angle MAL = \frac{1}{2} \cdot 90° = 45°$.

(2)设 $CM = x, CN = y, MN = z$,则 $\begin{cases} x + y + z = 2 \\ x^2 + y^2 = z^2 \end{cases} \Leftrightarrow \begin{cases} x = 2 - y - z \\ x^2 + y^2 = z^2 \end{cases}$.

于是 $(2 - y - z)^2 + y^2 = z^2$,即 $2y^2 + (2z - 4)y + (4 - 4z) = 0$.

因 $y > 0$,考虑其判别式 $\Delta = 4(z - 2)^2 - 32(1 - z) \geqslant 0$,即 $(z + 2 + 2\sqrt{2})(z + 2 - 2\sqrt{2}) \geqslant 0$.

又 $z > 0$,则 $z \geqslant 2\sqrt{2} - 2$,当且仅当 $x = y = 2 - \sqrt{2}$ 时等号成立.

由于 $S_{\triangle AMN} = S_{\triangle AML} = \frac{1}{2} ML \cdot AB = \frac{1}{2} z \geqslant \sqrt{2} - 1$,故 $\triangle AMN$ 面积的最小值为 $\sqrt{2} - 1$.

注:由此例,在图 35.9 中,有 $\angle MAN = 45° \Leftrightarrow \triangle CMN$ 的周长等于正方形 $ABCD$ 周长的一半.

例 5 已知 $\mathrm{Rt}\triangle ABC$ 中,CD 是斜边 AB 上的高,O, O_1, O_2 分别是 $\triangle ABC$, $\triangle ACD$, $\triangle BCD$ 的角平分线的交点. 求证:(1) $O_1O \perp CO_2$;(2) $OC = O_1O_2$.

证明 (1)证法 1:如图 35.10,由题设 O_1, O 都在 $\angle A$ 的平分线上,设该平分线交 CO_2 于点 E. 由于 $\angle A = \angle DCB$,则 $\angle EAC = \angle O_2CB$,从而 $\angle EAC + \angle ACE = \angle O_2CB + \angle ACE = 90°$,于是 $\angle AEC = 90°$. 故 $O_1O \perp CO_2$.

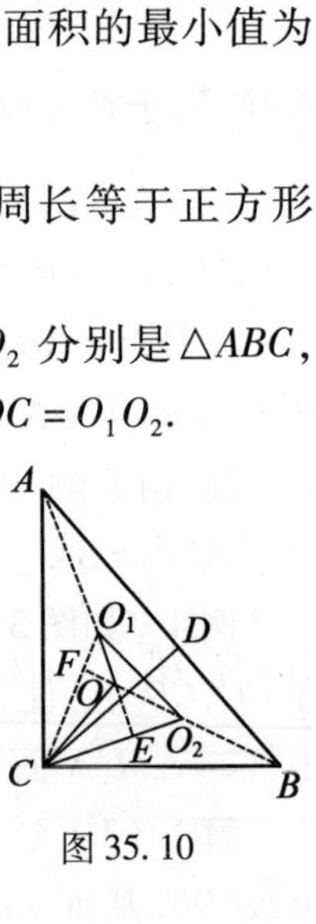

图 35.10

证法 2:由 O, O_1 都在 $\angle A$ 的平分线上,设该平分线交 CO_2 于点 E,联结 CO_1,则

$$\angle O_1CO_2 = 45°$$

$$\angle EO_1C = \angle O_1AC + \angle ACO_1 = \frac{1}{2}\angle A + \frac{1}{2}\angle ACD = 45°$$

从而$\angle AEC=90°$. 故 $O_1O\perp CO_2$.

(2)由于点 O_1, O_2 分别在$\angle ACD$ 和$\angle DCB$ 的平分线上,从而$\angle O_1CO_2=45°$.

由(1)知$\angle O_1EC=90°$,有 $CE=EO_1$.

同理,设直线 O_2O 交 CO_1 于点 F,则 $O_2F\perp CF$,$\angle OO_2E=45°$,有 $O_2E=EO$.

又$\angle CEO=\angle O_2EO_1$,则$\triangle CEO\cong\triangle O_1EO_2$,从而 $CO=O_1O_2$.

注:由此例,在图 35.10 中,有 $CO\perp O_1O_2$,即 O 为$\triangle CO_1O_2$ 的垂心.

例6 如图 35.11,设 P,Q 是 Rt$\triangle ABC$ 斜边 AB 上的两点,满足 $AQ=AC$, $BP=BC$,在 AC,BC 上分别取点 M,N,使 $CM=CN$ 且等于 AB 边上的高. 又 G,H 分别是线段 CP,CQ 上的点,则$\triangle CPQ$ 的外心 O 为$\triangle CGH$ 的垂心的充要条件是 M,G,H,N 四点共线.

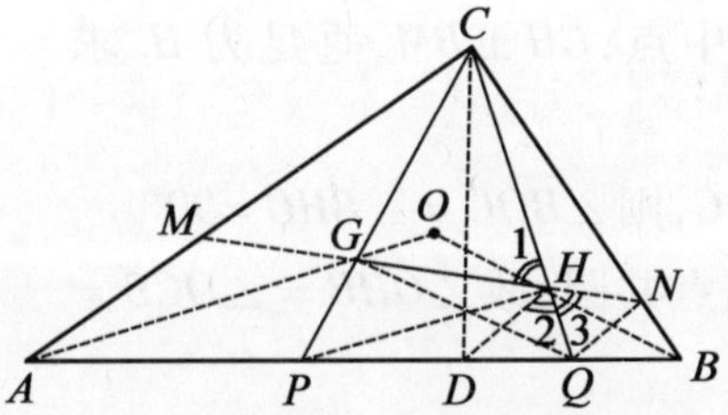

图 35.11

证明 作 $CD\perp AB$ 于点 D,则$\angle ACD=\angle B$,且 $CD=CN$.

由 $AQ=AC$,有

$$\angle B+\angle DCQ=\angle ACD+\angle DCQ=\angle ACQ=\angle AQC=\angle B+\angle QCB$$

从而$\angle DCQ=\angle QCB$,即 QC 平分$\angle DCB$. 同理,PC 平分$\angle ACD$. 故知$\angle PCQ=45°$.

此时,还有$\triangle CDH\cong\triangle CNH$.

充分性:当 M,G,H,N 四点共线时,由 $CM=CN$,知$\angle CNH=45°$.

于是,$\angle CDH=45°$,即知 DH 平分$\angle CDB$,从而 H 为$\triangle CDB$ 的内心.

又 O 为$\triangle CPQ$ 的外心,即 O 在 PC 的中垂线上,则在等腰$\triangle CBP$ 中,B,H,O 三点共线,即 $HO\perp CG$.

同理,$GO\perp CH$. 故 O 为$\triangle CGH$ 的垂心.

必要性:当$\triangle CPQ$ 的外心 O 为$\triangle CGH$ 的垂心时,联结 HN,GQ,则 GO 为 QC

的中垂线.

于是 $QG=GC$. 而 $\angle PCQ=45°$,则 $\angle GQH=\angle GQC=45°$.

联结 PH,同理 $\angle HPG=\angle HPC=45°$. 于是,$P,Q,H,G$ 四点共圆,即有 $\angle 1=\angle CHG=\angle CPQ$.

又 H 在 PC 的中垂线上,有 $HC=HP$,且 $\angle HPC=45°$,推知 $PH\perp CQ$.

注意到 $CD\perp PQ$,从而 C,P,D,H 四点共圆,有 $\angle 2=\angle QHD=\angle CPQ$.

联结 QN. 由 $CD=CN$ 及 QC 平分 $\angle DCB$,知 $\triangle CDQ\cong\triangle CNQ$,有 $DQ=QN$.

又由 $\triangle CDH\cong\triangle CNH$,有 $DH=HN$,从而 $\triangle HDQ\cong\triangle HNQ$,即有 $\angle 2=\angle DHQ=\angle QHN=\angle 3$.

于是 $\angle 1=\angle CHG=\angle 2=\angle 3=\angle QHN$,即知 G,H,N 三点共线.

同理 M,G,H 三点共线. 故 M,G,H,N 四点共线.

例 7 如图 35.12,AB 是半圆 O 的直径,C 是 $\overset{\frown}{AB}$ 的中点,M 是弦 AC 的中点,$CH\perp BM$,垂足为 H. 求证:$CH^2=AH\cdot OH$.

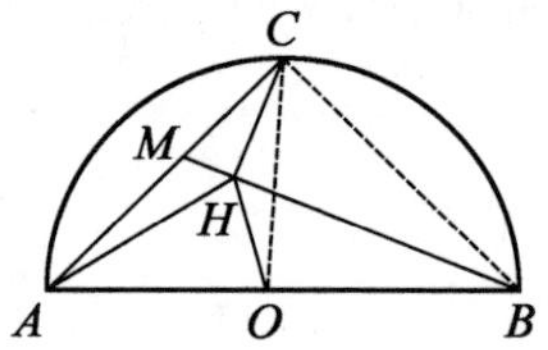

图 35.12

证明 联结 OC,BC,则 $\angle BOC=\angle BHC=90°$.

从而 O,B,C,H 四点共圆,故 $\angle OHB=\angle OCB=45°$.

又因为 $\angle BCM=90°$,$CH\perp BM$,且 M 为 AC 的中点,所以 $AM^2=CM^2=MH\cdot MB$,即 $\dfrac{HM}{AM}=\dfrac{AM}{BM}$.

于是 $\triangle AMH\backsim\triangle BMA$,即有 $\angle MAH=\angle MBA$, $\angle AHM=\angle BAM=45°$.

从而 $\angle AHM=\angle BHO$,可知 $\triangle AMH\backsim\triangle BOH$,即 $\dfrac{AH}{BH}=\dfrac{MH}{OH}$,亦即 $AH\cdot OH=MH\cdot BH$.

又因为 $CH^2=MH\cdot HB$,故 $CH^2=AH\cdot OH$.

思考题

1. 正方形 $ABCD$ 被两条与边平行的线段 EF,GH 分割成四个小矩形,P 是 EF 与 GH 的交点. 若矩形 $PFCH$ 的面积恰是矩形 $AGPE$ 面积的 2 倍,试确定 $\angle HAF$ 的大小并证明你的结论.

2.(2004年第7届香港数学奥林匹克)在$\triangle ABC$中,P,Q分别是边AB,AC上的点,且使得$\angle APC=\angle AQB=45°$,过点$P$作边$AB$的垂线与$BQ$交于点$S$,过点$Q$作边$AC$的垂线与$CP$交于点$R$.设$D$是$BC$上的点,且使得$AD\perp BC$.证明:$PS,AD,QR$三线共点,且$SR/\!/BC$.

3.AM和AN是圆O的切线,M,N是切点,L是劣弧$\overset{\frown}{MN}$上异于M,N的点,过点A平行于MN的直线分别交直线ML,NL于点P和Q.若$\angle POQ=45°$,求证:$S_{圆O}=2\pi S_{\triangle OPQ}$.

4.(2010年第60届捷克和斯洛伐克数学奥林匹克题)求满足下列性质的三角形各个角的度数:若K,M分别为边AB,AC上的点,BM与CK交于点L,则四边形$AKLM$的外接圆与四边形$KBCM$的外接圆相等.

5.(2012年第62届白俄罗斯数学奥林匹克题)以锐角$\triangle ABC$的边AB,AC为边向形外分别作正方形,其中心分别为C_1,B_1,以C_1B_1为边作正方形C_1B_1DE,使得点A,D分别位于直线C_1B_1的两侧.证明:正方形C_1B_1DE的中心在直线BC上.

思考题　参考解答

1.猜测$\angle FAH=45°$,证明如下:

如图35.13,设$AG=a,BG=b,AE=x,ED=y$.则联立方程$a+b=x+y,2ax=by$,得$a-x=y-b$,即

$$a^2-2ax+x^2=y^2-2by+b^2=y^2-4ax+b^2$$

从而$(a+x)^2=b^2+y^2$,亦即$a+x=\sqrt{b^2+y^2}=FH$.

于是$DH+BF=FH$.

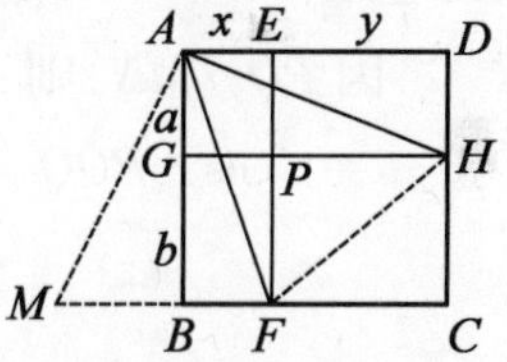

图35.13

延长CB至M,使$BM=DH$,联结AM,由$\mathrm{Rt}\triangle ABM\cong\mathrm{Rt}\triangle ADH$,有$AM=AH$,$\angle MAB=\angle HAD$,从而

$$\angle MAH=\angle MAB+\angle BAH=\angle BAH+\angle HAD=90°$$

再由$\triangle AMF\cong\triangle AHF$(边,边,边),知$\angle MAF=\angle HAF$.故

$$\angle HAF=\frac{1}{2}\angle MAH=45°$$

注:由此例,在图35.13中,有$\angle HAF=45°\Leftrightarrow S_{四边形PFCH}=2S_{四边形AGPE}$.

2.如图35.14,设QR,AD的延长线交于点E,下面证明直线PE和PS重合.

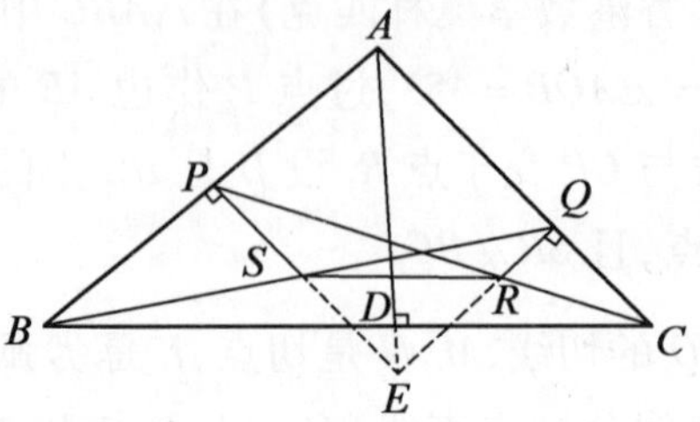

图 35.14

注意到$\angle ABQ = 135° - \angle BAC = \angle ACP$. 则 B,P,Q,C 四点共圆.

于是$\angle APQ = \angle ACB$.

又$\angle AEQ = 90° - \angle EAC = \angle ACB$,从而 A,P,E,Q 四点共圆.

于是$\angle APE = 180° - \angle AQE = 90°$. 所以 $PE \perp AP$.

因此,PE,PS 重合且 PS,AD,QR 三线共点.

由$\angle BQE = 90° - 45° = \angle CPE$,即知 P,Q,R,S 四点共圆.

从而$\angle QPR = \angle QSR$. 因为 B,P,Q,C 四点共圆,所以$\angle QPR = \angle QBC$.

因此,$\angle QBC = \angle QSR$,即 $SR /\!/ BC$.

3. 如图 35.15,联结 OA,OM,设$\angle AOP = \alpha$, $\angle AOQ = \beta$.

由 AM,AN 是圆 O 的两条切线,知 $AM = AN$,且 $AO \perp MN$.

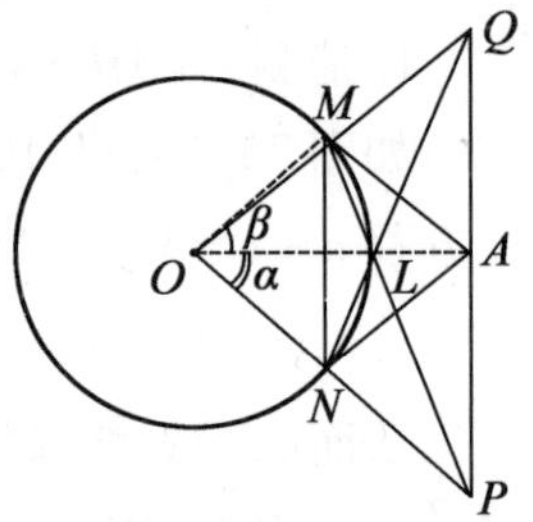

图 35.15

因 $PQ /\!/ MN$,则 $AO \perp PQ$,从而

$$\begin{aligned}\cos\angle POQ &= \cos(\alpha+\beta)\\ &= \cos\alpha\cos\beta - \sin\alpha\sin\beta\\ &= \frac{OA}{OP}\cdot\frac{OA}{OQ} - \frac{AP}{OP}\cdot\frac{AQ}{OQ}\\ &= \frac{OA^2 - AP\cdot AQ}{OP\cdot OQ}\end{aligned}$$

又$\angle AMP = \angle MNL = \angle AQN$, $\angle APM = \angle PMN = \angle ANQ$,则$\triangle AMP \backsim \triangle AQN$,有$\frac{AM}{AQ} = \frac{AP}{AN}$,即有

$$AP\cdot AQ = AM\cdot AN = MA^2$$

从而

$$\cos\angle POQ = \frac{OA^2 - AM^2}{OP\cdot OQ} = \frac{OM^2}{OP\cdot OQ}$$

当$\angle POQ=45°$时,有$OM^2=\frac{\sqrt{2}}{2}OP\cdot OQ$.

从而$S_{圆O}=\pi OM^2=\frac{\sqrt{2}}{2}\pi OP\cdot OQ$.

又$S_{\triangle OPQ}=\frac{1}{2}\sin\angle POQ\cdot OP\cdot OQ=\frac{\sqrt{2}}{4}OP\cdot OQ$.

故$S_{圆O}=2\pi S_{\triangle POQ}$.

4. 如图35.16,若C,M,K,B四点共圆,则

$$\angle CMB=\angle CKB$$

若A,K,L,M四点共圆,则

$$\angle AML+\angle AKL=180°$$

故 $$\angle CMB=\angle CKB=\angle AML=\angle AKL=90°$$

从而,L为$\triangle ABC$的垂心.

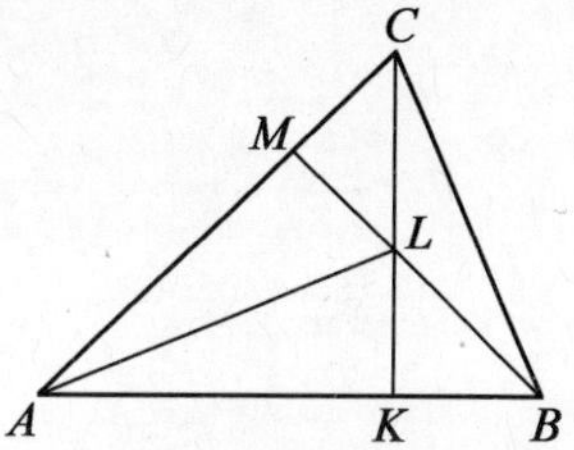

图35.16

因此,四边形$AKLM$的外接圆与四边形$KBCM$的外接圆相等$\Leftrightarrow AL=BC$.

设$\triangle ABC$的三个内角分别为α,β,γ. 由

$$\angle BCK=\angle BAL=90°-\beta\Rightarrow\triangle AKL\cong\triangle CKB$$

故 $$AL=BC\Leftrightarrow AK=CK\Leftrightarrow\triangle AKC\text{为等腰直角三角形}$$

从而,$\alpha=45°\Rightarrow\beta+\gamma=135°$.

综上,满足题意的解为$(\alpha,\beta,\gamma)=(45°,45°+\varphi,90°-\varphi)$,其中,$\varphi\in(0°,45°)$.

5. 如图35.17,作$AH\perp BC$于点H.

因为$\angle AB_1C=90°$,所以,$\angle AHC+\angle AB_1C=180°$.

从而,A,B_1,C,H四点共圆.

又$AB_1=B_1C$,则HB_1平分$\angle AHC$.

于是,$\angle AHB_1=\angle B_1HC=45°$.

同理,$\angle AHC_1=\angle C_1HB=45°$.

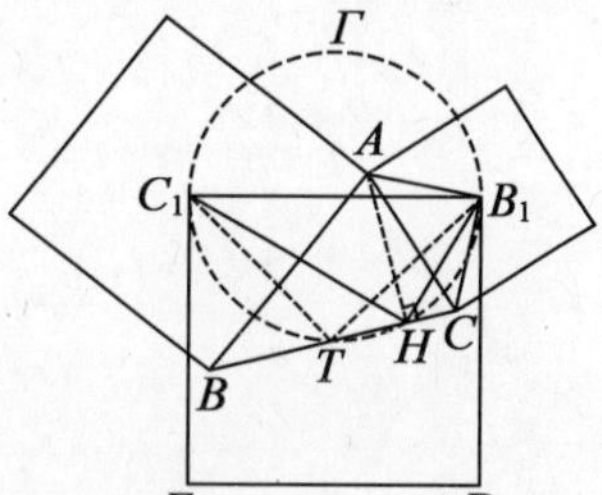

图35.17

设以B_1C_1为直径的圆为圆Γ.

由$\angle C_1HB_1=\angle C_1HA+\angle AHB_1=90°$,知点$H$在圆$\Gamma$上.

设T是圆Γ与BC的另一个交点. 则

$$\angle C_1B_1T=\angle C_1HT=45^\circ$$

$$\angle TC_1B_1=\angle B_1HC=45^\circ$$

因此,$\triangle C_1TB_1$ 是一个等腰直角三角形.

故点 T 在边 BC 上,且为正方形 C_1B_1DE 的中心.

若点 T 与 H 重合,即圆 Γ 与 BC 相切,则

$$\angle C_1B_1H=\angle C_1HB=45^\circ$$

且

$$\angle B_1C_1H=\angle B_1HC=45^\circ$$

因此,H 即为正方形 C_1B_1DE 的中心.

第 36 章　含 60°角的非正三角形①

性质 1　三角形的三内角的量度成等差数列的充分必要条件是其含有 60°的内角.

性质 2　非钝角三角形的顶点到其垂心的距离等于外接圆半径的充分必要条件是该顶点处的内角为 60°.

证明　当三角形为直角三角形时结论显然成立. 下面设 H 为锐角$\triangle ABC$ 的垂心,记$\triangle ABC$ 三内角为 A,B,C,如图 36.1 所示.

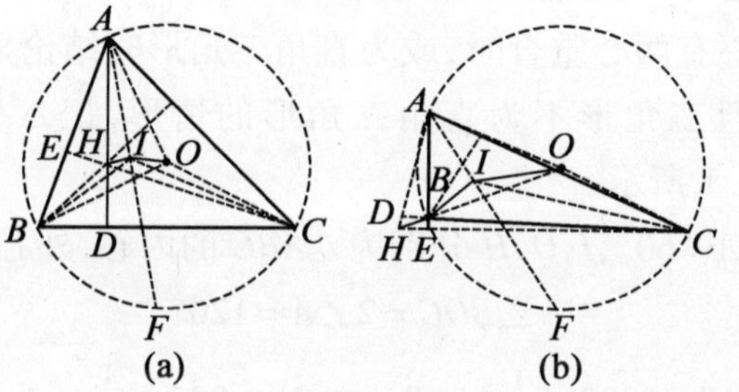

图 36.1

充分性:设 $A=60°$,$\triangle ABC$ 的外接圆半径为 R,直线 AH 交直线 BC 于点 D,直线 CH 交直线 AB 于点 E. 由垂心性质知,B,D,H,E 四点共圆,有$\angle AHE$ 与$\angle DBE$ 相等或相补. 在 $\mathrm{Rt}\triangle AEH$ 中,有

$$\frac{AE}{AH}=\cos\angle EAH=\cos(90°-\angle DBE)=\sin B(\text{图 }36.1(\mathrm{a}))$$

或

$$\begin{aligned}\cos\angle EAH&=\cos(90°-\angle AHE)=\cos[90°-(180°-\angle DBE)]\\&=\cos(\angle DBE-90°)=\sin B(\text{图 }36.1(\mathrm{b}))\end{aligned}$$

即有 $AH=\dfrac{AE}{\sin B}$.

---

① 沈文选. 含有 60°内角的三角形的性质及应用[J]. 中学数学,2003(1):47-49.

又在 Rt$\triangle AEC$ 中,$\frac{AE}{AC}=\cos\angle BAC=\frac{1}{2}$,即 $AE=\frac{1}{2}AC$,注意到正弦定理,有

$$AH=\frac{AE}{\sin B}=\frac{AC}{2\sin B}=\frac{2R\sin B}{2\sin B}=R$$

必要性:设 CE 为边 AB 上的高,AD 为边 BC 上的高,由 $AH=R$(R 为$\triangle ABC$ 外接圆的半径),注意到 B,D,H,E 四点共圆,有 $AE=R\sin\angle AHE=R\sin B$(注意 $\sin(180°-B)=\sin B$),则

$$CE=AE\tan A=R\sin B\tan A$$

又 $CE=BC\sin B=2R\sin A\sin B$,从而 $2\sin A=\tan A$,求得 $A=60°$.

注:必要性也可由$\angle BOC=2A$ 及三角形顶点 A 到垂心 H 的距离等于外心 O 到对边 BC 的距离的 2 倍来证明.

性质 3 非钝角三角形的两顶点与其内心、外心、垂心中的两心四点共圆的充分必要条件是另一顶点处的内角为 60°.

证明 当三心有两心重合时,或为直角三角形时结论显然成立. 下面讨论三心两两不重合且三角形不为直角三角形的情形,记$\triangle ABC$ 三内角为$\angle A$,$\angle B$,$\angle C$,如图 36.1 所示.

充分性:设$\angle A=60°$,I,O,H 分别为$\triangle ABC$ 的内心,外心,垂心,此时

$$\angle BOC=2\angle A=120°$$

$$\angle BIC=180°-\frac{1}{2}(\angle B+\angle C)=90°+\frac{1}{2}\angle A=120°$$

$$\angle BHC=180°-\angle HBC-\angle HCB=\angle B+\angle C=120°$$

故 B,H,I,O,C 五点共圆,显然有 B,H,I,C;B,H,O,C;B,I,O,C 分别四点共圆.

注:若联结 AI 并延长交圆 O 于点 F,则由内心性质知 $IF=FB=FC$,即上述圆的圆心为 F,且该圆与$\triangle ABC$ 的外接圆是等圆.

必要性:由 H 为其垂心,则

$$\begin{aligned}\angle BHC&=180°-\angle HBC-\angle HCB=180°-(90°-\angle C)-(90°-\angle B)\\&=\angle B+\angle C\end{aligned}$$

由 I 为其内心,则

$$\begin{aligned}\angle BIC&=180°-\angle IBC-\angle ICB=180°-\frac{1}{2}(\angle B+\angle C)\\&=180°-\frac{1}{2}(180°-\angle A)=90°+\frac{1}{2}\angle A\end{aligned} \quad ①$$

由 O 为其外心，则

$$\angle BOC=2\angle A \qquad ②$$

若 B,H,I,C 四点共圆，则 $\angle BHC=\angle BIC$ 或 $\angle BHC+\angle BIC=180°$，即由式①有

$$\angle B+\angle C=90°+\frac{1}{2}\angle A$$

两边加上 $\angle A$，或由式①，有

$$\angle A+\frac{1}{2}\angle A+90°=180°$$

均求得 $\angle A=60°$.

若 B,H,O,C 四点共圆，则 $\angle BHC=\angle BOC$ 或 $\angle BHC+\angle BOC=180°$，即由式②，有 $\angle B+\angle C=2\angle A$ 或 $\angle A+2\angle A=180°$，均可求得 $\angle A=60°$.

若 B,I,O,C 四点共圆，则 $\angle BIC=\angle BOC$，即由式①，②有

$$90°+\frac{1}{2}\angle A=2\angle A$$

求得 $\angle A=60°$.

综上，必要性获证.

性质 4 在含有 $60°$ 内角的非直角三角形中，有：

(1) 其内心与外心的距离等于其内心与垂心的距离；

(2) 其外心与垂心的连线平分含有 $60°$ 内角的两边上的高线所成的锐角；

(3) 其外心与垂心距离的 $\sqrt{3}$ 倍等于另外两顶点到垂心距离差的绝对值或等于另外两顶点到垂心的距离和.

证明 (1) 如图 36.2，设 I,O,H 分别为 $\triangle ABC$ 的内心，外心和垂心，联结 AI,AO,OC，则

$$\angle OAC=\angle OCA=\frac{1}{2}(180°-\angle AOC)=90°-\frac{1}{2}\angle AOC$$
$$=90°-\angle ABC=\angle BAH$$

或

$$\angle OAC=\angle OCA=90°-\frac{1}{2}\angle AOC=90°-(180°-\angle ABC)$$
$$=\angle ABC-90°=\angle BAH$$

又 I 为 $\triangle ABC$ 的内心，有 $\angle IAC=\angle IAB$，于是在 $\triangle HAI$ 和 $\triangle OAI$ 中，AI 公用，

$\angle HAI=\angle IAO$,由性质 2 有 $AH=R=AO$,从而$\triangle HAI\cong\triangle OAI$,故 $IH=IO$.

(2)如图 36.2,设 O,H 分别为$\triangle ABC$ 的外心,垂心.

联结 OB,OC,由性质 3 知 B,H,O,C 四点共圆,对于图 36.2(a),有

$$\angle EHO=\angle OCB=30^\circ,\angle OHC=\angle OBC=30^\circ$$

OH 平分$\angle EHC$ 对于图 36.2(b),有

$$\angle BHO=\angle BCO=30^\circ,\angle OHC=\angle OBC=30^\circ$$

即 OH 平分$\angle EHC$,从而结论获证.

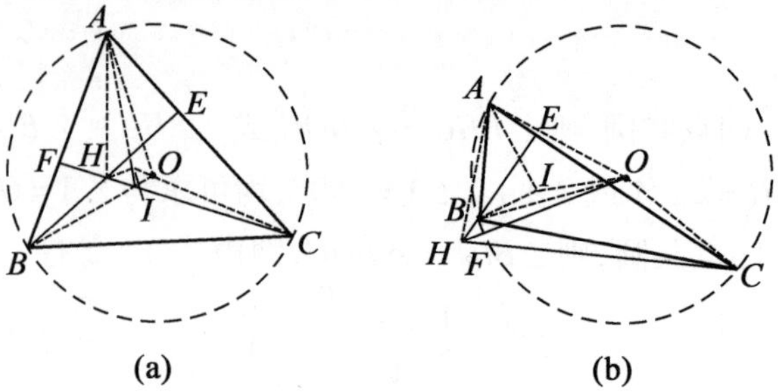

图 36.2

(3)此即为 2002 年全国高中联赛题.

令圆 O 的半径为 R,则

$$OB=OC=R,BC=\sqrt{3}R$$

由 B,H,O,C 四点共圆,在此圆中应用托勒密(Ptolemy)定理,有

$$OH\cdot BC+BH\cdot OC=BO\cdot HC$$

即
$$\sqrt{3}R\cdot OH+R\cdot BH=R\cdot HC$$

故当 $HC>BH$ 时,有

$$\frac{HC-BH}{OH}=\sqrt{3}$$

注:若 $AB>AC$,$\angle A=60^\circ$,I,H 分别为$\triangle ABC$ 的内心与垂心,则可推证有 $2\angle AHI=3\angle ABC$.

性质 5 设 I,H 分别为$\triangle ABC$ 的内心和垂心,A_1 为$\triangle BHC$ 的外心,则 A,I,A_1 三点共线的充要条件是$\angle BAC=60^\circ$.

证明 如图 36.3,设 O 为$\triangle ABC$ 的外心,联结 BA_1,CA_1,BH,CH,则

$$\angle BHC=180^\circ-\angle BAC$$

$$\angle BA_1C=2(180°-\angle BHC)=2\angle BAC$$

因此

$$\angle BAC=60°$$

$$\Leftrightarrow \angle BAC+\angle BA_1C=180°$$

$\Leftrightarrow A_1$ 在 $\triangle ABC$ 的外接圆圆 O 上

$\Leftrightarrow AI$ 与 AA_1 重合

$\Leftrightarrow A,I,A_1$ 三点共线

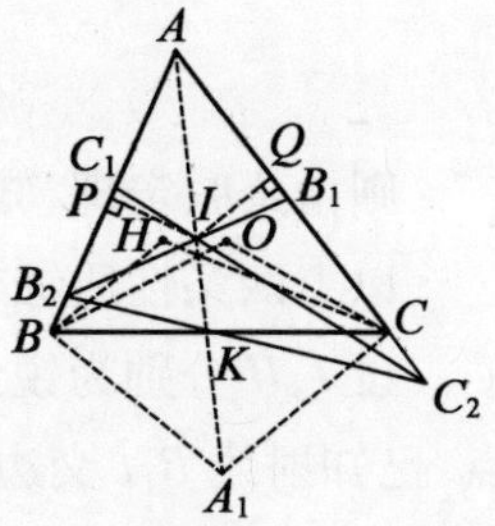

图 36.3

性质 6 设 I 为 $\triangle ABC$ 的内心，B_1,C_1 分别为 AC,AB 的中点，直线 B_1I 交直线 AB 于点 B_2，直线 C_1I 交直线 AC 于点 C_2，则 $S_{\triangle ABC}=S_{\triangle AB_2C_2}$ 的充要条件是 $\angle BAC=60°$.

证明 如图 36.3，作 $IP\perp AB$ 于点 P，作 $IQ\perp AC$ 于点 Q. 则

$$S_{\triangle AB_1B_2}=\frac{1}{2}IP\cdot AB_2+\frac{1}{2}IQ\cdot AB_1 \quad ①$$

设 $IP=r$（r 为 $\triangle ABC$ 内切圆的半径），则 $IQ=r$，又令 $BC=a,CA=b,AB=c$，则

$$r=\frac{2S_{\triangle ABC}}{a+b+c}$$

注意到

$$S_{\triangle AB_1B_2}=\frac{1}{2}AB_1\cdot AB_2\sin A \quad ②$$

由式①，②及 $AB_1=\frac{b}{2}$，$2AB_1\sin A=h_c=\frac{2S_{\triangle ABC}}{c}$，有

$$AB_2\left(\frac{2S_{\triangle ABC}}{c}-2\cdot\frac{2S_{\triangle ABC}}{a+b+c}\right)=b\cdot\frac{2S_{\triangle ABC}}{a+b+c}$$

则 $$AB_2=\frac{bc}{a+b-c}$$

同理

$$AC_2=\frac{bc}{a+c-b}$$

由 $S_{\triangle BKB_2}=S_{\triangle CKC_2}$，有 $S_{\triangle ABC}=S_{\triangle AB_2C_2}$，于是

$$bc=\frac{bc}{a+b-c}\cdot\frac{bc}{a+c-b}$$

则由余弦定理,知$\angle BAC=60°$.

以上两条性质综合起来即为2003年冬令营试题:

设I,H分别为锐角$\triangle ABC$的内心和垂心,点B_1,C_1分别为边AC,AB的中点.已知射线B_1I交边AB于点$B_2(B_2\neq B)$,射线C_1I交AC的延长线于点C_2,B_2C_2与BC交于点K,A_1为$\triangle BHC$的外心.试证:A,I,A_1三点共线的充分必要条件是$\triangle BKB_2$和$\triangle CKC_2$的面积相等.

性质7 设点I为$\triangle ABC$的内心,a,b,c为三边长,直线BI交AC于点E,直线CI交AB于点F,则$\angle BAC=60°$的充要条件是$\frac{1}{IB}+\frac{1}{IC}=\frac{1}{IE}$(或$\frac{1}{IF}$).

证明 由$ab\cdot\sin^2\frac{C}{2}=ab(1-\cos C)=(p-a)(p-b)$,有

$$\sin\frac{C}{2}=\sqrt{\frac{(p-a)(p-b)}{ab}}$$

其中$p=\frac{1}{2}(a+b+c)$.同理

$$\sin\frac{B}{2}=\sqrt{\frac{(p-a)(p-c)}{ac}}$$

则

$$\frac{1}{IB}+\frac{1}{IC}=\frac{1}{IE}\Leftrightarrow 1+\frac{IB}{IC}=\frac{IB}{IE}\Leftrightarrow 1+\frac{\sin\frac{C}{2}}{\sin\frac{B}{2}}=\frac{a+c}{b}$$

$$\Leftrightarrow bc=4(p-b)(p-c)$$

$$\Leftrightarrow \sin\frac{A}{2}=\sqrt{\frac{(p-b)(p-c)}{bc}}=\frac{1}{2}$$

$$\Leftrightarrow \angle BAC=60°$$

性质8 设点I为$\triangle ABC$的内心,射线BI交AC于点E,射线CI交AB于点F,过I作直线垂直于EF并交EF于点P,交BC于点Q,则$IQ=2IP$的充要条件是$\angle A=60°$.

证明 设$\angle BEF=\beta$, $\angle CFE=\gamma$, $\angle ABC=\angle B$, $\angle ACB=\angle C$,则

$$\angle IQC=90^\circ+\gamma-\frac{\angle C}{2},\angle IEC=\angle A+\frac{\angle B}{2}=90^\circ+\frac{\angle A-\angle C}{2}$$

由$\angle BIC=180^\circ-(\beta+\gamma)=90^\circ+\frac{\angle A}{2}$,有

$$\beta+\gamma=90^\circ-\frac{\angle A}{2}=\frac{\angle B+\angle C}{2}$$

即

$$2\beta-\angle B=-(2\gamma-\angle C)$$

于是

$$IQ=2IP\Leftrightarrow 2=\frac{IQ}{IP}=\frac{IQ}{IC}\cdot\frac{IC}{IE}\cdot\frac{IE}{IP}$$

$$\Leftrightarrow 2=\frac{\sin\frac{\angle C}{2}}{\cos(\gamma-\frac{\angle C}{2})}\cdot\frac{\cos\frac{\angle C-\angle A}{2}}{\sin\frac{\angle C}{2}}\cdot\frac{1}{\sin\beta}$$

即

$$2\sin\beta\cdot\cos(\gamma-\frac{\angle C}{2})=\cos\frac{\angle C-\angle A}{2}$$

且

$$2=\frac{\sin\frac{\angle B}{2}}{\cos(\beta-\frac{\angle B}{2})}\cdot\frac{\cos\frac{\angle B-\angle A}{2}}{\sin\frac{\angle B}{2}}\cdot\frac{1}{\sin\gamma}$$

亦即

$$2\sin\gamma\cdot\cos(\beta-\frac{\angle B}{2})=\cos\frac{\angle B-\angle A}{2}$$

$$\Leftrightarrow\sin(2\beta-\frac{\angle B}{2})=2\sin\frac{\angle C}{2}\cdot\sin\frac{\angle A}{2}$$

且

$$\sin(2\gamma-\frac{\angle C}{2})=2\sin\frac{\angle B}{2}\cdot\sin\frac{\angle A}{2}$$

$$\Leftrightarrow\sin(2\beta-\frac{\angle B}{2})\cdot\sin\frac{\angle B}{2}=\sin(2\gamma-\frac{\angle C}{2})\cdot\sin\frac{\angle C}{2}$$

$$\Leftrightarrow\cos 2\beta-\cos(2\beta-\angle B)=\cos 2\gamma-\cos(2\gamma-\angle C)$$

$$\Leftrightarrow\cos 2\beta=\cos 2\gamma$$

$$\Leftrightarrow\beta=\gamma$$

$$\Leftrightarrow IE=IF$$

$$\Leftrightarrow \sin\left(90^\circ-\frac{\angle A}{2}-\frac{\angle B}{2}\right)=2\sin\frac{\angle C}{2}\cdot\sin\frac{\angle A}{2}$$

$$\Leftrightarrow \sin\frac{\angle C}{2}=2\sin\frac{\angle C}{2}\cdot\sin\frac{\angle A}{2}$$

$$\Leftrightarrow \sin\frac{\angle A}{2}=\frac{1}{2}$$

$$\Leftrightarrow \angle A=60^\circ$$

性质9 含有60°内角的三角形其内切点三角形也含有60°内角.

性质10 如图36.4,若锐角$\triangle ABC$中,$A=60^\circ$,$AB=c$,$AC=b$,$b>c$,$\triangle ABC$的垂心和外心分别为H和O,OH与AB,AC分别交于点X,Y,则:

(1)$\triangle AXY$的周长为$b+c$;

(2)$OH=b-c$.

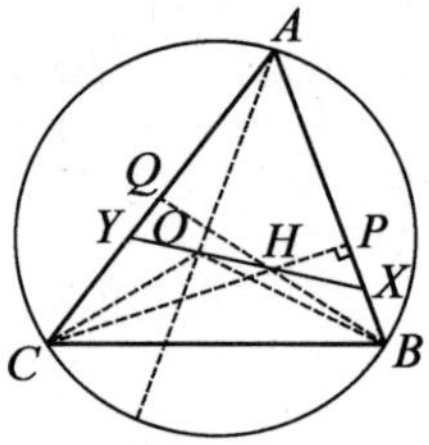

图36.4

证明 (1)易知

$$\angle COB=2A=120^\circ$$

$$\angle CHB=A+2(90^\circ-A)=120^\circ$$

因此,C,O,H,B四点共圆.

又$CP\perp AB$,则

$$\angle AXH=90^\circ-\angle XHP=90^\circ-\angle OHC=90^\circ-\angle OBC=60^\circ$$

故

$$\angle HXB=120^\circ$$

由$\angle ABH=30^\circ$,知$\angle XHB=30^\circ$,所以$HX=XB$.同理,$YH=CY$,故

$$AY+YX+AX=AY+YC+AX+XB=b+c$$

(2)设$AO=R$,则

$$b-c=2R(\sin B-\sin C)$$

易知

$$OH=BC\cdot\frac{\sin\angle OCH}{\sin\angle CHB}=2R\sin A\cdot\frac{\sin\angle OCH}{\sin\angle CHB}$$

$$=2R\sin\angle OCH=2R\sin(B-A)$$

故

$$b-c=OH\Leftrightarrow\sin(120°-C)-\sin C=\sin(60°-C)$$

$$\Leftrightarrow\frac{\sqrt{3}}{2}\cos C+\frac{1}{2}\sin C-\sin C=\frac{\sqrt{3}}{2}\cos C-\frac{1}{2}\sin C$$

上式显然成立,故原命题成立.

注:(1)若设 $XY=l$,则 $l-OH=2BX=2(c-l)$,$l+OH=2CY=2(b-l)$,由这两式即得 $OH=b-c$.

(2)此性质为 2004 ~2005 年度匈牙利数学奥林匹克题.

命题 1(2001 年第 42 届 IMO 第 5 题)　如图 36.5,在 $\triangle ABC$ 中,AP 平分 $\angle BAC$ 且交 BC 于点 P,BQ 平分 $\angle ABC$ 且交 CA 于点 Q. 已知 $\angle BAC=60°$,且 $AB+BP=AQ+QB$. 问 $\triangle ABC$ 的各角的度数的可能值是多少?

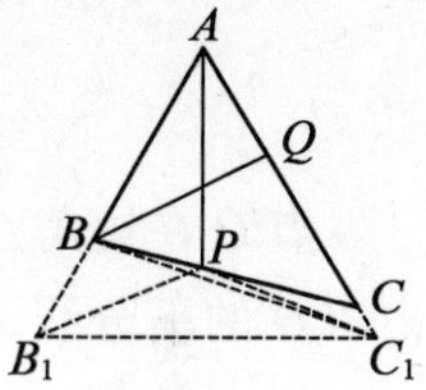

图 36.5

解　延长 AB 到 B_1 使 $BB_1=BP$,在 QC 或其延长线上取 C_1 使 $QC_1=QB$. 于是

$$AB_1=AB+BP=AQ+QB=AC_1$$

而 $\angle BAC=60°$,从而 $\triangle AB_1C_1$ 为正三角形,直线 AP 是 $\triangle AB_1C_1$ 的对称轴,即有

$$PC_1=PB_1,\angle PC_1A=\angle PB_1A=\angle BPB_1=\frac{1}{2}\angle ABC=\angle PBQ$$

又 $\angle QBC_1=\angle QC_1B$,则 $\angle PC_1B=\angle PBC_1$.

当点 P 不在 BC_1 上时,有

$$PC_1=PB$$

从而

$$PB_1=PC_1=PB=BB_1$$

即 $\triangle PBB_1$ 为正三角形,$\angle PBB_1=60°=\angle BAC$,矛盾($\angle PBB_1$ 是 $\triangle ABC$ 的外角,应大于 $\angle BAC$). 因此,点 P 应当在 BC_1 上,即 C 与 C_1 重合. 故

$$\angle BCA=\frac{1}{2}\angle ABC$$

由

$$\angle BCA+\angle ABC=180°-60°=120°$$

知 $\triangle ABC$ 的各角只有一种值,即

$$\angle BAC=60°,\angle ABC=80°,\angle BCA=40°$$

注:以上解法由福建的林常先生给出.

命题 2(1994 年保加利亚竞赛题)　如图 36.6,一个锐角 $\triangle ABC$,$\angle BAC=$

$60°$,点 H,O,I 分别是 $\triangle ABC$ 的垂心,外心和内心,如果 $BH = OI$. 求 $\angle ABC$ 和 $\angle ACB$.

解 首先可证明 H,O,I 三点在题设条件下两两不重合.

若点 H 与 I 重合,则由 $\angle BAC$ 及性质 3 知 B,H,O,C 共圆. 又 $BH = OI$,则 $\triangle BOC$ 的外接圆上对应的弧 $\overset{\frown}{BH} = \overset{\frown}{OI} = \overset{\frown}{OH}$,即有

$$\angle BCH = \frac{1}{2}\angle BCO = 15°$$

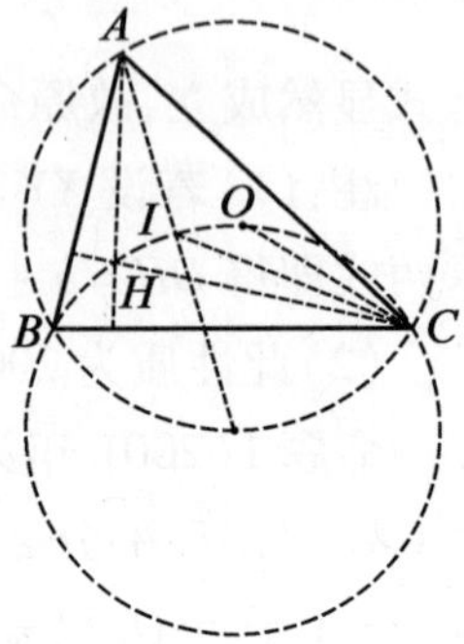

图 36.6

点 O 在锐角 $\triangle ABC$ 内部,当 H 与 I 重合时,CH 即是 $\angle BCO$ 的平分线,又是 $\angle BCA$ 的内分角线,这显然不可能,因而点 H 与点 I 不重合.

若点 H 与点 O 重合,则

$$\angle BCH = \angle BCO = 30°, \angle B = 90° - \angle BCH = 60°$$

从而 $\triangle ABC$ 是等边三角形,即有 O,I,H 三点重合,$OI = 0 < BH$ 与题设矛盾.

又点 O 与点 I 也不会重合,否则 $BH = 0$ 也矛盾. 下面求 $\angle ABC$ 和 $\angle ACB$.

由 $\angle BAC = 60°$及性质 3 知,B,H,I,O,C 五点共圆,且由性质 4(1)知,$HI = IO$,由题设 $BH = OI$,即有

$$BH = HI = IO$$

联结 IC,OC,则知

$$\overset{\frown}{BH} = \overset{\frown}{HI} = \overset{\frown}{IO}$$

亦即知

$$\angle BCH = \angle HCI = \angle ICO = \frac{1}{3}\angle BCO = 10°$$

由于 H 为垂心,知

$$\angle ABC - 90° - \angle BCH = 80°$$

从而

$$\angle ACB = 180° - \angle BAC - \angle ABC = 40°$$

为所求.

由上述命题 1,命题 2,又可得到:

性质 11　在锐角$\triangle ABC$中，$\angle A=60°$，H,I,O分别为$\triangle ABC$的垂心，内心和外心，联结AI并延长交BC于点P，联结BI交AC于点Q，则$BH=IO$的充要条件是$AB+BP=AQ+QB$.

性质 12　在含有$60°$角的三角形中，另两角的平分线与对边相交截得下段线段和等于$60°$角所对边长.

证明　如图 36.7，在$\triangle ABC$中，$\angle B=60°$，$\angle A$，$\angle C$的平分线分别与BC，AB交于点D,E，则AD与CE的交点I为$\triangle ABC$的内心.

从而$\angle AIC=90°+\frac{1}{2}\angle B=120°$，于是$\angle CID=60°$.

作$\angle AIC$的平分线IT交AC于点T，则$\triangle CID\cong\triangle CIT$，即知$CT=CD$.

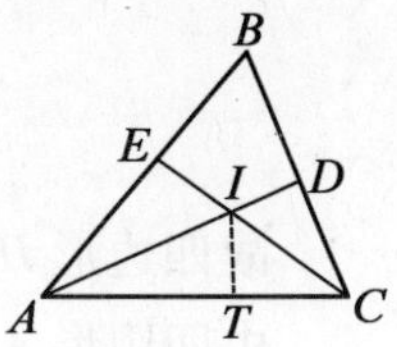

图 36.7

同理，$AE=AT$. 故

$$AE+CD=AT+CT=AC$$

思考题

1.（2010 年第 36 届俄罗斯数学奥林匹克题）在$\triangle ABC$中，$\angle A=60°$，BB_1，CC_1分别是$\angle B$，$\angle C$的平分线，证明：顶点A关于直线B_1C_1的对称点在边BC上.

2. $\triangle ABC$中，$\angle A>90°$，$AB>AC$，高线BE，CF交于点H，O为$\triangle ABC$的外心，且$AO=AH$，$\angle BAC$的平分线AD所在直线交BE，CF的延长线于点M,N. 求证：$HM=HN$.

3.（2015 年第 55 届乌克兰数学奥林匹克题）在凸四边形$ABCD$中，已知$\angle ABC=\angle BCD=120°$，$O$为对角线交点，$M$为$BC$的中点，$K$为$MO$与$AD$的交点，$\angle BKC=60°$. 证明：$\angle BKA=\angle CKD=60°$.

思考题　参考解答

1. 如图 36.8，设$\triangle ABC$的内心为I. 则

$$\begin{aligned}\angle B_1IC_1&=\angle BIC=180°-\angle IBC-\angle ICB\\&=180°-\frac{\angle ABC+\angle ACB}{2}\\&=180°-60°=120°\\&=180°-\angle B_1AC_1\end{aligned}$$

从而,四边形 AB_1IC_1 内接于圆. 故

$$\angle AC_1B_1=\angle AIB_1=\angle ABI+\angle BAI=\frac{\angle A+\angle B}{2}$$

同理,$\angle AB_1C_1=\frac{\angle A+\angle C}{2}$.

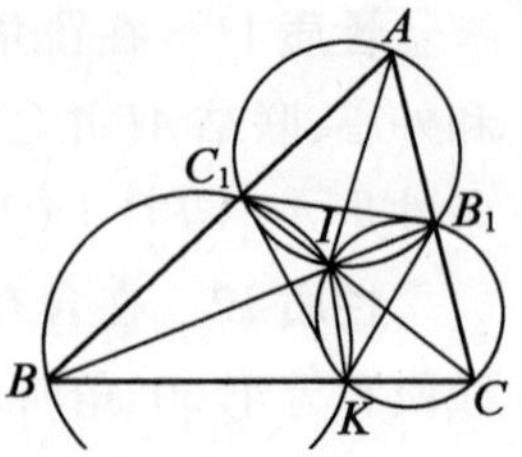

图 36.8

设$\triangle BC_1I$ 的外接圆与直线 BC 交于点 K(易知该交点不可能落在边 BC 的延长线上). 则

$$\begin{aligned}\angle IKC&=180^\circ-\angle BKI=\angle BC_1I\\&=180^\circ-\angle AC_1I=\angle AB_1I\\&=180^\circ-\angle IB_1C\end{aligned}$$

故四边形 IB_1CK 也内接于圆.

由四边形 AB_1IC_1,BC_1IK 和 IB_1CK 都内接于圆,知

$$\begin{aligned}\angle KC_1B_1&=\angle KC_1I+\angle IC_1B_1=\angle KBI+\angle IAB_1\\&=\frac{\angle A+\angle B}{2}=\angle AC_1B_1\end{aligned}$$

从而,$\triangle AB_1C_1\cong\triangle KB_1C_1$.

这表明,这两个三角形关于直线 B_1C_1 对称,顶点 A 与 K 亦关于 B_1C_1 对称.

因为点 K 在边 BC 上,所以,题中结论成立.

2. 如图 36.9,因为

$$AB>AC$$

$$\angle ABC<\angle ACB$$

$$\angle ACB+\frac{1}{2}\angle BAC>\angle ABC+\frac{1}{2}\angle BAC$$

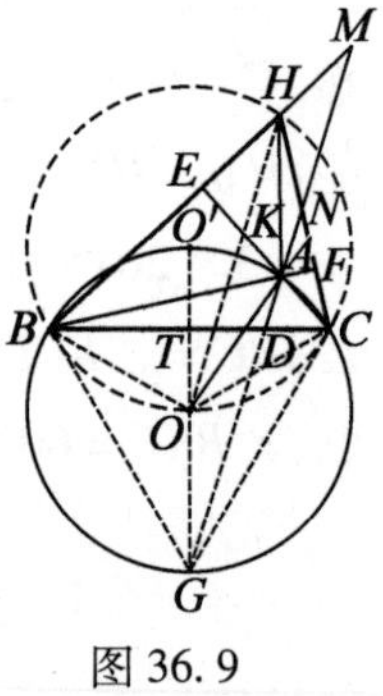

图 36.9

即

$$\angle ACB+\angle CAD>\angle ABC+\angle BAD$$

所以

$$\angle ADC<\angle ADB,\angle CDA<90^\circ$$

所以点 N 在 HF 上,点 M 在 BH 的延长线上.

延长 AD 交圆 O 于点 G,$\overset{\frown}{BG}=\overset{\frown}{CG}$,联结 BG,CG,GO,并延长 GO 交 BC 于点 T,交$\overset{\frown}{BAC}$于点 O',$O'G\perp BC$,垂足为 T,$OT=\frac{1}{2}AH$(三角形任一顶点到垂心的距

离等于外心到对边距离的 2 倍),所以

$$OT=\frac{1}{2}OA=\frac{1}{2}OB=\frac{1}{2}OC$$

$$\angle OBC=\angle OCB=30^\circ,\angle BOC=120^\circ$$

$$\angle BGC=\frac{1}{2}\angle BOC=60^\circ,\angle BAC=180^\circ-\angle BGC=120^\circ$$

又点 A 为 $\triangle HBC$ 的垂心,所以有

$$\angle BAC=\angle BHC+2(90^\circ-\angle BHC)$$

$$\angle BHC=60^\circ,\angle BHC+\angle BOC=180^\circ$$

所以 H,B,O,C 四点共圆.

又 $BO=OC,\overset{\frown}{BO}=\overset{\frown}{OC}$,联结 HO,则

$$\angle BHO=\angle CHO=\frac{1}{2}\angle BHC=30^\circ$$

记 HO 交 AE 于点 K,则

$$\angle EKH=90^\circ-\angle EHK=90^\circ-30^\circ=60^\circ$$

$$\angle EAM=\angle CAD=\frac{1}{2}\angle BAC=60^\circ$$

所以

$$\angle EKH=\angle EAM,KH/\!/AM$$

$$\angle M=\angle BHK=\angle KHN=\angle HNM$$

所以 $HM=HN$.

3. 令 AB 与 DC 交于点 E,如图 36.10 所示. 则 $\angle BEC=60^\circ$.

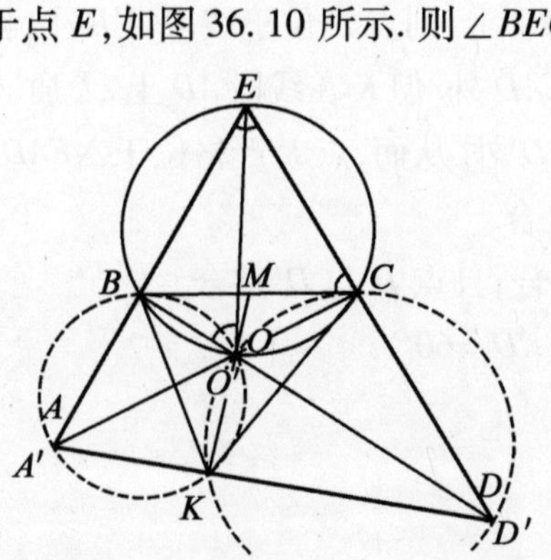

图 36.10

显然,$\angle KBC$,$\angle KCB$ 中的一个至少为 60°,不妨设 $\angle KBC \geqslant 60°$.

在 $\triangle BMK$ 中,$\angle KBM \geqslant 60° = \angle BKC > \angle BKM$.

于是,$MK > BM = \frac{1}{2}BC$.

从而,在线段 MK 上有点 O',使得

$$MK \cdot MO' = BM^2 = MC^2$$

因此,$\triangle BO'K$ 的外接圆,$\triangle CO'K$ 的外接圆均与 BC 相切.

所以,$\angle BKM = \angle O'BC$,$\angle CKM = \angle O'CB$. 故

$$\begin{aligned}\angle BO'C &= 180° - \angle O'BC - \angle O'CB \\ &= 180° - \angle BKM - \angle MKC \\ &= 180° - 60° = 120°\end{aligned}$$

于是,点 O' 在 $\triangle EBC$ 的外接圆上,令 BO' 与 CE 交于点 D',CO' 与 BE 交于点 A'.

由 B,E,C,O' 四点共圆,得

$$\angle BO'E = \angle BCE = 60° = \angle EBC = \angle EO'C$$

考虑 $\triangle O'EB$ 与 $\triangle EBD'$. 由两对角相等,知 $\angle BEO' = \angle ED'B$,则

$$\angle CKO' = \angle BCO' = \angle BEO' = \angle ED'B$$

从而,点 D' 在 $\triangle KO'C$ 的外接圆上. 类似地,点 A' 在 $\triangle BKO'$ 的外接圆上. 故

$$\angle A'KB = \angle A'O'B = 60° = \angle CO'D' = \angle CKD'$$

所以,A',K,D' 三点共线.

注意到,点 O 在线段 MK 上.

若点 O 位于线段 MO' 上,则点 A 位于线段 $A'B$ 上,点 D 位于线段 CD' 上. 从而,点 K 严格地位于 $\triangle EAD$ 外. 但 K 在线段 AD 上,矛盾. 若点 O 位于线段 MO' 外,则点 A,D 在线段 EA',ED' 外. 从而,点 K 严格位于 $\triangle EAD$ 内,再一次得到矛盾.

因此,点 O 与 O' 重合.

于是,点 A 与 A' 重合,且点 D 与 D' 重合.

从而,$\angle AKB = \angle CKD = 60°$.

第37章　含120°角的三角形

性质1　钝角三角形的钝角顶点到其垂心的距离等于其外接圆半径的充分必要条件是钝角为120°.

证法1　由垂径余弦公式,$AH=2R\cdot|\cos\angle BAC|$,知

$$AH=R\Leftrightarrow\angle BAC=120°(\angle BAC>90°时)$$

证法2　如图37.1,延长CO交圆O于点P,则PC为其直径,有$PB\perp BC$,$PA\perp AC$.

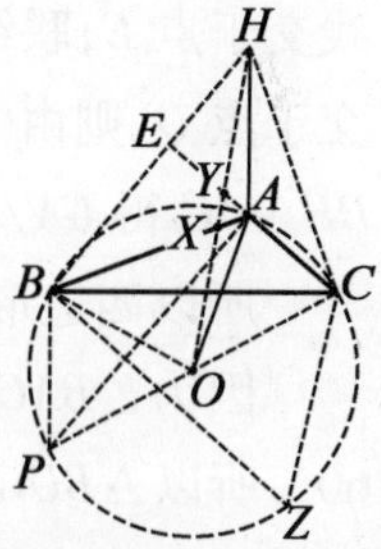

图37.1

因H为其垂心,有$HA\perp BC$,$HB\perp AC$,从而$BP/\!/HA$,$PA/\!/BH$.

即$AHBP$为平行四边形,有$AH=PB$.

于是$BP=R\Leftrightarrow\angle BPO=60°\Leftrightarrow\angle BAC=120°$.

推论1　在$\triangle ABC$中,$\angle BAC=120°$,O,H分别为其外心,垂心,联结OH与直线AB,AC分别交于点X,Y,则$HX=YO$.

事实上,由$AH=AO$及O,H为$\triangle ABC$的等角共轭点,有$\triangle AHY\cong\triangle AOX$即证.

推论2　在$\triangle ABC$中,$\angle BAC=120°$,O,H分别为其外心,垂心,$\angle B$,$\angle C$内的旁心分别为I_B,I_C,则$I_BO=I_BH$,$I_CO=I_CH$.

事实上,由$AH=AO$知,I_B,I_C均在OH的中垂线上.从而结论成立.

推论3　在$\triangle ABC$中,$\angle BAC=120°$,O,H分别为其外心,垂心,联结OH与直线AB,AC分别交于点X,Y,则$\triangle AXY$的周长为$AB-AC$(当$AB>AC$时).

事实上,由推论1的证明知,$\triangle AXY$为正三角形,即$AY=XY=AX$.

由$\angle XBO+\angle BOX=120°=\angle BOX+\angle YOC$,知$\angle XBO=\angle YOC$.

注意$BO=OC$,$\angle BXO=\angle OYC=60°$,即知$\triangle XBO\cong\triangle YOC$,有$BX=OY$,$OX=CY$,即$AB-AX=OX+AX=AC+AX+AX=AC+2AX$,从而$AB-AC=3AX$即证.

性质2　钝角三角形的钝角顶点为A,其外心O,垂心H与B,C四点共圆(共圆时与$\triangle ABC$的外接圆相等)的充要条件是$\angle BAC=120°$.

证明 如图 37.1,由

$$\angle BHC=180^\circ-\angle BAC$$

$$\angle BOC=2\angle BZC=360^\circ-2\angle BAC$$

则

$$\angle BHC+\angle BOC=180^\circ \Leftrightarrow (180^\circ-\angle BAC)+(360^\circ-2\angle BAC)=180^\circ$$

$$\Leftrightarrow \angle BAC=120^\circ$$

推论 4 如图 37.2,在 $\triangle ABC$ 中,$AB>AC$,$\angle BAC=120^\circ$,O,H 分别为 $\triangle ABC$ 的外心与垂心,则 $OH=AB+AC$.

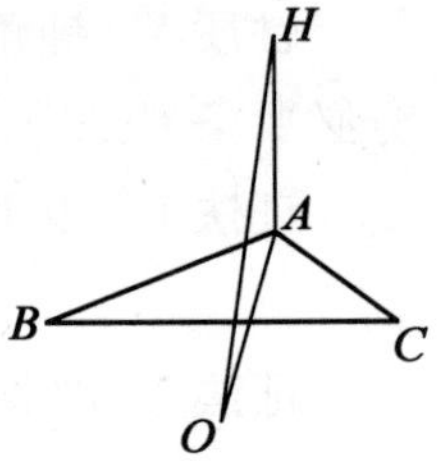

图 37.2

证法 1 如图 37.3,联结 CO 并延长与圆 O 相交于点 G,联结 BG,延长 HA 交 BC 于点 D,联结 BH 与 CA 的延长线交于点 E,联结 AG,BO,AO,设 OH 与 AB 交于点 P,与 AE 交于点 Q,则由 $HA\perp BC$,$GB\perp BC$ 得 $HA/\!/GB$;由 $GA\perp AC$,$BH\perp AC$ 得 $GA/\!/BH$.

所以四边形 $AHBG$ 为平行四边形,所以 $BG=AH$.

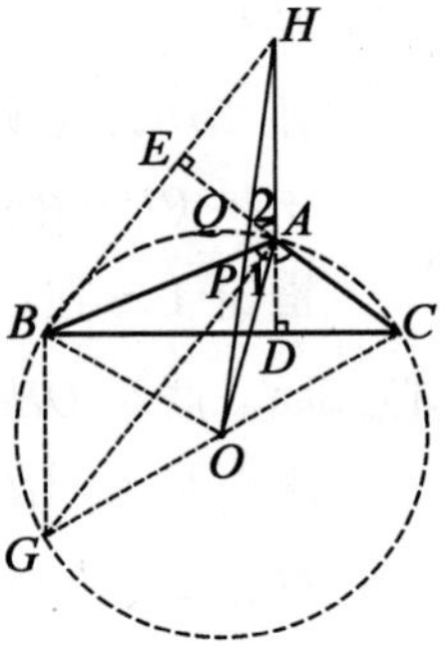

图 37.3

因为 $\angle BAC=120^\circ$,所以 $\angle BOC=120^\circ$,所以 $\angle BOG=60^\circ$,所以 $\triangle BOG$ 是等边三角形,所以有 $BG=OG=OA$,所以 $OA=AH$,所以 $\angle AHO=\angle AOH$.

因为 $\angle AGB=\dfrac{1}{2}\angle AOB$,$\dfrac{1}{2}\angle AOB+\angle 1=90^\circ$,所以 $\angle 1+\angle AGB=90^\circ$,所以 $\angle 1+\angle AHB=90^\circ$.

又 $\angle 2+\angle AHB=90^\circ$,所以 $\angle 1=\angle 2$,所以 $\triangle AHQ\cong\triangle AOP$,所以 $AQ=AP$,$HQ=OP$.

又 $\angle QAP=60^\circ$,所以 $\triangle AQP$ 为正三角形,所以 $\angle BPO=\angle CQO=60^\circ$.

又因为 $\angle QOC+\angle QCO=120^\circ$,$\angle BOP+\angle QOC=120^\circ$,所以 $\angle BOP=\angle QCO$,又 $BO=OC$,所以 $\triangle PBO\cong\triangle QOC$,所以 $PB=QO$,$PO=QC$.

又 $PO=QH$,所以

$$\begin{aligned}AB+AC&=AP+PB+AC=OQ+AQ+AC\\&=OQ+QC=OQ+PO\\&=OQ+QH=OH\end{aligned}$$

故 $OH=AB+AC$.

证法 2 注意到三角形的外心、垂心是其等角共轭点,则 $\angle 1=\angle 2$.

由垂径余弦公式 $AH=2R\cdot|\cos\angle BAC|=2R\cdot|\cos 120°|=R$，知 $AH=AO$，即 $\triangle AHO$ 为等腰三角形.

从而 $\triangle AHQ\cong\triangle AOP$.（下同证法 1）

证法 3 注意到 B,O,C,H 四点共圆. 有

$$\begin{aligned}OH&=\frac{BC}{\sin\angle CHB}\cdot\sin\angle OCH\\&=2R\sin\angle CAB\cdot\frac{\sin\angle OCH}{\sin\angle CHB}\\&=2R\sin\angle OCH\\&=2R\sin(\angle OCB+\angle BCH)\\&=2R\sin(A-B)\end{aligned}$$

又 $AB+AC=2R(\sin C+\sin B)=2R[\sin(60°-B)+\sin B]$，于是

$$OH=AB+AC$$
$$\Leftrightarrow\sin(A-B)=\sin(60°-B)+\sin B$$
$$\Leftrightarrow\sin(120°-B)=2\sin 30°\cos(30°-B)=\cos(30°-B)$$
$$\Leftrightarrow\frac{\sqrt{3}}{2}\cos B+\frac{1}{2}\sin B=\frac{\sqrt{3}}{2}\cos B+\frac{1}{2}\sin B$$

证法 4 由证法 1 知，$\triangle APQ$ 为正三角形，且其周长为 $3AP=AB-AC$. 于是

$$\begin{aligned}OH&=2OP+AP=2CQ+AP=2AC+3AP\\&=2AC+AB-AC=AB+AC\end{aligned}$$

推论 5 在 $\triangle ABC$ 中，$\angle BAC=120°$，D,H 为其外心与垂心，$\angle BAC$ 的平分线交直线 BH,CH 分别于点 M,N，则：(1) OH 平分 $\angle BHC$；(2) $MN/\!/HO$.

证明 如图 37.4，延长 CA 交 BH 于点 E. 则 $AE\perp BH$.

(1) 注意到 B,O,C,H 四点共圆，且 $\angle BHC=60°$，$OB=OC$，从而知 OH 平分 $\angle BHC$，即 $\angle BHO=\angle CHO=30°$.

(2) 注意 $AE\perp BH$，且 $\angle MAE=\angle TAC=60°$，从而 $\angle EMN=30°$. 故 $MN/\!/HO$.

注：(1) 此时，有 $HM=HN$.

(2) 如图 37.4，由圆 O 平移（沿 AH 方向）至圆 O'，知 TA 平移至 OH，有 $MN/\!/HO$（其中 T 为 $\angle BAC$ 的平分线与圆 O 的交点）.

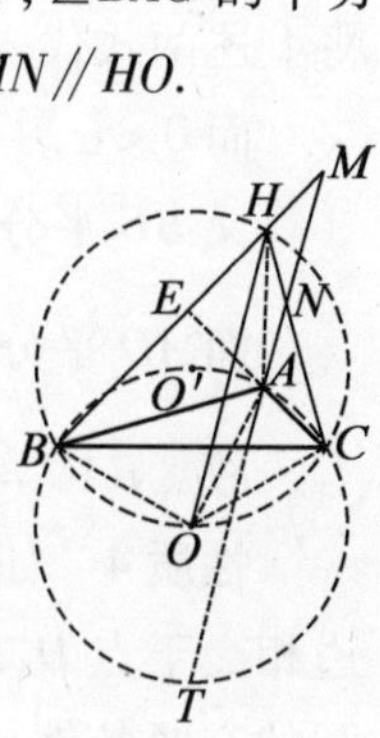

图 37.4

推论 6 在$\triangle ABC$中,$\angle BAC=120°$,O,H为其外心与垂心,则$\frac{BH+CH}{OH}=\sqrt{3}$.

事实上,注意B,O,C,H四点共圆,设圆O的半径为R.则由托勒密定理,有

$$BH\cdot OC+CH\cdot OB=OH\cdot BC$$

注意$OC=OB=R,BC=\sqrt{3}R$,故$\frac{BH+CH}{OH}=\sqrt{3}$.

性质 3 设AD,BE,CF分别为$\triangle ABC$的内角平分线,D,E,F分别在边上.则$\angle EDF=90°$的充要条件是$\angle BAC=120°$.

证明 如图 37.5,延长BA至G.

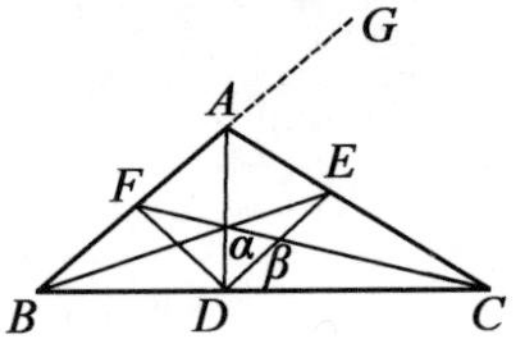

图 37.5

充分性:由$\angle BAC=120°$,知$\angle CAG=60°$,即知AC平分$\angle DAG$,又BE平分$\angle ABD$,从而E为$\triangle ABD$的旁心.于是知DE平分$\angle ADC$.

同理,DF平分$\angle ADB$.由此知$\angle EDF=90°$.

必要性:当$\angle EDF=90°$时,设$\angle ADE=\alpha$,$\angle CDE=\beta$.

则$\angle ADF=90°-\alpha$,$\angle BDF=90°-\beta$.

注意到

$$\frac{AE}{EC}=\frac{S_{\triangle ADE}}{S_{\triangle CDE}}=\frac{AD\cdot\sin\alpha}{CD\cdot\sin\beta},\frac{BF}{FA}=\frac{BD\cdot\sin(90°-\beta)}{AD\cdot\sin(90°-\alpha)}=\frac{BD\cdot\cos\beta}{AD\cdot\cos\alpha}$$

由塞瓦(Ceva)定理,有

$$\frac{AE}{EC}\cdot\frac{CD}{DB}\cdot\frac{BF}{FA}=1$$

将上述两式代入得$\tan\alpha=\tan\beta$.

而$0<\alpha,\beta<90°$,则$\alpha=\beta$,即知DE平分$\angle ADC$.

又BE平分$\angle ABD$,从而E为$\triangle ABD$的旁心,有AE平分$\angle DAG$.

而AD平分$\angle BAC$,从而$\angle BAD=\angle DAE=\angle EAG=\frac{1}{3}\cdot 180°=60°$.

故$\angle BAC=120°$.

性质 4 如图 37.6,已知在非等腰$\triangle ABC$中,I为内心,AI,BI,CI分别与对边相交于点D,E,F,DF,DE与BI,CI分别相交于点P,Q.则E,F,P,Q四点共圆的充要条件是$\angle BAC=120°$.

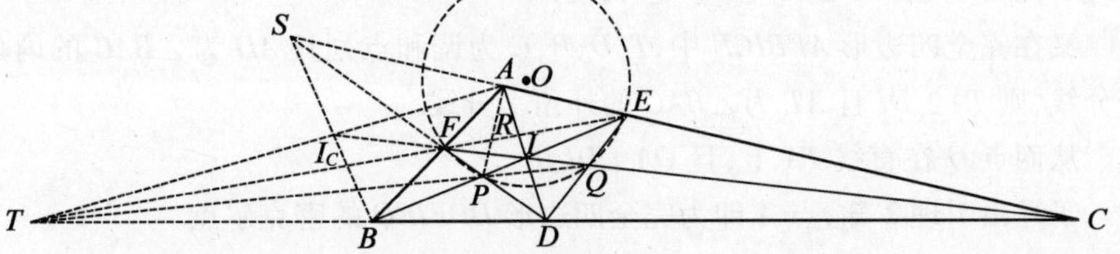

图 37.6

证明 充分性:因 I 是$\triangle ABC$ 的内心,$\angle BAC=120°$,则 AC 为$\angle BAD$ 的外角平分线.

又完全四边形 $BDCIAF$ 中,B,I,P,E 为调和点列,则 AP 为$\angle BAD$ 的内角平分线.

由于 BI 为$\angle ABD$ 的平分线,则点 P 为$\triangle ABD$ 的内心.

从而$\angle FPE=\angle BPD=90°+\frac{1}{2}\angle BAD=120°$.

同理可得$\angle FQE=120°$.

于是 E,F,P,Q 四点共圆.

必要性:先给出以下两个引理,引理证明略.

引理1 如图 37.7,在完全四边形 $ABCDEF$ 中,A,B,D,F 四点共圆,圆心为 O,则点 O 为$\triangle KCE$ 的垂心.

引理2 如图 37.8,在完全四边形 $ABCDEF$ 中,B,C,E,F 四点共圆,圆心为 O,过 O 作 OM 垂直 AD 于点 M,则 M 为其密克尔点.

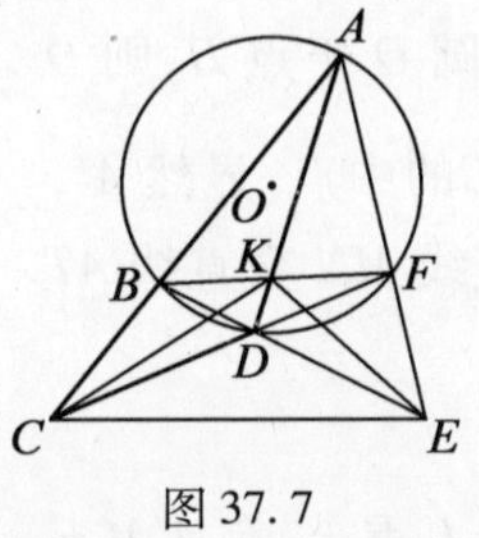

图 37.7

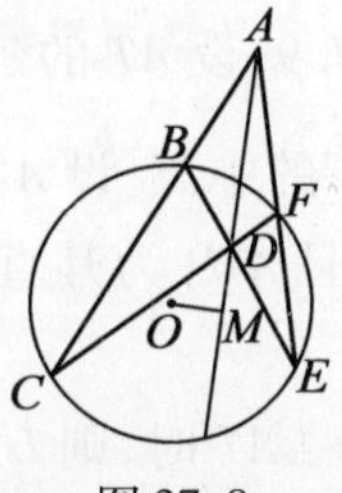

图 37.8

因在完全四边形 $AFBICE$ 中,T,R,F,E 为调和点列,从而在完全四边形 $DPFIEQ$ 中 DT,DR,DF,DE 为调和线束.

于是 QP 的延长线过点 T.

因为 E,F,P,Q 四点共圆,设圆心为 O,从而在完全四边形 $EFTPDQ$ 中,由引理 1 知 O 为 $\triangle TDI$ 的垂心. 于是 $OT\perp DI$.

又在完全四边形 $AFBICE$ 中,T,D,B,C 为调和点列且 AD 为 $\angle BAC$ 的内角平分线,则 $TA\perp DI$ 且 AT 为 $\angle BAC$ 的外角平分线.

从而点 O 在直线 TA 上,且 $OA\perp DI$.

于是由引理 2 知,点 A 即为完全四边形 $DPFIEQ$ 的密克尔点.

则 A,F,P,I 四点共圆.

联结 AP,则 $\angle APF=\angle AIF=\frac{1}{2}(\angle BAC+\angle ACB)$,且 $\angle FPB=\angle FAI$.

作 $\angle ABC$ 的外角平分线分别与 CA 的延长线,CF 的延长线交于点 S,I_C,则点 I_C 为 $\triangle ABC$ 的 $\angle C$ 内的旁心.

于是,I_C 在 AT 上,且 I_C,I,F,C 为调和点列.

联结 SD 交 CI_C 于点 F'.

又在完全四边形 $CASF'BD$ 中,I_C,I,F',C 为调和点列.

则点 F 与点 F' 重合,即 S,F,P,D 在同一直线上.

又由 $\angle SBA=\frac{1}{2}(\angle BAC+\angle ACB)$,有 $\angle SBA=\angle APF$.

从而 S,B,P,A 四点共圆.

于是 $\angle SAB=\angle FPB=\angle FAI=\angle EAI$.

故 $\angle BAC=120^\circ$.

性质 5 设 O 为 $\triangle ABC$ 的外心,M 为 BC 的中点,N 为 AO 的中点,AT 平分 $\angle BAC$,则 $\angle BAC=120^\circ$的充要条件是 $MN\perp AT$.

证明 如图 37.9,设 AT 的延长线交圆 O 于点 D,则 D 为不含点 A 的弧$\overset{\frown}{BC}$的中点. 设 A'为弧$\overset{\frown}{BAC}$的中点. 显然 A',M,O,D 四点共线,且 $A'D$ 为其直径. 设直线 MN 交直线 AT 于点 L.

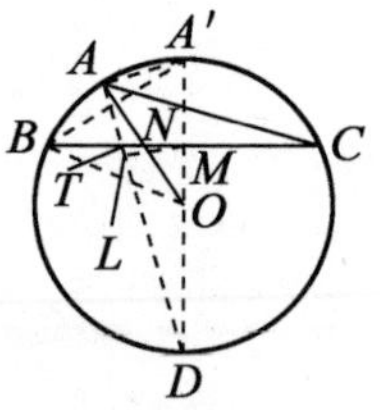

图 37.9

充分性:当 $MN\perp AT$ 时,则 L 为垂足.

若 A'与 A 重合,则点 M,N 重合,也与 L 重合,有 $A'M=MO$.

若 A'与 A 不重合时,$A'A\perp AT$,$MN\perp AT$,则 $AA'\parallel NM$.

注意到 N 为 AO 的中点,则 M 为 $A'O$ 的中点,也有 $A'M=MO$.

此时，BM 垂直平分 $A'O$，则 $BO=BA'$，即知 $\triangle A'BO$ 为正三角形.

于是 $\angle BAC=2\angle BA'O=120°$.

必要性：当 $\angle BAC=120°$ 时，若 A' 与 A 重合，则结论显然成立.

若 A' 与 A 不重合时，$\triangle A'BO$ 为正三角形，由 $A'O\perp BC$ 于点 M，则 M 为 $A'O$ 的中点，从而 MN 为 $\triangle AOA'$ 的中位线，$MN /\!/ A'A$. 而 $A'A\perp AT$. 故 $MN\perp AT$.

性质 6 在 $\triangle ABC$ 中，已知直线 l 过其外心，且平行于 $\angle A$ 的角平分线. 证明：直线 l 经过 $\triangle ABC$ 的垂心当且仅当 $AB=AC$ 或 $\angle BAC=120°$.

设 G,H 分别为 $\triangle ABC$ 的重心、垂心. 作 $\triangle ABC$ 的外接圆圆 O.

设弧 $\overset{\frown}{BC}$ 的中点为 T（异于点 A）. 由垂径定理知 $OT\perp BC$.

又 $OB=OC$，有 $\overrightarrow{OB}+\overrightarrow{OC}=t\,\overrightarrow{OT}$. 则

$$\text{点 } H \text{ 在直线 } l \text{ 上} \Leftrightarrow \overrightarrow{AT}=k(\overrightarrow{OA}+\overrightarrow{OB}+\overrightarrow{OC})$$

$$\Leftrightarrow \overrightarrow{AO}+\overrightarrow{OT}=k\,\overrightarrow{OA}+kt\,\overrightarrow{OT} \quad ①$$

若 $\overrightarrow{AO}$ 与 $\overrightarrow{OT}$ 不共线，则可组成平面基本向量.

于是，由式①$\Leftrightarrow\begin{cases}k=-1\\kt=1\end{cases}\Leftrightarrow\begin{cases}k=-1\\t=-1\end{cases}$，故

$$\overrightarrow{OB}+\overrightarrow{OC}=-\overrightarrow{OT} \quad ②$$

又 $OB=OC=OT$，因此

$$\text{式②}\Leftrightarrow\angle BOC=\angle COT=120°$$

$$\Leftrightarrow\angle BAC=120°$$

若 $\overrightarrow{AO}$ 与 $\overrightarrow{OT}$ 共线，则 $AB=AC$.

综上，点 H 在直线 l 上等价于 $\angle BAC=120°$ 或 $AB=AC$.

注：此性质为 2012 年意大利国家队选拔考试题.

性质 7 等腰 $\triangle ABC$ 的顶角 $B=120°$，由顶点 B 往形内方向发射出两条光线，彼此成 $60°$. 两条光线经底边 AC 上的点 P 与 Q 反射后，分别落到两腰上的点 M 与点 N 处. 证明：$S_{\triangle PBQ}=S_{\triangle AMP}+S_{\triangle CNQ}$.

证法 1 如图 37.10，设 B_1 与 B 关于 AC 对称，延长 BP,BQ 分别与 AB_1 交于点 M_1，与 B_1C 交于点 N_1. 则 $\triangle AMP\cong\triangle AM_1P$，$\triangle CNQ\cong\triangle CN_1Q$.

注意到

$$S_{\triangle AM_1P}+S_{\triangle CN_1Q}+S_{五边形M_1PQN_1B_1}=\frac{1}{2}S_{四边形ABCB_1}$$

及$\angle M_1BB_1+\angle B_1BN_1=60^\circ=\angle B_1BN_1+\angle N_1BC$

有$\triangle M_1BB_1\cong\triangle N_1BC$,亦有$S_{四边形BM_1B_1N_1}=\frac{1}{2}S_{四边形ABCB_1}$.

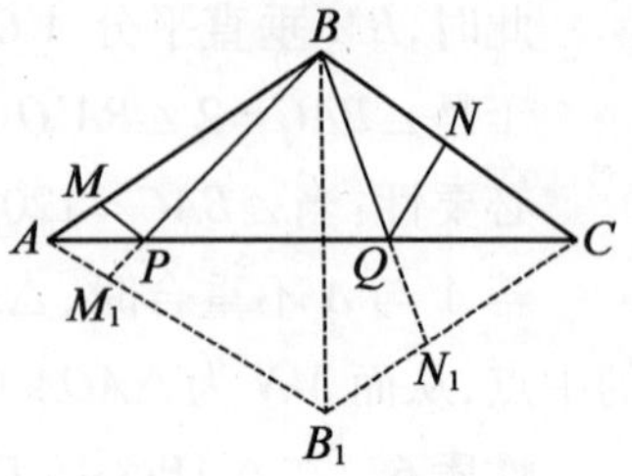
图 37.10

从而

$$\begin{aligned}&S_{\triangle AM_1P}+S_{\triangle CN_1Q}+S_{五边形M_1PQN_1B_1}\\=&S_{四边形BM_1B_1N_1}\\=&S_{\triangle BPQ}+S_{五边形PM_1B_1N_1Q}\end{aligned}$$

故
$$S_{\triangle PBQ}=S_{\triangle AM_1P}+S_{\triangle CN_1Q}=S_{\triangle AMP}+S_{\triangle CNQ}$$

证法2 如图 37.11,设 B_1 与 B 关于 AC 对称. 延长 BP,BQ 分别与 AB_1 交于点 M_1,与 B_1C 交于点 N_1,则 $\triangle M_1BB_1\cong\triangle N_1BC$,且有 $MB=M_1B_1=N_1C$.

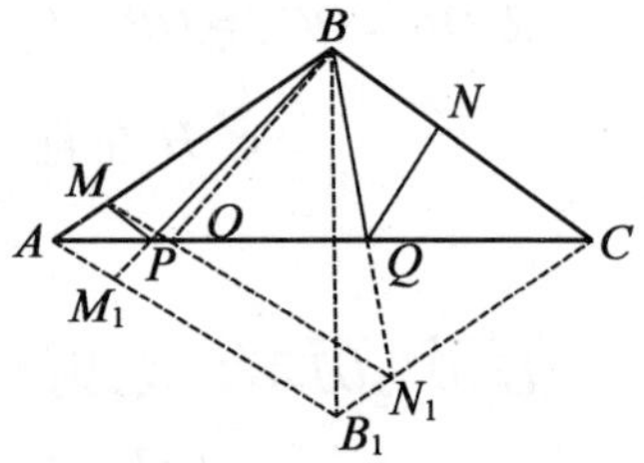
图 37.11

联结 MN_1 交 AC 于点 O,则由 $MN_1/\!/BC$ 知 BON_1C 为梯形,即有

$$S_{\triangle BOQ}=S_{\triangle CN_1Q}=S_{\triangle CNQ}$$

同理

$$S_{\triangle BOP}=S_{\triangle AM_1P}=S_{\triangle AMP}$$

故
$$S_{\triangle PQB}=S_{\triangle BOP}+S_{\triangle BOQ}=S_{\triangle AMP}+S_{\triangle CNQ}$$

注:此性质为2009 年第72 届莫斯科数学奥林匹克题.

性质8 在$\triangle ABC$ 中,$\angle BAC=120^\circ$,AD 是$\angle BAC$ 的平分线. $\triangle ABD$ 的外心、内心分别为 O_1,I_1,$\triangle ACD$ 的内心、外心分别为 I_2,O_2,直线 O_1I_1 与 O_2I_2 相交于点 P,则:(1)P 为$\triangle DO_1O_2$ 的内心;(2)$PD\perp BC$;(3)$\triangle DO_1I_1\backsim\triangle O_2DI_2$;(4)$I_1I_2^2\geqslant 2O_1I_1\cdot O_2I_2$.

证明 (1)如图 37.12,由

$$\angle BO_1D=2\angle BAD=120^\circ,\angle BI_1D=90^\circ+\frac{1}{2}\angle BAD=120^\circ$$

知 B,O_1,I_1,D 四点共圆.

同理,D,I_2,O_2,C 四点共圆. 此时

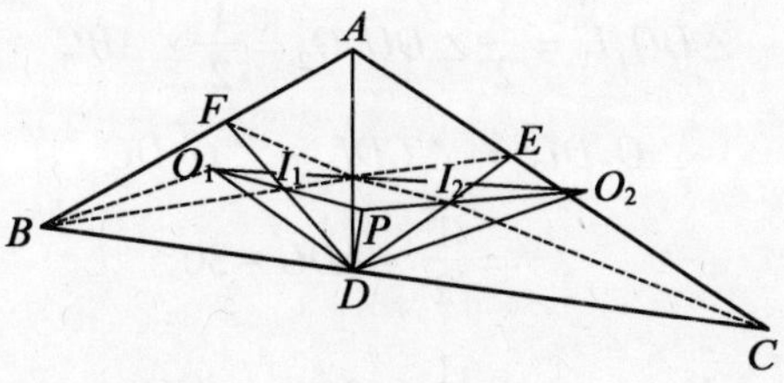

图 37.12

$$\angle I_1O_1D=\angle I_1BD=\frac{1}{2}\angle ABD=\frac{1}{2}\angle ABC \qquad (*)$$

注意到$\triangle BO_1D\backsim\triangle DO_2C$,有$\frac{BD}{DC}=\frac{DO_1}{DO_2}$.

又$\frac{AB}{AC}=\frac{BD}{DC}$,则$\frac{AB}{AC}=\frac{DO_1}{DO_2}$.

注意到

$$\begin{aligned}\angle O_1DO_2&=180^\circ-\angle O_1DB-\angle O_2DC\\&=180^\circ-30^\circ-30^\circ=120^\circ=\angle BAC\end{aligned}$$

从而$\triangle ABC\backsim\triangle DO_1O_2$. 于是$\angle ABC=\angle DO_1O_2$.

由式(*)知 O_1I_1 平分$\angle DO_1O_2$.

同理 O_2I_1 平分$\angle DO_2O_1$. 故 P 为$\triangle DO_1O_2$ 的内心.

(2)注意到$\angle O_1DP=\frac{1}{2}\angle O_1DO_2=60^\circ$,则

$$\angle BDP=\angle BDO_1+\angle O_1DP=30^\circ+60^\circ=90^\circ$$

故 $PD\perp BC$.

(3)由

$$\angle DO_1I_1=\frac{1}{2}\angle DO_1O_2=\frac{1}{2}\angle ABC$$

$$\begin{aligned}\angle O_2DI_2&=\angle CDI_2-\angle O_2DC=\frac{1}{2}\angle ADC-30^\circ\\&=\frac{1}{2}(60^\circ+\angle ABC)-30^\circ=\frac{1}{2}\angle ABC\end{aligned}$$

知$\angle DO_1I_1=\angle O_2DI_2$.

同理,$\angle DO_2I_2=\angle O_1DI_1$. 故$\triangle DO_1I_1\backsim\triangle O_2DI_2$.

(4)又

$$\angle DO_1I_1=\frac{1}{2}\angle DO_1O_2=\frac{1}{2}\angle ABC$$

$$\begin{aligned}\angle O_2DI_2&=\angle CDI_2-\angle O_2DC\\&=\frac{1}{2}\angle ADC-30^\circ\\&=\frac{1}{2}(60^\circ+\angle ABC)-30^\circ\\&=\frac{1}{2}\angle ABC\end{aligned}$$

则$\angle DO_1I_1=\angle O_2DI_2$.

同理,$\angle DO_2I_2=\angle O_1DI_1$.

所以$\triangle DO_1I_1\backsim\triangle O_2DI_2$,因此$\frac{DI_1}{O_1I_1}=\frac{O_2I_2}{DI_2}$.

故$I_1I_2^2=DI_1^2+DI_2^2\geqslant 2DI_1\cdot DI_2=2O_1I_1\cdot O_2I_2$.

性质 9 AP,BQ,CR 是$\triangle ABC$ 的三条角平分线,$\angle BAC=120^\circ$,则 $AB+AQ+CP=AC+AR+BP$.

证明 如图 37.13,延长 BA 到 D,使 $AD=AQ$,在 BC 上截取 $BE=BD$,联结 DQ,EQ,PQ,则$\triangle ADQ$ 是等边三角形,$\triangle BEQ\cong\triangle BDQ$.

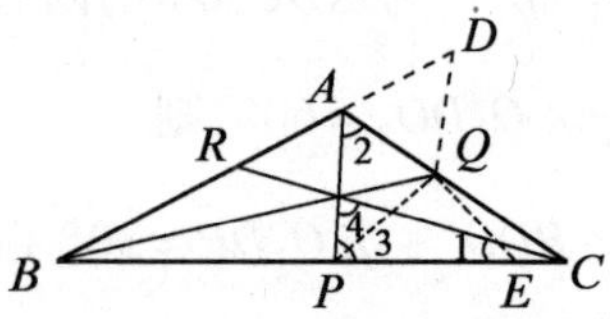

图 37.13

所以$\angle 1=\angle D=60^\circ=\angle 2,EQ=DQ=AQ$.

在$\triangle PEQ$ 和$\triangle PAQ$ 中,由正弦定理,得

$$\sin\angle 3=\frac{EQ\sin\angle 1}{PQ},\sin\angle 4=\frac{AQ\sin\angle 2}{PQ}$$

所以 $\sin\angle 3=\sin\angle 4$.

显然$\angle 3+\angle 4=\angle APC<180^\circ$,所以$\angle 3=\angle 4$.

故$\triangle PEQ\cong\triangle PAQ$,所以 $PE=PA$,所以 $AB+AQ=BD=BE=AP+BP$.

同理 $AC+AR=AP+CP$,所以 $AB+AQ+CP=AC+AR+BP$.

注:此性质为《数学通报》2005(4)数学问题 1542 号.

思考题

1.（2013 年克罗地亚国家队选拔考试题）在$\triangle ABC$中，已知$\angle B=120^\circ$，A_1，B_1，C_1分别是BC，CA，AB上的点，满足AA_1，BB_1，CC_1是$\triangle ABC$的角平分线. 求$\angle A_1B_1C_1$.

2.（2011 年第 74 届莫斯科数学奥林匹克题）在$\triangle ABC$中作出角平分线BB_1和CC_1，现知$\triangle BB_1C_1$的外心在直线AC上. 试求三角形的内角C.

3.（1987 年第 16 届美国数学奥林匹克题）设AD，BE与CF为$\triangle ABC$的内角平分线，D，E，F在边上，如果$\angle EDF=90^\circ$，求$\angle BAC$的所有可能值.

4.（《数学通报》2016(8)数学问题 2316 号）在$\triangle ABC$中，$\angle A=120^\circ$，$\angle A$，$\angle B$，$\angle C$的平分线与其对边分别相交于点D，E，F.

求证：$\triangle ABC$的内切圆半径$r\leqslant AE+AF-AD$.

思考题 参考解答

1. 如图 37.14，设X是线段AB延长线上的任意一点.

注意到，$\angle ABB_1=\angle B_1BC=\angle CBX=60^\circ$. 则点$A_1$在$\angle B_1BX$的角平分线上，也在$\angle BAC$的角平分线上. 故$A_1$是$\triangle ABB_1$与点$A$相对的旁心.

因此，点A_1在$\angle BB_1C$的角平分线上，所以，B_1A_1是$\angle BB_1C$的角平分线.

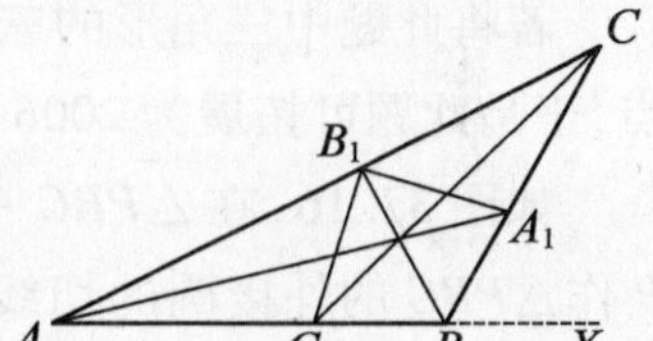

图 37.14

同理，B_1C_1是$\angle AB_1B$的角平分线，则

$$\begin{aligned}\angle A_1B_1C_1&=\angle A_1B_1B+\angle BB_1C_1\\&=\frac{1}{2}\angle CB_1B+\frac{1}{2}\angle BB_1A\\&=\frac{1}{2}\times180^\circ=90^\circ\end{aligned}$$

2. 解法 1：如图 37.15，延长 BC 交 $\triangle BB_1C_1$ 的外接圆圆 O 于点 K.

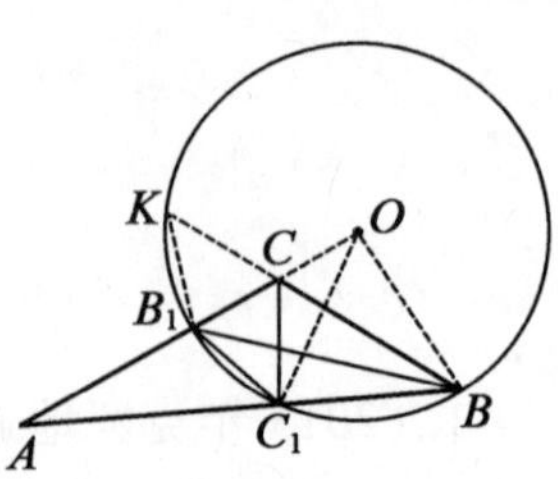

图 37.15

由 BB_1 平分 $\angle ABC$，知 $\angle KBB_1 = \angle C_1BB_1$，则 $KB_1 = C_1B_1$.

注意到 K 与 C_1 都在圆 O 上，且 O 在直线 AC 上，知 K 与 C_1 关于直线 AC 对称，即有

$$\angle BCC_1 = \angle C_1CB_1 = \angle B_1CK$$

由这三个角的和为 $180°$，知每个角为 $60°$，即 $\angle ACB = 120°$.

解法 2：如图 37.15，联结 OC_1，OB. 由 $\angle CBC_1 = 2\angle B_1BC_1 = \angle B_1OC_1 = \angle COC_1$，知 O，C，C_1，B 四点共圆. 于是 $\angle C_1OB = \angle C_1CB = \angle B_1CC_1 = \angle C_1BO$，知 $\triangle OC_1B$ 为正三角形.

从而 $\angle C_1CB = 60°$，故 $\angle ACB = 120°$.

注：还可利用 $\triangle BB_1C_1$ 的外接圆是点 A 与点 C 的阿波罗尼奥斯(Apollonius)圆来求解.

3. 要求 $\angle BAC$ 的值，因 AD 平分 $\angle BAC$，又点 E 在 $\angle ABC$ 的平分线上，若能证明 AE 是 $\angle BAD$ 的外角平分线，那么有 $\angle GAC = \angle CAD = \angle DAB = 60°$($G$ 为 BA 延长线上一点)，问题就迎刃而解了，于是证明 E 是 $\triangle ABD$ 的旁心是问题解决的关键. 具体求解过程见性质 3 的必要性，$\angle BAC = 120°$.

若将此题中三角形的三内角平分线交于一点，拓展为三角形内三线交于一点，于是此题可拓展为 2006 年西部数学奥林匹克第 3 题：

如图 37.16，在 $\triangle PBC$ 中，$\angle PBC = 60°$，过点 P 作 $\triangle PBC$ 的外接圆的切线与 CB 的延长线交于点 A，点 D 和 F 分别在 PA 和 PC 上，使得 $\angle DBF = 90°$，已知 AF，BP，CD 三线共点. 求证：BF 是 $\angle PBC$ 的角平分线.

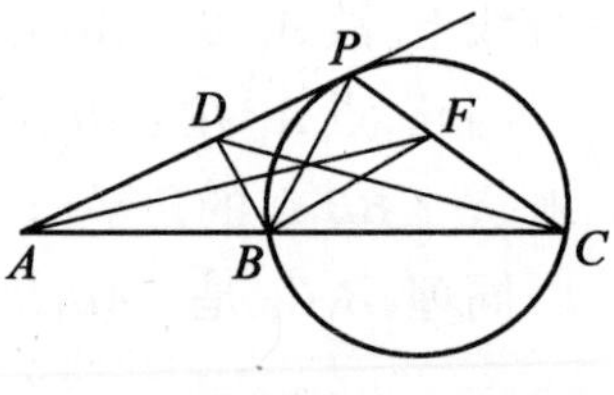

图 37.16

用上述证法证明该题，比参考答案更简单易懂.

4. 如图 37.17，在 $\triangle ADC$ 中，因 $\angle DAC = 60°$，$\angle ACD = \angle ACB < 60°$，故 $DC > DA$. 在 DC 上截取 $DA' = DA$，在 BA 的延长线上截取 $AE' = AE$，联结 $A'A$，$A'E$ 及 $E'E$. 因 $\angle E'AE = 180° - 120° = 60°$，故 $\triangle E'AE$ 为等边三角形.

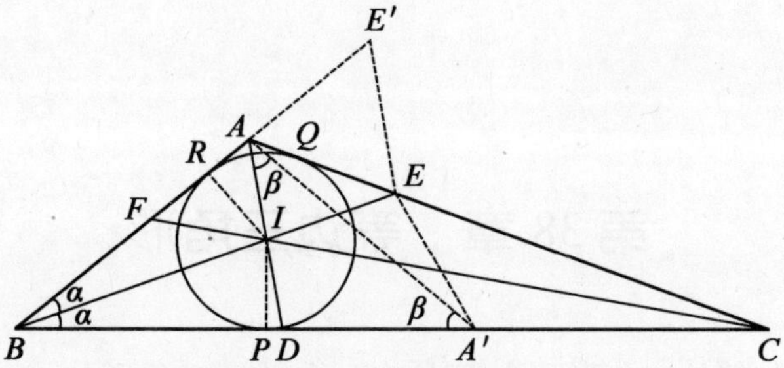

图 37.17

设$\angle ABE=\angle CBE=\alpha$，$\angle DAA'=\angle DA'A=\beta$.

在$\triangle ABA'$中，因$2\alpha+2\beta+\angle BAD=180^\circ$，$\angle BAD=60^\circ$，故$\alpha+\beta=60^\circ$.

在四边形$ABA'E$中，因$\angle EAA'=\angle EAD-\beta=60^\circ-\beta=\alpha=\angle EBA'$，故$A,B,A',E$四点共圆，从而有$\angle BA'E=180^\circ-\angle BAE=60^\circ$.

在$\triangle BE'E$和$\triangle BA'E$中，因$\angle BE'E=\angle BA'E=60^\circ$，$\alpha=\alpha$，$BE=BE$，故$\triangle BE'E\cong BA'E$，$BE'=BA'$，从而有

$$BA+AE=BD+DA$$

同理

$$CA+AF=CD+DA$$

将上述二式相加，得

$$(BA+CA)+(AE+AF)=BC+2AD$$

即
$$AE+AF-AD=AD-(BA+CA-BC)$$

设$\triangle ABC$的内角平分线的交点即内心为I，内切圆与边BC,CA,AB的切点分别为P,Q,R，联结IP,IR.

因$AQ=AR$，$BR=BP$，$CP=CQ$，故$BA+CA-BC=2AR$.

在$\triangle AIR$中，因$\angle ARI=90^\circ$，$\angle RAI=60^\circ$，故$2AR=AI$.

综上可得，$AE+AF-AD=AD-AI=ID$.

因$IP\perp BC$，故内切圆半径$r=IP\leqslant ID$.

即$r\leqslant AE+AF-AD$.

第38章 等边三角形

三条边都相等的三角形称为等边三角形,或正三角形.

等边三角形是特殊的等腰三角形,因而具有等腰三角形的一切性质.

等边三角形具有如下特殊性质.

性质1 等边三角形的三内角都相等,且为60°.

性质2 等边三角形的外心,内心,垂心,重心四心重合;其九点圆即为内切圆;其内切圆,外接圆,旁切圆半径之比为1∶2∶3.

性质3 等边三角形的外接圆半径等于内切圆半径的2倍.

性质4 设等边三角形的边长为a,则其高线长、中线长、角平分线长均为$\frac{\sqrt{3}}{2}a$,其面积为$\frac{\sqrt{3}}{4}a^2$,其外接圆半径为$\frac{\sqrt{3}}{3}a$,内切圆半径为$\frac{\sqrt{3}}{6}a$.

性质5 设P为正$\triangle ABC$的外接圆弧$\overset{\frown}{BC}$上任一点,则$PA=PB+PC$.

证明 如图38.1,对四边形$ABPC$应用托勒密定理,有

$$AB\cdot PC+AC\cdot BP=AP\cdot BC$$

而$AB=AC=BC$,从而

$$PA=PB+PC$$

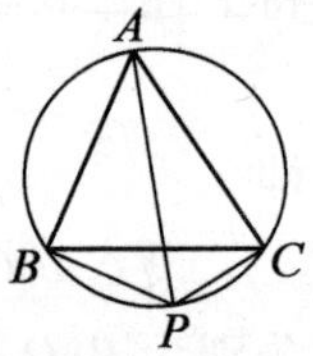

图38.1

注:此结论的其他证法可参见本丛书中的《平面几何范例多解探究》(下篇).

推论1 设P是正$\triangle ABC$的外接圆上一点,则

$$PA^4+PB^4+PC^4=2(PB^2\cdot PC^2+PC^2\cdot PA^2+PA^2\cdot PB^2)=2AB^4$$

事实上,不失一般性,可设点P在$\overset{\frown}{BC}$上. 于是由性质5,知$PA=PB+PC$,即有$PA^2=(PB+PC)^2$. 从而

$$PA^2-PB^2-PC^2=2PB\cdot PC$$

将上式两边平方,得

$$PA^4+PB^4+PC^4=2(PB^2\cdot PC^2+PC^2\cdot PA^2+PA^2\cdot PB^2)$$

又由余弦定理,有$BC^2=BP^2+PC^2-2BP\cdot PC\cdot\cos 120°$,从而

$$BP^2+PC^2+BP\cdot PC=BC^2=AB^2$$

又由

$$PA^2=PB^2+PC^2+2PB\cdot PC=AB^2+BP\cdot PC$$

有

$$AB^2=PA^2-BP\cdot PC$$

将上式两边平方后再乘以2,有

$$\begin{aligned}2AB^4&=2PA^4+2PB^2\cdot PC^2-4PA^2\cdot PB\cdot PC\\&=PA^4+(PB+PC)^4+2PB^2\cdot PC^2-4(PB+PC)^2\cdot PB\cdot PC\\&=PA^4+PB^4+PC^4\end{aligned}$$

性质6 由任一点向正三角形的三条高线作垂线段,则这三条垂线段中的长者必等于其余两者的和.

证明 如图38.2,设点 P 在正 $\triangle ABC$ 的三条高线 AH,BH,CH 上的射影分别为 D,E,F,则知 P,D,E,F 在以 PH 为直径的圆上及 $DE=PH\cdot\sin\angle DHE$,$EF=PH\cdot\sin\angle EHF$,$DF=PH\cdot\sin\angle DHF$.

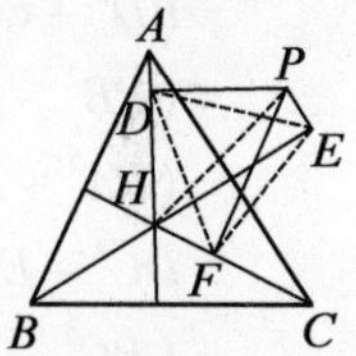

图38.2

注意到 $\sin\angle DHE=\sin\angle EHF=\sin\angle DHF$,则知 $DE=EF=DF$.

于是,由性质5,知 $PF=PD+PE$.

推论2 正六边形外接圆上任一点与六顶点的联结线段中,两长者的和必等于其余四者的和.

事实上,在正六边形 $ABCDEF$ 中,$\triangle ACE$ 和 $\triangle BDF$ 均为正三角形,从而由性质6,即知结论成立.

性质7 设 P 为正 $\triangle ABC$ 内任意一点,过 P 作三边 BC,CA,AB 的垂线,垂足为 D,E,F,则①:

(1) $BD+CE+AF=DC+EA+FB$;

(2) $BD^2+CE^2+AF^2=DC^2+EA^2+FB^2$.

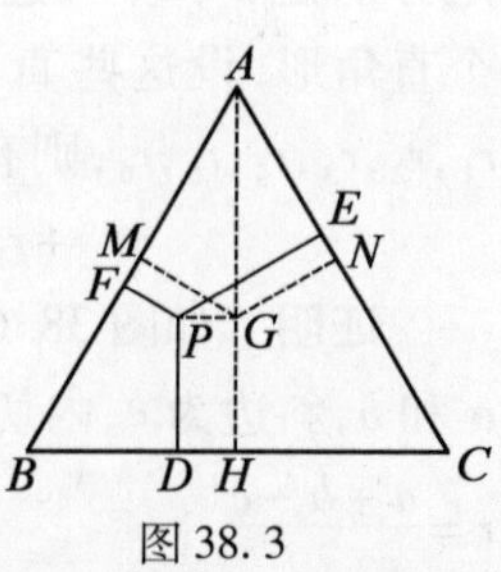

图38.3

证明 (1)如图38.3,过 A 作 $AH\perp BC$,垂足为 H,再过 P 作 $PG\perp AH$,垂足为 G,由点 G 分别作 AB,AC 的垂线,垂足分别是 M,N,则

$$AF+BD+CE=(AM+MF)+(BH-DH)+(CN+NE)$$

① 刘步松. 正三角形的几个性质[J]. 数学通报,2012(2):33-34.

$$=(AM+BH+CN)+(MF-DH+NE) \quad ①$$

$$FB+DC+EA=(MB-MF)+(HC+DH)+(NA-NE)$$
$$=(MB+HC+NA)+(DH-MF-NE) \quad ②$$

注意到 $AM=NA,BH=HC,CN=MB$,则由①-②,得

$$AF+BD+CE-(FB+DC+EA)=2(MF+NE-DH)$$

从而要证明(1)成立,只需证明 $2(MF+NE-DH)=0$,即 $MF+NE=DH$ 即可.

由图不难看出,$\angle PGM=\angle GPE=30°$,则有

$$MF+NE=PG\sin 30°+PG\sin 30°=PG=DH$$

从而(1)成立.

(2)如图 38.4,联结 PA,PB,PC,则有

$$BD^2+CE^2+AF^2$$
$$=(PB^2-PD^2)+(PC^2-PE^2)+(PA^2-PF^2)$$
$$=(PA^2+PB^2+PC^2)-(PD^2+PE^2+PF^2)$$
$$DC^2+EA^2+FB^2$$
$$=(PC^2-PD^2)+(PA^2-PE^2)+(PB^2-PF^2)$$
$$=(PA^2+PB^2+PC^2)-(PD^2+PE^2+PF^2)$$

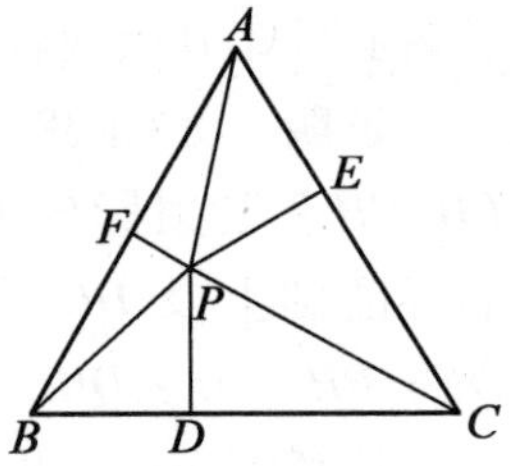

图 38.4

从而

$$BD^2+CE^2+AF^2=DC^2+EA^2+FB^2$$

性质 8 如图 38.5,设 $\triangle ABC$ 为正三角形,P 为其内部任一点,由 P 分别向三角形的三边作垂线,垂足分别是 D,E,F,连 PA,PB,PC,则 $\triangle ABC$ 被分成 6 个直角形,设这些直角三角形的内切圆半径依次为 r_1,r_2,r_3,r_4,r_5,r_6,则有

$$r_1+r_3+r_5=r_2+r_4+r_6$$

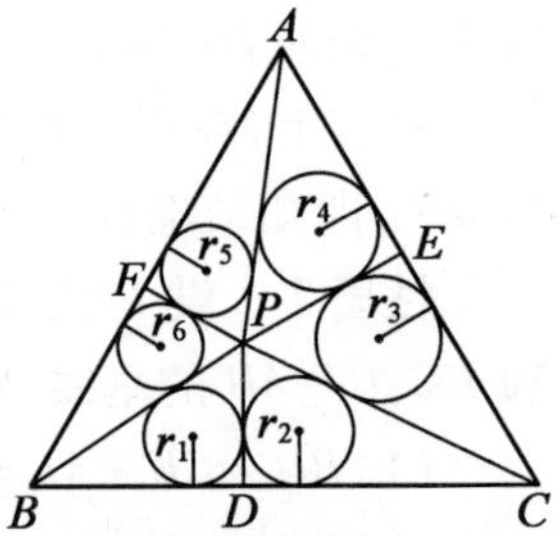

图 38.5

证明 如图 38.6,设直角三角形的两条直角边为 a 和 b,斜边为 c,内切圆半径为 r,从图上容易看出:$c=(a-r)+(b-r)$,可得 $r=\dfrac{a+b-c}{2}$.

由图 38.6 及上述结论,可得

$$r_1=\frac{BD+PD-PB}{2},r_3=\frac{CE+PE-PC}{2}$$

$$r_5=\frac{AF+PF-PA}{2},r_2=\frac{DC+PD-PC}{2}$$

$$r_4=\frac{EA+PE-PA}{2}, r_6=\frac{FB+PF-PB}{2}$$

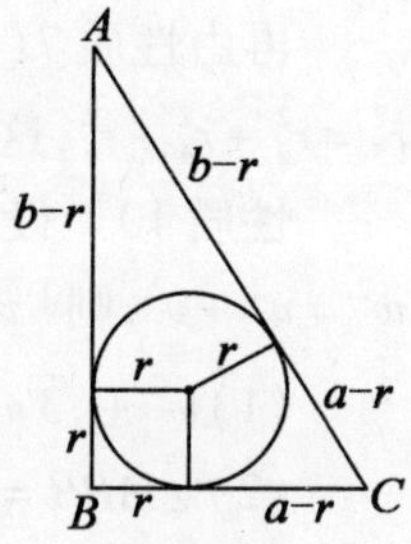

图 38.6

不难算出

$$(r_1+r_3+r_5)-(r_2+r_4+r_6)$$
$$=\frac{1}{2}(BD+CE+AF-DC-EA-FB)$$

由于性质7(1)成立,从而上式括号内为零,即$(r_1+r_3+r_5)-(r_2+r_4+r_6)=0$,故$r_1+r_3+r_5=r_2+r_4+r_6$,即性质8成立.

性质9 如图38.7,直线MN,QR,ST两两相交,三个交点形成一个正$\triangle ABC$,P为$\triangle ABC$内任意一点,$PW\perp QR,PX\perp ST,PY\perp MN$,在$\triangle ABC$外部作圆$O_1$,使其与$MN,QR,PW$都相切,类似地,作出其他五个圆,设这六个圆的半径分别为r_1,r_2,r_3,r_4,r_5,r_6,则有:

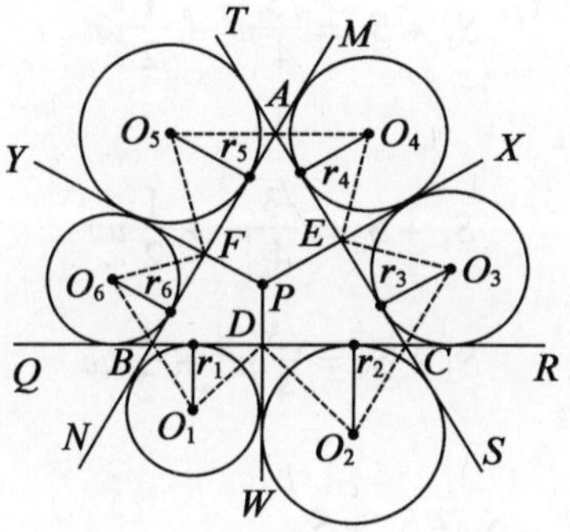

图 38.7

(1)$r_1+r_3+r_5=r_2+r_4+r_6$;

(2)$r_1^2+r_3^2+r_5^2=r_2^2+r_4^2+r_6^2$.

证明 如图38.7,设D为PW与QR的交点,E为PX与ST的交点,F为PY与MN的交点.联结BO_1和O_1D,因为$\angle BDW=90°$,所以$\angle O_1DB=45°$,因为$\angle DBN=120°$,所以$\angle O_1BD=60°$,同理可得,$\angle O_2DC=45°$,$\angle O_2CD=60°$,因而$\triangle O_1BD\backsim\triangle O_2CD$.

类似地,可证$\triangle O_1BD,\triangle O_2CD,\triangle O_3CE,\triangle O_4AE,\triangle O_5AF,\triangle O_6BF$这6个三角形是彼此相似的,而$r_1,r_2,r_3,r_4,r_5,r_6$分别是这6个三角形的对应高.

由性质7(1)知,$BD+CE+AF=DC+EA+FB$,从而也有$r_1+r_3+r_5=r_2+r_4+r_6$,这就证明了(1)成立.

再由性质7(2)知,$BD^2+CE^2+AF^2=DC^2+EA^2+FB^2$,从而也有 $r_1^2+r_3^2+r_5^2=r_2^2+r_4^2+r_6^2$,这就证明了(2).

性质10 设 P 为正$\triangle ABC$ 内一点,令 $AB=a,PA=u,PB=v,PC=w$. 若 $w^2=u^2+v^2$,则[①②]:

(1) $w^2+\sqrt{3}uv=a^2$;

(2) $\angle APB=150°$.

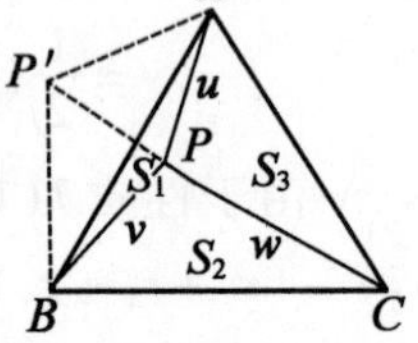

图 38.8

证明 (1) 如图 38.8,设 $\triangle ABC$, $\triangle PAB$, $\triangle PBC$, $\triangle PCA$ 的面积分别是 S,S_1,S_2,S_3.

把$\triangle PCA$ 绕点 A 顺时针旋转 $60°$,得$\triangle P'AB$,联结 PP',则$\triangle APP'$是以 u 为边的等边三角形. 因 $u^2+v^2=w^2$,则$\triangle BPP'$是以 $PB=v,PP'=u,BP'=w$ 为边的直角三角形.

于是,$S_{四边形APBP'}=S_1+S_3=S_{\triangle APP'}+S_{\triangle BPP'}$,即

$$S_1+S_3=\frac{\sqrt{3}}{4}u^2+\frac{1}{2}uv \qquad ①$$

同理

$$S_1+S_2=\frac{\sqrt{3}}{4}v^2+\frac{1}{2}uv \qquad ②$$

$$S_2+S_3=\frac{\sqrt{3}}{4}w^2+\frac{1}{2}uv \qquad ③$$

由①+②+③,得

$$\begin{aligned} S &= S_1+S_2+S_3 \\ &= \frac{1}{2}\left[\frac{\sqrt{3}}{4}(u^2+v^2+w^2)+\frac{3}{2}uv\right] \\ &= \frac{\sqrt{3}}{4}w^2+\frac{3}{4}uv \end{aligned}$$

又 $S=\frac{1}{2}a^2\sin 60°=\frac{\sqrt{3}}{4}a^2$,则$\frac{\sqrt{3}}{4}a^2=\frac{\sqrt{3}}{4}w^2+\frac{3}{4}uv$.

故 $w^2+\sqrt{3}uv=a^2$.

(2)如图 38.8,直接由$\angle P'PB=90°$及$\angle P'PA=60°$得$\angle APB=150°$,或者由

---

① 张延卫. 正三角形内一特殊点的性质再探[J]. 中等数学,1999(6):19.

② 付宏祥. 正三角形内一特殊点的一个性质[J]. 中等数学,1999(1):20.

$$
\begin{aligned}
AB^2 &= AP^2 + BP^2 - 2AP \cdot BP\cos\angle APB \\
&= u^2 + v^2 - 2uv\cos\angle APB \\
&= w^2 - 2uv\cos\angle APB
\end{aligned}
$$

由(1)可知

$$w^2 + \sqrt{3}uv = w^2 - 2uv\cos\angle APB$$

从而 $\cos\angle APB = -\frac{\sqrt{3}}{2}$.

又 $0 < \angle APB < 180°$,故 $\angle APB = 150°$.

注:用解析几何知识不难验证,在正$\triangle ABC$ 中,若 $PA^2 + PB^2 = \lambda PC^2(\lambda > 0)$,则点 P 的轨迹为在$\triangle ABC$ 内的一段圆锥曲线.

特别地,当 $\lambda = 1$ 时,点 P 的轨迹为$\triangle ABC$ 内的一段圆弧,且$\angle APB = 150°$.

当 $\lambda = 2$ 时,点 P 的轨迹为$\triangle ABC$ 内过$\triangle ABC$ 的中心且平行于 AB 的一条线段.

性质 11 如图 38.9,给定正$\triangle ABC$,D 是边 BC 上任意一点,$\triangle ABD$ 的外心、内心分别为 O_1,I_1,$\triangle ACD$ 的外心、内心分别为 O_2,I_2,$\triangle ABC$ 的中心为 O,则①:

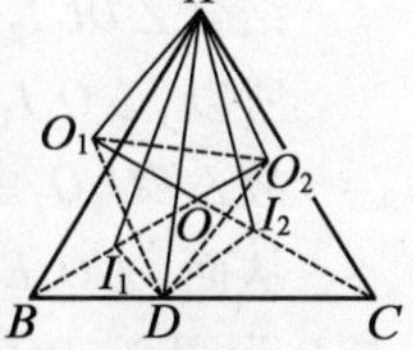

图 38.9

(1)AI_1 平分$\angle OAO_1$,AI_2 平分$\angle OAO_2$;

(2)$OO_1 + OO_2$ 为定值.

证明 (1)不妨设$\angle ADB \geqslant 90°$. 因为

$$\angle AO_2D = 2\angle C = 120°, \angle AI_2D = 90° + \frac{1}{2}\angle C = 120°, \angle B = 60°$$

所以,A,O_2,I_2,D,B 五点共圆且圆心为 O_1,半径为 O_1O_2.

同理,A,O_1,I_1,D,C 五点共圆,圆心为 O_2,半径为 O_1O_2.

故$\triangle AO_1O_2$,$\triangle DO_1O_2$ 是等边三角形.

从而,$\angle O_1AD = \angle O_2AD = 30°$,则

$$\angle O_1AI_1 = 30° - \angle DAI_1 = \angle OAB - \angle BAI_1 = \angle OAI_1$$

因此,AI_1 平分$\angle OAO_1$. 同理,AI_2 平分$\angle OAO_2$.

(2)因为 B,O,O_2 三点共线,且 C,O,O_1 三点共线,所以

$$\angle O_1OO_2 = \angle BOC = 120°$$

结合$\angle O_1AO_2 = 60°$,即得 A,O_1,O,O_2 四点共圆. 从而,O 为正$\triangle AO_1O_2$ 外接圆

① 闵飞. 图形变式——命题的一种重要思路[J]. 中等数学,2005(6):13-15.

圆弧$\overset{\frown}{O_1O_2}$上一点. 由托勒密定理,知 $OO_1+OO_2=OA$(定值).

性质 12 如图 38.10,给定正$\triangle ABC$,D 是边 BC 上任意一点,$\triangle ABD$,$\triangle ACD$ 的内心分别为 I_1,I_2,以 I_1I_2 为边作正$\triangle I_1I_2E$(点 D,E 在 I_1I_2 的异侧),则 $DE\perp BC$.

证明 取$\triangle ABD$,$\triangle ACD$ 的外心 O_1,O_2,辅助线如图.

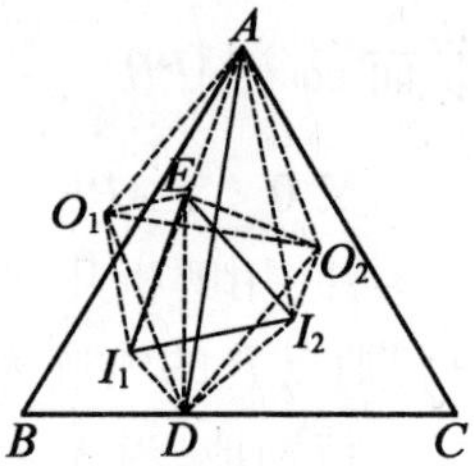

图 38.10

由性质 11 的证明可知,A,O_1,I_1,D;A,O_2,I_2,D 分别四点共圆,且两圆半径相等. 所以

$$\begin{aligned}\angle O_1AI_1&=\angle O_1AD-\angle DAI_1=30^\circ-\angle DAI_1\\&=\angle I_1AI_2-\angle DAI_1=\angle DAI_2\end{aligned}$$

故 $O_1I_1=DI_2$.

同理,$DI_1=O_2I_2$,且

$$\angle O_1I_1D=180^\circ-\angle O_1AD=150^\circ$$

因此,$\angle O_1I_1E+\angle DI_1I_2=90^\circ$.

结合$\angle DI_1I_2+\angle DI_2I_1=90^\circ$,知$\angle O_1I_1E=\angle DI_2I_1$.

所以,$\triangle O_1I_1E\cong\triangle DI_2I_1$. 同理,$\triangle O_2I_2E\cong\triangle DI_1I_2$.

故$\triangle EO_1O_2\cong\triangle I_1DO_1\cong\triangle I_2O_2D$.

从而,$\angle O_1EO_2=\angle DI_1O_1=150^\circ$,且$\triangle DO_1O_2$ 是正三角形. 于是,点 E 在以点 D 为圆心,DO_1 长为半径的圆上. 因此

$$DO_2=DE=DO_1$$

$$\begin{aligned}\angle CDE&=\angle O_2DC+\angle O_2DE\\&=(\angle O_2DI_2+\angle ADI_2)+180^\circ-2(60^\circ+\angle O_2DI_2)\\&=60^\circ+\angle ADI_2-\angle O_2DI_2\\&=60^\circ+\angle ADO_2=90^\circ\end{aligned}$$

故 $DE\perp BC$.

性质 13 如图 38.11,给定正$\triangle ABC$,D 是边 BC 上任一点,$\triangle ABD$,$\triangle ACD$ 的内心分别为 I_1,I_2,在 AD 上取两点 E,F,使得 $AE=CD$,$AF=BD$,则:

(1)$I_1I_2^2=I_1E^2+I_2F^2$;

(2)$I_1E\perp I_2F$.

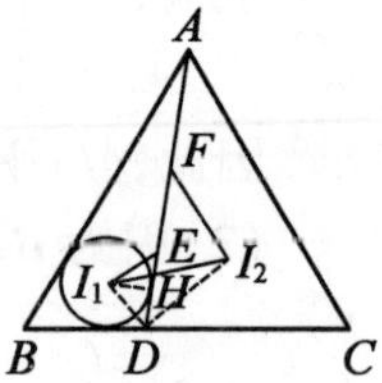

图 38.11

证明 (1)设$\triangle ABD$ 的内切圆与 AD 切于点 H,联结 DI_1,DI_2,I_1H.

因为 $DE=AD-AE=AD-CD=AD-(AB-BD)=2DH$,所以,$EH=DH$.

结合 $I_1H\perp DE$,知 $I_1E=I_1D$. 同理,$I_2F=DI_2$.

因此,$I_1I_2^2=DI_1^2+DI_2^2=I_1E^2+I_2F^2$.

(2)又 $\overrightarrow{DI_1}\cdot\overrightarrow{DF}=(\overrightarrow{DH}+\overrightarrow{HI_1})\cdot DF=\frac{1}{2}\overrightarrow{DE}\cdot\overrightarrow{DF}$. 同理,$\overrightarrow{DI_2}\cdot\overrightarrow{DE}=\frac{1}{2}\overrightarrow{DE}\cdot\overrightarrow{DF}$. 所以

$$\begin{aligned}\overrightarrow{I_1E}\cdot\overrightarrow{I_2F}&=(\overrightarrow{I_1D}+\overrightarrow{DE})\cdot(\overrightarrow{I_2D}+\overrightarrow{DF})\\&=\overrightarrow{I_1D}\cdot\overrightarrow{DF}+\overrightarrow{I_2D}\cdot\overrightarrow{DE}+\overrightarrow{DE}\cdot\overrightarrow{DF}\\&=0\end{aligned}$$

因此,$I_1E\perp I_2F$.

性质 14 如图 38.12,给定正$\triangle ABC$,D 是边 BC 上任意一点,$\triangle ABD$,$\triangle ACD$ 的内切圆分别为圆 I_1,圆 I_2,此两圆异于 BC 的外公切线交 AD,AB,AC 于点 F,M,N,以 I_1I_2 为边作等边$\triangle I_1I_2E$(点 D,E 在 I_1I_2 异侧),则 $EF\perp MN$.

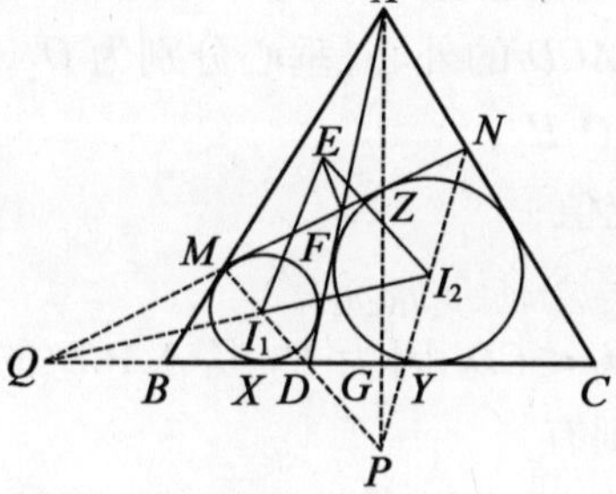

图 38.12

证明 显然,$MN/\!/BC$ 时结论成立.

不妨设 NM 与 CB 交于点 Q,显然 I_2I_1 过点 Q. 设 MI_1 与 NI_2 交于点 P,显然 P 是$\triangle AMN$ 的旁心,故 AP 平分$\angle BAC$. 设 AP 交 BC 于点 G,则有

$$PG\perp BC \qquad ①$$

由于 I_2 是$\triangle CNQ$ 的内心且$\angle C=60°$,所以,$\angle NI_2Q=120°$. 又

$$\begin{aligned}\angle MI_1I_2&=\angle MQI_2+\angle QMI_1\\&=\frac{1}{2}\angle MQB+\left(90°+\frac{1}{2}\angle BMQ\right)\\&=90°+\frac{1}{2}\angle ABC\\&=120°\end{aligned}$$

所以,$\triangle PI_1I_2$ 是正三角形.从而

$$点 P,E 关于 I_1I_2 对称 \quad ②$$

记圆 I_1,圆 I_2 分别与 BC 相切于点 X,Y,圆 I_2 与 MN 相切于点 Z.由圆 I_1,圆 I_2 分别是 $\triangle QDF$ 的内切圆和旁切圆,知

$$DX=\frac{s}{2}-FQ=FZ$$

其中 s 是 $\triangle DQF$ 的周长.又

$$GY=BD+DY-BG=BD+\frac{AD+CD-AC}{2}-\frac{BC}{2}=\frac{AD-CD}{2}$$

$$DX=\frac{AD+BD-AB}{2}=\frac{AD-CD}{2}$$

则 $GY=FZ$.所以

$$点 G,F 关于 I_1I_2 对称 \quad ③$$

由式①,②,③,知 $EF\perp MN$.

性质 15 如图 38.13,给定正$\triangle ABC$,D 是边 BC 上任意一点,$\triangle ABD$ 的外心,垂心分别为 O_1,H_1,$\triangle ACD$ 的外心,垂心分别为 O_2,H_2,则:

(1) $\angle H_1O_1H_2=\angle H_1O_2H_2$;

(2) $O_1H_1+O_2H_2$ 为定值;

(3) $|S_{\triangle ABD}-S_{\triangle ACD}|=3S_{四边形O_1H_1O_2H_2}$.

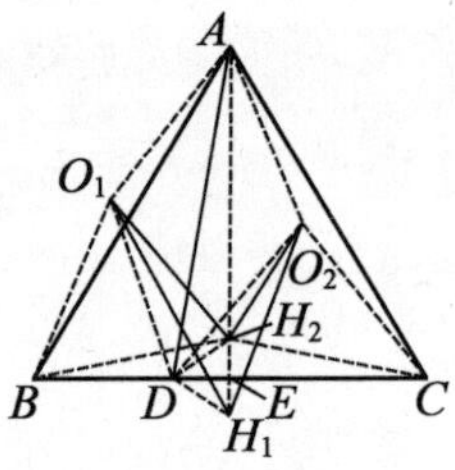

图 38.13

证明 (1)不妨设 $BD\leqslant CD$.因为 O_2 是$\triangle ACD$ 的外心,H_2 是$\triangle ACD$ 的垂心,则有

$$\angle AO_2D=2\angle C=120°,\angle AH_2D=180°-\angle C=120°$$

所以,A,O_2,H_2,D,B 五点共圆,记半径 $O_1O_2=R$.

同理,A,O_1,D,H_1,C 五点共圆,半径为 O_1O_2.

因为$\angle DH_2H_1=180°-\angle AH_2D=60°$,$\angle DH_1A=\angle C=60°$,所以,$\triangle DH_1H_2$ 为等边三角形.故 $H_1D=H_1H_2$.

又 $O_1D=O_1H_2=R$,则$\triangle DO_1H_1\cong\triangle H_2O_1H_1$.

所以,$\angle DO_1H_2=2\angle H_1O_1H_2$.

同理,$\angle DO_2H_1=2\angle H_1O_2H_2$.

再由 $O_1D=O_1H_2=R=O_2D=O_2H_1$,且 $DH_2=DH_1$,知$\triangle O_1DH_2\cong\triangle O_2DH_1$.

所以,$\angle DO_1H_2=\angle DO_2H_1$.

从而,$\angle H_1O_1H_2=\angle H_1O_2H_2$.

(2)由(1)中 A,D,H_2,O_2 四点共圆,有

$$\angle CO_2H_2=\angle AH_2O_2+\angle CAH_2+\angle ACO_2=60°+\angle ACO_2$$

又$\triangle AO_1B\cong\triangle AO_2C$,则$\angle O_1BA=\angle O_2CA$. 故

$$\angle O_1BD=60°+\angle O_1BA=60°+\angle O_2CA=\angle CO_2H_2$$

因为

$$\overrightarrow{O_2H_2}=\overrightarrow{O_2A}+\overrightarrow{O_2C}+\overrightarrow{O_2D}=\overrightarrow{O_2C}+\overrightarrow{CH_2}$$

则

$$|\overrightarrow{CH_2}|=|\overrightarrow{O_2A}+\overrightarrow{O_2D}|=R$$

故$\triangle O_1BD\cong\triangle CO_2H_2$(腰长均为 R). 所以,$BD=O_2H_2$. 同理,$CD=O_1H_1$. 因此,$O_1H_1+O_2H_2=BC$(定值).

(3)由(1),(2)的证明易知,$\triangle O_1H_1H_2\cong\triangle CDH_2$,$\triangle O_2H_1H_2\cong\triangle BH_2D$. 故

$$\begin{aligned}S_{\text{四边形}O_1H_1O_2H_2}&=S_{\triangle H_1O_1H_2}+S_{\triangle H_1O_2H_2}\\&=S_{\triangle CH_2D}+S_{\triangle BH_2D}\\&=S_{\triangle BH_2C}\end{aligned}$$

又

$$\begin{aligned}S_{\triangle BH_2C}&=\frac{1}{2}BC\cdot H_2E\\&=\frac{1}{2}BC\cdot\frac{\sqrt{3}}{3}DE\\&=\frac{1}{3}\cdot\frac{\sqrt{3}}{2}\cdot BC\cdot DE\\&=\frac{1}{3}AE\cdot\frac{1}{2}(CD-BD)\\&=\frac{1}{3}\left(\frac{1}{2}AE\cdot CD-\frac{1}{2}AE\cdot BD\right)\\&=\frac{1}{3}(S_{\triangle ACD}-S_{\triangle ABD})\end{aligned}$$

其中 E 是 BC 的中点,所以

$$|S_{\triangle ABD}-S_{\triangle ACD}|=3S_{\text{四边形}O_1H_1O_2H_2}$$

性质 16 如图 38.14,设 D 是正$\triangle ABC$ 外接圆圆 O 的$\overset{\frown}{BC}$上一点,$\triangle ABD$,$\triangle ACD$ 的内切圆分别为圆 I_1,圆 I_2,此两圆的一条外公切线与 AD,AB,AC 交于点 F,M,N. 则:

(1)$MN=BM+CN$;

(2) F 为 AD 的中点;

(3) $I_1I_2^2=BI_1^2+CI_2^2$;

(4) 若以 I_1I_2 为边作正 $\triangle I_1I_2E$(点 A,E 在 I_1I_2 同侧)时,有 $EF\perp MN$.

证明 (1) 如图 38.14,设直线 AI_1 交 BD 于点 P,交 BC 于点 G,直线 AI_2 交 CD 于点 Q.

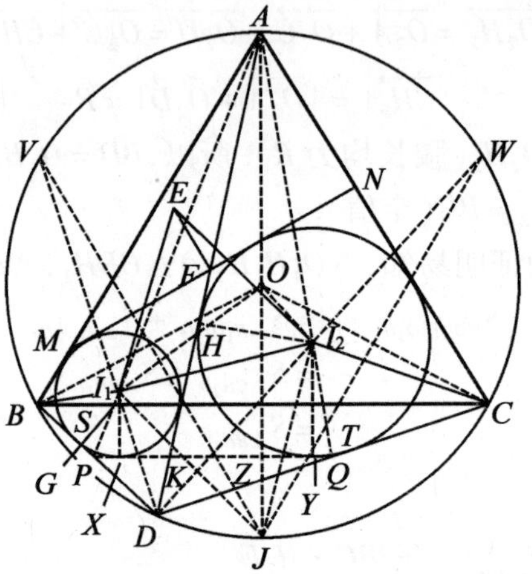

图 38.14

由 AP 平分 $\angle BAD$ 知,$\frac{AB}{AD}=\frac{BP}{DP}$. 由 AI_2 平分 $\angle CAD$ 知,$\frac{AC}{AD}=\frac{CQ}{DQ}$.

又 $AB=AC$,则 $\frac{BP}{DP}=\frac{CQ}{DQ}$. 故 $PQ/\!/BC$. 所以,$\angle BGP=\angle GPQ$.

过 I_1,I_2 分别作 PQ 的垂线,垂足为 X,Y,记圆 I_1 与 BD 切于点 S,圆 I_2 与 CD 切于点 T. 则

$$\angle BPG=\angle BDA+\angle PAD=\angle ABG+\angle BAG=\angle BGP$$

故 $\angle BPG=\angle GPQ$. 所以,$\mathrm{Rt}\triangle I_1SP\cong\mathrm{Rt}\triangle I_1XP$. 从而,$I_1S=I_1X$.

因此,PQ 与圆 I_1 相切,切点为 X. 同理,PQ 与圆 I_2 相切,切点为 Y.

设 AD 与 PQ 交于点 K. 由 $\angle APB=\angle APK$ 知,$\triangle ABP\cong\triangle AKP$. 结合 $PS=PX$ 知 $BS=KX$. 同理,$CT=KY$.

再由切线长关系,知

$$\begin{aligned}MN-(BM+CN)&=XY-(BS+CT)\\&=(KX+KY)-(BS+CT)=0\end{aligned}$$

即 $MN=BM+CN$.

(2) 由外切四边形边长关系,知

$$BD + MF = BM + DF$$

$$CD + NF = CN + DF$$

且有 $AD = BD + CD$.

由以上三式及(1)中结论知 $AD = 2DF$,即 F 为 AD 的中点.

(3)易知 $\angle AI_1B = 120°$, $\angle AOB = 120°$.

于是,A,O,I_1,B 四点共圆.同理,A,O,I_2,C 四点共圆.故

$$\begin{aligned}\angle BOI_1 &= \angle BAI_1 = \angle DAI_1 \\ &= 30° - \angle DAI_2 = 30° - \angle CAI_2 \\ &= \angle OAI_2 = \angle OCI_2\end{aligned} \quad ①$$

同理,$\angle OBI_1 = \angle COI_2$.

又因为 $OB = OC$,所以,$\triangle OBI_1 \cong \triangle COI_2$.

故 $BI_1 = OI_2$, $OI_1 = CI_2$.再由式①,知

$$\angle BOI_1 + \angle COI_2 = \angle OAI_2 + \angle CAI_2 = 30°$$

结合 $\angle BOC = 120°$,则有 $\angle I_1OI_2 = 90°$.

所以,$I_1I_2^2 = OI_1^2 + OI_2^2 = BI_1^2 + CI_2^2$.

(4)设 AO 与圆 O 交于点 J,与 PQ 交于点 Z,AD 与圆 I_2 切于点 H.

因为 A,O,I_2,C 四点共圆,所以

$$\angle I_2OZ = \angle ACI_2 = \angle DCI_2$$

$$\begin{aligned}\angle OI_2H &= 90° - \angle OI_2A - \angle DAI_2 \\ &= 90° - \angle OCA - \angle DAI_2 \\ &= 60° - \angle DAI_2 = \angle DCI_2\end{aligned}$$

故 $\angle I_2OZ = \angle OI_2H$.

在(2)中已证 F 为 AD 的中点,则 $OF \perp AD$,且 $I_2H \perp AD$.所以

$$FH = OI_2 \sin \angle OI_2H$$

由(1)中所证 $PQ /\!/ BC$,再结合 $OJ \perp PQ$,且 $I_2Y \perp PQ$,则有

$$ZY = OI_2 \sin \angle I_2OZ$$

故 $FH = ZY$.

所以,F 到 MN 与圆 I_2 切点的距离等于 Z 到 PQ 与圆 I_2 切点的距离.

因此,F 与 Z 关于 I_1I_2 对称.

另一方面,设 DI_1 交 $\overset{\frown}{AB}$ 于点 V,DI_2 交 $\overset{\frown}{AC}$ 于点 W.

易证 $\triangle I_1VJ \cong \triangle I_2WJ$,则 $I_1J = I_2J$,且 $\angle I_1JI_2 = \angle VJW = 60°$.

所以，$\triangle I_1JI_2$ 是等边三角形.

因此，E 与 J 关于 I_1I_2 对称.

结合 $JZ\perp PQ$，MN 与 PQ 关于 I_1I_2 对称，则有 $EF\perp MN$.

性质 17　正三角形外接圆上任一点至三边(所在直线)的距离之平方和是一常数.

证明　如图 38.15，令正三角形的边长为 a，有

$$S_{\triangle PAB}+S_{\triangle PAC}-S_{\triangle PBC}=S_{\triangle ABC}=\frac{\sqrt{3}}{4}a^2$$

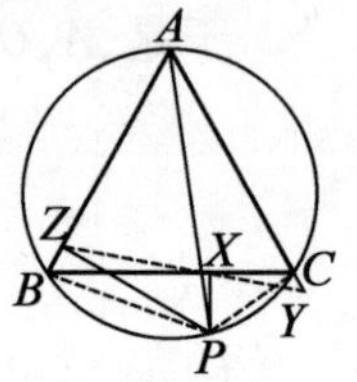

图 38.15

所以

$$PZ+PY-PX=\frac{\sqrt{3}}{2}a$$

上式两边平方，得

$$PX^2+PY^2+PZ^2+2(PY\cdot PZ-PZ\cdot PX-PX\cdot PY)=\frac{3}{4}a^2$$

显然 P 为完全四边形 $AZBXYC$ 的密克尔点，而完全四边形的密克尔点至每双对顶点的距离之乘积彼此均相等(参见第 65 章)，即

$$PX\cdot PA=PY\cdot PB=PZ\cdot PC \qquad (*)$$

又 $\triangle PAC\backsim\triangle PZX$，$\triangle PBC\backsim\triangle PZY$，有

$$\frac{PA}{AC}=\frac{PZ}{ZX},\frac{PB}{BC}=\frac{PZ}{ZY}$$

将上述两式分别乘以 PX，PY 并由式$(*)$，得

$$\frac{PX\cdot YZ}{BC}=\frac{PY\cdot ZX}{CA}$$

同理，$\dfrac{PY\cdot ZX}{CA}=\dfrac{PZ\cdot XY}{AB}$，而 $BC=CA=AB$，故 $PX\cdot YZ=PY\cdot ZX=PZ\cdot XY$. 于是

$$\begin{aligned}&PY\cdot PZ-PZ\cdot PX-PX\cdot PY\\=&PY(PZ-PX)-PZ\cdot PX\\=&\frac{PX}{ZX}[YZ(PZ-PX)-ZX\cdot PZ]\\=&\frac{PX}{ZX}[PZ(YZ-XZ)-YZ\cdot PX]\\=&\frac{PX}{ZX}(PZ\cdot XY-YZ\cdot PX)=0\end{aligned}$$

故 $PX^2+PY^2+PZ^2=\frac{3}{4}a^2$.

性质 18 设正三角形的内切圆上任一点至三边的距离为 x,y,z,正三角形的边长为 a,则 $x^2+y^2+z^2=2(yz+zx+xy)=\frac{3}{8}a^2$.

证明 如图 38.16,设 D,E,F 分别为边 BC,CA,AB 的切点,则 $\triangle DEF$ 为正三角形,其边长为 $\frac{1}{2}a$,其高为 $\frac{\sqrt{3}}{4}a$.

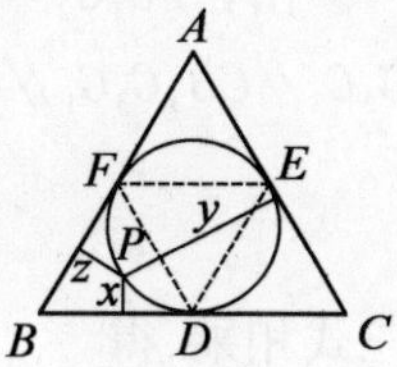

图 38.16

因 P 为正 $\triangle DEF$ 外接圆上的点,由性质 17,知

$$\left(\frac{\sqrt{3}}{4}a-x\right)^2+\left(y-\frac{\sqrt{3}}{4}a\right)^2+\left(z-\frac{\sqrt{3}}{4}a\right)^2=\frac{3}{4}\left(\frac{a}{2}\right)^2$$

即

$$x^2+y^2+z^2=\frac{\sqrt{3}}{2}a(x+y+z)-\frac{3}{8}a^2$$

又由面积关系式推知 $x+y+z=\frac{\sqrt{3}}{2}a$. 从而 $x^2+y^2+z^2=\frac{3}{8}a^2$.

由 $(x+y+z)^2=\frac{3}{4}a^2$,所以,$2(yz+zx+xy)=\frac{3}{4}a^2-\frac{3}{8}a^2=\frac{3}{8}a^2$.

性质 19 将一点与正三角形的顶点相连,则三联结线的中垂线分别与对边(所在直线)的交点共线.

证明 如图 38.17,设 O_1,O_2,O_3 分别是 $\triangle PBC,\triangle PCA,\triangle PAB$ 的外心,O 为正 $\triangle ABC$ 的外心,DX',EY',FZ' 分别为 PA,PB,PC 的中垂线,则 O_2,O_3 在直线 DX' 上. O_1,O_3 在直线 EY' 上,O_1,O_2 在直线 FZ' 上. 于是 $\triangle ABC$ 与 $\triangle O_1O_2O_3$ 对应顶点的连线交于一点 O,故其对应边的交点 X',Y',Z' 共线(笛沙格(Desargues)定理).

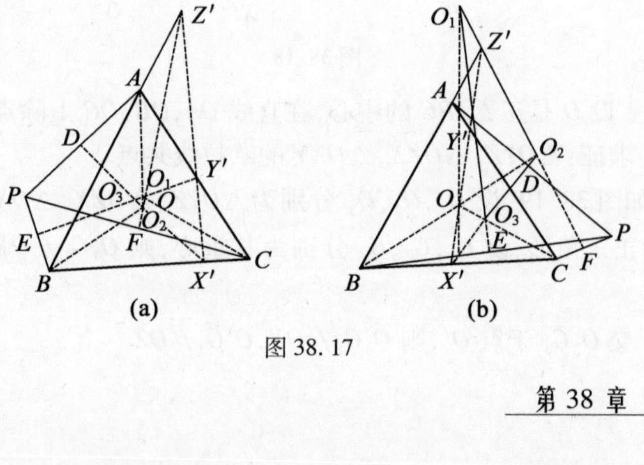

图 38.17

性质 20 将一点 P 与正 $\triangle ABC$ 的顶点相连,则 $\triangle PBC$,$\triangle PCA$,$\triangle PAB$ 的欧拉(Euler)线共点或互相平行.

证明 如图 38.18,设 $\triangle PBC$,$\triangle PCA$,$\triangle PAB$ 的外心,重心分别为 O_1,G_1;O_2,G_2;O_3,G_3. 线段 PA,PB,PC 的中垂线分别为 DXX',EYY',FZZ'.

由 $\triangle FG_1G_2 \backsim \triangle FBA$,$\triangle DG_2G_3 \backsim \triangle DCB$,$\triangle EG_3G_1 \backsim \triangle EAC$,且 $G_1G_2 /\!/ BA$,$G_2G_3 /\!/ CB$,$G_3G_1 /\!/ AC$,有

$$\frac{ZG_2}{ZG_1}=\frac{Z'A}{Z'B},\frac{XG_3}{XG_2}=\frac{X'B}{X'C},\frac{YG_1}{YG_3}=\frac{Y'C}{Y'A}$$

三式相乘,得

$$\frac{XG_3}{XG_2}\cdot\frac{ZG_2}{ZG_1}\cdot\frac{YG_1}{YG_3}=\frac{X'B}{X'C}\cdot\frac{Y'C}{Y'A}\cdot\frac{Z'A}{Z'B}$$

由性质 19 知,X',Y',Z' 三点共线,故 X,Y,Z 亦三点共线.

而 X,Y,Z 是 $\triangle O_1O_2O_3$ 与 $\triangle G_1G_2G_3$ 对应边的交点,由笛沙格定理知,其对应顶点的连线交于一点或平行.

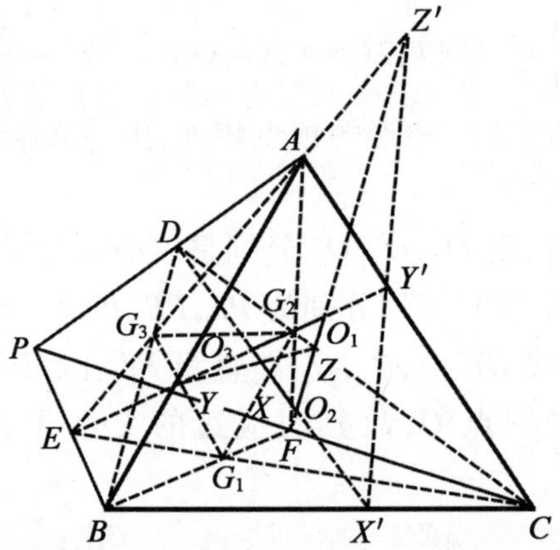

图 38.18

性质 21 设 O 是正 $\triangle ABC$ 的中心,在直线 OA,OB,OC 上除点 O 外各任取一点 X,Y,Z. 求证:$\triangle OYZ$,$\triangle OZX$,$\triangle OXY$ 的欧拉线共点.

证明 如图 38.19,设 O_1,O_2,O_3 分别为 $\triangle OYZ$,$\triangle OZX$,$\triangle OXY$ 的外心,则 $\triangle O_1O_2O_3$ 为正三角形. 设 G_1,G_2,G_3 分别为其重心,则 $O_1G_1 /\!/ OX$,$O_2G_2 /\!/ OY$,$O_3G_3 /\!/ OZ$.

令 O_1G_1 交 O_3G_3 于点 O',则 $O'G_1 /\!/ OX$,$O'G_3 /\!/ OZ$.

又 $\frac{EG_1}{G_1Z}=\frac{EG_3}{G_3X}$，所以 $G_1G_3 \parallel ZX$. 于是 $\triangle O'G_1G_3 \backsim \triangle OXZ$.

同理，$G_1G_2 \parallel YX$，$G_2G_3 \parallel ZY$，于是 $\triangle G_1G_2G_3 \backsim \triangle XYZ$.

所以，O' 与 O 分别是 $\triangle G_1G_2G_3$ 与 $\triangle XYZ$ 的对应点，故有 $\angle G_2O'G_3=\angle YOZ$.

因为 $O'G_3 \parallel OZ$，所以 $O'G_2 \parallel OY$，而 $G_2O_2 \parallel OY$，故 $O'O_2 \parallel OY$.

所以 $\triangle OZX$ 的欧拉线过点 O'，故有 $\triangle OYZ$，$\triangle OZX$，$\triangle OXY$ 的欧拉线共点.

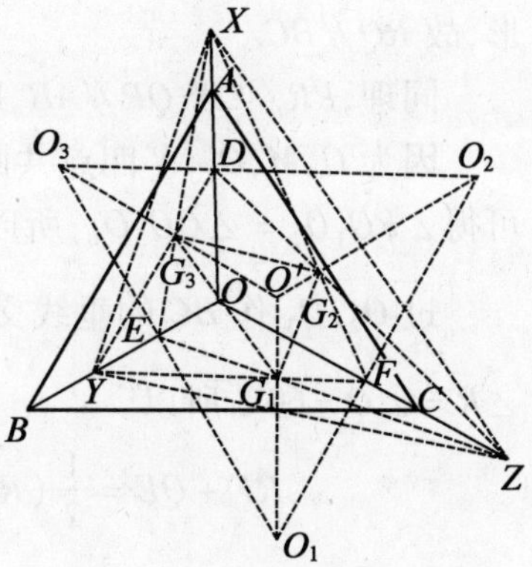

图 38.19

性质 22 在正 $\triangle ABC$ 的三边 BC，CA，AB 或其延长线上各任取一点 X，Y，Z. 求证：$\triangle AYZ$，$\triangle BZX$，$\triangle CXY$ 的欧拉线所交成的三角形全等于 $\triangle ABC$（若 $\triangle AYZ$ 是正三角形，则以过它的中心而平行于 BC 的直线来代替它的欧拉线）.

证明 如图 38.20，三角形的外心，垂心，重心三者共线，称为欧拉线. 令三欧拉线交成的三角形为 $\triangle PQR$，$\triangle AYZ$ 的外心与垂心为 O_1，H_1，作 $O_1J \perp AY$ 于点 J，有 $AJ=\frac{1}{2}AY=AK$.

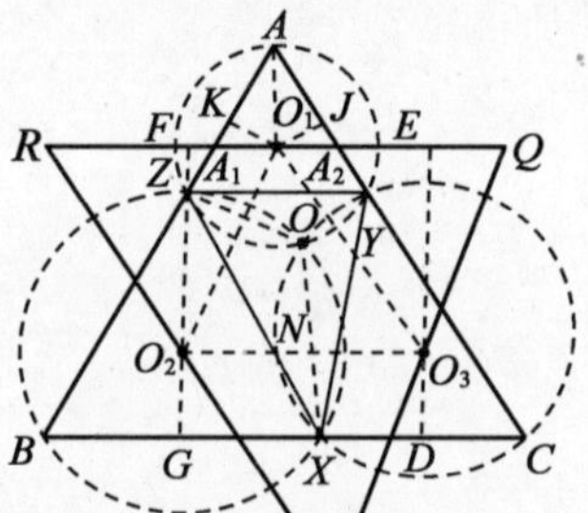

图 38.20

又在 $\mathrm{Rt}\triangle H_1KZ$ 中，$\angle ZH_1K=60°$，有

$$H_1K=\frac{1}{2}ZH_1=O_1J$$

所以 $\triangle AH_1K \cong \triangle AO_1J$，故 $AH_1=AO_1$.

令 AB，AC 交 RQ 于点 A_1，A_2，由 $\triangle AH_1A_1 \cong \triangle AO_1A_2$ 得 $\triangle AA_1A_2$ 为正三角

形,故 $RQ /\!/ BC$.

同理,$PR /\!/ CA$,$QP /\!/ AB$,所以$\triangle PQR$为正三角形.

因为O,M,O_2,N四点共圆,得$\angle MO_2N=\angle B$,故有$\triangle O_1O_2O_3$为正三角形,可得$\angle RO_1O_2=\angle QO_3O_1$,所以$\triangle RO_1O_2\cong\triangle QO_3O_1$,故$RO_1=QO_3$,$RO_2=QO_1$.

过O_2,O_3作BC的垂线交BC,QR于点G,D,E,F,则$FE=GD=\dfrac{1}{2}BC$,又由$\angle R=\angle Q=60°$,所以

$$RF+QE=\frac{1}{2}(RO_2+QO_3)=\frac{1}{2}(QO_1+RO_1)=\frac{1}{2}RQ$$

故$EF=\dfrac{1}{2}RQ$.所以$RQ=BC$.

即知$\triangle PQR\cong\triangle ABC$.

第 39 章　与正三角形有关的著名定理

维维安尼(Viviani)定理　等边三角形内任一点到三边的距离之和等于定值(三角形的高).

证明　如图 39.1,设 P 为正$\triangle ABC$ 内任一点,P 到三边 BC,CA,AB 的距离分别为 PD,PE,PF,$\triangle ABC$ 的高为 h. 则

$$S_{\triangle BPC}+S_{\triangle CPA}+S_{\triangle APB}=S_{\triangle ABC}$$

即 $$\frac{1}{2}BC\cdot PD+\frac{1}{2}CA\cdot PE+\frac{1}{2}AB\cdot PF=\frac{1}{2}BC\cdot h$$

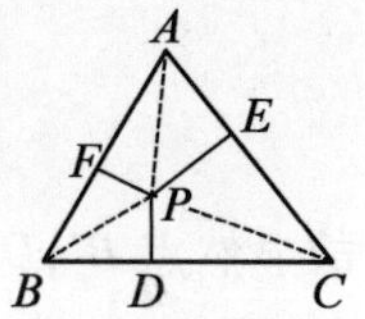

图 39.1

由于 $BC=CA=AB$,则 $PD+PE+PF=h$(定值).

拿破仑(Napoléon)定理　以三角形各边为边分别向外侧作等边三角形,则它们的中心构成一个等边三角形.

证明　如图 39.2,在$\triangle ABC$ 三边外侧作的等边三角形分别为$\triangle A'BC$,$\triangle AB'C$,$\triangle ABC'$,其中心分别为 O_1,O_2,O_3.

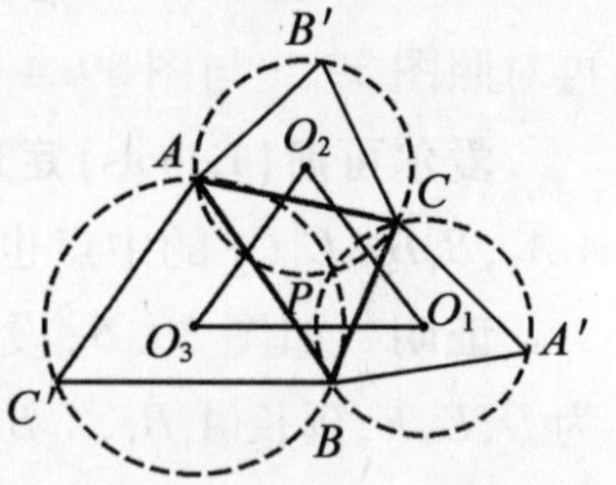

图 39.2

设$\triangle ABC'$ 和$\triangle AB'C$ 的外接圆交于 A,P 两点,联结 PB,PC,PA.

因$\angle APB+\angle C'=\angle APC+\angle B'=180°$,及$\angle B'=\angle C'=60°$,则$\angle APB=\angle APC=120°$,从而$\angle BPC=120°$.

故点 P 在正$\triangle A'BC$ 的外接圆上.

因此,有 $O_3O_1\perp PB$,$O_3O_2\perp PA$. 于是,$\angle O_3=180°-\angle APB=60°$.

同理,$\angle O_1=60°=\angle O_2$.

故$\triangle O_1O_2O_3$ 为正三角形.

注:由上述证法可得结论:以三角形每边为边向外侧作正三角形,则这三个正三角形的外接圆共点,该点称为三角形的费马(Fermat)点.

莫利(Frank Morley)定理　一个三角形三个内角的三等分线,分别靠近三

边的三个交点,构成等边三角形.

证明 如图 39.3,设$\angle A=3\alpha$,$\angle B=3\beta$,$\angle C=3\gamma$,如图 39.3,又构造凹六边形$A'F'B'D'C'E'$,且使其各内角为图 39.4 中所示的参数,再延长$B'D'$与$C'D'$交直线$E'F'$于点E_2,F_1,联结$B'F_1$,$C'E_2$,则

$$\angle E'F_1C'=\beta,\angle F'E_2B'=\gamma$$

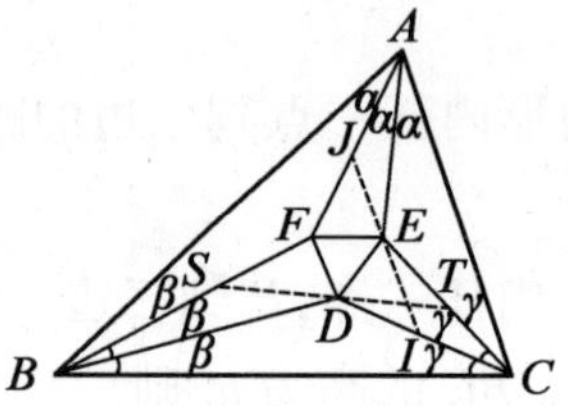

图 39.3

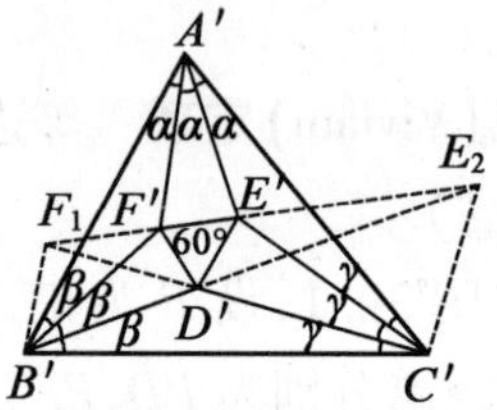

图 39.4

故显然点B',D',E',F_1共圆,点C',D',E',E_2共圆,则

$$\angle F_1B'E_2=\angle D'F'E'=60°=\angle D'E'F'=\angle F_1C'E_2$$

故点B',C',E_2,F_1共圆,即

$$\angle E_2B'C'=\angle E_2F_1C'=\beta,\angle F_1C'B'=\angle F_1E_2B'=\gamma$$

同理可证

$$\angle F'B'A'=\beta,\angle F'A'B'=\alpha,\angle E'C'A'=\gamma,\angle E'A'C'=\alpha$$

再对照图 39.3 与图 39.4 便知,图 39.3 中的$\triangle DEF$也是正三角形.

爱尔可斯(Echols)定理 1 若$\triangle A_1B_1C_1$和$\triangle A_2B_2C_2$都是正三角形,则线段A_1A_2,B_1B_2,C_1C_2的中点也构成正三角形.

证明 如图 39.5,设A_1A_2,B_1B_2,C_1C_2的中点分别为D,E,F,延长A_1B_1,A_2B_2交于点M,延长A_1C_1,A_2C_2交于点N. 由$\angle MA_1N=\angle MA_2N=60°$,知$A_1$,$M$,$N$,$A_2$四点共圆,则$\angle M=\angle N=\alpha$.

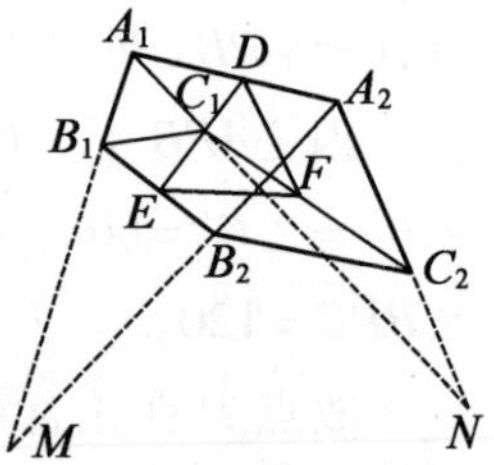

图 39.5

在四边形$A_1B_1B_2A_2$和$A_1C_1C_2A_2$中,分别应用

$$l=\frac{1}{2}\sqrt{a^2+b^2+2ab\cos\alpha}$$

得$DE=DF$. 同理有$DE=EF$. 故$\triangle DEF$为正三角形.

爱尔可斯定理 2 若$\triangle A_1B_1C_1$,$\triangle A_2B_2C_2$,$\triangle A_3B_3C_3$都是正三角形,则$\triangle A_1A_2A_3$,$\triangle B_1B_2B_3$,$\triangle C_1C_2C_3$的重心也构成正三角形.

证明 如图 39.6,设$\triangle A_1A_2A_3$,$\triangle B_1B_2B_3$,$\triangle C_1C_2C_3$的重心分别为D,E,F,

A_1A_2, B_1B_2, C_1C_2 的中点分别为 D', E', F'，则由爱尔可斯定理 1 知 $\triangle D'E'F'$ 为正三角形.

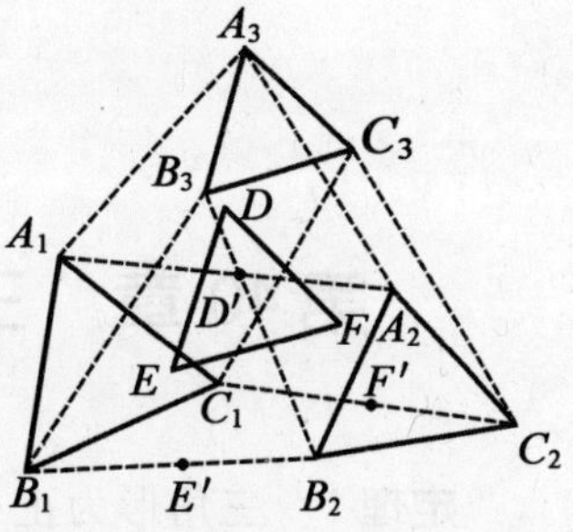

图 39.6

又设 D_0, E_0, F_0 分别为 A_3D', B_3E', C_3F' 上的点，且

$$\frac{A_3D_0}{D_0D'} = \frac{B_3E_0}{E_0E'} = \frac{C_3F_0}{F_0F'} = 2$$

则知 D_0, E_0, F_0 与 D, E, F 重合.

在公式

$$EF = \frac{1}{m+n}\sqrt{(am)^2 + (bn)^2 + 2am \cdot bn \cdot \cos\alpha}$$

中，令 $\frac{m}{n} = \frac{2}{1}$，可得，$DE = DF = EF$，即 $\triangle DEF$ 为正三角形.

第 40 章　三角形为正三角形的充要条件

定理 1　三角形为正三角形的充要条件是底角为 60°的等腰三角形或顶角为 60°的等腰三角形.

定理 2　三角形为正三角形的充要条件是三角形的中心,外心,重心,垂心这四心中有两心重合.

事实上,必要性显然. 充分性利用等腰三角形的三线合一(中线、高线、顶角平分线)与三角形全等即可分别证得六个命题成立.

定理 3　三角形为正三角形的充要条件是三角形三边的平方和等于其面积的 $4\sqrt{3}$ 倍.

证明　必然性显然. 下证充分性:设三边的长分别为 a,b,c,其面积为 $S_\triangle$,则

$$\begin{aligned}a^2+b^2+c^2-4\sqrt{3}S_\triangle&=a^2+b^2+(a^2+b^2-2ab\cos C)-2\sqrt{3}ab\sin C\\&=2[a^2+b^2-2ab\cos(60°-C)]\\&\geqslant 2(a^2+b^2-2ab)\\&=(a-b)^2\geqslant 0\end{aligned}$$

上述两不等式中等号成立时,有 $C=60°$ 且 $a=b$. 即证得充分性.

定理 4　三角形为正三角形的充要条件是其外接圆半径等于其内切圆直径.

证明　必要性显然. 下证充分性:设 $\triangle ABC$ 的三边 $BC=a,CA=b,AB=c$. 其外接圆半径为 R,其内切圆半径为 r,则 $R=2r$.

注意到

$$r\left(\cot\frac{A}{2}+\cot\frac{B}{2}\right)=c,r\left(\cot\frac{B}{2}+\cot\frac{C}{2}\right)=a,r\left(\cot\frac{C}{2}+\cot\frac{A}{2}\right)=b$$

又

$$\cot\frac{A}{2}+\cot\frac{B}{2}+\cot\frac{C}{2}=\cot\frac{A}{2}\cdot\cot\frac{B}{2}\cdot\cot\frac{C}{2}$$

$$\sin A+\sin B+\sin C=4\cos\frac{A}{2}\cdot\cos\frac{B}{2}\cdot\cos\frac{C}{2}$$

从而

$$8\sin\frac{A}{2}\cdot\sin\frac{B}{2}\cdot\sin\frac{C}{2}=1$$

即

$$4\sin\frac{A}{2}\left(\cos\frac{B-C}{2}-\cos\frac{B+C}{2}\right)=1$$

亦即

$$4\sin^2\frac{A}{2}-4\cos\frac{B-C}{2}\cdot\sin\frac{A}{2}+1=0$$

上式可视为以 $\sin\frac{A}{2}$ 为变元的一元二次方程，$\sin\frac{A}{2}$ 存在，则有 $\left(-4\cos\frac{B-C}{2}\right)^2-16\geqslant 0$，即 $\cos^2\frac{B-C}{2}\geqslant 1$.

而 $\cos^2\frac{B-C}{2}\leqslant 1$，从而 $\cos^2\frac{B-C}{2}=1$.

注意到 $-\frac{\pi}{2}<\frac{B-C}{2}<\frac{\pi}{2}$，即知 $B=C$.

同理，$A=B$. 故 $\triangle ABC$ 为正三角形.

定理 5 三角形为正三角形的充要条件是三角形内任一点到三边的距离之和为定值①.

证明 必要性：如图 40.1，设正 $\triangle ABC$ 的边长为 a，P 是 $\triangle ABC$ 内任意一点，P 到三边的距离分别为 d_1,d_2 与 d_3. 联结 PA,PB,PC，则 $S_{\triangle ABC}=S_{\triangle ABP}+S_{\triangle BCP}+S_{\triangle CAP}$，即

$$\frac{1}{2}a\cdot\frac{\sqrt{3}}{2}a=\frac{1}{2}ad_1+\frac{1}{2}ad_2+\frac{1}{2}ad_3$$

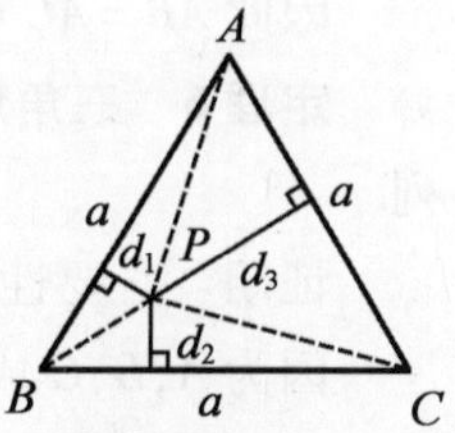

图 40.1

从而

$$d_1+d_2+d_3=\frac{\sqrt{3}}{2}a\text{（定值）}$$

① 《数学通报》1988 年 8 月数学问题 546.

充分性:如图 40.2,设$\triangle ABC$内任一点到三边距离之和为定值. 在$\triangle ABC$内取点P,Q,使$PQ/\!/BC$. 并设P和Q到AB,AC与BC的距离分别为d_1,d_2,d_3和e_1,e_2,e_3. 则

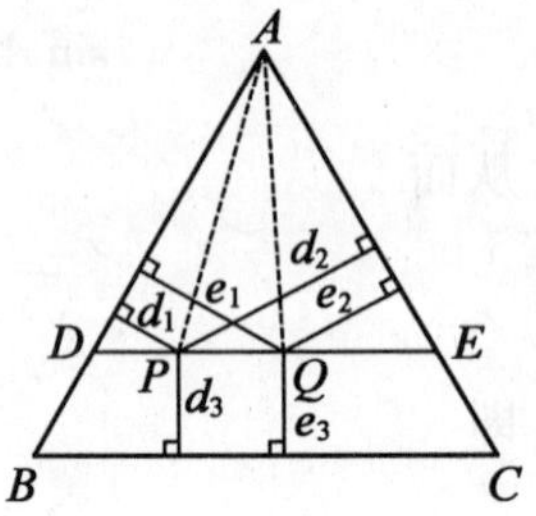

图 40.2

$$d_1+d_2+d_3=e_1+e_2+e_3,d_3=e_3$$

于是

$$d_1-e_1=e_2-d_2$$

设D,E分别为P,Q在AB,AC上的射影,连AP,AQ,则

$$S_{\triangle ADE}=S_{\triangle ADP}+S_{\triangle APE}=\frac{1}{2}AD\cdot d_1+\frac{1}{2}AE\cdot d_2$$

$$S_{\triangle ADE}=S_{\triangle ADQ}+S_{\triangle AQE}=\frac{1}{2}AD\cdot e_1+\frac{1}{2}AE\cdot e_2$$

即

$$\frac{1}{2}AD\cdot d_1+\frac{1}{2}AE\cdot d_2=\frac{1}{2}AD\cdot e_1+\frac{1}{2}AE\cdot e_2$$

于是

$$AD\cdot(d_1-e_1)=AE\cdot(e_2-d_2)$$

而

$$d_1-e_1=e_2-d_2\text{(已证)}$$

则

$$AD=AE$$

又因$PQ/\!/BC$,则$\frac{AD}{AB}=\frac{AE}{AC}$,从而$AB=AC$.

同理,在$\triangle ABC$内取点R,S,使$RS/\!/AB$. 可证得$AC=BC$.

因此$AB=AC=BC$. 即$\triangle ABC$为正三角形.

定理 6 三角形为正三角形的充要条件是三内角,三条高分别成等差数列.

证明 必要性显然. 下证充分性:设$\triangle ABC$的三内角为$A\leqslant B\leqslant C$.

因为A,B,C成等差数列,所以$B=60°$.

设BC,CA,AB上的高依次为h_a,h_b,h_c,则$h_a\geqslant h_b\geqslant h_c$.

由h_a,h_b,h_c成等差数列,知$2h_b=h_a+h_c$.

设$\triangle ABC$的面积为S,则$\frac{2S}{b}=\frac{S}{a}+\frac{S}{c}$. 故$2ac=ab+bc$.

由正弦定理,得

$$2\sin A\cdot\sin C=\sin A\cdot\sin B+\sin B\cdot\sin C$$

令 $A=60^\circ-\theta, C=60^\circ+\theta$,则

$$2\sin(60^\circ-\theta)\cdot\sin(60^\circ+\theta)=\frac{\sqrt{3}}{2}[\sin(60^\circ-\theta)+\sin(60^\circ+\theta)]$$

即
$$\cos 2\theta+\frac{1}{2}=\frac{\sqrt{3}}{2}\cdot\sin 60^\circ\cdot\cos\theta$$

或

$$2\cos^2\theta-1+\frac{1}{2}=\frac{3}{2}\cos\theta$$

亦即

$$4\cos^2\theta-3\cos\theta-1=0$$

所以

$$(\cos\theta-1)(4\cos\theta+1)=0$$

因为 $\cos\theta>0$,所以 $\cos\theta+1>0$,于是 $\cos\theta=1$,得 $\theta=0^\circ$.

即 $A=C=60^\circ$. 所以 $\triangle ABC$ 为正三角形.

注:此命题的充分性为 1988 年第 8 届拉丁美洲地区数学奥林匹克题:已知,三角形三内角成等差数列,三条高也成等差数列. 求证:这个三角形是等边三角形.

定理 7 三角形为正三角形的充要条件是三条中线将三角形分为六个三角形中的内切圆有四个相等.

证明 如图 40.3,设 $\triangle ABC$ 的三条中线 CK, AM, BL 相交于点 G,则 $\triangle ABC$ 被分得的六个小三角形的面积相等.

必要性显然. 下证充分性:由题设有四个小三角形的内切圆相等,则必有两个小三角形相邻且内切圆相等. 不妨设 $\triangle AKG$ 与 $\triangle BKG$ 的内切圆半径相等. 由公式 $S=p\cdot r$ 可推知 $AG=GB$. 所以等腰 $\triangle AGB$ 的中线 GK 也是高. 即 $CK\perp AB$. 又 $AK=KB$,所以 $AC=BC$.

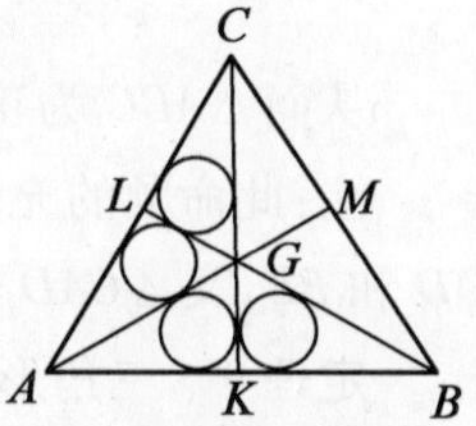

图 40.3

另外具有相等内切圆的小三角形要么在 $\triangle AGL$,要么在 $\triangle CGL$ 的位置(其他情形与其对称).

若 $\triangle ALG$ 与 $\triangle AKG$ 的内切圆半径相等,这样 $\triangle AKG$ 与 $\triangle ALG$ 的面积相等,周长相等,且一条对应边相等,可证得 $\triangle AKG\cong\triangle ALG$.

则 $AL=AK$,于是 $AC=AB$.

因此 $AB = AC = BC$,故$\triangle ABC$ 是正三角形.

若$\triangle CLG$ 与$\triangle KGB$ 的内切圆相等,则$\triangle CLG$ 与$\triangle KGB$ 有相等的周长,根据圆的切线定理,有

$$CL + CG + LG = 2CL + 2x = 2BK + 2x$$

(其中 x 是从点 G 到对应圆的切线长,由$\angle CGL = \angle BGK$,及两个内切圆半径相等,可证得 G 到两个内切圆的切线长都相等,且等于 x)

所以 $2CL = 2BK$,即 $AC = AB$.

因此,$AC = AB = BC$,即$\triangle ABC$ 为正三角形.

注:此命题的充分性为 1968 年第 2 届全苏奥林匹克题:$\triangle ABC$ 的三条中线将三角形分为六个三角形. 已知:这些三角形的内切圆中的四个相等. 求证:$\triangle ABC$ 为正三角形.

定理 8 三角形为正三角形的充要条件是两条边上的中线与相对边均成 $30°$角.

证明 如图 40.4,设 AD,BE 分别为$\triangle ABC$ 的边 BC,AC 上的中线,$\angle CAD = \angle CBE = 30°$.

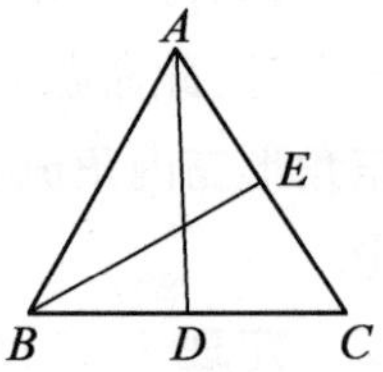

图 40.4

必要性显然. 下证充分性:由题设,知$\triangle ADC \backsim \triangle BEC$,则

$$\frac{AC}{BC} = \frac{DC}{EC} = \frac{2DC}{2EC} = \frac{BC}{AC}$$

即 $AC^2 = BC^2$,故 $AC = BC$.

在$\triangle BEC$ 中,$\angle CBE = 30°$,$EC = \frac{1}{2}BC$. 则$\angle BEC = 90°$,$\angle C = 60°$.

从而$\triangle ABC$ 为正三角形.

注:此命题的充分性为 1972 年莫斯科数学奥林匹克题:在$\triangle ABC$ 中引中线 AD 和 BE,又$\angle CAD = \angle CBE = 30°$. 求证:$\triangle ABC$ 为正三角形.

定理 9 三角形为正三角形的充要条件是最大的高,第二边上的中线,第三边上的角平分线三者相等.

证明 如图 40.5,在$\triangle ABC$ 中,最大的高为 AH,BM 为中线,CD 为角平分线,必要性显然.

充分性:过点 M 作 $ML \perp AB$ 于点 L,作 $MK \perp BC$ 于点 K,于是有

$$MK = \frac{1}{2}AH = \frac{1}{2}BM, ML \leqslant \frac{1}{2}CD = \frac{1}{2}BM$$

则$\angle MBC=30^\circ$，$\angle MBA\leqslant 30^\circ$，故$\angle ABC\leqslant 60^\circ$.

另一方面，由中线性质知同一个三角形中，大边上的中线小而小边上的中线大. 因为边 BC 上的中线 $AE\geqslant AH=BM$，边 AB 上的中线 $CF\leqslant CD=BM$，所以 BM 是最小中线，从而有 $AC\geqslant BC$，$AC\geqslant AB$.

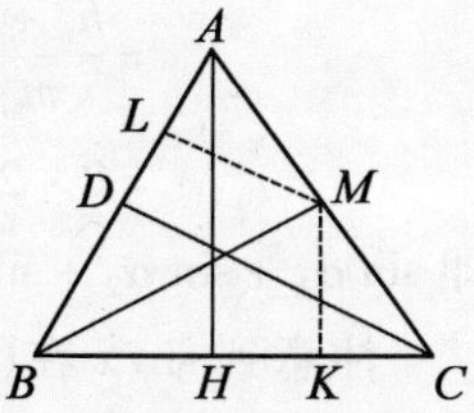

图 40.5

则$\angle ABC\geqslant\angle BAC$，$\angle ABC\geqslant\angle ACB$.

即$\angle BAC\leqslant 60^\circ$，$\angle ABC\leqslant 60^\circ$，$\angle ACB\leqslant 60^\circ$.

亦即$\angle BAC=\angle ABC=\angle ACB=60^\circ$.

故$\triangle ABC$为正三角形.

注：此命题的充分性为 1967 年第 1 届全苏奥林匹克题：在锐角$\triangle ABC$中，最大的高 AH 等于中线 BM，也等于内角平分线 CD. 求证：$\triangle ABC$ 是等边三角形.

定理 10　三角形为正三角形的充要条件是三角形任意两边上的高线长的和等于第三边上的中线长的 2 倍.

证明　必要性显然. 下证充分性：如图 40.6，设 AD，BE，CF 分别为$\triangle ABC$的边 BC，CA，AB 上的中线，记 $AD=m_a$，$BE=m_b$，$CF=m_c$. BC，CA，AB 边上的高分别记为 h_a，h_b，h_c. 令$\angle EBC=\alpha_1$，$\angle FCB=\alpha_2$，$\angle FCA=\beta_1$，$\angle DAC=\beta_2$，$\angle DAB=\gamma_1$，$\angle EBA=\gamma_2$.

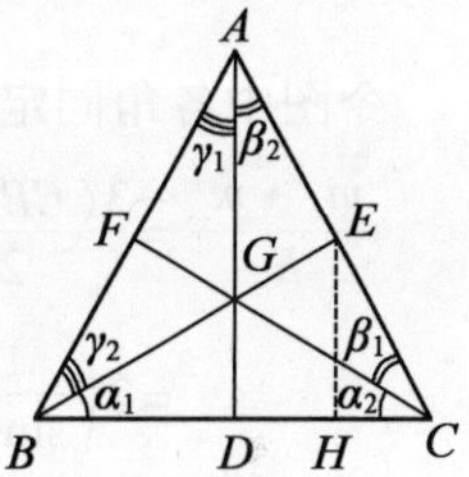

图 40.6

过点 E 作 $EH\perp BC$ 于点 H，则 $EH=\frac{1}{2}h_a$.

在 Rt$\triangle BEH$ 中，$EH=BE\cdot\sin\alpha_1$，则$\frac{1}{2}h_a=m_b\cdot\sin\alpha_1$，即$\frac{h_a}{m_b}=2\sin\alpha_1$.

同理，$\frac{h_a}{m_c}=2\sin\alpha_2$，即 $h_a\left(\frac{1}{m_b}+\frac{1}{m_c}\right)=2(\sin\alpha_1+\sin\alpha_2)$.

同理，$h_b\left(\frac{1}{m_a}+\frac{1}{m_c}\right)=2(\sin\beta_1+\sin\beta_2)$，$h_c\left(\frac{1}{m_a}+\frac{1}{m_b}\right)=2(\sin\gamma_1+\sin\gamma_2)$.

从而

$$\begin{aligned}&2(\sin\alpha_1+\sin\alpha_2+\sin\beta_1+\sin\beta_2+\sin\gamma_1+\sin\gamma_2)\\&=h_a\left(\frac{1}{m_a}+\frac{1}{m_c}\right)+h_b\left(\frac{1}{m_a}+\frac{1}{m_c}\right)+h_c\left(\frac{1}{m_a}+\frac{1}{m_b}\right)\end{aligned}$$

$$=\frac{h_b+h_c}{m_a}+\frac{h_a+h_c}{m_b}+\frac{h_a+h_b}{m_c}$$

$$=2+2+2=6$$

即 $\sin\alpha_1+\sin\alpha_2+\sin\beta_1+\sin\beta_2+\sin\gamma_1+\sin\gamma_2=3$.

注意到 $\sin x$ 在 $(0,180°)$ 内的上凸性,知

$$\sin\alpha_1+\sin\alpha_2+\sin\beta_1+\sin\beta_2+\sin\gamma_1+\sin\gamma_2$$

$$\leqslant 6\cdot\sin\frac{\alpha_1+\alpha_2+\beta_1+\beta_2+\gamma_1+\gamma_2}{6}=3$$

从而,有 $\alpha_1=\alpha_2=\beta_1=\beta_2=\gamma_1=\gamma_2=\frac{180°}{6}=30°$,由此即证得结论成立.

定理 11 三角形为正三角形的充要条件是三角形任两边上的中线长的和等于第三边上的高线长的 2 倍.

证明 必要性显然. 下证充分性:如图 40.6,设 h_a,m_a,h_b,m_b,h_c,m_c 分别为 $\triangle ABC$ 的边 BC,CA,AB 上的高和中线长. 令 G 为其重心,则

$$m_b=\frac{3}{2}GB,m_c=\frac{3}{2}GC,S_{\triangle GBC}=\frac{1}{3}S_{\triangle ABC}$$

令图中各角同定理 10 证法,则

$$\frac{m_b+m_c}{h_a}=\frac{3(GB+GC)}{2h_a}=\frac{3}{ah_a}\left(\frac{S_{\triangle BGC}}{\sin\alpha_1}+\frac{S_{\triangle BGC}}{\sin\alpha}\right)=\frac{S_{\triangle BGC}}{ah_a}\left(\frac{1}{\sin\alpha_1}+\frac{1}{\sin\alpha_2}\right)$$

$$=2\left(\frac{1^2}{\sin\alpha_1}+\frac{1^2}{\sin\alpha_2}\right)\geqslant\frac{2}{\sin\alpha_1+\sin\alpha_2}\text{(用到权方和不等式)}$$

从而 $\frac{h_a}{m_b+m_c}\leqslant\frac{1}{2}(\sin\alpha_1+\sin\alpha_2)$,其中等号当且仅当 $\sin\alpha_1=\sin\alpha_2$ 时成立.

同理,$\frac{h_b}{m_a+m_c}\leqslant\frac{1}{2}(\sin\beta_1+\sin\beta_2)$,$\frac{h_c}{m_a+m_b}\leqslant\frac{1}{2}(\sin\gamma_1+\sin\gamma_2)$. 从而

$$\frac{h_a}{m_b+m_c}+\frac{h_b}{m_a+m_c}+\frac{h_c}{m_a+m_b}$$

$$\leqslant\frac{1}{2}(\sin\alpha_1+\sin\alpha_2+\sin\beta_1+\sin\beta_2+\sin\gamma_1+\sin\gamma_2)$$

由题设

$$\frac{h_a}{m_b+m_c}+\frac{h_b}{m_a+m_c}+\frac{h_c}{m_a+m_b}=\frac{3}{2}$$

于是

$$3\leqslant\sin\alpha_1+\sin\alpha_2+\sin\beta_1+\sin\beta_2+\sin\gamma_1+\sin\gamma_2$$

由 $\sin x$ 在(0,180°)内的上凸性,知

$$\sin\alpha_1+\sin\alpha_2+\sin\beta_1+\sin\beta_2+\sin\gamma_1+\sin\gamma_2$$

$$\leqslant 6\cdot\sin\frac{\alpha_1+\alpha_2+\beta_1+\beta_2+\gamma_1+\gamma_2}{6}=3$$

故有 $\alpha_1=\alpha_2=\beta_1=\beta_2=\gamma_1=\gamma_2=\frac{180^\circ}{6}=30^\circ$,由此有 $\sin\alpha_1=\sin\alpha_2$,$\sin\beta_1=\sin\beta_2$,$\sin\gamma_1=\sin\gamma_2$.

故$\triangle ABC$为正三角形.

定理12 三角形为正三角形的充要条件是从三角形两条高线的垂足分别向其他两边引垂线段之和等于这两条高线长.

证明 必要性显然. 下证充分性:如图40.7,在$\triangle ABC$中,BE,CF分别为AC,AB边上的高线,$FP\perp BC$于点P,$FQ\perp AC$于点Q,$EM\perp BC$于点M,$EN\perp AB$于点N. 且$FP+FQ=CF$,$EM+EN=BE$,即

$$\frac{FP}{CF}+\frac{FQ}{CF}=1,\frac{EM}{BE}+\frac{EN}{BE}=1$$

作BC边上的高AD,则AD,BE,CF共点于H.

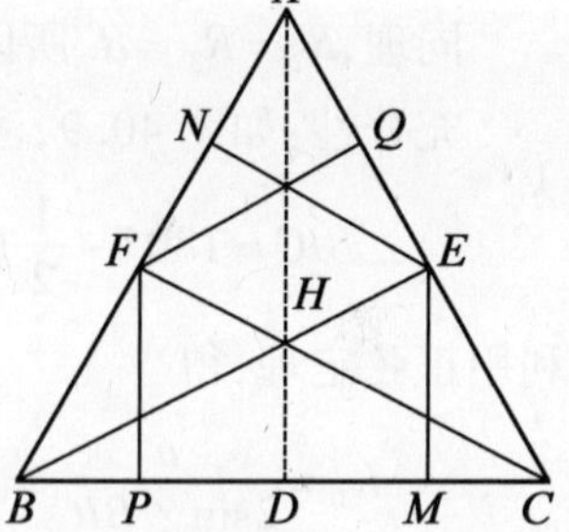

图40.7

由 $AD\,/\!/\,FP$,$\angle AHF=\angle CFP$,知 $\mathrm{Rt}\triangle AFH\backsim\mathrm{Rt}\triangle CPF$,有$\frac{FH}{AH}=\frac{PF}{CF}$.

又$HE/\!/FQ$,$\frac{HE}{CH}=\frac{FQ}{CF}$,所以

$$\frac{FH}{AH}+\frac{HE}{CH}=1,\frac{FH}{AH}=\frac{CH-HE}{CH}$$

从而$AH=\frac{CH\cdot FH}{CH-HE}$. 同理,$AH=\frac{BH\cdot HE}{BH-FH}$. 所以$\frac{CH\cdot FH}{CH-HE}=\frac{BH\cdot HE}{BH-FH}$.

又$\angle BHF=\angle CHE$,则 $\mathrm{Rt}\triangle BHF\backsim\mathrm{Rt}\triangle CHE$,有$\frac{BH}{CH}=\frac{FH}{HE}$,即 $CH\cdot FH=BH\cdot HE$,所以 $CH-HE=BH-FH\cdot CH+FH=BH+HE$,所以 $CF=BE$,所以 $\mathrm{Rt}\triangle ACF\cong\mathrm{Rt}\triangle ABE$,故$AC=AB$.

又

$$\frac{FP}{FC}=\frac{BF}{BC},\frac{FQ}{CF}=\frac{AF}{AC}$$

所以

$$\frac{FB}{BC}+\frac{AF}{AC}=1,\frac{FB}{BC}=\frac{AC-AF}{AC}=\frac{AB-AF}{AB}=\frac{FB}{AB}$$

所以 $BC=AB$,即 $AB=BC=AC$,所以$\triangle ABC$ 为等边三角形.

注:上述充分性证明见《数学通报》(2001(12),数学问题 1343).

定理 13 设 I 是$\triangle ABC$ 的内心,R,R_1,R_2,R_3,分别是$\triangle ABC$,$\triangle IBC$,$\triangle ICA$,$\triangle IAB$ 的外接圆半径. 则$\triangle ABC$ 为正三角形的充要条件是 $R_1+R_2+R_3=3R$. ①

证明 必要性:当$\triangle ABC$ 为正三角形时,如图 40.8,有,$\triangle IBC\cong\triangle ICA\cong\triangle IAB$.

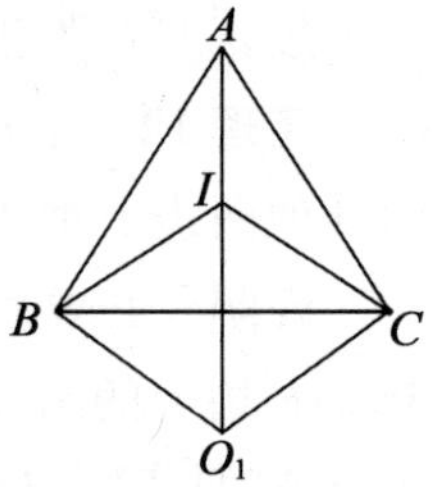

图 40.8

设$\triangle IBC$ 的外心为 O_1,联结 O_1I,则$\triangle O_1BI\cong\triangle O_1CI$.

注意到$\angle BIC=120°$,所以$\angle BIO_1=\frac{1}{2}\angle BIC=60°$.

又$\triangle O_1BI$, $\triangle O_1CI$ 是等腰三角形,所以$\triangle O_1BI$, $\triangle O_1CI$ 是正三角形,于是,$R_1=IO_1=IB=IC=R$.

同理,$R_2=R_3=R$. 所以,$R_1+R_2+R_3=3R$. 必要性证得.

充分性:如图 40.9,注意到

$$\angle BIC=180°-\frac{1}{2}(\angle B+\angle C)=90°+\frac{1}{2}\angle A$$

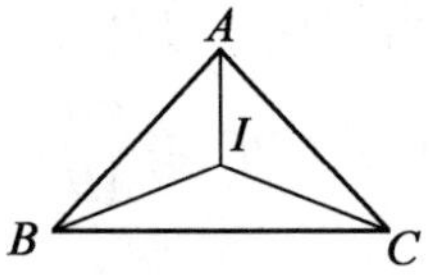

图 40.9

利用正弦定理,得

$$R_1=\frac{a}{2\sin\angle BIC}=\frac{2R\sin A}{2\sin\left(90°+\frac{A}{2}\right)}=2R\sin\frac{A}{2}$$

同理,$R_2=2R\sin\frac{B}{2}$,$R_3=2R\sin\frac{C}{2}$. 所以

$$R_1+R_2+R_3=2R\left(\sin\frac{A}{2}+\sin\frac{B}{2}+\sin\frac{C}{2}\right)$$

利用熟知的不等式,有

$$\sin\frac{A}{2}+\sin\frac{B}{2}+\sin\frac{C}{2}\leqslant\frac{3}{2} \quad ①$$

① 郭要红,数学通报,2005(1),数学问题 1531.

得

$$R_1+R_2+R_3\leqslant 3R \quad ②$$

从上述证明过程中可以看出不等式②当且仅当$\triangle ABC$为正三角形时等号成立. 由已知条件①得,$\triangle ABC$为正三角形,充分性得证.

定理 14 三角形为正三角形的充要条件是三角形一边上任一点与这边所对顶点的连线分成的两个三角形的内心、外心、垂心中的两心分别与此连线的两端点共圆.

证明 为了证明这个结论,我们先看一条引理:

引理 三角形两顶点与其内心,外心,垂心中的两心四点共圆的充要条件是另一顶点处的内角为60°.

证明 事实上,如图40.10,此为三心两两不重合的情形.

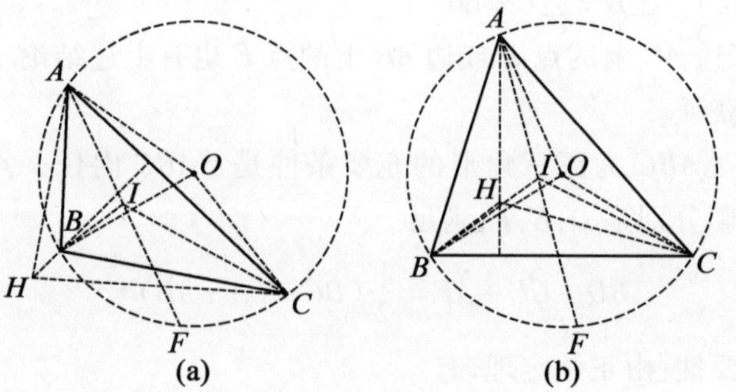

图40.10

设O,I,H分别为其中外心,内心,垂心. 当$\angle A=60°$时,有

$$\angle BOC=2\angle A=120°$$

$$\angle BIC=90°+\frac{1}{2}\angle A=120°$$

$$\angle BHC=180°-\angle A=120°$$

或

$$\angle BHC=90°-\angle HCA=60°$$

此时,B,H,I,O,C五点共圆,显然有任两心与B,C四点共圆.

若延长AI交圆O于点F,则由内心性质知$IF=FB=FC$,知F为上述圆的圆心.

反之,由H为垂心,有

$$\angle BHC=180^\circ-\angle A=\angle B+\angle C\text{ 或 }\angle BHC=90^\circ-\angle HCA=\angle A \quad ①$$

由 I 为内心,有

$$\angle BIC=90^\circ+\frac{1}{2}\angle A \quad ②$$

由 O 为外心,有

$$\angle BOC=2\angle A \quad ③$$

当 B,C 与任两心四点共圆时,均可由式①~③中的两个推出 $\angle A=60^\circ$. 证毕.

下面回到原题:如图 40.11,不妨设 D 为 BC 上任一点.

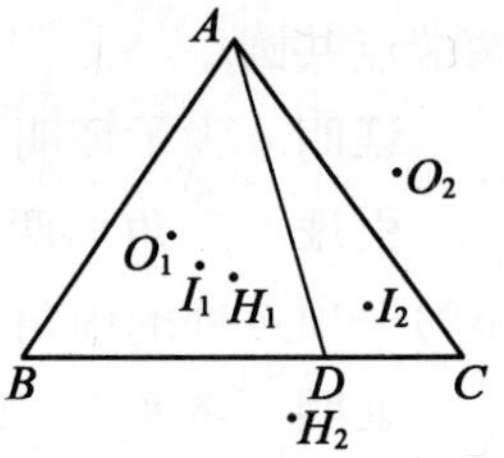

图 40.11

对 $\triangle ABD$ 和 $\triangle ADC$ 分别应用引理,得

$$\angle B=\angle C=60^\circ$$

同理,对于边 AC 上的点 E 或边 AB 上的点 E 也有上述结论.

故原命题获证.

定理 15 $\triangle ABC$ 为正三角形的充要条件是 $\triangle ABC$ 内任一点 P 在边 BC, CA, AB 上的射影分别是 D,E,F,满足

$$BD+CE+AF=\frac{1}{2}(BC+CA+AB)$$[①]

证明 必要性:由正弦定理,有

$$PB\sin\alpha=PC\sin(60^\circ-\beta)$$
$$PC\sin\beta=PA\sin(60^\circ-\gamma)$$
$$PA\sin\gamma=PB\sin(60^\circ-\alpha)$$

将以上三式相加并移项,得

$$PB[\sin\alpha-\sin(60^\circ-\alpha)]+PC[\sin\beta-\sin(60^\circ-\beta)]+PA[\sin\gamma-\sin(60^\circ-\gamma)]$$
$$=2\cos30^\circ[PB\sin(\alpha-30^\circ)+PC\sin(\beta-30^\circ)+PA\sin(\gamma-30^\circ)]$$
$$=0$$

则 $$PB\sin(\alpha-30^\circ)+PC\sin(\beta-30^\circ)+PA\sin(\gamma-30^\circ)=0$$

又

$$BD+CE+AF-DC-EA-FB$$

---

① 张立民. 正三角形的两个等价命题[J]. 中等数学,2001(6):15-16.

$$=PB\cos\alpha+PC\cos\beta+PA\cos\gamma-PB\cos(60^\circ-\alpha)-PC\cos(60^\circ-\beta)-PA\cos(60^\circ-\gamma)$$

$$=-2\sin 30^\circ[PB\sin(\alpha-30^\circ)+PC\sin(\beta-30^\circ)+PA\sin(\gamma-30^\circ)]$$

$$=0$$

即 $$BD+CE+AF=DC+EA+FB=\frac{1}{2}(BC+CA+AB)$$

充分性：设 P,P' 为 BC 垂线上两个不同的点，如图 40.12，P' 在 BC,CA,AB 上的射影分别为 D,E,F，则

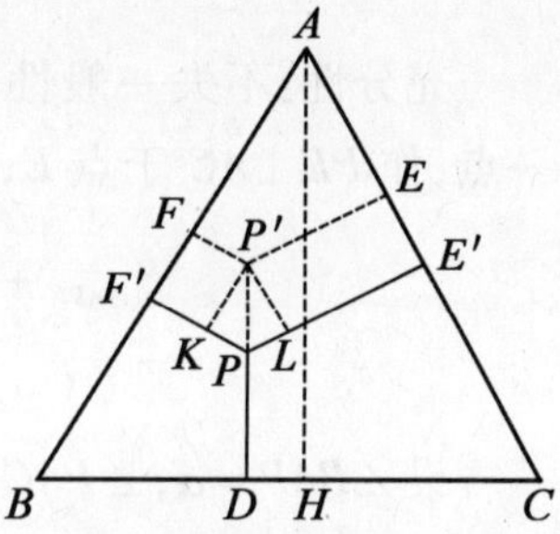

图 40.12

$$BD+CE+AF=\frac{1}{2}(BC+CA+AB)=BD+CE'+AF'$$

从而 $AF'-AF=CE-CE'$，即 $FF'=EE'$.

作 $P'K\perp PF'$ 于点 K，作 $P'L\perp PE'$ 于点 L，则 $P'K=P'L$，从而 $\mathrm{Rt}\triangle P'KP\cong\mathrm{Rt}\triangle P'LP$，即有 $\angle KP'P=\angle PP'L$，亦即 PP' 与 AB，AC 所成的角相等.

过 A 作 $AH\perp BC$ 于点 H，则 $\angle BAH=\angle HAC$，从而 $\angle B=\angle C$. 即有 $AB=AC$. 同理，$AB=BC$，故 $\triangle ABC$ 为正三角形.

定理 16 $\triangle ABC$ 为正三角形的充要条件是 $\triangle ABC$ 内任一点 P 在边 BC，CA,AB 上的射影分别是 D,E,F，满足

$$S_{\triangle PBD}+S_{\triangle PCE}+S_{\triangle PAF}=\frac{1}{2}S_{\triangle ABC}$$

证明 如图 40.13. 必要性：过 P 作 $MN/\!/BC$ 交 AB，AC 于点 M,N，过 B 作 $BQ\perp MN$ 于点 Q，过 C 作 $CR\perp MN$ 于点 R，记正 $\triangle AMN$ 的边长为 1，并设 $PM=x$，则 $PN=1-x$. 于是

图 40.13

$$S_{\triangle PAF}+S_{\triangle PNE}$$

$$=\frac{1}{2}\cdot\frac{\sqrt{3}}{2}x\left(1-\frac{x}{2}\right)+\frac{1}{2}\cdot\frac{\sqrt{3}}{2}(1-x)\cdot\frac{1-x}{2}$$

$$=\frac{\sqrt{3}}{8}=\frac{1}{2}S_{\triangle AMN}$$

又$\triangle BMQ\cong\triangle CNR$,则

$$S_{\triangle BPD}+S_{\triangle PCN}=\frac{1}{2}(S_{矩形BDPQ}+S_{矩形PDCR})-S_{\triangle CRN}$$
$$=S_{\triangle PCD}+S_{\triangle BMP}$$

从而,$S_{\triangle PBD}+S_{\triangle PCE}+S_{\triangle PAF}=\frac{1}{2}S_{\triangle ABC}$.

充分性:不失一般性,如图 40.14,设 P 为边 BC 上任一点,作 $PE\perp AC$ 于点 E,作 $PF\perp AB$ 于点 F. 满足条件

$$S_{\triangle APF}+S_{\triangle PCE}=\frac{1}{2}S_{\triangle ABC}$$
$$=S_{\triangle BPF}+S_{\triangle APE}$$

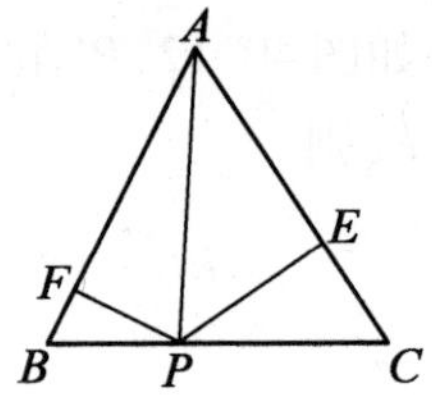

图 40.14

设$\angle BAP=\alpha$,$\angle PAC=\beta$,$AB=c$,$AC=b$,则

$$PF=AP\cdot\sin\alpha,AF=AP\cdot\cos\alpha$$
$$BF=c-AP\cdot\cos\alpha,PE=AP\cdot\sin\beta$$
$$AE=AP\cdot\cos\beta,CE=b-AP\cdot\cos\beta$$

由 $AF\cdot FP+PE\cdot EC=BF\cdot FP+AE\cdot PE$,有

$$AP^2\cdot\sin\alpha\cdot\cos\alpha+AP\cdot\sin\beta(b-AP\cdot\cos\beta)$$
$$=AP\cdot\sin\alpha\cdot(c-AP\cdot\cos\alpha)+AP^2\cdot\sin\beta\cdot\cos\beta$$

即 $$2AP^2\cdot\cos(\alpha+\beta)\cdot\sin(\alpha-\beta)+AP\cdot(b\sin\beta-c\cdot\sin\alpha)=0$$

对于任意 AP 上述式子恒成立,则

$$\begin{cases}\sin(\alpha-\beta)=0\\ b\cdot\sin\beta-c\cdot\sin\alpha=0\end{cases}\text{或}\begin{cases}\cos(\alpha+\beta)=0\\ b\sin\beta-c\cdot\sin\alpha=0\end{cases}$$

上述两种情形均能推出 $\alpha=\beta$,从而 $b=c$,即 $CA=AB$.

同理,$AB=BC$. 故$\triangle ABC$ 为正三角形.

定理 17 $\triangle ABC$ 为正三角形的充要条件是存在五个圆满足下述条件:分别以 A,B,C 为圆心的圆 S_1,S_2,S_3 两两相切,又存在一点 O,以 O 为圆心,半径为 r 的圆与 S_1,S_2,S_3 都相切,以 O 为圆心、半径为 R 的圆与$\triangle ABC$ 的三边都相切.

证明 必要性显然. 下证充分性:当 S_1,S_2,S_3 两两外切时.

(1)若圆 $O(r)$ 与 S_1,S_2,S_3 均外切,如图 40.15. 设圆 $O(R)$ 为$\triangle ABC$ 的内切

圆,与 BC 切于点 D. 设 S_1,S_2,S_3 的半径分别为 r_1,r_2,r_3.

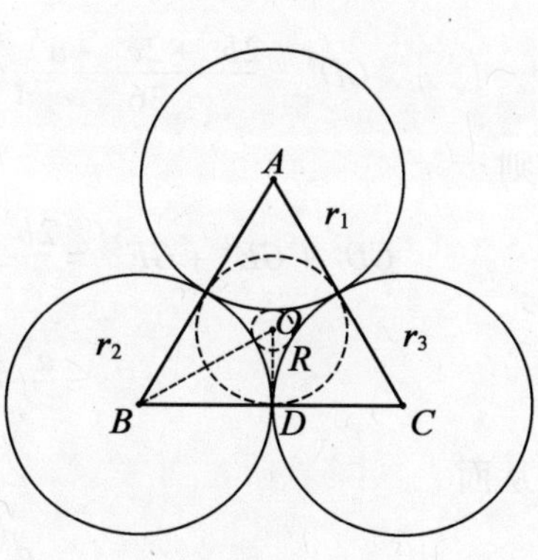

图 40.15

当 $r(r+2r_2)>R^2$ 时,则

$$BD=\sqrt{(r+r_2)^2-R^2}>r_2$$

从而 $CD<r_3$,推出 $r(r+2r_3)<R^2$.

同理,由 $r(r+2r_3)<R^2$,推出 $r(r+2r_1)>R^2$.

又可推出 $r(r+2r_1)<R^2$,引出矛盾.

同理,当 $r(r+2r_1)<R^2$,也引出矛盾.

所以 $r(r+2r_1)=R^2$.

同理,$r(r+2r_1)=r(r+2r_2)=r(r+2r_3)=R^2$.

于是 $r_1=r_2=r_3$,从而 $\triangle ABC$ 为正三角形.

(2)若圆 $O(r)$ 与 S_1,S_2,S_3 均内切,类似于(1),只需把 $r+2r_1,r+2r_2,r+2r_3$ 相应地改为 $r-2r_1,r-2r_2,r-2r_3$ 即可. $\triangle ABC$ 仍为正三角形.

若 S_1,S_2,S_3 中有一对外切,两对内切,则易证得点 O 必在 $\triangle ABC$ 外,不可能作圆 $O(r)$ 为 $\triangle ABC$ 的内切圆.

又易证 S_1,S_2,S_3 不可能再有其他情形的相切. 故结论获证.

定理 18 $\triangle ABC$ 为正三角形的充要条件是三角形的重心 G 与三边中点 D,E,F 联结线段的平方和等于其三角形面积的 $\frac{\sqrt{3}}{3}$ 倍.

证明 如图 40.16. 必要性显然.

充分性:令 $BC=a,CA=b,AB=c$. 由三角形中线长公式,有

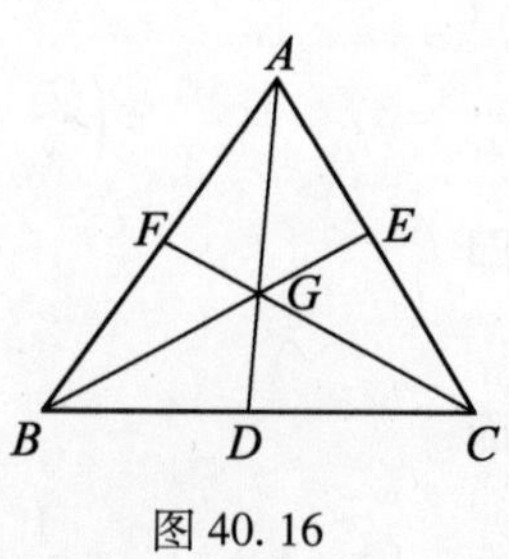

图 40.16

$$AD=\frac{1}{2}\sqrt{2b^2+2c^2-a^2}$$

$$BE=\frac{1}{2}\sqrt{2c^2+2a^2-b^2}$$

$$CF=\frac{1}{2}\sqrt{2a^2+2b^2-c^2}$$

$$GD^2=\frac{2b^2+2c^2-a^2}{36},GE^2=\frac{2c^2+2a^2-b^2}{36},GF^2=\frac{2a^2+2b^2-c^2}{36}$$

则

$$GD^2+GE^2+GF^2=\frac{2b^2+2c^2-a^2}{36}+\frac{2c^2+2a^2-b^2}{36}+\frac{2a^2+2b^2-c^2}{36}$$

$$=\frac{a^2+b^2+c^2}{12}=\frac{\sqrt{3}}{3}S_{\triangle ABC}$$

从而

$$a^2+b^2+c^2=4\sqrt{3}S_{\triangle ABC}$$

于是,由定理 3 知,$\triangle ABC$ 为正三角形.

定理 19 $\triangle ABC$ 为正三角形的充要条件是三角形三内角 A,B,C 满足

$$\left(\tan\frac{A}{2}+\tan\frac{B}{2}+\tan\frac{C}{2}\right)\cdot\tan\frac{A}{2}\cdot\tan\frac{B}{2}\cdot\tan\frac{C}{2}=\frac{1}{3}$$

证明 必要性显然. 下证充分性:如图 40.17,设 $\triangle ABC$ 的内切圆圆 I 分别与边 BC,CA,AB 切于点 D, E,F. 令 $AF=x,BD=y,CE=z$,其内切圆半径为 r,则

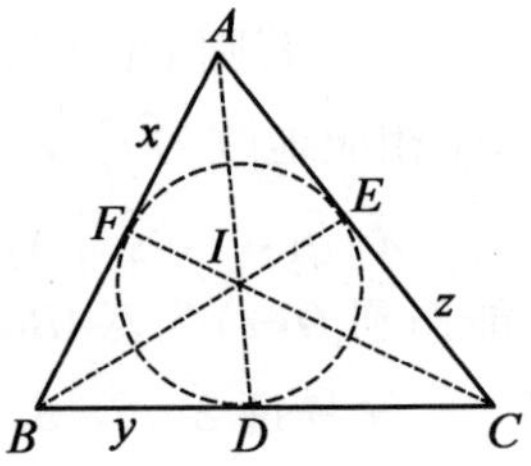

图 40.17

$$r=\frac{S_{\triangle ABC}}{x+y+z}=\sqrt{\frac{xyz(x+y+z)}{(x+y+z)^2}}=\sqrt{\frac{xyz}{x+y+z}}$$

且 $\tan\frac{A}{2}=\frac{r}{x},\tan\frac{B}{2}=\frac{r}{y},\tan\frac{C}{2}=\frac{r}{z}$.

从而

$$\left(\tan\frac{A}{2}+\tan\frac{B}{2}+\tan\frac{C}{2}\right)\tan\frac{A}{2}\cdot\tan\frac{B}{2}\cdot\tan\frac{C}{2}$$

$$=\left(\frac{r}{x}+\frac{r}{y}+\frac{r}{z}\right)\cdot\frac{r^3}{xyz}=\frac{xy+yz+zx}{(x+y+z)^2}=\frac{1}{3}$$

即

$$(x+y+z)^2=3(xy+yz+zx)$$

而

$$(x+y+z)^2=\frac{1}{2}(x^2+y^2)+\frac{1}{2}(y^2+z^2)+\frac{1}{2}(z^2+x^2)+2(xy+yz+zx)$$

$$\geqslant xy+yz+zx+2(xy+yz+zx)=3(xy+yz+zx)$$

故知 $x=y=z$. 即$\triangle ABC$ 为正三角形.

定理 20 $\triangle ABC$ 为正三角形的充要条件是三角形内心 I 在三边 BC,CA, AB 上的射影分别为 A',B',C',用 A,B,C,A',B',C'分别表示$\triangle ABC,\triangle A'B'C'$的内角. 则满足 $\cot A+\cot B+\cot C=\cot A'+\cot B'+\cot C'$.

证明 必要性显然. 下证充分性:如图 40.18,显然 B,A',I,C'四点共圆,则

$\angle IA'C'=\angle A'BI=\frac{B}{2}=\beta$.

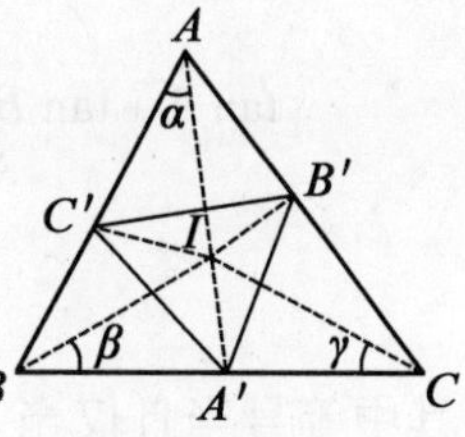

图 40.18

同理,$\angle IA'B'=\angle ICB'=\frac{C}{2}=\gamma$. 从而

$$\begin{aligned}A'&=\angle IA'C+\angle IA'B'\\&=\frac{1}{2}(B+C)\\&=\beta+\gamma\end{aligned}$$

同理,$B'=\alpha+\gamma,C'=\alpha+\beta$.

于是,题设条件可变为

$$\cot A+\cot B+\cot C=\tan\frac{A}{2}+\tan\frac{B}{2}+\tan\frac{C}{2}\qquad(*)$$

而

$$\begin{aligned}\cot B+\cot C&=\frac{\cos B}{\sin B}+\frac{\cos C}{\sin C}=\frac{\sin(B+C)}{\sin B\cdot\sin C}\\&=\frac{2\sin A}{\cos(B-C)-\cos(B+C)}\\&\geqslant\frac{2\sin A}{1+\cos A}=2\tan\frac{A}{2}\end{aligned}$$

其中等号当且仅当 $B=C$ 时成立.

同理,$\cot A+\cot B\geqslant 2\tan\frac{C}{2}$,当 $A=B$ 时等号成立;$\cot C+\cot A\geqslant 2\tan\frac{B}{2}$,当 $C=A$ 时等号成立.

故由式$(*)$知 $A=B=C$,即$\triangle ABC$ 为正三角形.

定理 21 $\triangle ABC$ 为正三角形的充要条件是三角形三内角满足

$$\cos A\cdot\cos B\cdot\cos C=(1-\cos A)(1-\cos B)(1-\cos C)$$

证明 因

$$\cos A\cdot\cos B\cdot\cos C=(1-\cos A)(1-\cos B)(1-\cos C)$$

$$\Leftrightarrow\frac{\sin A\cdot\sin B\cdot\sin C}{\cos A\cdot\cos B\cdot\cos C}=\frac{\sin A}{1-\cos A}\cdot\frac{\sin B}{1-\cos B}\cdot\frac{\sin C}{1-\cos C}$$

$$\Leftrightarrow\tan A\cdot\tan B\cdot\tan C=\cot\frac{A}{2}\cdot\cot\frac{B}{2}\cdot\cot\frac{C}{2}=\cot\frac{A}{2}+\cot\frac{B}{2}+\cot\frac{C}{2}$$

$$\Leftrightarrow\tan A+\tan B+\tan C=\cot\frac{A}{2}+\cot\frac{B}{2}+\cot\frac{C}{2}\qquad(*)$$

而

$$\tan A+\tan B=\frac{\sin A}{\cos A}+\frac{\sin B}{\cos B}=\frac{\sin(A+B)}{\cos A\cdot\cos B}=\frac{2\sin C}{\cos(A-B)-\cos C}$$

$$\geqslant\frac{2\sin C}{1-\cos C}=2\cot\frac{C}{2}$$

其中等号当且仅当 $A=B$ 时取得,即当 $\tan A+\tan B=2\cot\frac{C}{2}$ 时有 $A=B$.

同理,$\tan B+\tan C=2\cot\frac{A}{2}$ 且 $\tan A+\tan C=2\cot\frac{B}{2}\Leftrightarrow B=C$ 且 $A=C$.

 故由式($*$)知 $A=B=C$,即 $\triangle ABC$ 为正三角形.

定理 22 记 $\triangle ABC$ 的三边 $BC=a,CA=b,AB=c$. $\triangle ABC$ 的三个旁心为 A', B', C', $\triangle A'B'C'$ 的三边 $B'C'=a'$, $C'A'=b'$, $A'B'=c'$. 则 $\triangle ABC$ 为正三角形的充要条件是 $\frac{a^2}{a'^2}+\frac{b^2}{b'^2}+\frac{c^2}{c'^2}=\frac{3}{4}$.

证明 如图 40.19,由题设可知,BB' 平分 $\angle ABC$,且 $BB'\perp A'B$,从而

$$\angle A'BC=90^\circ-\frac{1}{2}B$$

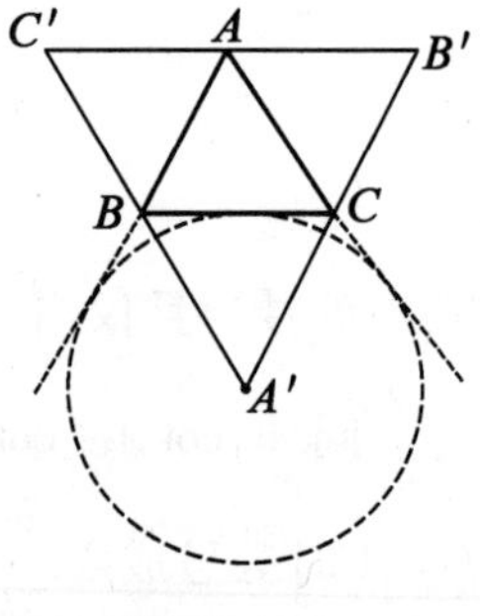

图 40.19

同理,$\angle A'CB=90^\circ-\frac{1}{2}C$. 而

$$A'=180^\circ-(\angle A'BC+\angle A'CB)$$

$$=90^\circ-\frac{1}{2}A$$

同理,$B'=90^\circ-\frac{1}{2}B$, $C'=90^\circ-\frac{1}{2}C$.

于是,有 $\triangle A'BC\backsim\triangle A'B'C'$. 从而

$$\frac{BC}{B'C'}=\frac{A'B}{A'B'}=\cos A'=\cos(90^\circ-\frac{1}{2}A)$$

$$= \sin \frac{A}{2}$$

即
$$\frac{a}{a'} = \sin \frac{A}{2}$$

同理
$$\frac{b}{b'} = \sin \frac{B}{2}, \frac{c}{c'} = \sin \frac{C}{2}$$

故
$$\frac{a^2}{a'^2} + \frac{b^2}{b'^2} + \frac{c^2}{c'^2} = \sin^2 \frac{A}{2} + \sin^2 \frac{B}{2} + \sin^2 \frac{C}{2}$$
$$= \frac{3}{2} - \frac{1}{2}(\cos A + \cos B + \cos C) = \frac{3}{4}$$
$$\Leftrightarrow \cos A + \cos B + \cos C = \frac{3}{2}$$

注意到 $\cos x$ 在 $(0,180°)$ 内的下凸性,知
$$\cos A + \cos B + \cos C \geqslant 3 \cdot \cos \frac{A+B+C}{3} = \frac{3}{2}$$
其中等号当且仅当 $A = B = C$ 时取得.

故 $\cos A + \cos B + \cos C = \frac{3}{2} \Leftrightarrow A = B = C$,即 $\triangle ABC$ 为正三角形.

定理 23 设 $\triangle ABC$ 的三边长为 a,b,c,分别外切于其边的三个旁切圆的半径为 r_A, r_B, r_C,则 $\triangle ABC$ 为正三角形的充要条件是
$$\frac{r_A^2}{bc} + \frac{r_B^2}{ac} + \frac{r_C^2}{ab} = \frac{9}{4}$$

证明 记 $\triangle ABC$ 的面积为 $S_\triangle$,半周长为 $p = \frac{1}{2}(a+b+c)$. 由
$$r_A r_B + r_B r_C + r_C r_A = S_\triangle^2 \left(\frac{1}{p-a} \cdot \frac{1}{p-b} + \frac{1}{p-b} \cdot \frac{1}{p-c} + \frac{1}{p-c} \cdot \frac{1}{p-q} \right)$$
$$= S_\triangle^2 \frac{p-c+p-a+p-b}{(p-a)(p-b)(p-c)} = p^2$$
$$= \frac{1}{4}(a^2 + b^2 + c^2 + 2ab + 2bc + 2ca)$$
$$\geqslant \frac{3}{4}(ab + bc + ca)$$

其中等号当且仅当 $a=b=c$ 时取得,及

$$\frac{r_A^2}{bc}+\frac{r_B^2}{ca}+\frac{r_C^2}{ab}\geqslant\frac{(r_A+r_B+r_C)^2}{bc+ca+ab}$$

$$\geqslant\frac{3(r_Ar_B+r_Br_C+r_Cr_A)}{bc+ca+ab}$$

其中两个不等式中等号成立的条件为$\frac{r_A}{bc}=\frac{r_B}{ca}=\frac{r_C}{ab}$,且 $r_A=r_B=r_C$,知

$$\frac{r_A^2}{bc}+\frac{r_B^2}{ca}+\frac{r_C^2}{ab}=\frac{9}{4}=\frac{3(r_Ar_B+r_Br_C+r_Cr_A)}{bc+ca+ab}$$

$$\Leftrightarrow\frac{r_Ar_B+r_Br_C+r_Cr_A}{bc+ca+ab}=\frac{3}{4}\text{且}\frac{r_A}{bc}=\frac{r_B}{ca}=\frac{r_C}{ab},r_A=r_B=r_C$$

$$\Leftrightarrow a=b=c$$

即$\triangle ABC$ 为正三角形

定理 24 设$\triangle ABC$ 的三边长为 a,b,c,其对应边上的高线,角平分线长分别为 h_a,h_b,h_c,t_a,t_b,t_c,其外接圆、内切圆半径分别为 R,r,则$\triangle ABC$ 为正三角形的充要条件是,对于任意实数 α,有

$$\left(\frac{h_a}{t_a}\right)^{\alpha}+\left(\frac{h_b}{t_b}\right)^{\alpha}+\left(\frac{h_c}{t_c}\right)^{\alpha}=3\left(\frac{2r}{R}\right)^{\frac{\alpha}{2}}$$

证明 必要性显然. 下证充分性:如图 40.20,设 O,I 分别为$\triangle ABC$ 的外心,内心,作 $AH\perp BC$ 于点 H,联结 AI 并延长交 BC 于点 E,交圆 O 于点 F,则 $AH=h_a,AE=t_a$. F 为$\overparen{BC}$的中点. 联结 FO 交圆 O 于点 K,联结 BF,BK,过 I 作 $ID\perp AB$ 于点 D 则 $ID=r,KF=2R$.

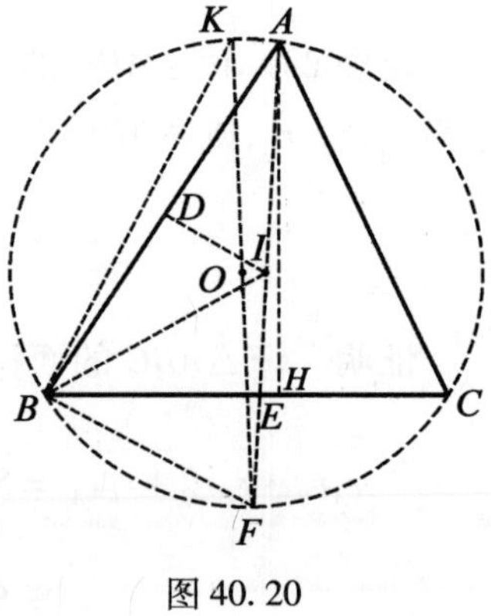

图 40.20

由 Rt$\triangle AID\backsim$Rt$\triangle KFB$ 及内心性质 $BF=IF$,有

$$\frac{AI}{r}=\frac{AI}{ID}=\frac{KF}{BF}=\frac{2R}{IF}$$

即

$$AI\cdot IF=2Rr$$

又

$$\frac{h_a}{t_a}=\frac{AH}{AE}=\frac{AF}{KF}=\frac{AI+IF}{2R}\geqslant\frac{\sqrt{AI\cdot IF}}{R}=\sqrt{\frac{2r}{R}}$$

$\Leftrightarrow AI=IF\Leftrightarrow O$ 与 I 重合

同理，$\frac{h_b}{t_b}=\sqrt{\frac{2r}{R}}$，$\frac{h_c}{t_c}=\sqrt{\frac{2r}{R}}\Leftrightarrow O$ 与 I 重合.

故 $\left(\frac{h_a}{t_a}\right)^{\alpha}+\left(\frac{h_b}{t_b}\right)^{\alpha}+\left(\frac{h_c}{t_c}\right)^{\alpha}=3\left(\frac{2r}{R}\right)^{\frac{\alpha}{2}}\Leftrightarrow\triangle ABC$ 为正三角形.

定理 25 设 P 为 $\triangle ABC$ 内一点，直线 AP,BP,CP 交三边分别为 D,E,F，则 $\triangle ABC$ 为正三角形的充要条件是 $S_{\triangle APF}=S_{\triangle BPD}=S_{\triangle CPE}$ 且 $\triangle PBC$，$\triangle PCA$，$\triangle PAB$ 的外心均在 $\triangle ABC$ 的外接圆上.

事实上，这可由三角形的内心性质 7 和三角形的重心性质 4 即证（见上篇第 7 章和第 9 章）.

定理 26 三角形中同时平分三角形面积与周长的直线称为"等截线".

$\triangle ABC$ 为正三角形的充要条件是"等截线"交 AB 于点 P，交 AC 于点 Q，满足

$$\frac{AB}{AP}+\frac{AC}{AQ}=3$$

证明 必要性：由于正三角形的每条中线都是等截线，且有 $\frac{a}{\frac{1}{2}a}+\frac{a}{a}=3$（$a$ 为边长）即证.

充分性：首先证明：每个三角形都有"等截线"，且它通过三角形的内心.

事实上，如图 41.21，设 PQ 为等截线，令

$$AP=x,AQ=y,BC=a,CA=b,AB=c$$

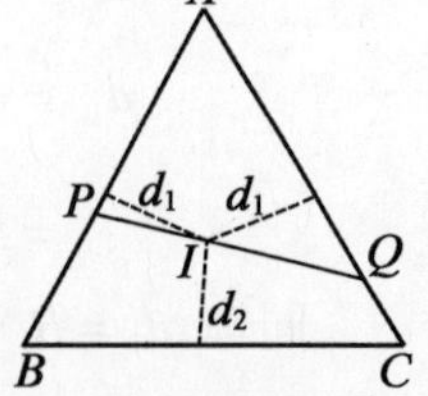

图 40.21

则
$$\begin{cases}x\cdot y=\frac{1}{2}bc\\x+y=\frac{1}{2}(a+b+c)\end{cases}$$

于是，可视 x,y 为一元二次方程

$$z^2-\frac{1}{2}(a+b+c)z+\frac{1}{2}bc=0$$

的两根. 取

$$x=\frac{1}{4}[a+b+c-\sqrt{(a+b+c)^2-8bc}]$$

$$y=\frac{1}{4}[a+b+c-\sqrt{(a+b+c)^2-8bc}]$$

令 $b\leqslant a\leqslant c$,则 $(a+b+c)^2\geqslant 4bc+4b^2+c^2\geqslant 8bc$,且 $0<x\leqslant b,0<y\leqslant b$. 故每个三角形都存在与次长边相对的两条等截线.

又设 $\angle A$ 的平分线交 PQ 于点 I,令 I 到 AB,AC 的距离为 d_1,I 到 BC 的距离为 d_2,则 $\begin{cases}AP+AQ=BP+BC+CQ\\ \frac{1}{2}(AP+AQ)d_1=\frac{1}{2}(BP+CQ)d_1+\frac{1}{2}BC\cdot d_2\end{cases}$.

由上述两式得 $d_1=d_2$,即 I 为 $\triangle ABC$ 的内心.

故 PQ 过 $\triangle ABC$ 的内心.

其次证明:满足 $\frac{AB}{AP}+\frac{AC}{AQ}=3$ 的直线过 $\triangle ABC$ 的重心,这可参见重心性质.

 从而知满足 $\frac{AB}{AP}+\frac{AC}{AQ}=3$ 的两条直线的交点为其重心.

最后,由定理 2 即知 $\triangle ABC$ 为正三角形.

定理 27 锐角三角形为正三角形的充要条件是其外心到三边的距离之和等于其内心到三边的距离之和.

证明 必要性显然. 下证充分性:如图 40.22,令 $\triangle ABC$ 的外接圆半径,内切圆半径分别为 R,r. 外心 O 到边 BC,CA,AB 的距离分别为 d_1,d_2,d_3.

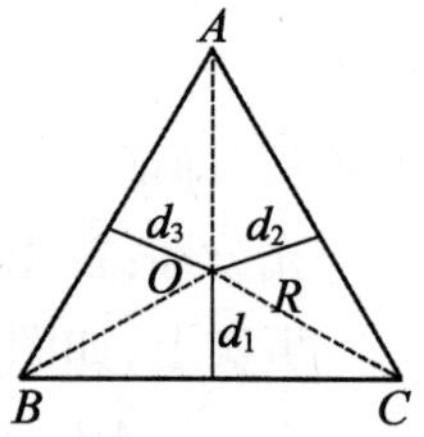

图 40.22

令 $BC=a$,则

$$d_1=\sqrt{R^2-\frac{1}{4}a^2}=\sqrt{R^2(1-\sin^2 A)}$$

$$=R\cdot|\cos A|=R\cdot\cos A$$

同理,$d_2=R\cdot\cos B,d_3=R\cdot\cos C$. 于是

$$\begin{aligned}d_1+d_2+d_3&=R(\cos A+\cos B+\cos C)\\&=R\left(4\sin\frac{A}{2}\cdot\sin\frac{B}{2}\cdot\sin\frac{C}{2}+1\right)\\&=R(\frac{r}{R}+1)\end{aligned}$$

$=r+R$

又内心到三边的距离为 $3r$,有 $r+R=3r$.

故 $R=2r\Leftrightarrow$锐角$\triangle ABC$ 为正三角形(定理4).

定理 28　三角形为正三角形的充要条件是其重心到三边的距离之和等于其内心到三边的距离之和.

证明　必要性显然. 下证充分性:如图40.23,在$\triangle ABC$ 中,令 $BC=a$,$CA=b$,$AB=c$,内切圆半径为 r,内心 I 到三边的距离和为 $II_1+II_2+II_3=3r$,重心 G 到三边的距离和为 $GG_1+GG_2+GG_3$.

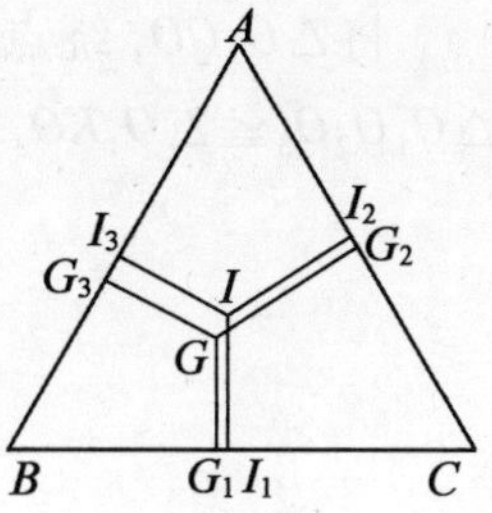

图40.23

注意到

$$GG_1=\frac{1}{3}S_{\triangle ABC}\div\frac{1}{2}a=\frac{2S_{\triangle ABC}}{3a}$$

$$GG_2=\frac{2S_{\triangle ABC}}{3b},GG_3=\frac{2S_{\triangle ABC}}{3c}$$

从而

$$\begin{aligned}GG_1+GG_2+GG_3&=2S_{\triangle ABC}\left(\frac{1}{3a}+\frac{1}{3b}+\frac{1}{3c}\right)\\&=r(a+b+c)\cdot\left(\frac{bc+ca+ab}{3abc}\right)\\&=3r\cdot\frac{(a+b+c)(bc+ca+ab)}{9abc}\end{aligned}$$

而

$$(a+b+c)(bc+ca+ab)-9abc=c(a-b)^2+a(b-c)^2+b(c-a)^2=0$$

$$\Leftrightarrow a=b=c$$

即$\triangle ABC$ 为正三角形,故

$$GG_1+GG_2+GG_3=3r=II_1+II_2+II_3\Leftrightarrow a=b=c$$

即$\triangle ABC$ 为正三角形.

定理 29　设点 P,Q,S 分别在$\triangle ABC$ 的边 AB,BC,CA 上,则$\triangle ABC$ 为正三角形的充要条件是以$\triangle APS$,$\triangle BQP$,$\triangle CSQ$ 的外心 O_1,O_2,O_3 为顶点的三角形是正三角形.

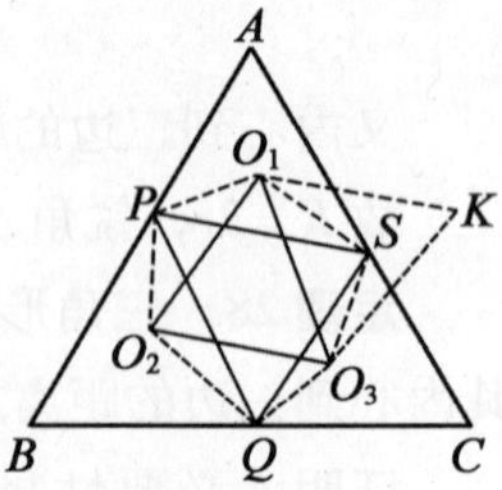

图 40.24

证明 必要性显然. 下证充分性:如图 40.24,作出六边形 $O_1PO_2QO_3S$. 由 $\angle PO_1S=2\angle A$, $\angle QO_2P=2\angle B$, $\angle SO_3Q=2\angle C$,知

$$\angle PO_1S+\angle QO_2P+\angle SO_3Q=360^\circ$$

从而

$$\angle O_1PO_2+O_2QO_3+Q_3SO_1=360^\circ$$

将 $\triangle O_2QO_3$ 绕点 O_3 旋转到 $\triangle KSO_3$ 处,则 $\triangle KSO_1\cong\triangle O_2PO_1$,同时可知 $\triangle O_1O_2O_3\cong\triangle O_1KO_3$. 从而

$$\begin{aligned}\angle O_2O_1O_3&=\angle KO_1O_3=\frac{1}{2}\angle O_2OK\\&=\frac{1}{2}(\angle O_2O_1S+\angle SO_1K)\\&=\frac{1}{2}(\angle O_2O_1S+\angle PO_1O_2)\\&=\frac{1}{2}\angle PO_1S=\angle A\end{aligned}$$

同理, $\angle O_1O_2O_3=\angle B$,故 $\triangle O_1O_2O_3\backsim\triangle ABC$.

于是,由 $\triangle ABC$ 为正三角形 $\Leftrightarrow\triangle O_1O_2O_3$ 为正三角形.

定理 30 已知 $\triangle ABC$ 的内心为 I, X, Y, Z 分别为 $\triangle BIC$, $\triangle CIA$, $\triangle AIB$ 的内心,则 $\triangle ABC$ 为正三角形的充要条件是 $\triangle XYZ$ 为正三角形. (充分性为 IMO50 预选题)

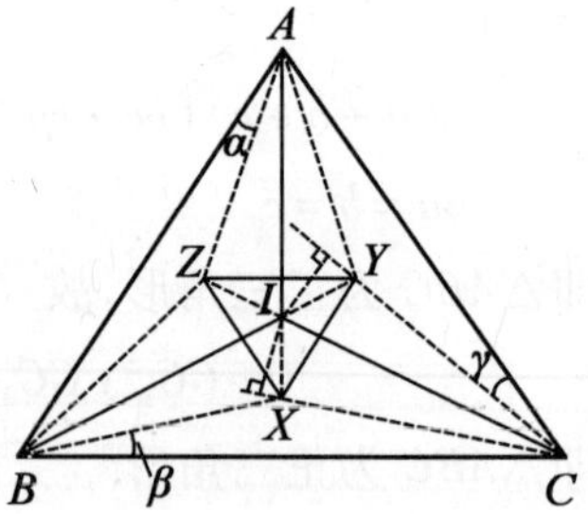

图 40.25

证明 必要性显然. 下证充分性:如图 40.25,由于 AZ, AI, AY 四等分 $\angle BAC$,可设 $\angle BAC=4\alpha$.

类似地,设 $\angle ABC=4\beta$, $\angle BCA=4\gamma$.

于是, $\alpha+\beta+\gamma=45^\circ$,且 $0^\circ<\alpha,\beta,\gamma<45^\circ$.

因为 $\angle BIC=90^\circ+2\alpha$,则

$$\angle XIC=\angle BIX=45^\circ+\alpha$$

类似地, $\angle CIY=\angle YIA=45^\circ+\beta$.

于是, $\angle XIY=90^\circ+\alpha+\beta=135^\circ-\gamma$.

类似地, $\angle YIZ=135^\circ-\alpha$, $\angle ZIX=135^\circ-\beta$.

注意到,点 I 到 CX 的距离等于 $IY\cdot\cos\alpha$,所以,$IX\cdot\cos\beta=IY\cdot\cos\alpha$.

为了计算方便,选择一个长度单位,使得 $IX=\cos\alpha, IY=\cos\beta$.

类似地,$IZ=\cos\gamma$.

由于 $\triangle XYZ$ 是正三角形,则在 $\triangle XYI$ 和 $\triangle YZI$ 中分别应用余弦定理.

由 $ZX^2=ZY^2$,可得

$$IZ^2+IX^2-2IZ\cdot IX\cdot\cos\angle ZIX=IZ^2+IY^2-2IZ\cdot IY\cos\angle YIZ$$

即

$$IX^2-IY^2=2IZ(IX\cdot\cos\angle ZIX-IY\cdot\cos\angle YIZ)$$

故

$$\cos^2\alpha-\cos^2\beta=2\cos\gamma[\cos\alpha\cdot\cos(135°-\beta)-\cos\beta\cdot\cos(135°-\alpha)]$$

即有

$$\begin{aligned}\sin(\alpha+\beta)\cdot\sin(\beta-\alpha)&=\cos\gamma[\cos(\alpha-\beta+135°)-\cos(\beta-\alpha+135°)]\\&=2\cos\gamma\cdot\sin 135°\cdot\sin(\beta-\alpha)\end{aligned}$$

亦即

$$\begin{aligned}&\sin(45°-\gamma)\cdot\sin(\beta-\alpha)=\sqrt{2}\cos\gamma\cdot\sin(\beta-\alpha)\\&\Rightarrow\sin(\beta-\alpha)\cdot(\cos\gamma+\sin\gamma)=0\\&\Rightarrow\sin(\beta-\alpha)=0\\&\Rightarrow\alpha=\beta\end{aligned}$$

类似地,有 $\alpha=\gamma$. 这就意味着 $\triangle ABC$ 是正三角形.

定理 31 如图 40.26,设 D,E,F 分别是 $\triangle ABC$ 的边 BC,CA,AB 上的点,则 $\triangle ABC$ 为正三角形的充要条件是 $BD=CE=AF$,且 $\angle BDF=\angle CED=\angle AFE$.

证明 必要性显然. 下证充分性. 如图 40.26,不妨假设 $\angle A\geqslant\angle B\geqslant\angle C$.

在 $\triangle AEF,\triangle BDF,\triangle CDE$ 中,因为 $AF=BD=CE$,且 $\angle AFE=\angle BDF=\angle CED$,所以,$EF\geqslant DF\geqslant DE$,则

$$\begin{aligned}\angle DEF&=180°-\angle AEF-\angle CED\\&=180°-\angle AEF-\angle AFE\\&=\angle A\end{aligned}$$

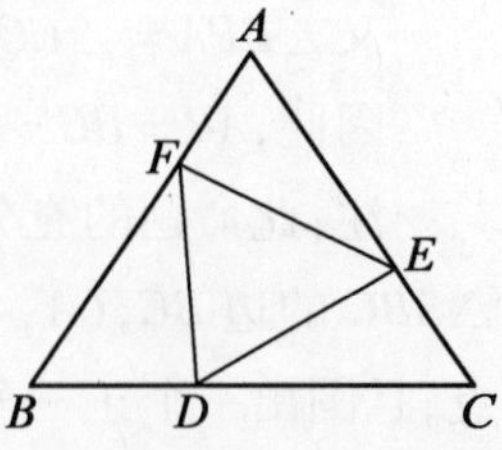

图 40.26

同理,$\angle DFE=\angle B,\angle EDF=\angle C$.

因此,在 $\triangle DEF$ 中,$DF\geqslant DE\geqslant EF$.

从而,$EF=DF=DE$.

又$\triangle ABC\backsim\triangle EFD$,故$\angle A=\angle B=\angle C$.

即$\triangle ABC$为正三角形.

注:此命题的充分性即为2011年印度数学奥林匹克题.

定理32　设D,E,F分别是$\triangle ABC$的边BC,CA,AB上的点,则$\triangle ABC$为正三角形的充要条件是$AD=BE=CF$,且AD,BE,CF不交于一点,则围出的三角形是正三角形.

证明　必要性显然. 下证充分性:如图40.27,设AD交FC于点R,交BE于点P,FC与BE交于点Q,且令$PQ=QR=RP=x$,$BE=CF=AD=y$,$AR=u$,$BP=v$,$CQ=w$.

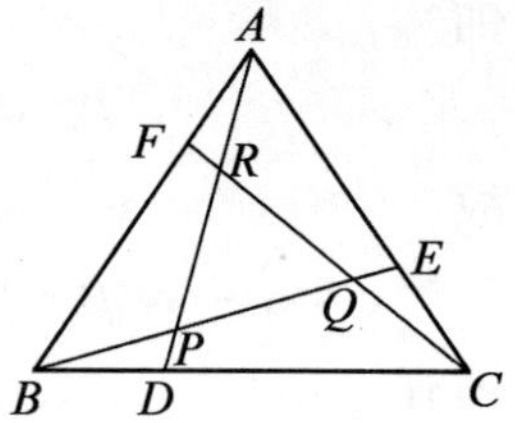

图40.27

对$\triangle PQR$及截线AFB应用梅涅劳斯(Menelaus)定理,有

$$\frac{RA}{AP}\cdot\frac{PB}{BQ}\cdot\frac{QF}{FR}=1$$

即

$$\frac{u}{u+x}\cdot\frac{v}{v+x}\cdot\frac{y-w}{y-(w+x)}=1$$

故

$$u+v=\frac{(x+u)(x+v)(x+w)-uvw}{yx}-x$$

由于上述表达式的右边关于u,v,w是对称的,因此

$$u+v=v+w=w+u$$

从而,$u=v=w$. 故$AP=BQ=CR$.

又$\angle BPA=\angle CQB=\angle ARC=120°$,则$\triangle ABP\cong\triangle BCQ\cong\triangle CAR$.

因此,$AB=BC=CA$,即$\triangle ABC$是正三角形.

注:此命题的充分性为2008年印度国家队选拔赛题:设D,E,F分别是$\triangle ABC$的边BC,CA,AB上的点,且满足$AD=BE=CF$. 若AD,BE,CF不交于一点,且围出一个正三角形. 问:$\triangle ABC$是正三角形吗?

定理33　设$\triangle ABC$的内切圆圆O与三边BC,CA,AB分别切于点D,E,F,则$\triangle ABC$为正三角形的充要条件是$\triangle DEF\backsim\triangle ABC$.

证明　如图 40.28,联结 ID,IE,IF,则

$$\angle FDE=\frac{1}{2}\angle FIE=\frac{\pi-\angle A}{2}$$

同理,$\angle DEF=\dfrac{\pi-\angle B}{2}$,$\angle EFD=\dfrac{\pi-\angle C}{2}$.

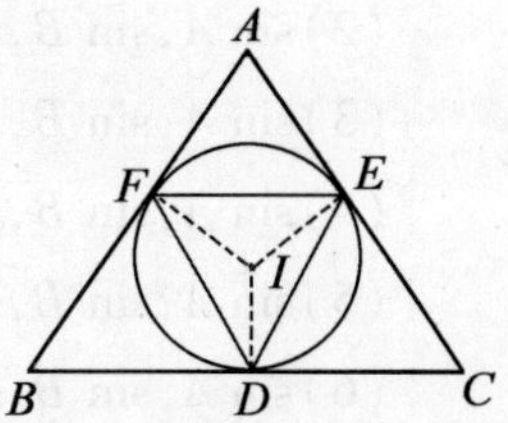

图 40.28

不妨设 $\angle A\geqslant\angle B\geqslant\angle C$,则 $\angle FDE\leqslant\angle DEF\leqslant\angle EFD$.

故 $\triangle ABC\backsim\triangle DEF\Leftrightarrow\begin{cases}\angle FDE=\angle C\\ \angle DEF=\angle B\\ \angle EFD=\angle A\end{cases}\Leftrightarrow\angle A=\angle B=\angle C=\dfrac{\pi}{3}$.

下面从三角函数的角度介绍有关定理.[①]

定理 34　$\triangle ABC$ 为等边三角形的充要条件是 $\sin A,\sin B,\sin C$ 顺次成等差且 $\cos A,\cos B,\cos C$ 顺次成等比.

证明　设 $\triangle ABC$ 的顶点 A,B,C 所对的边分别为 a,b,c. 由 $\sin A,\sin B$, $\sin C$顺次成等差,有 $2\sin B=\sin A+\sin C$. 注意到正弦定理,有

$$2b=a+c \quad ①$$

又由 $\cos A,\cos B,\cos C$ 顺次成等比,有

$$\left(\frac{a^2+c^2-b^2}{2ac}\right)^2=\frac{b^2+c^2-a^2}{2bc}\cdot\frac{a^2+b^2-c^2}{2ab} \quad ②$$

将式①代入式②,得

$$\frac{\left[a^2+c^2-\left(\frac{a+c}{2}\right)^2\right]^2}{ac}=\frac{\left[\left(\frac{a+c}{2}\right)^2+c^2-a^2\right]\left[a^2+\left(\frac{a+c}{2}\right)^2-c^2\right]}{\left(\frac{a+c}{2}\right)^2}$$

化简得 $(a-c)^2(9a^2+66ac+9c^2)=0$. 而 $9a^2+66ac+9c^2>0$,从而 $a=c$.

再结合式①知 $a=b=c$. 故充分性获证.

必要性显然. 略.

利用正弦定理,余弦定理还可证得如下结论:

定理 35　$\triangle ABC$ 为等边三角形的充要条件是下述 7 条之一:

(1) $\sin A,\sin B,\sin C$ 顺次成等差且 $\cos A,\cos B,\cos C$ 顺次成等差;

① 田富德. 等边三角形判定的一组充要条件[J]. 中学数学研究,2013(5):20-21.

(2) $\sin A, \sin B, \sin C$ 顺次成等比且 $\cos A, \cos B, \cos C$ 顺次成等差;

(3) $\sin A, \sin B, \sin C$ 顺次成等比且 $\cos A, \cos B, \cos C$ 顺次成等比;

(4) $\sin A, \sin B, \sin C$ 顺次成等差且 $\tan A, \tan B, \tan C$ 顺次成等比;

(5) $\sin A, \sin B, \sin C$ 顺次成等差且 $\tan A, \tan B, \tan C$ 顺次成等差;

(6) $\sin A, \sin B, \sin C$ 顺次成等比且 $\tan A, \tan B, \tan C$ 顺次成等差;

(7) $\sin A, \sin B, \sin C$ 顺次成等比且 $\tan A, \tan B, \tan C$ 顺次成等比.

第 41 章 正三角形的连接

定义 1 如果两个正三角形有公共顶点,就叫作相连接(称 2 - 连接). 一个正三角形至少与 2 - 连接的两正三角形之一有公共顶点,即构成 3 - 连接,等等. ①

定义 2 称一个三角形在连接中与其他三角形公共顶点的个数为这三角形的连接度.

显然,一个三角形的连接度最多为 3.

定义 3 如果正三角形 n - 连接,每个正三角形的连接度均为 1,则称正三角形 n - 点连接;如果正三角形 n - 连接,每个正三角形的连接度均为 2,则称正三角形 n - 圈连接;如果正三角形 n - 连接,除两个正三角形的连接度都为 1 外,其余的正三角形的连接度均为 2,则称正三角形 n - 链连接;如果正三角形 4 - 连接,一个正三角形的连接度为 3,其余三个正三角形的连接度均为 1,则称正三角形 4 - 星连接.

定义 4 如果正三角形 n - 圈连接,每个正三角形都在圈外(内)侧,则称为正三角形 n - 外(内)圈连接.

定义 5 如果正三角形 n - 圈连接,其圈内(或外)侧,又有正三角形 n - 圈连接,则称为正三角形 n - 2 重圈连接.

类似地,可定义正三角形 n - m 重圈连接,正三角形 4 - m 重星连接.

下面,我们给出正三角形连接的一些美妙结论. 限于篇幅,某些结论只给出略证或提示.

命题 1 两个正三角形 ABC, ADE 为 2 - 连接,则 $BD = CE$.

注:下文中除有图说明外,三角形字母绕向为逆时针方向.

提示 由 $\triangle CAE \cong \triangle BAD$ 即证.

命题 2 两个正三角形 ABC, ADE 为 2 - 连接,F, G 分别是 BD, CE 的中点.

① 沈文选. 正三角形的连接[J]. 中等数学,1995(6):8-11.

则$\triangle AFG$是正三角形.

此命题是爱尔可斯定理:“若$\triangle A_1B_1C_1$和$\triangle A_2B_2C_2$都是正三角形,则线段A_1A_2,B_1B_2,C_1C_2的中点也构成正三角形”的特例. 略证如下:

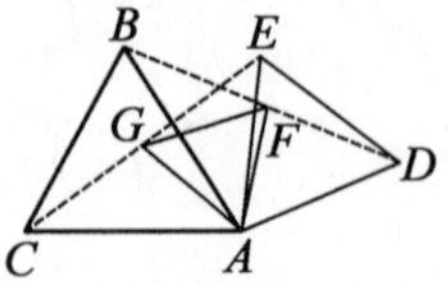

图 41.1

如图 41.1,由$\triangle CAE\cong\triangle BAD$及$F$,$G$分别是$BD$,$CE$的中点,知$AG=AF$,故$\triangle AGE\cong\triangle AFD$,则$\angle GAE=\angle FAD$. 从而,$\angle GAF=\angle GAE+\angle EAF=\angle FAD+\angle EAF=60°$.

命题3 两个正三角形ABC,AFG为2-连接,连BF并延长至点D使$FD=BF$,连CG并延长至点E使$CE=CG$. 则$\triangle ADE$为正三角形.

此命题由命题2即推得,或类似地证明.

命题4 两个正角形ABC,ADE为2-连接,F,G,H分别是AD,BE,AC的中点. 则$\triangle FGH$是正三角形.

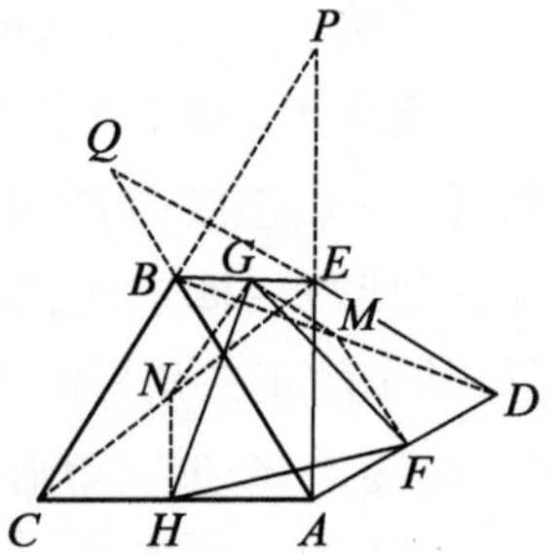

图 41.2

此命题也是爱尔可斯定理的特例. 略证如下:

如图 41.2,分别延长AE,CB后若交于点P,延长DE,AB后若交于点Q,则$\angle P=\angle Q$. 取BD的中点M,CE的中点N,可证$\angle FMG$,$\angle GNH$,$\angle HAF$均等于$\angle P$(或$\angle Q$)的补角. 从而,$\triangle FMG\cong\triangle GNH\cong\triangle HAF$. 由此即证.

若延长AE,CB后不相交,则延长DE,AB后也不相交. 此时,也易证$\triangle FGH$为正三角形.

注:此命题的一种特殊情形即为下面的一道常见典型题:等腰梯形$ABCD$中,$AB/\!/CD$,对角线AC,BD所成的角$\angle AOB=60°$(O为其交点),P,Q,R分别是OA,BC,OD的中点. 则$\triangle PQR$是正三角形.

命题5 两个正角形ABC,CDE为2-连接,M,N分别是BD,AE的中点,O是$\triangle ABC$的中心. 则$\triangle OME\backsim\triangle OND$.

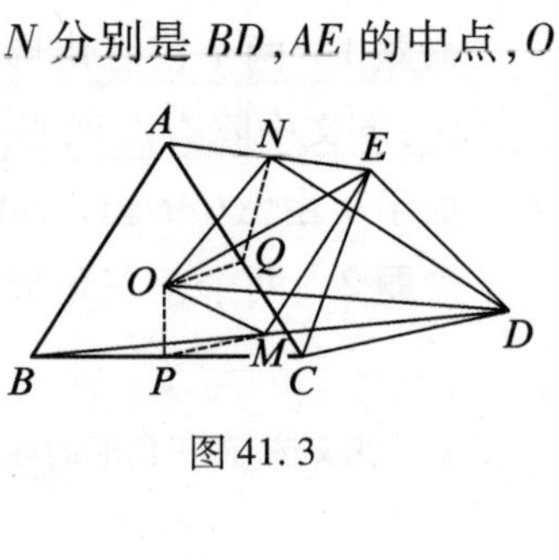

图 41.3

略证 如图 41.3,取BC,AC的中点P,Q,将$\triangle OPM$绕点O按逆时针方向旋转60°. 然后,再作以中心为O且系数为2的位似变换,它变为$\triangle OCE$. 则$\angle EOM=60°$,$EO=2MO$.

同理,由$\triangle OQN$绕O顺时针旋转$60°$,再位似变换成$\triangle OCD$,也有$\angle NOD=60°$,$DO=2NO$.

命题 6　三个正三角形ABC,CDE,EHK为3-链连接,且D为AK的中点.则$\triangle BHD$是正三角形.

略证　如图41.4,绕点C逆时针方向旋转$60°$,则$A\to B$,$D\to E$,$DK(=AD)$变为BE.绕点H逆时针方向旋转$60°$,则$K\to E$,$DK\to BE$,$D\to B$.由此即证.

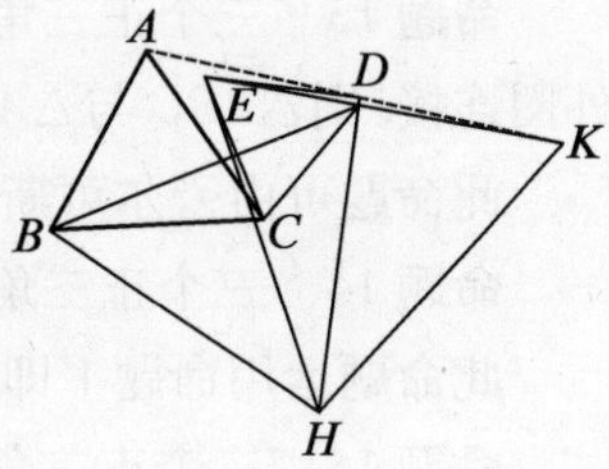

图41.4

由此命题还可得如下两个命题.

命题 7　三个正三角形ABC,BHD,HKE为3-链连接,且D为AK中点.则$\triangle CDE$为正三角形.

命题 8　三个正三角形ABC,CDE,DBH为3-链连接,连AD并延长至点K,使$DK=AD$.则$\triangle KEH$为正三角形.

命题 9　三个正三角形BCA,ADE,EHG为3-链连接,且AD,EH分别为$\triangle ABC$,$\triangle ADE$的高.设EH交AC于点M,HG交BC于点F,HG交DE于点J.则:

(1)C在EG上;

(2)设DE交AC于点N,则N,M分别为$\triangle HGE$,$\triangle ADE$的中心;

(3)$S_{\triangle FGC}:S_{\triangle HEC}:S_{\triangle ADE}:S_{\triangle ABC}:S_{\text{四边形}ABCE}=1:9:12:16:24$.

此命题为《数学通报》问题359(参见思考题第3题).

命题 10　三个正三角形AC_1B,BA_1C,CB_1A为3-外圈连接,即$\triangle AC_1B$,$\triangle BA_1C$,$\triangle CB_1A$在$\triangle ABC$外侧.则:

(1)$AA_1=BB_1=CC_1$;

(2)AA_1,BB_1,CC_1三线交于一点,且两两成$60°$的角;

(3)$\triangle AC_1B$,$\triangle BA_1C$,$\triangle CB_1A$的外接圆交于一点.

此命题的(1)(2)由命题1即得,(3)中的点为$\triangle ABC$的费马点.证略.((1)可参见思考题第14题)

命题 11　三个正三角形ABC,ADE,DBF为3-圈连接,且$\triangle ADE$,$\triangle DBF$在$\triangle ADB$的内侧.则CD与EF互相平分.

略证　如图41.5,由$\triangle ABD\cong\triangle ACE$,$\triangle CBF\cong\triangle ABD$,有$DF=CE$,$CF=$

DE,得四边形 $DECF$ 为平行四边形.

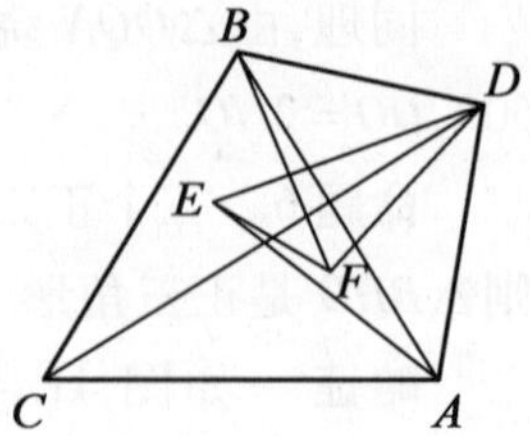

图 41.5

命题 12 三个正三角形 AC_1B,BA_1C,CB_1A 为 3－外(内)圈连接. 则其中心构成一个正三角形.

此命题即为拿破仑定理.

命题 13 三个正三角形 AC_1B,BA_1C,CB_1A 为 3－外圈连接. 则 $\triangle ABC$ 与 $\triangle A_1B_1C_1$ 有相同的重心.

此命题可由爱尔可斯定理推证.

命题 14 三个正三角形 ABC,AFG,ADE 为 3－点连接. 则 $\triangle BFD \cong \triangle CGE$.

此命题运用命题 1 即证.

命题 15 三个正三角形 OA_1A_2,OA_3A_4,OA_5A_6 为 3－点连接,且互不重叠. 则 A_2A_3,A_4A_5,A_6A_1 的中点 B_1,B_2,B_3 构成正三角形.

略证 如图 41.6,建立复平面,以 O 为原点,A_i,B_j 对应的复数分别用 a_i,b_j 表示. 则 $a_2=a_1\cdot e^{i\frac{\pi}{3}}$,$a_4=a_3\cdot e^{i\frac{\pi}{3}}$,$a_6=a_5\cdot e^{i\frac{\pi}{3}}$. 从而,由 $b_1=\frac{1}{2}(a_2+a_3)$,$b_2=\frac{1}{2}(a_4+a_5)$,$b_3=\frac{1}{2}(a_6+a_1)$,并注意到 $1-e^{i\frac{\pi}{3}}=-e^{i\frac{2\pi}{3}}$,有 $\frac{b_3-b_1}{b_2-b_1}=e^{i\frac{\pi}{3}}$.

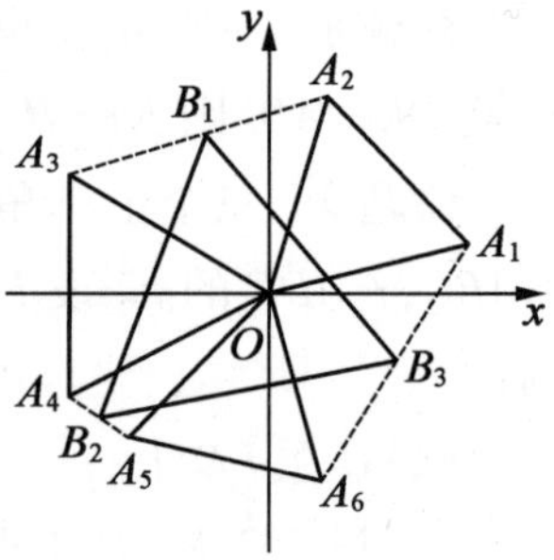

图 41.6

由此即证.

本命题的一种特殊情形即为 1941 年匈牙利数学竞赛题或《数学通报》问题 34(1981 年 1 期):六边形 $ABCDEF$ 内接于一圆,它的边 AB,CD,EF 等于圆的半径. 证明:六边形 $ABCDEF$ 的其他三边的中点是正三角形的顶点.

命题 16 正三角形 AFB,BDC,CEA 与正三角形 FQD,DRE,EPF 为 3－2 重圈连接. 则 $P,A,D;F,C,R;E,B,Q$ 分别共直线,且 A,C,B 分别是 PD,FR,EQ 的中点.

略证 如图 41.7,对 $\triangle FEP$ 与 $\triangle FBA$,运用命题 3,则得 $\triangle FQD$ 为正三角形,即证 P,A,D 共线,且 A 为 PD 的中点.

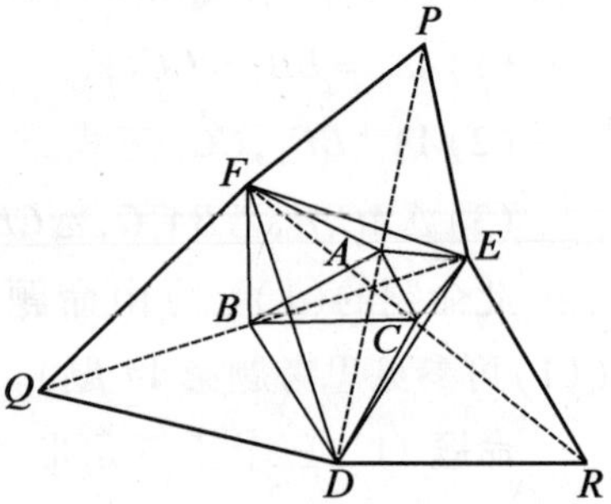

图 41.7

同理可证其余的结论.

注:此命题的结论可以推广到正三角形 $3-m$ 重圈连接的情形.

命题 17 四个正三角形 AEB,BCF,CGD,DAH 为 $4-$圈连接,即 $\triangle AEB$,$\triangle CGD$ 在四边形 $ABCD$ 的外侧,$\triangle BCF$,$\triangle DAH$ 在四边形 $ABCD$ 的内侧.则:

(1) $EFGH$ 是平行四边形;

(2) $HG=AC$.

略证 (1)如图 41.8,取 AC,BD 的中点 M,N,对 $\triangle EAB$ 和 $\triangle GCD$ 运用爱尔可斯定理.设 EG 的中点为 L,则 $\triangle LMN\backsim\triangle EAB$,而且两者顶点绕向相同.再对 $\triangle FCB$ 和 $\triangle HAD$ 运用爱尔可斯定理.设 FH 的中点为 L',则 $\triangle L'MN\backsim\triangle FCB$(从而相似于 $\triangle EAB$),且顶点绕向相同.这表明 L 和 L' 必重合,即线段 EG 和 FH 互相平分.

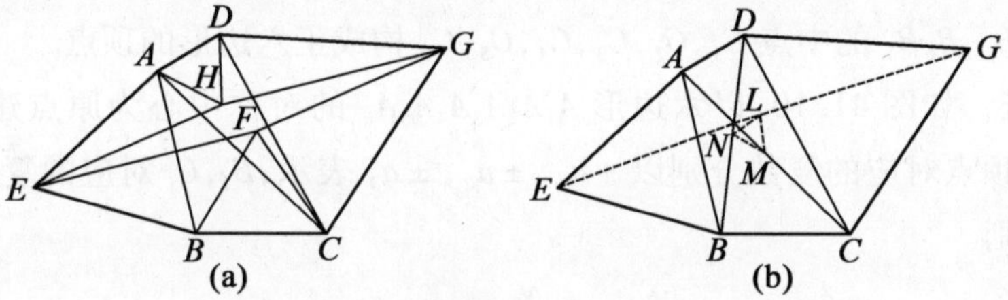

图 41.8

(2)由命题 1,有 $EF=AC,EF=HG$.

命题 18 四个全等的正三角形 ABK,BCL,CDM,DAN 为 $4-$圈连接.

(1)当 $ABCD$ 是正方形,K,L,M,N 都在正方形 $ABCD$ 内部时,这些正三角形边的中点(不包括正方形边的中点)和线段 KL,LM,MN,NK 的中点组成一个正十二边形的顶点;

(2)当 $ABCD$ 是菱形时,K,L,M,N 都在菱形 $ABCD$ 的外部,且 AL 与 CK 交于点 P,AM 与 CN 交于点 Q 时,P,Q,A,C 组成一个菱形的四个顶点.

此命题由全等三角形即可得证.

命题 19 如图 41.9,四个正三角形 LMN,LAB,MCD,NEF 为 $4-$星连接,P,Q,R 分别为 BC,DE,FA 的中点.则 $\triangle PQR$ 为正三角形.

略证 设复平面上三点 A,B,C 对应的复数为 a,b,c,则 $\triangle ABC$ 为正三角形的充要条件是 $a+b\omega+c\omega^2=0$(其中 ω 为 $x^3=1$ 的虚根).

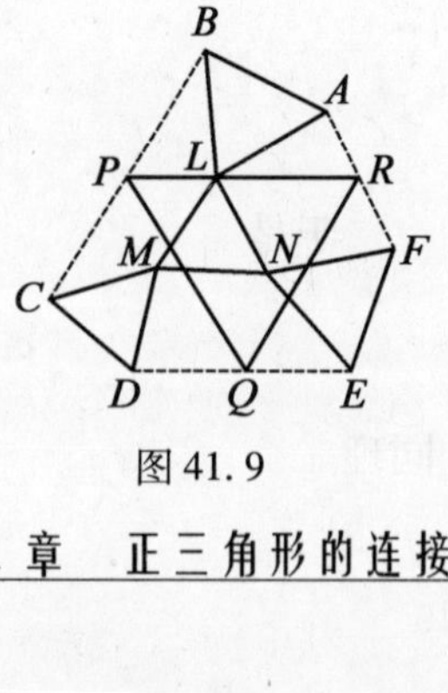

图 41.9

设大写字母点对应的复数为小写字母,则

$$\begin{aligned} p+q\omega+r\omega^2 &= \frac{1}{2}(b+c)+\frac{1}{2}(d+e)\omega+\frac{1}{2}(f+a)\omega^2 \\ &= \frac{1}{2}[(c+d\omega)+(e+f\omega)\omega+(a+b\omega)\omega^2] \\ &= \frac{1}{2}[-m\omega^2+(-n\omega^2)\omega+(-l\omega^2)\omega^2] \\ &= -\frac{1}{2}\omega^2(m+n\omega+lm^2)=0 \end{aligned}$$

命题20 六个正三角形 $A_1A_2B_1$, $A_2A_3B_2$, $A_3A_4B_3$, $A_4A_5B_4$, $A_5A_6B_5$, $A_6A_1B_6$ 是 6-外圈连接,且六边形 $A_1A_2A_3A_4A_5A_6$ 是中心对称图形,则 B_1B_2, B_2B_3, B_3B_4, B_4B_5, B_5B_6, B_6B_1 的中点 C_1, C_2, C_3, C_4, C_5, C_6 构成正六边形的顶点.

略证 如图41.10,以六边形 $A_1A_2A_3A_4A_5A_6$ 的对称中心为原点建立复平面,六个顶点对应的复数分别以 $\pm a_1$, $\pm a_2$, $\pm a_3$ 表示, B_i, C_i 对应的复数用 b_i, c_i 表示. 则

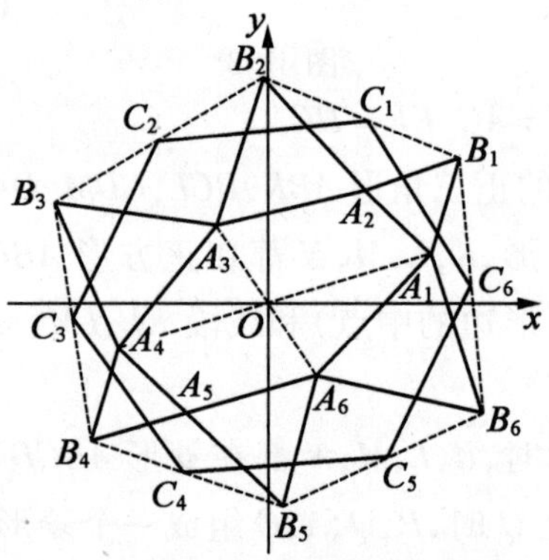

图41.10

$$b_1=a_2+(a_1-a_2)e^{i\frac{\pi}{3}}$$
$$b_2=a_3+(a_2-a_3)e^{i\frac{\pi}{3}}$$

于是

$$c_1=\frac{1}{2}(b_1+b_2)=\frac{1}{2}(a_1e^{i\frac{\pi}{3}}+a_2+a_3e^{i\frac{\pi}{3}})$$

同理

$$c_2=\frac{1}{2}\left[a_2 e^{i\frac{\pi}{3}}+a_3+(-a_1)e^{i(-\frac{\pi}{3})}\right]$$

从而,$\frac{c_2}{c_1}=e^{i\frac{\pi}{3}}$. 同理,$\frac{c_3}{c_2}=\frac{c_4}{c_3}=\frac{c_5}{c_4}=\frac{c_6}{c_5}=\frac{c_7}{c_6}=e^{i\frac{\pi}{3}}$.

例 1 如图 41.11,$\triangle ABC$,$\triangle CDE$,$\triangle EFG$ 均为正三角形,O_1,O_2,O_3 分别是 AD,DF,BG 的中点. 求证:$\triangle O_1O_2O_3$ 是正三角形.

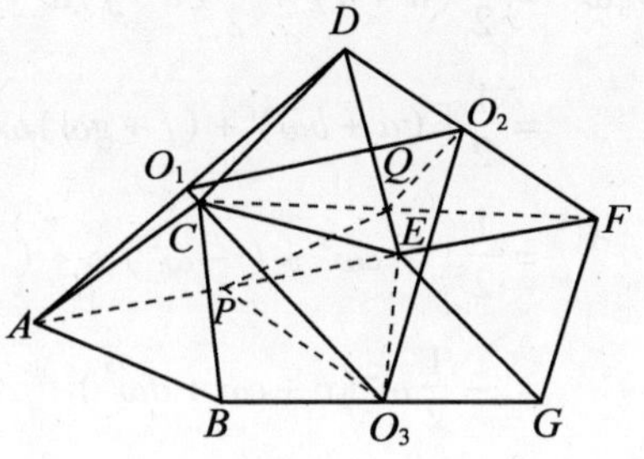

图 41.11

证明 取 AE 的中点 P,取 CF 的中点 Q,由爱尔可斯定理 1 知,$\triangle O_3QP$ 为正三角形. 又 $O_1P\underline{\underline{\parallel}}\frac{1}{2}DE$,$O_2Q\underline{\underline{\parallel}}\frac{1}{2}DC$,故 $O_1P=O_2Q$,且所夹锐角为 60°,把 $\triangle O_3QO_2$ 绕点 O_3 逆时针方向旋转 60°后与 $\triangle O_3PO_1$ 重合,由此即证 $\triangle O_1O_2O_3$ 为正三角形.

注:类似前面的命题也可用复数法证明.

例 2 如图 41.12,$\triangle ABC$,$\triangle CDE$,$\triangle EFG$,$\triangle DHI$ 均为正三角形,O_1,O_2,O_3 分别是 AH,BF,IG 的中点. 求证:$\triangle O_1O_2O_3$ 是正三角形.

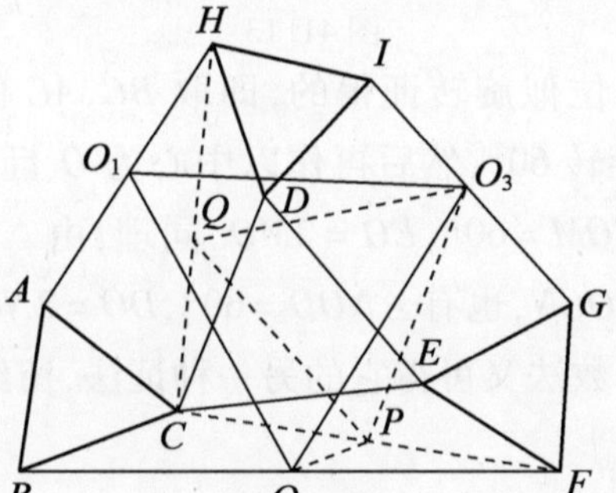

图 41.12

证法 1 取 CF 的中点 P,取 CH 的中点 Q,则由例 1 的结论知,$\triangle PQO_3$ 为

正三角形. 接下去类似于例 1,将$\triangle O_1QO_3$绕点O_3逆时针方向旋转 60°后与$\triangle O_2PO_3$重合即可证.

证法 2 注意到复平面上三点Z_1,Z_2,Z_3对应的复数为a,b,c时,$\triangle Z_1Z_2Z_3$为正三角形的充要条件是$a+b\omega+c\omega^2=0$(其中ω为$x^3=1$的虚根). 设大写字母对应的复数为小写字母,则

$$\begin{aligned}O_1+O_2\omega+O_3\omega^2&=\frac{1}{2}(a+h)+\frac{1}{2}(b+f)\omega+\frac{1}{2}(g+i)\omega^2\\&=\frac{1}{2}[(a+b\omega)+(f+g\omega)\omega+(i+h\omega)\omega^2]\\&=\frac{1}{2}[-c\omega^2+(-\omega^2)\omega+(-d\omega^2)\omega^2]\\&=-\frac{1}{2}\omega^2(c+e\omega+d\omega^2)\\&=0\end{aligned}$$

 由此即证.

例 3 如图 41.13,$\triangle ABC$,$\triangle CDE$均为正三角形,M,N分别是BD,AE的中点,O是$\triangle ABC$的中心. 求证:$\triangle OME\backsim\triangle OND$.

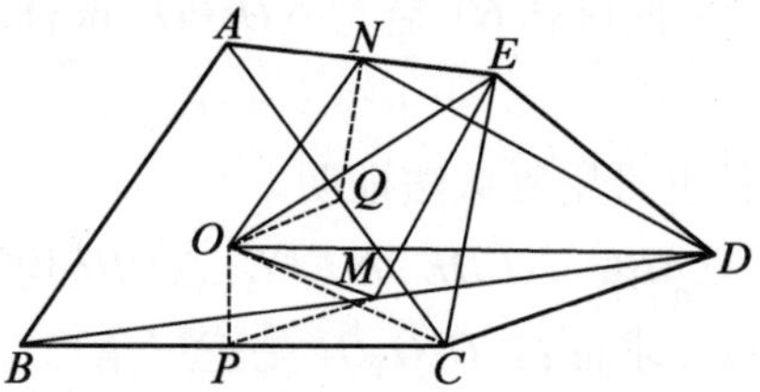

图 41.13

思路 此例是利用位似旋转证得的,即取BC,AC的中点P,Q. 将$\triangle OPM$绕点O按逆时针方向旋转 60°,然后再作以中心为O且系数为 2 的位似变换,则它变为$\triangle OCE$,故$\angle EOM=60°$,$EO=2MO$. 同理,由$\triangle OQN$绕O顺时针旋转 60°,再作位似变换成$\triangle OCN$,也有$\angle NOD=60°$,$DO=2NO$. 由此即证.

将上述思路运用复数法又可得它的另一种证法,留给读者作为练习.

思考题

1. $\triangle ABC$ 中，$\angle C=90°$，$\angle A=30°$，分别以 AB，AC 为边在 $\triangle ABC$ 的外侧作正 $\triangle ABE$ 与 $\triangle ACD$，DE 与 AB 交于点 F. 求证：$EF=FD$.

2. $\triangle ABC$ 的三条中线为 AD，BE，CF，重心为 G. $\triangle DGL$，$\triangle FGM$ 为正三角形，N 为 BG 的中点. 求证：$\triangle LMN$ 为正三角形.

3. 以等边 $\triangle ABC$ 边 BC 上的高 AD 为一边作正 $\triangle ADE$ 交 AC 于点 N，再以正 $\triangle ADE$ 边 AD 上的高 HE 为一边作正 $\triangle HGE$ 交 AN 于点 M，交 DC 于点 F，交 DE 于点 J. 试证：

(1) 点 C 在边 GE 上；

(2) 点 M，N 依次为 $\triangle ADE$ 与 $\triangle HGE$ 的重心；

(3) $S_{\triangle FGC}:S_{\triangle HEC}:S_{\triangle ADE}:S_{ABC}:S_{\text{四边形}ABCE}=1:9:12:16:24$.

4. $\triangle ABC$，$\triangle DEA$ 均为正三角形，F，G，H 分别为 AD，BE，AC 的中点，求证：$\triangle FGH$ 为正三角形.

5. $\triangle ABC$，$\triangle CDE$，$\triangle EHK$ 均为正三角形，且 D 为 AK 的中点，则 $\triangle BHD$ 是正三角形.

6. $\triangle ABC$，$\triangle ADE$，$\triangle BDF$ 均为正三角形，且 $\triangle ADE$，$\triangle DBF$ 在 $\triangle ADB$ 的内侧，则 CD 与 EF 互相平分.

7. 在 $\triangle ABC$ 外侧以各边长作正 $\triangle BDC$，$\triangle CEA$，$\triangle AFB$，又作正 $\triangle DRE$，$\triangle EPF$，$\triangle FQD$，则 P，A，D；F，C，R；E，B，Q 分别共直线且 A，C，B 分别是 PD，FR，EQ 的中点.

8. 在凸四边形 $ABCD$ 外侧作正 $\triangle BAE$，$\triangle CGD$，在其内侧作正 $\triangle BCF$，$\triangle AHD$. 则：

(1) $EFGH$ 是平行四边形；

(2) $HG=AC$.

9. 在 $\triangle ABC$ 外侧以各边为边长作正 $\triangle CBA_1$，$\triangle ACB_1$，$\triangle BAC_1$，设它们的重心分别为 O_1，O_2，O_3；又设 $\triangle AB_1C_1$，$\triangle BA_1C_1$，$\triangle CB_1A_1$ 的重心分别为 G_1，G_2，G_3. 则六边形 $O_1G_3O_2G_1O_3G_2$ 是正六边形.

10. 以 $\triangle ABC$ 的各边为边向外侧作与其相似的 $\triangle A'CB$，$\triangle CB'A$，$\triangle BAC'$，则它们的外心构成的三角形与这三个三角形相似.

11. 设$\triangle A_1B_1C_1$，$\triangle A_2B_2C_2$同向相似，D,E,F分别为A_1A_2,B_1B_2,C_1C_2上的点，且$\frac{A_1D}{DA_2}=\frac{B_1E}{EB_2}=\frac{C_1F}{FC_2}=\frac{m}{n}$，则$\triangle DEF$也与$\triangle A_1B_1C_1$及$\triangle A_2B_2C_2$同向相似.

12. 设n边形$A_1B_1\cdots C_1$与n边形$A_2B_2\cdots C_2$同向相似，点$D,E,\cdots,F$分别在$A_1A_2,B_1B_2,\cdots,C_1C_2$上，且$\frac{A_1D}{DA_2}=\frac{B_1E}{EB_2}=\cdots=\frac{C_1F}{FC_2}=\frac{m}{n}$，则$n$边形$DE\cdots F$与$n$边形$A_1B_1\cdots C_1$及$A_2B_2\cdots C_2$同向相似.

13. 设$ABCD$为凸四边形，$AC=BD$. 在它的各边AB,BC,CD,DA上各向外作一个中心为O_1,O_2,O_3,O_4的正三角形. 证明：$O_1O_3\perp O_2O_4$.

14. 已知▱$ABCD$，同在外侧作三角形$\triangle ABE$及$\triangle BCF$，则$\triangle DEF$是正三角形(若同在内侧作，则结论仍成立).

15. 若在$\triangle ABC$的外侧作正$\triangle BCA'$，$\triangle CAB'$，$\triangle ABC'$，则：

(1)$AA'=BB'=CC'$；

(2)所作三个正三角形的中心是一个正三角形的顶点.

16. 若在$\triangle ABC$的内侧作正$\triangle BCA'$，$\triangle CAB'$，$\triangle ABC'$，则：

(1)$AA'=BB'=CC'$；

(2)所作三个正三角形的中心是一个正三角形的顶点.

17. (2005年第22届巴尔干地区数学奥林匹克题)已知锐角$\triangle ABC$，其内切圆与边AB,AC分别切于点D,E,X,Y分别是$\angle ACB,\angle ABC$的平分线与DE的交点，Z是边BC的中点. 求证：当且仅当$\angle A=60°$时，$\triangle XYZ$是等边三角形.

18. (2001年CMO试题)给定正$\triangle ABC$，D是边BC上任意一点，$\triangle ABD$的外心，内心分别为O_1,I_1，$\triangle ADC$的外心，内心分别为O_2,I_2，直线O_1I_1与O_2I_2相交于点P. 试求：当点D在边BC边上运动时，点P的轨迹.

19. $\triangle EFG$与$\triangle ABC$是两个全等的正三角形，F在直线BC上，G在AC上，$EF\perp BC$，设EC交AB于点P，FG交AB于点Q.

(1)求$\frac{AP}{PB},\frac{PC}{EC}$的值；

(2)求证：四边形$PQFE$与四边形$BCGQ$等积.

20. 已知正$\triangle ABC$中，E,F分别在边BC,AC上，且$AF=CE$. 设BF,AE相交于点D，$AM\perp BF$于点M，$BN\perp AE$于点N，求证：CD平分MN.

21. (2003~2004年度爱沙尼亚国家竞赛题)从顶点A,B,C分别作$\triangle ABC$

的三条高线,垂足分别为 K,L,M. 证明:$\overrightarrow{AK}+\overrightarrow{BL}+\overrightarrow{CM}=\mathbf{0}$ 的充分必要条件是 $\triangle ABC$ 是正三角形.

22.(2009 年伊朗国家队选拔考试题)设 A',B',C' 分别为 $\triangle ABC$ 的三边 BC,CA,AB 上的点,满足:$\triangle ABC$ 与 $\triangle A'B'C'$ 的内心重合,且 $\triangle A'B'C'$ 的内切圆半径等于 $\triangle ABC$ 内切圆半径的一半. 证明:$\triangle ABC$ 为正三角形.

23.(2010 年罗马尼亚数学奥林匹克题)在 $\triangle ABC$ 中,已知 $\angle A,\angle B,\angle C$ 的角平分线分别与 $\triangle ABC$ 的外接圆交于点 D,E,F. 证明:

(1)$\triangle DEF$ 的垂心和 $\triangle ABC$ 的内心重合;

(2)若 $\overrightarrow{AD}+\overrightarrow{BE}+\overrightarrow{CF}=\mathbf{0}$,则 $\triangle ABC$ 是等边三角形.

24. $\triangle ABC$ 的每个外角的平分线作成 $\triangle A'B'C'$,对 $\triangle A'B'C'$ 的每个外角的平分线又作成 $\triangle A''B''C''$,继续对新三角形的每个外角的平分线作成三角形,则其极限为正三角形.

25. 设 $\triangle ABC$ 的外接圆半径为 R,$\triangle DEF$ 的顶点在 $\triangle ABC$ 的各边上. 若 $\triangle DEF$ 为正三角形,则 $\triangle DEF$ 的最小边长为 $\dfrac{2R\cdot\sin A\cdot\sin B\cdot\sin C}{\sqrt{1+\sqrt{3}\sin A\cdot\sin B\cdot\sin C+\cos A\cdot\cos B\cdot\cos C}}$.

思考题　参考解答

1. 连 BD,有 $S_{\triangle ABD}:S_{\triangle ABE}=DF:EF$,因 $\angle DAB=90°$,$S_{\triangle ABD}=\frac{1}{2}AD\cdot AB$,又 $\angle EAC=90°$,则 $AE\,/\!/\,CB$,$S_{\triangle ABE}=S_{\triangle ACE}=\frac{1}{2}AE\cdot AC$,由 $AC=AD$,$AE=AB$,有 $S_{\triangle ABD}=S_{\triangle ABE}$,即证.

2. 由 $S_{\triangle GBC}=\frac{1}{3}S_{\triangle ABC}=\frac{1}{2}GB\cdot CG\cdot\sin\angle BGC$,$GB=\frac{2}{3}m_b$,$GC=\frac{2}{3}m_c$,则

$$\sin\angle BGC=\frac{3S_{\triangle ABC}}{2m_bm_c}$$

$$\sin\angle BGC=\frac{\frac{4}{9}(m_b^2+m_b^2)-a^2}{2\cdot\frac{2}{3}m_b\cdot\frac{2}{3}m_c}=\frac{b^2+c^2-5a^2}{8m_bm_c}$$

类似可得另四式.

因

$$\angle LGM = 240^\circ - \angle AGC$$
$$\angle NGL = 240^\circ - \angle AGB$$
$$\angle MGN = 240^\circ - \angle BGC$$
$$m_a^2 = \frac{1}{4}(2b^2 + 2c^2 - a^2)$$

可得

$$LM^2 = \frac{1}{9}m_a^2 + \frac{1}{9}m_c^2 - 2 \cdot \frac{1}{9}m_a m_c \cdot \cos(240^\circ - \angle AGC)$$
$$= \frac{1}{24}(a^2 + b^2 + c^2) + \frac{\sqrt{3}}{6}S_{\triangle ABC}$$

同理

$$LN^2 = MN^2 = \frac{1}{24}(a^2 + b^2 + c^2) + \frac{\sqrt{3}}{6}S_{\triangle ABC}$$

 即证.

3. (1)令直线 AC 交 GE 于点 C'. 易得 $Rt\triangle ADC \cong Rt\triangle AEC'$,所以 $AC = AC'$,即 C' 与 C 重合,即知 C 在 GE 上.

(2)易知 M 为正$\triangle ADE$ 的内心,即 M 为$\triangle ADE$ 的重心. 又 $HMCF$ 为平行四边形及 H 为 AD 的中点,F 为 BC 的中点,得 J 为 DN 的中点,再由 N 为 DE 的中点推得 $EN:NJ = 2:1$,即 N 为$\triangle HGE$ 的重心.

(3)由 $HM = FC$ 及 M 为$\triangle ADE$ 的重心,有 $FC:HE = 1:3$,又由 $HM:AH = \tan 30^\circ = 1:\sqrt{3}$ 及 H 为 AD 的中点,有 $FC:AD = 1:2\sqrt{3}$. 由 $FC:BC = 1:4$ 及 $\triangle FGC \backsim \triangle HGE \backsim \triangle ADE \backsim \triangle ABC$,有 $FC:HE:AD:BC = 1:3:2\sqrt{3}:4$,又 $Rt\triangle ADB \cong Rt\triangle ADC \cong Rt\triangle AEC$,即证.

4. 证法1:由爱尔可斯定理1即证.

证法2:若延长 AE,CB 交于点 P,延长 DE,AB 交于点 Q,则$\angle P = \angle Q$. 取 BD 的中点 M,CE 的中点 N,证明$\triangle FMG \cong \triangle GNH \cong \triangle HAF$ 即可;若延长 AE,CB 不相交,则延长 DE,AB 也不相交,此时也易证$\triangle FGH$ 为正三角形.

5. 绕点 C 逆时针旋转 60°,则 $A \to B$,$D \to E$,$DK(=AD)$变为 BE. 绕点 H 逆时针旋转 60°,则 $K \to E$,$DK \to BE$,$D \to B$. 由此即证.

6. 由$\triangle ABD \cong \triangle ACE$ 及$\triangle CBF \cong \triangle ABD$ 有 $DF = CE$,$CF = DE$,得 $DECF$ 为

平行四边形,即证.

7. 对$\triangle FEP$与$\triangle FBA$运用本章命题16知,$\triangle FQD$为正三角形,即P,Q,D共线且A为PD的中点. 同理可证其余的结论.

8. (1)取AC,BD的中点M,N,对$\triangle EAB$和$\triangle GCD$运用爱尔可斯定理1,设EG的中点为L,则$\triangle LMN\backsim\triangle EAB$,而且两者顶点绕向相同;再对$\triangle FCB$和$\triangle HAD$运用爱尔可斯定理1,设$FH$的中点为$L'$,则$\triangle L'MN\backsim\triangle FCB$(从而$\triangle L'MN\backsim\triangle EAB$)且顶点绕向相同. 这表明$L'$与$L$必重合,即线段$EG$和$FH$互相平分,由此即证.

(2)由本章命题1即有$EF=AC,EF=HG$,即证.

9. 以BC的中点为原点,BC所在直线为x轴建立直角坐标系. 设$A(b,c)$,$B(-a,0)$,$C(a,0)$,其中$a>0,c>0,b\in\mathbf{R}$,易求得$A_1(0,-\sqrt{3}a)$,$O_1(0,-\frac{\sqrt{3}}{3}a)$,$AC$的中点$P\left(\frac{A+b}{2},\frac{c}{2}\right)$. 设$B_1\left(\frac{a+b}{2}+m,\frac{c}{2}+n\right)$,因$B_1P\perp AC$,有$B_1P:AC=m:c=\sqrt{3}:2$,即$m=\frac{\sqrt{3}}{2}c$. 同理$n=\frac{\sqrt{3}}{2}a-\frac{\sqrt{3}}{2}b$. 故$B_1(\frac{1}{2}(a+b+\sqrt{3}c),\frac{1}{2}(\sqrt{3}a-\sqrt{3}b+c))$. 同理$C_1(\frac{1}{2}(-a+b-\sqrt{3}c),\frac{1}{2}(\sqrt{3}a+\sqrt{3}b+c))$. 由重心坐标公式求得$O_i$及$G_i(i=1,2,3)$,再由两点间的距离公式,知

$$|O_1O_2|^2=|O_1O_3|^2=|O_2O_3|^2=a^2+\frac{1}{3}b^2+\frac{1}{3}c^2+\frac{2}{3}\sqrt{3}ac$$

又$\triangle O_1O_2O_3$的重心$G(\frac{1}{3}b,\frac{1}{3}c)$,故$\triangle O_1O_2O_3$为正三角形(亦可由爱尔可斯定理2证). 又$O_1G_1,O_2G_2,O_3G_3$的中点坐标均为$(\frac{b}{3},\frac{c}{3})$,即证.

10. 记$\angle B'=\alpha,\angle C'=\beta,\angle A'=\gamma$. 设圆$O_3$与圆$O_2$交于点$P$,则$\angle APB=180°-\beta$,$\angle APC=180°-\alpha$,故$\angle BPC=360°-[360°-(\alpha+\beta)]=180°-\gamma$,即点$P$在圆$O_1$上,从而$O_1O_3\perp PB,O_2O_1\perp PC,\angle O_1=180°-\angle BPC=\angle A'=\gamma$. 同理$\angle O_2=\angle B'=\alpha,\angle O_3=\angle C'=\beta$,即证.

11. 设A_1B_1,A_2B_2交于点M,A_1C_1,A_2C_2交于点N,$\triangle A_1B_1C_1$的三边为a,b,c,$\triangle A_2B_2C_2$对应的三边为a',b',c',由$\angle MA_1N=\angle MA_2N$知,$A_1,M,N,A_2$共圆,所以$\angle M=\angle N=\alpha$,在四边形$A_1B_1B_2A_2$和$A_1C_1C_2A_2$中,分别运用第46章四边

形性质 19 或推论中的(7),有

$$DE=\frac{1}{m+n}\sqrt{(cm)^2+(c'n)^2+2cm\cdot c'n\cdot\cos\alpha}$$

$$DF=\frac{1}{m+n}\sqrt{(bm)^2+(b'n)^2+2bm\cdot b'n\cdot\cos\alpha}$$

设$\frac{c}{b}=\frac{c'}{b'}=k$,则 $c=bk,c'=b'k$,从而 $DE=kDF,\frac{DE}{DF}=k$,即$\frac{A_1B_1}{A_1C_1}=\frac{DE}{DF}\Rightarrow$ $\frac{A_1B_1}{DE}=\frac{A_1C_1}{DF}$. 同理$\frac{A_1B_1}{DE}=\frac{B_1C_1}{EF}$. 即证.

12. 因 n 边形 $A_1B_1\cdots C_1$ 与 n 边形 $A_2B_2\cdots C_2$ 同向相似,所以有$\triangle A_1B_1C_1$ 与 $\triangle A_2B_2C_2$ 也同向相似,由第 11 题的结论有$\triangle DEF$ 与$\triangle A_1B_1C_1$ 同向相似,得 $\angle EDF=\angle B_1A_1C_1,\frac{A_1B_1}{DE}=\frac{A_1C_1}{DF}$. 将 n 边形每一对应顶点及夹这角的两边所构成的三角形应用第 11 题的结论即可证.

13. 设在边 AD 和 DC 上所作的正三角形为$\triangle ADE$ 和$\triangle CDF$. 再在 DE,DF 上向外各作一正$\triangle GDE$ 和$\triangle HDF$. 若将四边形 O_1ADO_3 绕中心 A 顺时针旋转 $30°$,再将其各边拉长到$\sqrt{3}$倍,则可得到一个新四边形 $BAGM$. 因此由 $GM=\sqrt{3}DO_3=DF,GM/\!/DF$ 知,$GDFM$ 为平行四边形. 类似地,将四边形 O_2CDO_4 绕 C 旋转 $30°$后再将各边拉长$\sqrt{3}$倍,得四边形 $BCHN$,其中 $HDEN$ 为平行四边形. 易知,若将▱$GDFM$ 以 D 为中心旋转 $60°$,则其象为▱$EDHN$,因而 $DN=DM$, $\angle MDN=60°$,并且还有 $\angle DGM=180°-\angle GDF=\angle ADC,GD=AD,GM=DC$,故 $\triangle DGM\cong\triangle ADC,DM=AC$. 故 $DM=DN=DB$. 因此,以 D 为圆心,DM 为半径,则点 M,N,B 都在圆上,此时$\overset{\frown}{MN}$所对圆心角为 $\angle MDN$,即 $\angle NBM=30°$,由于线段 BM, BN 分别是由线段 O_1O_3,O_2O_4 朝相反方向旋转 $30°$得到的,因而原先两线段相互垂直,即 $O_1O_3\perp O_2O_4$.

14. 如图 41.14,由$\angle 1=240°-\angle 6=240°-(180°-\angle 4)=60°+\angle 4=\angle 2+\angle 4$. 又 $FB=FC,BE=BA=CD$,则$\triangle FBE\cong\triangle FCD$,从而 $FE=FD$. 所以 $\angle EFD=\angle EFB+\angle BFD=\angle DFC+\angle BFD=\angle BFC=60°$,故$\triangle DEF$ 为正三角形.

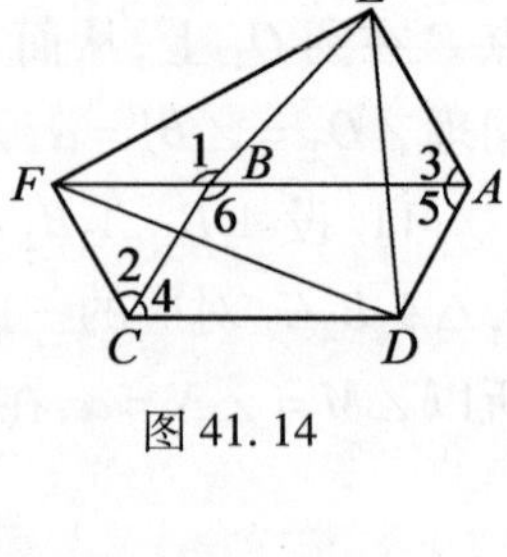

图 41.14

15. (1)由$\triangle C'BC \cong \triangle ABA'$，知 $CC' = AA'$. 同理 $CC' = BB'$.

(2)如图 14. 15，令 G_1, G_2, G_3 是所作三个正三角形的重心. 因为$\triangle ABC' \backsim \triangle ACB'$，所以$\frac{AG_1}{AG_2} = \frac{AB}{AB'}$.

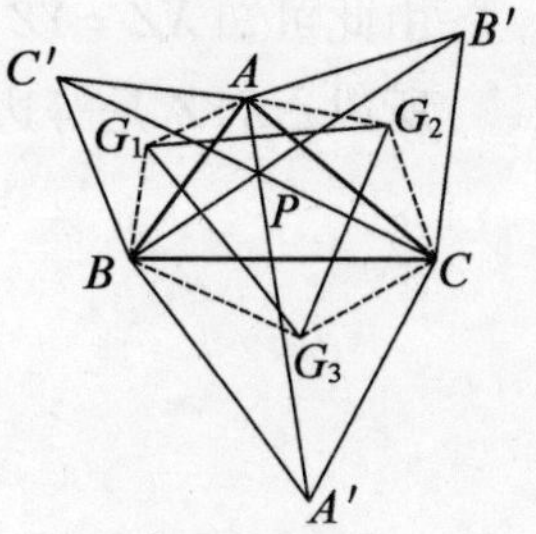

图 41. 15

又$\angle G_1AG_2 = \angle BAB'$，所以$\triangle G_1AG_2 \backsim \triangle BAB'$.

于是，$\frac{G_1G_2}{BB'} = \frac{AG_1}{AB} = \frac{1}{\sqrt{3}}$，所以，$G_1G_2 = \frac{1}{\sqrt{3}}BB'$.

同理，$G_2G_3 = \frac{1}{\sqrt{3}}AA'$，$G_3G_2 = \frac{1}{\sqrt{3}}CC'$，所以$\triangle G_1G_2G_3$ 为正三角形.

16. (1)由$\triangle C'BC \cong \triangle ABA'$，有 $CC' = AA'$. 同理，$CC' = BB'$.

(2)如图 41. 16，令 G_1, G_2, G_3 是所作三个正三角形的重心，因为$\frac{BG_3}{BA'} = \frac{BG_1}{BA} = \frac{1}{\sqrt{3}}$，且$\angle G_3BG_1 = 360° - \angle ABG_3 = \angle A'BA$，所以$\triangle G_3BG_1 \backsim \triangle A'BA$，即有$\frac{G_3G_1}{A'A} = \frac{BG_3}{BA'} = \frac{1}{\sqrt{3}}$. 故 $G_3G_1 = \frac{1}{\sqrt{3}}AA'$.

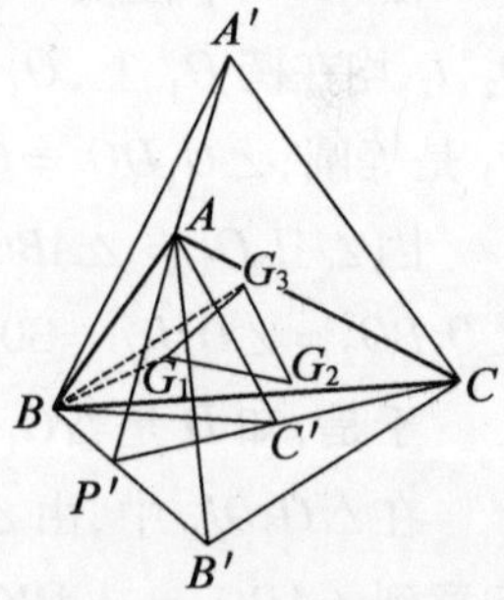

图 41. 16

同理，$G_1G_2 = \frac{1}{\sqrt{3}}BB'$，$G_2G_3 = \frac{1}{\sqrt{3}}CC'$. 故$\triangle G_1G_2G_3$ 为正三角形.

17. 如图 41. 17，设 I 为$\triangle ABC$ 的内心.

首先证 D, B, I, X 和 E, I, C, Y 分别四点共圆.

注意到 $\angle XIB = 180° - \angle BIC = \frac{1}{2}\angle B + \frac{1}{2}\angle C = 90° - \frac{1}{2}\angle A$.

由$\triangle ADE$ 为等腰三角形，得$\angle ADE = 90° - \frac{1}{2}\angle A$.

所以，$\angle XIB = \angle ADE$. 因此 D, B, I, X 四点共圆.

同理，E, I, C, Y 四点共圆.

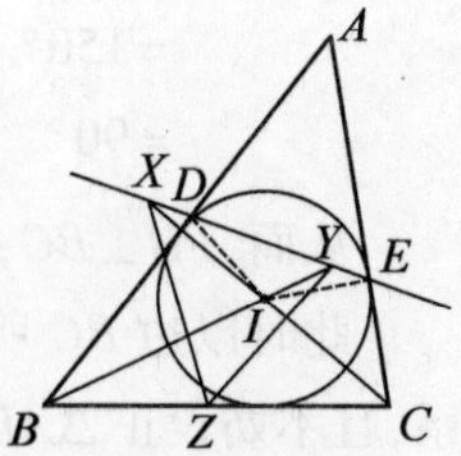

图 41. 17

由此可知 $XZ = YZ$,且它们分别是 $Rt\triangle XBC$ 和 $Rt\triangle YBC$ 的中线.

所以 $\triangle XYZ$ 是等边三角形 $\Leftrightarrow \angle YXZ = 60°$. 易知

$$\begin{aligned}\angle YXZ = 60° \Leftrightarrow \angle YXZ &= \angle YXC + \angle CXZ \\ &= \angle ABY + \frac{1}{2}\angle C \\ &= \frac{1}{2}(\angle B + \angle C) \\ &= 60°\end{aligned}$$

因此,所证命题成立.

18. 如图 41.18,作辅助线.

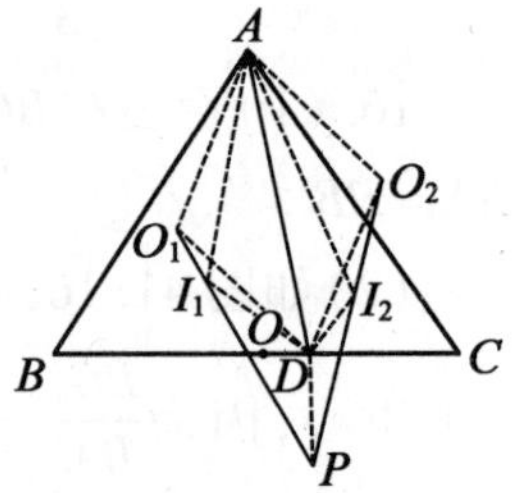

图 41.18

由第 36 章性质 3 或本章定理 14 中引理的证明知,O_2,I_2 均在圆 O_1 上,O_1,I_1 均在圆 O_2 上,且圆 O_1 与圆 O_2 是等圆,$\angle O_1DO_2 = 60°$.

因 $\angle AI_2O_2 = \angle ABO_2 = 30° = \angle I_1AI_2$,则 $AI_1 \parallel O_2P$,$\angle O_1PO_2 = \angle O_1I_1A = 30°$.

于是,知 D 是 $\triangle O_1PO_2$ 的外心.

在 $\triangle O_2DI_2$ 中,由 $\angle DI_2O_2 = 120° + 30° = 150°$ 知,$\angle O_2DI_2 + \angle DO_2I_2 = 30°$. 注意到 $\angle ADO_2 = \angle ABO_2 = 30$,从而

$$\begin{aligned}\angle O_2DC &= \angle I_2DC + \angle O_2DI_2 = \angle ADI_2 + \angle O_2DI_2 \\ &= \angle ADO_2 + \angle O_2DI_2 = 2\angle O_2DI_2 + 30°\end{aligned}$$

于是,由 $\angle DO_2P = \angle DPO_2$,在 $\triangle DPO_2$ 中,有

$$\begin{aligned}\angle PDC &= 180° - \angle CDO_2 - 2\angle DO_2P \\ &= 180° - (2\angle O_2DI_2 + 30°) - 2\angle DO_2P \\ &= 150° - 2(\angle O_2DI_2 + \angle DO_2I_2) \\ &= 90°\end{aligned}$$

从而,$PD \perp BC$,以及 $AD = \sqrt{3}DO_1 = \sqrt{3}DP$.

此时以边 BC 所在的直线为 x 轴,边 BC 的中点为坐标原点建立直角坐标系,且不妨设正 $\triangle ABC$ 的边长为 2,点 P 的坐标为 (x,y),则在 $Rt\triangle AOD$ 中,有 $AD^2 - OD^2 = AO^2$,即 $(\sqrt{3}y)^2 - x^2 = (\sqrt{3})^2$. 故 $y^2 - \frac{x^2}{3} = 1(-1 < x < 1, y < 0)$ 即为所求.

19.(1)如图 41.19,作 $PM\perp BC$,$PN/\!/EG$,M,N 分别在 BC,AC 上. 易证 $FG\perp AC$,$EG\perp AB$,进而 $PN\perp AB$.

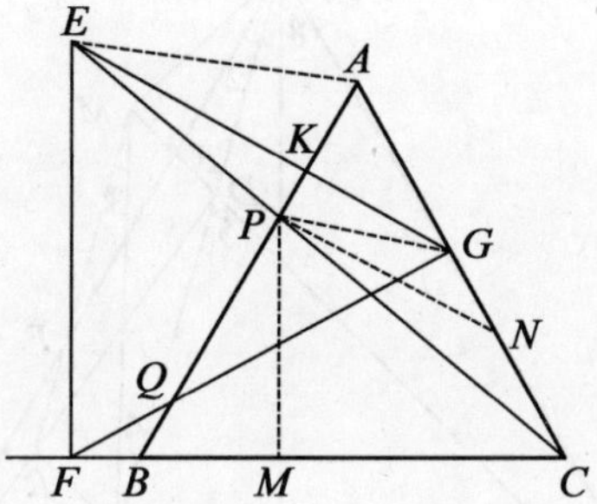

图 41.19

因$\frac{PM}{EF}=\frac{CP}{CE}=\frac{PN}{EG}$,则 $PM=PN$. 进而可证 $\mathrm{Rt}\triangle PBM\cong\mathrm{Rt}\triangle NAP$,$BM=AP$.

在 $\mathrm{Rt}\triangle PBM$ 中,显然$\frac{BM}{PB}=\frac{1}{2}$,即$\frac{AP}{PB}=\frac{1}{2}$.

由 $\mathrm{Rt}\triangle PBM$ 知,$PM=\frac{\sqrt{3}}{2}PB=\frac{\sqrt{3}}{2}\cdot\frac{2}{3}AB=\frac{\sqrt{3}}{3}AB$,则$\frac{PC}{EC}=\frac{PM}{EF}=\frac{PM}{AB}=\frac{\sqrt{3}}{3}$.

(2)联结 PG,EA,并设 EG 交 AB 于点 K.

由$\frac{GC}{AC}=\frac{GC}{FG}=\frac{1}{\sqrt{3}}=\frac{\sqrt{3}}{3}=\frac{PC}{EC}$知,$PG/\!/EA$,$S_{\triangle APG}=S_{\triangle EPG}$,故 $S_{\triangle PKE}=S_{\triangle GKA}$.

注意到 $S_{\triangle EFG}=S_{\triangle ABC}$,且$\triangle QGK$ 是$\triangle EFG$ 与$\triangle ABC$ 的公共部分,所以

$$S_{四边形PQFE}=S_{四边形BCGQ}$$

20. 如果 E 为 BC 的中点,那么 F 为 AC 的中点. 此时 N 与 E 重合,M 与 F 重合,D 为$\triangle ABC$ 的重心,$MN/\!/AB$,结论显然成立. 下设 E 不是 BC 的中点.

由题设知 A,M,N,B 四点共圆. 设此圆交 AC 于点 P,交 BC 于点 Q. 联结 MP 并延长交 CD 于点 R,如图 41.20.

另证$\triangle ABF\cong\triangle CAE$,则$\angle 1=\angle 2$. 又由共圆条件知$\angle 2=\angle 3$,$\angle 1=\angle 4$,则$\angle 3=\angle 4$,$MP/\!/AE$.

联结 AQ,易知 $AQ\perp BC$,从而 Q 为 BC 的中点. 同理,P 为 AC 的中点. 由 $MP/\!/AE$知,R 为 DC 的中点. 连 QR,则 $QR/\!/BF$.

易证$\triangle AFD\backsim\triangle AEC$,则$\angle ADF=\angle ACE=60°$. 从而$\angle 5=60°$,$\angle 6=30°$.

连 QN,则$\angle 7=\angle 8=30°$. 故$\angle 6=\angle 7$,$QN/\!/BF$. 故点 N 在 QR 上,从而

$NR // DM$,所以四边形 $DNRM$ 为平面四边形,故 CD 平分 MN.

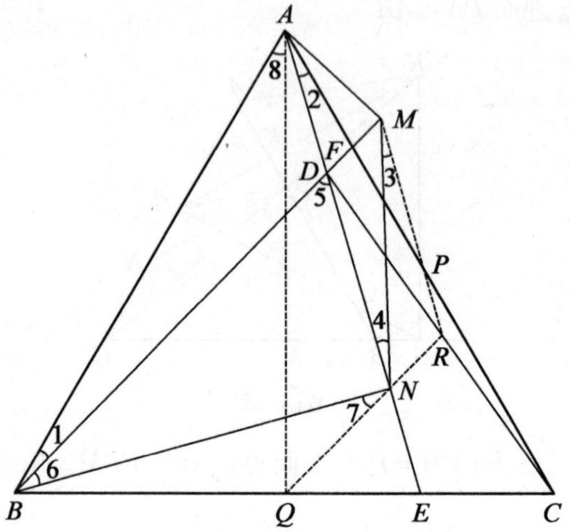

图 41.20

21. 如果$\triangle ABC$ 是正三角形,由于 $\overrightarrow{AK},\overrightarrow{BL},\overrightarrow{CM}$ 等长,且两两夹角为 $120°$,所以,$\overrightarrow{AK}+\overrightarrow{BL}+\overrightarrow{CM}=\mathbf{0}$.

假设 $\overrightarrow{AK}+\overrightarrow{BL}+\overrightarrow{CM}=\mathbf{0}$.

设 a,b,c 分别是边 BC,CA,AB 的长,S 为$\triangle ABC$ 的面积,则

$$|\overrightarrow{AK}|=\frac{2S}{a},|\overrightarrow{BL}|=\frac{2S}{b},|\overrightarrow{CM}|=\frac{2S}{c}$$

将 $\overrightarrow{AK},\overrightarrow{BL},\overrightarrow{CM}$ 逆时针旋转 $90°$,使它们变为与三角形的对应边平行的向量. 可将它们一个接一个地画出来,使得每个向量的起始点是前面一个向量的终点,这是因为这三个向量的和为 $\mathbf{0}$,因此,这个三角形与$\triangle ABC$ 相似. 设 k 是相似比,于是,有

$$|\overrightarrow{AK}|=ka,|\overrightarrow{BL}|=kb,|\overrightarrow{CM}|=kc$$

所以,$\frac{2S}{a}=|\overrightarrow{AK}|=ka$,即 $a=\sqrt{\frac{2S}{k}}$.

类似地,可得 $b=c=\sqrt{\frac{2S}{k}}$.

故$\triangle ABC$ 为等边三角形.

22. 设 I 为$\triangle ABC$ 与$\triangle A'B'C'$的公共内心,r 为$\triangle ABC$ 内切圆的半径,它等

于点 I 到 BC 的距离. 故 $IA'\geqslant r$.

设 M 为点 I 在 $A'B'$ 上的投影. 则 $IM=\frac{r}{2}\Rightarrow IA'\geqslant 2IM$.

因为 $\angle IMA'=90°$,所以,$\angle IA'M\leqslant \arcsin\frac{1}{2}=30°$.

因此,$\angle B'A'C'=2\angle IA'M\leqslant 60°$.

同理,$\angle C'B'A'$,$\angle A'C'B'$ 均不超过 60°.

又 $\angle B'A'C'+\angle C'B'A'+\angle A'C'B'=180°$. 故

$$\angle B'A'C'=\angle C'B'A'=\angle A'C'B'=60°$$

所以,$\triangle A'B'C'$ 为正三角形.

由等号成立的条件知 $IA'=2IM=r$. 于是,$IA'\perp BC$.

同理,B',C' 也分别为点 I 在 AC,AB 上的投影.

因为 $BA'=BC'$,所以 $\angle C'A'B=90°-\frac{1}{2}\angle ABC$.

同理,$\angle B'A'C=90°-\frac{1}{2}\angle ACB$. 故

$$\angle B'A'C'=\frac{1}{2}(\angle B+\angle C)=60°\Rightarrow\angle B+\angle C=120°$$

同理,$\angle A+\angle B=120°$,$\angle A+\angle C=120°$.

于是,$\angle A=\angle B=\angle C=60°$.

因此,$\triangle ABC$ 为正三角形.

23. (1) 如图 41.21,易知,AD,BE,CF 交 $\triangle ABC$ 的内心于点 I. 由

$$\angle ADF=\angle ACF=\frac{1}{2}C$$

$$\begin{aligned}\angle DFE&=\angle DFC+\angle CFE\\&=\angle CAD+\angle CBE\\&=\frac{1}{2}A+\frac{1}{2}B\end{aligned}$$

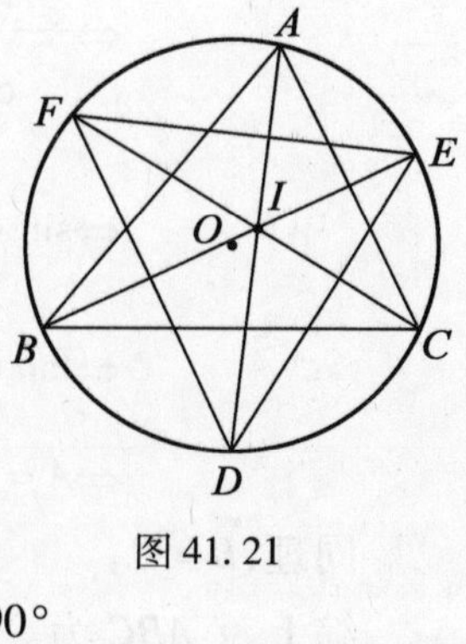

图 41.21

则

$$\angle ADF+\angle DFE=\frac{1}{2}(A+B+C)=90°$$

故 $AD\perp EF$. 同理,$BE\perp DF$. 所以,I 为 $\triangle DEF$ 的垂心.

(2)设$\frac{\overrightarrow{AB}}{|\overrightarrow{AB}|}=\boldsymbol{i}$,$\frac{\overrightarrow{BC}}{|\overrightarrow{BC}|}=\boldsymbol{j}$,$\frac{\overrightarrow{CA}}{|\overrightarrow{CA}|}=\boldsymbol{k}$. 则

$$|\overrightarrow{AB}|\boldsymbol{i}+|\overrightarrow{BC}|\boldsymbol{j}+|\overrightarrow{CA}|\boldsymbol{k}=\boldsymbol{0}$$

故

$$\overrightarrow{AD}+\overrightarrow{BE}+\overrightarrow{CF}=\boldsymbol{0}$$

$$\Rightarrow\frac{AD}{2\cos\frac{A}{2}}(\boldsymbol{i}-\boldsymbol{k})+\frac{BE}{2\cos\frac{B}{2}}(\boldsymbol{j}-\boldsymbol{i})+\frac{CF}{2\cos\frac{C}{2}}(\boldsymbol{k}-\boldsymbol{j})=\boldsymbol{0}$$

$$\Leftrightarrow\left(\frac{AD}{2\cos\frac{A}{2}}-\frac{BE}{2\cos\frac{B}{2}}\right)\boldsymbol{i}+\left(\frac{BE}{2\cos\frac{B}{2}}-\frac{CF}{2\cos\frac{C}{2}}\right)\boldsymbol{j}+\left(\frac{CF}{2\cos\frac{C}{2}}-\frac{AD}{2\cos\frac{A}{2}}\right)\boldsymbol{k}=\boldsymbol{0}$$

不妨设

$$\frac{\frac{AD}{2\cos\frac{A}{2}}-\frac{BE}{2\cos\frac{B}{2}}}{AB}=\frac{\frac{BE}{2\cos\frac{B}{2}}-\frac{CF}{2\cos\frac{C}{2}}}{BC}=\frac{\frac{CF}{2\cos\frac{C}{2}}-\frac{AD}{2\cos\frac{A}{2}}}{CA}=t$$

则 $tAB+tBC+tCA=0\Rightarrow t=0$. 故

$$\frac{AD}{2\cos\frac{A}{2}}=\frac{BE}{2\cos\frac{B}{2}}$$

$$\Leftrightarrow\frac{\sin\left(C+\frac{A}{2}\right)}{\cos\frac{A}{2}}=\frac{\sin\left(C+\frac{B}{2}\right)}{\cos\frac{B}{2}}$$

$$\Leftrightarrow\sin C+\cos C\cdot\tan\frac{A}{2}=\sin C+\cos C\cdot\tan\frac{B}{2}$$

$$\Leftrightarrow\tan\frac{A}{2}=\tan\frac{B}{2}$$

$$\Leftrightarrow A=B$$

同理,$B=C$.

综上,$\triangle ABC$ 为等边三角形.

24. 由题设知 A',B',C'分别为$\triangle ABC$ 的三个旁心,则$\angle A'=90^\circ-\frac{1}{2}\angle A$,

$\angle B' = 90° - \frac{1}{2}\angle B$. 因此，$\angle A' \leftrightarrow \angle B' = \frac{1}{2}(\angle A \leftrightarrow \angle B)$. 这表明第一个新三角形的两角之差等于对应的原三角形的两角差之半. 同理，第二个新三角形 $A''B''C''$ 有 $\angle A'' \leftrightarrow \angle B'' = \frac{1}{2}(\angle A' \leftrightarrow \angle B') = \frac{1}{4}(\angle A \leftrightarrow \angle B)$.

一般地，第 n 次新三角形 $A_nB_nC_n$，有

$$\angle A_n \leftrightarrow \angle B_n = \frac{1}{2^n}(\angle A \leftrightarrow \angle B)$$

其中 n 为正整数，当 n 充分大时，$\frac{1}{2^n}$就任意地小. 因此，当 n 无限增大时，$\frac{1}{2^n}$的极限为零. 所以$\frac{1}{2^n}(\angle A \leftrightarrow \angle B)$的极限是零，因此，当 n 充分大时，有 $\angle A_n = \angle B_n$.

同理 $\angle B_n = \angle C_n$. 所以 $\triangle A_nB_nC_n$ 的极限为正三角形.

25. 如图 41.22，不妨设 $A \leqslant B \leqslant C$，则 $A \leqslant 60° \leqslant C$. 记 $BC = a$，$\angle DEC = \varphi$，$\triangle DEF$ 的边长为 x，则 $\angle AEF = 120° - \varphi$，而 $\angle AFE = 60° - A + \varphi$，故

$$\angle BFD = 60° + A - \varphi$$

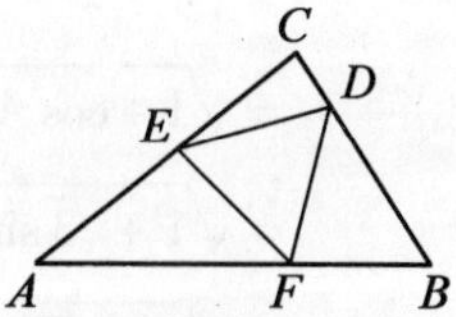

图 41.22

由此易知 φ 的范围是

$$0° < \varphi < \min\{60° + A, 180° - C\}$$

在 $\triangle CDE$ 和 $\triangle BDF$ 中应用正弦定理，有

$$DC = \frac{x\sin\varphi}{\sin C}$$

$$DB = \frac{x\sin(60° + A - \varphi)}{\sin B}$$

再由 $DB + DC = a$，得

$$x = \frac{a\sin B\sin C}{\sin B\sin\varphi + \sin C\sin(60° + \angle A - \varphi)} \quad ①$$

记式①右边的分母为 k，并记

$$\psi = \arctan\left\{\frac{\sin C\sin(60° + A)}{[\sin B - \sin C\cos(60° + A)]}\right\}$$

由 $B \leqslant C$ 及 $B < 180° - C$ 知 $\sin B \leqslant \sin C$. 故

$$\sin B - \sin C\cos(60° + A) \leqslant \sin C[1 - \cos(60° + A)]$$

从而

$$\frac{\sin C\sin(60°+A)}{\sin B-\sin C\cos(60°+A)}\geqslant\frac{\sin(60°+A)}{[1-\cos(60°+A)]}$$

$$=\tan\left(30°+\frac{A}{2}\right)$$

由此即得 ψ 的范围是:$30°+\frac{A}{2}\leqslant\psi<90°$.

又

$$\begin{aligned}k&=[\sin B-\sin C\cos(60°+A)]\sin\psi+\sin C\sin(60°+A)\cos\varphi\\&=\sqrt{[\sin B-\sin C\cos(60°+A)]^2+\sin^2C\sin^2(60°+A)}\cdot\sin(\varphi+\psi)\\&=\sqrt{\sin^2B-2\sin B\sin C\cos(60°+A)+\sin^2C}\cdot\sin(\varphi+\psi)\\&=\sqrt{1-\frac{1}{2}(\cos 2\beta+\cos 2C)-\sin B\sin C\cos A+\sqrt{3}\sin A\sin B\sin C}\cdot\sin(\varphi+\psi)\\&=\sqrt{1+\cos A[\cos(B-C)-\sin B\sin C]+\sqrt{3}\sin A\sin B\sin C}\cdot\sin(\varphi+\psi)\\&=\sqrt{1+\sqrt{3}\sin A\sin B\sin C+\cos A\cos B\cos C}\cdot\sin(\varphi+\psi)\\&\leqslant\sqrt{1+\sqrt{3}\sin A\sin B\sin C+\cos A\cos B\cos C}\qquad②\end{aligned}$$

且其中等号成立的条件是 $\varphi+\psi=90°$. 而由前面所得到的 φ 和 ψ 的范围知,满足此条件的 φ 能取到,故式①右边分母的最大值为式②右边的表达式.

再由 $a=2R\sin A$ 即得所求最小边长的表达式.

推论 1 在△ABC 中,$C=90°$,正△DEF 的三顶点分别在△ABC 的三边上. 则△DEF 的最小边长为

$$\frac{c\sin A\sin B}{\sqrt{1+\sqrt{3}\sin A\sin B}}=\frac{ab}{\sqrt{a^2+\sqrt{3}ab+b^2}}$$

推论 2 设在△ABC 中 $A=B$,正△DEF 的三顶点分别在△ABC 的三边上. 则△DEF 的最小边长为

$$\frac{c\sin A}{2\cos(A-30°)}=\frac{a\sin C}{2\sin\frac{C+60°}{2}}$$

第42章 含100°角的三角形

在$\triangle ABC$中,给出如下4个命题:

①$AB=AC$;②$\angle ABC$的平分线BD交AC于点D;

③$\angle A=100°$;④D在边AC上,且$BC=BD+AD$.

以上述4个命题中的3个为条件,则另一个命题为结论.这样的4个命题均为真命题.下面证明之.

命题1(1996年加拿大数学奥林匹克题改编题) $\triangle ABC$中,$AB=AC$,D为边AC上一点,BD平分$\angle ABC$,$BC=BD+AD$,则$\angle A=100°$.

证明 如图42.1,作$\triangle ABD$的外接圆交BC于点E,由$\angle ABD=\angle DBC$知,$AD=DE$.

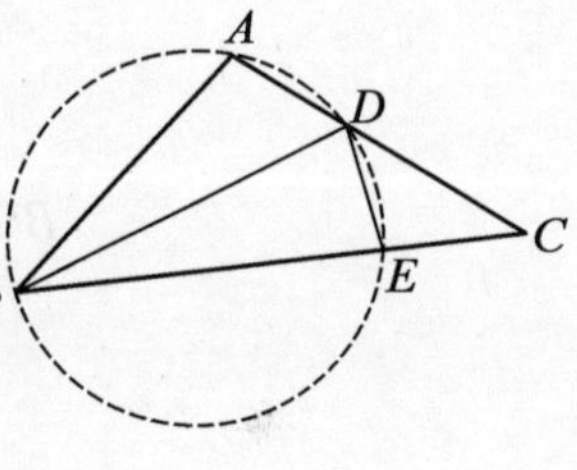

图42.1

又由$\angle CDE=\angle ABC=\angle C$,知$DE=EC$.

又因$BC=BD+AD$,则$BE=BD$,即$\angle BED=\angle BDE$.

设$\angle ABD=\angle DBC=\alpha$,则

$$\angle CDE=\angle ABC=\angle C=2\alpha$$

$$\angle BDE=\angle BED=\angle C+\angle CDE=4\alpha$$

在$\triangle BDE$中,由内角和定理,得$\alpha+4\alpha+4\alpha=180°$,则$\alpha=20°$,故$\angle A=100°$.

命题2 将"$\angle A=100°$"与"$BC=BD+AD$"互换.

$\triangle ABC$中,$AB=AC$,D在边AC上,BD平分$\angle ABC$,$\angle A=100°$,则$BC=BD+AD$.

证明 设$\triangle ABD$的外接圆交BC于点E,由已知,得

$$\angle ABD=\angle DBC=\frac{1}{2}\angle ABC=\frac{1}{2}\angle C=20°,AD=DE$$

又因$\angle CDE=\angle ABC=\angle C=40°$,则$DE=EC=AD$,又由

$$\angle BED=180°-\angle A=180°-100°=80°$$

$$\angle BDE=180°-\angle DBE-\angle BED=180°-80°-20°=80°$$

知 $BD=BE$.

从而 $BC=BE+EC=BD+AD$.

命题3 将"$\angle A=100°$"与"BD 平分 $\angle ABC$"互换.

$\triangle ABC$ 中,$AB=AC$,$\angle A=100°$,D 是边 AC 上一点,$BC=BD+AD$,则 BD 平分 $\angle ABC$.

证明 (反证法)假设 $\angle ABD\neq\angle DBC$,不妨设 $\angle ABD=20°+x$(其中 $-20°<x<0°$或 $0°<x<20°$),$\triangle ABD$ 的外接圆交 BC 于点 E,由已知可知,$\angle CDE=\angle ABC=\angle C=40°$,$\angle DBE=20°-x$,$\angle BED=80°$,$DE=EC$,由正弦定理,得

$$\begin{aligned}\frac{AD}{\sin(20°+x)}=\frac{DE}{\sin(20°-x)}&=\frac{BD}{\sin 80°}\\&=\frac{BE}{\sin(80°+x)}=2R\end{aligned}$$

则

$$\begin{aligned}AD+BD&=2R[\sin(20°+x)+\sin 80°]\\&=4R\sin(50°+\frac{x}{2})\cos(30°-\frac{x}{2})\end{aligned}$$

$$\begin{aligned}BC&=BE+EC=BE+DE\\&=2R[\sin(20°-x)+\sin(80°+x)]\\&=4R\sin 50°\cos(30°+x)\end{aligned}$$

(1)当 $-20°<x<0°$时,$0<\sin(50°+\frac{x}{2})<\sin 50°$,$0<\cos(30°-\frac{x}{2})<\cos(30°+x)$,故有 $AD+BD<BC$,与已知条件相矛盾.

(2)当 $0°<x<20°$时,$\sin(50°+\frac{x}{2})>\sin 50°>0$,$\cos(30°-\frac{x}{2})>\cos(30°+\frac{x}{2})>0$,故有 $AD+BD>BC$,与已知条件也相矛盾.

故假设不成立,原命题正确,即 $\angle ABD=\angle DBC$.

命题4 将"$\angle A=100°$"与"$AB=AC$"互换.

$\triangle ABC$ 中,$\angle A=100°$,D 是边 AC 上一点,BD 平分 $\angle ABC$,$BC=BD+AD$,则 $AB=AC$.

证明 (反证法)假设 $AB\neq AC$,不妨设 $\angle ABC=40°+2x$(其中 $-20°<x<0°$或 $0°<x<20°$),$\triangle ABD$ 的外接圆交 BC 于点 E,由已知可知,$\angle ABD=$

$\angle DBE=20°+x$，$\angle BED=80°$，$\angle BDE=80°-x$，$\angle CDE=40°+2x$，$\angle C=40°-2x$，$AD=DE$. 在$\triangle BDE$和$\triangle CDE$中，由正弦定理，得

$$\frac{BD}{BE}=\frac{\sin 80°}{\sin(80°-x)},\frac{AD}{EC}=\frac{DE}{EC}=\frac{\sin(40°-2x)}{\sin(40°+2x)}$$

则
$$BE=\frac{\sin(80°-x)}{\sin 80°}BD,EC=\frac{\sin(40°+2x)}{\sin(40°-2x)}AD$$

从而

$$BC=\frac{\sin(80°-x)}{\sin 80°}BD+\frac{\sin(40°+2x)}{\sin(40°-2x)}AD$$

又因

$$BC=BD+AD$$

则
$$\frac{\sin 80°-\sin(80°-x)}{\sin 80°}BD=\frac{\sin(40°+2x)-\sin(40°-2x)}{\sin(40°-2x)}AD$$

用和差化积公式，互余关系整理上式，得

$$\frac{BD}{AD}=\frac{\sin 80°\sin 50°\sin 2x}{\sin(10°+\frac{x}{2})\sin(40°-2x)\sin\frac{x}{2}}$$

又在$\triangle ABD$中，由正弦定理，得

$$\frac{BD}{AD}=\frac{\sin 100°}{\sin(20°+x)}=\frac{\sin 80°}{\sin(20°+x)}$$

由以上两式，可得

$$\sin 50°\sin(20°+x)\sin 2x=\sin(10°+\frac{x}{2})\sin(40°-2x)\sin\frac{x}{2}$$

又由倍角公式，互余关系，上式可化为

$$2\sin 50°\sin(80-\frac{x}{2})\sin 2x=\sin(40°-2x)\sin\frac{x}{2} \qquad (*)$$

事实上，(1)当$0°<x<20°$时，$2\sin 50°>1$，$\sin(80°-\frac{x}{2})>\sin(40°-2x)>0$，$\sin 2x>\sin\frac{x}{2}>0$，所以有

$$2\sin 50°\sin(80°-\frac{x}{2})\sin 2x>\sin(40°-2x)\sin\frac{x}{2}$$

与式(*)相矛盾.

(2)当 $-20° < x < 0°$ 时，$2\sin 50° > 1$，$\sin(80° - \frac{x}{2}) > \sin(40° - 2x) > 0$，$\sin 2x < \sin\frac{x}{2} < 0$，所以有

$$2\sin 50°\sin(80° - \frac{x}{2})\sin 2x < \sin(40° - 2x)\sin\frac{x}{2}$$

与式(*)也矛盾.

故假设不成立，原命题正确，即 $AB = AC$.

第 43 章　内角比为 4∶2∶1 的三角形

内角比为 4∶2∶1 的三角形存在一些有趣的性质，现在综述如下：

性质 1　$\triangle ABC$ 的 $\angle A:\angle B:\angle C=4:2:1$，$AD$ 是一条角平分线，则

$$AD=AC-AB$$

证明　在 AC 上取 $AK=AB$，联结 DK. 如图 43.1，显然 $KC=AC-AK=AC-AB$.

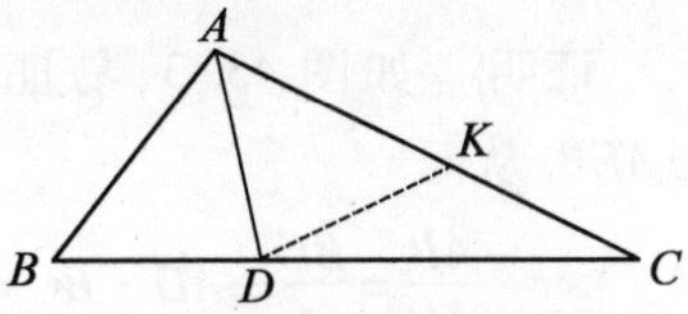

图 43.1

易证 $\triangle ADK\cong\triangle ADB$，故 $DK=DB$，$\angle AKD=\angle B=2\angle C$.

但 $\angle AKD=\angle KDC+\angle C$，故 $\angle KDC=\angle C$.

因此

$$DB=DK=KC=AC-AB$$

不难证明 $\triangle DAB$ 是等腰三角形，即 $AD=DB$. 故有

$$AD=AC-AB$$

性质 2　$\triangle ABC$ 的 $\angle A:\angle B:\angle C=4:2:1$，$BE$ 是另一条角平分线，则

$$BE=BC-BA$$

证明　在 BC 上取 $BF=BA$，联结 FE，如图 43.2.

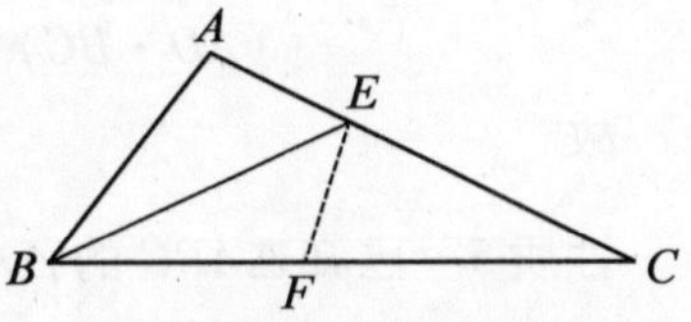

图 43.2

设 $\angle A=4x$，则 $\angle ABC=2x$，$\angle C=x$，注意 $7x=180°$.

易证 $\triangle BEF\cong\triangle BEA$，故

$$\angle BFE=\angle A=4x$$

$$\angle BEF=\angle BEA=\frac{1}{2}\angle ABC+\angle C=2x$$

因此

$$\begin{aligned}\angle CEF&=180°-\angle BEF-\angle BEA\\&=180°-4x=3x\end{aligned}$$

而

$$\angle CFE = 180° - \angle BFE = 180° - 4x = 3x$$

则 $\angle CEF = \angle CFE$,即 $CE = CF$.

又 $$\angle EBC = \frac{1}{2}\angle ABC = x = \angle C$$

则 $$BE = CE = CF$$

故 $$BE = CF = BC - BF = BC - BA$$

性质3 $\triangle ABC$ 的 $\angle A:\angle B:\angle C = 4:2:1$,$AD$,$BE$ 是两条角平分线,则:

(1)$AD \cdot BC = AB \cdot AC$;

(2)$BE \cdot AC = AB \cdot BC$.

证明 如图43.3,易证 $\triangle ABC \backsim \triangle DAC \backsim \triangle AEB$. 从而

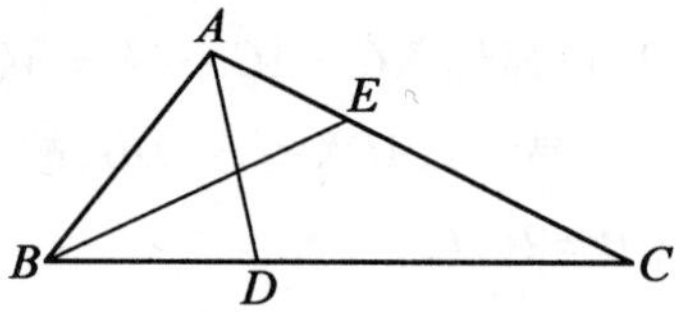

图43.3

$$\frac{AB}{AD} = \frac{BC}{AC} \Rightarrow AD \cdot BC = AB \cdot AC$$

$$\frac{AC}{AB} = \frac{BC}{BE} \Rightarrow BE \cdot AC = AB \cdot AC$$

性质4 若三角形三个内角的比为4:2:1,则最小边是两条较小角平分线的比例中项.

观察图43.3,借助性质3,证得

$$AD \cdot BC = AB \cdot AC, BE \cdot AC = AB \cdot BC$$

两者相乘,有

$$(AD \cdot BC) \cdot (BE \cdot AC) = AB^2 \cdot BC \cdot AC$$

故 $$AB^2 = AD \cdot BE$$

性质5 已知 $\triangle ABC$ 的 $\angle A:\angle B:\angle C = 4:2:1$,则 $\frac{1}{a} + \frac{1}{b} = \frac{1}{c}$.

对这条有趣的性质的证明,常见的方法是借助倍角公式,利用正弦定理,达到证明的目的. 在这里,我们提供几种纯几何的证明.

证法1 利用相似形性质.

作角平分线 AD,如图43.4,由性质1知 $AD = AC - AB = b - c$.

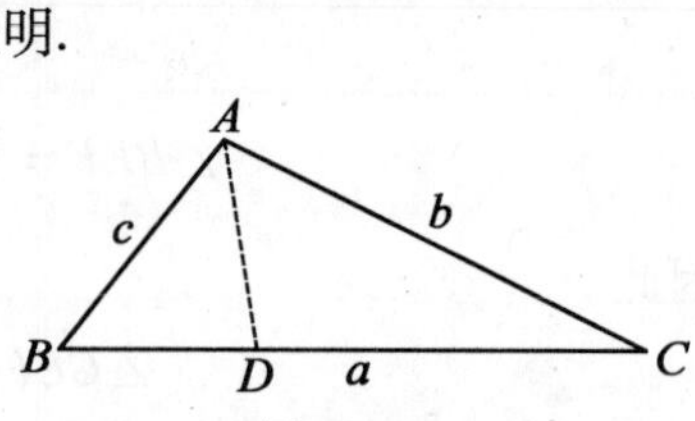

图43.4

易证$\triangle ADC \backsim \triangle BAC$,故$\frac{AD}{AB}=\frac{AC}{BC}$,即$\frac{b-c}{c}=\frac{b}{a} \Rightarrow ab=c\cdot(a+b)$.

即$\frac{1}{c}=\frac{a+b}{ab}=\frac{1}{a}+\frac{1}{b}$.

证法2 利用内角平分线性质定理.

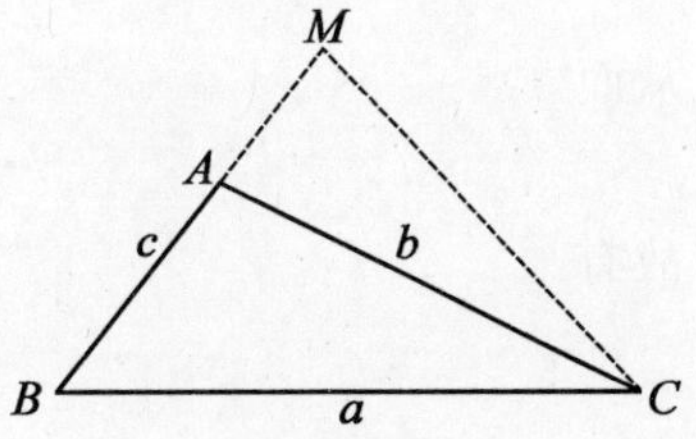

图 43.5

作$\angle ACM=\angle ACB$,点 M 在射线 BA 上. 如图 43.5,不难证明 $MC=MB=AC=b$,于是,有 $AM=MB-AB=b-c$.

因 CA 平分$\angle BCM$,则$\frac{BC}{MC}=\frac{AB}{AM}$,即$\frac{a}{b}=\frac{c}{b-c}$. 稍加整理,即得到

$$\frac{1}{c}=\frac{1}{a}+\frac{1}{b}$$

证法3 利用托勒密定理.

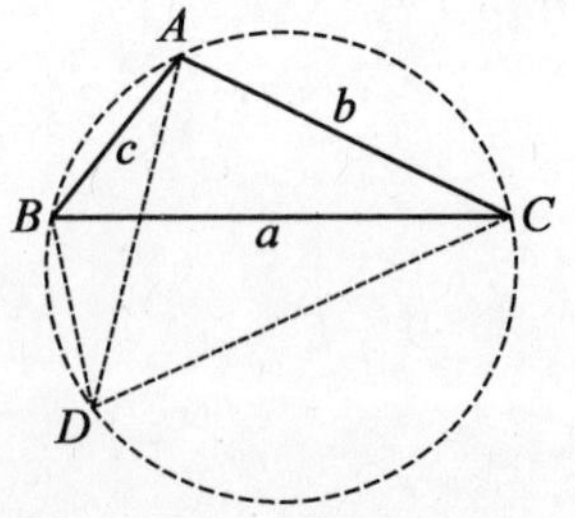

图 43.6

作$\triangle ABC$ 的外接圆,在圆上取$\overset{\frown}{BD}=\overset{\frown}{BA}$,联结 BD,AD,CD,如图 43.6.

不难得到$\angle ACD=2\angle ACB=\angle ABC=\angle ADC$,故 $AD=AC=b$.

又

$$\angle BDC=\angle BDA+\angle ADC=\angle ACB+\angle ABC$$
$$=\angle ACB+2\angle ACB=3\angle ACB$$
$$\angle DBC=\angle DAC=\angle BAC-\angle BAD=4\angle ACB-\angle BDA$$
$$=4\angle ACB-\angle ACB=3\angle ACB$$

故

$$\angle BDC=\angle DBC$$

即

$$DC=BC=a$$

又 $BD=AB=c$. 利用托勒密定理,有

$$AD\cdot BC=AB\cdot DC+BD\cdot AC$$

即

$$b\cdot a=c\cdot a+c\cdot b=c\cdot(a+b)$$

故

$$\frac{1}{a}+\frac{1}{b}=\frac{1}{c}$$

证法4 借助性质1,2,4,利用图43.6,还有一个更简单的证明方法.

因 $AB^2 = AD \cdot BE$(性质4),$AD = b - c$(性质1),$BE = a - c$(性质2),则

$$\begin{aligned} c^2 &= (b-c) \cdot (a-c) \\ &= ab - ac - bc + c^2 \end{aligned}$$

从而

$$ab = ac + bc$$

故有

$$\frac{1}{a} + \frac{1}{b} = \frac{1}{c}$$

第 44 章　莫莱三角形

三角形中有著名的莫莱(Morley)定理,这个定理是涉及三角形中三等分角线的著名定理,被数学家奥克莱赞为“数学中最令人吃惊而又全然意外的定理之一,如同明珠一般,鲜有能与之匹敌者.”

为了便于讨论问题,称三角形三内角的相邻三等分线两两相交所得的三角形为内莫莱三角形;称三角形一内角与另两外角的相邻三等分线(或反向延长线)两两相交所得的三角形为旁莫莱三角形;称三角形三外角的相邻三等分线(或反向延长线)两两相交所得的三角形为外莫莱三角形,等等. 显然,每一个三角形有一个内莫莱三角形,一个外莫莱三角形,三个旁莫莱三角形.

定理 1　三角形内、外、旁莫莱三角形均为正三角形. 若三角形的外接圆半径为 R,则这些莫莱三角形的边长分别为

$$l_{内}=8R\cdot\sin\frac{A}{3}\cdot\sin\frac{B}{3}\cdot\sin\frac{C}{3}$$

$$l_{外}=8R\cdot\sin(60^\circ-\frac{A}{3})\cdot\sin(60^\circ-\frac{B}{3})\cdot\sin(60^\circ-\frac{C}{3})$$

$$l_A=8R\cdot\sin\frac{A}{3}\cdot\sin(60^\circ-\frac{B}{3})\cdot\sin(60^\circ-\frac{C}{3})$$

$$l_B=8R\cdot\sin\frac{B}{3}\cdot\sin(60^\circ-\frac{A}{3})\cdot\sin(60^\circ-\frac{C}{3})$$

$$l_C=8R\cdot\sin\frac{C}{3}\cdot\sin(60^\circ-\frac{A}{3})\cdot(60^\circ-\frac{B}{3})$$

证明　如图 44.1,设 $A=3\alpha,B=3\beta,C=3\gamma$,则 $\alpha+\beta+\gamma=60^\circ$.

(1)在$\triangle ABF$ 中,有

$$\angle ABF=\beta,\angle AFB=180^\circ-\alpha-\beta=120^\circ+\gamma$$

$$\begin{aligned}AF&=\frac{\sin\beta\cdot AB}{\sin(120^\circ+\gamma)}=\frac{2R\cdot\sin\beta\cdot\sin 3\gamma}{\sin(60^\circ-\gamma)}\\&=8R\cdot\sin\beta\cdot\sin\gamma\cdot\sin(60^\circ+\gamma)\end{aligned}$$

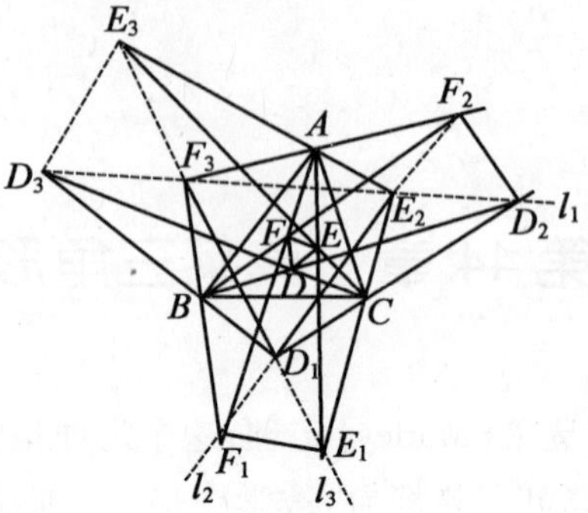

图 44.1

其中,用到公式

$$\sin 3\theta = 4\sin(60^\circ - \theta) \cdot \sin\theta \cdot \sin(60^\circ + \theta)$$

同理

$$AE = 8R \cdot \sin\beta \cdot \sin\gamma \cdot \sin(60^\circ + \beta)$$

在$\triangle AEF$中,有

$$\begin{aligned} EF^2 &= AE^2 + AF^2 - 2AE \cdot AF \cdot \cos\alpha \\ &= 64R^2 \cdot \sin^2\beta \cdot \sin^2\gamma \cdot [\sin^2(60^\circ + \gamma) + \sin^2(60^\circ + \beta) - \\ &\quad 2\sin(60^\circ + \gamma) \cdot \sin(60^\circ + \beta) \cdot \cos\alpha] \end{aligned}$$

注意到,三角恒等式

$$\sin^2\theta_1 + \sin^2\theta_2 + 2\sin\theta_1 \cdot \sin\theta_2 \cdot \cos(\theta_1 + \theta_2) = \sin(\theta_1 + \theta_2)$$

令 $\theta_1 = 60^\circ + \gamma, \theta_2 = 60^\circ + \beta$,则

$$\cos(\theta_1 + \theta_2) = \cos(120^\circ + \beta + \gamma) = -\cos\alpha$$

从而

$$\begin{aligned} EF^2 &= 64R^2 \cdot \sin^2\beta \cdot \sin^2\gamma \cdot \sin^2(120^\circ + \beta + \gamma) \\ &= 64R^2 \cdot \sin^2\alpha \cdot \sin^2\beta \cdot \sin^2\gamma \end{aligned}$$

所以

$$\begin{aligned} EF &= 8R \cdot \sin\alpha \cdot \sin\beta \cdot \sin\gamma \\ &= 8R \cdot \sin\frac{A}{3} \cdot \sin\frac{B}{3} \cdot \sin\frac{C}{3} \end{aligned}$$

同理

$$DE = DF = 8R \cdot \sin\alpha \cdot \sin\beta \cdot \sin\gamma$$

故$\triangle DEF$为正三角形,且边长为

$$l_{内}=8R\cdot\sin\frac{A}{3}\cdot\sin\frac{B}{3}\cdot\sin\frac{C}{3}$$

(2)在$\triangle ABF_3$中,有

$$\angle ABF_3=60^\circ-\beta$$

$$\angle AF_3B=180^\circ-(60^\circ-\beta)-(60^\circ-\alpha)=120^\circ-\gamma$$

则

$$AF_3=\frac{2R\cdot\sin 3\gamma\cdot\sin(60^\circ-\beta)}{\sin(120^\circ-\gamma)}=\frac{2R\cdot\sin 3\gamma\cdot\sin(60^\circ-\beta)}{\sin(60^\circ+\gamma)}=8R\cdot\sin\gamma\cdot\sin(60^\circ-\beta)\cdot\sin(60^\circ-\gamma)$$

同理

$$AE_2=8R\cdot\sin\beta\cdot\sin(60^\circ-\beta)\cdot\sin(60^\circ-\gamma)$$

在$\triangle AF_3E_2$中,有

$$\angle F_3AE_2=3\alpha+2(60^\circ-\alpha)=120^\circ+\alpha$$

所以

$$F_3E_2^2=AF_3^2+AE_2^2-2AF_3\cdot AE_2\cdot\cos(120^\circ+\alpha)=64R^2\cdot\sin^2(60^\circ-\beta)\cdot\sin^2(60^\circ-\gamma)\cdot[\sin^2\beta+\sin^2\gamma-2\sin\beta\cdot\sin\gamma\cdot\cos(120^\circ+\alpha)]$$

注意(1)中用到的三角恒等式及$\cos(120^\circ+\alpha)=-\cos(\beta+\gamma)$,得

$$F_3E_2=8R\cdot\sin(60^\circ-\alpha)\cdot\sin(60^\circ-\beta)\cdot\sin(60^\circ-\gamma)$$

同理

$$D_1E_2=D_1F_3=8R\cdot\sin(60^\circ-\alpha)\cdot\sin(60^\circ-\beta)\cdot\sin(60^\circ-\gamma)$$

故$\triangle D_1E_2F_3$为正三角形,且

$$l_{外}=8R\cdot\sin(60^\circ-\frac{A}{3})\cdot\sin(60^\circ-\frac{B}{3})\cdot\sin(60^\circ-\frac{C}{3})$$

(3)对于旁莫莱三角形有3种情形,图44.1中$\triangle D_1E_1F_1$为点A所对的旁莫莱三角形,可类似(1)或(2)求证(略).

推论1 (1)$l_Al_Bl_C=l_{内}\cdot l_{外}^2$;

(2)$S_{\triangle D_1E_1F_1}\cdot S_{\triangle D_2E_2F_2}\cdot S_{\triangle D_3E_3F_3}=S_{\triangle DEF}\cdot S_{\triangle D_1E_2F_3}^2$.

推论2 (1)四点组F_1,D_1,E_2,F_2;D_2,E_2,F_3,D_3;E_3,F_3,D_1,E_1分别共线于l_1,l_2,l_3,(此三线均称为莫莱线);

(2) $EF /\!/ E_1F_1 /\!/ l_1$; $DE /\!/ D_3E_3 /\!/ l_2$; $DF /\!/ D_2F_2 /\!/ l_3$.

证明 (1)在$\triangle ACE_2$中,由正弦定理,有

$$CE_2=\frac{2R\cdot\sin B\cdot\sin(60^\circ-\frac{A}{3})}{\sin(60^\circ+\frac{B}{3})}$$

$$=8R\cdot\sin\frac{B}{3}\cdot\sin(60^\circ-\frac{B}{3})\cdot\sin(60^\circ-\frac{A}{3})$$

注意到

$$D_1E_2=8R\cdot\sin(60^\circ-\frac{A}{3})\cdot\sin(60^\circ-\frac{B}{3})\cdot\sin(60^\circ-\frac{C}{3})$$

及

$$\sin\angle E_2CD_1=\sin(120^\circ+\frac{C}{3})=\sin(60^\circ-\frac{C}{3})$$

在$\triangle CD_1E_2$中,应用正弦定理,有

$$\sin\angle E_2D_1C=\frac{CE_2\cdot\sin\angle E_2CD_1}{D_1E_2}=\sin\frac{B}{3}$$

而$\angle E_2D_1C$为锐角,故

$$\angle E_2D_1C=\frac{B}{3} \quad ①$$

在$\triangle BCD_1$和$\triangle ACE_1$中,运用正弦定理也可求得

$$CD_1=8R\cdot\sin\frac{A}{3}\cdot\sin(60^\circ-\frac{A}{3})\cdot\sin(60^\circ-\frac{B}{3})$$

$$CE_1=8R\cdot\sin\frac{A}{3}\cdot\sin(60^\circ-\frac{B}{3})\cdot\sin(60^\circ+\frac{B}{3})$$

又注意到(在$\triangle CD_1E_1$中用余弦定理)

$$D_1E_1=8R\cdot\sin\frac{A}{3}\cdot\sin(60^\circ-\frac{B}{3})\cdot\sin(60^\circ-\frac{C}{3})$$

再在$\triangle CD_1E_1$中,由正弦定理,有

$$\frac{D_1E_1}{\sin(60^\circ-\frac{C}{3})}=\frac{CE}{\sin\angle CD_1E_1}=\frac{CD_1}{\sin\angle CE_1D_1}$$

所以

$$\sin\angle CD_1E_1=\sin(60^\circ+\frac{B}{3}),\sin\angle CE_1D_1=\sin(60^\circ-\frac{A}{3})$$

而$\angle CE_1D_1$不能为钝角(否则由$\angle CE_1D=180^\circ-(60^\circ-\frac{A}{3})$得$\triangle D_1CE_1$内角和大于180°).故$\angle CE_1D_1=60^\circ-\frac{A}{3}$,从而

$$\angle CD_1E_1=180^\circ-(60^\circ-\frac{A}{3})-(60^\circ-\frac{C}{3})=120^\circ-\frac{B}{3} \quad ②$$

注意到$\triangle D_1E_1F_1$为正三角形及式①,②,从而

$$\begin{aligned}\angle E_2D_1F_1&=\angle E_2D_1C+\angle CD_1E_1+\angle E_1DF_1\\&=\frac{B}{3}+(120^\circ-\frac{B}{3})+60^\circ\\&=180^\circ\end{aligned}$$

由此即知E_2,D_1,F_1三点共线.

同理,D_1,E_2,F_2三点共线,即F_1,D_1,E_2,F_2四点共线于l_1.

同理,D_2,E_2,F_3,D_3共线于l_2;E_3,F_3,D_1,E_1共线于l_3.

(2)仿(1)易得

$$AE=8R\cdot\sin\frac{B}{3}\cdot\sin\frac{C}{3}\cdot\sin(60^\circ+\frac{B}{3})$$

$$AF=8R\cdot\sin\frac{B}{3}\cdot\sin\frac{C}{3}\cdot\sin(60^\circ+\frac{C}{3})$$

$$AE_1=8R\cdot\sin(60^\circ-\frac{B}{3})\cdot\sin(60^\circ-\frac{C}{3})\cdot\sin(60^\circ+\frac{B}{3})$$

$$AF_1=8R\cdot\sin(60^\circ-\frac{B}{3})\cdot\sin(60^\circ-\frac{C}{3})\cdot\sin(60^\circ+\frac{C}{3})$$

易见$AE:AF=AE_1:AF_1$,从而$EF/\!/E_1F_1$.又$\angle D_1E_1F_1=60^\circ$,$\angle D_1F_3F_2=60^\circ$,有$E_1F_1/\!/E_2F_3$,即$EF/\!/E_1F_1/\!/l_1$.

同理,$DE/\!/D_3E_3/\!/l_2$;$DF/\!/D_2F_2/\!/l_3$.

推论2可说明:三角形的内、外、旁莫莱三角形的对应边或共线或平行.由此亦可知三角形的外莫莱三角形与旁莫莱三角形的外接圆外切于外莫莱三角形的顶点.

定理2 若$\triangle ABC$的内莫莱三角形为$\triangle DEF$,如图44.2,则:

(1)AD,BE,CF交于一点(第一莫莱点);

(2)延长 BF,CE 交于点 D_0,延长 CD,AF 交于点 E_0,延长 AE,BD 交于点 F_0,则 AD_0,BE_0,CF_0 交于一点(第二莫来点);

(3)DD_0,EE_0,FF_0 交于一点(莫莱中心).

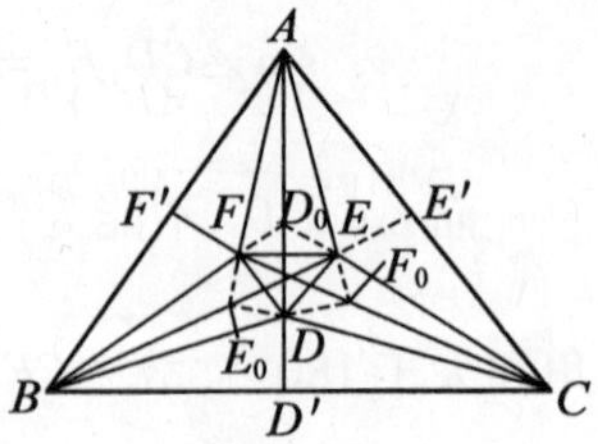

图 44.2

证明 (1)延长 AD,BE,CF 分别交 BC,CA,AB 于点 D',E',F',则有

$$\frac{BD'}{D'C}=\frac{S_{\triangle ABD}}{S_{\triangle ACD}}=\frac{\frac{1}{2}AB\cdot BD\cdot\sin 2\beta}{\frac{1}{2}AC\cdot CD\cdot\sin 2\gamma}$$

在 $\triangle BDC$ 中,有 $\frac{BD}{CD}=\frac{\sin\gamma}{\sin\beta}$,故

$$\frac{BD'}{D'C}=\frac{AB\cdot\cos\beta}{AC\cdot\cos\gamma}$$

同理

$$\frac{CE'}{E'A}=\frac{BC\cdot\cos\gamma}{AB\cdot\cos\alpha},\frac{AF'}{F'B}=\frac{AC\cdot\cos\alpha}{BC\cdot\cos\beta}$$

以上三式相乘,由塞瓦定理之逆定理即证得结论.

(2)延长 AD_0,BE_0,CF_0 分别交 BC,CA,AB 于点 D'',E'',F'',有

$$\frac{BD_0}{CD_0}=\frac{\sin 2\gamma}{\sin 2\beta},\frac{BD''}{D''C}=\frac{S_{\triangle ABD_0}}{S_{\triangle ACD_0}}=\frac{AB\cdot BD_0\cdot\sin\beta}{AC\cdot CD_0\cdot\sin\gamma}=\frac{AB\cdot\cos\gamma}{AC\cdot\cos\beta}$$

同理,$\frac{CE''}{E''A}=\frac{BC\cdot\cos\alpha}{AB\cdot\cos\gamma}$,$\frac{AF''}{F''B}=\frac{AC\cdot\cos\beta}{BC\cdot\cos\alpha}$,即证.

(3)由于 D 为 $\triangle BD_0C$ 的内心,则 $\angle DD_0E=\frac{1}{2}\angle ED_0F=90^\circ-\beta-\gamma$,可由 $\triangle D_0FD\cong\triangle D_0ED$ 知 $D_0D\perp EF$(或由 $\angle AEF=60^\circ+\gamma$,$\angle AFE=60^\circ+\beta$,$\angle AED_0=\alpha+\gamma$,$\angle AFD_0=\alpha+\beta$,有 $\angle D_0FE=60^\circ-\alpha=\angle D_0EF$ 知,D_0D 垂直平分 EF).同理知其他.则知 DD_0,EE_0,FF_0 交于正 $\triangle DEF$ 的中心.

注:对外莫莱三角形也有类似于定理 2 的结论,留给读者证明.

例 1 如图 44.3,将 $\triangle ABC$ 各内角三等分,每两个角的相邻三等分线相交得 $\triangle PQR$,角 A,B,C 的平分线分别与 QR,RP,PQ 交于点 X,Y,Z.求证:PX,QY,RZ 三线共点.

证明 由角平分线性质定理,知

$$\frac{QX}{XR}=\frac{AQ}{AR},\frac{RY}{YP}=\frac{BR}{BP},\frac{PZ}{ZQ}=\frac{CP}{CQ}$$

又由正弦定理,知

$$\frac{BR}{AR}=\frac{\sin\frac{A}{3}}{\sin\frac{B}{3}},\frac{CP}{BP}=\frac{\sin\frac{B}{3}}{\sin\frac{C}{3}},\frac{AR}{CQ}=\frac{\sin\frac{C}{3}}{\sin\frac{A}{3}}$$

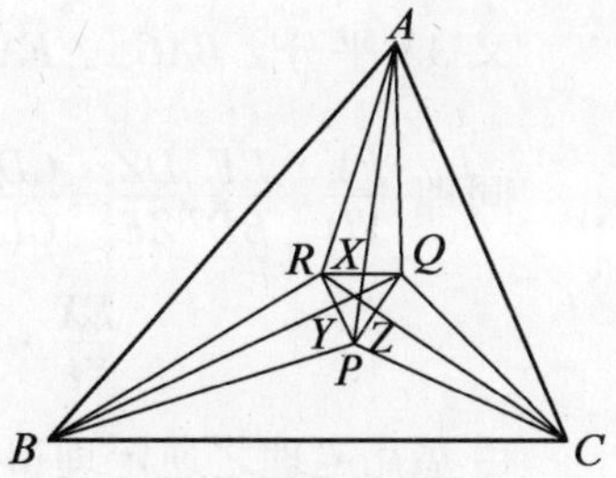

图 44.3

故

$$\frac{QX}{XR}\cdot\frac{RY}{YP}\cdot\frac{PZ}{ZQ}=\frac{AQ}{AR}\cdot\frac{BR}{BP}\cdot\frac{CP}{CQ}=1$$

由塞瓦定理之逆定理即证得结论成立.

例2 如图 44.4,将 $\triangle ABC$ 的各外角三等分,每两个外角的相邻三等分线相交得 $\triangle DEF$,角 A,B,C 的平分线分别与 EF,FD,DE 交于点 X,Y,Z. 求证:DX,EY,FZ 三线共点.

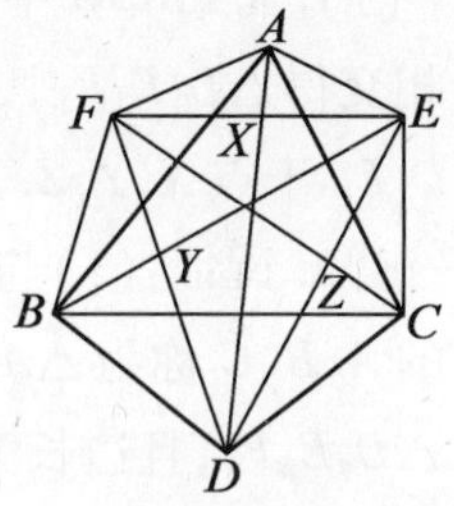

图 44.4

证明 由定理1及推论的证明,可知

$$AE=8R\cdot\sin\frac{B}{3}\cdot\sin(60^\circ-\frac{C}{3})\cdot\sin(60^\circ-\frac{B}{3})$$

$$AF=8R\cdot\sin\frac{C}{3}\cdot\sin(60^\circ-\frac{C}{3})\cdot\sin(60^\circ-\frac{B}{3})$$

$$EF=8R\cdot\sin(60^\circ-\frac{A}{3})\cdot\sin(60^\circ-\frac{B}{3})\cdot\sin(60^\circ-\frac{C}{3})$$

在 $\triangle AEF$ 中,有

$$\frac{AE}{\sin\angle AFE}=\frac{AF}{\sin\angle AEF}=\frac{EF}{\sin(60^\circ-\frac{A}{3})}$$

从而 $\sin\angle AFE=\sin\frac{B}{3},\sin\angle AEF=\sin\frac{C}{3}$,故 $\frac{AE}{AF}=\frac{\sin\frac{B}{3}}{\sin\frac{C}{3}}$.

同理,$\frac{BF}{BD}=\frac{\sin\frac{C}{3}}{\sin\frac{A}{3}},\frac{CD}{CE}=\frac{\sin\frac{A}{3}}{\sin\frac{B}{3}}$.

又 AX 平分 $\angle BAC$，$\angle FAB=\angle EAC$，则 AX 平分 $\angle EAF$，从而 $\frac{EX}{XF}=\frac{AE}{AF}$.

同理，$\frac{FY}{YD}=\frac{BF}{BD}$，$\frac{DZ}{ZE}=\frac{CD}{CE}$. 故

$$\frac{EX}{XF}\cdot\frac{FY}{YD}\cdot\frac{DZ}{ZE}=\frac{AE}{AF}\cdot\frac{BF}{BD}\cdot\frac{CD}{CE}=1$$

由塞瓦定理之逆定理得 DX,EY,FZ 三线共点.

思考题

1. 将 $\triangle ABC$ 中 $\angle B$，$\angle C$ 的外角及 $\angle A$ 各自三等分，每两个角相邻的角分线相交得 $\triangle D_1E_1F_1$，$\angle A$ 的平分线，$\angle B$，$\angle C$ 的外角平分线分别交 E_1F_1，F_1D_1，D_1E_1 于点 X,Y,Z. 求证：D_1X,E_1Y,F_1Z 三线共点.

2. 试证：(1)与任意 $\triangle ABC$ 每边相邻的每两个优角(大于平角而小于周角的 A,B,C 称为 $\triangle ABC$ 的优角)相邻的三等分线的反向延长线的交点构成正 $\triangle D_8E_8F_8$，且边长为

$$l_{\triangle D_8E_8F_8}=8R\cdot\sin\left(60^\circ+\frac{A}{3}\right)\cdot\sin\left(60^\circ+\frac{B}{3}\right)\cdot\sin\left(60^\circ+\frac{C}{3}\right)$$

(2)任意 $\triangle ABC$ 一个优角与另两个劣角(小于平角的 A,B,C 称为 $\triangle ABC$ 的劣角)中，与每相邻两角的三等分线(或其反向延长线)的交点构成正三角形，且边 BC,AC,AB 所对的正三角形的边长分别为

$$l_{\triangle DEF_2}=8R\cdot\sin\frac{B}{3}\cdot\sin\frac{C}{3}\cdot\sin(60^\circ+\frac{A}{3})$$

$$l_{\triangle ED_2F_1}=8R\cdot\sin\frac{A}{3}\cdot\sin\frac{C}{3}\cdot\sin(60^\circ+\frac{B}{3})$$

$$l_{\triangle FD_1E_2}=8R\cdot\sin\frac{A}{3}\cdot\sin\frac{B}{3}\cdot\sin(60^\circ+\frac{C}{3})$$

其中，$\triangle DEF$ 为内莫莱三角形.

3. 称延长内莫莱三角形的三边与组成外莫莱三角形的外角三等分线相交所得三个内部含有旁莫莱三角形的三角形为内含旁莫莱三角形. 设 $\triangle DEF$ 是 $\triangle ABC$ 的内莫莱三角形，G,H,I 是外莫莱三角形的顶点，$\triangle DPQ$，$\triangle EMN$，$\triangle FKL$ 分别是角 A,B,C 所对的内含旁莫莱三角形，如图 44.5. 求证：$\triangle DPQ$，$\triangle EMN$，$\triangle FKL$ 均为正三角形，且边长分别为

$$4\sqrt{3}R\cdot\sin\alpha\cdot\sin(60^\circ+\alpha)$$

$$4\sqrt{3}R\cdot\sin\beta\cdot\sin(60^\circ+\beta)$$

$$4\sqrt{3}R\cdot\sin\gamma\cdot\sin(60^\circ+\gamma)$$

其中，$\angle BAC=3\alpha$，$\angle ABC=3\beta$，$\angle BCA=3\gamma$.

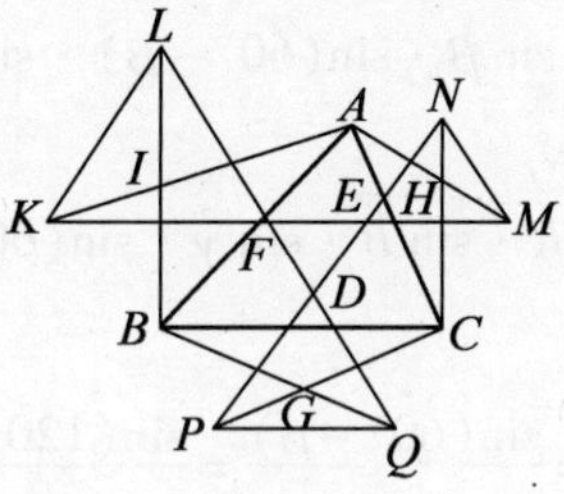

图 44.5

思考题　参考解答

1. 仿本章例 2 而证.

2. 首先运用正弦定理证明如下引理：对任意$\triangle ABC$，若存在β,γ使$A+\beta+\gamma=180^\circ$，且$AC:AB=\sin\beta:\sin\gamma$，则$B=\beta$，$C=\gamma$.

(1)由$\angle BCD_8=60^\circ+\gamma$，$\angle D_8BC=60^\circ+\beta$，有$\angle BD_8C=\alpha$. 由正弦定理，有 149

$$D_8C=\frac{BC\cdot\sin\angle D_8BC}{\sin\angle BD_3C}$$

$$=8R\cdot\sin(60^\circ+\alpha)\cdot\sin(60^\circ-\alpha)\cdot\sin(60^\circ+\beta)$$

同理

$$E_8C=8R\cdot\sin(60^\circ+\beta)\cdot\sin(60^\circ-\beta)\cdot\sin(60^\circ+\alpha)$$

故有

$$\frac{D_8C}{E_8C}=\frac{\sin(60^\circ-\alpha)}{\sin(60^\circ-\beta)}$$

而

$$\angle D_8CE_8+(60^\circ-\alpha)+(60^\circ-\beta)=180^\circ$$

由引理，有

$$\angle CE_8D_8=60^\circ-\alpha,\angle CD_8E_8=60^\circ-\beta$$

又由正弦定理，有

$$D_8E_8=\frac{D_8C\cdot\sin\angle D_8CE_8}{\sin\angle CE_8D_8}$$

$$=8R\cdot\sin(60°+\alpha)\cdot\sin(60°+\beta)\cdot\sin(60°+\gamma)$$

此式关于 α,β,γ 具有对称轮换性,故必有 $D_8F_8=E_8F_8$,即证.

(2)由 $\angle E_2CB=\angle D_1CA=60°+\gamma$,在 $\triangle AD_1C$ 中,由正弦定理,有

$$AD_1=8R\cdot\sin\beta\cdot\sin(60°-\beta)\cdot\sin(60°+\gamma)$$

同理,在 $\triangle AFB$ 中,有

$$AF=8R\cdot\sin B\cdot\sin\gamma\cdot\sin(60°+\gamma)$$

从而

$$\frac{AD_1}{AF}=\frac{\sin(60°-\beta)}{\sin\gamma}=\frac{\sin(120°+\beta)}{\sin\gamma}$$

而

$$\angle D_1AF+(120°+\beta)+\gamma=\alpha+(120°+\beta)+\pi=180°$$

由引理,有

$$\angle AFD_1=120°+\beta,\angle AD_1F=\gamma$$

又在 $\triangle AFD_1$ 中,有

$$D_1F=\frac{AF\cdot\sin\angle D_1AF}{\sin\angle AD_1F}=8R\cdot\sin\alpha\cdot\sin\beta\cdot\sin(60°+\gamma)$$

同理

$$E_2F=8R\cdot\sin\alpha\cdot\sin\beta\cdot\sin(60°+\gamma),\angle BFE_2=120°+\alpha$$

从而 $D_1F=E_2F$. 易知 $\angle AFB=180°-(\alpha+\beta)$,而

$$\angle AFB+\angle BFE_2+\angle AFD_1-\angle D_1FE_2=360°$$

则

$$180°-(\alpha+\beta)+(120°+\beta)+(120°+\alpha)-\angle D_1FE_2=360°$$

从而 $\angle D_1EF_2=60°$,即 $\triangle D_1E_1F$ 是正三角形,边长如上所述. 同理可证余下结论.

3. 由

$$CD=8R\cdot\sin\alpha\cdot\sin\beta\cdot\sin(60°+\alpha)$$

$$CE=8R\cdot\sin\alpha\cdot\sin\beta\cdot\sin(60°+\beta)$$

有

$$\frac{CD}{CE}=\frac{\sin(60^\circ+\alpha)}{\sin(60^\circ+\beta)}$$

构造$\triangle C'D'E'$,使得$\angle C'=\gamma$, $\angle D'=60^\circ+\beta$, $\angle E'=60^\circ+\alpha$,则有$\frac{C'D'}{C'E'}=\frac{\sin(60^\circ+\alpha)}{\sin(60^\circ+\beta)}=\frac{CD}{CE}$,故$\triangle CDE\backsim\triangle C'D'E'$,从而$\angle CDE=60^\circ+\beta$.

由于$\angle DCP=\gamma+\frac{1}{3}\angle DCP$的外角等于$60^\circ$,故$\angle DPC=\beta$. 在$\triangle DPC$中,由正弦定理,得

$$DP=\frac{CD\cdot\sin\angle DCP}{\sin\angle DPC}=4\sqrt{3}R\cdot\sin\alpha\cdot\sin(60^\circ+\alpha)$$

同理

$$DQ=4\sqrt{3}R\cdot\sin\alpha\cdot\sin(60^\circ+\alpha)=DP$$

又$\triangle DEF$为正三角形,$\angle PDQ=\angle EDF=60^\circ$,于是$\triangle DPQ$是正三角形,且边长为$4\sqrt{3}R\cdot\sin\alpha\cdot\sin(60^\circ+\alpha)$,余下同理即证.

第45章 三角形中截线图形的面积关系式

45.1 三角形三边所在直线上的定比分点三角形的面积关系式

若 A', B', C' 分别内分或外分 $\triangle ABC$ 的边 BC, CA, AB，则称 $\triangle A'B'C'$ 为 $\triangle ABC$ 三边上的定比分点三角形. 在这里先给出一般情形下，三角形三边上的定比分点三角形的一个面积关系式，然后再介绍几种特殊情形的定比分点三角形的有关结论.

定理1 设 A', B', C' 分别位于 $\triangle ABC$ 三边 BC, CA, AB 或其延长线上. 若 $AC' : C'B = \lambda_1, BA' : A'C = \lambda_2, CB' : B'A = \lambda_3$ ($\lambda_1, \lambda_2, \lambda_3$ 均不等于 -1)，则 $\triangle ABC$ 和 $\triangle A'B'C'$ 的有向面积(规定三角形顶点按逆时针方向排列时面积为正，否则为负)的关系为

$$\frac{S_{\triangle A'B'C'}}{S_{\triangle ABC}} = \frac{1 + \lambda_1\lambda_2\lambda_3}{(1 + \lambda_1)(1 + \lambda_2)(1 + \lambda_3)}$$

证明 首先，记有向面积 $S_1 = S_{\triangle AC'B'}, S_2 = S_{\triangle BA'C'}, S_3 = S_{\triangle CB'A'}, S = S_{\triangle ABC}, S_0 = S_{\triangle A'B'C'}$，则不论 A', B', C' 的位置如何，总有关系式

$$S - S_1 - S_2 - S_3 = S_0 \quad ①$$

当 A', B', C' 均为边的内分点时，式①显然成立，如图45.1(a).

设 A' 为内分点，B', C' 为外分点，且(1) B' 在 CA 的延长线上时，此时有 $S_{\triangle ABC} + S_{\triangle AB'C'} + S_{\triangle BC'A'} - S_{\triangle CB'A'} = S_{\triangle A'B'C'}$，即有 $S - S_1 - S_2 - S_3 = S_0$ 成立，如图45.1(b)；(2) B' 在 AB 的延长线上时，此时有 $S_{\triangle ABC} + S_{\triangle BC'A'} + S_{\triangle CA'B'} + S_{\triangle A'C'B'} = S_{\triangle AC'B'}$，亦有 $S - S_2 - S_3 - S_0 = S_1$ 成立，如图45.1(c).

当 A', C' 为内分点，B' 在 CA 的延长线上时，有 $S_{\triangle ABC} + S_{\triangle AB'C'} - S_{\triangle BA'C'} - S_{\triangle CB'A'} = S_{\triangle A'B'C'}$，亦有 $S - S_1 - S_2 - S_3 = S_0$ 成立，如图45.1(d).

当 A' 在 BC 的延长线上，且(1) B' 在 CA 的延长线上，C' 在 AB 的延长线上时，有 $S_{\triangle A'B'C'}=S_{\triangle AB'C'}+S_{\triangle BC'A'}+S_{\triangle CA'B'}+S_{\triangle ABC}=-S_{\triangle AC'B'}-S_{\triangle BA'C'}-S_{\triangle CB'A'}+S_{\triangle ABC}$，即 $S_0=-S_1-S_2-S_3+S$，如图 45.1(e)；(2) B' 在 AC 的延长线上，C' 在 BA 的延长线上时，有 $S_{\triangle C'B'A'}=S_{\triangle BA'C'}+S_{\triangle CB'A'}-S_{\triangle AB'C'}-S_{\triangle ABC}$，即 $-S_{\triangle A'B'C'}=S_{\triangle BA'C'}+S_{\triangle CB'A'}+S_{\triangle AC'B'}-S_{\triangle ABC}$，亦有 $S-S_1-S_2-S_3=S_0$ 成立，如图 45.1(f).

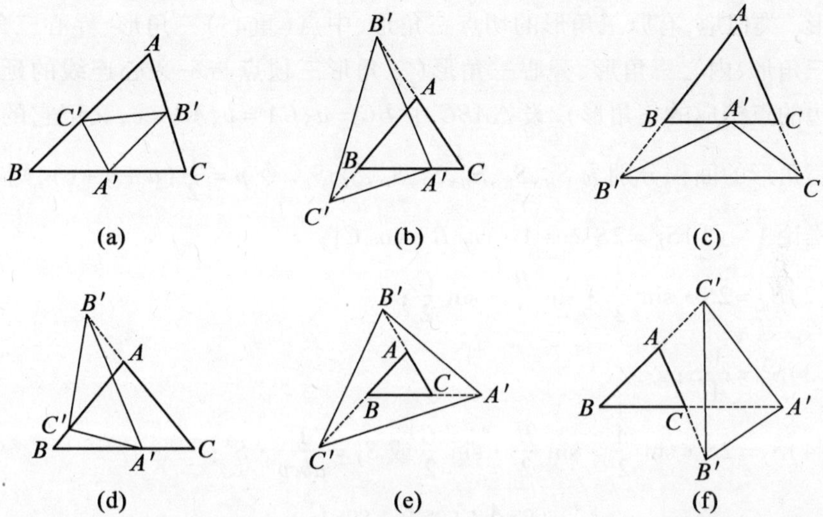

图 45.1

其次，可证明不论 A',B',C' 位置如何，总有关系式

$$\frac{S_1}{S}=\frac{\lambda_1}{(1+\lambda_1)(1+\lambda_3)},\frac{S_2}{S}=\frac{\lambda_2}{(1+\lambda_2)(1+\lambda_1)},\frac{S_3}{S}=\frac{\lambda_3}{(1+\lambda_3)(1+\lambda_2)} \quad ②$$

现以式②中第一式在图 45.1(d)中的情形来证明.

此时，AC' 与 AB 同向，AB' 与 AC 反向，则有 $\frac{S_1}{S}=\frac{AC'\cdot AB'}{AB\cdot AC}$. 由

$$\frac{AC'}{C'B}=\lambda_1\Rightarrow\frac{AC'}{AC'+C'B}=\frac{AC'}{AB}=\frac{\lambda_1}{1+\lambda_1}$$

$$\frac{CB'}{B'A}=\lambda_3\Rightarrow\frac{CB'+B'A}{B'A}=\frac{CA}{B'A}=\frac{AC}{AB'}=1+\lambda_3\Rightarrow\frac{AB'}{AC}=\frac{1}{1+\lambda_3}$$

故 $\frac{S_1}{S}=\frac{\lambda_1}{(1+\lambda_1)(1+\lambda_3)}$. 对于其余情形均可类似证明.

将式②代入式①即证得定理成立.

特别地,当 $\lambda_1,\lambda_2,\lambda_3$ 均不为 -1,而 $\lambda_1\lambda_2\lambda_3=-1$ 时,便得到著名的梅涅劳斯定理:A',B',C'三点共线的充要条件是$\frac{BA'}{A'C}\cdot\frac{CB'}{B'A}\cdot\frac{AC'}{C'B}=-1$. 当 $\lambda_1,\lambda_2,\lambda_3$ 中两个均不为 -1,而 $\lambda_1\lambda_2\lambda_3=-1$ 时,便可利用塞瓦定理:AA',BB',CC'三线共点,求得与三角形巧合点有关的(内接)三角形的面积的一些关系式.

我们称以三角形三边上的高线的垂足为顶点的三角形为原三角形的垂足三角形. 类似地,有原三角形的切点三角形、中点(重心)三角形、界心三角形、外心三角形、内心三角形、旁心三角形(三角形三顶点与一旁心连线的延长线交对边的点构成的三角形). 设$\triangle ABC$ 中 $BC=a,CA=b,AB=c$,又记它的上述各种三角形的面积分别为 $S_H,S_K,S_G,S_J,S_O,S_I,S_{Ix}$. 令 $p=\frac{1}{2}(a+b+c)$,则有:

推论 1 (1)$S_H=2S|\cos A\cdot\cos B\cdot\cos C|$;

(2)$S_K=2S\cdot\sin\frac{A}{2}\cdot\sin\frac{B}{2}\cdot\sin\frac{C}{2}$;

(3)$S_G=\frac{1}{4}S$;

(4)$S_J=2S\cdot\sin\frac{A}{2}\cdot\sin\frac{B}{2}\cdot\sin\frac{C}{2}$或$S_J=\frac{1}{abcp}\cdot S^3$;

(5)$S_O=2S\cdot\left|\frac{\cos A\cdot\cos B\cdot\cos C}{\cos(A-B)\cdot\cos(B-C)\cdot\cos(C-A)}\right|$;

(6)$S_I=\frac{2S\cdot abc}{(a+b)(b+c)(c+a)}$或

$$S_I=\frac{2S\cdot\sin A\cdot\sin B\cdot\sin C}{(\sin A+\sin B)(\sin B+\sin C)(\sin C+\sin A)};$$

(7)$S_{Ix}=2S\cdot\frac{abc}{|(b-c)(c-a)|(b+c)}$.

证明 由定理 1,当 $\lambda_1,\lambda_2,\lambda_3$ 分别取下列值时,即证.

(1)$\lambda_1=\frac{b\cdot\cos A}{a\cdot\cos B},\lambda_2=\frac{c\cdot\cos B}{b\cdot\cos C},\lambda_3=\frac{a\cdot\cos C}{c\cdot\cos A}$.

(2)$\lambda_1=\frac{p-a}{p-b},\lambda_2=\frac{p-b}{p-c},\lambda_3=\frac{p-c}{p-a}$.

(3)$\lambda_1=\lambda_2=\lambda_3=1$.

(4)$\lambda_1=\frac{p-b}{p-a},\lambda_2=\frac{p-c}{p-b},\lambda_3=\frac{p-a}{p-c}$.

(5) $\lambda_1=\frac{\sin 2B}{\sin 2A},\lambda_2=\frac{\sin 2C}{\sin 2B},\lambda_3=\frac{\sin 2A}{\sin 2C}$.

(6) $\lambda_1=\frac{b}{a},\lambda_2=\frac{c}{b},\lambda_3=\frac{a}{c}$.

(7) $\lambda_1=-\frac{b}{a},\lambda_2=\frac{c}{b},\lambda_3=-\frac{a}{c}$.

推论 2 当 $\lambda_1,\lambda_2,\lambda_3$ 中的两个均匀为 -1，而 $\lambda_1\lambda_2\lambda_3=1$ 时，有

$$\frac{S_{\triangle A'B'C'}}{S_{\triangle ABC}}=\frac{2}{(1+\lambda_1)(1+\lambda_2)(1+\lambda_3)}$$

推论 3 当 $\lambda_1>0,\lambda_2>0,\lambda_3>0$，且 $\lambda_1\lambda_2\lambda_3=1$ 时，(即 $\triangle A'B'C'$ 为 $\triangle ABC$ 的内接三角形时)，$\frac{S_{\triangle A'B'C}}{S_{\triangle\triangle ABC}}\leqslant\frac{1}{4}$.

事实上，由 $\lambda_i>0$ 且 $1+\lambda_i\geqslant 2\sqrt{\lambda_i}\,(i=1,2,3)$ 并注意到 $\lambda_1\lambda_2\lambda_3=1$ 即证.

例 1 如图 45.2，已知 $\triangle ABC$ 与平行于 BC 的直线 DE 相交，且 $\triangle BDE$ 的面积等于 k^2，那么当 k^2 与 $S_{\triangle ABC}$ 之间满足什么关系时问题有解？有几解？

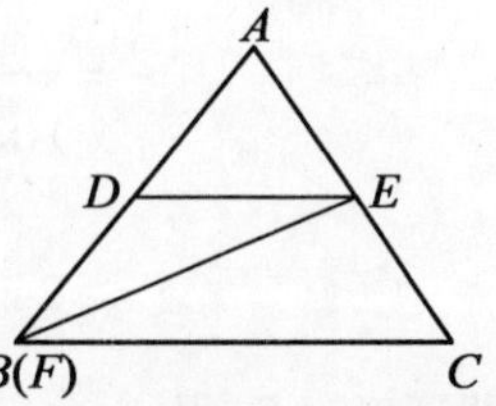

图 45.2

解 设 $\frac{AD}{DB}=\lambda_1$，则 $\frac{CE}{EA}=\frac{DB}{DA}=\lambda_3=\frac{1}{\lambda_1}$，又 $\frac{BF}{FC}=\lambda_2=0$ (F 与 B 重合)，则由定理 1，得

$$\frac{k^2}{S_{\triangle ABC}}=\frac{1}{(1+\lambda_1)(1+\frac{1}{\lambda_1})}$$

整理得

$$k^2\lambda_1^2+(2k^2-S_{\triangle ABC})\lambda_1+k^2=0$$

若此方程有解，必须 $\Delta=(2k^2-S_{\triangle ABC})^2-4k^2\cdot k^2\geqslant 0$，即 $S_{\triangle ABC}\geqslant 4k^2$. 故当 $S=4k^2$ 时，原问题有一解(此时 $\lambda_1=1$，即 DE 为 $\triangle ABC$ 的中位线)；当 $S>4k^2$ 时，原问题有两解.

例 2 在锐角 $\triangle ABC$ 中，三角形的垂足三角形、切点三角形、界点三角形、内心三角形、重心三角形的面积满足如下关系：$S_H\leqslant S_K=S_J\leqslant S_I\leqslant S_G$. 当且仅当原三角形为正三角形时，上式中的等号成立.

证明 注意到推论 1，由

$$\frac{\sin\frac{A}{2}\cdot\sin\frac{B}{2}\cdot\sin\frac{C}{2}}{\cos A\cdot\cos B\cdot\cos C}=\frac{\tan A\cdot\tan B\cdot\tan C}{8\cos\frac{A}{2}\cdot\cos\frac{B}{2}\cdot\cos\frac{C}{2}}\geqslant\frac{3\sqrt{3}}{8\cdot\frac{3\sqrt{3}}{8}}=1$$

即证 $S_H\leqslant S_K$.

由

$$\frac{2\sin A\cdot\sin B\cdot\sin C}{(\sin A+\sin B)(\sin B+\sin C)(\sin C+\sin A)}$$

$$\leqslant\frac{2\sin A\cdot\sin B\cdot\sin C}{8\sin A\cdot\sin B\cdot\sin C}=\frac{1}{4}$$

及

$$\frac{2\sin A\cdot\sin B\cdot\sin C}{(\sin A+\sin B)(\sin B+\sin C)(\sin C+\sin A)}$$

$$=\frac{2\sin\frac{A}{2}\cdot\sin\frac{B}{2}\cdot\sin\frac{C}{2}}{\cos\frac{A-B}{2}\cdot\cos\frac{B-C}{2}\cdot\cos\frac{C-A}{2}}$$

$$\geqslant 2\sin\frac{A}{2}\cdot\sin\frac{B}{2}\cdot\sin\frac{C}{2}$$

即证 $S_I\leqslant S_G$ 及 $S_J\leqslant S_I$.

注:(1)当原三角形为直角三角形时,$S_H=0$,此不等式链仍成立;

(2)当原三角形为钝角三角形时,不等式链为 $S_K=S_J<S_I<S_G$.

45.2 三角形中塞瓦线截分图形的面积关系式

定理 2 给出 $\triangle ABC$ 内部一点 P,直线 AP,BP,CP 分别交对边 BC,CA,AB 于点 D,E,F,AD,BE,CF 分别交 EF,DF,DE 于点 H,N,M,设 $S_{\triangle PBC}=x,S_{\triangle PAC}=y,S_{\triangle PAB}=z$,则:

(1)$\frac{AP}{DP}=\frac{y+z}{x},\frac{BP}{EP}=\frac{z+x}{y},\frac{CP}{FP}=\frac{x+y}{z}$;

(2)$\frac{CD}{DB}=\frac{y}{z},\frac{AE}{EC}=\frac{z}{x},\frac{BF}{FA}=\frac{x}{y}$;

(3)$\frac{S_{\triangle AEF}}{S_{\triangle ABC}}=\frac{yz}{(z+x)(x+y)},\frac{S_{\triangle BDF}}{S_{\triangle ABC}}=\frac{zx}{(x+y)(y+z)},\frac{S_{\triangle CDE}}{S_{\triangle ABC}}=\frac{xy}{(y+z)(z+x)}$;

(4) $\dfrac{S_{\triangle DEF}}{S_{\triangle ABC}}=\dfrac{2xyz}{(x+y)(y+z)(z+x)}$;

(5) $\dfrac{AH}{HD}=\dfrac{y+z}{2x},\dfrac{BN}{NE}=\dfrac{z+x}{2y},\dfrac{CM}{MF}=\dfrac{x+y}{2z}$;

(6) $S_{\triangle PEF}=\dfrac{xyz}{(x+y)(x+z)},S_{\triangle PFD}=\dfrac{xyz}{(x+y)(y+z)},S_{\triangle PDE}=\dfrac{xyz}{(y+z)(z+x)}$①.

证明 如图 45.3,注意到共边比例定理.

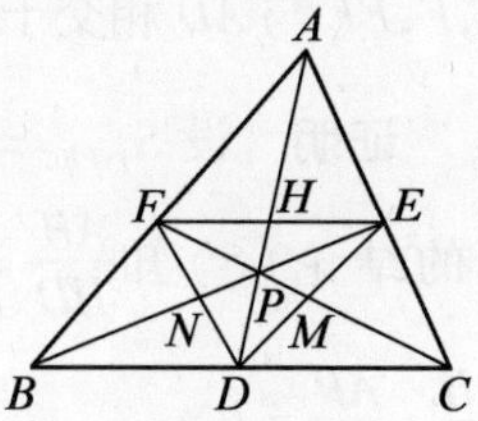

图 45.3

(1)由
$$\frac{AP}{DP}=\frac{S_{\triangle APC}}{S_{\triangle PDC}},\frac{AP}{DP}=\frac{S_{\triangle BAP}}{S_{\triangle BDP}}$$
知
$$\frac{AP}{DP}=\frac{S_{\triangle APC}+S_{\triangle APB}}{S_{\triangle PDC}+S_{\triangle PDB}}=\frac{y+z}{x}$$
同理,可证得其余两式.

(2) $\dfrac{CD}{DB}=\dfrac{S_{\triangle APC}}{S_{\triangle APB}}=\dfrac{y}{z}$. 同理证得其余两式.

(3)由共角比例定理,有
$$\frac{S_{\triangle AEF}}{S_{\triangle ABC}}=\frac{AE\cdot AF}{AB\cdot AC}=\frac{yz}{(z+x)(x+y)}$$
其他两个类似可证.

(4)由(3)知
$$\begin{aligned}\frac{S_{\triangle DEF}}{S_{\triangle ABC}}&=1-\frac{S_{\triangle AEF}}{S_{\triangle ABC}}-\frac{S_{\triangle BDF}}{S_{\triangle ABC}}-\frac{S_{\triangle CDE}}{S_{\triangle ABC}}\\&=1-\frac{yz}{(z+x)(x+y)}-\frac{zx}{(x+y)(y+z)}-\frac{xy}{(y+z)(z+x)}\\&=\frac{2xyz}{(x+y)(y+z)(z+x)}\end{aligned}$$
(5)由(3)和(4)知
$$\frac{AH}{HD}=\frac{S_{\triangle AEF}}{S_{\triangle DEF}}=\frac{y+z}{2x}$$
其他两个类似可证.

(6)由于 $\dfrac{S_{\triangle PEF}}{S_{\triangle PBC}}=\dfrac{PF\cdot PE}{PB\cdot PC}$,结合结论(1),得

① 梁昌金. 一类几何竞赛题的一个解题系统[J]. 数学通讯,2016(9):63-66.

$$S_{\triangle PEF}=\frac{PF}{PC}\cdot\frac{PE}{PB}\cdot S_{\triangle PBC}=\frac{xyz}{(x+y)(x+z)}$$

其他两个类似可证.

例3 如图45.4,在$\triangle ABC$中,P为三角形内任意一点,射线AP,BP,CP分别交对边BC,CA,AB于点D,E,F,EF与AD相交于点H.证明:$\frac{DH}{HA}\cdot\frac{AP}{PD}=2$.

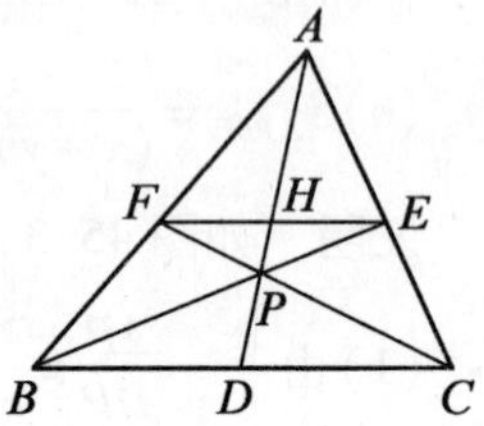

图45.4

证明 设$S_{\triangle PBC}=x,S_{\triangle PAC}=y,S_{\triangle PAB}=z$,则由定理2的结论(5)知$\frac{AH}{HD}=\frac{y+z}{2x}$,又$\frac{AP}{PD}=\frac{y+z}{x}$,于是可得$\frac{DH}{HA}\cdot\frac{AP}{PD}=2$.

例4 如图45.5,设P是$\triangle ABC$内的一点,AP,BP,CP分别交对边BC,CA,AB于点D,E,F.证明:$\frac{AP}{PD}\cdot\frac{BP}{PE}\cdot\frac{CP}{PF}=\frac{AP}{PD}+\frac{BP}{PE}+\frac{CP}{PF}+2$.

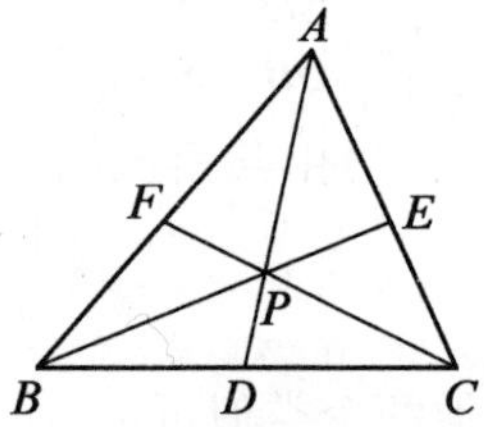

图45.5

证明 设$S_{\triangle PBC}=x,S_{\triangle PAC}=y,S_{\triangle PAB}=z$,则

$$\frac{AP}{PD}=\frac{y+z}{x},\frac{BP}{PE}=\frac{z+x}{y},\frac{CP}{PF}=\frac{x+y}{z}$$

所以

$$\begin{aligned}&\frac{AP}{PD}\cdot\frac{BP}{PE}\cdot\frac{CP}{PE}\\&=\frac{y+z}{x}\cdot\frac{z+x}{y}\cdot\frac{x+y}{z}\\&=\frac{1}{xyz}[yz(y+z)+zx(z+x)+xy(x+y)+2xyz]\\&=\frac{y+z}{x}+\frac{z+x}{y}+\frac{x+y}{z}+2\end{aligned}$$

于是

$$\frac{AP}{PD}\cdot\frac{BP}{PE}\cdot\frac{CP}{PF}=\frac{AP}{PD}+\frac{BP}{PE}+\frac{CP}{PF}+2$$

例5 如图45.6,已知$\triangle ABC$为锐角三角形,P为垂心.射线AP,BP,CP分别与$\triangle ABC$的外接圆交于点A_1,B_1,C_1.证明:$\frac{AP}{AA_1}+\frac{BP}{BB_1}+\frac{CP}{CC_1}\geqslant\frac{3}{2}$.

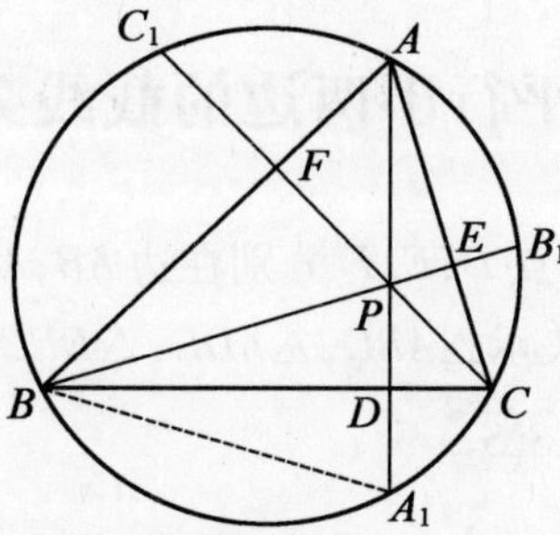

图 45.6

证明 易知$\angle BPD=\angle ACB=\angle BA_1D$,则 $Rt\triangle BPD\cong Rt\triangle BA_1D$,所以 $PA_1=2PD$.

同理 $PB_1=2PE, PC_1=2PF$.

于是,原不等式等价于

$$\frac{AP}{AP+2PD}+\frac{BP}{BP+2PE}+\frac{CP}{CP+2PF}\geqslant\frac{3}{2}$$

设 $S_{\triangle PBC}=x, S_{\triangle PAC}=y, S_{\triangle PAB}=z$,则$\frac{AP}{DP}=\frac{y+z}{x}, \frac{BP}{EP}=\frac{z+x}{y}, \frac{CP}{FP}=\frac{x+y}{z}$,于是

$$\frac{AP}{AP+2PD}=\frac{y+z}{2x+y+z}$$

$$\frac{BP}{BP+2PE}=\frac{z+x}{x+2y+z}$$

$$\frac{CP}{CP+2PF}=\frac{x+y}{x+y+2z}$$

所以

$$\begin{aligned}
&\frac{AP}{AP+2PD}+\frac{BP}{BP+2PE}+\frac{CP}{CP+2PF}\\
&=\frac{y+z}{2x+y+z}+\frac{z+x}{x+2y+z}+\frac{x+y}{x+y+2z}\\
&=2(x+y+z)\left(\frac{1}{2x+y+z}+\frac{1}{x+2y+z}+\frac{1}{x+y+2z}\right)-3\\
&\geqslant 2(x+y+z)\cdot\frac{9}{4(x+y+z)}-3\\
&=\frac{3}{2}
\end{aligned}$$

45.3 三角形中平行于两边的截线分割面积的关系式

定理3 在$\triangle ABC$中,点D,E,F分别在边AB,AC,BC上,且$DE/\!/BC,EF/\!/AB$,设$S_\triangle,S_1,S_2,S_\square$分别表示$\triangle ABC,\triangle ADE,\triangle EFC,\square BFED$的面积,则:

(1)$S_\triangle=S_1+S_2+2\sqrt{S_1S_2}$;

(2)$S_\square=2\sqrt{S_1S_2}$.

证明 (1)如图45.7,由$DE/\!/BC$知,$\triangle ADE\backsim\triangle ABC$,有$\dfrac{S_1}{S_\triangle}=\dfrac{AE^2}{AC^2}$.即

$$\frac{\sqrt{S_1}}{\sqrt{S_\triangle}}=\frac{AE}{AC}$$

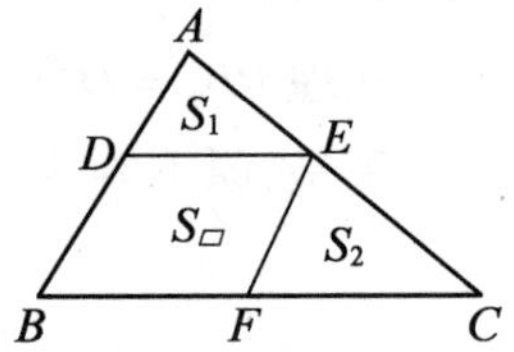

图45.7

同理$\dfrac{\sqrt{S_2}}{\sqrt{S_\triangle}}=\dfrac{EC}{AC}$.从而$\dfrac{\sqrt{S_1}+\sqrt{S_2}}{\sqrt{S_\triangle}}=\dfrac{AE+EC}{AC}=1$.

所以$S_\triangle=(\sqrt{S_1}+\sqrt{S_2})^2=S_1+S_2+2\sqrt{S_1S_2}$.

(2)由上知$S_\triangle=S_1+S_2+2\sqrt{S_1S_2}$,又$S_\triangle=S_1+S_2+S_\square$,故$S_\square=2\sqrt{S_1S_2}$.

例6 通过$\triangle ABC$内部一点Q引平行于三角形三边的直线,这些直线分三角形为六部分.已知三个平行四边形部分的面积为S_1,S_2,S_3,如图45.8.求$\triangle ABC$的面积.

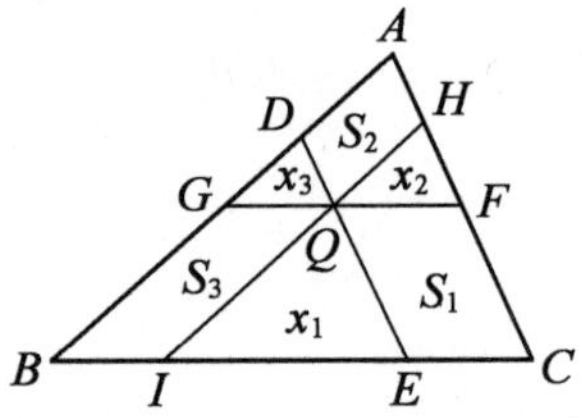

图45.8

解 设三个小三角形的面积分别为x_1,x_2,x_3(图45.8),则由定理3,可得

$$2\sqrt{x_1x_2}=S_1$$
$$2\sqrt{x_2x_3}=S_2$$
$$2\sqrt{x_3x_1}=S_3$$

三式相乘得

$$8x_1x_2x_3=S_1S_2S_3 \quad ①$$

又$4x_1x_2=S_1^2$,即

$$8x_1x_2=2S_1^2 \quad ②$$

由①÷②，得 $x_3=\dfrac{S_2S_3}{2S_1}$，同理可得 $x_1=\dfrac{S_3S_1}{2S_2}$，$x_2=\dfrac{S_1S_2}{2S_3}$. 故

$$S_{\triangle ABC}=S_1+S_2+S_3+\frac{S_2S_3}{2S_1}+\frac{S_3S_1}{2S_2}+\frac{S_1S_2}{2S_3}$$

例7 如图 45.9，$\triangle ABC$ 中，D，E 分别是边 BC，AB 上的点，且 $\angle 1=\angle 2=\angle 3$，如果 $\triangle ABC$，$\triangle EBD$，$\triangle ADC$ 的周长依次是 m，m_1，m_2，证明：$\dfrac{m_1+m_2}{m}\leqslant\dfrac{5}{4}$.

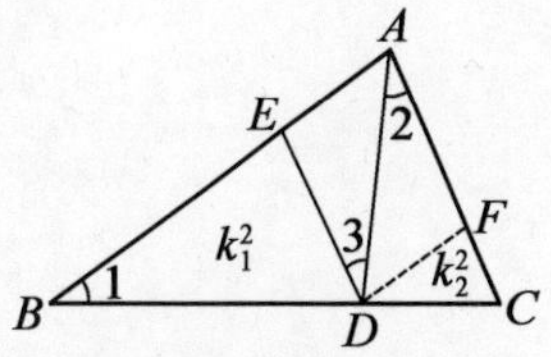

图 45.9

证明 过 D 作 $DF/\!/BA$ 交 AC 于点 F. 因 $\angle 2=\angle 3$，则 $DE/\!/AC$.

设 $\triangle EBD$，$\triangle FDC$ 的面积分别为 k_1^2，k_2^2，则由定理 3 可得 $S_{\square AEDF}=2k_1k_2$.

即 $S_{\triangle ADE}=S_{\triangle ADF}=k_1k_2$，从而

$$S_{\triangle ABC}=k_1^2+k_2^2+2k_1k_2=(k_1+k_2)^2$$

显然 $\triangle EBD\backsim\triangle DAC\backsim\triangle ABC$，于是

$$\frac{m_1}{m}=\sqrt{\frac{S_{\triangle EBD}}{S_{\triangle ABC}}}=\frac{k_1}{k_1+k_2}=1-\frac{k_2}{k_1+k_2}$$

$$\frac{m_2}{m}=\sqrt{\frac{S_{\triangle DAC}}{S_{\triangle ABC}}}=\frac{\sqrt{k_1k_2+k_2^2}}{k_1+k_2}=\frac{\sqrt{k_2}}{\sqrt{k_1+k_2}}$$

故

$$\begin{aligned}\frac{m_1+m_2}{m}&=1-\frac{k_2}{k_1+k_2}+\frac{\sqrt{k_2}}{\sqrt{k_1+k_2}}\\&=-\left(\frac{\sqrt{k_2}}{\sqrt{k_1+k_2}}\right)^2+\frac{\sqrt{k_2}}{\sqrt{k_1+k_2}}+1\\&=-\left(\frac{\sqrt{k_2}}{\sqrt{k_1+k_2}}-\frac{1}{2}\right)^2+\frac{5}{4}\\&\leqslant\frac{5}{4}\end{aligned}$$

例8 如图 45.10，四边形 $ABCD$ 是梯形，$AD/\!/BC$，两腰 BA，CD 延长后交于点 O，过 O 作 $OE/\!/AD$ 交直线 BD 于点 E，F 为对角线 AC 的中点，直线 FD 交 AE 于点 G，直线 BF 交 CE 于点 H，记 $\triangle AFG$，$\triangle FCH$，$\triangle EBH$，$\triangle GDE$，四边形

$GFHE$ 的面积分别为 S_1,S_2,S_3,S_4,S_5. 求证:$S_5^2=4S_1S_2,S_5^2=4S_3S_4,S_1S_2=S_3S_4$.

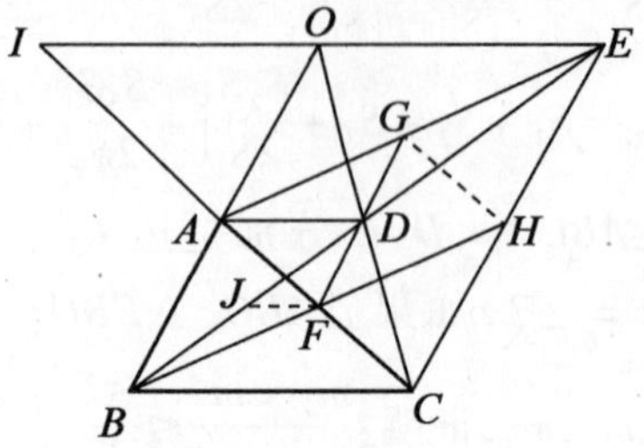

图 45.10

证明 设直线 OE 交直线 AC 于点 I,因为 $IE/\!/AD/\!/BC$,所以 $\triangle AOI\backsim\triangle ABC,\triangle OAD\backsim\triangle OBC,\triangle DEO\backsim\triangle DBC$,由相似三角形的性质,得

$$\frac{IO}{BC}=\frac{AO}{AB}=\frac{DO}{DC}=\frac{OE}{BC}$$

所以 $IO=OE$.

过 F 作 $FJ/\!/AD$ 交 BD 于点 J,由 $IE/\!/AD/\!/BC$ 知,$\triangle OAD\backsim\triangle OBC$,$\triangle CAD\backsim\triangle CIO$,于是

$$\frac{AD}{BC}=\frac{OD}{OC}=\frac{AI}{IC}$$

从而

$$IC\cdot AD=BC\cdot IA \tag{①}$$

又 $\triangle AOI\backsim\triangle ABC$,所以 $\frac{IO}{BC}=\frac{IA}{AC}$,即 $BC\cdot IA=IO\cdot AC$.

又 $IO=\frac{1}{2}IE,AC=2AF$,所以

$$BC\cdot IA=IE\cdot AF \tag{②}$$

由式①,②知,$IC\cdot AD=IE\cdot AF$,即 $\frac{AD}{AF}=\frac{IE}{IC}$. 从而 $\triangle AFD\backsim\triangle ICE,\angle AFD=\angle ICE$,因此 $FD/\!/CE$.

同理可证 $AE/\!/BF$,所以四边形 $GFHE$ 为平行四边形,$S_{\triangle GHE}=\frac{1}{2}S_5$,故对于 $\triangle ACE$ 由定理 3 的结论,可得

$$S_1S_2=(\frac{1}{2}S_5)^2$$

即

$$S_5^2 = 4S_1S_2$$

同理可证 $S_5^2 = 4S_3S_4$，由此式和上式可得 $S_1S_2 = S_3S_4$.

思考题

1. 锐角$\triangle ABC$中，已知 $AB=4$，$AC=5$，$BC=6$，AA'，BB'，CC'分别是边 BC，CA，AB 上的高，A'，B'，C'为垂足，求 $S_{\triangle A'B'C'}:S_{\triangle ABC}$.

2. 正$\triangle ABC$的面积为1，点 P 在 BC 上，且 $BP=\frac{1}{3}$，Q 在 AB 上，且 $AQ=QB$，$PR\perp AC$ 于点 R. 求$\triangle QPR$的面积.

3. 设在凸六边形 $ABCDEF$ 中，$AB\parallel DE$，$BC\parallel FE$，$CD\parallel AF$. 证明：$S_{\triangle ACE}=S_{\triangle BDF}$.

4. 锐角$\triangle ABC$的外接圆圆心为 P，半径为 R，直线 AP，BP，CP 分别交对边 BC，CA，AB 于点 D，E，F，证明：$PD+PE+PF\geqslant\frac{3}{2}R$.

5. 设 P 为$\triangle ABC$的一个内点，D，E，F 分别为直线 AP，BP，CP 与边 BC，CA，AB 的交点，则 $8AE\cdot BF\cdot CD\leqslant abc$，当且仅当 P 为三角形重心时等号成立.

6. 塞瓦线 AD，BE，CF 相交于$\triangle ABC$内一点 P，交边 BC，CA，AB 于点 D，E，F，交 EF，DF，DE 于点 H，N，M. 证明：$\frac{AH}{HD}+\frac{BN}{NE}+\frac{CM}{MF}\geqslant\frac{DH}{HA}+\frac{EN}{NB}+\frac{FM}{MC}$.

7. 如图 45.11，在 $\mathrm{Rt}\triangle ABC$ 中，$\angle B=90^\circ$，$AB=4$，$BC=2$，D 为 $\mathrm{Rt}\triangle ABC$ 内任意一点，过 D 分别作三角形三边的平行线 EF，MN，PT. 设 S 为$\triangle DEP$，$\triangle DMF$和$\triangle DNT$的面积之和，求 S 的最小值.

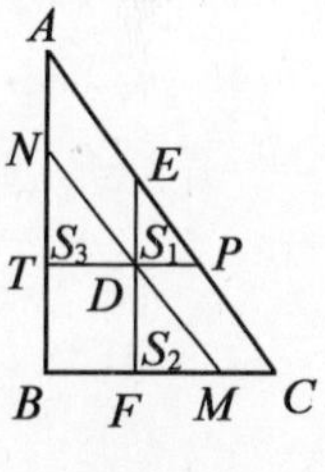

图 45.11

8. 四边形 $ABCD$ 是梯形，$AD\parallel BC$，两条对角线 AC，BD 交于点 O，过 O 作$OE\parallel AD$交 CD 于点 E，F 为腰 AB 的中点，AE，FD 交于点 G，BE，FC 交于点 H，记$\triangle AFG$，$\triangle FBH$，$\triangle EHC$，$\triangle DGE$，四边形 $GFHE$ 的面积分别为 S_1，S_2，S_3，S_4，S_5. 求证：$S_5^2=4S_1S_2$，$S_5^2=4S_3S_4$，$S_1S_2=S_3S_4$.

思考题　参考解答

1. 由余弦定理,有 $\cos A=\frac{1}{8},\cos B=\frac{9}{16},\cos C=\frac{3}{4}$,再由本章定理 1 的推论 1(1),即得 $S_{\triangle A'B'C'}:S_{\triangle ABC}=27:256$.

2. 由 $\frac{AQ}{QB}=1,\frac{BP}{PC}=\frac{1}{2},\frac{CR}{RA}=\frac{1}{2}$ 及定理 1 即得 $S_{\triangle QPR}=\frac{5}{18}$.

3. 延长线段 AB,CD,EF 的两端,设 BA 的延长线与 EF 的延长线交于点 X,AB 的延长线与 DC 的延长线交于点 Y,CD 的延长线与 FE 的延长线交于点 Z. 由条件,可设 $\frac{XA}{XY}=\frac{XF}{FZ}=\lambda_1,\frac{YC}{CZ}=\frac{YB}{BX}=\lambda_2,\frac{ZE}{EX}=\frac{ZD}{DY}=\lambda_3$,由定理 1,即推得 $S_{\triangle ACE}:S_{\triangle XYZ}=\frac{1+\lambda_1\lambda_2\lambda_3}{(1+\lambda_1)(1+\lambda_2)(1+\lambda_3)}=S_{\triangle BDF}:S_{\triangle XYZ}$,即证.

4. 如图 45.12,设

$$S_{\triangle PBC}=x,S_{\triangle PAC}=y,S_{\triangle PAB}=z$$

则 $\frac{PD}{PA}=\frac{x}{y+z}$,所以 $PD=\frac{x}{y+z}R$.

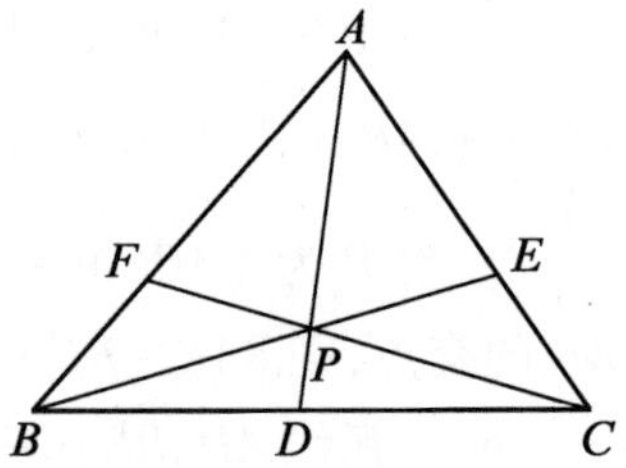

图 45.12

同理可得,$PE=\frac{y}{z+x}R,PF=\frac{z}{x+y}R$.

于是,结合柯西不等式,可得

$$\begin{aligned}PD+PE+PF&=\left(\frac{x}{y+z}+\frac{y}{z+x}+\frac{z}{x+y}\right)R\\&=\left[(x+y+z)\left(\frac{1}{x+y}+\frac{1}{y+z}+\frac{1}{z+x}\right)-3\right]R\\&\geqslant\left[(x+y+z)\cdot\frac{9}{2(x+y+z)}-3\right]R\\&=\frac{3}{2}R\end{aligned}$$

当且仅当 $x=y=z$ 时取等号.

5. 设 $S_{\triangle PBC}=x,S_{\triangle PAC}=y,S_{\triangle PAB}=z$,则 $\frac{AE}{AC}=\frac{z}{z+x},\frac{BF}{BA}=\frac{x}{x+y},\frac{CD}{CB}=\frac{y}{y+z}$,所以

$$\frac{AE\cdot BF\cdot CD}{AB\cdot BC\cdot CA}=\frac{xyz}{(x+y)(y+z)(z+x)}$$

又 $(x+y)(y+z)(z+x)\geqslant 2\sqrt{xy}\cdot 2\sqrt{yz}\cdot 2\sqrt{zx}=8xyz$，所以 $\frac{AE\cdot BF\cdot CD}{AB\cdot BC\cdot CA}\leqslant \frac{1}{8}$，即 $8AE\cdot BF\cdot CD\leqslant abc$.

6. 设 $S_{\triangle PBC}=x,S_{\triangle PAC}=y,S_{\triangle PAB}=z$. 则由定理 2(5)，知

$$\frac{AH}{HD}=\frac{y+z}{2x},\frac{BN}{NE}=\frac{z+x}{2y},\frac{CM}{MF}=\frac{x+y}{2z}$$

所以，原不等式等价于

$$\frac{y+z}{2x}+\frac{z+x}{2y}+\frac{x+y}{2z}\geqslant \frac{2x}{y+z}+\frac{2y}{z+x}+\frac{2z}{x+y}$$

由重要不等式知 $x^2+y^2\geqslant 2xy$，所以 $(x+y)^2\geqslant 4xy$，从而 $\frac{x+y}{xy}\geqslant \frac{4}{x+y}$，即 $\frac{1}{x}+\frac{1}{y}\geqslant \frac{4}{x+y}$，所以 $\frac{z}{x}+\frac{z}{y}\geqslant \frac{4z}{x+y}$.

同理可得

$$\frac{x}{y}+\frac{x}{z}\geqslant \frac{4x}{y+z},\frac{y}{z}+\frac{y}{x}\geqslant \frac{4y}{z+x}$$

所以

$$\frac{z}{x}+\frac{z}{y}+\frac{x}{y}+\frac{x}{z}+\frac{y}{z}+\frac{y}{x}\geqslant \frac{4z}{x+y}+\frac{4x}{y+z}+\frac{4y}{z+x}$$

即

$$\frac{y+z}{x}+\frac{z+x}{y}+\frac{x+y}{z}\geqslant \frac{4x}{y+z}+\frac{4y}{z+x}+\frac{4z}{x+y}$$

故

$$\frac{y+z}{2x}+\frac{z+x}{2y}+\frac{x+y}{2z}\geqslant \frac{2x}{y+z}+\frac{2y}{z+x}+\frac{2z}{x+y}$$

从而原命题得证.

7. 设 $\triangle DEP$，$\triangle DMF$ 和 $\triangle DNT$ 的面积分别为 S_1,S_2 和 S_3，则

$$S_{\square DMCP}=2\sqrt{S_1S_2},S_{\square TBFD}=2\sqrt{S_2S_3},S_{\square ANDE}=2\sqrt{S_3S_1}$$

而

$$\begin{aligned}S_{\triangle ABC}&=2(\sqrt{S_1S_2}+\sqrt{S_2S_3}+\sqrt{S_3S_1})+S\\&=\frac{1}{2}\cdot 4\cdot 2=4\end{aligned}$$

则

$$\sqrt{S_1S_2}+\sqrt{S_2S_3}+\sqrt{S_3S_1}=2-\frac{S}{2} \quad ①$$

又 $\sqrt{S_1S_2}\leqslant\frac{S_1+S_2}{2},\sqrt{S_2S_3}\leqslant\frac{S_2+S_3}{2},\sqrt{S_3S_1}\leqslant\frac{S_3+S_1}{2}$

从而

$$\sqrt{S_1S_2}+\sqrt{S_2S_3}+\sqrt{S_3S_1}\leqslant S_1+S_2+S_3=S \quad ②$$

将式①代入式②,得 $2-\frac{S}{2}\leqslant S$,解得 $S\geqslant\frac{4}{3}$.

即 S 的最小值是 $\frac{4}{3}$.

8. 如图 45.13,设直线 OE 交 AB 于点 I,因为 $AD\parallel IE\parallel BC$,所以 $\triangle AIO\backsim\triangle ABC$,$\triangle AOD\backsim\triangle COB$,$\triangle DOE\backsim\triangle DBC$,由相似三角形的性质,得

$$\frac{IO}{BC}=\frac{AO}{AC}=\frac{DO}{DB}=\frac{OE}{BC}$$

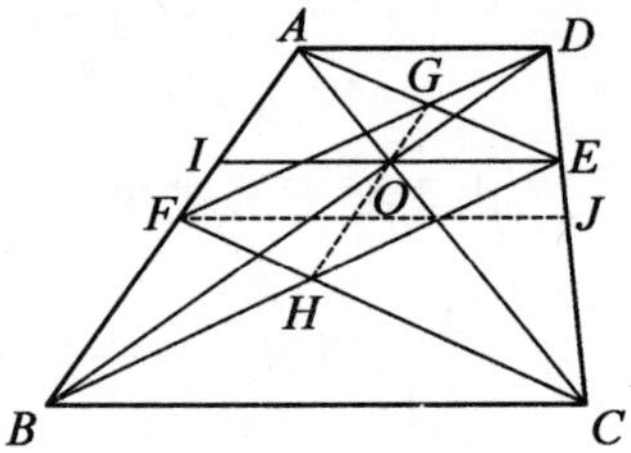

图 45.13

所以 $IO=OE$.

过 F 作 $FJ\parallel AD$ 交 CD 于点 J,由 $AD\parallel IE\parallel BC$ 知,$\triangle AOD\backsim\triangle COB$,$\triangle BIO\backsim\triangle BAD$,于是 $\frac{AD}{BC}=\frac{OD}{OB}=\frac{IA}{BI}$,从而

$$AD\cdot BI=BC\cdot IA \quad ①$$

又 $\triangle AIO\backsim\triangle ABC$,所以 $\frac{IO}{BC}=\frac{IA}{AB}$,即 $BC\cdot IA=IO\cdot AB$.

而 $AB=2FA$,$IO=\frac{1}{2}IE$,所以

$$BC\cdot IA=IE\cdot FA \quad ②$$

由式①,②知 $AD\cdot BI=IE\cdot FA$,即 $\frac{AD}{FA}=\frac{IE}{BI}$,从而 $\triangle AFD\backsim\triangle IBE$,$\angle AFD=\angle IBE$,因此 $FD\parallel BE$.

同理可证 $AE\parallel FC$,所以 $GFHE$ 为平行四边形,$S_{\triangle GHE}=\frac{1}{2}S_5$,于是在 $\triangle ABE$ 中,由定理 3 的结论可得 $S_1S_2=(\frac{1}{2}S_5)^2$,即 $S_5^2=4S_1S_2$.

同理可证 $S_5^2=4S_3S_4$,由此式和上式可得 $S_1S_2=S_3S_4$.

第46章 四 边 形

平面四边形有凸四边形，凹四边形，折四边形三种. 这些四边形有如下一些优美的性质.

性质1 凸四边形的内角和为2π(或$360°$).

性质2 若凸(凹)四边形的一组对角平分线的交点在一条对角线上，则另一组对角平分线的交点也在另一条对角线上.

证明 如图46.1，在凸(凹)四边形$ABCD$中，若$\angle A$，$\angle C$平分线的交点P在对角线BD上，则

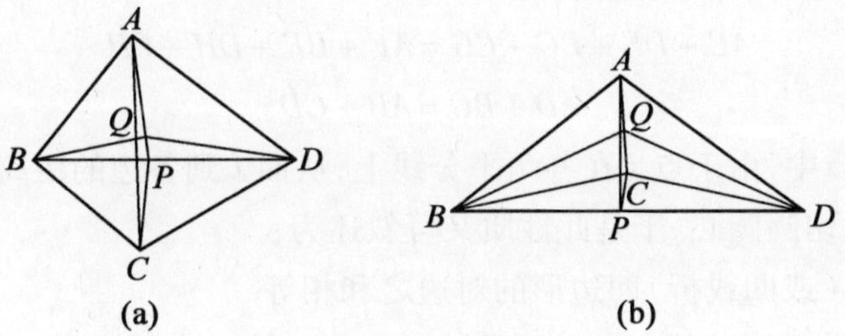

图46.1

$$\frac{AB}{AD}=\frac{BP}{PD}=\frac{BC}{CD}$$

即

$$\frac{AB}{BC}=\frac{AD}{CD} \qquad ①$$

设$\angle B$的平分线与AC交于点Q，则$\frac{AB}{BC}=\frac{AQ}{QC}$.

于是，由式①有$\frac{AD}{CD}=\frac{AQ}{QC}$，所以$DQ$平分$\angle D$.

故$\angle B$，$\angle D$平分线的交点在AC上.

性质3 若凸(凹)四边形的各角平分线交于一点，则其一组对边之和等于另一组对边之和.

证明 如图46.2,设凸(凹)四边形 $ABCD$ 中,各角平分线交于点 I. 从 I 向各边 DA,AB,BC,CD 作垂线,得垂足 E,F,G,H,则由全等三角形得知

$$AE=AF,BF=BG,CG=CH,DH=DE$$

对于凸四边形 $ABCD$,显然有

$$AE+DE+BG+CG=AF+BF+DH+CH$$

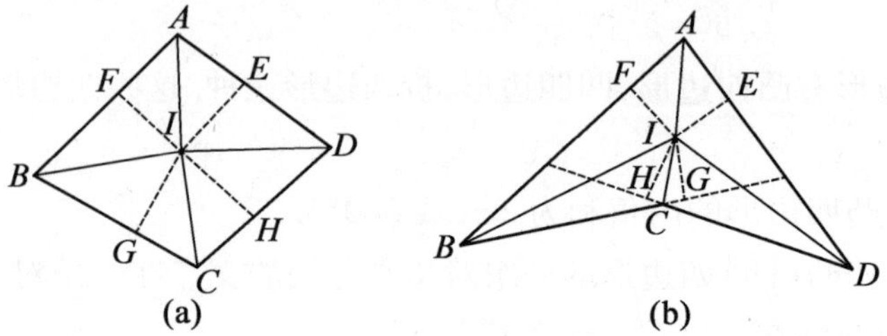

图46.2

故 $$AD+BC=AB+CD$$

对于凹四边形 $ABCD$,显然,有

$$AE+DE+BG-CG=AF+BF+DH-CH$$

故 $$AD+BC=AB+CD$$

注:此性质中,由于点 I 在各角平分线上,从而 I 到各边的距离相等,即 I 为该四边形的内切圆圆心. 于是此性质又可叙述为:

圆外切凸(或凹或折)四边形的对边之和相等.

性质4 若凸四边形各角的平分线相交形成第二个四边形,则:

(1)第二个四边形的对角之和为180°(即四点共圆);

(2)当第一个四边形是平行四边形时,第二个四边形是长方形,其对角线平行于第一个四边形的边,且等于其两邻边之差;

(3)当第一个四边形是长方形时,第二个四边形是正方形.

证明 如图46.3,设 AH,BE,CF,DG 分别为凸四边形 $ABCD$ 的角平分线,其交点依次为 E,F,G,H.

(1)由 $\angle BAE+\angle ABE+\angle DCG+\angle CDG=360°$,则 $\angle HEF+\angle HGF=180°$.

(2)当 $ABCD$ 为平行四边形时,如图46.3(b),由 $\angle DAB+\angle CBA=180°$ 知,$\angle EAB+\angle EBA=90°$,从而 $\angle HEF=90°$.

同理,以 F,G,H 为顶点的角也为90°. 从而 $EFGH$ 为矩形.

由 $\triangle ADH\cong\triangle BCF$ 知,$DH=BF$.

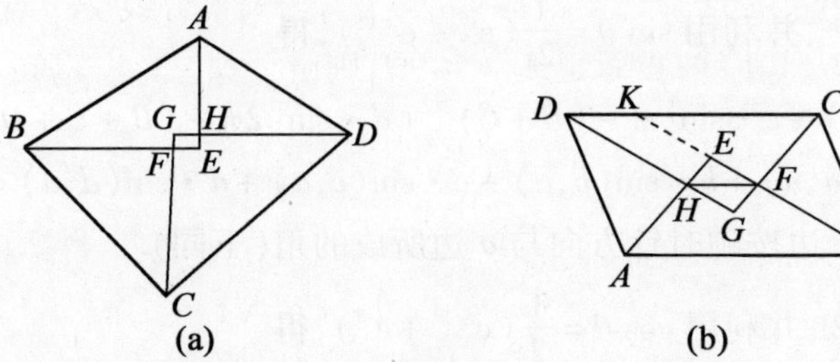

图 46.3

延长 BE 交 CD 于点 K,则由 CF 平分 $\angle C$ 知,$BF=FK$.

从而 $DH=FK$ 且 $DH /\!/ FK$. 故 $HF /\!/ DC$. 同理,$EG /\!/ DA$.

注意 $EFGH$ 为矩形,则 $EG=HF=DK=DC-CK=DC-CB$.

(3) 当 $ABCD$ 为矩形时,如图 46.4. 由 $\angle EAB=\angle EBA=45°$,知 $EA=EB$,且 $\angle E=90°$.

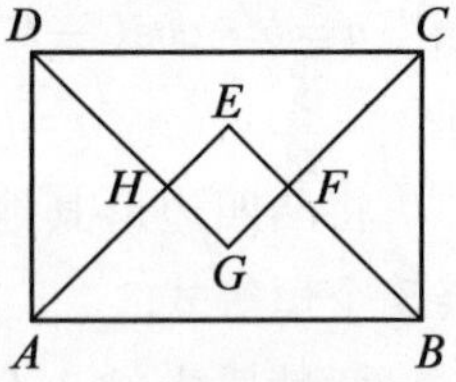

图 46.4

因为 $\triangle DAH$, $\triangle CBF$ 是全等的等腰直角三角形,有 $AH=FB$,从而 $EH=EF$.

故 $EFGH$ 是正方形.

性质 5 在凸四边形中,(1)每边乘以该边与其余各边按顺时针方向所成角正弦的代数和为零;(2)任一边的平方等于其余三边的平方和减去这三边中每两边与该两边所成角余弦乘积的 2 倍;(3)任一边等于其他三边乘以该边与第一边按顺时针方向所成角余弦的代数和.

证明 如图 46.5,将凸四边形 $ABCD$ 的一边 AB 置于平面直角坐标系的 x 轴上,并作此四边形关于 x 轴对称的凸四边形 $ABC'D'$. 这两个四边形各边对应如图 46.5 所示的向量. 则

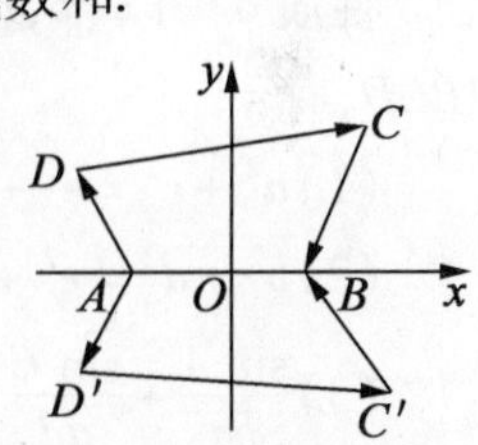

图 46.5

$$\overrightarrow{AB}=\overrightarrow{CB}+\overrightarrow{DC}+\overrightarrow{AD}$$

$$\overrightarrow{AB}=\overrightarrow{C'B}+\overrightarrow{D'C'}+\overrightarrow{AD'}$$

设 A,B,C,D 表示其内角,$AB=a$, $BC=b$, $CD=c$, $DA=d$,则根据复数与向量的对应关系,得

$$a=b\cdot e^{-iB}+c\cdot e^{i[\pi-(B+C)]}+d\cdot e^{i[2\pi-(B+C+D)]} \quad ①$$

$$a=b\cdot e^{iB}+c\cdot e^{-i[\pi-(B+C)]}+d\cdot e^{-i[2\pi-(B+C+D)]} \quad ②$$

(1)由$\frac{①-②}{2\mathrm{i}}$,并利用$\sin\theta=\frac{1}{2\mathrm{i}}(\mathrm{e}^{\mathrm{i}\theta}-\mathrm{e}^{-\mathrm{i}\theta})$,得

$$b\cdot\sin(-B)+c\cdot\sin[\pi-(B+C)]+d\cdot\sin[2\pi-(B+C+D)]=0$$

即
$$a\cdot\sin(a,a)+b\cdot\sin(b,a)+c\cdot\sin(c,a)+d\cdot\sin(d,a)=0$$

其中(x,a)表示x边按顺时针方向与a边所成的角(下同).

(2)由①·②,并利用$\cos\theta=\frac{1}{2}(\mathrm{e}^{-\mathrm{i}\theta}+\mathrm{e}^{\mathrm{i}\theta})$,得

$$a_2=b_2+c_2+d_2-2bc\cdot\cos\langle b,c\rangle-2bd\cdot\cos\langle b,d\rangle-2cd\cdot\cos\langle c,d\rangle$$

其中$\langle b,c\rangle$表示两边b,c的夹角,其余类推.

(3)由$\frac{①+②}{2}$,并利用$\cos\theta=\frac{1}{2}(\mathrm{e}^{\mathrm{i}\theta}+\mathrm{e}^{-\mathrm{i}\theta})$,得

$$a=b\cdot\cos(-B)+c\cdot\cos[\pi-(B+C)]+d\cdot\cos[2\pi-(B+C+D)]$$

即
$$a=b\cdot\cos(b,a)+c\cdot\cos(c,a)+d\cdot\cos(d,a)$$

将凸四边形其他三边分别置于x轴上,便可类似地得到(1),(2),(3)中其余3个恒等式.

此性质中的3个结论,也可分别称之为凸四边形的正弦定理,余弦定理和射影定理.

下面,我们设凸四边形$ABCD$的边长$AB=a,BC=b,CD=c,DA=d$,对角线长$AC=e,BD=f$.

性质6 以$\langle b,d\rangle$表示边BC与DA所成的角,其余类推,则对凸四边形$ABCD$,有:

(1)$a^2+c^2=e^2+f^2-2bd\cdot\cos\langle b,d\rangle$;

(2)$b^2+d^2=e^2+f^2-2ac\cdot\cos\langle a,c\rangle$;

(3)$\frac{\sin A}{bc}+\frac{\sin C}{ad}=\frac{\sin B}{cd}+\frac{\sin D}{ab}$;

(4)$(a^2+c^2-b^2-d^2)^2=4e^2f^2\cdot\cos^2\langle e,f\rangle$;

(5)$e^2f^2=(ac+bd)^2-4abcd\cdot\cos^2\theta$,其中,$\theta=\frac{1}{2}(A+C)$或$\frac{1}{2}(B+D)$.

证明 (1)由三角形余弦定理,有

$$2bc\cdot\cos\langle b,c\rangle=b^2+c^2-f^2,2cd\cdot\cos\langle c,d\rangle=c^2+d^2-e^2$$

再代入平面凸四边形余弦定理,即

$$a^2=b^2+c^2+d^2-2bc\cdot\cos\langle b,c\rangle-2bd\cdot\cos\langle b,d\rangle-2cd\cdot\cos\langle c,d\rangle$$

整理即证得.

(2)可类似于(1)即证.

(3)对于$\square ABCD$结论显然成立. 对于非平行四边形$ABCD$,如图46.6,不妨设$AD \not\parallel BC$.

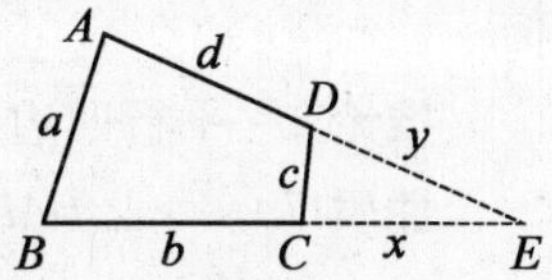

图46.6

延长AD,BC相交于点E,令

$AB=a,BC=b,CD=c,DA=d,CE=x,DE=y$

在$\triangle ABE$中,由正弦定理,有$\dfrac{a}{\sin E}=\dfrac{b+x}{\sin A}=\dfrac{d+y}{\sin B}$.

于是,得

$$x=\frac{a\cdot\sin A}{\sin E}-b,y=\frac{a\cdot\sin B}{\sin E}-d$$

在$\triangle CDE$中,由正弦定理,有

$$\frac{x}{\sin D}=\frac{y}{\sin C}=\frac{c}{\sin E}$$

从而

$$x=\frac{c\cdot\sin D}{\sin E},y=\frac{c\cdot\sin C}{\sin E}$$

所以

$$\frac{a\cdot\sin A}{\sin E}-b=\frac{c\cdot\sin D}{\sin E},\frac{a\cdot\sin B}{\sin E}-d=\frac{c\cdot\sin C}{\sin E}$$

于是

$$\frac{\sin E}{ac}=\frac{\sin A}{bc}-\frac{\sin D}{ab}=\frac{\sin B}{cd}-\frac{\sin C}{ad}$$

由此即证得结论.

(4)设AC与BD交于点O,在$\triangle AOB,\triangle BOC,\triangle COD,\triangle DOA$中分别用余弦定理表示$a^2,b^2,c^2,d^2$. 整理即证.

(5)不妨设$A+C\leqslant\pi$,在四边形外作$\angle CDE=\angle ADB$,作$\angle DCE=\angle DAB$交于点E. 由$\triangle CDE\backsim\triangle ADB$有$CE=\dfrac{AB\cdot CD}{AD}=\dfrac{ac}{d}$,且$BD:AD=DE:DC$,而$\angle BDE=\angle ADC$,则$\triangle BDE\backsim\triangle ADC$,于是$BE=\dfrac{AC\cdot BD}{AD}=\dfrac{ef}{d}$. 在$\triangle BCE$中,由余弦定理可知,$BE^2=BC^2+CE^2-2BC\cdot CE\cdot\cos\angle BCE$,而$\angle BCE=A+C=2\theta$,由

此整理,即证.

推论1 梯形两条对角线长的平方和等于两腰的平方和加上两底乘积的2倍.

推论2 平行四边形对角线长的平方和等于四边长的平方和,反之亦真.

性质7 令$\angle DAB+\angle DCB=\alpha\neq 180^\circ$,$\angle ADB-\angle ACB=\beta$,$\angle BDC-\angle BAC=\gamma$(此时有$\angle DBC-\angle DAC=\beta$,$\angle DBA-\angle DCA=\gamma$),则对任意平面四边形(凸,凹,折),有:

(1)$\frac{ef}{\sin\alpha}=\frac{ac}{\sin\beta}=\frac{bd}{\sin\gamma}$;

(2)$(ef)^2=(ac)^2+(bd)^2-2abcd\cdot\cos\alpha$,

$(ac)^2=(ef)^2+(bd)^2-2bdef\cdot\cos\beta$,

$(bd)^2=(ef)^2+(ac)^2-2acef\cdot\cos\gamma$;

(3)$ef=ac\cdot\cos\gamma+bd\cdot\cos\beta$,

$ac=ef\cdot\cos\gamma+bd\cdot\cos\alpha$,

$bd=ef\cdot\cos\beta+ac\cdot\cos\alpha$;

(4)$ef<ac+bd$,$ac<ef+bd$,$bd<ef+ac$.

证明 如图46.7,作$\angle BCE=\angle DCA$,作$\angle CBE=\angle CDA$,由$\triangle BCE\backsim\triangle DCA$,有$BE=\frac{AD\cdot BC}{DC}=\frac{bd}{c}$,且$\frac{EC}{BC}=\frac{AC}{DC}$.而$\angle ECA=\angle BCD$,则$\triangle ECA\backsim\triangle BCD$,有$AE=\frac{AC\cdot BD}{DC}=\frac{ef}{c}$,且$\angle AEC=\angle DBC$,$\angle EAC=\angle BDC$.

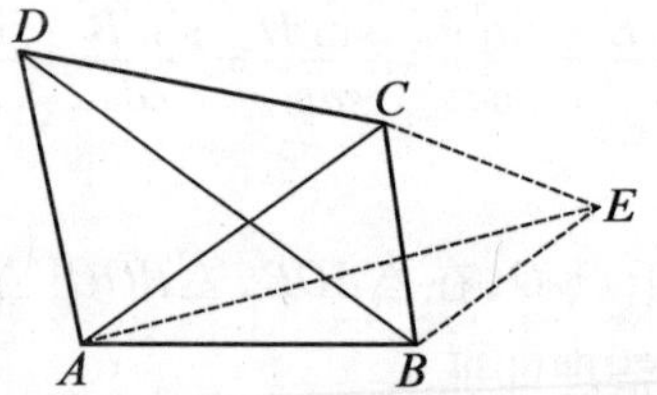

图46.7

当$\alpha>180^\circ$时,由$\angle ABC+\angle EBC=\angle ABC+\angle ADC<180^\circ$时,知存在与四边形$ABCD$在$AB$同侧的$\triangle ABE$,且

$$\angle ABE=\angle ABC+\angle EBC=360^\circ-\alpha$$

$$\angle BEA=\angle BEC-\angle AEC=\angle DAC-\angle DBC=-\beta$$

$$\angle BAE=\angle BAC-\angle EAC=\angle BAC-\angle BDC=-\gamma$$

显然这三内角之和为 180°.

当 $\alpha<180°$ 时,知存在与四边形 $ABCD$ 在 AB 异侧的 $\triangle ABE$,且 $\angle ABE=\alpha$, $\angle BEA=\beta$, $\angle BAE=\gamma$.

(1)在 $\triangle ABE$ 中运用正弦定理,即证得(1).

(2)在 $\triangle ABE$ 中运用余弦定理,有 $AE^2=AB^2+BE^2-2AB\cdot BE\cdot\cos\alpha$ 即证得第一式. 其余同理可证.

(3)由(1)有 $ac=\dfrac{ef\cdot\sin\beta}{\sin\alpha}$, $bd=\dfrac{ef\cdot\sin\gamma}{\sin\alpha}$,注意到 $\alpha+\beta+\gamma=180°$,则

$$ac\cdot\cos\gamma+bd\cdot\cos\beta=\frac{ef}{\sin\alpha}(\sin\beta\cdot\cos\gamma+\cos\beta\cdot\sin\gamma)=ef$$

其余同理可证.

(4)由(2)并注意到 $\alpha\neq180°$, $1+\cos\alpha>0$,且

$$\begin{aligned}(ef)^2&=(ac)^2+(bd)^2-2abcd\cdot\cos\alpha\\&=(ac+bd)^2-2abcd(1+\cos\alpha)\\&<(ac+bd)^2\end{aligned}$$

即证得第一式. 其余同理可证.

性质 7 中的(1),(2),(3)可看作是非圆内接四边形的第二型正弦、余弦、射影定理.

由性质 7(2)中的第一式即可推出性质 6(4). 特别地,当 $\alpha=180°$ 时,此式即为托勒密定理.

性质 8 顺次联结凸四边形四边中点所得四边形为平行四边形,且其面积为原四边形面积的一半(注:对于凹、折四边形也有此结论).

推论 3 凸四边形两组对边中点的连线互相平分.

推论 4 凸四边形对边中点连线的平方和等于两条对角线平方和之半.

推论 5 凸四边形每双对边中点连线与两对角线中点连线共点,并且它们彼此平分.

性质 9 凸四边形的两对角线分原四边形为四个三角形,相对两三角形面积之积相等.

推论 6 凸四边形为梯形的充要条件是有一对相对的三角形面积相等.

证明提示 由一对相对三角形面积相等,可推得这两个三角形相似,得内错角相等即证.

推论 7 凸四边形为平行四边形的充要条件是两对相对的三角形面积相等.

性质 10 凸四边形 $ABCD$ 为平行四边形的充要条件是:对于四边形内任意一点,有 $S_{\triangle PAB}+S_{\triangle PCD}=\frac{1}{2}S_{四边形ABCD}$.

证明 必要性:如图 46.8,若 $ABCD$ 为平行四边形,过点 P 作 $EF /\!/ AB$ 分别与 AD,BC 交于点 E,F,则

$$S_{\triangle PAB}=\frac{1}{2}S_{\square ABFE},S_{\triangle PCD}=\frac{1}{2}S_{\square EFCD}$$

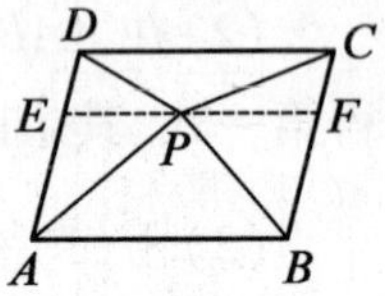

图 46.8

从而

$$S_{\triangle PAB}+S_{\triangle PCD}=\frac{1}{2}S_{四边形ABCD}$$

充分性:过点 P 作 AB 的平行线 EF 交 AD 于点 E,交 BC 于点 F.

此时 $S_{\triangle PAB}$的面积一定(因 $EF /\!/ AB$).

又由假设 $S_{\triangle PAB}+S_{\triangle PCD}=\frac{1}{2}S_{四边形ABCD}$(一定),则知 $S_{\triangle PCD}$总是一定的.

因此有 $EF /\!/ CD$. 故 $AB /\!/ CD$.

同理,$AD /\!/ BC$. 故四边形 $ABCD$ 为平行四边形.

性质 11 设凸四边形 $ABCD$ 的对角线 AC,BD 的中点分别为 E,F,直线 EF 与边 AB,AC 分别交于点 P,Q,则 $S_{\triangle PCD}=S_{\triangle QAB}=\frac{1}{2}S_{四边形ABCD}$.

证明 如图 46.9,注意到 $AE=EC,BF=FD$,则

$$\begin{aligned}S_{\triangle PCD}&=S_{\triangle DEC}+S_{\triangle DPE}+S_{\triangle CPE}\\&=S_{\triangle DEC}+S_{\triangle BPE}+S_{\triangle APE}\\&=S_{\triangle DEC}+S_{\triangle AEB}\\&=\frac{1}{2}S_{四边形ABCD}\end{aligned}$$

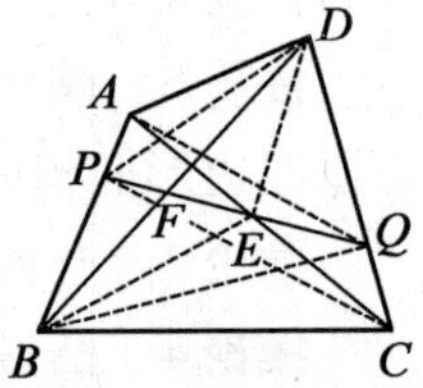

图 46.9

同理,$S_{\triangle QAB}=\frac{1}{2}S_{四边形ABCD}$.

性质 12 设凸四边形 $ABCD$ 的边 BA,CD 的延长线交于点 P,对角线 AC,BD 的中点分别为 E,F,则 $S_{\triangle PEF}=\frac{1}{4}S_{四边形ABCD}$.

证明 如图 46.10,由 E,F 分别为 AC,BD 的中点,知

$$S_{\triangle EFC}=\frac{1}{2}S_{\triangle AFC},S_{\triangle FCP}=\frac{1}{2}S_{\triangle PBC}$$

$$S_{\triangle PCE}=\frac{1}{2}S_{\triangle APC}$$

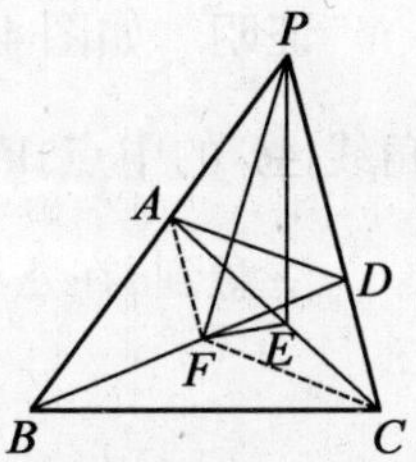

图 46.10

又

$$\begin{aligned}S_{\triangle PEF}&=S_{\triangle FCP}-S_{\triangle EFC}-S_{\triangle PCE}\\&=\frac{1}{2}(S_{\triangle PBC}-S_{\triangle AFC}-S_{\triangle APC})\\&=\frac{1}{2}S_{\text{四边形}ABCF}=\frac{1}{4}S_{\text{四边形}ABCD}\end{aligned}$$

性质 13 联结四边形 $ABCD$ 的两对角线 BD,AC 中点的线段 MN 不小于相对两边差的绝对值之半.

证明 如图 46.11,设 P 为 BC 中点,则 $PM=\frac{1}{2}CD,PN=\frac{1}{2}AB$.

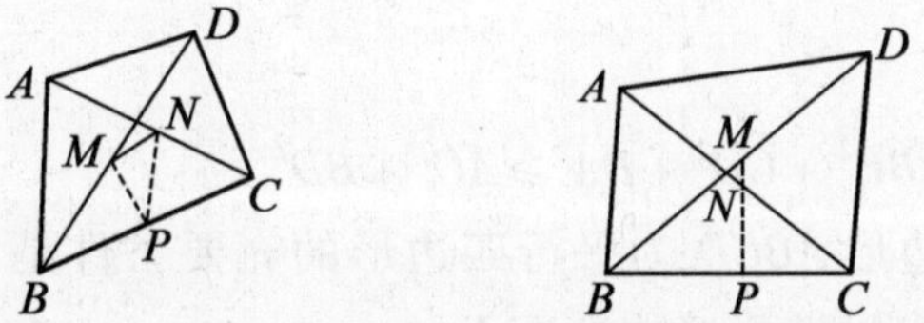

图 46.11

注意到三角形两边之差小于第三边,则 $|PM-PN|<MN$,即

$$\frac{1}{2}|CD-AB|<MN$$

同理,有

$$\frac{1}{2}|AD-BC|<MN$$

若 $AB/\!/DC$,则 M,N,P 在一条直线上,则

$$MN=|PM-PN|=\frac{1}{2}|CD-AB|$$

若 $AD/\!/BC$,同理 $MN=\frac{1}{2}|AD-BC|$.

性质 14 联结四边形对边中点的线段不大于另两边的和之半. 若该线段等于其和之半,则这个四边形是梯形.

证明 如图 46.12,设 P,Q 分别为四边形 $ABCD$ 的边 AD,BC 的中点,取对角线 AC 的中点 M,则 $PM=\frac{1}{2}DC,MQ=\frac{1}{2}AB$.

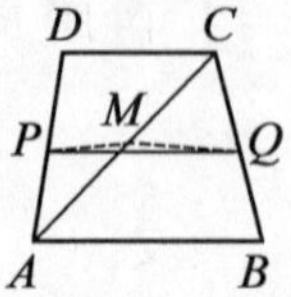

图 46.12

注意到,在 $\triangle MPQ$ 中,$PQ<PM+MQ$,故

$$PQ<\frac{1}{2}(AD+BC)$$

若 $PQ=PM+MQ$,则 M 在 PQ 上,从而 AD,BC 均平行于 PQ,所以四边形 $ABCD$ 为梯形.

性质 15 设 M,N 分别为凸四边形 $ABCD$ 的对角线 BD,AC 的中点,则

$$AB^2+BC^2+CD^2+DA^2=AC^2+BD^2+4MN^2$$

简证 由

$$\begin{aligned}AB^2+BC^2+CD^2+DA^2&=\frac{1}{2}AC^2+2BN^2+\frac{1}{2}AC^2+2DN^2\\&=AC^2+2(\frac{1}{2}BD^2+2MN^2)\end{aligned}$$

即证.

推论 8 $AB^2+BC^2+CD^2+DA^2\geqslant AC^2+BD^2$.

推论 9 凸四边形 $ABCD$ 为平行四边形的充要条件是 $AB^2+BC^2+CD^2+DA^2=AC^2+BD^2$.(参见性质 6 的推论 2)

推论 10 $AB^2+BC^2+CD^2+DA^2+AC^2+BD^2$ 等于两双对边中点连线及两对角线中点连线平方和的 4 倍.

性质 16 凸四边形各外角的平分线顺次相交,所得四点共圆. 对内角结论也成立.

证明提示 利用三角形内角和定理计算可得四边形对角和相等,即对角和为 180°.

性质 17 凸四边形四顶点在对角线上的射影组成的四边形与原四边形相似.

证明 如图 46.13,设 A_1,B_1,C_1,D_1 分别为四边形 $ABCD$ 在对角线上的射影. 又设 AC 与 BD 交于点 O.

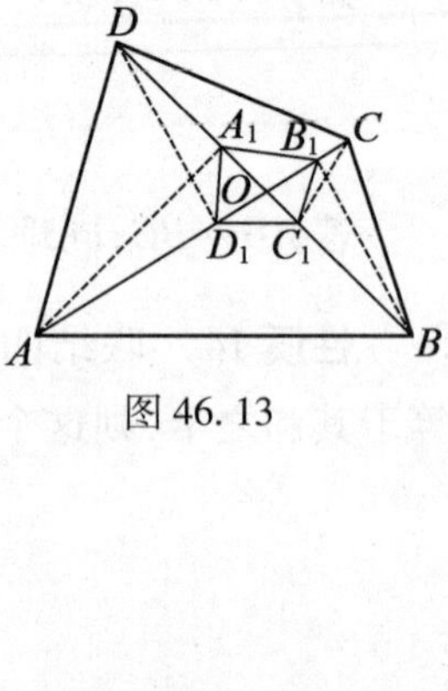

图 46.13

由 A,D_1,A_1,D 四点共圆,有 $\frac{OA_1}{OA}=\frac{OD_1}{OD}$.

同理,$\frac{OB_1}{OB}=\frac{OC_1}{OC},\frac{OA_1}{OB}=\frac{OB_1}{OB}$.

将 $A_1B_1C_1D_1$ 反转后与 $ABCD$ 为位似形,因而相似.

性质 18 凸四边形四顶点组成的四个三角形,(1)其四重心组成的四边形与原四边形相似;(2)每一顶点与其他三顶点组成的三角形的重心的连线共点;(3)其四个内切圆中任两圆的公切线段,等于其余两圆的公切线段,但这些公切线段以落在各边或对角线上为限;(4)对四边形 $ABCD$ 中的 $\triangle BCD$, $\triangle ACB$, $\triangle BDA$, $\triangle ABC$ 的面积和外接圆半径依次记为 $S_A, S_B, S_C, S_D, R_A, R_B, R_C, R_D$. 则:

① $a^2S_AS_B+b^2S_BS_C+c^2S_CS_D+d^2S_DS_A=e^2S_AS_C+f^2S_BS_D$;

② $ac(R_A\cdot R_D+R_B\cdot R_C)+bd(R_A\cdot R_C+R_B\cdot R_D)=ef(R_A\cdot R_B+R_C\cdot R_D)$.

证明 (1),(2)如图 46.14,设四边形 $ABCD$ 中 $\triangle BCD$, $\triangle ACD$, $\triangle BDA$, $\triangle ABC$ 的重心依次为 G_A, G_B, G_C, G_D, 取 AC, BD 的中点 M, N, 则在 $\triangle MBD$ 中,有 $G_DG_B=\frac{1}{3}BD$. 由相似三角形性质推导(也可看作梯形的性质)知, G_BB 与 G_DD 的交点 P 在 MN 的中点. 同理, G_AA 与 G_CC 的交点也在 MN 的中点,即证得 AG_A, BG_B, CG_C, DG_D 共点于 MN 的中点,即知四边形 $ABCD$ 与 $G_AG_BG_CG_D$ 是以 P 为位似中心的位似形. 即证得两个结论.

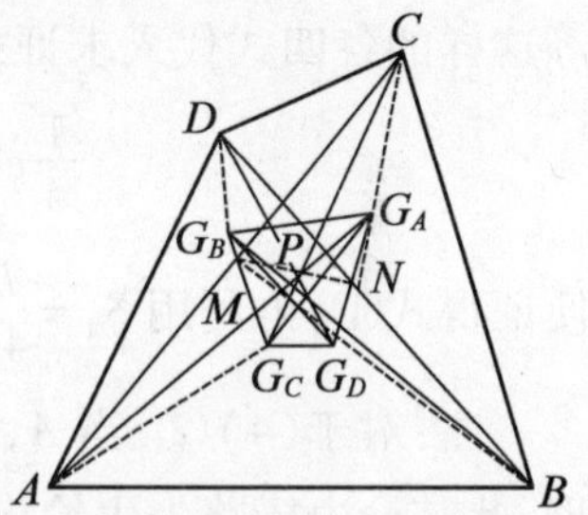

图 46.14

注:若连 AG_B 延长交 CD 于点 Q,则 Q, G_A, B 共线,则有 $G_BG_A=\frac{1}{3}AB$,同理有其余 3 式,亦可证得(1).

(3)如图 46.15,切点 P,Q,R,S,E,F,G,H,N,M,K,L 如图所示,则

$$AP=\frac{1}{2}(AB+AC-BC)$$

$$BS=\frac{1}{2}(BA+BD-AD)$$

$$CQ=\frac{1}{2}(CA+CD-AD)$$

$$DR=\frac{1}{2}(DB+DC-BC)$$

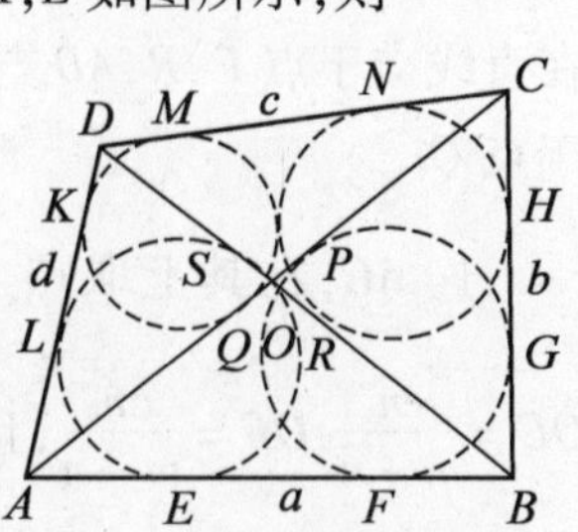

图 46.15

而

$$PQ = AC - (AP + CQ) = \frac{1}{2} \cdot [(AD + BC) - (AB + CD)]$$

$$RS = BD - (BS + DR) = \frac{1}{2} \cdot [(AD + BC) - (AB + CD)]$$

故 $PQ = RS$.

同理,$EF = MN$,$LK = GH$.

(4)设 AC 与 BD 相交于点 O,交角为 θ,则有

$$a^2 = OA^2 + OB^2 - 2OA \cdot OB \cdot \cos\theta, S_A = \frac{1}{2}BD \cdot OC \cdot \sin\theta$$

等这样的各四式代入求证式①两边,则有

$$\frac{1}{4}e^2f^2(OA \cdot OC + OB \cdot OD)\sin^2\theta$$

便证得式①;再利用 $S_A = \frac{bcf}{4R_A}$ 等四式代入①便证得式②.

注:对于(4)②,当 A,B,C,D 共圆时,$R_A = R_B = R_C = R_D$,此即为托勒密定理. 此结论由杨路先生给出.

性质 19 若 E,F 分别为平面四边形 $ABCD$(凸,凹,折均可)的边 AD,BC 上的点,且 $\frac{DE}{EA} = \frac{CF}{FB} = \frac{m}{n}$. 又设 EF 与 AB,CD 所成的角分别为 α,β,则

$$na \cdot \sin\alpha = mc \cdot \sin\beta$$

$$(m+n)^2EF^2 = (na)^2 + (mc)^2 + 2mnac \cdot \cos(\alpha+\beta)$$

证明 如图 45.16,对于凸四边形 $ABCD$,设 EF 所在直线分别与 AB,DC 所在直线交于点 P,R,AB 与 DC 所在直线交于点 Q.

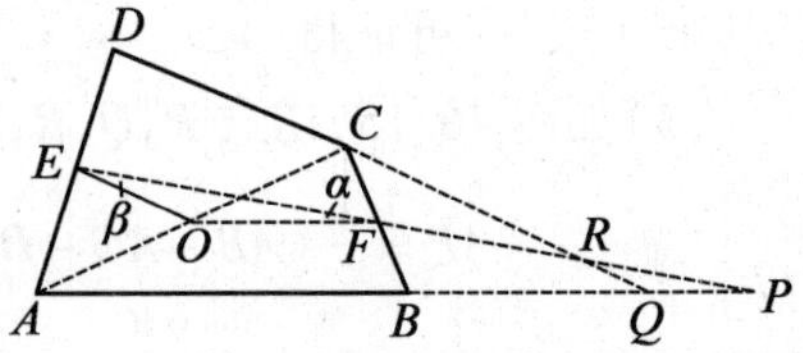

图 46.16

连 AC,在其上取点 O,使 $\frac{CO}{OA} = \frac{m}{n}$,则 $OE = \frac{cn}{m+n}$,$OF = \frac{am}{m+n}$,且 $\angle OEF = \beta$,$\angle OFE = \alpha$,在 $\triangle EOF$ 中,运用正弦定理,余弦定理即证得结论.

对于凹、折四边形可类似证明(略).

推论 11 (1)若设 AB 与 CD 的夹角为 θ,则 $\theta=\alpha+\beta$;

(2)若 $\frac{m}{n}=1$,则得四边形对边中点连线长公式;

(3)若 $c=0$, $\frac{m}{n}=1$,则得三角形中位线定理;

(4)若 $\theta=0°$, $\frac{m}{n}=1$,则得梯形中位线定理;

(5)对于折四边形,即 $\alpha=180°$ 时, $\frac{m}{n}=1$,则得梯形两对角线中点连线长公式 $EF=\frac{|a-e|}{2}$;

(6)若 $\alpha=0°$,则得分梯形两腰为 $\frac{m}{n}$ 的线段长公式 $EF=\frac{am+cn}{m+n}$,若 $a=180°$,则 $EF=\frac{|am-cn|}{m+n}$;

(7)若 B, C 重合,则有

$$\begin{aligned}CE&=\frac{1}{m+n}\sqrt{(am)^2+(cn)^2+2mnac\cdot\cos C}\\&=\frac{1}{m+n}\sqrt{(am)^2+(cn)^2+mn(a^2+c^2-d^2)}\end{aligned}$$

此时,①当 $m=n$ 时,为阿波罗尼斯定理;②当 $\frac{m}{n}=\frac{c}{a}$ 时,为 C 的平分线长公式 $\frac{1}{a+c}\sqrt{ac[(a+c)^2-d^2]}$;③当 $DE=m$, $EA=n$,则 $d=m+n$,由②即得斯库顿定理……

性质 20 凸四边形为平行四边形或梯形的充要条件是凸四边形一组对边的中点和两条对角线的交点共线.

证明 如图 46.17,设 M, N 分别为凸四边形 $ABCD$ 的边 AB, CD 的中点, P 为 AC 与 BD 的交点.

充分性:若 M, P, N 共线. 作 DC 的平行线,使其与 PA, PB 分别交于点 C', D',与 PM 交于点 N'. 连 $C'M$, $D'M$,作 $C'E\perp AB$ 于点 E,作 $D'F\perp AB$ 于点 F.

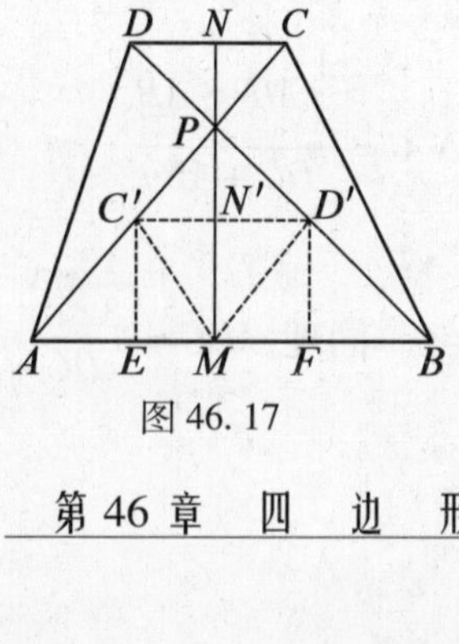

图 46.17

由 $C'D'/\!/CD$ 有 $\frac{C'N'}{CN}=\frac{PN'}{PN}=\frac{N'D'}{ND}$,而 $CN=ND$,即知 N' 为 $C'D'$ 的中点. 易证 $S_{\triangle PC'N'}=S_{\triangle PD'N'}$,$S_{\triangle MC'N'}=S_{\triangle MD'N'}$,$S_{\triangle PAM}=S_{\triangle PBM}$,从而 $S_{\triangle AMC'}=S_{\triangle BMD'}$,又 $AM=MB$,则必有 $C'E=D'F$. 注意到 C',D' 在 AB 同侧,故 $C'D'/\!/AB$,即 $AB/\!/CD$(注:若作 $MG/\!/BD$ 交 AP 于点 G,则 G 为 AP 的中点,作 $NH/\!/DB$ 交 PC 于点 H,则 H 为 PC 的中点,由 $\triangle PGM\backsim\triangle PHN$ 可得 $\triangle PAM\backsim\triangle PCN$,即有 $AB/\!/CD$).

当 $AB=CD$ 时,$ABCD$ 为平行四边形;当 $AB\neq CD$ 时,$ABCD$ 为梯形.

必要性:显然.(略)

性质 21 (1)梯形的重心(面积重心)在它的中线(梯形两底的中点连接)上,且内分中线之比为 $(2m+n):(m+2n)$,其中 m,n 分别为梯形的两底边之长;

(2)梯形的中线长等于两腰平方和之二倍与两底差之平方的差的方根之半.

证明 如图 46.18,M,N 分别是梯形 $ABCD$ 两底 AB,CD 的中点,G 为其重心.

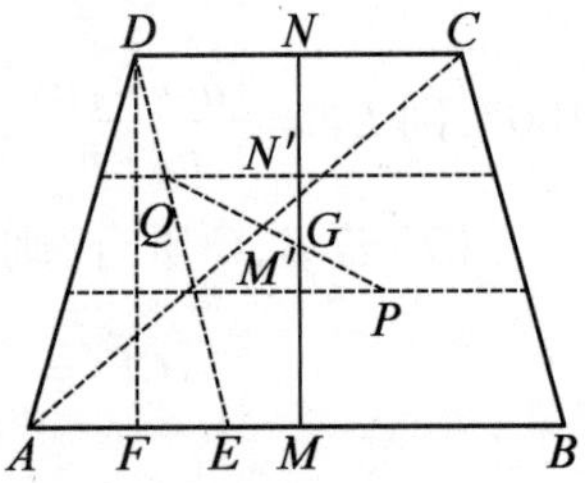

图 46.18

(1)若延长两腰相交于点 S,则 $\triangle ABS$,$\triangle DCS$ 的中线 SM,SN,梯形中线 MN 三线共于一条直线上,而两三角形的重心在此直线上,故梯形 $ABCD$ 的重心 G 在其中线 MN 上.

连 AC,设 P,Q 分别为 $\triangle ABC$ 和 $\triangle ACD$ 的重心,则 G 必在直线 PQ 上. 设 PQ 与 MN 相交于点 G.

过 P,Q 分别作底边的平行线与中线相交于点 M' 和 N',则 $M'N'=\frac{1}{3}MN$,且 $\frac{PG}{QG}=\frac{M'G}{N'G}$.

注意到力学原理,有 $\frac{PG}{QG}=\frac{S_{\triangle ACD}}{S_{\triangle ABC}}=\frac{DC}{AD}$,从而 $\frac{M'G}{N'G}=\frac{DC}{AB}$,即 $\frac{M'N'}{N'G}=\frac{DC+AB}{AB}$,故

$$N'G=\frac{\frac{1}{3}MN\cdot AB}{DC+AB}.$$

同理,$M'G=\frac{\frac{1}{3}MN\cdot DC}{DC+AB}$,而 $\frac{NG}{MG}=\frac{\frac{1}{3}MN+N'G}{\frac{1}{3}MN+M'G}$,故

$$\frac{NG}{MG}=\frac{2AB+DC}{AB+2DC}=\frac{2m+n}{m+2n}$$

(2)过 D 作 BC 的平行线 DE 交 AB 于点 E,作 $\triangle AED$ 的中线 DF 交 AB 于点 F. 由 $AF=\frac{1}{2}(AB-DC)=AM-DN$,而 $AF=AM-FM$,故 $DN=FM$. 又由 $DN /\!/ FM$ 知,$FMND$ 为平行四边形,即 $MN \underline{/\!/} DF$. 由于 DF 为 $\triangle AED$ 的中线,则

$$DF=\frac{1}{2}\sqrt{2(DE^2+AD^2)-AE^2}$$

注意到 $DE=BC$,$AE=AB-DC$,故

$$MN=DF=\frac{1}{2}\sqrt{2(BC^2+AD^2)-(AB-DC)^2}$$

性质 22 若凸四边形的对角线互相垂直,则:

(1)一双对边的平方和等于另一双对边的平方和,对边中点连线长(中位线长)相等;

(2)过对角线交点向每边引垂线得四垂足,又每垂线与对边相交得四交点,此八点共圆.

事实上,对于(2),设凸四边形 $ABCD$ 的对角线 AC 与 BD 垂直相交于点 E,从点 E 分别作边 AB,BC,CD,DA 的垂线,垂足依次为 P,Q,R,S. 垂线与对边依次相交于点 P',Q',R',S'.

由 P,B,Q,E 四点共圆,有 $\angle EPQ=\angle EBQ$.

同理,$\angle EPS=\angle EAS$,$\angle ERS=\angle EDS$,$\angle ERQ=\angle ECQ$. 从而

$$\begin{aligned}\angle QPS+\angle QRS&=\angle EPQ+\angle EPS+\angle ERS+\angle ERQ\\&=\angle EBQ+\angle EAS+\angle EDS+\angle ECQ\\&=180^\circ\end{aligned}$$

于是,P,Q,R,S 四点共圆.

由 $\angle PR'R=\angle EBP+\angle BER'$,$\angle BER'=\angle DER=\angle EQR$,知

$$\angle PR'R=\angle EQP+\angle EQR=\angle PQR$$

即点 R' 在前四点的圆上.

同理,可证其余 3 点 P',Q',S' 也在前四点的圆上,故这八点共圆.

性质 23 平行四边形为矩形的充要条件是平面内任一点到平行四边形两双相对顶点的距离的平方和相等.

证明 充分性:令 P 为$\square ABCD$ 所在平面内任一点,Q 为 AC 与 BD 的交点,分别取 PA,PB,PC,PD 的中点 R,S,T,K,则四边形 $KPSQ,PRQT$ 均为平行四边形,故

$$2(PK^2+PS^2)=PQ^2+SK^2,2(PR^2+PT^2)=PQ^2+RS^2$$

由题设 $PB^2+PD^2=PA^2+PB^2$,即 $4PK^2+4PS^2=4PR^2+4PR^2$. 则 $RT^2=KS^2$,而 $RT=\frac{1}{2}AC,KS=\frac{1}{2}BD$,故 $AC=BD$. 即证.

必要性:设 P 到矩形 $ABCD$ 的边 AB,DC,BC,AD 的距离分别为 d_1,d_2,d_3,d_4,由勾股定理,有 $PA^2+PC^2=PB^2+PD^2$.

有两条边相交的四边形称为折四边形,凸四边形的两条对边和两条对角线就组成折四边形,折四边形又是有对顶角的两个三角形.

性质 24 折四边形中非对顶角的两对应顶角和相等.

性质 25 连接对角线后的折四边形中的两双对顶三角形面积相等的充要条件是相交两边中有一条边被平分.

证明 如图 46.19,设折四边形 $ABCD$ 的边 AD 与 BC 交于点 E,记 $AE=m_1,ED=m_2,BE=n_1,EC=n_2,\angle AEB=\angle CED=\alpha$,则

$$(S_{\triangle AEC}+S_{\triangle BED})-(S_{\triangle AEB}+S_{\triangle CED})$$
$$=\frac{1}{2}(m_1n_2+n_1m_2-m_1n_1-m_2n_2)\sin\alpha$$
$$=\frac{1}{2}(n_2-n_1)(m_1-m_2)\sin\alpha=0$$
$$\Leftrightarrow n_1=n_2 \text{ 或 } m_1=m_2$$

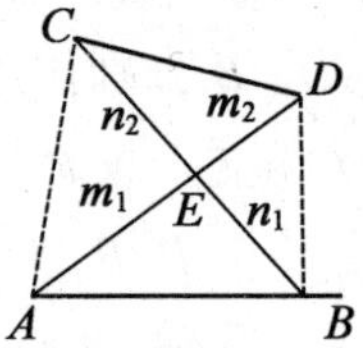

图 46.19

性质 26 折四边形非相交对边平行的充要条件是相交边分成的四线段成反比例(即 $m_1n_1=m_2n_2$).

性质 27 (1)在有一双对边平行的折四边形中,相交的一双对边若不互相平分,则它们的中点连线平行于该双平行的对边且等于其半差;

(2)若折四边形相交两边中点的连线平行于第三边,则也平行于第四边.

证明 如图 46.20,设 N,M 分别为折四边形 $ABCD$ 相交边 BC,AD 的中点.

(1)过 D 作 $DG /\!/ CB$ 交 AB 的延长线于点 G,由 $AB /\!/ CD$,即知

$$MF=MN+NF=\frac{1}{2}(AB+BG)$$

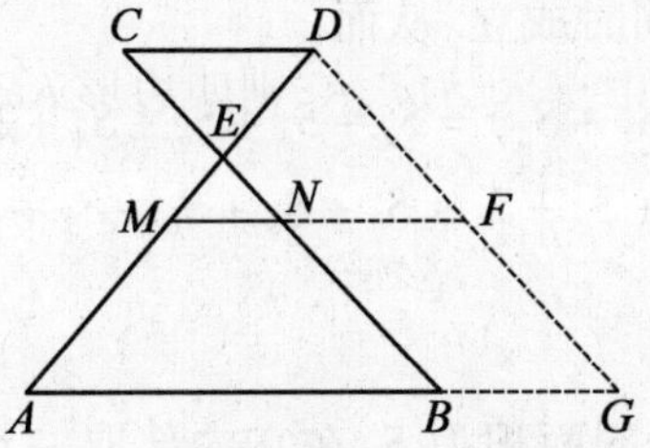

图 46.20

由此即有

$$MN=\frac{1}{2}(AB-CD)$$

(2)由 $MN/\!/AB$ 知$\frac{EM}{EA}=\frac{EN}{EB}$,即$\frac{EM}{EA-EM}=\frac{EN}{EB-EN}$,亦即$\frac{EM}{ED}=\frac{EN}{EC}$,故 $MN/\!/CD$.

例 1 试证:凸四边形的第一组对边平行的充要条件是第二组对边的中点连线长等于第一组对边和的一半.

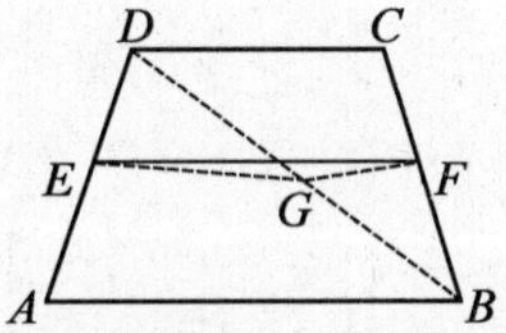

图 46.21

证明 必要性显然,下证充分性. 如图 46.21,对于凸四边形 $ABCD$,E,F 分别为 AD,BC 的中点,则有 $EF=\frac{1}{2}(AB+CD)$.

连 BD,取其中点 G,连 EG,FG,则由三角形中位线定理知,$EG=\frac{1}{2}AB$,$FG=\frac{1}{2}CD$,则 $EG+FG=\frac{1}{2}(AB+CD)=EF$,故 G 在 EF 上,于是 $AB/\!/EF/\!/DC$.

例 2 如图 46.22,设 $ABCD$ 是一个梯形($AB/\!/CD$),E 是线段 AB 上一点,F 是线段 CD 上一点,线段 CE 与 BF 相交于点 H,线段 ED 与 AF 相交于点 G. 求证:$S_{四边形EHFG}<\frac{1}{4}S_{梯形ABCD}$.

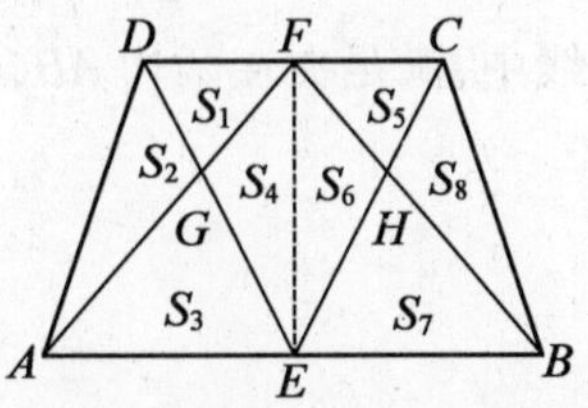

图 46.22

证明 连 EF,将梯形分成 8 个小三角形的面积,如图所示记为 $S_i(i=1,2,\cdots,8)$. 由推论 6 知 $S_2=S_4$,$S_6=S_8$. 又由性质 9 知 $S_2^2=S_1\cdot S_3$,从而 $S_2\leqslant\frac{1}{2}(S_1+S_3)$,同理 $S_6\leqslant\frac{1}{2}(S_5+S_7)$.

由于 $ABCD$ 为梯形,所以 $AEFD$ 和 $EBCF$ 至少有一个是梯形,由推论 7 知,

上述不等式两等号不能同时成立. 从而

$$4S_{\text{四边形}EHFG}=4(S_4+S_6)=S_2+S_4+S_6+S_8+2\sqrt{S_1\cdot S_3}+2\sqrt{S_5\cdot S_7}$$
$$<S_1+S_2+S_3+S_4+S_5+S_6+S_7+S_8=S_{\text{梯形}ABCD}$$

故 $S_{\text{四边形}EHFG}<\frac{1}{4}S_{\text{梯形}ABCD}$.

例 3 已知凸四边形的面积为 S,在它内部取一点并作其关于各边中点的对称点,得到新四边形四顶点. 求新四边形的面积.

解 如图 46.23,设 O 为凸四边形 $ABCD$ 内一点,E,F,G,H 依次为各边中点,E_1,F_1,G_1,H_1 分别为点 O 关于这些中点的对称点.

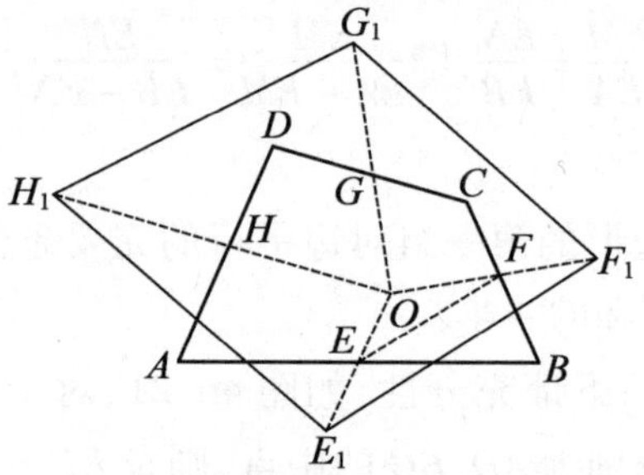

图 46.23

因为 EF 是 $\triangle E_1OF_1$ 的中位线,则 $S_{\triangle E_1OF_1}=4S_{\triangle EOF}$. 同理有 $S_{\triangle F_1OG_1}=4S_{\triangle FOG}$,$S_{\triangle G_1OH_1}=4S_{\triangle GOH}$,$S_{\triangle H_1OE_1}=4S_{\triangle HOE}$. 从而 $S_{\text{四边形}E_1F_1G_1H_1}=4S_{\text{四边形}EFGH}$. 由性质 8 知,$S_{\text{四边形}E_1F_1G_1H_1}=2S$.

例 4 如图 46.24,设 P,Q 分别为凸四边形 $ABCD$ 一组对边 BC,AD 的中点. 试证:当 AB 与 CD 不平行时,在过线段 PQ 上任意给定的一点 R 的所有直线中,满足夹在两边 AB,CD 间的线段恰被点 R 平分的有且仅有一条.

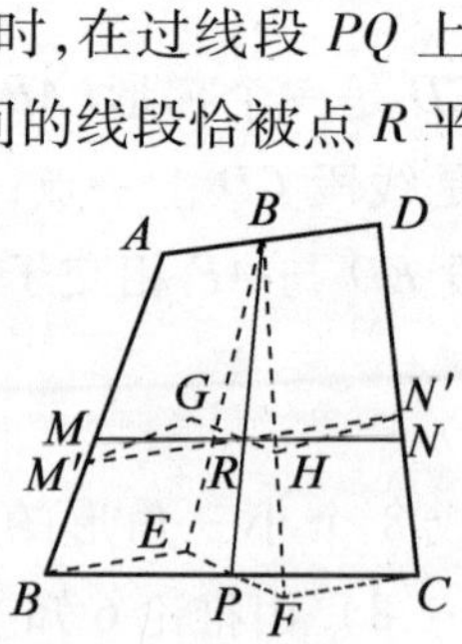

图 46.24

证明 存在性:作 $QE\mathrel{\underline{\mathbin{/\!/}}}AB$,$QF\mathrel{\underline{\mathbin{/\!/}}}DC$,连 BE,CF,PE,PF. 易证 $\triangle PFC\backsim\triangle PEB$,从而 F,P,E 共线. 过点 R 作 $GH/\!/EF$ 交 EQ 于点 G,交 FQ 于点 H,作

$GM/\!/AQ$ 交 AB 于点 M，作 $HN/\!/QD$ 交 DC 于点 N，连 MR,NR，易证 $\triangle MGR\cong\triangle HNR$，则 $NR=RM$，且 N,R,M 共线.

唯一性：若还有一条直线 $M'N'$ 满足 $M'R=RN'$，则易证 $\triangle MGR\cong\triangle NN'R$，从而 $MM'/\!/NN'$，得 $AB/\!/CD$ 与题目条件矛盾.

例5 如图46.25，在凸四边形 $ABCD$ 的边 AB,DC 上各取一点 M,N，满足 $\frac{AM}{MB}=\frac{DN}{NC}=\frac{m}{n}$，在边 BC,AD 上各取一点 E,F，满足 $\frac{BE}{EC}=\frac{AF}{FD}=\frac{e}{f}$. 求证：$MN$ 分 EF 成两段之比为 $\frac{m}{n}$，EF 分 MN 成两段之比为 $\frac{e}{f}$.

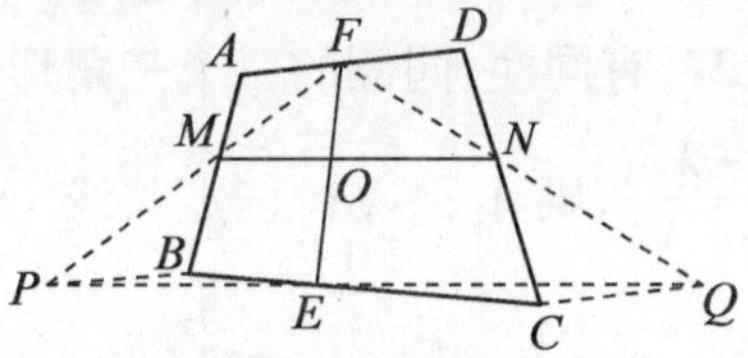

图46.25

证明 过 B,C 分别作 AD 的平行线交 FM,FN 于点 P,Q，连 PE,EQ，则

$$\frac{AF}{PB}=\frac{AM}{MB}=\frac{DN}{NC}=\frac{FD}{CQ},\frac{PB}{CQ}=\frac{AF}{FD}=\frac{BE}{EC}$$

可证 $\triangle PBE\backsim\triangle QCE$，从而 P,E,Q 共线.

又 $\frac{FM}{MP}=\frac{AM}{MB}=\frac{DN}{NC}=\frac{FN}{NQ}$，则 $MN/\!/PQ$. 设 MN 与 EF 交于点 O，则

$$\frac{FO}{OE}=\frac{FM}{MP}=\frac{AM}{MB}=\frac{m}{n},\frac{MO}{ON}=\frac{PE}{EQ}=\frac{BE}{EC}=\frac{e}{f}$$

例6 如图46.26，S,O 分别为梯形 $ABCD$ 两腰 AD,BC 延长线的交点和对角线的交点，延长 DC 至 F 使 $CF=AB$，延长 BA 至 E 使 $AE=CD$，设 EF 与 SO 交于点 G. 求证：G 为梯形重心.

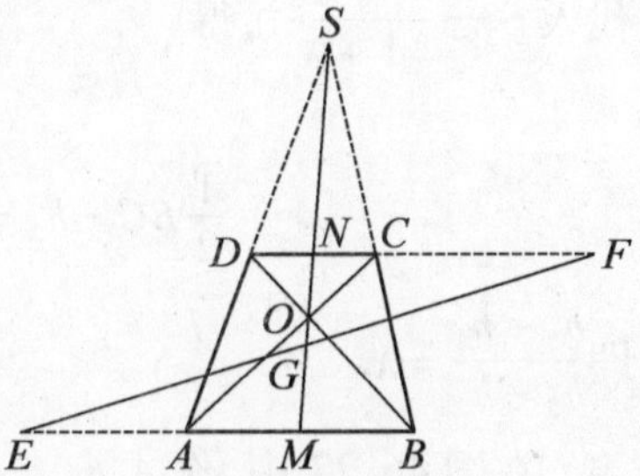

图46.26

证明 设直线 OS 与 AB,DC 分别交于点 M,N. 由题设，有

$$\frac{DN}{AM}=\frac{NC}{MB}=\frac{DC}{AB},\frac{DN}{MB}=\frac{NC}{AM}=\frac{DC}{AB}$$

即知$\frac{DN}{AM}=\frac{DN}{MB}$,即 $AM=MB$.

同理 $DN=NC$,即 MN 为其中线.

由$\triangle EMG\backsim\triangle FNG$,有

$$\frac{NG}{MG}=\frac{NF}{ME}=\frac{CF+NC}{AM+EA}=\frac{AB+\frac{1}{2}DC}{\frac{1}{2}AB+CD}=\frac{2AB+DC}{AD+2DC}$$

注:我们还可证梯形对角线交点 O 和重心 G 分中线 MN 成三段之比为 $NO:OG:GM=3:2(t-1):(t+2)$,其中 t 为两底之比.

例 7 已知如图 46.27,有同底、同侧的三个三角形,$S_{\triangle BA_iC}=S_i(i=1,2,3)$,$\frac{A_1A_2}{A_2A_3}=\lambda$,若满足 $S_2=\frac{S_1+\lambda S_3}{1+\lambda}$,则 A_1,A_2,A_3 三点共线.

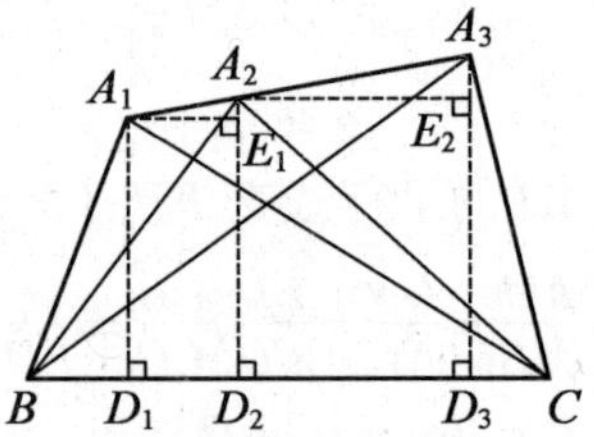

图 46.27

证明 记$\triangle BA_iC$ 的公共底 BC 上的高为 $h_i(i=1,2,3)$,则

$$S_i=\frac{1}{2}BC\cdot h_i(i=1,2,3)$$

代入 $S_2=\frac{S_1+\lambda S_3}{1+\lambda}$,得

$$\frac{1}{2}BC\cdot h_2=\frac{\frac{1}{2}\cdot BC\cdot h_1+\lambda\cdot\frac{1}{2}BC\cdot h_3}{1+\lambda}$$

即$\frac{h_2-h_1}{h_3-h_2}=\lambda$.

在图 46.27 中,作 $A_1E_1\perp A_2D_2$ 于点 E_1,作 $A_2E_2\perp A_3D_3$ 于点 E_2.

在 Rt$\triangle A_1A_2E_1$ 和 Rt$\triangle A_2A_3E_2$ 中,因$\frac{A_1A_2}{A_2A_3}=\frac{A_2E_1}{A_3E_2}=\lambda$,则 Rt$\triangle A_1A_2E_1\backsim$ Rt$\triangle A_2A_3E_2$,$\angle A_2A_1E_1=\angle A_3A_2E_2$,故

$$\angle A_1A_2E_1+\angle A_3A_2E_2+\angle E_1A_2E_2=90^\circ+90^\circ=180^\circ$$

故 A_1,A_2,A_3 三点共线.

例 8 已知在 $\triangle ABC$ 中, BE,CF 是两条内角平分线,点 P 在 EF 上. 证明:点 P 到 $\triangle ABC$ 各边的距离中,最长的距离等于其余两段距离之和.

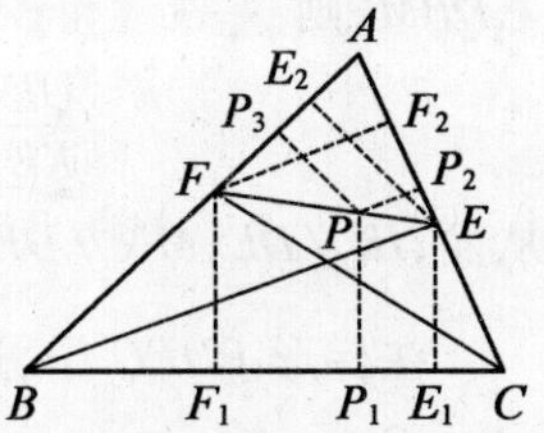

图 46.28

证明 如图 46.28,作 $PP_1\perp BC$ 于点 P_1, $PP_2\perp CA$ 于点 P_2, $PP_3\perp AB$ 于点 P_3, $EE_1\perp BC$ 于点 E_1, $FF_1\perp BC$ 于点 F_1, $EE_2\perp AB$ 于点 E_2, $FF_2\perp CA$ 于点 F_2. 易知 $EE_1=EE_2$, $FF_1=FF_2$.

在梯形 EE_1F_1F 中, $PP_1 /\!/ EE_1 /\!/ FF_1$,令 $\dfrac{EP}{PF}=\dfrac{e}{f}$,由推论 11,有

$$PP_1=\frac{e\cdot FF_1+f\cdot EE_1}{e+f}$$

由 $\triangle EPP_2\backsim\triangle EFF_2$,得

$$PP_2=\frac{e}{e+f}\cdot FF_2$$

由 $\triangle FPP_3\backsim\triangle FEE_2$,得

$$PP_3=\frac{f}{e+f}\cdot EE_2$$

故

$$\begin{aligned}PP_2+PP_3&=\frac{e\cdot FF_2+f\cdot EE_2}{e+f}\\&=\frac{e\cdot FF_1+f\cdot EE_1}{e+f}\\&=PP_1\end{aligned}$$

例 9 如图 46.29,在 $\triangle ABC$ 中, D,E 是边 BC 上的两点,且 $BD=DE=EC$, $GF /\!/ BC$ ($G\in AB$, $F\in AC$)且交 AD,AE 于点 P,Q, BF 交 AD,AE 于点 M,K, CG 交 AD, AE 于点 I,N. 求证: $\dfrac{1}{DE},\dfrac{1}{MN},\dfrac{1}{IK},\dfrac{1}{PQ}$ 成等差数列.

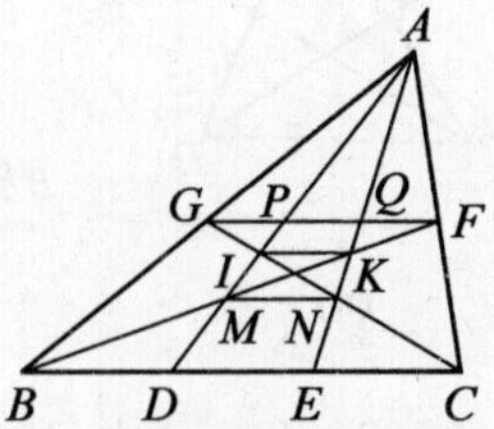

图 46.29

证明 令 $DE=1$,则 $BD=EC=1$, $EB=DC=2$. 易知 $GP=PQ=QF$.

令 $PQ=a$,则 $GP=QF=a$, $GQ=PF=2a$.

由 $GF/\!/BC$,得 $\triangle QKF\backsim\triangle EKB$, $\triangle GPI\backsim\triangle CDI$, $\triangle QNG\backsim\triangle ENC$, $\triangle PFM\backsim\triangle DBM$,则

$$\frac{QK}{KE}=\frac{QF}{BE}=\frac{GP}{DC}=\frac{PI}{ID},\frac{QN}{NE}=\frac{GQ}{EC}=\frac{PF}{BD}=\frac{PM}{MD}$$

从而, $IK/\!/DE$, $MN/\!/DE$.

在梯形 $PDEQ$ 中,运用推论 11,由 $PQ/\!/IK/\!/DE$ 和 $\frac{PI}{ID}=\frac{a}{2}$,得

$$IK=\frac{a+2a}{a+2}$$

故
$$\frac{1}{IK}=\frac{a+2}{3a}$$

由 $PQ/\!/MN/\!/DE$ 和 $\frac{PM}{MD}=2a$,得

$$MN=\frac{2a+a}{2a+1}$$

故
$$\frac{1}{MN}=\frac{2a+1}{3a}$$

注意到

$$\frac{1}{DE}+\frac{1}{IK}=1+\frac{a+2}{3a}=\frac{2(2a+1)}{3a}=2\cdot\frac{1}{MN}$$

$$\frac{1}{MN}+\frac{1}{PQ}=\frac{2a+1}{3a}+\frac{1}{a}=\frac{2(a+2)}{3a}=2\cdot\frac{1}{IK}$$

因此, $\frac{1}{DE},\frac{1}{MN},\frac{1}{IK},\frac{1}{PQ}$ 成等差数列.

例 10 如图 46.30,求各图中单折边封闭折线顶角和.

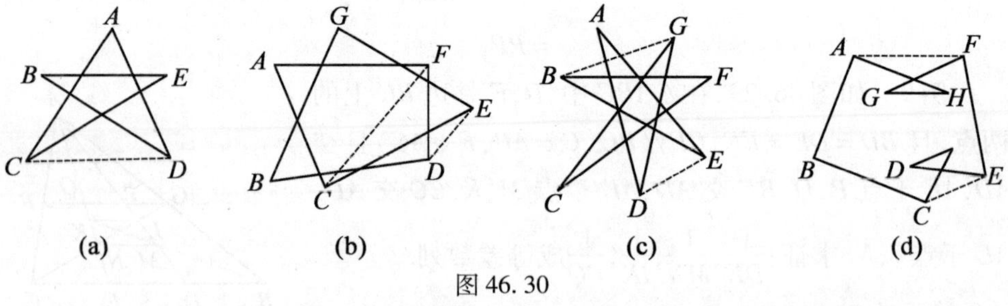

图 46.30

解 图(a)中,连 CD,运用性质 24,在 $\triangle ACD$ 和折四边形 $CDBE$ 中求得

$$\angle A+\angle B+\angle C+\angle D+\angle E=180^\circ$$

图(b)中,连 CF,DE,则有

$$\angle A+\angle B+\angle C+\angle D+\angle E+\angle F+\angle G=540^\circ$$

图(c)中,连 BG,DE,则有

$$\angle A+\angle B+\angle C+\angle D+\angle E+\angle F+\angle G=180^\circ$$

图(d)中,连 AF,CE,则有

$$\angle A+\angle B+\angle C+\angle D+\angle E+\angle F+\angle G+\angle H=540^\circ$$

例 11 如图 46.31,在 $\triangle ABF$ 中,D 在 AB 上,C 在 AF 上,$AB=AC$,且 $BD=CF$,BC 与 DF 交于点 E. 求证:$S_{\triangle BDE}+S_{\triangle CFE}=S_{\triangle CDE}+S_{\triangle BFE}$.

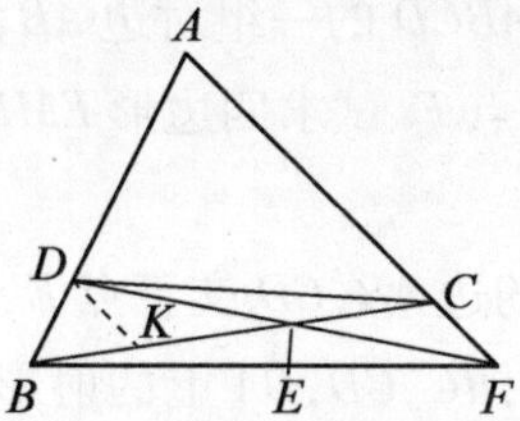

图 46.31

证明 作 $DK/\!/CF$ 交 BE 于点 K,则 $DK=DB=CF$,即有 $DE=EF$,由性质 18,即知结论成立.

例 12 如图 46.32,在正方形 $ABCD$ 中,E 为 BD 上任一点,$DG\perp AE$ 于点 G,交 AC 于点 F. 求证:$\triangle CDF\cong\triangle DAE$.

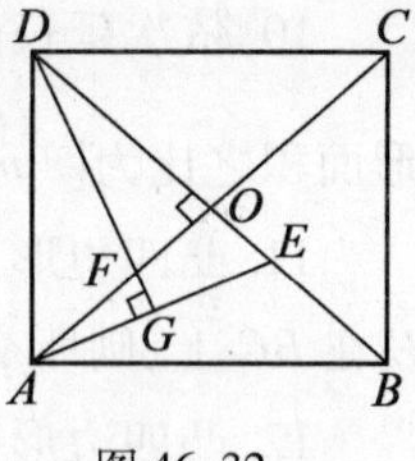

图 46.32

证明 由性质 17 即知 $\angle GAF=\angle GDE$,由此有 $\angle DAE=\angle FDC$. 而 $AD=DC$,$\angle ADE=\angle DCF$,从而 $\triangle CDF\cong\triangle DAE$.

思考题

1. 已知▱$ABCD$ 的面积为 1,E 为 BC 上一点,$DE:EC=3:2$,AE 与 BD 交于点 F. 求 $S_{\triangle DEF}$,$S_{\triangle EFB}$,$S_{\triangle AFB}$.

2. E 是▱$ABCD$ 中边 BC 的中点,AE 交对角线 BD 于点 G. 若 $S_{\triangle BEG}=1$,

求 $S_{\square ABCD}$.

3. P 为活动的凸四边形 $ABFE$(边 AB 固定)的边 EF 上一定点,且 $EP:PF=\lambda$ $(\lambda>0)$. 当 AE,BF 的内分点 M,N 满足 $EM:MA=BN:NF=\lambda$ 时,求证:MN 恒过一定点.

4. 在圆的直径 AB 一端点 A 的切线上取一点 C,自 C 作切线 CD,自切点 D 作 AB 的垂线,垂足为 E. 求证:ED 被直线 BC 所平分.

5. AB 是圆 O 的直径,PA 是切线,割线 PCD 交圆 O 于点 C,D,联结 BC,BD 分别交直线 PO 于点 E,F. 求证:$EO=FO$.

6. 在边长为 1 的正方形 $ABCD$ 的一组对边 AB,CD 上各取一点 M,N,AN 与 DM 交于点 E,BN 与 CM 交于点 F. 试求四边形 $EMFN$ 的最大面积,并指出 M,N 在何种位置时可取最大值.

7. 延长凸四边形 $ABCD$ 的边 AB,CD 交于点 E,AD,BC 交于点 F,圆 BCE 与圆 CDF 交于点 P,则 P 在 AB,BC,CD,DA 上的射影 G,M,H,N 共线.

8. 试证:凸四边形的一组对边平行$\Leftrightarrow$对角线中点连线等于该组对边差的一半.

9. 凸四边形的四条边,两条对角线,这六条线段中最长线段与最短线段的比不小于$\sqrt{2}$.

10. 依次延长凸四边形各边至原边的$\frac{n}{m}$. 求证:所得四边形的面积与原四边形面积之比为$[(m+n)^2+n^2]:m^2$.

11. 凸四边形 $ABCD$ 中,若一双对角 $\angle A,\angle C$ 的平分线 AE,CF 相交于点 F,E 在 BC 上,则所交成的角有一个等于另一双对角(内角)的半差.

12. 凸四边形有一双对边相等,则另一双对边中点的连线与该双对边的延长线交等角.

13. 一直线与凸四边形四边或其延长线相交,则每一边被此直线分成的两线段(包括延长部分)的比的乘积等于 1.

14. 凸四边形 $ABCD$ 的对角线 AC,BD 相交于点 P,若圆 PAB 与圆 PCD 交于点 Q,圆 PAD 与圆 PBC 交于点 R. 求证:P,Q,R 与 AC,BD 的中点五点共圆.

15. 证明:如果凸四边形的对角线相等,则它的面积等于联结对边中点的两线段之积.

16. 在平行四边形的每条边上依次取点,这四点组成新四边形的面积等于平行四边形面积的一半. 证明:新四边形至少有一条对角线平行于平行四边形的边.

17. 证明:两个四边形相似,当且仅当它们的四个对应角相等且对角线的夹角对应相等.

18. 设 G 为凸四边形 $ABCD$ 的过两对角线中点而与另一对角线平行的两直线的交点,则点 G 与四边中点的连线将原四边形的面积四等分.

19. 设在凸四边形 $ABCD$ 中,对角线 AC 平分 BD 于点 O. 过 O 任作两条直线,一条交 AB 于点 E,交 CD 于点 F,另一条交 AD 于点 G,交 BC 于点 H,FG 和 EH 分别交 BD 于点 I 和 J. 求证:$IO=IJ$.

20. 设凸(或折)四边形 $ABCD$ 的对角线 AC,BD 的交点为 M,过点 M 作 AD 的平行线分别交 AB,CD 于点 E,F,交 BC 于点 O;P 是以 O 为圆心,以 OM 为半径的圆上一点,则 $\angle OPF=\angle OEP$.

21. 在四边形(凸或凹或折)四边形 $ABCD$ 中,试证:

(1)对角线 AC,BD 所成的角为 θ,$|AC|=l_1$,$|BD|=l_2$,其有向面积(顶点逆时针方向排列)为 S,则 $|S|=\frac{1}{2}l_1l_2\cdot\sin\theta$;

(2)若 $|AB|=a$,$\angle A=\alpha$,$\angle B=\beta(\alpha,\beta\in(0,\pi))$,点 C,D 到直线 AB 的距离为 h_1,h_2,则 $S=\frac{1}{2}[a(h_1+h_2)-h_1h_2\delta]$,其中 $\delta=\cot\alpha+\cot\beta$,$S$ 为有向面积.

22. 证明本章性质 8.

23. 在平面四边形(凸或凹或折)$ABCD$ 中,如果其对边之和相等,那么该四边形有内切圆.

思考题　参考解答

1. 由 $S_{\triangle EFB}+S_{\triangle AFB}=\frac{1}{2}S_{\square ABCD}=\frac{1}{2}$,$S_{\triangle DBE}:S_{\triangle EBC}=DE:EC=3:2$,且 $S_{\triangle DBE}+S_{\triangle EBC}=\frac{1}{2}$ 有 $S_{\triangle DBE}=\frac{3}{10}$,即 $S_{\triangle DEF}+S_{\triangle BEF}=\frac{3}{10}$,而 $S_{\triangle BEF}^2=S_{\triangle DEF}\cdot S_{\triangle ABF}$. 故 $S_{\triangle DEF}=\frac{9}{80}$,$S_{\triangle BEF}=\frac{3}{16}$,$S_{\triangle ABF}=\frac{5}{16}$.

2. 连 DE,则 $S_{\triangle AGD}=2S_{\triangle DEG}(EG:AG=BE:AD)$,而 $S_{\triangle AGD}\cdot S_{\triangle BEG}=S_{\triangle DGE}^2$,则

$S_{\triangle DGE}=2$,故 $S_{\square ABCD}=12$.

3. 设 Q 为线段 AB 的内分点,使 $BQ:QA=\lambda$,则有 $\triangle PEM\backsim\triangle FEA$,$\triangle QBN\backsim\triangle ABF$,$MP \mathrel{\underline{\parallel}} \frac{\lambda}{1+\lambda}AF$,$QN \mathrel{\underline{\parallel}} \frac{\lambda}{1+\lambda}AF$,从而 $PMQN$ 为平行四边形,对角线 MN,PQ 互相平分,即 MN 必过定线段 PQ 的中点.

4. 连 BD 并延长交 AC 的延长线于点 F,可证 C 为 $\mathrm{Rt}\triangle ADF$ 的斜边 AF 的中点,而 $DEAF$ 为梯形,故 BC 平分 DE.

5. 过 C 引 $CG\parallel PF$ 交 AB 于点 M,交 BD 于点 G,则 $CGFE$ 是梯形,故只需证明 $CM=MG$. 取 CD 的中点 N,则 P,A,N,O 四点共圆,有 $\angle OPN=\angle OAN$. 而 $CG\parallel PF$,有 $\angle NCM=\angle NPO=\angle OAN$,则 A,N,M,C 共圆,$\angle MNC=\angle MAC=\angle BDC$,则 $MN\parallel GD$,即知 N 为 CD 的中点,即证.

6. 连 MN,8 个小三角形的面积为 $S_{\triangle AED}=S_1$,$S_{\triangle AME}=S_2$,$S_{\triangle MNE}=S_3$,$S_{\triangle END}=S_4$,$S_{\triangle MFN}=S_5$,$S_{\triangle BFM}=S_6$,$S_{\triangle BFC}=S_7$,$S_{\triangle FCN}=S_8$. 由 $S_1=S_3$ 及 $S_3=\sqrt{S_2\cdot S_4}$,有 $2S_3\leqslant S_2+S_4$,等号当且仅当 $MN\parallel AD$ 时成立. 同理,$2S_5\leqslant S_6+S_8$,等号当且仅当 $MN\parallel BC$ 时成立,即

$$\begin{aligned}4S_{\text{四边形}MFNE}&=4(S_3+S_5)\\&=S_1+S_3+S_5+S_7+2\sqrt{S_2\cdot S_4}+2\sqrt{S_6\cdot S_8}\\&=S_1+\cdots+S_8\\&=1\end{aligned}$$

故 $S_{\text{四边形}EMFN}$的最大面积为$\frac{1}{4}$,当 $MN\parallel AD$ 时得到.

7. 因 PG,PH,PM 分别垂直于$\triangle BCE$ 的三边,由西姆松(Simson)定理知 G,H,M 共线. 同理 H,M,N 也共线,故 G,H,M,N 共线.

8. 必要性:设 F 为四边形 $ABCD$ 的对角线 BD 的中点,连 AF 交 DC 于点 G,即证.

充分性:设 E,F 分别为四边形 $ABCD(AB<CD)$ 的对角线 AC,BD 的中点,则 $EF=\frac{1}{2}(CD-AB)$. 连 AF 并延长到 G,使 $FG=AF$,连 DG,则 $\triangle ABF\cong\triangle GDF$,从而 $AB=GD$,$\angle ABF=\angle GDF$. 下证 G 必在 DC 上. 若不然,连 GC,则构成$\triangle CDG$,有 $GC>CD-DG$. 又 EF 为$\triangle AGC$ 的中位线,$EF=\frac{1}{2}CG$,则 $EF=$

$\frac{1}{2}CG > \frac{1}{2}(CD - DG) = \frac{1}{2}(CD - AB)$，矛盾. 此时由 $\angle ABF = \angle GDF$ 得 $AB /\!/ CD$.

9. 设 $ABCD$ 是凸四边形，则其至少有一角不小于 $90°$，不妨设 $\angle ABC \geqslant 90°$，在 $\triangle ABC$ 中，又不妨设 $AB \leqslant BC$. 由余弦定理 $AB^2 + BC^2 = AC^2 + 2AB \cdot BC \cdot \cos\angle ABC \leqslant AC^2$，即知 $AC^2 \geqslant 2AB^2$，故 $AC:AB \geqslant \sqrt{2}$.

10. $S_{四边形ABCD} = \frac{1}{4}(ab \cdot \sin B + bc \cdot \sin C + cd \cdot \sin D + ad \cdot \sin A)$，设 E，F 分别在 AB，BC 的延长线上，有 $S_{\triangle EBF} = \frac{n(m+n)}{2m^2} \cdot ab \cdot \sin B$ 等四式，得新四边形的面积为 $\frac{(m+n)^2 + n^2}{4m^2}(ab \cdot \sin B + bc \cdot \sin C + cd \cdot \sin D + ab \cdot \sin A)$，即证.

11. 设两角平分线的交角为 θ（锐角），$\angle D > \angle B$. 则 $2\theta = (\angle AEB - \angle ECF) + (180° - \angle AFC) = 180° - (\angle B + \angle EAB) - \angle ECF + 180° - [360° - (\angle FAD + \angle D + \angle DCF)] = \angle D - \angle B$.

12. 联结一对角线中点与两已知中点即可证.

13. 利用三角形中的梅涅劳斯定理即可证.

14. 利用"圆 O 与圆 O' 交于点 N，M 是 OO' 的中点，过 N 任作直线交两圆于两点，这两点连线的中点为 K，则 $MN = MK$"，即证.

15. 设 E，F，G，H 是凸四边形 $ABCD$ 的边 AB，BC，CD，DA 的中点. 由 $AC = BD$ 知 $EFGH$ 为菱形，而菱形面积等于它对角线乘积的一半，即证.

16. 在平行四边形 $ABCD$ 的边 AB，BC，CD，AD 上分别取点 K，L，M，N. 记 $\angle BAD = \alpha$，$AD = a$，$AB = b$，则

$$S_{\square ABCD} = ab \cdot \sin\alpha$$

$$S_{\triangle AKN} = \frac{1}{2}AN \cdot AK \cdot \sin\alpha$$

$$S_{\triangle BKL} = \frac{1}{2}BL(b - AK)\sin\alpha$$

$$S_{\triangle CLM} = \frac{1}{2}(a - BL)(b - MD)\sin\alpha$$

$$S_{\triangle DNM} = \frac{1}{2}(a - AN)MD \cdot \sin\alpha$$

则

$$S_{四边形KLMN}=\frac{1}{2}ab\cdot\sin\alpha\left[1-\frac{1}{ab}(AN-BL)(AK-MD)\right]$$

因 $S_{四边形KLMN}=\frac{1}{2}S_{\square ABCD}=\frac{1}{2}ab\cdot\sin\alpha$,则或者 $AN=BL$,或者 $AK=MD$. 从而或者 $LN/\!/AB$,或者 $KM/\!/AD$.

17. 作相似变换,把四边形的一组对应边重合在一起,则只需分析四边形 $ABCD$ 和 ABC_1D_1 即可,这里 C_1 和 D_1 分别在射线 BC 和 AD 上且 $CD/\!/C_1D_1$. 设两四边形对角线的交点分别为 O 和 O_1,假设点 C 和 D 的位置比点 C_1 和 D_1 的位置距 B 和 A 近,我们将证明 $\angle AOB>\angle AO_1B$,实际上,$\angle C_1AB>\angle CAB$,$\angle D_1BA>\angle DBA$,因此 $\angle AO_1B=180°-\angle C_1AB-\angle D_1BA<180°-\angle CAB-\angle DBA=\angle AOB$,这与假设矛盾. 因此点 C_1 和 C 重合,点 D_1 和 D 重合,由此即证.

18. 设 P,Q,R,S 分别为 AB,BC,CD,DA 的中点,将这些点分别与 G 联结. 由 $S_{四边形PQRS}=\frac{1}{2}S_{四边形ABCD}$ 及 $S_{\triangle PGS}+S_{\triangle GQR}=\frac{1}{2}S_{四边形PQRS}$,又 $S_{\triangle GQR}=S_{\triangle EQR}=S_{\triangle PAS}$ 等,即证.

19. 以 O 为原点,BD 为 y 轴建立平面直角坐标系,并设直线 AC,EF,GH 的斜率分别为 k,m,n,则各点坐标可设为 $A(a,ka)$,$B(0,b)$,$C(c,kc)$,$D(0,-b)$,$E(e,me)$,$F(f,mf)$,$G(g,ng)$,$H(h,nh)$,$I(0,i)$,$J(0,j)$.

由直线 EJH,得

$$\frac{me-i}{e}=\frac{nh-j}{h}$$

则

$$m-n=j(\frac{2}{e}-\frac{1}{n})$$

由直线 GIF,得

$$\frac{ng-i}{g}=\frac{mf-i}{f}$$

则

$$m-n=i(\frac{1}{f}-\frac{1}{g})$$

由直线 AEB,得

$$\frac{me-b}{e}=\frac{ka-b}{a}$$

则

$$\frac{1}{e}=\frac{m-k}{b}+\frac{1}{a}$$

由直线 BHC,得

$$\frac{nh-b}{h}=\frac{kc-b}{c}$$

则

$$\frac{1}{h}=\frac{n-k}{b}+\frac{1}{c}$$

由直线 AGD,得

$$\frac{ng+b}{g}=\frac{ka+b}{a}$$

则

$$\frac{1}{g}=\frac{k-n}{b}+\frac{1}{a}$$

由直线 GED,得

$$\frac{mf+b}{f}=\frac{kc+b}{c}$$

则

$$\frac{1}{f}=\frac{k-m}{b}+\frac{1}{a}$$

由上述六式中的后四式得$\frac{1}{e}-\frac{1}{h}=\frac{1}{g}-\frac{1}{f}$. 再由最前两式得 $j=-i$ 即可证.

20. 仅证凹四边形情形:延长 BO 交 AD 于点 G,由 $MF /\!/ AD$ 知$\frac{OF}{DG}=\frac{OC}{CG}$,$\frac{OM}{GA}=\frac{OC}{CG}$,于是$\frac{OF}{DG}=\frac{OM}{GA}$,即$\frac{OF}{OM}=\frac{DG}{GA}$. 又$\frac{OM}{DG}=\frac{OB}{BG}=\frac{OE}{AG}$,即$\frac{OM}{OE}=\frac{DG}{AG}$,故$\frac{OF}{OM}=\frac{OM}{OE}$. 而 $OM=OP$,$\frac{OF}{OP}=\frac{OP}{OE}$,$\angle FOP=\angle POE$,有 $\triangle FOP \backsim \triangle POE$,故 $\angle OPF=\angle OEP$.

21. (1)仅证折四边形的情形. 设 AD 与 BC 相交于点 T,又设直线 BD 与 AC 相交于点 P,则 $\angle APB=\theta$,记 $|PA|=l_1'$, $|PB|=l_2'$, $|\vec{S}_{\triangle ABP}|=S_0$, $|\vec{S}_{\triangle ABT}|=S_1$, $|\vec{S}_{\triangle TCD}|=S_2$, $|\vec{S}_{\triangle BTD}|=S_3$, $|\vec{S}_{\triangle ATC}|=S_4$,由

$$\vec{S}=\vec{S}_{\triangle ABT}+\vec{S}_{\triangle TCD}$$

而

$$|\vec{S}_{\triangle ABT}|=S_1>0, |\vec{S}_{\triangle TCD}|=-S_2<0$$

从而

$$|\vec{S}|=S_1-S_2$$

又

$$\begin{aligned}S_1-S_2&=(S_0+S_1+S_3)+(S_0+S_1+S_4)-(S_0+S_1+S_2+S_3+S_4)-S_0\\&=|\vec{S}_{\triangle APD}|+|\vec{S}_{\triangle BPC}|-|\vec{S}_{\triangle CPD}|-|\vec{S}_{\triangle APB}|\\&=\frac{1}{2}\sin\theta[(l_2+l_2')l_1'+(l_1+l_1')l_2'-(l_1+l_1')\cdot(l_2+l_2')-l_1'l_2']\\&=-\frac{1}{2}l_1l_2\cdot\sin\theta\end{aligned}$$

故 $|\vec{S}|=\frac{1}{2}l_1l_2\cdot\sin\theta$.

(2)此结论是 $S_\triangle=\frac{1}{2}\cdot$底$\cdot$高的推广,证明时运用这个公式即可证(略).

22. 在任意平面四边形 $ABCD$ 中,边 AB,BC,CD,DA 的中点依次为 E,F,G,H. 连 AC,BD,由 $EF\mathrel{\underline{\parallel}}\frac{1}{2}AC\mathrel{\underline{\parallel}}GH$ 知,$EFGH$ 为平行四边形. 设 AC 与 BD 所成的角为 θ, $|AC|=l_1$, $|BD|=l_2$,则

$$|\vec{S}_{\text{四边形}ABCD}|=\frac{1}{2}l_1l_2\cdot\sin\theta$$

而

$$|\vec{S}_{\square EFGH}|=|EF|\cdot|GH|\cdot\sin\theta=\frac{1}{2}l_1\cdot\frac{1}{2}l_2\cdot\sin\theta=\frac{1}{4}l_1l_2\cdot\sin\theta$$

故
$$|\vec{S}_{\square EFGH}|=\frac{1}{2}|\vec{S}_{\text{四边形}ABCD}|$$

当 $ABCD$ 为凸或凹四边形时,因 $EFGH$ 的行走方向与 $ABCD$ 的行走方向保持一致(同正或同负),故 $\vec{S}_{\square EFGH}=\frac{1}{2}\vec{S}_{\text{四边形}ABCD}$. 若 $ABCD$ 为折四边形,有如下情

形：

(1) 当 $|\vec{S}_{\triangle ABT}|<|\vec{S}_{\triangle TCD}|$ 时，$|\vec{S}_{四边形ABCD}|<0$，此时 $EFGH$ 的行走方向为负，故 $|\vec{S}_{\square EFGH}|=\frac{1}{2}|\vec{S}_{四边形ABCD}|(<0)$；

(2) 当 $|\vec{S}_{\triangle ABT}|>|\vec{S}_{\triangle TCD}|$ 时，$\vec{S}_{四边形ABCD}>0$，此时 $EFGH$ 的行走方向为正，故 $\vec{S}_{\square EFGH}=\frac{1}{2}|\vec{S}_{四边形ABCD}|(>0)$；

(3) $|\vec{S}_{\triangle ABT}|=|\vec{S}_{\triangle TCD}|$ 即 $AC/\!/BD$ 时，$|\vec{S}_{四边形ABCD}|=0$，而 $|\vec{S}_{\square EFGH}|=0$（此时 E,F,G,H 共线）. 故 $|\vec{S}_{\square EFGH}|=\frac{1}{2}|\vec{S}_{四边形ABCD}|(=0)$.

23. 以顶点 C 为极点，对角线 AC 所在直线为极轴建立极坐标系. 由于 $AB-BC=DA-CD$，则 B,D 为以 A,C 为焦点的双曲线同一支上两点. 设 $B(\rho_1,\theta_1)$，$D(\rho_2,\theta_2)$，双曲线方程为 $\rho=\frac{eP}{1-e\cdot\cos\theta}$，注意到，过点 B 的切线即为 $\angle B$ 的平分线，而切线方程为 $\rho=\frac{eP}{\cos(\theta-\theta_1)-e\cdot\cos\theta}$，因此仅需验证，此直线在双曲线这一支的同一侧且过点 B，实际上，若 $\rho_1=\frac{eP}{\cos(\theta-\theta_1)-e\cdot\cos\theta}$，$\rho_2=\frac{eP}{1-e\cdot\cos\theta}$，则 $\rho_1-\rho_2=\rho_1\rho_2\left(\frac{1}{\rho_1}-\frac{1}{\rho_2}\right)=\rho_1\rho_2\cdot\frac{1-\cos(\theta-\theta_1)}{eP}\geqslant 0$ 得以验证.

设 $\angle B$，$\angle D$ 平分线的交点为 $M(\rho,\theta)$，则由 $\frac{eP}{\cos(\theta-\theta_1)-e\cdot\cos\theta}=\frac{eP}{\cos(\theta-\theta_2)-e\cdot\cos\theta}$ 得 $\theta=\frac{\theta_1+\theta_2}{2}$，即 M 在 $\angle C$ 的平分线上. 故四边形 $ABCD$ 有内切圆.

第47章　简单四边形(凸、凹)的面积公式

公式1　设简单四边形 $ABCD$ 的面积为 $S,AC=m,BD=n,AC,BD$ 的夹角为 α. 则

$$S=\frac{1}{2}mn\sin\alpha \tag{Ⅰ}$$

证法1　如图47.1,设 AC 与 BD 交于点 O, $\angle COD=\alpha$,则

$$\begin{aligned}S&=S_{\triangle ABD}\pm S_{\triangle BCD}\\&=\frac{1}{2}BD\cdot AO\cdot\sin\alpha\pm\frac{1}{2}BD\cdot OC\cdot\sin\alpha\\&=\frac{1}{2}mn\cdot\sin\alpha\end{aligned}$$

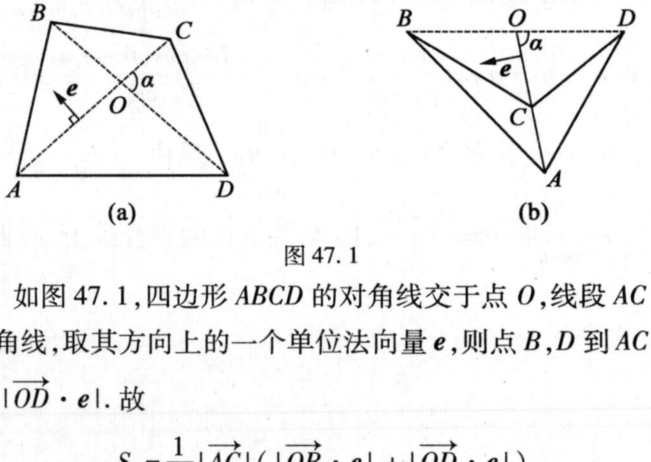

图47.1

证法2　如图47.1,四边形 $ABCD$ 的对角线交于点 O,线段 AC 是四边形内部的一条对角线,取其方向上的一个单位法向量 $\boldsymbol{e}$,则点 B,D 到 AC 的距离分别为 $|\overrightarrow{OB}\cdot\boldsymbol{e}|,|\overrightarrow{OD}\cdot\boldsymbol{e}|$. 故

$$\begin{aligned}S&=\frac{1}{2}|\overrightarrow{AC}|(|\overrightarrow{OB}\cdot\boldsymbol{e}|+|\overrightarrow{OD}\cdot\boldsymbol{e}|)\\&=\frac{1}{2}|\overrightarrow{AC}|(|\overrightarrow{OB}\cdot\boldsymbol{e}-\overrightarrow{OD}\cdot\boldsymbol{e}|)\\&=\frac{1}{2}|\overrightarrow{AC}||(\overrightarrow{OB}-\overrightarrow{OD})\cdot\boldsymbol{e}|\end{aligned}$$

$$=\frac{1}{2}|\overrightarrow{AC}||\overrightarrow{DB}\cdot \boldsymbol{e}|$$

$$=\frac{1}{2}|\overrightarrow{AC}||\overrightarrow{DB}|\cos\left(\frac{\pi}{2}-\alpha\right)$$

$$=\frac{1}{2}mn\sin\alpha$$

公式 2 设简单四边形 $ABCD$ 的面积为 S，则

$$S=\frac{1}{2}|\overrightarrow{AC}\times\overrightarrow{BD}| \tag{Ⅱ}$$

证明 设$\overrightarrow{AC}$与$\overrightarrow{BD}$的夹角为 α，根据向量外积的定义，知

$$|\overrightarrow{AC}\times\overrightarrow{BD}|=|\overrightarrow{AC}||\overrightarrow{BD}|\sin\alpha$$

由公式（Ⅰ）知公式（Ⅱ）成立.

公式 3 设简单四边形 $ABCD$ 的面积为 S，则

$$S=\frac{1}{2}\sqrt{(|\overrightarrow{AC}||\overrightarrow{BD}|)^2-(\overrightarrow{AC}\cdot\overrightarrow{BD})^2} \tag{Ⅲ}$$

证明 设$\overrightarrow{AC}$与$\overrightarrow{BD}$的夹角为 α，由向量的夹角公式，知

$$|\cos\alpha|=\frac{|\overrightarrow{AC}\cdot\overrightarrow{BD}|}{|\overrightarrow{AC}||\overrightarrow{BD}|}$$

则 $$\sin\alpha=\sqrt{1-\cos^2\alpha}=\sqrt{1-\frac{(\overrightarrow{AC}\cdot\overrightarrow{BD})^2}{(|\overrightarrow{AC}||\overrightarrow{BD}|)^2}}$$

故

$$S=\frac{1}{2}|\overrightarrow{AC}||\overrightarrow{BD}|\sin\alpha$$

$$=\frac{1}{2}\sqrt{(|\overrightarrow{AC}||\overrightarrow{BD}|)^2-(\overrightarrow{AC}\cdot\overrightarrow{BD})^2}$$

公式 4 设简单四边形 $ABCD$ 的面积为 S，四个顶点的坐标分别为 $A(x_1,y_1)$，$B(x_2,y_2)$，$C(x_3,y_3)$，$D(x_4,y_4)$，则

$$S=\frac{1}{2}|(x_3-x_1)(y_4-y_2)-(x_4-x_2)(y_3-y_1)| \tag{Ⅳ}$$

证明 由已知，得

$$\overrightarrow{AC}=(x_3-x_1,y_3-y_1)$$

$$\overrightarrow{BD}=(x_4-x_2,y_4-y_2)$$

$$|\overrightarrow{AC}|=\sqrt{(x_3-x_1)^2+(y_3-y_1)^2}$$

$$|\overrightarrow{BD}|=\sqrt{(x_4-x_2)^2+(y_4-y_2)^2}$$

$$\overrightarrow{AC}\cdot\overrightarrow{BD}=(x_3-x_1)(x_4-x_2)+(y_3-y_1)(y_4-y_2)$$

代入公式(Ⅲ)整理即得式(Ⅳ).

注:公式(Ⅱ),(Ⅲ)是公式(Ⅰ)的向量形式,公式(Ⅳ)是公式(Ⅲ)的坐标形式.

公式5 设简单四边形 $ABCD$ 的面积为 $S,AB=a,BC=b,CD=c,\angle ABC=\theta,\angle BCD=\varphi$,则

$$S=\frac{1}{2}ab\sin\theta+\frac{1}{2}bc\sin\varphi-\frac{1}{2}ac\sin(\theta+\varphi)\qquad(\text{Ⅴ})$$

证明 根据公式2,知

$$S=\frac{1}{2}|\overrightarrow{AC}\times\overrightarrow{BD}|$$

而

$$\begin{aligned}|\overrightarrow{AC}\times\overrightarrow{BD}|&=|(\overrightarrow{AB}+\overrightarrow{BC})\times(\overrightarrow{BC}+\overrightarrow{CD})|\\&=|\overrightarrow{AB}\times\overrightarrow{BC}+\overrightarrow{BC}\times\overrightarrow{BC}+\overrightarrow{BC}\times\overrightarrow{CD}+\overrightarrow{AB}\times\overrightarrow{CD}|\\&=|\overrightarrow{AB}\times\overrightarrow{BC}+\overrightarrow{BC}\times\overrightarrow{CD}+\overrightarrow{AB}\times\overrightarrow{CD}|\end{aligned}$$

如图47.2,若四边形是凸四边形,则 $\overrightarrow{AB}\times\overrightarrow{BC},\overrightarrow{BC}\times\overrightarrow{CD},\overrightarrow{AB}\times\overrightarrow{CD}$ 同向,故

$$\begin{aligned}&|\overrightarrow{AB}\times\overrightarrow{BC}+\overrightarrow{BC}\times\overrightarrow{CD}+\overrightarrow{AB}\times\overrightarrow{CD}|\\&=|\overrightarrow{AB}\times\overrightarrow{BC}|+|\overrightarrow{BC}\times\overrightarrow{CD}|+|\overrightarrow{AB}\times\overrightarrow{CD}|\\&=ab\sin\theta+bc\sin\varphi+ac\sin(\theta+\varphi-\pi)\\&=ab\sin\theta+bc\sin\varphi-ac\sin(\theta+\varphi)\end{aligned}$$

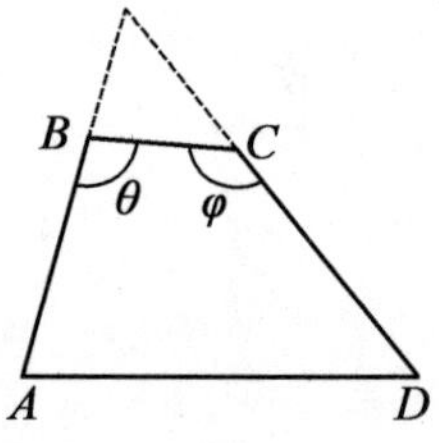

图47.2

若四边形是凹四边形,则分别有如图47.3和图47.4两种情况.

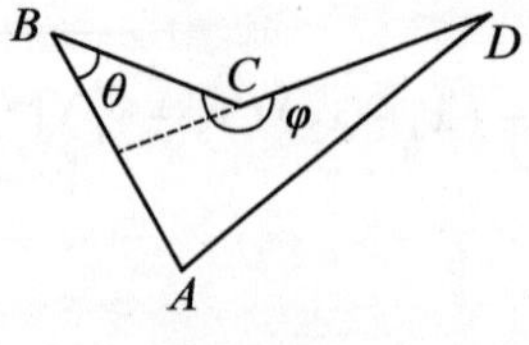

图47.3

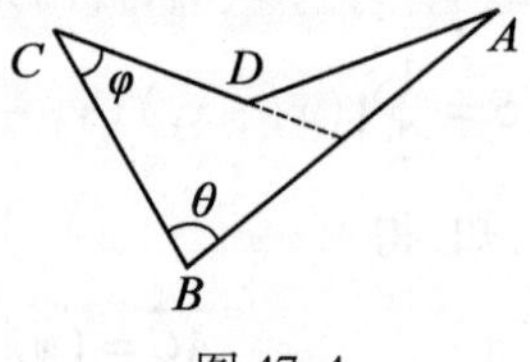

图47.4

在图 47.3 中，$\overrightarrow{AB}\times\overrightarrow{BC}$与$\overrightarrow{AB}\times\overrightarrow{CD}$同向，$\overrightarrow{AB}\times\overrightarrow{BC}$与$\overrightarrow{BC}\times\overrightarrow{CD}$反向，则

$$\begin{aligned}&|\overrightarrow{AB}\times\overrightarrow{BC}+\overrightarrow{BC}\times\overrightarrow{CD}+\overrightarrow{AB}\times\overrightarrow{CD}|\\=&||\overrightarrow{AB}\times\overrightarrow{BC}|-|\overrightarrow{BC}\times\overrightarrow{CD}|+|\overrightarrow{AB}\times\overrightarrow{CD}||\\=&|ab\sin\theta-bc\sin(2\pi-\varphi)+ac\sin(2\pi-\theta-\varphi)|\\=&|ab\sin\theta+bc\sin\varphi-ac\sin(\theta+\varphi)|\end{aligned}$$

显然 $\sin(\theta+\varphi)<0$，所以

$$ab\sin\theta+bc\sin\varphi-ac\sin(\theta+\varphi)>0$$

故

$$\begin{aligned}&|\overrightarrow{AB}\times\overrightarrow{BC}+\overrightarrow{BC}\times\overrightarrow{CD}+\overrightarrow{AB}\times\overrightarrow{CD}|\\=&ab\sin\theta+bc\sin\varphi-ac\sin(\theta+\varphi)\end{aligned}$$

在图 47.4 中，$\overrightarrow{AB}\times\overrightarrow{BC}$与$\overrightarrow{BC}\times\overrightarrow{CD}$同向，$\overrightarrow{AB}\times\overrightarrow{BC}$与$\overrightarrow{AB}\times\overrightarrow{CD}$反向，则

$$\begin{aligned}&|\overrightarrow{AB}\times\overrightarrow{BC}+\overrightarrow{BC}\times\overrightarrow{CD}+\overrightarrow{AB}\times\overrightarrow{CD}|\\=&||\overrightarrow{AB}\times\overrightarrow{BC}|+|\overrightarrow{BC}\times\overrightarrow{CD}|-|\overrightarrow{AB}\times\overrightarrow{CD}||\\=&|ab\sin\theta+bc\sin\varphi-ac\sin(\pi-\theta-\varphi)|\\=&|ab\sin\theta+bc\sin\varphi-ac\sin(\theta+\varphi)|\end{aligned}$$

由于$\frac{1}{2}ab\sin\theta$表示$\triangle ABC$的面积，$\frac{1}{2}bc\sin\varphi$表示$\triangle BCD$的面积，$\frac{1}{2}ac\sin(\theta+\varphi)$表示$\triangle BCD$与$\triangle CDA$的面积和，结合图形，可得

$$\frac{1}{2}ab\sin\theta+\frac{1}{2}bc\sin\varphi-\frac{1}{2}ac\sin(\theta+\varphi)>0$$

故

$$\begin{aligned}&|\overrightarrow{AB}\times\overrightarrow{BC}+\overrightarrow{BC}\times\overrightarrow{CD}+\overrightarrow{AB}\times\overrightarrow{CD}|\\=&ab\sin\theta+bc\sin\varphi-ac\sin(\theta+\varphi)\end{aligned}$$

综上知$|\overrightarrow{AC}\times\overrightarrow{BD}|=ab\sin\theta+bc\sin\varphi-ac\sin(\theta+\varphi)$. 代入公式(Ⅱ)即得公式(Ⅴ).

公式 6 设简单四边形 $ABCD$ 的面积为 S，$AB=a$，$BC=b$，$CD=c$，$DA=d$，$AC=e$，$BD=f$，则

$$S=\frac{1}{4}\sqrt{4e^2f^2-(a^2-b^2+c^2-d^2)^2} \qquad (\text{Ⅵ})$$

证法1　设 AC 与 BD 的夹角为 α,相交于点 O,则

$$
\begin{aligned}
&ef\cos\alpha\\
&=|\overrightarrow{AC}\cdot\overrightarrow{BD}|\\
&=|(\overrightarrow{OC}-\overrightarrow{OA})\cdot(\overrightarrow{OD}-\overrightarrow{OB})|\\
&=|\overrightarrow{OC}\cdot\overrightarrow{OD}-\overrightarrow{OA}\cdot\overrightarrow{OD}-\overrightarrow{OC}\cdot\overrightarrow{OB}+\overrightarrow{OA}\cdot\overrightarrow{OB}|\\
&=\frac{[\,|(\overrightarrow{OA}-\overrightarrow{OD})^2-(\overrightarrow{OC}-\overrightarrow{OD})^2+(\overrightarrow{OC}-\overrightarrow{OB})^2-(\overrightarrow{OA}-\overrightarrow{OB})^2|\,]}{2}\\
&=\frac{|d^2-c^2+b^2-a^2|}{2}\\
&=\frac{|a^2-b^2+c^2-d^2|}{2}
\end{aligned}
$$

则
$$\cos\alpha=\frac{|a^2-b^2+c^2-d^2|}{2ef}$$

即

$$
\begin{aligned}
\sin\alpha&=\sqrt{1-\cos^2\alpha}\\
&=\sqrt{\frac{4e^2f^2-(a^2-b^2+c^2-d^2)^2}{4e^2f^2}}
\end{aligned}
$$

故
$$S=\frac{1}{2}ef\sin\alpha=\frac{1}{4}\sqrt{4e^2f^2-(a^2-b^2+c^2-d^2)^2}$$

证法2　如图47.5,简单四边形 $ABCD$ 中,记 $AB=a,BC=b,CD=c,DA=d,AC=e,BD=f$. 作 $CF\perp BD$ 于点 F,$AE\perp BD$ 于点 E,作 $CP/\!/BD$ 交 AE 或其延长线于点 P,则

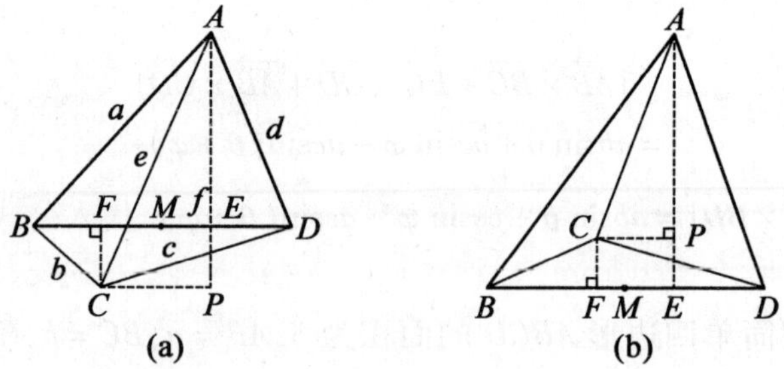

图47.5

$$S_{\text{四边形}ABCD}=S_{\triangle ABD}\pm S_{\triangle BCD}=\frac{1}{2}BD(AE\pm CF)$$

$$=\frac{1}{2}BD\cdot AP=\frac{1}{2}fAP \quad ①$$

设 M 是 BD 的中点,则

$$\begin{aligned}a^2-d^2&=AB^2-AD^2=(AB^2-AE^2)-(AD^2-AE^2)\\&=\overrightarrow{BE}^2-\overrightarrow{DE}^2=(\overrightarrow{BE}+\overrightarrow{ED})(\overrightarrow{BE}-\overrightarrow{ED})\\&=\overrightarrow{BD}(\overrightarrow{BM}+\overrightarrow{ME}-\overrightarrow{EM}-\overrightarrow{MD})\\&=\overrightarrow{BD}\cdot 2\,\overrightarrow{ME}\end{aligned}$$

即

$$a^2-d^2=2\,\overrightarrow{BD}\cdot\overrightarrow{ME} \quad ②$$

$$\begin{aligned}b^2-c^2&=BC^2-CD^2=\overrightarrow{BF}^2-\overrightarrow{FD}^2\\&=(\overrightarrow{BF}+\overrightarrow{FD})(\overrightarrow{BF}-\overrightarrow{FD})\\&=\overrightarrow{BD}(\overrightarrow{BM}+\overrightarrow{MF}-\overrightarrow{FM}-\overrightarrow{FD})\\&=2\,\overrightarrow{BD}\cdot\overrightarrow{MF}\end{aligned}$$

亦即

$$b^2-c^2=2\,\overrightarrow{BD}\cdot\overrightarrow{MF} \quad ③$$

由②-③,得

$$a^2-b^2+c^2-d^2=2\,\overrightarrow{BD}(\overrightarrow{ME}-\overrightarrow{MF})=2\,\overrightarrow{BD}\cdot\overrightarrow{FE}$$

即

$$a^2-b^2+c^2-d^2=2\,\overrightarrow{BD}\cdot\overrightarrow{FE} \quad ④$$

则

$$\begin{aligned}4e^2f^2-(a^2-b^2+c^2-d^2)^2&=4e^2f^2-4(\overrightarrow{BD}\cdot\overrightarrow{FE})^2\\&=4f^2(e^2-\overrightarrow{FE}^2)\end{aligned}$$

又 $e^2-FE^2=AP^2$,则

$$4e^2f^2-(a^2-b^2+c^2-d^2)^2=4f^2\cdot AP^2 \quad ⑤$$

比较式①与式⑤,知

$$16S^2=4f^2\cdot AP^2=4e^2f^2-(a^2-b^2+c^2-d^2)^2$$

故 $$S=\frac{1}{4}\sqrt{4e^2f^2-(a^2-b^2+c^2-d^2)^2}$$

证法3 如图47.5,简单四边形 $ABCD$ 中,记 $AB=a,BC=b,CD=c,DA=d,AC=e,BD=f$,两对角线 AC 与 BD 所夹的锐角为 α,则由三角形面积公式,有

$$S=S_{\triangle ABC}+S_{\triangle CDA}=\frac{1}{2}ef\cdot\sin\alpha$$

又设 AC,BD 所在直线交于点 P,令 $AP=e_1,PC=e_2,DP=f_1,PB=f_2$,不妨令 $\angle APB=\alpha$,则由三角形的余弦定理,有

$$a^2=e_1^2+f_2^2-2e_1f_2\cdot\cos\alpha$$

$$b^2=f_2^2+e_2^2-2e_2f_2\cdot\cos(180^\circ-\alpha)=f_2^2+e_2^2+2e_2f_2\cdot\cos\alpha$$

$$c^2=e_2^2+f_1^2-2e_2f_1\cdot\cos\alpha$$

$$d^2=e_1^2+f_1^2+2e_1f_1\cdot\cos\alpha$$

于是

$$a^2+c^2-b^2-d^2=2(e_1f_2+e_2f_1+e_2f_2+e_1f_1)\cdot\cos\alpha=2ef\cdot\cos\alpha$$

若 $\angle APB=180^\circ-\alpha$,则

$$a^2+c^2-b^2-d^2=-2ef\cdot\cos\alpha$$

故
$$S^2=\frac{1}{4}e^2f^2(1-\cos^2\alpha)=\frac{1}{4}e^2f^2-\frac{(a^2-b^2+c^2-d^2)^2}{4e^2f^2}$$

由此即证结论.

注:此公式由贝利契纳德(Bretschneide,1808—1878)于1842年提出,它是秦九韶的三斜求积公式的推广.若在上述公式中令 $d=0,e=c,f=a$,则得到三角形面积公式

$$S_{\triangle}=\frac{1}{2}\sqrt{c^2a^2-(\frac{c^2+a^2-b^2}{2})^2}$$

公式7 设简单四边形 $ABCD$ 的面积为 $S,AB=a,BC=b,CD=c,DA=d$,AC,BD 的夹角为 α,则

$$S=\frac{1}{4}|a^2-b^2+c^2-d^2|\tan\alpha \tag{Ⅶ}$$

证明 由公式6的证明过程,得

$$ef=\frac{|a^2-b^2+c^2-d^2|}{2\cos\alpha}$$

代入公式(Ⅰ)即得.

公式8 设简单四边形 $ABCD$ 的面积为 $S,AB=a,BC=b,CD=c,DA=d$,

$p=\frac{1}{2}(a+b+c+d)$,则

$$S=\sqrt{(p-a)(p-b)(p-c)(p-d)-abcd\cos^2\frac{A+C}{2}} \qquad (Ⅷ)$$

证明 因

$$S=\frac{1}{2}(ad\sin A+bc\sin C)$$

$$\begin{aligned}4S^2&=a^2b^2\sin^2A+b^2c^2\sin^2C+2abcd\sin A\sin C\\&=a^2d^2+b^2c^2-a^2d^2\cos^2A-b^2c^2\cos^2C+2abcd\cos A\cos C-2abcd\cos(A+C)\\&=a^2d^2+b^2c^2-(ad\cos A-bc\cos C)^2-2abcd\cos(A+C)\\&=a^2d^2+b^2c^2-\left(ad\cdot\frac{a^2+d^2-BD^2}{2ad}-bc\cdot\frac{b^2+c^2-BD^2}{2bc}\right)^2-2abcd\cos(A+C)\\&=(ad+bc)^2-\frac{1}{4}(a^2+d^2-b^2-c^2)^2-4abcd\cos^2\frac{A+C}{2}\\&=\frac{1}{4}[(b+c)^2-(a-d)^2][(a+d)^2-(b-c)^2]-4abcd\cos^2\frac{A+C}{2}\\&=4(p-a)(p-b)(p-c)(p-d)-4abcd\cos^2\frac{A+C}{2}\end{aligned}$$

故

$$S=\sqrt{(p-a)(p-b)(p-c)(p-d)-abcd\cos^2\frac{A+C}{2}}$$

公式(Ⅷ)称为“类海伦公式”,它还有如下推论:

推论1 若凸四边形 $ABCD$ 有外接圆,则

$$S=\sqrt{(p-a)(p-b)(p-c)(p-d)}$$

推论2 若凸四边形 $ABCD$ 有内切圆,则

$$S=\sqrt{abcd\sin\frac{B+D}{2}}\text{或}\sqrt{abcd\sin\frac{A+C}{2}}$$

推论3 若凸四边形 $ABCD$ 既有内切圆,又有外接圆,则

$$S=\sqrt{abcd}$$

推论4 若凸四边形 $ABCD$ 有内切圆,则

$$(p-a)(p-b)(p-c)(p-d)=abcd$$

注:上述推论的证明可参见笔者的著作《几何瑰宝——平面几何500名题暨1000条定理》(下册).上述内容参见了张晓阳老师的文章“四边形的面积公式”,数学通讯,2012(10).

第48章　一组对边相等的平面四边形

这类四边形有如下有趣的性质①:

性质1　凸或折四边形中,一组对边相等且平行的充分必要条件是该四边形的四个顶点为平行四边形的四个顶点.

性质2　凸或折四边形中,一组对边相等且不平行,另一组对边平行的充分必要条件是该四边形的四个顶点为等腰梯形的四个顶点.

证明　充分性显然,下证必要性.

如图48.1,过点D作$DE /\!/ AB$交BC或其所在直线于点E,则$DE = AB$(因$AD /\!/ BC$).

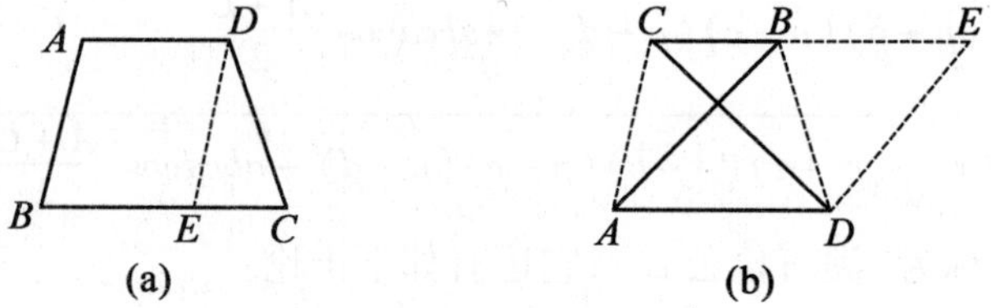

图48.1

如图48.1(a),在凸四边形$ABCD$中有$AB = DC$,且$AB \not\parallel DC$,$AD /\!/ BC$,则知$\angle DCB = \angle DEC = \angle ABC$. 由此即知$ABCD$为等腰梯形.

如图48.1(b),在折四边形$ABCD$中,有$AB = DC$,且AB与DC相交,$AD /\!/ BC$,则知$\angle DEC = \angle DCE = \angle ADC$,从而$\triangle BED \cong \triangle ADC$,则有$BD = AC$. 故$ADBC$是等腰梯形.

下面讨论非等腰梯形的四边形情形.

性质3　四边形(凸、凹、折)中,一组对边相等且不平行的充分必要条件是另一组对边中点的连线与相等两边所在直线成等角.

证明　如图48.2,在四边形(凸、凹、折)$ABCD$中,AB与DC相等,且不平

① 沈文选. 一组对边相等的四边形的性质及应用[J]. 中等数学,2013(1):5-9.

行，M，N 分别为 AD，BC 的中点，直线 MN 分别与直线 BA，CD 交于点 E，F，联结 BD，取 BD 的中点 P，则 $MP /\!/ AB$，$NP /\!/ CD$.

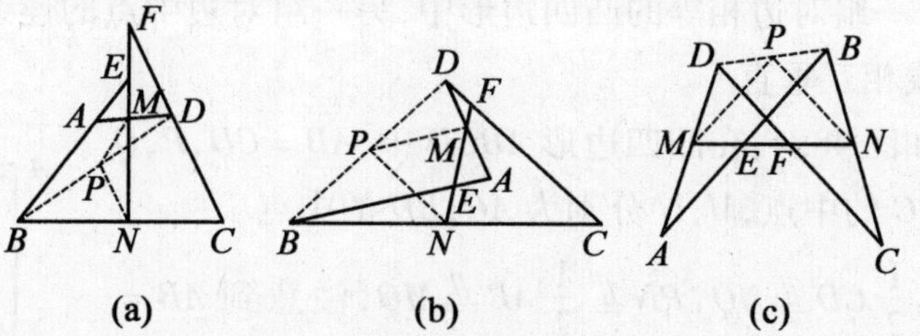

图 48.2

于是，$AB=DC$ 且 $AB \not\parallel DC \Leftrightarrow MP=\frac{1}{2}AB=\frac{1}{2}DC=NP \Leftrightarrow \triangle PMN$ 为等腰三角形 $\Leftrightarrow \angle BEN=\angle PMN=\angle PNM=\angle DFM$（或 $\angle MFC$）$\Leftrightarrow$ 直线 MN 与直线 BA，CD 成等角.

推论 1　一组对边相等且不平行的四边形（凸、凹、折）中，相等的对边所在直线所成角的一条平行线平行于另一组对边中点的连线.

推论 2　一组对边相等且不平行的四边形（凸、凹、折）中，相等的对边所在直线所成角的一条平分线截两条对角线至其交点所得线段与对角线长对应成比例.

证明　如图 48.3，设四边形 $ABCD$ 中，$AB=CD$. 令对角线 AC，BD 所在直线交于点 S，直线 AB，DC 相交于点 T. $\angle BTD$ 的平分线分别交直线 AC，BD 于点 P，Q. 过点 D 作 $DK \underline{\parallel} CA$，联结 AK，BK，则 $AK /\!/ CD$，且 $AK=CD=AB$，从而

$$\angle ABK=\frac{1}{2}(180°-\angle BAK)=\frac{1}{2}\angle KAT\left(\text{或}\frac{1}{2}\angle KAL\right)$$

$$=\frac{1}{2}\angle BTD\left(\text{或}\frac{1}{2}\angle BTC\right)$$

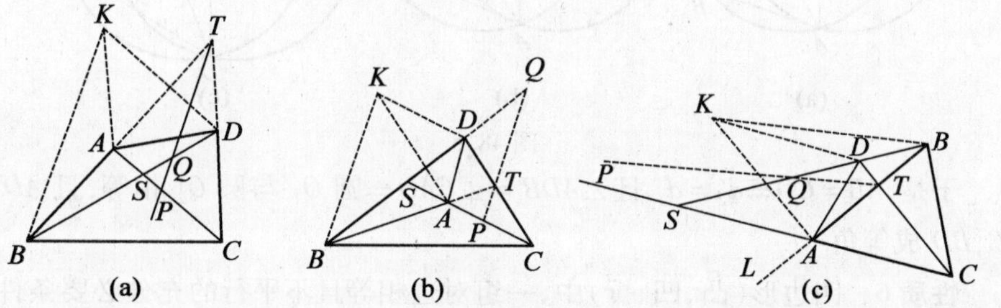

图 48.3

于是,由 $KB/\!/TP$,即知$\triangle SPQ\backsim\triangle DKB$. 故$\frac{SP}{AC}=\frac{SP}{KD}=\frac{SQ}{BD}$.

性质4 一组对边相等的凸四边形中,另一组对边中点的连线与两条对角线中点的连线相互垂直.

证明 如图48.4,在凸四边形 $ABCD$ 中,$AB=CD$,P,Q 分别为 AD,BC 的中点,M,N 分别为 AC,BD 的中点.

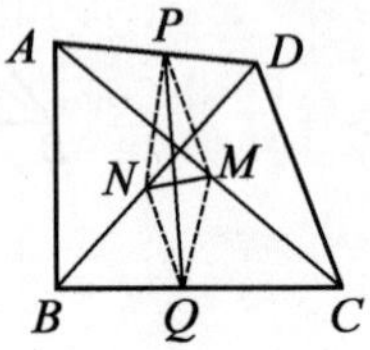

图 48.4

由 $PM \underline{\underline{/\!/}} \frac{1}{2}CD \underline{\underline{/\!/}} NQ$,$PN \underline{\underline{/\!/}} \frac{1}{2}AB \underline{\underline{/\!/}} MQ$,注意到 $AB=CD$,则知四边形 $PMQN$ 为菱形.

故 $PQ\perp MN$.

性质5 四边形(凸、凹、折)中,一组对边相等且不平行的一个充分条件是以另一组对边中的一边为公共弦,以相等的边各自为弦的圆相等,且公共弦所在直线与该四边形的两条对角线成等角.

证明 如图48.5,圆 O_1,圆 O_2 相交于 A,D 两点,点 C,B 分别在圆 O_1,圆 O_2 上,设圆 O_1,圆 O_2 的直径分别为 d_1,d_2,则在圆 O_1,圆 O_2 中,分别有

$$\frac{CD}{\sin\angle CAD}=2d_1$$

$$\frac{AB}{\sin\angle ADB}=2d_2$$

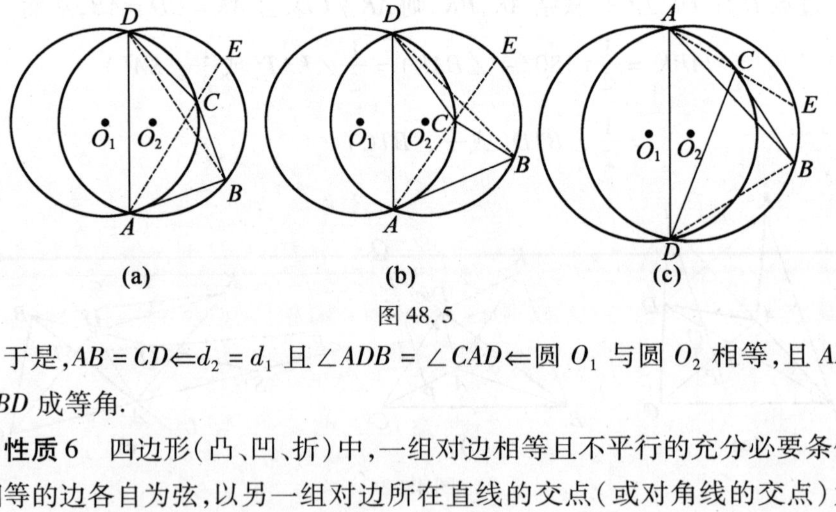

图 48.5

于是,$AB=CD\Leftarrow d_2=d_1$ 且 $\angle ADB=\angle CAD\Leftarrow$圆 O_1 与圆 O_2 相等,且 AD 与 AC,BD 成等角.

性质6 四边形(凸、凹、折)中,一组对边相等且不平行的充分必要条件是以相等的边各自为弦,以另一组对边所在直线的交点(或对角线的交点)为一

公共点且相交的两圆为等圆.

证明　如图 48.6,圆 O_1,圆 O_2 相交于 P,Q 两点. 点 A,B 在圆 O_1 上,点 C,D 在圆 O_2 上,直线 AD,BC 交于点 P(或 AC,BD 交于点 P).

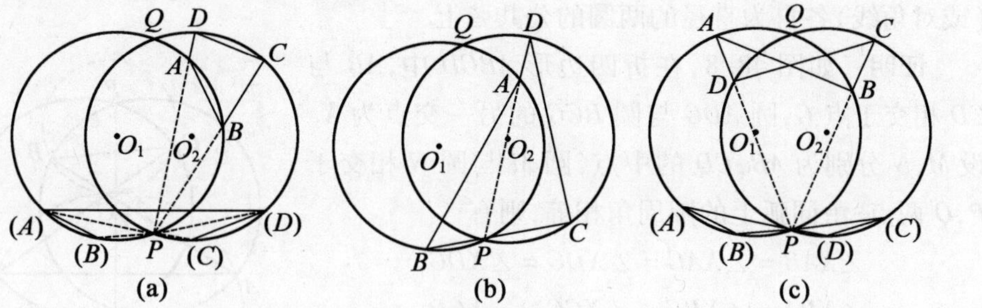

图 48.6

设圆 O_1,圆 O_2 的直径分别为 d_1,d_2. 则在圆 O_1,圆 O_2 中,分别有

$$\frac{AB}{\sin\angle APB}=2d_1,\frac{CD}{\sin\angle CPD}=2d_2$$

于是,$AB=CD\Leftrightarrow d_1=d_2\Leftrightarrow$圆 O_1 与圆 O_2 相等.

性质 7　四边形(凸、凹、折)中,一组对边相等且不平行的充分必要条件是以相等的两边为割线段(端点在不同圆上),以这两条边所在直线的交点为一公共点的相交两圆的公共弦平分这相等两边所在直线的夹角.

证明　如图 48.7,圆 O_1,圆 O_2 相交于 P,Q 两点,点 A,C 在圆 O_1 上,点 B,D 在圆 O_2 上,直线 AB,DC 交于点 P.

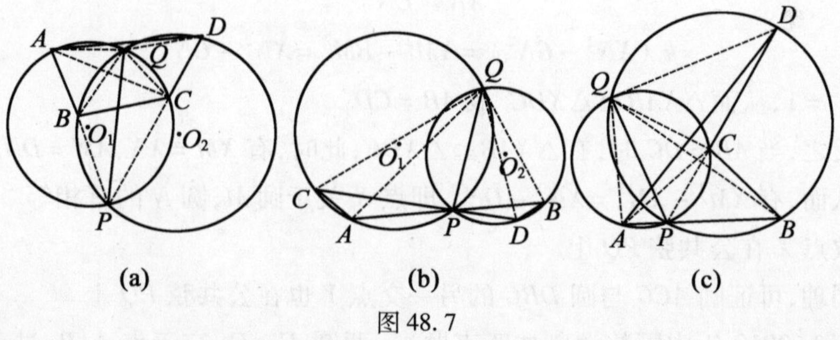

图 48.7

联结 QA,QB,QC,QD,则由 $\angle QAB=\angle QDC$(或 $\angle QCD$),$\angle QBA=\angle QCD$(或 $\angle QDC$)知,$\triangle QAB\backsim\triangle QCD$(或 $\triangle QDC$).

于是,$AB=CD\Leftrightarrow\triangle QAB\cong\triangle QCD\Leftrightarrow QA=QC\Leftrightarrow\angle QAC=\angle QCA\Leftrightarrow\angle QPC=\angle QAC=\angle QCA=\angle QPB\Leftrightarrow QP$ 与直线 AB,CD 成等角.

性质8 折四边形相交两边相等且不垂直(或凸四边形对角线相等且不垂直)的充分必要条件是以另一组对边或两对角线(或一组对边)各自为弦,以相交两边(或对角线)的交点为一个公共点的两圆的另一个交点在以相交两边(或对角线)各自为直径的两圆的公共弦上.

证明 如图48.8,在折四边形$ABCD$中,AB与CD相交于点G,圆ADG与圆BCG的另一交点为X.设M,N分别为AB,CD的中点,圆M与圆N相交于P,Q两点.由同弧上的圆周角相等,则有

$$\angle XAB=\angle XAG=\angle XDG=\angle XDC$$

$$\angle XBA=\angle XBG=\angle XCG=\angle XCD$$

从而$\triangle XAB\backsim\triangle XDC$.

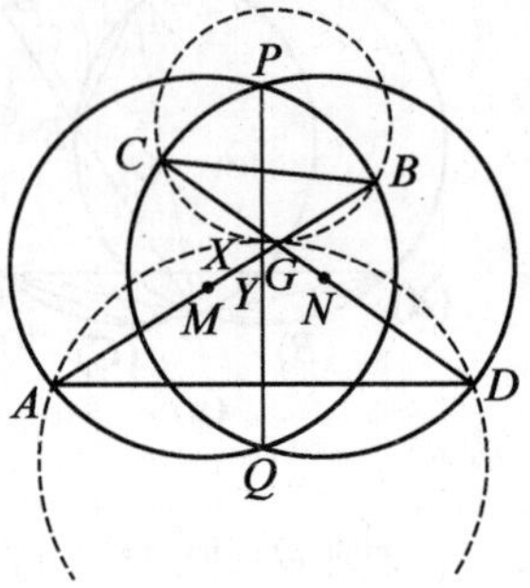

图48.8

因为圆M,圆N的半径分别为BM,CN,点X对圆M,圆N的幂分别为BM^2-XM^2,CN^2-XN^2.

当点X位于PQ上时,即X对圆M,圆N的幂相等,则有

$$XM^2-BM^2=XN^2-CN^2 \qquad (*)$$

注意到式$(*)$中的平方差或者等于零,或者是三角形相似比的平方.

若平方差为零,即知点X对两圆的幂为零,即X与P或Q重合,显然不可能.

若平方差为相似比的平方,由$\frac{XM}{XN}=\frac{BM}{CN}=k$,有

$$k^2(XN^2-CN^2)=XM^2-BM^2=XN^2-CN^2$$

即知$k^2=1$,从而$\triangle XAB\cong\triangle XDC$.故$AB=CD$.

反之,当$AB=DC$时,有$\triangle XAB\cong\triangle XDC$,此时,有$XM=XN$,$AM=DN$.

从而,有$XM^2-AM^2=XN^2-DN^2$,即点X关于圆M,圆N的幂相等.

故点X在公共弦PQ上.

同理,可证圆ACG与圆DBG的另一交点Y也在公共弦PQ上.

例1(2010年中国数学奥林匹克题) 两圆Γ_1,Γ_2交于点A,B,过点B的一条直线分别交圆Γ_1,Γ_2于点C,D,过点B的另一条直线分别交圆Γ_1,Γ_2于点E,F,直线CF分别交圆Γ_1,Γ_2于点P,Q.设M,N分别是弧$\overset{\frown}{PB}$,$\overset{\frown}{QB}$的中点.若$CD=EF$,求证:C,F,M,N四点共圆.

证明　如图 48.9，联结 ED. 在凹四边形 $CDEF$ 中，应用性质 7，即知 AB 平分 $\angle CBF$.

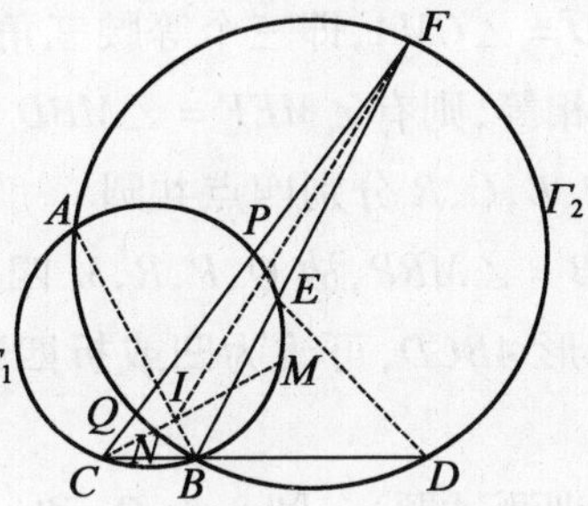

图 48.9

又 M,N 分别是弧 $\overset{\frown}{PB}$，$\overset{\frown}{QB}$ 的中点，即知 CM,FN 分别平分 $\angle BCF$，$\angle BFC$. 于是 AB,CM,FN 共点于 $\triangle BCF$ 的内心 I. 从而在圆 Γ_1，Γ_2 中，由相交弦定理，有

$$CI \cdot IM = AI \cdot IB = NI \cdot IF$$

故由相交弦定理的逆定理知，C,F,M,N 四点共圆.

例 2（IMO－46 试题）　给定凸四边形 $ABCD$，$BC=AD$，且 BC 不平行于 AD. 设点 E 和 F 分别在边 BC 和 AD 的内部，满足 $BE=DF$，直线 AC 和 BD 相交于点 P，直线 EF 和 BD 交于点 Q，直线 EF 和 AC 相交于点 R. 证明：当点 E 和 F 变动时，$\triangle PQR$ 的外接圆经过除点 P 外的另一个定点.

证明　如图 48.10，由于 $BC \not\parallel AD$，则知圆 APD 与圆 PBC 除交于点 P 外，必交于另一点 M，则 M 为定点.

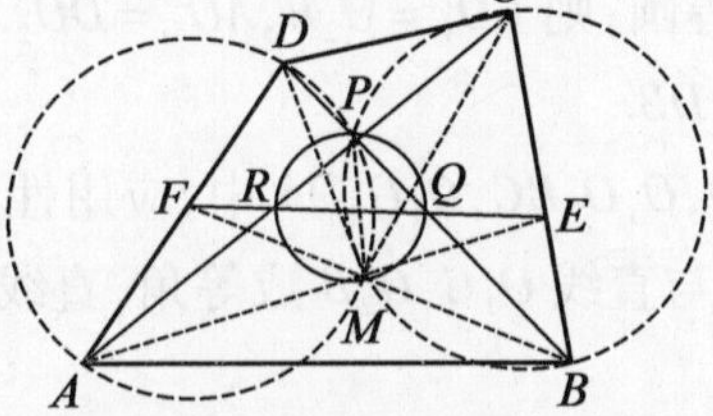

图 48.10

由 $BC=AD$，应用性质 6，知圆 APD 与圆 PBC 为等圆. 联结 MA,MF,MD，MP,MC,ME,MB.

由 $\angle DAM = \angle BPM = \angle BCM$ 知，$DM=BM$.

注意到 $DF=BE$，则 $\triangle FDM \cong \triangle EBM$.

从而 $MF = ME$，且 $\angle FMD = \angle EMB$.

同理 $\angle FMA = \angle EMC$，且 $AM = MC$.

于是 $\angle EMF = \angle BMD = \angle CMA$，即三个等腰三角形 $\triangle MEF$，$\triangle MBD$，$\triangle MCA$ 的顶角相等，从而其底角相等，则有 $\angle MEF = \angle MBD = \angle MCA$.

从而 M,B,E,Q 及 M,E,C,R 分别四点共圆.

于是 $\angle MQB = \angle MEB = \angle MRP$，故 Q,P,R,M 四点共圆.

注：此例中的凸四边形 $ABCD$，可改为凹或折四边形 $ABCD$，如上结论仍然成立.

例 3(2004 年国家集训测试题) 圆心为 O_1 和 O_2 的两个等圆相交于 P,Q 两点，O 是公共弦 PQ 的中点，过 P 任作两条割线 AB 和 CD(AB,CD 均不与 PQ 重合)，点 A,C 在圆 O_1 上，点 B,D 在圆 O_2 上，联结 AD 和 BC，点 M,N 分别是 AD,BC 的中点，已知 O_1 和 O_2 不在两圆的公共部分内，点 M,N 均不与点 O 重合. 求证：M,N,O 三点共线.

证明 如图 48.11，联结 $AC,BD,O_1A,O_1C,O_2D,O_2B$.

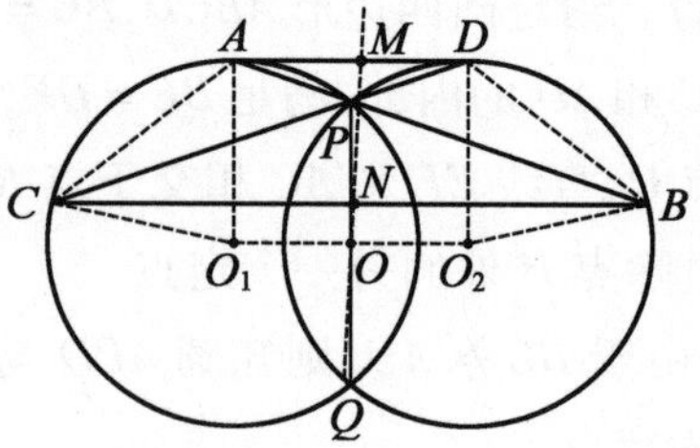

图 48.11

由圆 O_1 与圆 O_2 为等圆，则 $CO_1 = O_2B$，$AO_1 = DO_2$.

应用性质 6，知 $AC = DB$.

分别在四边形 $ACBD$，O_1O_2BC，O_1O_2DA 中，应用性质 3，知直线 MN 与直线 AC,DB 成等角，直线 ON 与直线 O_1C,O_2B 成等角，直线 OM 与直线 O_1A,O_2D 成等角.

注意到，同时与两相交(或平行)直线成等角的直线是相互平行的，从而知直线 MN,ON,OM 重合. 故 M,N,O 三点共线.

例 4(第 29 届俄罗斯数学奥林匹克题) 在锐角 $\triangle APD$ 的边 AP 和 PD 上各取一点 B 和 C. 四边形 $ABCD$ 的两条对角线相交于点 Q. $\triangle APD$ 和 $\triangle BPC$ 的垂心分别为 H_1,H_2. 证明：如果直线 H_1H_2 经过 $\triangle ABQ$ 和 $\triangle CDQ$ 的外接圆的交

点 X,那么它必定经过 $\triangle BQC$ 和 $\triangle AQD$ 的外接圆的交点 $Y(X\neq Q,Y\neq Q)$.

证明 如图 48.12,因 $X\neq Q,Y\neq Q$,可知直线 AD 与 BC 必相交,设交于点 R,则在完全四边形 $ABPCRD$ 中,注意到:以完全四边形的三条对角线为直径的圆共轴,且完全四边形的四个三角形的垂心在这条根轴上,即知 H_1,H_2 在以 AC,BD 为直径的两相交圆的公共弦所在的直线上.

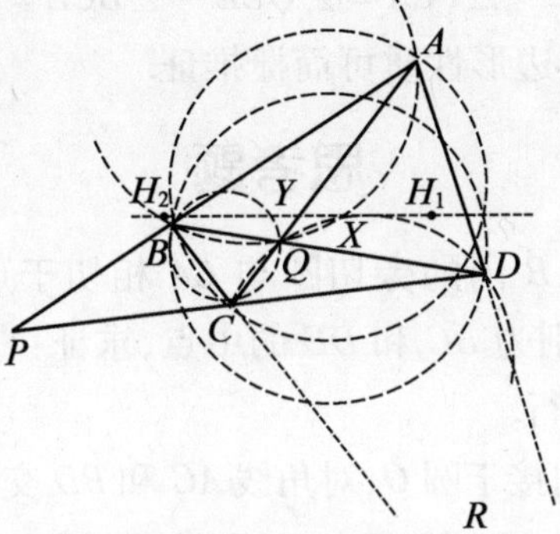

图 48.12

应用性质 8,即知点 X 也在这条公共弦所在的直线上时,这两个圆为等圆,又应用性质 8,即知点 Y 也在这条公共弦所在的直线上.

例 5(2007 年国家集训测试题) 锐角 $\triangle ABC$ 的外接圆在 A 和 B 处的切线相交于点 D,M 是 AB 的中点.证明:$\angle ACM=\angle BCD$.

证明 如图 48.13,过点 A 作与 BC 切于点 C 的圆 O_1,圆 O_1 与 CD 交于点 Q,与 PA 的延长线交于点 F,联结 AQ,BQ,则 $\angle AQD=\angle AFC=\angle ACB=\angle ABD$,于是 A,D,B,Q 四点共圆.注意到 $DA=DB$,则 $\angle AQD=\angle DQB$.从而

$$\angle AQC=\angle CQB \qquad (*)$$

又由 $\angle QAC=\angle QCB$ 知,$\angle ACQ=\angle CBQ$.此说明过 B,Q,C 的圆,即圆 O_2 与 AC 切于点 C.

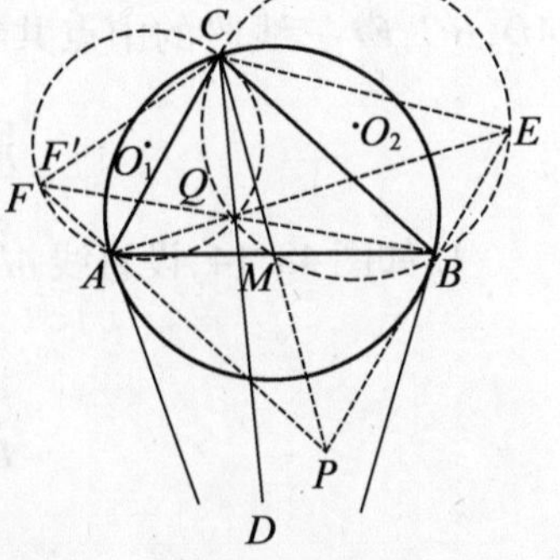

图 48.13

延长 CM 至 P,使 $MP=CM$,则四边形 $CAPB$ 为平行四边形.延长 AQ 交圆 O_2 于点 E,延长 BQ 交圆 O_1 于点 F',联结 CF',CE.

注意到式($*$),应用性质 7,即知 $AE=F'B$.此时,有 $CF'=CA,CE=CB$.

于是，$\angle CBE=\angle CEB=\angle BCA=180^\circ-\angle CBP$，即知 E,B,P 三点共线. 由

$$\angle CAF'=\angle CF'A=\angle BCA=180^\circ-\angle CAP$$

即知 F',A,P 共线，即 F' 与 F 重合.

又可推证 $\angle ACF=\angle BCE$.

在等腰梯形 $CFPB$ 中，$\angle FCM=\angle FBP=\angle QCE$. 故

$$\angle ACM=\angle FCM-\angle FCA=\angle QCE-\angle BCE=\angle BCQ=\angle BCD$$

注：此例应用调和四边形性质可简捷推证.

思考题

1. 已知 $\triangle ABC$ 中，$\angle B$ 内的旁切圆与 CA 相切于点 D，$\angle C$ 内的旁切圆与 AB 切于点 E，M 和 N 分别为 BC 和 DE 的中点，求证：直线 MN 平分 $\triangle ABC$ 的周长，且与 $\angle A$ 的平分线平行.

2. 设四边形 $ABCD$ 内接于圆 O，对角线 AC 和 BD 交于点 M，$M\neq O$，过 M 且垂直于 OM 的直线分别交边 AB，CD 于点 E，F. 求证：$AB=CD$ 当且仅当 $BE=CF$.

3. (2014 年克罗地亚数学奥林匹克题) 在 $\triangle ABC$ 中，已知 $AB>AC$，P 为线段 BC 的中点，$\angle BAC$ 的平分线与线段 BC 交于点 S，过点 P 的直线平行于直线 AS，且分别与直线 AB，AC 交于点 X，Y，Y 为线段 XZ 的中点，直线 BY 与 CZ 交于点 D. 证明：$\angle BDC$ 的平分线平行于直线 AS.

4. 设四边形 $ABCD$ 有内切圆，其圆心为 I，令对角线 AC 与 BD 交于点 E. 若 AD，BC，EI 三线段的中点共线，则证明：$AB=CD$.

思考题　参考解答

1. 如图 48.14，设直线 MN 分别交直线 AC，AB 于点 G，F，设 L 为 GF 的中点.

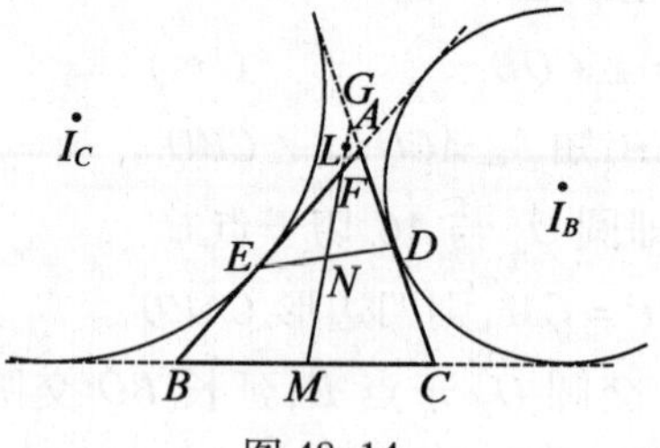

图 48.14

由题设知，$EB=\frac{1}{2}(AB+CA-BC)=DC$(注：这是旁切圆的一条重要

性质).

于是,由性质 3 知,$\angle BFM=\angle MGC$. 从而,BC 的中点 M,FG 的中点 L 所在的直线与 BF,CG 成等角.

此时,$\triangle AGF$ 为等腰三角形,有 $AF=AG$.

又由性质 3 知,$BF=CG$.

从而,MN 与 $\angle A$ 的平分线平行,且直线 MN 平分 $\triangle ABC$ 的周长.

2. 如图 48.15,设直线 EF 分别交圆 O 于点 S,T,则 M 为 ST 的中点.

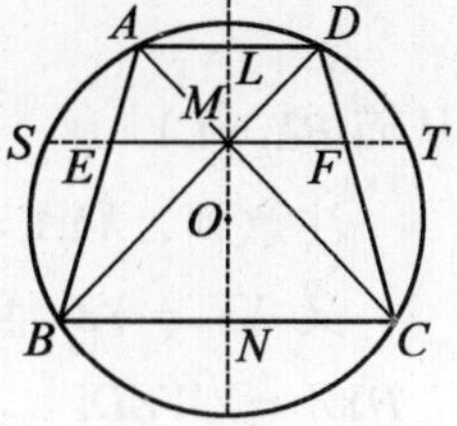

图 48.15

由蝴蝶定理知,M 为 EF 的中点.

充分性:当 $BE=CF$ 时,联结 OE,OF,OB,OC,则 $\angle OEM=\angle OFM$.

由 $\triangle OEB\cong\triangle OFC$,有 $\angle OEB=\angle OFC$,从而 $\angle BEM=\angle CFM$,则有 $\triangle BEM\cong\triangle CFM$,即有 $\angle EMB=\angle FMC$.

于是,由 $\triangle AEM\cong\triangle DFM$,有 $AE=DF$.

故 $AB=CD$.

必要性:当 $AB=CD$ 时,分别取 AD,BC 的中点 L,N,则由性质3 知,LN 与直线 AB,DC 成等角,且 $ABCD$ 为等腰梯形,即知直线 LN 为其对称轴,从而直线过点 M,于是,由性质 3 知,$BE=CF$.

3. **证法 1** 如图 48.16,取 XY 的中点 Q,注意到 P 为 BC 的中点,AS 平分 $\angle BAC$,且 $PQ/\!/AS$,即知直线 PQ 与 BX,CY 所成角相等,从而由性质 3 知 $BX=CY$.

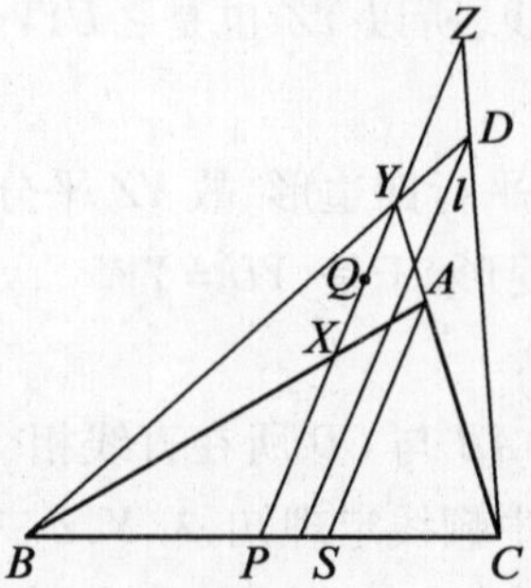

图 48.16

此时,由 $PQ/\!/AS$,有

$$\angle AYX=\frac{1}{2}\angle BAC-\angle AXY$$

从而

$$\angle BXY = 180° - \angle AXY = 180° - \angle AYX = \angle CYZ$$

注意到 $XY = YZ$，则 $\triangle BXY \cong \triangle CYZ$，故 $BY = CZ$. 于是由性质 3 知，PY 与 BY，CZ 所成的角相等，亦即 AS 与 BY，CZ 所成的角相等. 故 AS 与 $\angle BDC$ 的平分线平行.

证法 2 如图 48.16，由题意并结合角平分线性质，有

$$\frac{BX}{BP} = \frac{BA}{BS} = \frac{CA}{CS} = \frac{CY}{CP}$$

从而 $BX = CY$.

注意到 $\angle XYA = \angle SAC = \angle BAS = \angle AXY$，则 $\angle YXB = \angle CYZ$.

又 $XY = YZ$，且 $BX = CY$，则 $\triangle BXY \cong \triangle CYZ$，从而 $\angle BYP = \angle PZC$，即 $\angle DYZ = \angle YZD$.

因 $\angle DYZ + \angle YZD = \angle BDC$，所以，$\angle BDC$ 的平分线 $l /\!/ ZP /\!/ AS$.

4. **证法 1** 如图 48.17，设 AB 与 CD 所在直线相交于点 F，记线段 EF，AD，BC 的中点分别为 X，Y，Z，则由牛顿(Newton)线定理知，X，Y，Z 三点共线.

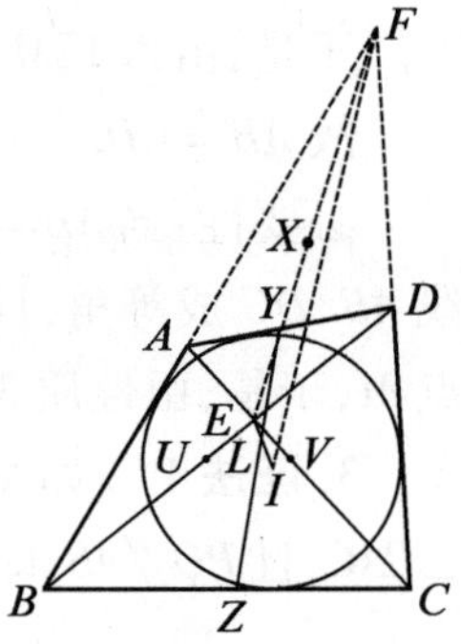

图 48.17

由已知条件，以点 E 为位似中心将点 X，Y，Z 所在的直线作位似变换，位似比为 2，这样便成了直线 FI，于是 $YZ /\!/ FI$.

记 AC，BD 的中点分别为 U，V.

因 FI 是 $\angle DFA$ 的平分线，所以 YZ 也是 $\angle UYV$ 的平分线.

但由于四边形 $UYVZ$ 为平行四边形，故 YZ 平分线段 UV.

从而，四边形 $UYVZ$ 为菱形，于是，$YU = YV$.

故 $AB = 2YV = 2YU = CD$.

证法 2 如图 48.17，设 AB 与 CD 所在直线相交于点 F，记线段 EF，AD，BC 的中点分别为 X，Y，Z，则由牛顿线定理知，X，Y，Z 三点共线.

注意到题设 EI 的中点 L 与 Y，Z 共线，则 X，Y，L，Z 四点共线.

从而 XL 为 $\triangle FEI$ 的中位线，即有 $XL /\!/ FI$.

又 FI 平分 $\angle AFD$，从而 YZ 与直线 AB，DC 所在直线成等角.

故由性质 3 知 $AB = CD$.

第 49 章 一组对角相等的平面四边形

显然，一组对角相等且一组对边平行的四边形为平行四边形。

在这里，我们讨论的是一组对角相等的非平行四边形。这类四边形有如下几条有趣的性质：

性质 1 一组对角相等的凸四边形中，另一组对角的平分线相互平行。

证明 如图 49.1，在四边形 $ABCD$ 中，$\angle A=\angle C$，$\angle B$ 的平分线交 AD 于点 M，$\angle D$ 的平分线交 BC 于点 N。

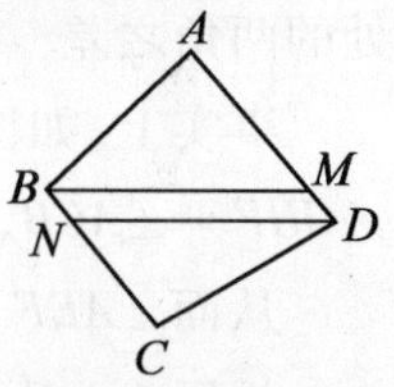

图 49.1

注意到，$\angle A+\angle B+\angle C+\angle D=360°$，则

$$2\angle A+\angle B+\angle D=360° \quad ①$$

在 $\triangle ABM$ 中，由 $\angle A+\frac{1}{2}\angle B+\angle AMB=180°$，有

$$2\angle A+\angle B+2\angle AMB=360° \quad ②$$

由式①，②，有

$$\angle D=2\angle AMB$$

但

$$2\angle ADN=\angle D$$

从而 $\angle AMB=\angle ADN$。故 $BM /\!/ DN$。

性质 2 对边不平行的凸、凹、折四边形，一组对角相等的充要条件是这组对角的顶点、两组对边或其延长线的交点这四点共圆。

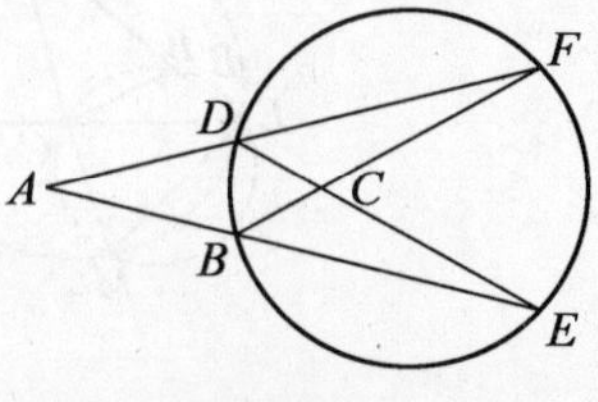

图 49.2

事实上，如图 49.2，对于凸四边形 $ABCD$，有 $\angle ABC=\angle ADC$；对于凹四边形 $AECF$，有 $\angle AEC=\angle AFC$；对于折四边形 $BEDF$，有 $\angle BED=\angle BFD$。它们的充要条件均为 B,E,F,D 四点共圆。

性质 3 在凸四边形中，一组对角相等的充要条件是两对角线的中点，两条邻边的中点这四点组成的凸四边形内接于圆。

证明 如图 49.3,在凸四边形 $ABDC$ 中,E,F 分别为对角线 AC,BD 的中点,不失一般性,设 AD,CD 的中点分别为 G,H. 则命题为 $\angle ABC=\angle ADC \Leftrightarrow E$,$F$,$G$,$H$ 四点共圆.

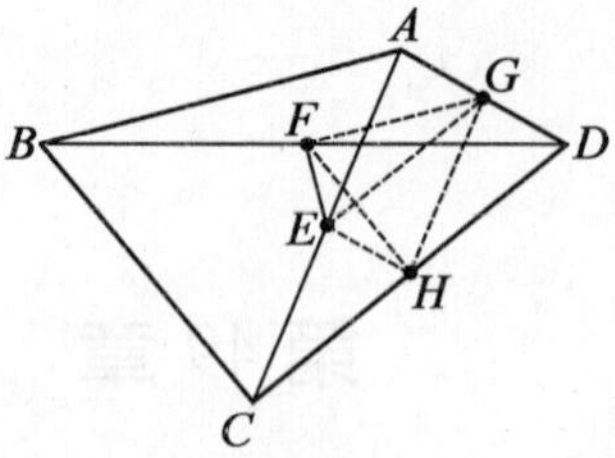

图 49.3

事实上,联结 EG,EH,FG,FH,GH,则 $FG /\!/ BA$,$FH /\!/ BC$,有 $\angle GFH=\angle ABC$.

注意到 $EH /\!/ AD$,$EG /\!/ CD$,知四边形 $DGEH$ 为平行四边形,则 $\angle GEH=\angle ADC$.

于是,$\angle ABC=\angle ADC \Leftrightarrow \angle GFH=\angle GEH \Leftrightarrow E$,$F$,$G$,$H$ 四点共圆.

推论 1 一组对角相等的四边形中,和两对角线中点四点共圆的两邻边中点连线平行的对角线与对角线中点连线所成的角,等于这条对角线分对应顶点处的两角之差.

事实上,如图 49.3,由于 E,F,G,H 四点共圆,有 $GH /\!/ AC$,且 $\angle GEF=\angle GHF=\angle ACB$,及 $EG /\!/ CD$ 有 $\angle AEG=\angle ACD$.

从而 $\angle AEF=\angle GEF-\angle AEG=\angle ACB-\angle ACD$.

性质 4 对于凸(或凹)四边形 $ABCD$,一组对边 AB,CD 所在直线相交于点 E,则一组对角 $\angle ABC=\angle ADC$ 的充要条件是另两顶点的对角线 AC 的长度满足

$$AC^2=AB\cdot AE-EC\cdot CD$$

(若对边 AD,BC 所在直线相交于点 F,则条件为 $AC^2=AD\cdot AF-FC\cdot CB$)

证明 如图 49.4.

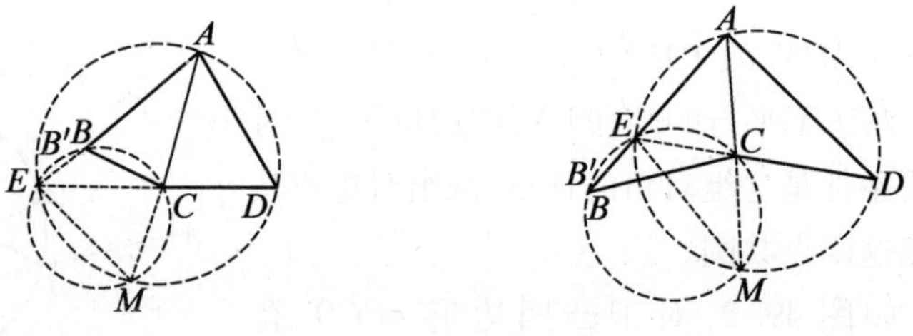

图 49.4

必要性:当 $\angle ABC=\angle ADC$ 时,作 $\triangle AED$ 的外接圆与 AC 的延长线交于点 M. 联结 EM,则有 $\angle AME=\angle ADC$,即 $\angle AME=\angle ABC$,从而 B,E,C,M 四点共圆.

于是,有 $AB\cdot AE=AC\cdot AM$. 注意 $EC\cdot CD=AC\cdot CM$,此两式相减,有

$$AB\cdot AE-EC\cdot CD=AC\cdot AM-AC\cdot CM=AC\cdot(AM-CM)=AC^2$$

充分性:在射线 AB 上取点 B',使 $\angle AB'C=\angle ADC$. 则由必要性,得

$$AB' \cdot AE - EC \cdot CD = AC^2$$

又由充分性条件,有

$$AB \cdot AE - EC \cdot CD = AC^2$$

从而 $AB' = AB$,即知点 B' 与 B 重合,故 $\angle ABC = \angle ADC$.

推论 2 在完全四边形 $ABECFD$ 中,B,E,F,D 四点共圆的充要条件是

$$AC^2 = AB \cdot AE - EC \cdot CD \text{ 或 } AC^2 = AD \cdot AF - FC \cdot CB$$

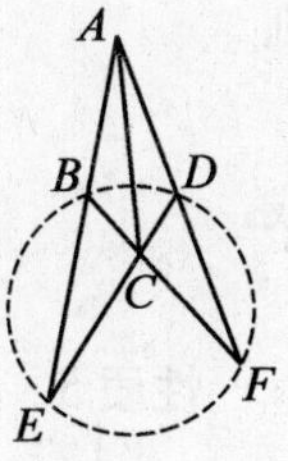

图 49.5

证明 如图 49.5,B,E,F,D 四点共圆 $\Leftrightarrow \angle ABC = \angle ADC$ 或 $\angle AEC = \angle AFC \Leftrightarrow AC^2 = AB \cdot AE - EC \cdot CD$ 或 $AC^2 = AD \cdot AF - FC \cdot CB$.

推论 3 当 B,C,D 三点共线时,$\angle ABC = \angle ADC$(或 $AB = AD$)的充分必要条件是 $AC^2 = AB^2 - BC \cdot CD$.

证明 如图 49.6,此时点 E 与点 B 重合. 也可另证如下:

必要性:过点 A 作 $AL \perp BD$ 于点 L,则由 $AB = AD$ 知 $BL = LD$,注意 $AB^2 = AL^2 + BL^2$,$AC^2 = AL^2 + CL^2$,则

$$\begin{aligned} AB^2 - AC^2 &= BL^2 - CL^2 \\ &= (BL - CL)(BL + CL) \\ &= BC \cdot (CL + LD) \\ &= BC \cdot CD \end{aligned}$$

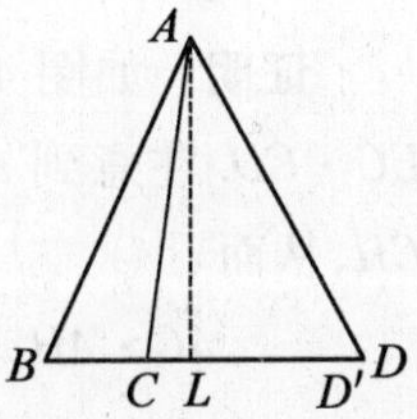

图 49.6

故

$$AC^2 = AB^2 - BC \cdot CD$$

充分性:由 $AB > AC$,在直线 CD 上取一点 D',使 $AD' = AD$. 则由必要性知 $AC^2 = AB^2 - BC \cdot CD'$. 而由充分性条件有 $AC^2 = AB^2 - BC \cdot CD$,知 $CD' = CD$,即 D' 与 D 重合. 故 $AB = AD$.

推论 4 锐角三角形的垂心与一顶点之间的线段的平方等于这线段在一边上的射影与这边的乘积减去过该顶点的边上的高线被垂心分成的两段之乘积.

证明 如图 49.7,H 为 $\triangle ABC$ 的垂心,BE,CF 分别为边 AC,AB 上的高线,E,F 为垂足,此时 $\angle AFH = \angle AEH = 90°$,且 $\angle ABH = \angle ACH$. 在四边形 $AFHE$ 或 $ABHC$ 中,应用性质 4,有

$$AF \cdot AB - BH \cdot HE = AH^2 = AB \cdot AF - FH \cdot HC$$

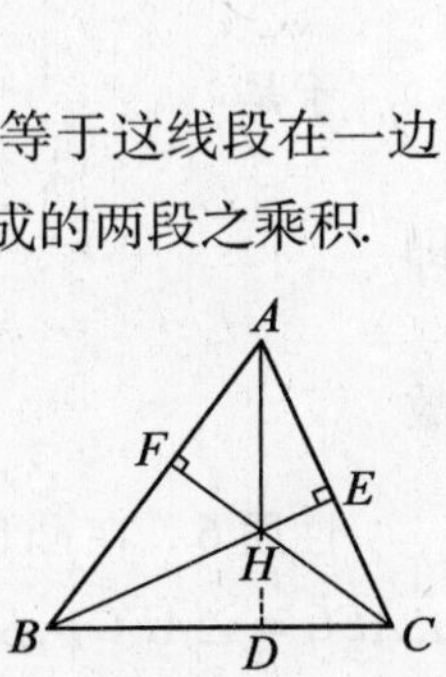

图 49.7

或者延长 AH 交 BC 于点 D,则

$$AF \cdot AB = AH \cdot AD$$

又

$$BH \cdot HE = AH \cdot HD = CH \cdot HF$$

则

$$AF \cdot AB - BH \cdot HE = AH \cdot AD - AH \cdot HD = AH^2$$

或

$$AB \cdot AF - FH \cdot HC = AH \cdot AD - AH \cdot HD = AH^2$$

性质5 在凸四边形 $ABCD$(或凹四边形 $AECF$)中,$\angle ABC = \angle ADC$(或 $\angle AEC = \angle AFC$),直线 AC 与过 B,E,F,D 的圆交于 G,H 两点,则 $\frac{AG}{GC} = \frac{AH}{HC}$(即 G,H 调和分割 AC 或 $\frac{1}{AG} + \frac{1}{AH} = \frac{2}{AC}$).

证明 如图 49.8,由性质 4 知,$AC^2 = AB \cdot AE - EC \cdot CD$. 注意到 $AB \cdot AE = AG \cdot AH$,$EC \cdot CD = GC \cdot CH$,从而

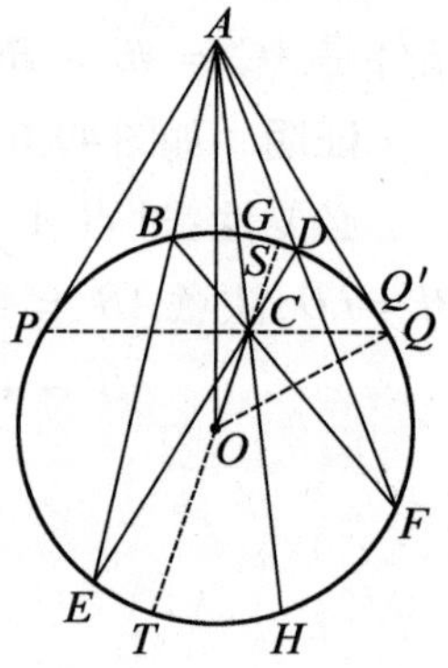

图 49.8

$$\begin{aligned} AG \cdot AH &= AC^2 + GC \cdot CH \\ &= AC^2 + (AC - AG)(AH - AC) \\ &= AC \cdot AH - AG \cdot AH + AG \cdot AC \end{aligned}$$

即
$$2AG \cdot AH = AC \cdot AH + AG \cdot AC$$

亦即

$$\frac{1}{AG} + \frac{1}{AH} = \frac{2}{AC}$$

于是

$$\frac{AC}{AG} + \frac{AC}{AH} = 2 = \frac{AG}{AG} + \frac{AH}{AH}$$

即

$$\frac{AC - AG}{AG} = \frac{AH - AC}{AH}$$

故

$$\frac{AG}{GC} = \frac{AH}{HC}$$

性质6 在凸四边形 $ABCD$(或凹四边形 $AECF$)中,$\angle ABC = \angle ADC$(或 $\angle AEC = \angle AFC$),从 A 向过 B,E,F,D 的圆引切线 AP,AQ,其中 P,Q 为切点,则 P,C,Q 三点共线.

证明 如图 49.8,联结 AC,过点 C 作过这四点圆的弦 PQ',联结 AQ'. 由性质 4,知

$$AC^2 = AB \cdot AE - EC \cdot CD$$

注意到

$$AP^2 = AB \cdot AE, EC \cdot CD = PC \cdot CQ'$$

则

$$AC^2 = AP^2 - PC \cdot CQ'$$

于是,由推论 3 知,$AP = AQ'$. 而由题设 $AP = AQ$,即知 Q' 与 Q 重合.

故 P, C, Q 三点共线.

性质 7 在凸四边形 $ABCD$(或凹四边形 $AECF$)中,$\angle ABC = \angle ADC$(或 $\angle AEC = \angle AFC$),设过 B, E, F, D 四点的圆,其圆心为 O,半径为 R,则 $OA^2 + OC^2 - AC^2 = 2R^2$.

证明 如图 49.8,过 A 作圆 O 的切线 AQ,Q 为切点,联结 OQ,则 $OQ = R$,且 $AQ \perp OQ$. 从而 $AQ^2 = AD \cdot AF = AO^2 - R^2$.

过点 C 作圆 O 的直径 ST,则

$$FC \cdot CB = SC \cdot CT = (R - OC)(R + OC) = R^2 - OC^2$$

由性质 4,知

$$\begin{aligned} AC^2 &= AD \cdot AF - FC \cdot CB = AO^2 - R^2 - (R^2 - OC^2) \\ &= AO^2 + OC^2 - 2R^2 \end{aligned}$$

故

$$OA^2 + OC^2 - AC^2 = 2R^2$$

例 1(2004 年第 7 届香港数学奥林匹克题的推广) 如图 49.9,凸四边形 $ABDF$ 的两组对边的延长线分别相交于点 C, E,$\angle ABE = \angle AFC$,过点 B 作 $BS \perp AB$ 交 CD 于点 S,过点 F 作 $FR \perp AF$ 交 BE 于点 R. 设直线 BS 与 FR 交于点 T. 则 $AT \perp CE$,且 $SR /\!/ CE$.

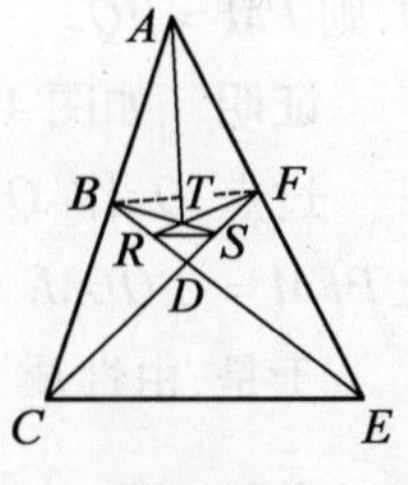

图 49.9

证明 由 $\angle ABE = \angle AFC$,应用性质 2 知 B, C, E, F 四点共圆.

又由题设知 A, B, T, F 四点共圆,联结 BF,则 $\angle ATF = \angle ABF = \angle AEC$. 注意 $\angle ATF$ 与 $\angle TAF$ 互余知,$\angle AEC$ 与 $\angle TAF$ 互余.

故推知 $AT \perp CE$.

又由 $\angle SBR = \angle ABE - 90° = \angle AFC - 90° = \angle SFR$ 知,B, R, S, F 四点共圆.

从而$\angle RSD=\angle RBF$,而$\angle RBF=\angle EBF=\angle ECF$.

于是$\angle RSD=\angle ECF$,故$SR/\!/CE$.

例2 如图49.10,过圆O外的点P作圆O的两条切线PA,PB,A,B是切点,再过点P作圆O的两条割线PCD和PEF,分别交圆O于点C,D,E,F.弦AB与CF交于点G.求证:$\frac{CD}{EF}=\frac{DG}{FG}$.

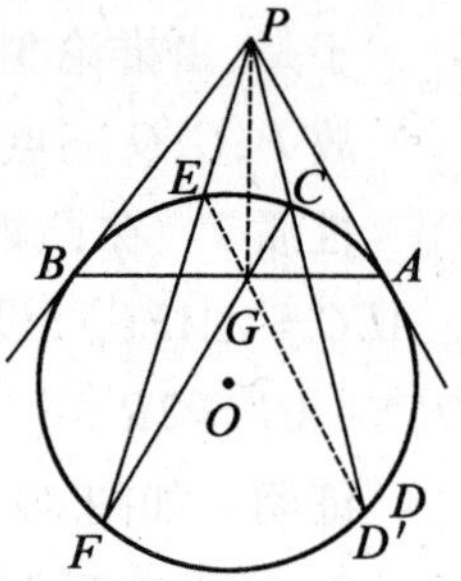

图49.10

证明 如图49.10,联结PG,过点G作圆O的弦ED'.

注意到$PA=PB$,应用推论3,得$PG^2=PA^2-AG\cdot GB$.又

$$PA^2=PE\cdot PF,AG\cdot GB=FG\cdot GC$$

则

$$PG^2=PE\cdot PF-FG\cdot GC$$

于是,由性质2知,$\angle PEG=\angle PCG$.

从而$\angle FED'=\angle FCD$,即$\overset{\frown}{FD'}=\overset{\frown}{FD}$,亦即知$D'$与$D$重合.

因此E,G,D三点共线,显然$\triangle CDG\backsim\triangle EFG$,故$\frac{CD}{EF}=\frac{DG}{FG}$.

例3(蝴蝶定理) 如图49.11,过圆O的弦AB的中点M引任意两条弦CD和EF,CF,DE分别交AB于点P,Q,则$PM=MQ$.

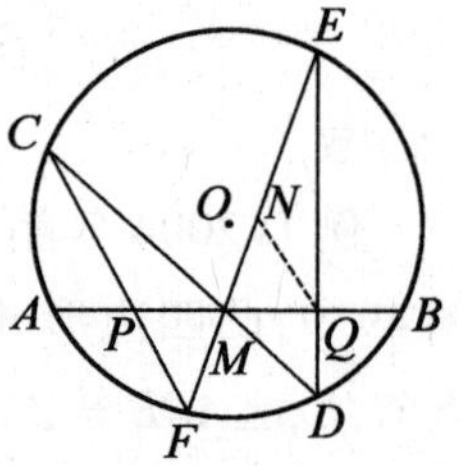

图49.11

证明 如图49.11,令$AM=MB=a,PM=x,MQ=y$.

过点Q作$QN/\!/FC$交ME于点N,则$\angle QNM=\angle PFM=\angle QDM$.

于是,由性质4,有$y^2=MN\cdot ME-EQ\cdot QD$.

易知$MN=\frac{y\cdot MF}{x}$,$ME=\frac{a^2}{MF}$,则$MN\cdot ME=\frac{y\cdot a^2}{x}$.

又

$$EQ\cdot QD=AQ\cdot QB=(a+y)(a-y)=a^2-y^2$$

从而$y^2=\frac{y\cdot a^2}{x}-(a^2-y^2)$,故$x=y$,即$PM=MQ$.

例4(2001年湖南省高中数学夏令营试题) 如图49.12,过圆外一点P作圆的两条切线PE,PF,切点为E,F,过P作圆的割线交圆于A,B两点,此割线

与 EF 交于点 C,求证:$\frac{1}{PC}=\frac{1}{2}\left(\frac{1}{PA}+\frac{1}{PB}\right)$.

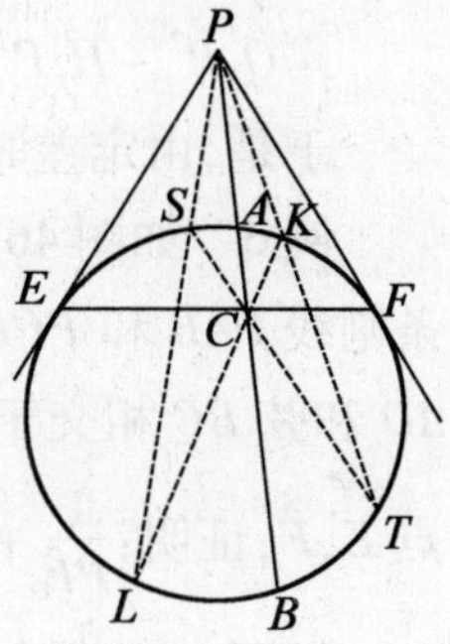

图 49.12

证法 1 如图 49.12,由 $PE=PF$,应用推论 3,有 $PC^2=PE^2-EC\cdot CF$.注意到,$PE^2=PA\cdot PB$,$EC\cdot CF=AC\cdot CB$,则

$$PC^2=PA\cdot PB-AC\cdot CB$$

于是

$$\begin{aligned}2PA\cdot PB&=2PC^2+2AC\cdot CB\\&=2PC^2+2(PC-PA)(PB-PC)\\&=2PC^2+2PC\cdot PB-2PC^2-\\&\quad 2PA\cdot PB+2PA\cdot PC\\&=2PC(PA+PB)-2PA\cdot PB\end{aligned}$$

从而 $4PA\cdot PB=2PC(PA+PB)$.故 $\frac{1}{PC}=\frac{1}{2}\left(\frac{1}{PA}+\frac{1}{PB}\right)$.

证法 2 如图 49.12,过点 C 作弦 ST,联结 PS 并延长交圆于点 L,联结 PT 交圆于点 K,由于 C 为 ST 与 EF 的交点,则由性质 6 知,ST 与 KL 的交点在 EF 上,即为点 C,又由性质 5 知,有 $\frac{1}{PA}+\frac{1}{PB}=\frac{2}{PC}$,故 $\frac{1}{PC}=\frac{1}{2}\left(\frac{1}{PA}+\frac{1}{PB}\right)$.

例 5(2005 年中国国家队集训题) 已知 E,F 是 $\triangle ABC$ 的边 AB,AC 的中点,CM,BN 是边 AB,AC 上的高,联结 EF,MN,且 EF 与 MN 相交于点 P.又设 O,H 分别为 $\triangle ABC$ 的外心和垂心,联结 AP,OH.求证:$AP\perp OH$.

证明 如图 49.13,设 O_1,H_1 分别为 AO,AH 的中点,注意到 AO 为圆 $AEOF$ 的直径,AH 为圆 $AMHN$ 的直径,则 $O_1E=O_1F$,$H_1M=H_1N$.

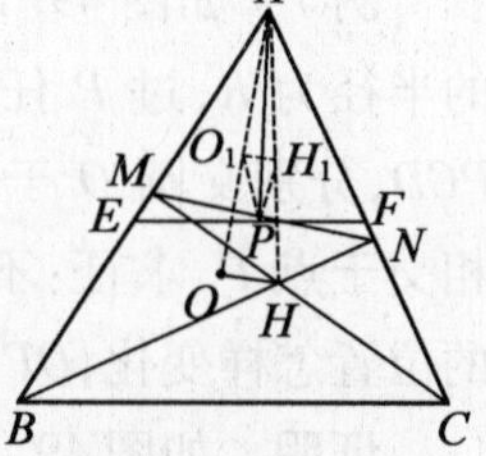

图 49.13

分别在 $\triangle O_1EF$,$\triangle H_1MN$ 应用推论 3,有

$$\begin{aligned}O_1P^2&=O_1F^2-FP\cdot PE\\H_1P^2&=H_1M^2-MP\cdot PN\end{aligned}\qquad(*)$$

由 $\angle AMP=\angle ACB=\angle AFP$,$\angle AEP=\angle ABC=\angle ANP$,分别在四边形 $AMPF$,$AEPN$ 中应用性质 4(或由 M,E,N,F 共圆),有

$$AM\cdot AE-EP\cdot PF=AP^2=AE\cdot AM-MP\cdot PN$$

亦即

$$EP \cdot PF = MP \cdot PN$$

注意到 $O_1F = AO_1$，$H_1M = AH_1$，则由式(*)两式相减，有

$$O_1P^2 - H_1P^2 = O_1A^2 - FP \cdot PE - (H_1A^2 - MP \cdot PN) = O_1A^2 - H_1A^2$$

于是，由定差幂线定理，有 $AP \perp O_1H_1$. 又 $O_1H_1 /\!/ OH$，故 $AP \perp OH$.

例 6 如图 46.14，过圆外一点 P 引该圆的两条割线 PAB 和 PCD，分别交圆于点 A,B,C,D，弦 AD 和弦 BC 相交于点 Q. 割线 PEF 过点 Q 交圆于点 E,F，证明：$\frac{1}{PE}+\frac{1}{PF}=\frac{2}{PQ}$.

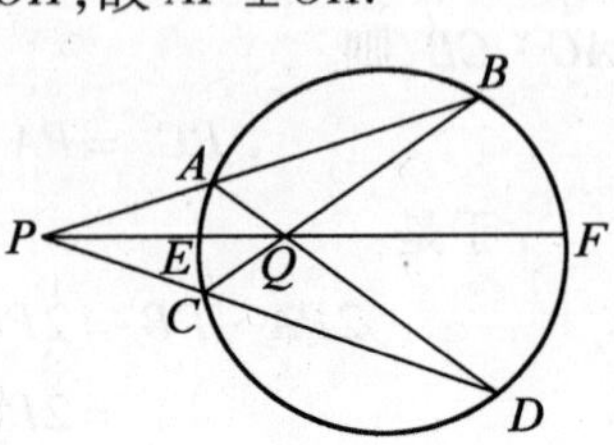

图 49.14

证明 由推论 2，知

$$PQ^2 = PA \cdot PB - BQ \cdot QC$$

又

$$PA \cdot PB = PE \cdot PF$$

$$BQ \cdot QC = QE \cdot QF$$

从而

$$\begin{aligned} PE \cdot PF &= PQ^2 + QE \cdot QF \\ &= PQ^2 + (PQ - PE)(PF - PQ) \\ &= PQ \cdot PF - PE \cdot PF + PE \cdot PQ \end{aligned}$$

即 $PQ \cdot PF + PE \cdot PQ = 2PE \cdot PF$.

故 $\frac{1}{PE}+\frac{1}{PF}=\frac{2}{PQ}$.

例 7 如图 49.15，动点 P 在圆 O 外，圆 O 的半径为 R，过 P 任作圆 O 的两条割线 PAB，PCD，分别交圆 O 于点 A,B,C,D，弦 AD 与 BC 相交于点 P. 求证：不论点 P 与割线 PAB，PCD 的位置怎样变化，$OP^2 + OQ^2 - PQ^2$ 恒为定值.

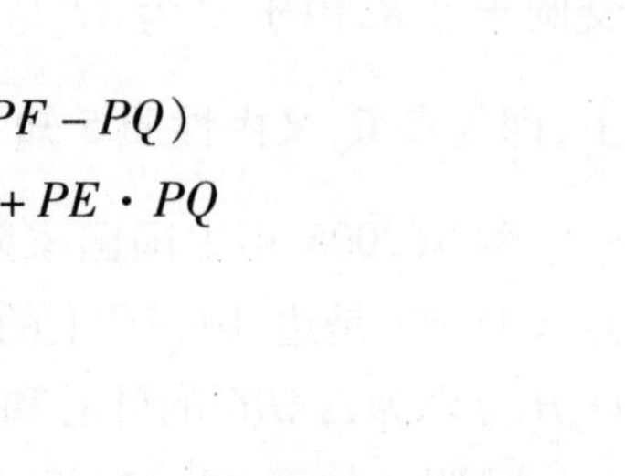

图 49.15

证明 如图 49.15，过点 P 作 PT 切圆 O 于点 T，联结 OT，则 $OT = R$，$PT \perp OT$，从而 $PT^2 = PA \cdot PB = OP^2 - R^2$.

过点 Q 作圆 O 的直径 EF，则

$$BQ \cdot QC = EQ \cdot QF = (R - OQ)(R + OQ)$$

$$=R^2-OQ^2$$

由推论 2,知

$$PQ^2=PA\cdot PB-BQ\cdot QC$$

从而

$$PQ^2=(OP^2-R^2)-(R^2-OQ^2)$$
$$=OP^2+OQ^2-2R^2$$

故 $OP^2+OQ^2-PQ^2=2R^2$ 为定值.

例 8 如图 49.16,从圆 O 外一点 P 引圆 O 的两条切线 PA,PB,切点为 A,B,再从点 P 引圆 O 的两条割线 PCD,PEF,与圆 O 分别交于点 C,D,E,F. 弦 CF,DE 相交于点 G. 求证:A,G,B 三点共线.

证明 如图 49.16,联结 PG,过点 G 作圆 O 的弦 BA',联结 PA'. 由推论 1 或者易知 $\angle PEG=\angle PCG$. 由性质 4,得 $PG^2=PE\cdot PF-FG\cdot GC$.

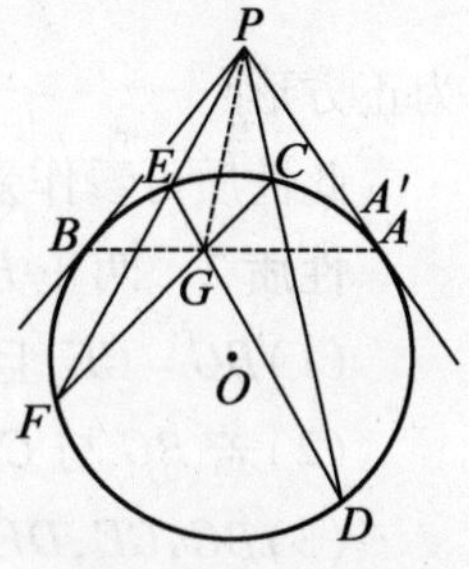

图 49.16

注意到

$$PB^2=PE\cdot PF,FG\cdot GC=BG\cdot GA'$$

于是

$$PG^2=PB^2-BG\cdot GA'$$

由推论 3 知,$PB=PA'$. 而由题设 $PB=PA$,知 A' 与 A 重合,故 A,G,B 三点共线.

第 50 章　关联的正方形

正方形的组合是一类极为重要的图形,其中一些有趣的、奇妙的数量、位置关系激发我们去探究[①].

性质 1　若两正方形 $A_1B_1C_1D_1$ 和 $A_2B_2C_2D_2$ 对应顶点的连线 A_1A_2,B_1B_2,C_1C_2,D_1D_2 上的点 E,F,G,H,满足 $\frac{A_1E}{EA_2}=\frac{B_1F}{FB_2}=\frac{C_1G}{GC_2}=\frac{D_1H}{HD_2}=\frac{m}{n}$,则四边形 $EFGH$ 为正方形.

此性质可看作爱氏定理的推广,且为本章思考题中第 1 题的特殊情形. 证略.

性质 2　两正方形 $AEDB$,$ACFG$ 共顶点 A,则:

(1)$BG=CE$,且 $BG\perp CE$;$S_{\triangle ABC}=S_{\triangle AGE}$;

(2)若 BG 与 CE 交于点 K,则 AK 平分 $\angle EKG$;

(3)BG,CE,DF 共点于点 K,且 $AK\perp DF$;

(4)设 $AEDB$,$ACFG$ 的中心分别为 O_1,O_2,则 O_1O_2 垂直平分 AK;

(5)四边形 $EBCG$ 的四边中点为一正方形的顶点,四边形 $EBCG$ 对边的平方和相等;特别是,若 M 为 BC 的中点,N 为 EG 的中点,则 $\triangle O_1NO_2$ 和 $\triangle O_1MO_2$ 均为等腰直角三角形,M,N 分别为直角顶点;

(6)$AN=\frac{1}{2}BC$,延长 NA 交 BC 于点 H,则 $AH\perp BC$;

(7)AH,CD,BF 三线共点;

(8)取 DF 的中点 T,则 $\triangle ETG$,$\triangle BTC$ 均为等腰直角三角形;T 到 BC 的距离是 BC 的一半;

(9)四边形 $TMAN$ 是平行四边形;

(10)延长 HA 到 S,使 $AS=BC$,过 A 作 EG 的垂线,使 $AR=EG$(R 在 BC 下方),则 $DRFS$ 是正方形.

---

① 沈文选. 关联三个正方形的几个有趣结论[J]. 中学数学,1999(4):45-46.

证明　如图 50.1

(1)由$\triangle AEC$绕点A逆时针旋转$90°$后变为$\triangle ABG$,即证前面两结论;后一结论由面积公式即证.

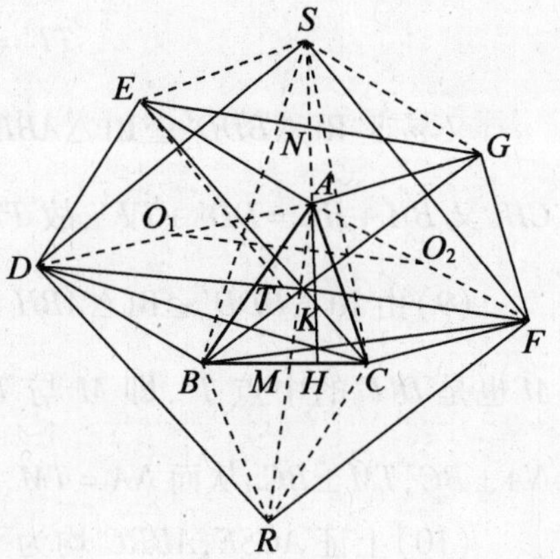

图 50.1

(2)由$\triangle ABG\cong\triangle AEC$,有对应边$BG$,$EC$上的高相等,所以$AK$平分$\angle EKG$(或由$A,K,C,G$共圆证).

(3)设BG与CE相交于点K,连DK,KF.由$\angle AGK=\angle ACK$知A,K,C,G共圆,从而$\angle AKG=\angle ACG=45°$.又$BG\perp CE$,则$\angle AKC=135°$,而$\angle AKG=45°$,则$K,C,F,A$共圆,故$\angle AKF=\angle ACF=90°$.同理$\angle AKD=90°$.故$BG,CE,DF$共点于点$K$,且$AK\perp DF$.

(4)由AK是圆$AKCFG$与圆$KAEDB$的公共弦即证.

(5)由前述性质 1 及第 46 章四边形性质 22(1)即证.

(6)延长AN至S',使$NS'=AN$,则$S'G=AE=AB$,故$\triangle S'GA\cong\triangle BAC$,即有$S'A=BC$,从而$AN=\frac{1}{2}BC$;由$\angle NAG=\angle ACH$,有

$$\angle HCA+\angle HAC=\angle NAG+\angle HAC=90°$$

故$\angle AHC=90°$,即$AH\perp BC$.

(7)连$S'B,S'C$,由$\triangle S'AC\cong\triangle BCF$,有$\angle ACS'=\angle CFB=90°-\angle S'CF$(或由两相似三角形两对边对应垂直,则第三双对边也对应垂直证),故$BF\perp S'C$.同理,$CD\perp S'B$,从而AH,CD,BF共点于$\triangle S'BC$的垂心.

(8)由$TO_2=\frac{1}{2}AD=O_1E$,$TO_1=\frac{1}{2}AF=O_2G$,又AO_1TO_2为平行四边形,则$\triangle O_1DT\cong\triangle O_2TB$,故$TE=TG$,且$\angle O_1ET=\angle O_2TB$,$\angle O_1TE=\angle O_2BT$.由

$$\angle O_1TO_2+\angle TO_2A=180°$$

及

$$\angle GTO_2+\angle TO_2A+\angle TGO_2=\angle GTO_2+\angle TO_2A+\angle O_1TE=90°$$

两式相减得$\angle ETG=90°$,故$\triangle ETG$为等腰直角三角形.

同理可证$\triangle BTC$为等腰直角三角形.

设D,T,F在直线BC上的射影分别为D',T',E',则

$$TT' = \frac{1}{2}(DD' + FF')$$

又易证 $Rt\triangle BDD' \cong Rt\triangle ABH$, $Rt\triangle CFF' \cong Rt\triangle ACH$, 则 $DD' = BH$, $FF' = CH$. 又 $BH + HC = DD' + FF'$, 故 $TT' = \frac{1}{2}BC$.

(9) 由 $Rt\triangle BDD' \cong Rt\triangle ABH$ 知 $D'B = AH$. 同理 $F'C = AH$, 即知 BC 的中点 M 也是 $D'F'$ 的中点 T', 即 M 与 T' 重合. 由此即知 $NA = \frac{1}{2}BC$, $TM = \frac{1}{2}BC$ 且 $NA \perp BC$, $TM \perp BC$. 从而 $NA = TM$, $NA /\!/ TM$, 故 $TMAN$ 为平行四边形.

(10) 上证 $AGSE$, $ABRC$ 均为平行四边形, 于是知 $ECFS$, $EDRC$ 均为平行四边形, $DBGS$, $BRFG$ 也均为平行四边形. 由(1)知 $BG = EC$ 且 $BG \perp EC$, 故 $DRFS$ 为正方形.

性质3　三个正方形 $ADEB$, $BFGC$, $CHIA$ 均在 $\triangle ABC$ 外侧, 其中心分别为 O_1, O_2, O_3.

(1) 设 $AG \cap BH = J$, $CD \cap BI = K$, $AF \cap CE = L$, 则 A, K, O_2; B, L, O_3; C, J, O_1 分别共线, 且此三线共点;

(2) 设 $AF \cap BH = P_1$, $BH \cap CE = Q_1$, $CD \cap AF = R_1$, $AG \cap CE = P_2$, $BI \cap AG = Q_2$, $CE \cap BI = R_2$, 则 $\triangle P_1Q_1R_1 \cong \triangle P_2Q_2R_2$.

证明　如图 50.2.

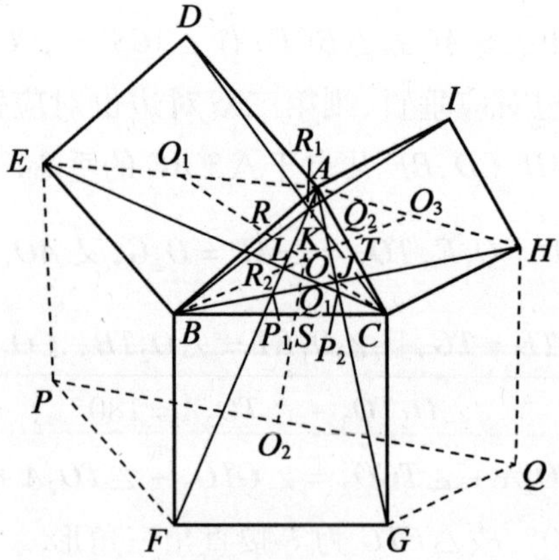

图 50.2

(1) 证法 1: 设 P, Q 分别为 ▱$FBEP$, ▱$HCGQ$ 的顶点, 连 PB, AP, CQ, AQ, 对

$\triangle APB$ 和 $\triangle QAC$ 运用性质2(6),知 $PB \underline{\mathbin{/\!/}} AI$,故 $AP \underline{\mathbin{/\!/}} IB$. 同理 $AQ \underline{\mathbin{/\!/}} DC$. 再由性质2(1),知 $AP = AQ$ 且 $AP \perp AQ$.

连 PQ,则 $\triangle APQ$ 为等腰直角三角形.

又由于 $\triangle DPF \cong \triangle CAB \cong \triangle GQC$,推知 $BPGQ$ 为平行四边形,推知 O_2 在 PQ 上且为其中点,故 $AO_2 \perp PQ$.

连 EH, AE, AH,则 O_1, O_3 分别在 AE, AH 上,且 $O_1O_3 /\!/ EH$. 又 $EP \underline{\mathbin{/\!/}} HQ$,知 $EH /\!/ PQ$,故 $AO_2 \perp O_1O_3$, $AO_2 \perp EH$.

又由性质2(3)知 $AK \perp EH$,故 A, K, O_2 三点共线,且此线与 O_1O_3 垂直.

同理,B, L, O_3 三点共线,且此线与 O_1O_2 垂直;C, J, O_1 三点共线,且此线与 O_2O_3 垂直. 故此三线共点于 $\triangle O_1O_2O_3$ 的垂心.

证法2:由 $\triangle ABI \cong \triangle ADC \Rightarrow \angle DKB = 180° - \angle ABI - \angle BMK = 180° - \angle ADC - \angle AMD = 90°$知,$A, K, C, H, I$ 共圆,$\angle AKI = 45°$. 同理 B, O_2, C, K 共圆,$\angle O_2KC = 45°$,故 A, K, O_2 共线. 同理其他两组点共线.

设 $AO_2 \cap BC = S$, $BO_3 \cap AC = T$, $CO_1 \cap AB = R$,则

$$\frac{BS}{SC} = \frac{S_{\triangle ABO_2}}{S_{\triangle ACO_2}} = \frac{AB \cdot BO_2 \cdot \sin(B + 45°)}{AC \cdot CO_2 \cdot \sin(C + 45°)} = \frac{AB \cdot \sin(B + 45°)}{AC \cdot \sin(C + 45°)}$$

同理

$$\frac{CT}{TA} = \frac{BC \cdot \sin(C + 45°)}{AB \cdot \sin(A + 45°)}, \frac{AR}{RB} = \frac{AC \cdot \sin(A + 45°)}{BC \cdot \sin(B + 45°)}$$

再由塞瓦定理之逆定理知此三直线共点.

证法3:由 $DC \xrightarrow{R(A, 90°)} BI$ 知 $DC \perp BI$. 由 $\angle CAI = \angle CKI = 90°$,知 C, K, A, I 共圆,则 $\angle AKI = \angle ACI = 45°$. 由 $\angle BKC = \angle BO_2C = 90°$知 B, O_2, C, K 共圆,则 $\angle BKO_2 = \angle BCO_2 = 45°$,即 $\angle AKI = \angle BKO_2 = 45°$,故 A, K, O_2 共线.

同理可证其他两组点共线.

又 $O_2 \xrightarrow{S(B, 45°, \sqrt{2})} C \xrightarrow{S(A, 45°, \frac{\sqrt{2}}{2})} O_3$, $A \xrightarrow{S(B, 45°, \sqrt{2})} D \xrightarrow{S(A, 45°, \frac{\sqrt{2}}{2})} O_1$,则

$AO_2 \xrightarrow{S(B, 45°, \sqrt{2}) \cdot S(A, 45°, \frac{\sqrt{2}}{2})} O_1O_3$,故 $AO_2 \perp O_1O_3$(下略).

证法4:由 B, L, A, E 共圆,C, J, A, H 共圆,有

$$\angle BIC = 180° - \angle ELB = 180° - \angle EAB$$

$$=180°-45°=180°-\angle CAH$$
$$=180°-\angle CJH=\angle BJC$$

从而 B,C,J,L 四点共圆.

同理,C,J,K,A;A,K,L,B 分别四点共圆.

而 BL,CJ,AK 分别为圆 $BLJC$,圆 $BLKA$,圆 $CJKA$ 的公共弦,故由蒙日(Monge)定理即知这三线共点.

(2)由(1)知 AK,BL,CJ 共点于 O. 由 $BI\perp DC$ 知,A,K,C,I 四点共圆,$\angle AKI=45°$,$\angle R_2KO=45°$.

同理,$\angle R_1LO=45°$,则 $\angle R_2LO=45°$,从而 R_2,L,O,K 共圆. 又易证 R_2,L,K,R_1 共圆,故 K,O,L,R_2,R_1 五点共圆.

由 $\angle R_2R_1O=\angle R_2KO=45°=\angle R_1LO=\angle R_1R_2O$ 知,$\triangle R_1OR_2$ 为等腰直角三角形.

同理,$\triangle Q_1OQ_2$ 也为等腰直角三角形,从而 $\triangle R_1OQ_1\cong\triangle R_2OQ_2$,即有 $R_1Q_1=R_2Q_2$. 同理 $P_1Q_1=P_2Q_2$,$R_1P_1=R_2P_2$. 故 $\triangle P_1Q_1R_1\cong\triangle P_2Q_2R_2$.

性质4 四个正方形 $BAFE,CBHG,JIDC,DLKA$ 均在凸四边形 $ABCD$ 的外侧. 如图 50.3.

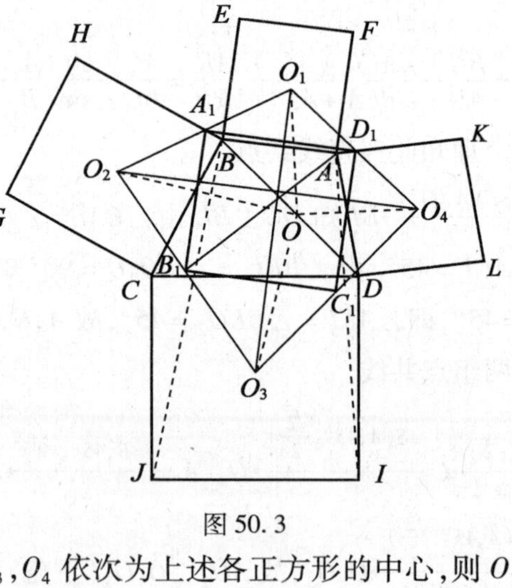

图 50.3

(1)设 O_1,O_2,O_3,O_4 依次为上述各正方形的中心,则 O_1O_3 和 O_2O_4 相互垂直且相等;

(2)设 A_1,B_1,C_1,D_1 分别为 $O_1O_2,O_2O_3,O_3O_4,O_4O_1$ 的中点,则 $A_1B_1C_1D_1$

为正方形；

(3)当 $AC\perp BD$ 时，将四条直线 CL,DF,AH,BJ 的交点分别记为 P_1,Q_1,R_1,S_1，将四条直线 AI,BK,CE,DG 的交点分别记为 P_2,Q_2,R_2,S_2，则四边形 $P_1Q_1R_1S_1$ 与 $P_2Q_2R_2S_2$ 全等.

证明 (1)设 BD 的中点为 O，则 $OO_3 \mathrel{\underline{\mathbin{/\!/}}} \frac{1}{2}BJ, OO_2 \mathrel{\underline{\mathbin{/\!/}}} \frac{1}{2}GD$. 由性质 2(1)有 GD 和 BJ 垂直且相等，则 OO_3 和 OO_2 也垂直且相等. 同理 OO_4 和 OO_1 垂直且相等，注意到 $\triangle O_1O_3O$ 和 $\triangle O_4O_2O$ 即证.

(2)由(1)即证.(略)

(3)注意到分别以 AC 和 BD 为对角线的两个正方形是同位相似的，则对应顶点连线共点于 AC 与 BD 的交点 P.

又可证 P 到 DF,BK 的距离相等，且 DF 与 BK 垂直且相等，绕点 A 逆时针旋转 90°可将 DF 变为 BK. 同理分别将 AH,BJ,CL 变为 CE,DG,AI，因此四边形 $P_1Q_1R_1S_1$ 变为 $P_2Q_2R_2S_2$，即可证结论为真.

注：性质中条件 $ABCD$ 为凸四边形变为凹四边形，结论(1)(2)也成立，特别当 $ABCD$ 为一般平行四边形时，可得 $O_1O_2O_3O_4$ 为正方形.

例 1 如图 50.4，以 $\triangle ABC$ 的边 AB,AC 为边在其外侧作正方形 $BAED,ACFG$；DC 与 AB 交于点 P，BF 与 AC 相交于 Q. 若 $AP=AQ$，则 $AB=AC$ 或 $\angle BAC=90°$.

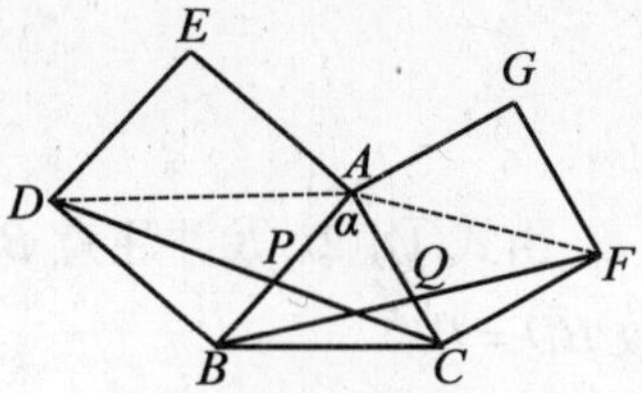

图 50.4

证明 连 AD,AF，记 $\angle BAC=\alpha$. 由 $S_{\triangle ADC}=S_{\triangle ADP}+S_{\triangle APC}$，有

$$\frac{1}{2}AD\cdot AC\cdot\sin(45°+\alpha)=\frac{1}{2}AD\cdot AP\cdot\sin 45°+\frac{1}{2}AP\cdot AC\cdot\sin\alpha$$

所以

$$AP=\frac{\sqrt{2}AB\cdot AC\cdot\sin(45°+\alpha)}{AB+AC\cdot\sin\alpha}$$

同理

$$AQ=\frac{\sqrt{2}AB\cdot AC\cdot\sin(45°+\alpha)}{AC+AB\cdot\sin\alpha}$$

又 $AP=AQ$，则 $AB+AC\cdot\sin\alpha=AC+AB\cdot\sin\alpha$，即 $(AB-AC)(1-\sin\alpha)=$

0,故 $AB=AC$ 或 $\angle BAC=90°$.

例 2 如图 50.5,过锐角 $\triangle ABC$ 的顶点 A 作 BC 边上的高 AM,反向延长 AM 到 H,使 $AH=BC$,作 $CD\perp BH$,取 $CD=BH$,CD 交 AM 于点 O,联结并延长 BO 到 F,使 $BF=HC$,求证:$HD=HF$.

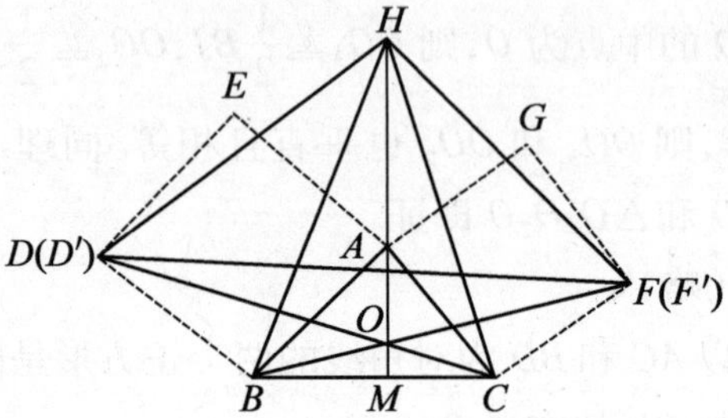

图 50.5

证明 分别以 AB,AC 为边向外作正方形 $ABD'E$,$ACF'G$,则由性质 2(7)知 D' 与 D,F' 与 F 分别重合.

在 $\triangle BAF$ 和 $\triangle DAC$ 中分别用余弦定理求 BF^2 与 DC^2,两式相减有

$$BA^2+BF^2=CA^2+CD^2 \quad ①$$

又 $CD\perp BH$,$BF\perp HC$,有

$$BC^2+HD^2=BD^2+CH^2 \quad ②$$

$$BC^2+HF^2=CF^2+BH^2 \quad ③$$

由式①,②,③并注意 $BD=AB$,$CF=AC$,$BH=CD$,$BF=HC$,得 $HD^2=HF^2$,故 $HD=HF$.

例 3 如图 50.6,三个正方形 $ABCD$,$DEFG$,$FHLK$ 共顶点 D,F,又 P 为 AK 的中点,求证:$PE\perp CH$,且 $PE=\frac{1}{2}CH$.

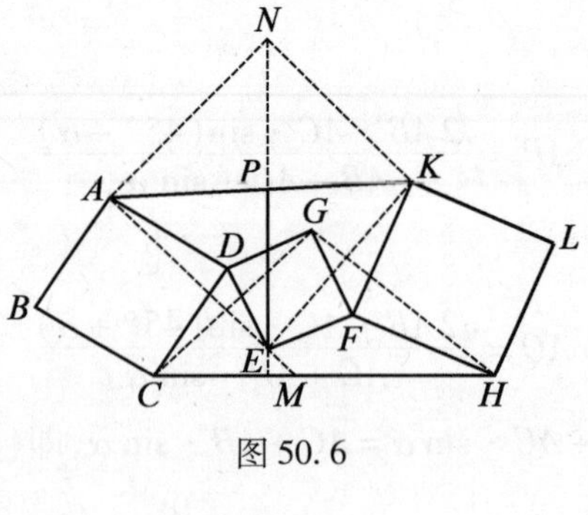

图 50.6

证明 连 GH, GC, EK, AE，延长 AE 交 CH 于点 M，延长 EP 至 N，使 $PN = EP$. 连 AN, KN，则 $EKNA$ 为平行四边形.

由性质 2(1) 知，$AE = CG$ 且 $AE \perp CG$，$EK = GH$ 且 $EK \perp GH$. 又 $\angle NKE$ 与 $\angle AEK$ 互补，则

$$\begin{aligned}\angle CGH &= 90° - \angle DGC + \angle FGH = 90° - \angle DEA + \angle FEK \\ &= 90° - (\angle DEA - \angle FEK) = 90° - (\angle AEK - 90°)\end{aligned}$$

即知 $\angle CGH$ 与 $\angle AEK$ 互补，从而可证 $\triangle NKE \cong \triangle CGH$. 故 $NE = CH$，即 $PE = \frac{1}{2}CH$.

延长 AE 交 CH 于点 M，则 $\angle AEN = \angle GCN$，又 $\angle GCM$ 与 $\angle EMC$ 互余，从而可证 PE 与 CH 成 $90°$ 角，即 $PE \perp CH$.

注：此例中若取 CH 的中点 Q，则有 $QG \perp AK$，且 $QG = \frac{1}{2}AK$.

例 4 如图 50.7，三个正方形 $ABCD, DEFG, FHLK$ 共顶点 D, F，又 E 为 CH 的中点，求证：$DF = \frac{1}{2}AK$.

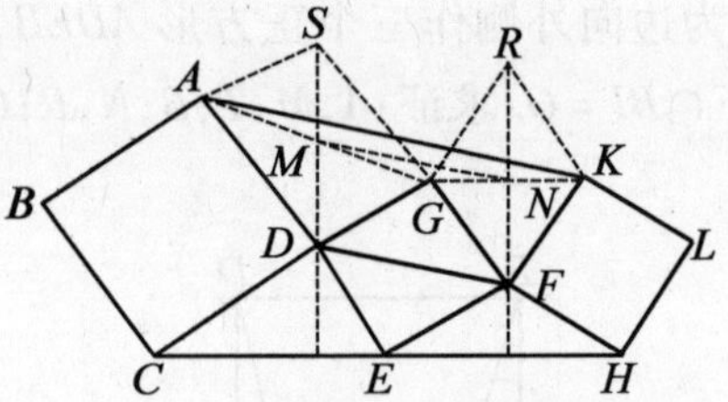

图 50.7

证明 连 AG, GK，取它们的中点 M, N，连 DM 并延长至 S 使 $MS = DM$，连 FN 并延长至 R 使 $NR = FN$，则由性质 2(6) 推知，$DFNM$ 为平行四边形，而 MN 为 $\triangle GAK$ 的中位线，故 $DF = \frac{1}{2}AK$.

例 5 如图 50.8，以 $\triangle RPT$ 的边为对角线作三个正方形 $APQR, PBTV, TCRS$，其中心分别为 O_4, O_5, O_6. 设 BC, CA, AB 的中点分别为 X, Y, Z. 求证：O_4X, O_5Y, O_6Z 三线共点.

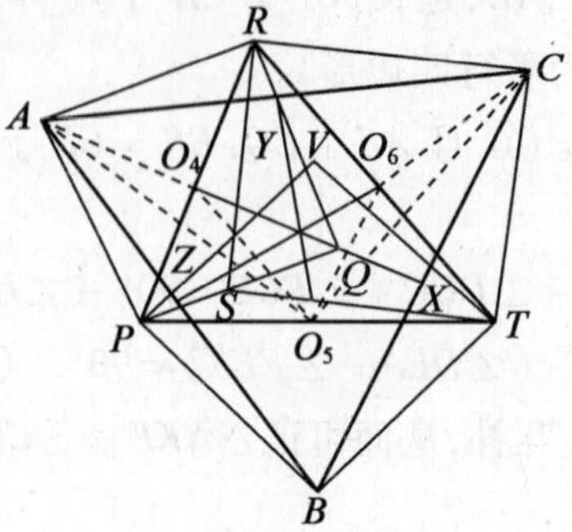

图 50.8

证明 连 AO_4, AO_5, O_4O_5, CO_6, CO_5, O_5O_6, 则在 $\triangle AO_5O_4$ 和 $\triangle O_5CO_6$ 中, $AO_4=\frac{1}{2}PR=O_5O_6$, $O_4O_5=\frac{1}{2}RT=O_6C$, $\angle AO_4O_5=90°+\angle PRT=\angle O_5O_6C$, 从而 $\triangle AO_5O_4\cong\triangle O_5CO_6$. 于是 $AO_5=O_5C$, 故 O_5Y 垂直平分 AC.

同理, O_4X 垂直平分 BC, O_6Z 垂直平分 AB. 故 O_4X, O_5Y, O_6Z 三线共点于 $\triangle ABC$ 的外心.

例 6 如图 50.9, 以 $\triangle PTR$ 的边为对角线, 作三个正方形 $PBTV$, $TCRS$, $QRAP$, 又以 $\triangle ABC$ 的边为边向外侧作三个正方形 $ADEB$, $BFGC$, $CHIA$; 设 $BH\cap CE=M$, $CD\cap AG=N$, $AF\cap BI=O$. 求证: A, M, T; B, N, R; C, O, P 分别三点共线, 且这三条直线共点.

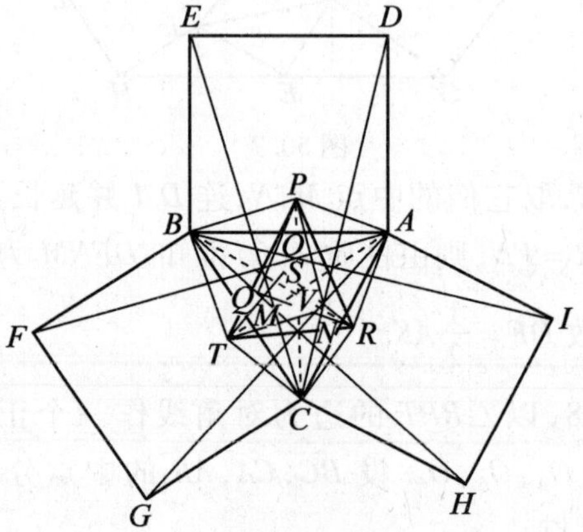

图 50.9

思路 由于 C, B, A 可看作以 $\triangle PTR$ 的边为边向外侧作的三个正方形的中心, 相当于性质 3 图 50.2 中的 O_1, O_2, O_3, 这里的 T 相当于图 50.2 中的点 A, 故由性质 3(1)证法 1 中的推导知, $TA \perp BC$.

又由性质 2(7)中的证明知 $AM \perp BC$. 由此即知 A, M, T 三点共线.

同理, B, N, R; C, O, P 也分别三点共线.

由上述证明过程即知这三条直线共点于 $\triangle ABC$ 的垂心.

例 7 如图 50.10, 以凸四边形 $QSCD$ 的边 QS 为对角线作正方形 $QRSP$, 以边 SC, CD, DQ 为边向外侧作正方形 $SGHC, DCBA, EQDF$, 且 $PR \mathrel{\underline{\mathrel{/\!/}}} \frac{1}{2} AD$. 求证: E, R, G 三点共直线, 且 R 为 EG 的中点.

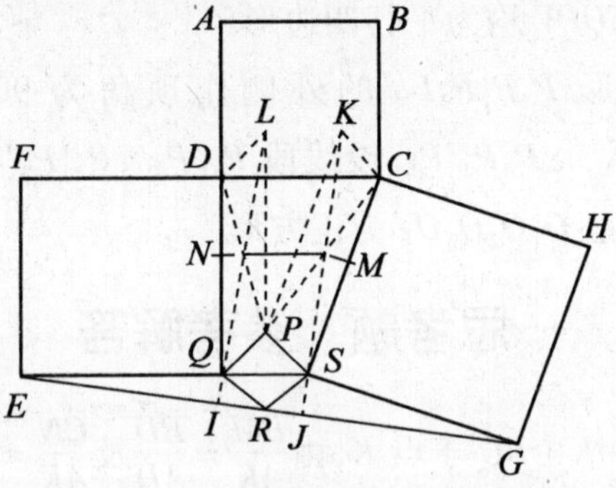

图 50.10

证明 取 PD 的中点 N, PC 的中点 M, 则 $MN \mathrel{\underline{\mathrel{/\!/}}} \frac{1}{2} DC$. 连 QN, SM 并延长使 $NL = QN$, $MK = SM$, 由 $PR \mathrel{\underline{\mathrel{/\!/}}} \frac{1}{2} BC$ 知, $QSMN$ 为平行四边形.

再由性质 2(6)知, $LQ = ER$, 且 $LQ \perp ER$; $KS = RG$, 且 $KS \perp RG$. 而 $LQ = KS$, 故命题结论获证.

思考题

1. 若两正方形 $BMAG, ANCH$ 共顶点 A, BC 交 AM 于点 D, 交 AN 于点 E. 求证: $\dfrac{BD \cdot BE}{CD \cdot CE} = \dfrac{AB^2}{AC^2}$.

2. 两个边长为 a 的正方形, 其中一个正方形的顶点是另一个正方形的中心. 求重叠部分的面积.

3. 以 $\triangle ABC$ 的各边为边向外侧作正方形 $BADE, BFGC, ACHK$.

(1)记 $AB=a$,$AC=b$,则 $S_{\triangle AKD}+S_{\triangle BEF}+S_{\triangle CGH}$ 的最大值为 $\frac{3}{2}ab$;

(2) DK,EF,GH 分别是 $\triangle ABC$ 的边 BC,AC,AB 上的中线长的2倍;

(3)顶点 D,E,F,G,H,K 共圆的充要条件是 $\triangle ABC$ 为等边三角形或为等腰直角三角形.

4. 以 $\triangle ABE$ 各边为边作正方形 $AEMN$,$EBFG$,$ABCD$(字母均按逆时针方向排列).求证:$NC/\!/AF$.

5. 以 $\triangle RPT$ 的边为对角线作正方形 $PAPQ$,$PBTV$,$TCRS$,则 $APBS$,$CRAV$,$BTCQ$,$ASTV$,$BQRS$,$CQPV$ 均为平行四边形.

6. 在任意四边形 $P_1P_2P_3P_4$ 的外侧作顶角为 $90°$ 的等腰 $\triangle P_1P_1'P_2$,$\triangle P_2P_2'P_3$,$\triangle P_3P_3'P_4$,$\triangle P_4P_4'P_1$.设线段 $P_1'P_2'$,$P_2'P_3'$,$P_3'P_4'$,$P_4'P_1'$ 的中点为 O_1,O_2,O_3,O_4.求证:$O_1O_2O_3O_4$ 为正方形.

思考题　参考解答

1. 连 AB,AC,作 $AK\perp BC$ 于点 K,由 $\frac{BM}{AK}=\frac{BD}{AD}$ 及 $\frac{CN}{AK}=\frac{CE}{AE}$,有 $\frac{BD}{AD}\cdot\frac{AE}{CE}=\frac{BM}{CN}$.

而 $\frac{AB}{AC}=\frac{BM}{CN}$,故

$$\frac{BD}{AD}\cdot\frac{AE}{CE}=\frac{AB}{AC} \qquad ①$$

又由 $\frac{S_{\triangle ABE}}{S_{\triangle ACD}}=\frac{AB\cdot AE}{AC\cdot AD}=\frac{BE}{CD}$,有

$$\frac{BE}{CD}\cdot\frac{AD}{AE}=\frac{AB}{AC} \qquad ②$$

由①×②即证.

2. 将其中顶点在另一个中心的图形绕这个中心旋转到特殊位置即可得出重叠部分的面积为 $\frac{1}{4}a^2$,在一般情况下可用割补法证明.

3. (1)用三角形面积公式即证.

(2)过 C 作 $CM \underline{\parallel} BA$,连 BM 交 AC 于点 N,则 BN 为 AC 边上的中线.由 $\triangle EBF\cong\triangle MCB$ 有 $EF=2BN$.同理可证余下的结论.

(3) D,E,F,G,H 共圆$\Leftrightarrow DE,FG,HK$ 的中垂线共点 $O'\Leftrightarrow$与$\triangle ABC$ 的外心 O 重合. 若设 r 为$\triangle ABC$ 的外接圆半径,则

$$OF^2=(r\cdot\sin A)^2+(r\cdot\cos A+2r\cdot\sin A)^2$$
$$=r^2[3-2\sqrt{2}\cos(45^\circ+2A)]$$

O'与 O 重合$\Leftrightarrow OF^2=OH^2=OD^2$,即

$$\cos(45^\circ+2A)=\cos(45^\circ+2B)=\cos(45^\circ+2C)\Leftrightarrow A=B=C=60^\circ$$

或

$$(45^\circ+2A)+(45^\circ+2B)=360^\circ$$

即 $C=45^\circ=A$,或 $C=45^\circ=B$.

4. 由$\triangle BFC\cong\triangle BEA\cong\triangle DNA$,有 $FC=EA=NA$,$\angle CBF=\angle EBA=\angle ADN$,$BF=BE=DN$. 而$\angle FBA=\angle CBF+90^\circ=\angle NDA+90^\circ=\angle NDC$,由$\triangle NDC\cong\triangle FBA$ 有 $AF=CN$,即 $AFCN$ 为平行四边形,故 $NC/\!/AF$.

5. 沿 TC 方向平移正方形 $STCR$ 至 $CC'R'R$,连 AC,QR',则由本章(下同)性质2(1)知,AC 与 QR'垂直且相等. 连 RB,则由性质3(1)中的证明(或参见例6的证明)知,AC 与 RB 垂直且相等,从而 $BR\underline{\parallel}QR'$,故 $BQR'R$ 为平行四边形,即有 $BQ\underline{\parallel}PR$,即 $BQ\underline{\parallel}SR$,$BQ\underline{\parallel}TC$,故知 $BQRS,BTCQ$ 为平行四边形. 由此即知 $PQCV,CRAV,ASTV,APBS$ 均为平行四边形.

6. 建立复平面,设点 P_i 对应的复数为 $z_i(i=1,2,3,4)$,则$\overrightarrow{P_2P_1}=z_1-z_2$,$P_1P_2$ 的中点 Q 对应的复数为$\frac{1}{2}(z_1+z_2)$. 因此

$$\overrightarrow{QP_1'}=\frac{1}{2}(z_1-z_2)\mathrm{i},\overrightarrow{P_1'}=\overrightarrow{Q}+\overrightarrow{QP_1'}=\frac{1}{2}[(z_1+z_2)+(z_1-z_2)\mathrm{i}]$$

同理

$$\overrightarrow{P_2'}=\frac{1}{2}[(z_2+z_3)+(z_2-z_3)\mathrm{i}]$$

$$\overrightarrow{P_3'}=\frac{1}{2}[(z_3+z_4)+(z_3-z_4)\mathrm{i}]$$

$$\overrightarrow{P_4'}=\frac{1}{2}[(z_4+z_1)+(z_4-z_1)\mathrm{i}]$$

$$\overrightarrow{P_1''}=\frac{1}{4}[(z_1+2z_2+z_3)+(z_1-z_3)\mathrm{i}]$$

$$\overrightarrow{P_2''} = \frac{1}{4}[(z_2 + 2z_3 + z_4) + (z_2 - z_4)\mathrm{i}]$$

$$\overrightarrow{P_3''} = \frac{1}{4}[(z_3 + 2z_4 + z_1) + (z_3 - z_1)\mathrm{i}]$$

由此有$\overrightarrow{P_1''P_2''} \cdot \mathrm{i} = \overrightarrow{P_2''P_3''}$. 同样有$\overrightarrow{P_2''P_3''} \cdot \mathrm{i} = \overrightarrow{P_3''P_4''}$. 由此即证.

第 51 章　圆内接四边形

定义　四边形(凸或折)的四个顶点均在一个圆上,则称此四边形为圆内接四边形.

若平面四边形是:(1)凸的,具有一双对角互补或一外角等于其内对角;(2)折的,且有一双对角相等,则必有外接圆.显然,等腰梯形必有外接圆.反之,若圆内接四边形是:(1)凸的,则它的对角互补,任一外角等于其内对角;(2)折的,则它的对角相等.内接于圆的梯形必是等腰的.

在圆内接四边形中有著名的婆罗摩笈多(Brahmagupta)定理:

内接于圆的四边形 $ABCD$ 的对角线 AC 与 BD 垂直相交于点 K,过点 K 的直线与边 AD,BC 分别相交于点 H,M.(1)若 $KH\perp AD$,则 $CM=MB$;(2)若 $CM=MB$,则 $KH\perp AD$.(其证明参见本章性质 13(4))

圆内接四边形除具有一般凸或折四边形的性质外,还具有如下特殊的性质:

性质 1　设圆内接四边形 $ABCD$ 的对角 $\angle B$,$\angle D$ 的内角平分线和外接圆的交点分别为 E,F,则 EF 是该圆的直径.

证明　如图 51.1,联结 CE,CF,则

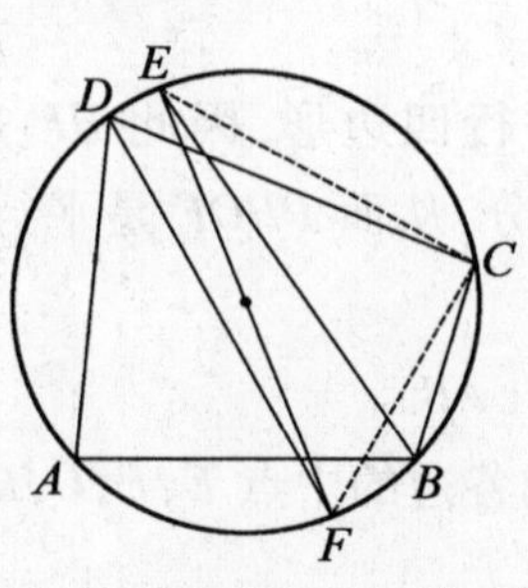

图 51.1

$$\angle CEF=\angle CDF=\frac{1}{2}\angle ADC,\angle CFE=\angle CBE=\frac{1}{2}\angle ABC$$

有 $$\angle CEF+\angle CFE=\frac{1}{2}(\angle ADC+\angle ABC)=90^\circ$$

从而$\angle ECF=90^\circ$. 故 EF 为该圆直径.

性质2 从圆内接四边形的对角线的交点向一组对边引垂线,则两垂线段的比等于这两边的比.

证明 如图51.2,设圆内接四边形 $ABCD$ 的对角线 AC 与 BD 相交于点 P,从 P 分别向 AB,CD 引垂线,垂足分别为 E,F.

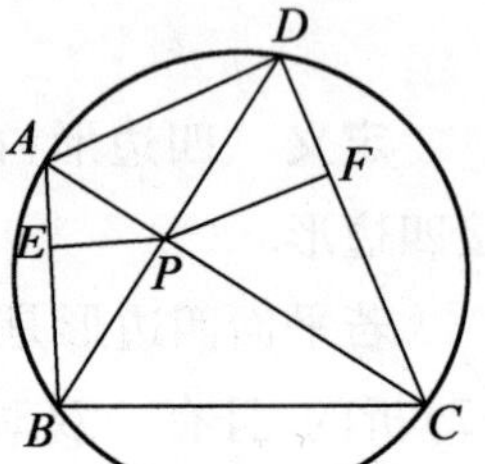

图51.2

由$\triangle BPE\backsim\triangle CPF$,有$\frac{BP}{CP}=\frac{PE}{PF}$.

又$\triangle APB\backsim\triangle DPC$,从而有$\frac{BP}{CP}=\frac{AB}{CD}$.

故$\frac{PE}{PF}=\frac{AB}{CD}$.

性质3 由圆内接四边形的各边的中点向对边作垂线,则这四条垂线相交于一点.

证明 如图51.3,设 E,F,G,H 分别为圆内接四边形 $ABCD$ 的边 AB,BC,CD,DA 的中点.

设 O 为 $ABCD$ 外接圆圆心,则 $OE\perp AB$,$OF\perp BC$,$OG\perp CD$,$OH\perp AD$.

设过 E,G 分别作对边的垂线交点为 P,则四边形 $GPEO$ 为平行四边形,且 OP 过 GE 的中点 K,即 $PK=KO$.

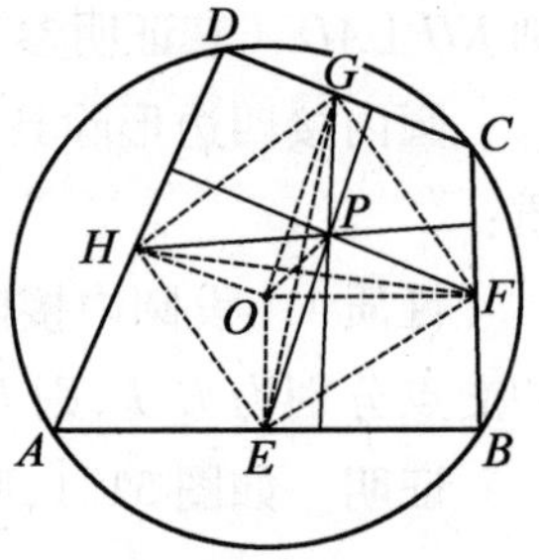

图51.3

又知四边形 $EFGH$ 为平行四边形,因此 HF 过 GE 的中点,并且被这点所平分,从而 $PHOF$ 是平行四边形. 则 $HP/\!/OF$,$OF\perp CD$.

因而 $HP\perp CD$. 同理,$FP\perp AB$.

因此,由圆内接四边形的各边的中点 E,F,G,H 向对边所作的垂线相交于一点 P.

性质4 设圆内接四边形 $ABCD$ 的对角线交于点 P,由 P 向各边 AB,BC,CD,DA 所作垂线的垂足分别为 E,F,G,H,则四边形 $EFGH$ 有内切圆.

证明 如图 51.4,注意到 A,E,P,H 及 H,P,G,D 分别四点共圆,又 $\angle EAP=\angle GDP$,则 $\angle PHE=\angle PAE=\angle PDG=\angle PHG$,即知 HP 平分 $\angle EHG$,亦即 P 到 HE,HG 的距离相等.

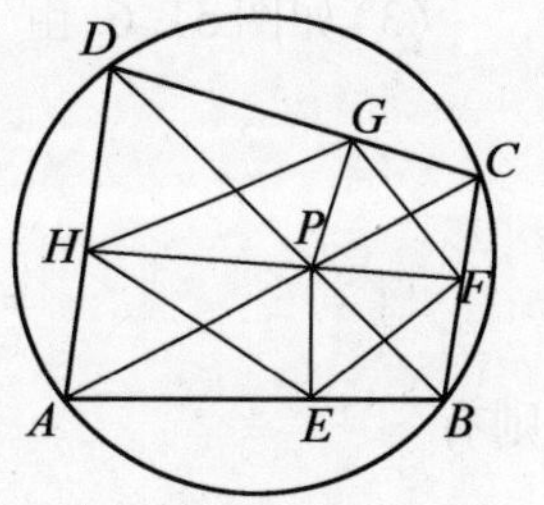

图 51.4

同理,P 到 HE 与 P 到 EF 的距离相等,P 到 EF 与 P 到 FG 的距离相等,亦即 P 到四边形 $EFGH$ 的四边距离相等,故四边形 $EFGH$ 有内切圆.

性质 5 设圆内接四边形 $ABCD$ 的边 AB,BC,CD,DA 的中点分别为 P,Q,R,S,则 $\triangle APS,\triangle BQP,\triangle CRQ,\triangle DSR$ 的外接圆相等并且都与四边形 $ABCD$ 的外接圆内切.

证明 如图 51.5,设四边形 $ABCD$ 的外心为 O,联结 AO,取其中点 O_1,则

$$O_1P=\frac{1}{2}BO,O_1S=\frac{1}{2}DO$$

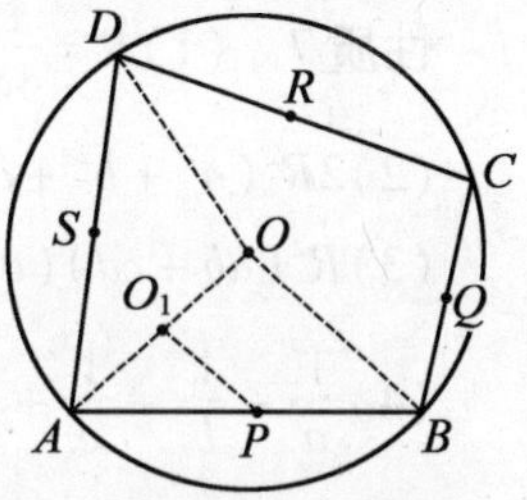

图 51.5

而 $BO=DO$,则 $O_1A=O_1O=O_1P=O_1S$.

因此以 OA 为直径的圆 O_1 过点 P 及 S,并且与圆 O 在点 A 内切.

同理,可作以 OB,OC,OD 为直径的圆.

故四个三角形 $\triangle APS,\triangle BQP,\triangle CRQ,\triangle DSR$ 的外接圆都相等,且都与圆 O 内切.

在下面的讨论中,我们记半径为 R 的圆 O 的内接凸四边形 $ABCD$ 的边长 $AB=a,BC=b,CD=c,DA=d$,对角线长 $AC=e,BD=f$,其面积为 S,AC 与 BD 交于点 P.

性质 6 (1) $\cos A=\frac{a^2+d^2-b^2-c^2}{2(ad+bc)}$(余弦定理);

(2) $ac+bd=ef$(托勒密定理);

(3) $(ad+bc):(ab+cd)=e:f$;

(4) $e^2=\frac{(ac+bd)(ad+bc)}{ab+cd}$;$f^2=\frac{(ac+bd)(ab+cd)}{ad+bc}$;

(5) $ad:bc=AP:PC,ab:cd=BP:PD$.

证明 (1),(2)略.

(3)如图51.6,由

$$\frac{1}{2}ab\cdot\sin\angle ABC+\frac{1}{2}cd\cdot\sin\angle ADC$$
$$=\frac{1}{2}ad\cdot\sin\angle BAD+\frac{1}{2}bc\cdot\sin\angle BCD$$

则有

$$\frac{ad+bc}{ab+cd}=\frac{\sin\angle ABC}{\sin\angle BAD}=\frac{2R\cdot\sin\angle ABC}{2R\cdot\sin\angle BAD}=\frac{e}{f}$$

(4)将(2)代入(3)即证.

(5)由$\frac{AP}{PC}=\frac{S_{\triangle ABD}}{S_{\triangle BCD}}=\frac{ad}{bc}$即证.

性质7 (1)$R=\frac{1}{4S}\sqrt{(ab+cd)(ac+bd)(ad+bc)}$;

(2)$2R^2(a^2+b^2+c^2+d^2)\geqslant(ac+bd)^2$;

(3)$R^2(ab+cd)(ad+bc)\geqslant abcd(ac+bd)$;

(4)$\frac{1}{a}+\frac{1}{b}+\frac{1}{c}+\frac{1}{d}\geqslant\frac{2\sqrt{2}}{R}$.

证明 (1)如图51.6,过A作$AE/\!/BD$交圆O于点E,则$AB=DE,AD=EB$.由$S_{\triangle ABC}=\frac{AB\cdot AC\cdot BC}{4R}$,$S_{\triangle ADC}=\frac{AD\cdot AC\cdot DC}{4R}$相加,再利用性质6(2),有$DE\cdot BC+BE\cdot DC=BD\cdot CE$,得到$R=\frac{AC\cdot BD\cdot CE}{4S}$.再对$CE$运用性质6(4)即得证.

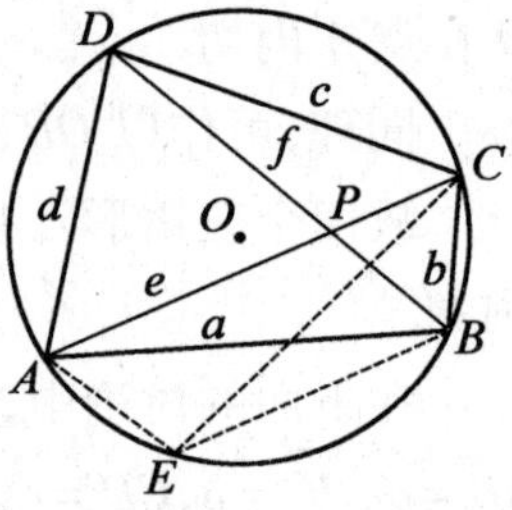

图51.6

(2)注意到$0<e\leqslant 2R,0<f\leqslant 2R$,有$\frac{1}{e^2}+\frac{1}{f^2}\geqslant\frac{1}{2R^2}$,由

$$a^2+b^2+c^2+d^2\geqslant e^2+f^2=(ac+bd)^2\left(\frac{1}{e^2}+\frac{1}{f^2}\right)$$

即证(其中用到$ac+bd=ef$).

(3)由$\frac{PA}{PD}=\frac{AB}{DC}=\frac{a}{c}$,有$PD=\frac{c}{a}PA$.由$PA\cdot PC\leqslant R^2$及性质6(5),有

$$\frac{AC}{PC}\cdot\frac{BD}{PD}=\frac{ad+bc}{bc}\cdot\frac{ad+cd}{cd}$$

$$=\frac{ef}{PC\cdot\frac{c}{a}PA}$$

$$\geqslant\frac{a(ac+bd)}{c\cdot R^2}$$

由此即证.

(4)由

$$f^2=(2R\cdot\sin A)^2=a^2+d^2-2ad\cdot\cos A$$

$$\geqslant 2ad(1-\cos A)$$

$$f^2=(2R\cdot\sin A)^2=b^2+c^2-2bc\cdot\cos C$$

$$\geqslant 2bc(1+\cos A)$$

上述两式相乘有$(2R\cdot\sin A)^4\geqslant 4abcd\cdot\sin^2 A$,即有

$$abcd\leqslant 4R^4\cdot\sin^2 A\leqslant 4R^2$$

从而

$$\frac{1}{a}+\frac{1}{b}+\frac{1}{c}+\frac{1}{d}\geqslant 4\sqrt[4]{\frac{1}{abcd}}=\frac{2\sqrt{2}}{R}$$

性质 8 (1)自 P 向各边引垂线所得垂足四边形有内切圆;

(2)过 P 作与过 P 的直径垂直的直线交一双对边所得两线段相等(蝴蝶定理).

证明提示 (1)这些垂线恰好是垂足四边形的角平分线;(2)略.

性质 9 若圆内接凸四边形两双对边延长后相交,则:

(1)两交点间距离的平方等于从两交点分别向圆引的两条切线长的平方和(即四条切线长的平方和之半);

(2)从一个交点向圆引切线所得两切点与另一交点共线;

(3)两交角的内、外平分线交成矩形;

(4)两交角的内、外平分线的两交点与两对角线的中点组成调和点列.

证明 设字母如图 51.7 所示.

(1)设过 A,D,E 的圆交 EF 于点 K,则 $\angle AKF=\angle ADE=\angle ABF$,即知 K 也在 $\triangle ABF$ 的外接圆上. 由

$$EF\cdot FK=DF\cdot FA=RF^2$$

$$EF \cdot EK = EB \cdot EA = ES^2$$

两式相加即得 $EF^2 = ES^2 + FR^2$.

(2)参见本章思考题第3题.

(3)由题设及图示,又

$$\angle FHG = \angle C + \frac{1}{2}\angle BEC$$

$$\angle FGH = \angle DAE + \frac{1}{2}\angle BEC = \angle C + \frac{1}{2}\angle BEC$$

则知 FQ 是等腰 $\triangle FHG$ 底边 HG 上的高,即 $EG \perp FQ$,故 $EPFQ$ 为矩形.

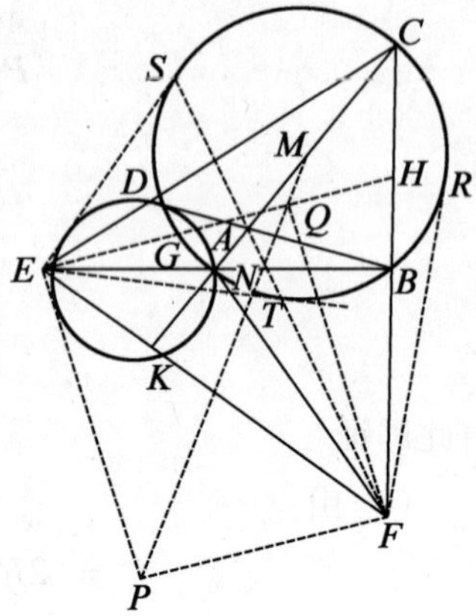

图 51.7

(4)由 $\triangle CAE \backsim \triangle DBE$, $\triangle MEC \backsim \triangle NEB$ 及内、外角平分线性质即证.

性质10 圆内接凸四边形四顶点组成的四个三角形中:

(1)四内心组成的四边形为矩形;四外心共点;四重心组成的四边形与原四边形相似;四垂心组成的四边形与原四边形全等;

(2)其中被一条对角线所分成的两三角形的内切圆半径之和,等于另一条对角线所分成的两三角形的内切圆的半径之和;

(3)其中两交叉三角形的内切圆半径之差的绝对值等于另两三角形内切圆半径之差的绝对值;

(4)其中两交叉三角形的内切圆圆心与公共边所对弧的中心组成等腰三角形,且圆心连线为底边;

(5)其中内心、旁心共计十六点,分配在八条直线上,每线上四点,而这八条线是两组互相垂直的平行线、每组四条线(富尔曼(Fuhrmann)定理);

(6)设四个内切圆半径顺次为 r_1, r_2, r_3, r_4,则

$$(e+f-a-c)(e+f-b-d) = 4(r_1r_3 + r_2r_4)$$

(7)圆上任一点在这四个三角形的西姆松线上的射影共线;圆上任两点对于这四个三角形中两个三角形的两条西姆松线各相交的四点共线.

证明 (1)如图51.8,在圆内接四边形 $ABCD$ 中,设 $\triangle ABC$, $\triangle BCD$, $\triangle CDA$, $\triangle ABD$ 的内心分别为 I_1, I_2, I_3, I_4. 联结 $I_1I_2, I_2I_3, I_3I_4, I_4I_1, AI_1, AI_4, BI_1, BI_4$,则

$$\angle AI_1B=90^\circ+\frac{1}{2}\angle ACB$$

$$\angle AI_4B=90^\circ+\frac{1}{2}\angle ADB$$

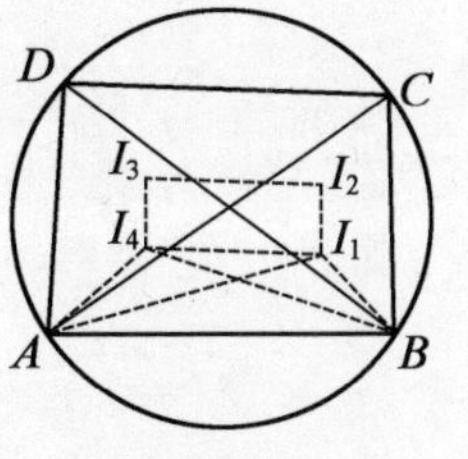

图 51.8

又$\angle ACB=\angle ADB$,则$\angle AI_1B=\angle AI_4B$,从而$B,I_1,I_4,A$四点共圆. 同理$B,C,I_2,I_1$四点共圆.

于是

$$\angle I_4I_1I_2=\angle I_4AB+\angle I_2CB=\frac{1}{2}(\angle A+\angle C)=90^\circ$$

即四边形$I_1I_2I_3I_4$为矩形.

注意到$\triangle ABC,\triangle BCD,\triangle ACD,\triangle ABD$这四个三角形的外心均为四边形外接圆圆心,从而知这四个三角形的外心共点.

如图 51.9,设G_1,G_2,G_3,G_4分别为$\triangle ABC,\triangle BCD,\triangle ACD,\triangle ABD$的重心,设$E$为$BC$的中点,联结$AE,DE$,则$G_1$在$AE$上,$G_2$在$DE$上. 于是在$\triangle AED$中,$G_1G_2 \underline{\mathbin{/\!/}} \frac{1}{3}AD$.

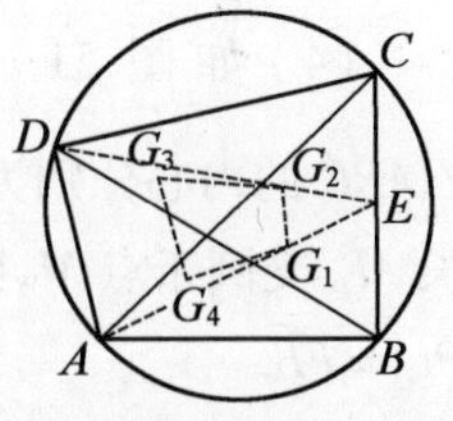

图 51.9

同理,$G_2G_3 \underline{\mathbin{/\!/}} \frac{1}{3}AB,G_4G_3 \underline{\mathbin{/\!/}} \frac{1}{3}BC,G_4G_1 \underline{\mathbin{/\!/}} \frac{1}{3}CD$.

又四边形$G_1G_2G_3G_4$与四边形$DABC$的对应角相等,故四边形$G_1G_2G_3G_4\backsim$四边形$DABC$. 从而G_1,G_2,G_3,G_4四点共圆.

设H_1,H_2,H_3,H_4分别为$\triangle ABC,\triangle BCD,\triangle ACD,\triangle ABD$的垂心. 如图 51.10,过点$C$作圆$O$的直径$CE$,联结$EB,ED$,过$O$作$OM\perp CD$于点$M$. 由于$BH_2\perp CD,ED\perp CD$,则$BH_2/\!/ED$. 同理,$DH_2/\!/EB$.

从而四边形EBH_2D为平行四边形.

又OM是$\triangle CDE$的中位线,则$ED \underline{\mathbin{/\!/}} 2OM \underline{\mathbin{/\!/}} BH_2$.

同理,$AH_3=2OM$,即ABH_2H_3是平行四边形,从而$AB=H_2H_3$.

同理,$BC \underline{\mathbin{/\!/}} H_4H_3,CD \underline{\mathbin{/\!/}} H_1H_4,AD \underline{\mathbin{/\!/}} H_1H_2$.

又注意到$\angle BCD$与$\angle H_3H_4H_1$其两双边分别平行,且平行的射线方向相同,从而这两个角相等. 同理可证其他三双对应角相等.

故四边形$H_1H_2H_3H_4\cong$四边形$DABC$.

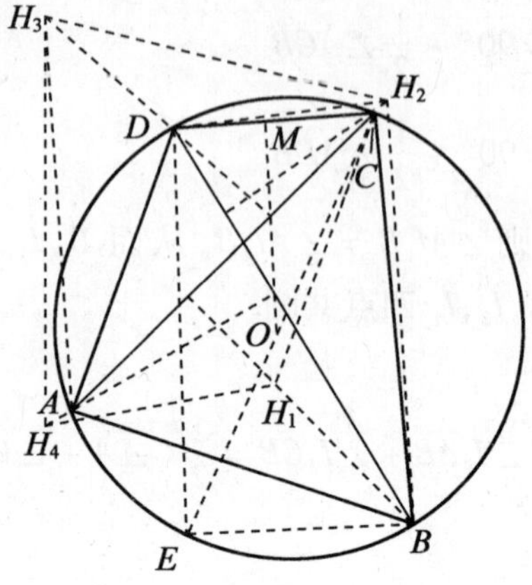

图 51.10

(2),(3)注意到后面例 1 的结论即证.

(4)如图 51.11,设 $\triangle BCD$,$\triangle ACD$,$\triangle ABD$,$\triangle ABC$ 的内心分别为 I_A, I_B, I_C, I_D,P 为$\overset{\frown}{AB}$的中点,延长 AI_D 交圆于点 M,则可证得$\triangle PI_DM \cong \triangle PBM$,所以 $PI_D = PB$.

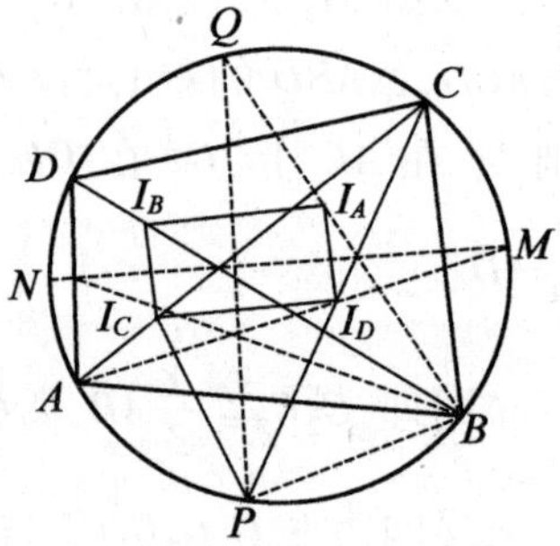

图 51.11

同理,$PI_C = PA$,而 $PA = PB$,即$\triangle PI_CI_D$ 为等腰三角形.

同理可证$\triangle I_CI_DQ$,$\triangle I_AI_BP$,$\triangle I_AI_BQ$,…均为等腰三角形.

(5)设$\triangle BCD$,$\triangle ABD$,$\triangle ADC$,$\triangle ABC$ 的旁心分别用 E_x, F_x, G_x, H_x 表示,与$\angle A$ 有关的三个旁心分别用 F_A, H_A, G_A 表示,其余类推,如图 50.12.

由$\angle BI_DC = 90° + \frac{1}{2}\angle BAC = 90° + \frac{1}{2}\angle BDC = \angle BI_AC$ 知,B, C, I_A, I_D 共圆.

同理 C, D, I_B, I_A 共圆,且 $I_AI_BI_CI_D$ 为矩形. 又 $I_AC \perp E_DE_B$,$I_AD \perp E_BE_C$,$I_BD \perp G_AG_C$,$I_BC \perp G_AG_D$,从而有 D, I_B, I_A, C, G_A, E_B 六点共圆,则$\angle I_AI_BE_B = \angle I_ADE_B = 90°$,即 E_B, I_B, I_C 共线.

同理,H_C, I_C, I_B 共线. 故 E_B, I_B, I_C, H_C 四点共线.

同理,G_A, I_A, I_D, F_D;F_B, I_B, I_A, H_A;G_C, I_C, I_D, E_D 分别共直线,且两组线是互相垂直的平行线.

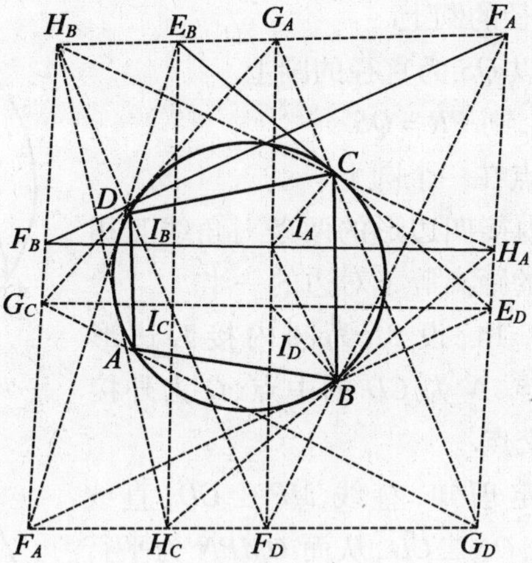

图 51.12

由 $\angle BI_CD=90°+\frac{1}{2}\angle BAD,\angle BE_BD=\angle I_ACD=\frac{1}{2}\angle BCD$(注意到 D,I_A,C,E_B 四点共圆),从而

$$\angle BI_CD+\angle BE_BD=90°+\frac{1}{2}(\angle BAD+\angle BCD)=180°$$

即 E_B,D,I_C,B 四点共圆.

由 $I_CB\perp F_AF_D,I_CD\perp F_AF_B$ 知,D,I_C,B,F_A 四点共圆. 故 D,I_C,B,F_A,E_B 五点共圆,则 $\angle I_CE_BF_A=\angle I_CBF_A=90°$. 又由 I_B,I_A,G_A,E_B 四点共圆,有 $\angle I_BE_BG_A=\angle I_BI_AG_A=90°$,从而 E_B,G_A,F_A 三点共线.

同理,G_A,E_B,H_B 三点共线,故 H_B,E_B,G_A,F_A 四点共线.

同理,$H_B,F_B,G_C,E_C;E_C,H_C,F_D,G_D;G_D,E_D,H_A,F_A$ 分别共线,由上证即知结论成立.

(6)利用相似三角形把内接四边形中两相对三角形内切圆半径之比转化为边的代数和即证.

(7)前一结论注意到,圆上一点对于四个三角形的西姆松线构成完全四边形即证,后一结论利用笛沙格定理即证.

性质 11　若圆内接四边形 $ABCD$ 的对角线互相垂直,从其交点 O 向各边 AB,BC,CD,DA 所作垂线的垂足分别为 E,F,G,H,则此四点共圆.

证明　如图 50.13,设 AB,BC,CD,DA 的中点分别为 P,Q,R,S,则由婆罗摩笈多(Brahmagupta)定理知,EO 的延长线过点 R,GO 的延长线过点 P,所以

E,G 是在以 PR 为直径的圆上.

同理,F,H 是在以 QS 为直径的圆上.

又 $PQRS$ 为矩形,则 $PR=QS$.

故 E,F,G,H 四点在一个圆上.

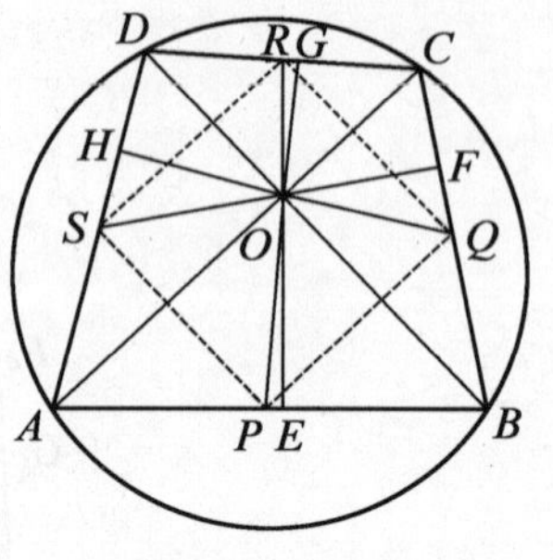

图 51.13

性质 12 若圆内接四边形的两条对角线互相垂直,则一边与圆心的距离等于对边的一半.

证明 如图 50.14,设 M 为圆内接四边形 $ABCD$ 的边 AB 的中点,N 为 CD 的中点,O 为外接圆圆心,P 为对角线交点.

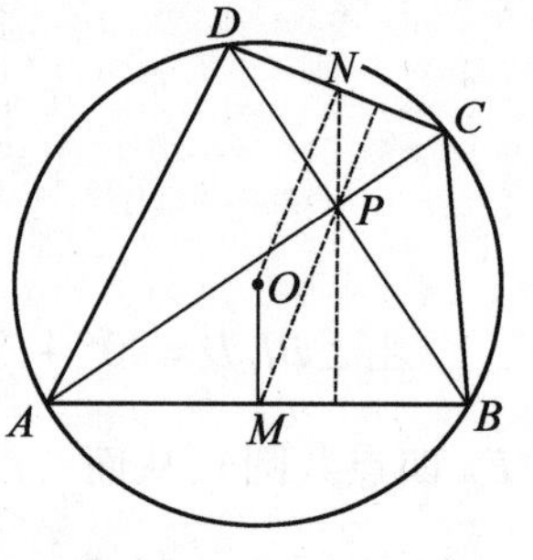

图 51.14

由婆罗摩笈多定理知,直线 $MP\perp CD$,直线 $NP\perp AB$. 而 $OM\perp AB$,$ON\perp CD$,从而 $OMPN$ 为平行四边形,于是 $OM=PN=\frac{1}{2}CD$.

性质 13 若四边形 $ABCD$ 的对角线 AC 与 BD 互相垂直,则:

(1)一双对边所对的两劣弧度数之和为 180°;

(2)$PA^2+PB^2+PC^2+PD^2=a^2+c^2=b^2+d^2=4R^2$;

(3)$e^2+f^2=8R^2-4OP^2$;

(4)(婆罗摩笈多定理)过 P 任作一边的垂线必将其对边平分(此结论还可推广,见例 2);

(5)两条中位线(对边中点连线)长相等,且等于 $\sqrt{2R^2-OP^2}$;

(6)四边形的面积等于对边乘积之和的一半;

(7)O 与一对角线两端点的连线将四边形分成等积的两部分;

(8)$\triangle APB,\triangle BPC,\triangle CPD,\triangle DPA$ 的外接圆与内切圆的所有半径之和等于两对角线长之和;

(9)P 与 $\triangle ABO,\triangle BCO,\triangle CDO,\triangle DOA$ 的垂心 H_1,H_2,H_3,H_4 五点共线;

(10)P 在 AB,BC,CD,DA 上的射影依次为 P_1,P_2,P_3,P_4,则四边形 $P_1P_2P_3P_4$ 既有外接圆又有内切圆.

证明 (1)略.

(2)令 $\angle DOC=\alpha$,$\angle AOB=\beta$,则

$$\frac{1}{2}\alpha+\frac{1}{2}\beta=\angle DBC+\angle ACB=90°$$

于是 $\cos\alpha+\cos\beta=0$，而

$$AB^2=2R^2-2R^2\cdot\cos\beta, CD^2=2R^2-2R\cdot\cos\alpha$$

则 $AB^2+CD^2=4R^2$. 故

$$PA^2+PB^2+PC^2+PD^2=AB^2+CD^2=4R^2$$

或连 BO 并延长交圆 O 于点 G，由

$$\overset{\frown}{AlB}+\overset{\frown}{CnD}=180^\circ, \overset{\frown}{AlB}+\overset{\frown}{AmG}=180^\circ$$

有 $\overset{\frown}{AmG}=\overset{\frown}{CnD}$，所以 $AG=CD$，从而

$$AB^2+CD^2=AB^2+AG^2=4R^2$$

由此即证.

(3)如图 51.15，作矩形 $MONP$，则

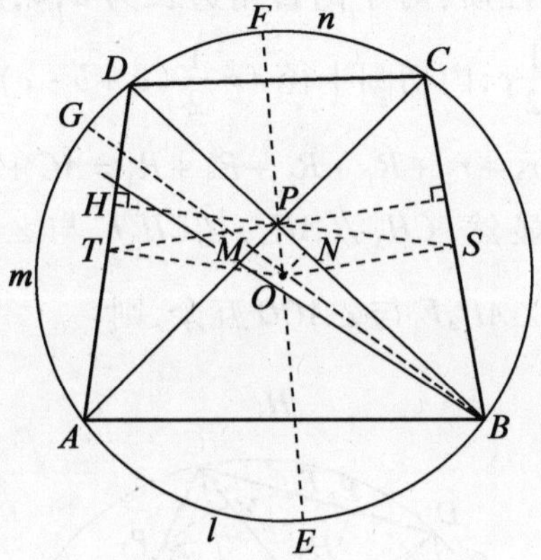

图 51.15

$$\begin{aligned}AC^2+BD^2&=4(AM^2+DN^2)\\&=4[(R^2-OM^2)+(R^2-ON^2)]\\&=8R^2-4OP^2\end{aligned}$$

或延长 OP，其两端交圆 O 于点 E, F，则

$$AP\cdot PC=BP\cdot PD=PE\cdot PF=R^2-OP^2$$

再由(2)，有

$$\begin{aligned}AC^2+BD^2&=(PA+PC)^2+(BP+PD)^2\\&=8R^2-4OP^2\end{aligned}$$

(4)设 S 为 BC 的中点，连 SP 并延长交 AD 于点 H，则 $\angle HPA=\angle SPC=\angle SCP=\angle BDA$，有 $\triangle PDH\backsim\triangle ADP$，即 $\angle PHD=\angle APD=90^\circ$，即 $PH\perp AD$. 反之

亦真.

(5)由四边形 $ABCD$ 的四边中点组成矩形知,其中位线长相等. 又四边形 $TOSP$ 为平行四边形,则

$$TS^2+OP^2=2PT^2+2PS^2=\frac{1}{2}(AD^2+BC^2)$$

$$=\frac{1}{2}\cdot 4R^2=2R^2$$

即证.

(6)运用托勒密定理即证.

(7)由 $S_{\triangle AOC}+S_{\triangle ACD}=\frac{1}{2}AC(OM+DP)=\frac{1}{2}AC\cdot DN=\frac{1}{2}S_{\text{四边形}ABCD}$ 即证.

(8)由直角三角形性质:对于两直角边长为 a,b,斜边长为 c 的直角三角形,其外接圆半径 $R=\frac{1}{2}c$,内切圆半径 $r=\frac{1}{2}(a+b-c)$,由此即有

$$r_1+r_2+r_3+r_4+R_1+R_2+R_3+R_4=AC+BD=e+f$$

(9)如图 51.16,显然,$CH_3 /\!/ AH_4$,$\angle CH_3F$ 与 $\angle CAD$ 互余(由 $\angle DAC\xlongequal{m}\angle DOF=\frac{1}{2}\overset{\frown}{DC}$ 得),$\angle AH_4E$ 与 $\angle ACD$ 互余,则

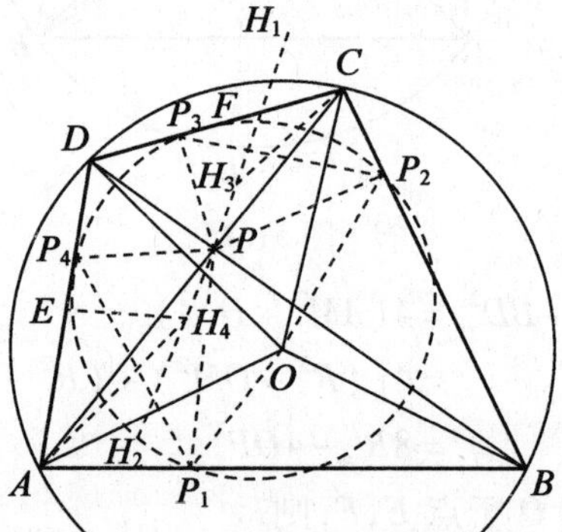

图 51.16

$$CH_3:AH_4=\frac{CF}{\sin\angle CH_3F}:\frac{AE}{\sin\angle AH_4E}$$

$$=\frac{2CF}{\cos\angle CAD}:\frac{2AE}{\cos\angle ACD}$$

$$=\frac{CD\cdot\cos\angle ACD}{AD\cdot\cos\angle CAD}$$

$$=\frac{CP}{AP}$$

于是$\triangle CH_3P\backsim\triangle APH_4\Rightarrow H_3,P,H_4$共线.

同理,$H_3,P,H_1;H_2,P,H_1;H_2,P,H_3$共线.故$P,H_1,H_2,H_3,H_4$五点共线.

(10)由性质11,即知四边形$P_1P_2P_3P_4$有外接圆.又可证$\angle P_4AP=\angle P_4P_1P=\angle PP_1P_2=\angle PBP_2$,则$P_1P$平分$\angle P_4P_1P_2$.设$P$到$P_1P_4,P_1P_2,P_2P_3,P_3P_4$的距离分别为$h_1,h_2,h_3,h_4$,则$h_1=h_2$.

同理,$h_2=h_3,h_3=h_4$,故$h_1=h_2=h_3=h_4$,即P为$P_1P_2P_3P_4$的内切圆的圆心.

圆内接折四边形也可以称为圆内接蝶形.

下面介绍圆内接折四边形的几条有趣性质.[①]

性质 14 如图51.17,在圆的内接蝶形$CDEF$中,设过蝶心M的一直线分别和射线DF,$\overset{\frown}{CF}$,$\overset{\frown}{DE}$及射线CE交于点G,A,B,H,则

$$\frac{1}{GM}-\frac{1}{HM}=\frac{1}{AM}-\frac{1}{BM}\tag{I}$$

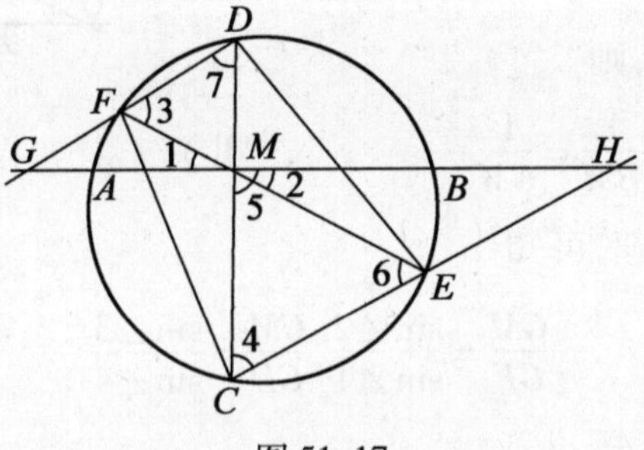

图 51.17

证明 由正弦定理,可知$\frac{GM}{\sin\angle 3}=\frac{GF}{\sin\angle 1},\frac{GM}{\sin\angle 7}=\frac{GD}{\sin\angle 5}$,两式相乘,得

$$\frac{GM^2}{\sin\angle 3\ \sin\angle 7}=\frac{GF\cdot GD}{\sin\angle 1\ \sin\angle 5}$$

同理可证

$$\frac{HM^2}{\sin\angle 6\ \sin\angle 4}=\frac{HE\cdot HC}{\sin\angle 2\ \sin\angle 5}$$

---

① 张殿书.和圆中内接蝶形相关的系列有趣性质[J].数学通报,2011(9):58-60.

后式除前式,又易知,$\angle 1=\angle 2$,$\angle 3=\angle 4$,$\angle 6=\angle 7$,$GF\cdot GD=GA\cdot GB$,$HE\cdot HC=HB\cdot HA$,可得

$$\frac{GM^2}{HM^2}=\frac{GA\cdot GB}{HA\cdot HB}$$

设 $AM=a$,$BM=b$,$GM=c$,$HM=d$,则 $GA=c-a$,$GB=b+c$,$HA=a+d$,$HB=d-b$. 代入上式,得

$$\frac{c^2}{d^2}=\frac{(c-a)(b+c)}{(a+d)(d-b)}$$

去分母、化简、整理,可得

$$ab(c+d)(d-c)=bcd(c+d)-acd(c+d)$$

化为 $ab(d-c)=cd(b-a)$,两边除以 $abcd$,得 $\frac{1}{c}-\frac{1}{d}=\frac{1}{a}-\frac{1}{b}$.

故结论获证.

性质 15 如图 51.18,在圆的内接蝶形 $CDEF$ 中,联结 CE,作射线 DF. 若 $CE\not\parallel FD$,设过蝶心 M 的一直线和 CE 平行,且分别和 DF,$\overset{\frown}{CF}$,$\overset{\frown}{DE}$ 交于点 G,A,B,则

$$\frac{1}{AM}-\frac{1}{BM}=\frac{1}{GM} \qquad (\text{Ⅱ})$$

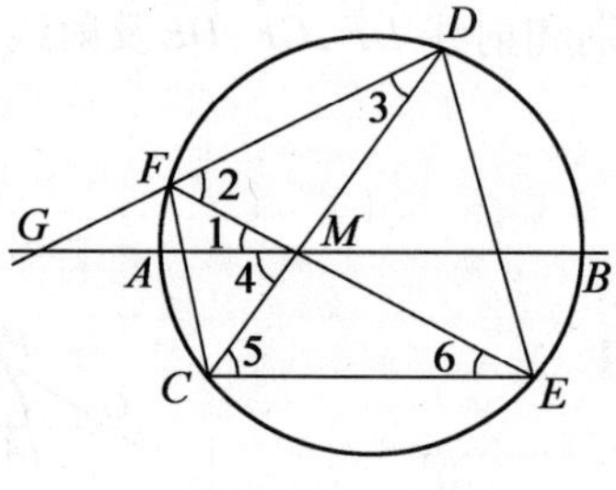

图 51.18

证明 由正弦定理,可知

$$\frac{GM}{GF}=\frac{\sin\angle 2}{\sin\angle 1},\frac{GM}{GD}=\frac{\sin\angle 3}{\sin\angle 4}$$

两式相乘,又易知

$$\angle 2=\angle 5=\angle 4,\angle 1=\angle 6=\angle 3,GF\cdot GD=GA\cdot GB$$

可得

$$GM^2=GA\cdot GB$$

设 $AM=a$,$BM=b$,$GM=c$,则 $GA=c-a$,$GB=c+b$. 代入上式,得 $c^2=(c-a)\cdot(c+b)$,化为 $bc-ac=ab$,可得 $\frac{1}{a}-\frac{1}{b}=\frac{1}{c}$.

故结论获证.

性质 16 如图 51.19,在圆的内接蝶形 $CDEF$ 中,设一直线分别和射线

DF,$\overset{\frown}{CF}$,弦 CD,EF,$\overset{\frown}{DE}$及射线 CE 交于点 G,A,M_1,M_2,B,H,则

$$\frac{GM_1}{GM_2}\left(\frac{1}{BM_1}-\frac{1}{HM_1}\right)=\frac{HM_2}{HM_1}\left(\frac{1}{AM_2}-\frac{1}{GM_2}\right) \tag{Ⅲ}$$

证明 由正弦定理,可知

$$\frac{GM_1}{\sin\angle 3}=\frac{GD}{\sin\angle 5},\frac{GM_2}{\sin\angle 1}=\frac{GF}{\sin\angle 2}$$

$$\frac{HE}{\sin\angle 2}=\frac{HM_2}{\sin\angle 4},\frac{HC}{\sin\angle 5}=\frac{HM_1}{\sin\angle 6}$$

以上各式相乘,又易知 $\angle 3=\angle 4$,$\angle 1=\angle 6$,$HE\cdot HC=HB\cdot HA$,$GF\cdot GD=GA\cdot GB$,则可得

$$GM_1\cdot GM_2\cdot HA\cdot HB=HM_1\cdot HM_2\cdot GA\cdot GB$$

设 $AM_2=a$,$BM_1=b$,$GM_1=c$,$HM_2=d$,$GM_2=m$,$HM_1=n$,则 $GA=m-a$,$GB=b+c$,$HA=a+d$,$HB=n-b$. 代入上式,得

$$cm(a+d)(n-b)=dn(m-a)(b+c)$$

把上式两边展开、化简,可化为

$$acn(m+d)-bdm(c+n)+ab(dn-cn)=0$$

由 $GM_1+HM_1=GM_2+HM_2$,得 $c+n=m+d$,由此得 $cm=c^2-cd+cn$,代入上式,可化为 $acn-bdm+abd-abc=0$,则可得 $ac(n-b)=bd(m-a)$,两边都除以 $abmn$,得

$$\frac{c}{m}\left(\frac{1}{b}-\frac{1}{n}\right)=\frac{d}{n}\left(\frac{1}{a}-\frac{1}{m}\right)$$

上式即是欲证结论式.

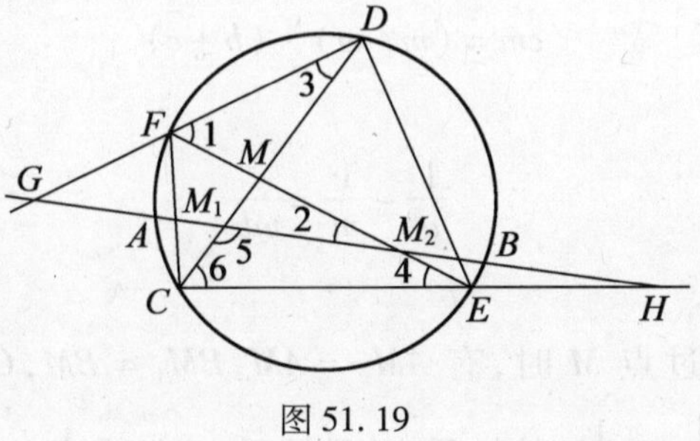

图 51.19

注:当直线 GH 运动至过点 M 时,M_1,M_2 就和 M 重合,则 $GM_1=GM_2=GM$,$HM_1=HM_2=HM$,$AM_2=AM$,$BM_1=BM$. 这时的式(Ⅲ)可化为前面的式(Ⅰ).

故性质 16 是性质 14 的推广.

性质 17 如图 51.20,在圆的内接蝶形 $CDEF$ 中,联结 CE,作射线 DF. 若 $CE \not\parallel DF$,设平行于 CE 的一直线分别和 DF,$\overset{\frown}{CF}$,弦 CD,EF,$\overset{\frown}{DE}$交于点 G,A,M_1,M_2,B,则

$$\frac{1}{AM_2}-\frac{1}{GM_2}=\frac{GM_1}{GM_2\cdot BM_1} \tag{Ⅳ}$$

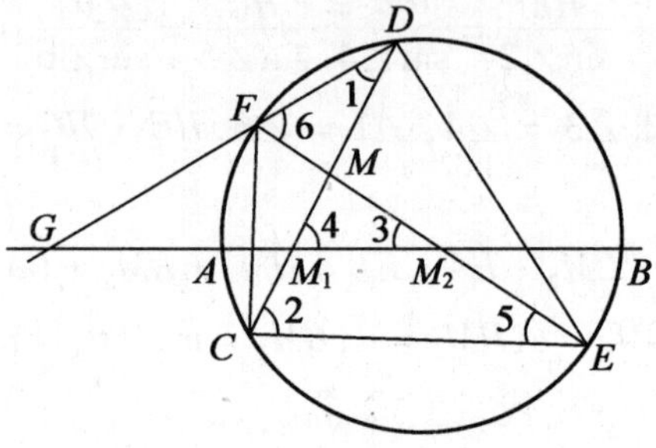

图 51.20

证明 由正弦定理,可知

$$\frac{GM_1}{\sin\angle 1}=\frac{GD}{\sin\angle 4},\frac{GM_2}{\sin\angle 6}=\frac{GF}{\sin\angle 3}$$

两式相乘,又易知

$$\angle 1=\angle 5=\angle 3,\angle 6=\angle 2=\angle 4,GD\cdot GF=GA\cdot GB$$

可得

$$GM_1\cdot GM_2=GA\cdot GB$$

设 $AM_2=a$,$BM_1=b$,$GM_1=c$,$GM_2=m$,则 $GA=m-a$,$GB=b+c$,代入上式得

$$cm=(m-a)\cdot(b+c)$$

可化为

$$\frac{1}{a}-\frac{1}{m}=\frac{c}{mb}$$

上式即式(Ⅳ).

注:(1)当 GB 过点 M 时,有 $AM_2=AM$,$BM_1=BM$,$GM_1=GM_2=GM$,式(Ⅳ)可化为$\frac{1}{AM}-\frac{1}{BM}=\frac{1}{GM}$. 故性质 17 是性质 15 的推广.

(2)在性质 16 中,若 $CE \not\parallel DF$,当 $GB\parallel CE$ 时,GB 就和射线 CE 在无穷远

处相交于点 H，则 HM_2 与 HM_1 的比值趋于 1，而 HM_1 的倒数趋于 0，这时的式(Ⅲ)可化为式(Ⅳ). 故性质 16 是性质 17 的推广.

性质 18 如图 51.21，在圆的内接蝶形 $CDEF$ 中，设过蝶心 M 的一直线分别和射线 DF，$\overset{\frown}{CF}$，$\overset{\frown}{DE}$及射线 CE 交于点 G,A,B,H. 联结 DA,DB,DH，若 $\angle ADM=\angle BDM$，则 $\angle GDM=\angle HDM$.

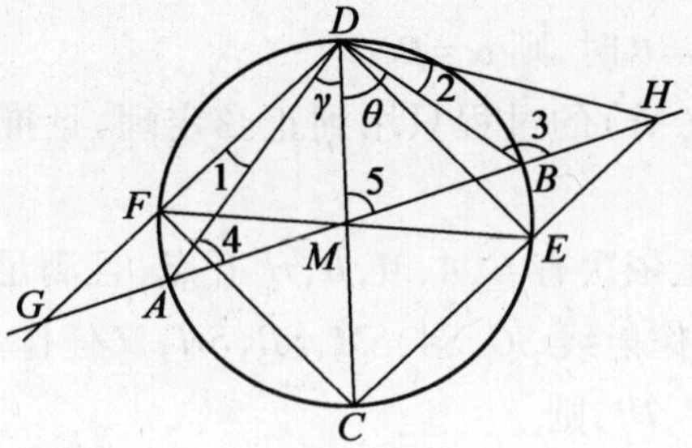

图 51.21

证明 由性质14，可知

$$\frac{1}{GM}-\frac{1}{HM}=\frac{1}{AM}-\frac{1}{BM}$$

把上式移项、通分、化简，可得

$$\frac{BH\cdot GM\cdot AM}{HM\cdot AG\cdot BM}=1 \tag{V}$$

设 $\angle GDM=\alpha$，$\angle HDM=\beta$，$\angle ADM=\gamma$，$\angle BDM=\theta$，则

$$\angle 1=\alpha-\gamma,\angle 2=\beta-\theta$$

由正弦定理，可知

$$\frac{BH}{\sin\angle 2}=\frac{DH}{\sin\angle 3},\frac{HM}{\sin\beta}=\frac{DH}{\sin\angle 5}$$

前式除以后式，得

$$\frac{BH\sin\beta}{HM\sin\angle 2}=\frac{\sin\angle 5}{\sin\angle 3}$$

同理可证

$$\frac{GM\sin\angle 1}{AG\sin\alpha}=\frac{\sin\angle 4}{\sin\angle 5},\frac{AM\sin\theta}{BM\sin\gamma}=\frac{\sin\angle 3}{\sin\angle 4}$$

以上三式相乘，得

$$\frac{BH\cdot GM\cdot AM\sin\beta\sin\theta\sin\angle 1}{HM\cdot AG\cdot BM\sin\alpha\sin\gamma\sin\angle 2}=1$$

式(Ⅴ)除以上式,可得$\frac{\sin\alpha\sin\gamma\sin(\beta-\theta)}{\sin\beta\sin\theta\sin(\alpha-\gamma)}=1$,可化为

$$\sin\alpha\sin\gamma(\sin\beta\cos\theta-\cos\beta\sin\theta)=\sin\beta\sin\theta(\sin\alpha\cos\gamma-\cos\alpha\sin\gamma)$$

两边都除以 $\sin\alpha\sin\beta\sin\gamma\sin\theta$,移项,得

$$\frac{1}{\tan\alpha}-\frac{1}{\tan\beta}=\frac{1}{\tan\gamma}-\frac{1}{\tan\theta} \tag{Ⅵ}$$

由上式可知,当 $\gamma=\theta$ 时,则 $\alpha=\beta$.

由于以上推出式(Ⅵ)的过程只用到正弦定理,且推理过程是可逆的,故得:

推论 设一直线上依次有 G,A,M,B,H 五点,且满足式(Ⅰ). S 为不在直线 GH 上的任意一点,作射线 SG,SA,SM,SB,SH,又任作一直线分别和以上射线交于点 G',A',M',B',H',则

$$\frac{1}{\tan\angle GSM}-\frac{1}{\tan\angle HSM}=\frac{1}{\tan\angle ASM}-\frac{1}{\tan\angle BSM} \tag{Ⅶ}$$

$$\frac{1}{G'M'}-\frac{1}{H'M'}=\frac{1}{A'M'}-\frac{1}{B'M'} \tag{Ⅷ}$$

性质 19 如图 51.22,在圆的内接蝶形 $CDEF$ 中,过蝶心 M 的弦 AB 的端点 A,B 分别在 $\overset{\frown}{CF},\overset{\frown}{DE}$上,$P$ 为$\overset{\frown}{CE}$上任意一点,联结 PD,PF,分别和 AB 交于点 T,N,则射线 CN,ET 和$\overset{\frown}{DF}$共点.

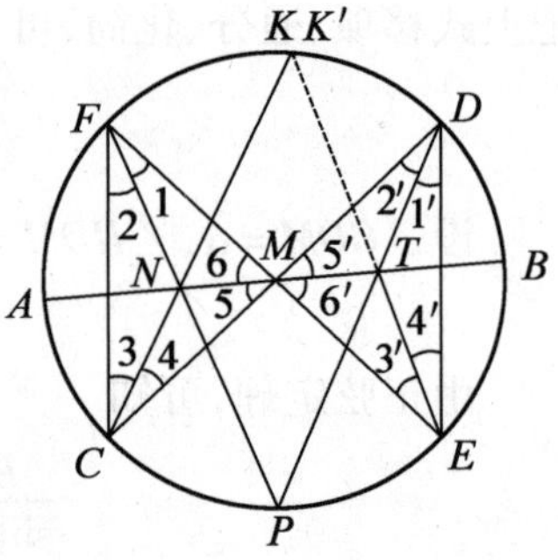

图 51.22

证明 设 CN,ET 分别交$\overset{\frown}{DF}$于点 K,K',现在来证明 K'和 K 重合.

在$\triangle CMF$ 和$\triangle EMD$ 中,由塞瓦定理的第一角元形式,得

$$\frac{\sin\angle 1}{\sin\angle 2}\cdot\frac{\sin\angle 3}{\sin\angle 4}\cdot\frac{\sin\angle 5}{\sin\angle 6}=\frac{\sin\angle 1'}{\sin\angle 2'}\cdot\frac{\sin\angle 3'}{\sin\angle 4'}\cdot\frac{\sin\angle 5'}{\sin\angle 6'}=1$$

易知

$$\angle 1=\angle 1',\angle 2=\angle 2',\angle 5=\angle 5',\angle 6=\angle 6'$$

可得

$$\frac{\sin\angle 3}{\sin\angle 3'}=\frac{\sin\angle 4}{\sin\angle 4'} \tag{①}$$

即

$$\angle 3+\angle 4=\angle 3'+\angle 4'$$

若$\angle 3>\angle 3'$,则$\angle 4<\angle 4'$,式①的左边大于1,而右边大于1,这不可能.

若$\angle 3<\angle 3'$,则$\angle 4>\angle 4'$.式①的左边小于1,而右边大于1,这也不可能.

故$\angle 3=\angle 3'$,则$\overset{\frown}{FK'}=\overset{\frown}{FK}$,所以$K'$和$K$重合,因此射线$CN$,$ET$和$\overset{\frown}{DF}$共点.

例1 $\triangle ABC$内接于半径为R,圆心为O的圆,若O,A在直线BC的同侧,记d_{BC}为O到BC的距离,否则d_{BC}为O到BC距离的相反数,其余类推.若$\triangle ABC$的内切圆半径为r,则$d_{BC}+d_{AC}+d_{AB}=R+r$.

证明 如图51.23,作AB,BC,CA的垂线段OM,ON,OP,则A,M,P,O四点共圆,由本章性质6(2),有

$$OA\cdot MP+OP\cdot AM=OM\cdot AP$$

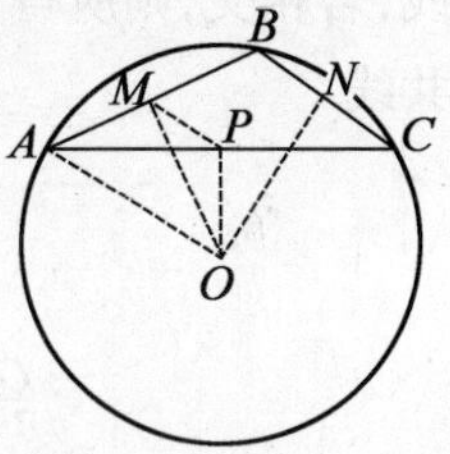
图51.23

令$BC=a$,$AC=b$,$AB=c$,则

$$R\cdot\frac{a}{2}+(-d_{AC})\frac{c}{2}=d_{AB}\cdot\frac{b}{2}$$

即

$$b\cdot d_{AB}+c\cdot d_{AC}=R\cdot a$$

同理,$c\cdot d_{BC}+a\cdot d_{AB}=R\cdot b$,$a\cdot d_{AC}+d_{BC}\cdot b=R\cdot c$,则

$$(d_{AC}+d_{AB})a+(d_{AB}+d_{BC})b+(d_{BC}+d_{AC})c=R(a+b+c) \quad ①$$

又

$$\begin{aligned}2S_{\triangle ABC}&=2(S_{\triangle ABO}+S_{\triangle BCO}-S_{\triangle CAO})\\&=c\cdot d_{AB}+a\cdot d_{BC}+b\cdot d_{AC}\\&=r(a+b+c)\end{aligned} \quad ②$$

由①+②,得

$$(a+b+c)(d_{BC}+d_{AC}+d_{AB})=(a+b+c)(R+r)$$

故

$$d_{BC}+d_{AC}+d_{AB}=R+r$$

例2 如图51.24,过圆内接凸四边形$ABCD$两对角线交点P作任一边的垂线,则垂线必过以其对边为一边,以交点为一顶点的三角形的外心.反之亦真.

证明 过P作$PH\perp AB$于点H,作DP的中垂线交HP于点Q,交DP于点E,过D作$DL/\!/EQ$交HP于点L,则$DL\perp DP$,故Q为PL的中点.由

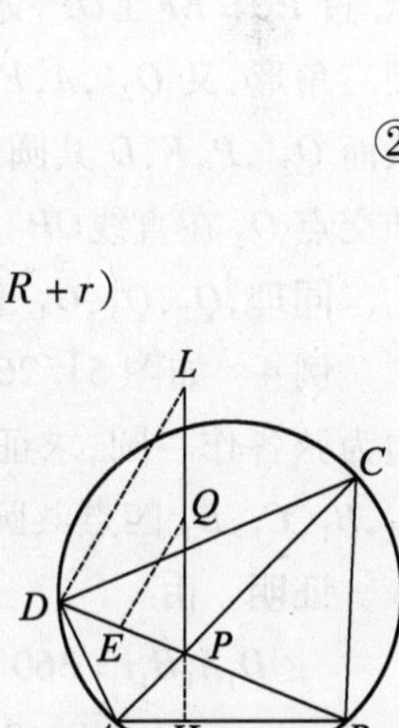
图51.24

$$\begin{aligned}\angle DLP &= \angle EQP = 90° - \angle EPQ = 90° - \angle HPB \\ &= \angle PBH = \angle ACD = \angle DCP\end{aligned}$$

知 D,P,C,L 四点共圆. 但 $\angle PDL$ 为直角,因此 Q 为其圆心,即 Q 为 $\triangle CDP$ 的外心.

反之,设 Q 为 $\triangle CDP$ 的外心. 过 P,D 分别作 AB,DP 的垂线 PH(交 AB 于点 H),DL,且其相交于点 L,则由 $\angle DCP = \angle PBH = \angle DLP$ 知,D,P,C,L 共圆,且 PL 为直径,故 Q 在 PL 上,即 $QP \perp AB$.

例 3 如图 51.25,自圆内接凸四边形 $ABCD$ 每边两端点所引邻接边的垂线,若相交,则所得交点 Q_1,Q_2,Q_3,Q_4 与四边形对角线交点 P,外接圆圆心 O 共线.

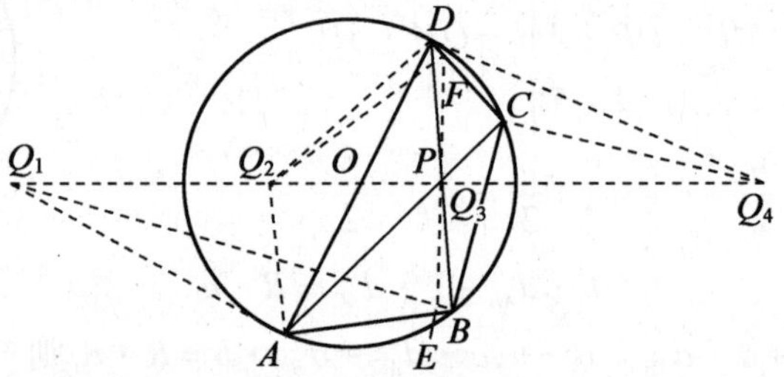

图 51.25

证明 设 AB 的垂线 AQ_2' 交 OP 所在直线于点 Q_2',其他字母如图 51.25 所示. 过 P 作 $EF \perp OP$ 交 AB 于点 E,交 CD 于点 F,由性质 8(2) 知,$\triangle Q_2'EF$ 为等腰三角形,又 Q_2',A,E,P 四点共圆知,$\angle PQ_2'F = \angle PQ_2'E = \angle PAE = \angle PDF$,从而 Q_2',P,F,D 共圆,即 $\angle Q_2'DF = 90°$,即 $Q_2'D \perp CD$,故 Q_2' 即为 Q_2. 由此可知交点 Q_2 在直线 OP 上.

同理,Q_1,Q_3,Q_4 也在直线 OP 上.

例 4 如图 51.26,以圆内接凸四边形 $ABCD$ 每边为弦各作一圆,求证:过相邻边的两圆的另一交点 A_1,B_1,C_1,D_1 四点共圆.

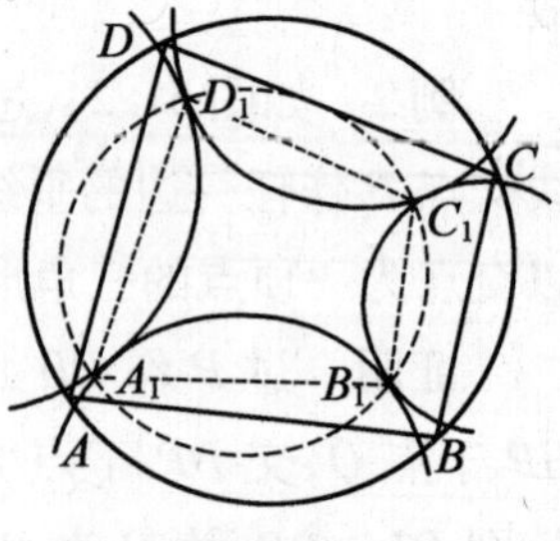

图 51.26

证明 由

$$\begin{aligned}\angle D_1A_1B_1 &= 360° - (\angle D_1A_1A + \angle AA_1B_1) \\ &= \angle D_1DA + \angle ABB_1 \\ &= 180° - (\angle D_1DC + \angle B_1BC)\end{aligned}$$

$$
\begin{aligned}
&= 360^\circ - [(180^\circ - \angle D_1C_1C) + (180^\circ - \angle B_1C_1C)] \\
&= \angle D_1C_1C + \angle B_1C_1C - 180^\circ \\
&= (360^\circ - \angle B_1C_1D_1) - 180^\circ \\
&= 180^\circ - \angle B_1C_1D_1
\end{aligned}
$$

即结论成立.

例 5 如图 51.27,圆内接凸四边形 $ABCD$ 任两顶点在另两顶点连线(边或对角线)上的射影及另两顶点在此两顶点连线上的射影这四点共圆,而且这样所得的三圆是同心的.

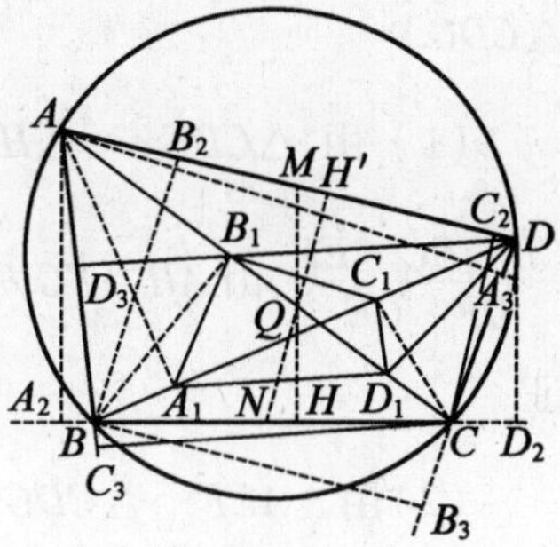

图 51.27

证明 所设字母如图所示,由 A,B,A_1,B_1 与 C,D,C_1,D_1 均四点共圆,有 $\angle B_1A_1C_1=\angle BAC=\angle BDC=\angle B_1D_1C_1$,从而有 A_1,B_1,C_1,D_1 共圆.

同理,A_2,B_2,C_2,D_2 与 A_3,B_3,C_3,D_3 均四点共圆.

又 A_2D_2 是 AD 在直线 BC 上的射影,则 A_2D_2 的中垂线过 AD 的中点 M,此中垂线 MH 即为过 AD 中点所作的 BC 的垂线.同理,NH' 为过 BC 的中点 N 所作的 AD 的垂线,于是可设两中垂线交于点 Q,即 Q 为圆 $A_2B_2C_2D_2$ 的圆心.

同理,Q 亦为圆 $A_1B_1C_1D_1$ 与圆 $A_3B_3C_3D_3$ 的圆心.

思考题

1. 过圆内接凸四边形 $ABCD$ 的顶点 C 在四边形外任作一直线分别交 AB,AD 的延长线于点 E,F.求证:

(1)$AB\cdot CE\cdot DF+AD\cdot BE\cdot CF=BC\cdot CD\cdot EF$;

(2)$AE\cdot CF\cdot BC=AF\cdot EC\cdot CD$.

2. 试证:圆内接凸四边形 $ABCD$ 的两对角线 AC,BD 的中点 M,N 在四边 AB,BC,CD,DA 中点 E,F,G,H 所连成的平行四边形各边(所在直线)上的射影,这八点共圆.

3. 四边形 $ABCD$ 内接于圆 O,对角线 AC 与 BD 交于点 P,设 $\triangle ABP$,$\triangle BCP$,$\triangle CDP$,$\triangle DAP$ 的外心分别为 O_1,O_2,O_3,O_4.求证:OP,O_1O_3,O_2O_4 共点.

4. 凸四边形 $ABCD$ 内接于圆 O,对角线 AC 与 BD 相交于点 P,$\triangle ABP$,$\triangle CDP$

的外接圆相交于点 P 和另一点 Q,且 O,P,Q 两两重合,求证:$\angle OQP=90°$.

思考题 参考解答

1. 过 F 作 AB 的平行线交 CB 的延长线于点 G,连 GD 交 AB 于点 H,则 $\angle DFG=\angle HAD=\angle BCD$,有 C,G,F,D 共圆. 可得 $\triangle CDF\backsim\triangle HBG$, $\triangle AEF\backsim\triangle CDG$.

(1) 由 $\triangle CDF\backsim\triangle HBG$, $FG/\!/BE$, 有 $\frac{HB}{CD}=\frac{BG}{DF}$, $\frac{BG}{BC}=\frac{EF}{CE}$, 则 $HB=\frac{CD\cdot BC\cdot EF}{DF\cdot CE}$,由 $AH/\!/FG/\!/BE$ 有 $AH=\frac{AD\cdot BE\cdot CF}{DF\cdot CE}$,注意到 $AB+AH=BH$,即证.

(2)由 $\triangle AEF\backsim\triangle CDG$, $GF/\!/BE$ 有 $\frac{AE\cdot CF}{CD\cdot CE}=\frac{AF}{BC}$,即证.

2. 设在 EF,FG,GH,HE 边上的射影点依次为 Q,R,P',S',R',Q',S,P. 由 $PP'S'S,QQ'R'R$ 均为矩形知各四点共圆,其圆心均为 MN 的中点 O,亦为 $\square EFGH$ 的中点. 又 $\angle P'PQ'=\angle MPQ'=\angle MHQ'=\angle MCG=\angle ABD=\angle MFP'=\angle MQP'=\angle P'QQ'$,有 P,P',Q,Q' 四点共圆. 三圆有共同的圆心 O,且半径相等,即证.

3. 由于 AB 是圆 O 与圆 O_1 的公共弦,则 $OO_1\perp AB$,又 O_3 是$\triangle CDP$ 的外心,由本章例 2 的结论知 $O_3P\perp AB$,因此 $OO_1/\!/O_3P$. 同理 $OO_3/\!/O_1P$. 故四边形 OO_1PO_3 是平行四边形,O_1O_3 过 OP 的中点. 同理 O_2O_4 也过 OP 的中点.

4. 设$\triangle ABP$,$\triangle CDP$ 的外心分别为 O_1,O_2. 由于圆 O_1 与圆 O_2 的公共弦是 PQ,则 O_1O_2 垂直平分 PQ 于点 E. 由第 3 题知 O_1O_2 过 OP 的中点 F. 在$\triangle POQ$ 中,$OQ/\!/EF$,又 $O_1O_2\perp PQ$,故 $OQ\perp PQ$,即$\angle OQP=90°$.

第 52 章　圆外切四边形

凸四边形有内切圆或折(凹)四边形有旁切圆,这样的凸,凹,折四边形称为圆外切四边形.

若平面四边形(凸或凹)其一双对边的和等于另一双对边的和,则必有内切圆;若平面四边形(凸、凹、折)其一双对边的差等于另一双对边的差,则必有旁切圆. 显然,菱形有一个内切圆. 反之,若凸或凹四边形有内切圆,则一双对边的和等于另一双对边的和;若凸和凹或折四边形有旁切圆,则一双对边的差等于另一双对边的差.

四边形若一对角线是另一对角线的中垂线,则叫作筝形. 筝形有凸的和凹的两种. 非菱形的筝形有一个内切圆和一个旁切圆.

由等腰梯形的两腰与两条对角线构成的图形(一个折四边形),叫作逆平行四边形. 逆平行四边形有两个旁切圆.

性质 1　平面四边形(凸,凹,折)有内(或旁)切圆时,则其对边的和(或差)相等.

证明　分别讨论(图 52.1). 对于凸四边形 $ABCD$,如图 52.1(a),设四边形 $ABCD$ 的内切圆分别切 CD,DA,AB,BC 于点 E,F,G,H. 则由切线长定理知,$AF=AG,BG=BH,CH=CE,DE=DF$. 从而

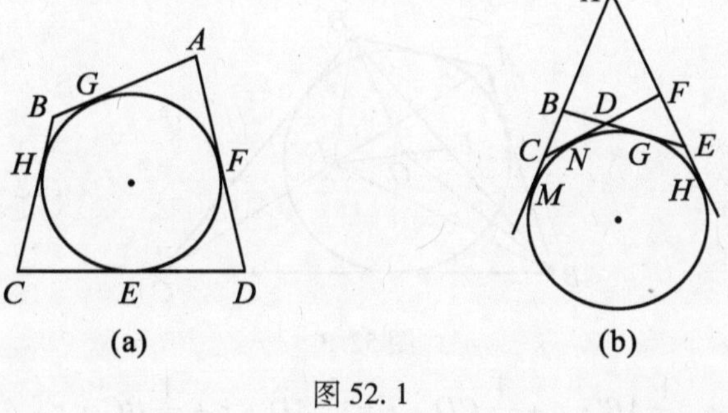

图 52.1

$$AB+CD=AG+BG+CE+ED=AF+BH+CH+DF$$
$$=AF+FD+BH+HC=AD+BC$$

对于凹四边形 $ACDE$,如图 52.1(b),设其旁切圆分别与边或其延长线切于点 M,N,G,H,则由切线长定理知,$AM=AH,CM=CN,DN=DG,EG=EH$. 从而

$$AC-DE=AM-CM-(DG+GE)=AH-CN-DN-EH$$
$$=AH-EH-(CN+ND)=AE-CD$$

对于折四边形 $BCFE$,如图 52.1(b),设其旁切圆分别与边或其延长线切于点 M,N,G,H,则由切线长定理知,$CM=CN,BM=BG,FN=FH,EG=EH$. 从而

$$BC-FE=BM-CM-(FH-EH)=BG-CN-(FN-EG)$$
$$=BG+GE-(CN+NF)=BE-CF$$

性质 2　凸四边形有内切圆,则圆心对对边的张角之和为 180°.

证明　如图 52.2,设 I 为凸四边形 $ABCD$ 的内切圆圆心,则 IA,IB,IC,ID 分别平分 $\angle A,\angle B,\angle C,\angle D$. 从而

$$\angle AIB+\angle CID$$
$$=180°-\frac{1}{2}\angle A-\frac{1}{2}\angle B+180°-\frac{1}{2}\angle C-\frac{1}{2}\angle D$$
$$=360°-\frac{1}{2}(\angle A+\angle B+\angle C+\angle D)$$
$$=180°$$

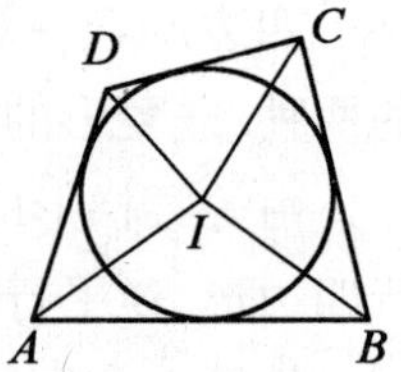

图 52.2

于是 $\angle AID+\angle BIC=360°-180°=180°$.

性质 3(牛顿定理 1)　设圆 O 的外切四边形的对角线 AC,BD 的中点分别为 E,F,则 E,O,F 三点在一条直线上.

证明　如图 52.3,设圆 O 的半径为 r,由 $AB+CD=AD+BC$,有

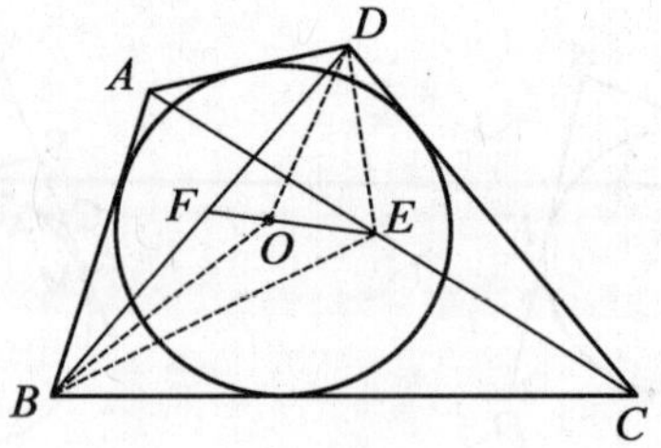

图 52.3

$$\frac{1}{2}AB\cdot r+\frac{1}{2}CD\cdot r=\frac{1}{2}AD\cdot r+\frac{1}{2}BC\cdot r$$

即 $$S_{\triangle OAB}+S_{\triangle OCD}=S_{\triangle OAD}+S_{\triangle OBC}=\frac{1}{2}S_{\text{四边形}ABCD}$$

当 E 为 AC 的中点时,有 $S_{\triangle ABE}+S_{\triangle DCE}=\frac{1}{2}S_{\text{四边形}ABCD}$. 从而

$$S_{\triangle OAB}+S_{\triangle OCD}=S_{\triangle ABE}+S_{\triangle DCE}$$

即 $$S_{\triangle OCD}-S_{\triangle DCE}=S_{\triangle ABE}-S_{\triangle OAB}$$

因此

$$S_{\triangle DOE}+S_{\triangle COE}=S_{\triangle BOE}+S_{\triangle AOE}$$

又 E 是 AC 的中点,有 $S_{\triangle AOE}=S_{\triangle COE}$,故 $S_{\triangle DOE}=S_{\triangle BOE}$.

注意到 B,D 在直线 OE 两侧,则知 B,D 到 OE 的距离相等,从而知 EO 的延长线过 BD 的中点 F,故 F,O,E 三点共线.

性质 4(牛顿定理 2) 如图 52.4,设四边形 $ABCD$ 外切于圆 O,切四边 AB,BC,CD,DA 依次于点 E,F,G,H. 设 EG 与 FH 相交于点 P,则对角线 AC,BD 也过点 P(即对边切点连线,对角线四线共点).

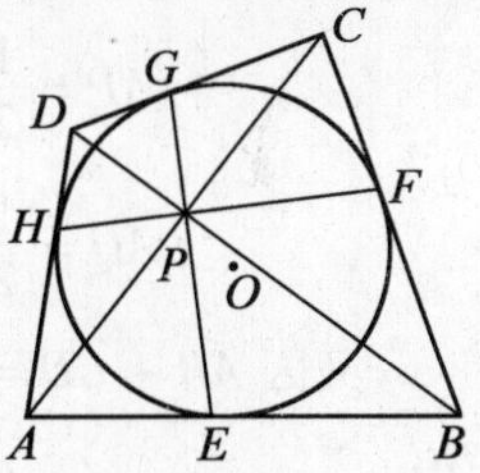

图 52.4

证明 连 PA,PC,PB,PD,设 $\angle HPE=\angle FPG=\alpha$, $\angle HPA=\beta$, $\angle CPF=\gamma$,则 $\angle APE=\alpha-\beta$, $\angle CPG=\alpha-\gamma$.

于是在 $\triangle AHP$ 中,有 $\frac{AH}{\sin\beta}=\frac{AP}{\sin\angle AHF}$,即 $\frac{\sin\beta}{\sin\angle AHF}=\frac{AH}{AP}$.

同理,在 $\triangle AEP$ 中,有 $\frac{\sin(\alpha-\beta)}{\sin\angle AEG}=\frac{AE}{AP}$. 而 $AE=AH$,从而

$$\frac{\sin\beta}{\sin\angle AHF}=\frac{\sin(\alpha-\beta)}{\sin\angle AEG} \qquad ①$$

由 $\triangle CPG$, $\triangle CPF$,亦有

$$\frac{\sin\gamma}{\sin\angle CFH}=\frac{\sin(\alpha-\gamma)}{\sin\angle CGE} \qquad ②$$

由弦切角性质,有

$$\angle AHF+\angle CFH=180^\circ$$

所以

$$\sin\angle AHF=\sin\angle CFH$$

同理

$$\sin\angle AEG=\sin\angle CGE$$

由式①,②得$\frac{\sin\beta}{\sin\gamma}=\frac{\sin(\alpha-\beta)}{\sin(\alpha-\gamma)}$,展开化简,得$\sin\alpha\cdot\sin(\beta-\gamma)=0$. 但$\sin\alpha\neq0$,$\beta-\gamma\in(-\pi,\pi)$,从而$\sin(\beta-\gamma)=0$有$\beta=\gamma$,即$A,P,C$共线. 同理$B,P,D$共线.

注:上述性质的其他证法可参见本丛书中的《平面几何范例多解探究》(上篇),也可参见下一章的牛顿定理.

性质5 若四边形$ABCD$为圆的外切四边形,则$\triangle ABC$,$\triangle ADC$的内切圆互相外切.

证明 如图52.5,设$\triangle ABC$,$\triangle ADC$的内切圆分别与AC切于点P,Q,则

$$AP=\frac{1}{2}(AC+AB-BC)$$

$$AQ=\frac{1}{2}(AC+AD-DC)$$

又因$AB+CD=AD+BC$,则$AB-BC=AD-DC$.

从而$AP=AQ$,即P与Q重合.

因此$\triangle ABC$与$\triangle ADC$的内切圆互相外切.

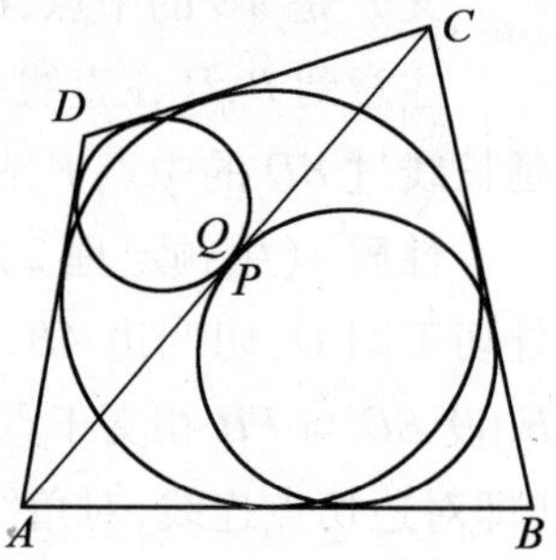

图52.5

性质6 凸四边形有内切圆,又内接于一圆,则内切圆与边的相对切点的连线互相垂直.

证明 如图52.6,设四边形$ABCD$有内切圆,且与边AB,BC,CD,DA分别切于点E,F,G,H,联结EF,FG,GH,HE,则$\angle BFE=\angle EGF$,$\angle DHG=\angle HFG$.

注意到$\triangle DHG$,$\triangle BFE$均为等腰三角形,且$\angle B+\angle D=180°$,从而

$$\angle BFE+\angle DHG=90°$$

故$\angle EGF+\angle HFG=90°$,即$HF\perp EG$.

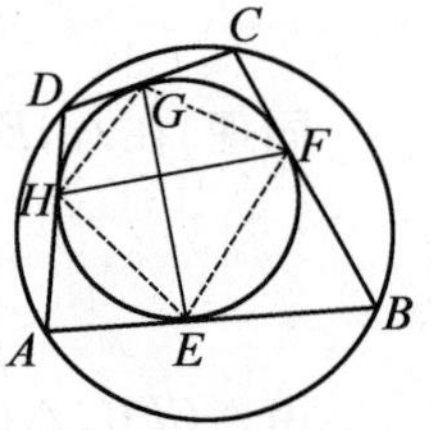

图52.6

性质7 已知四边形$ABCD$是圆I的外切四边形,则有以下恒等式成立:①

---

① 李双华. 圆外切四边形的一个几何恒等式的进一步探究[J]. 数学通讯,2015(12):40-42.

(1) $\dfrac{AI^2}{DA\cdot AB}=\dfrac{CI^2}{BC\cdot CD},\dfrac{BI^2}{AB\cdot BC}=\dfrac{DI^2}{CD\cdot DA}$;

(2) $\dfrac{AI^2}{DA\cdot AB}+\dfrac{BI^2}{AB\cdot BC}=1,\dfrac{BI^2}{AB\cdot BC}+\dfrac{CI^2}{BC\cdot CD}=1,\dfrac{CI^2}{BC\cdot CD}+\dfrac{DI^2}{CD\cdot DA}=1,$

$\dfrac{DI^2}{CD\cdot DA}+\dfrac{AI^2}{DA\cdot AB}=1.$

证明 如图 52.7，设 $\angle IAB=\angle IAD=\alpha$，$\angle IBA=\angle IBC=\beta$，$\angle ICB=\angle ICD=\gamma$，$\angle IDC=\angle IDA=\theta$.

因为四边形 $ABCD$ 的内角和为 $360°$，所以 $2\alpha+2\beta+2\gamma+2\theta=360°$，故 $\alpha+\beta+\gamma+\theta=180°$.

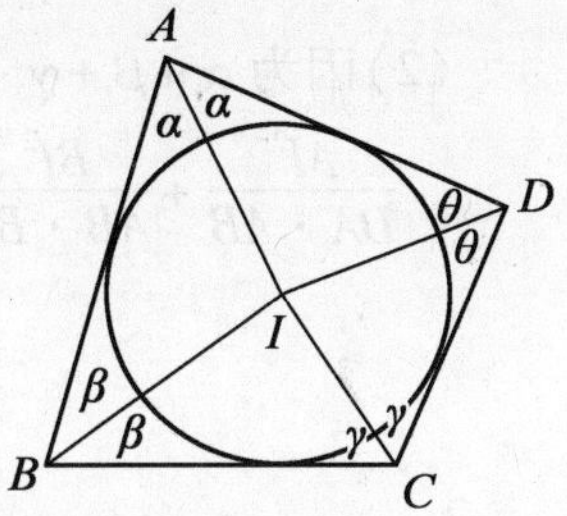

图 52.7

在 $\triangle AIB$ 和 $\triangle AID$ 中，由正弦定理，得

$$\frac{AI}{AB}=\frac{\sin\angle IBA}{\sin\angle AIB}=\frac{\sin\beta}{\sin(\alpha+\beta)}$$

$$\frac{AI}{AD}=\frac{\sin\angle IDA}{\sin\angle AID}=\frac{\sin\theta}{\sin(\alpha+\theta)}$$

所以

$$\frac{AI^2}{DA\cdot AB}=\frac{AI}{AB}\cdot\frac{AI}{AD}=\frac{\sin\beta\sin\theta}{\sin(\alpha+\beta)\sin(\alpha+\theta)}$$

同理可得

$$\frac{BI^2}{AB\cdot BC}=\frac{\sin\alpha\sin\gamma}{\sin(\beta+\alpha)\sin(\beta+\gamma)}$$

$$\frac{CI^2}{BC\cdot CD}=\frac{\sin\beta\sin\theta}{\sin(\gamma+\beta)\sin(\gamma+\theta)}$$

$$\frac{DI^2}{CD\cdot DA}=\frac{\sin\alpha\sin\gamma}{\sin(\theta+\gamma)\sin(\theta+\alpha)}$$

(1) 因为 $\alpha+\beta+\gamma+\theta=180°$，所以

$$\sin(\alpha+\beta)\sin(\alpha+\theta)-\sin(\gamma+\beta)\sin(\gamma+\theta)$$

$$=-\frac{1}{2}[\cos(2\alpha+\beta+\theta)-\cos(\beta-\theta)]+\frac{1}{2}[\cos(2\gamma+\beta+\theta)-\cos(\beta-\theta)]$$

$$=\frac{1}{2}[\cos(180°-\alpha+\gamma)-\cos(180°-\gamma+\alpha)]$$

$$=\frac{1}{2}[-\cos(\alpha-\gamma)+\cos(\alpha-\gamma)]$$

$$=0$$

所以

$$\sin(\alpha+\beta)\sin(\alpha+\theta)=\sin(\gamma+\beta)\sin(\gamma+\theta)$$

所以

$$\frac{AI^2}{DA\cdot AB}=\frac{CI^2}{BC\cdot CD}$$

同理可得

$$\frac{BI^2}{AB\cdot BC}=\frac{DI^2}{CD\cdot DA}$$

(2)因为 $\alpha+\beta+\gamma+\theta=180°$,所以

$$\frac{AI^2}{DA\cdot AB}+\frac{BI^2}{AB\cdot BC}=\frac{\sin\beta\sin\theta}{\sin(\alpha+\beta)\sin(\alpha+\theta)}+\frac{\sin\alpha\sin\gamma}{\sin(\beta+\alpha)\sin(\beta+\gamma)}$$
$$=\frac{\sin\beta\sin\theta}{\sin(\alpha+\beta)\sin(\beta+\gamma)}+\frac{\sin\alpha\sin\gamma}{\sin(\alpha+\beta)\sin(\beta+\gamma)}$$
$$=\frac{\sin\beta\sin\theta+\sin\alpha\sin\gamma}{\sin(\alpha+\beta)\sin(\beta+\gamma)}$$

又

$$\sin\beta\sin\theta+\sin\alpha\sin\gamma$$
$$=\frac{1}{2}[\cos(\beta-\theta)-\cos(\beta+\theta)]+\frac{1}{2}[\cos(\alpha-\gamma)-\cos(\alpha+\gamma)]$$
$$=\frac{1}{2}[\cos(\beta-\theta)+\cos(\alpha-\gamma)]$$
$$=\cos(\frac{\beta-\theta+\alpha-\gamma}{2})\cos(\frac{\beta-\theta-\alpha+\gamma}{2})$$
$$=\cos[(\alpha+\beta)-90°]\cos[(\beta+\gamma)-90°]$$
$$=\sin(\alpha+\beta)\sin(\alpha+\theta)$$

所以

$$\frac{AI^2}{DA\cdot AB}+\frac{BI^2}{AB\cdot BC}=1$$

结合(1)的结论,可知

$$\frac{BI^2}{AB\cdot BC}+\frac{CI^2}{BC\cdot CD}=1$$
$$\frac{CI^2}{BC\cdot CD}+\frac{DI^2}{CD\cdot DA}=1$$
$$\frac{DI^2}{CD\cdot DA}+\frac{AI^2}{DA\cdot AB}=1$$

性质8 若凹四边形 $ABCD$ 或折四边形 $EBFD$ 有旁切圆，如图52.8（或者过点 A 作圆 O 的切线 AP，AQ，过点 C 作圆 O 的切线 CM，CN，AP 与 CM 相交于点 B，AQ 与 CN 相交于点 D），则有以下恒等式成立：

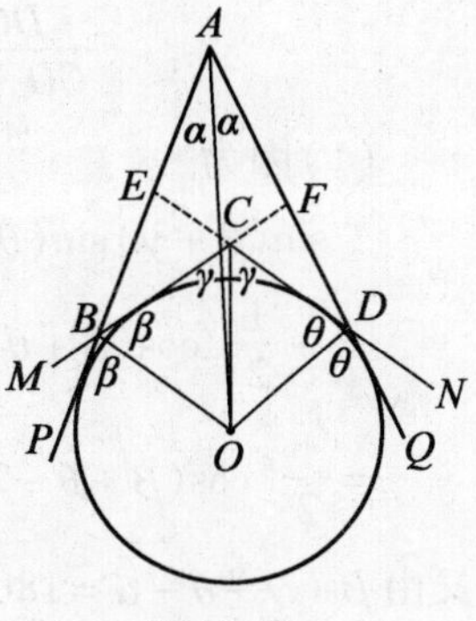

图52.8

(1) $\dfrac{AO^2}{DA\cdot AB}=\dfrac{CO^2}{BC\cdot CD},\dfrac{BO^2}{AB\cdot BC}=\dfrac{DO^2}{CD\cdot DA}$；

(2) $\dfrac{AO^2}{DA\cdot AB}-\dfrac{BO^2}{AB\cdot BC}=1,\dfrac{BO^2}{AB\cdot BC}-\dfrac{CO^2}{BC\cdot CD}=-1$，

$\dfrac{CO^2}{BC\cdot CD}-\dfrac{DO^2}{CD\cdot DA}=1,\dfrac{DO^2}{CD\cdot DA}-\dfrac{AO^2}{DA\cdot AB}=-1.$

证明 设 $\angle OAB=\angle OAD=\alpha,\angle OBC=\angle OBP=\beta,\angle OCB=\angle OCD=\gamma$，$\angle ODC=\angle ODQ=\theta.$

因为四边形 $OBCD$ 的内角和为 $360°$，所以 $\beta+2\gamma+\theta+(\theta-\alpha)+(\beta-\alpha)=360°$，故 $\beta+\gamma+\theta-\alpha=180°$.

在 $\triangle AOB$ 中，由正弦定理，可得

$$\frac{AO}{AB}=\frac{\sin\angle OBA}{\sin\angle AOB}=\frac{\sin\beta}{\sin(\beta-\alpha)},\frac{BO}{AB}=\frac{\sin\angle BAO}{\sin\angle BOA}=\frac{\sin\alpha}{\sin(\beta-\alpha)}$$

在 $\triangle DOA$ 中，由正弦定理，可得

$$\frac{AO}{DA}=\frac{\sin\angle ODA}{\sin\angle AOD}=\frac{\sin\theta}{\sin(\theta-\alpha)},\frac{DO}{DA}=\frac{\sin\angle DAO}{\sin\angle AOD}=\frac{\sin\alpha}{\sin(\theta-\alpha)}$$

在 $\triangle BOC$ 中，由正弦定理，可得

$$\frac{BO}{BC}=\frac{\sin\angle BCO}{\sin\angle BOC}=\frac{\sin\gamma}{\sin(\beta+\gamma)},\frac{CO}{BC}=\frac{\sin\angle CBO}{\sin\angle BOC}=\frac{\sin\beta}{\sin(\beta+\gamma)}$$

在 $\triangle COD$ 中，由正弦定理，可得

$$\frac{CO}{CD}=\frac{\sin\angle CDO}{\sin\angle DOC}=\frac{\sin\theta}{\sin(\theta+\gamma)},\frac{DO}{CD}=\frac{\sin\angle DCO}{\sin\angle DOC}=\frac{\sin\gamma}{\sin(\theta+\gamma)}$$

所以

$$\frac{AO^2}{AD\cdot AB}=\frac{AO}{AB}\cdot\frac{AO}{DA}=\frac{\sin\beta\sin\theta}{\sin(\beta-\alpha)\sin(\theta-\alpha)}$$

$$\frac{BO^2}{AB\cdot BC}=\frac{BO}{AB}\cdot\frac{BO}{BC}=\frac{\sin\alpha\sin\gamma}{\sin(\beta-\alpha)\sin(\beta+\gamma)}$$

$$\frac{CO^2}{BC\cdot CD}=\frac{CO}{BC}\cdot\frac{CO}{CD}=\frac{\sin\beta\sin\theta}{\sin(\beta+\gamma)\sin(\theta+\gamma)}$$

$$\frac{DO^2}{CD\cdot DA}=\frac{DO}{CD}\cdot\frac{DO}{DA}=\frac{\sin\alpha\sin\gamma}{\sin(\theta-\alpha)\sin(\theta+\gamma)}$$

(1)因为

$$\sin(\beta+\gamma)\sin(\theta+\gamma)-\sin(\beta-\alpha)\sin(\theta-\alpha)$$
$$=-\frac{1}{2}[\cos(\beta+\theta+2\gamma)-\cos(\beta-\theta)]+\frac{1}{2}[\cos(\beta+\theta-2\alpha)-\cos(\beta-\theta)]$$
$$=\frac{1}{2}[\cos(\beta+\theta-2\alpha)-\cos(\beta+\theta+2\gamma)]$$

又由 $\beta+\gamma+\theta-\alpha=180^\circ$,得 $(\beta+\theta-2\alpha)+(\beta+\theta+2\gamma)=360^\circ$,故 $\cos(\beta+\theta-2\alpha)=\cos(\beta+\theta+2\gamma)$. 于是,可得

$$\sin(\beta+\gamma)\sin(\theta+\gamma)-\sin(\beta-\alpha)\sin(\theta-\alpha)=0$$

所以

$$\sin(\beta+\gamma)\sin(\theta+\gamma)=\sin(\beta-\alpha)\sin(\theta-\alpha)$$

所以

$$\frac{AO^2}{DA\cdot AB}=\frac{CO^2}{BC\cdot CD}$$

因为

$$\sin(\beta-\alpha)\sin(\beta+\gamma)-\sin(\theta-\alpha)\sin(\theta+\gamma)$$
$$=-\frac{1}{2}[\cos(2\beta+\gamma-\alpha)-\cos(-\alpha-\gamma)]+\frac{1}{2}[\cos(2\theta+\gamma-\alpha)-\cos(-\alpha-\gamma)]$$
$$=\frac{1}{2}[\cos(2\theta+\gamma-\alpha)-\cos(2\beta+\gamma-\alpha)]$$

又由 $\beta+\gamma+\theta-\alpha=180^\circ$,得 $(2\theta+\gamma-\alpha)+(2\beta+\gamma-\alpha)=360^\circ$,故 $\cos(2\theta+\gamma-\alpha)=\cos(2\beta+\gamma-\alpha)$. 于是,可得

$$\sin(\beta-\alpha)\sin(\beta+\gamma)-\sin(\theta-\alpha)\sin(\theta+\gamma)=0$$

所以

$$\sin(\beta-\alpha)\sin(\beta+\gamma)=\sin(\theta-\alpha)\sin(\theta+\gamma)$$

所以

$$\frac{BO^2}{AB\cdot BC}=\frac{DO^2}{CD\cdot DA}$$

(2)因为 $\beta+\gamma+\theta-\alpha=180^\circ$,所以

$$\frac{AO^2}{DA\cdot AB}-\frac{BO^2}{AB\cdot BC}=\frac{\sin\beta\sin\theta}{\sin(\beta-\alpha)\sin(\theta-\alpha)}-\frac{\sin\alpha\sin\gamma}{\sin(\beta-\alpha)\sin(\beta+\gamma)}$$

$$=\frac{\sin\beta\sin\theta-\sin\alpha\sin\gamma}{\sin(\beta-\alpha)\sin(\theta-\alpha)}$$

又

$$\begin{aligned}&\sin\beta\sin\theta-\sin\alpha\sin\gamma\\&=\frac{1}{2}[\cos(\beta-\theta)-\cos(\beta+\theta)]-\frac{1}{2}[\cos(\alpha-\gamma)-\cos(\alpha+\gamma)]\\&=\frac{1}{2}[\cos(\beta-\theta)+\cos(\alpha+\gamma)]\\&=\cos(\frac{\beta-\theta+\alpha+\gamma}{2})\cos(\frac{\beta-\theta-\alpha-\gamma}{2})\\&=\cos[90^\circ-(\theta-\alpha)]\cos[(\beta-\alpha)-90^\circ]\\&=\sin(\theta-\alpha)\sin(\beta-\alpha)\end{aligned}$$

所以

$$\frac{AO^2}{DA\cdot AB}-\frac{BO^2}{AB\cdot BC}=1$$

再结合(1)的结论,可得

$$\frac{BO^2}{AB\cdot BC}-\frac{CO^2}{BC\cdot CD}=-1,\frac{CO^2}{BC\cdot CD}-\frac{DO^2}{CD\cdot DA}=1$$

$$\frac{DO^2}{CD\cdot DA}-\frac{AO^2}{DA\cdot AB}=-1$$

思考题

1. 设 $ABCD$ 为圆外切梯形,$AB/\!/CD$,E 是对角线的交点,$\triangle ABE$,$\triangle BCE$,$\triangle CDE$,$\triangle DAE$ 的内切圆半径分别为 r_1,r_2,r_3,r_4,求证:$\frac{1}{r_1}+\frac{1}{r_3}=\frac{1}{r_2}+\frac{1}{r_4}$.

思考题　参考解答

1. 设$\triangle ABE$,$\triangle BCE$,$\triangle CDE$,$\triangle DAE$ 的面积分别为 S_1,S_2,S_3,S_4,半周长分别为 p_1,p_2,p_3,p_4. 由第46章的推论6知 $S_2=S_4$,又由 $p_1+p_3=p_2+p_4$,注意到,$S_1:S_2=AE:EC=p_1:p_3$,$S_3:S_2=p_3:p_1$ 即有$\frac{p_1}{S_1}+\frac{p_3}{S_3}=\frac{p_2}{S_2}+\frac{p_4}{S_4}$,由此有$\frac{1}{r_1}+\frac{1}{r_3}=\frac{1}{r_2}+\frac{1}{r_4}$.

第53章　牛顿定理

牛顿定理　圆的外切四边形的对角线的交点与以切点为顶点的四边形的对角线的交点重合.

此定理即是说,若凸四边形 $ABDF$ 外切于圆,边 AB,BD,DF,FA 上的切点分别为 P,Q,R,S,则四条直线 AD,BF,PR,QS 交于形内一点.①

证明　如图53.1,设 AD 与 PR 交于点 M,AD 与 QS 交于点 M',下证 M' 与 M 重合.

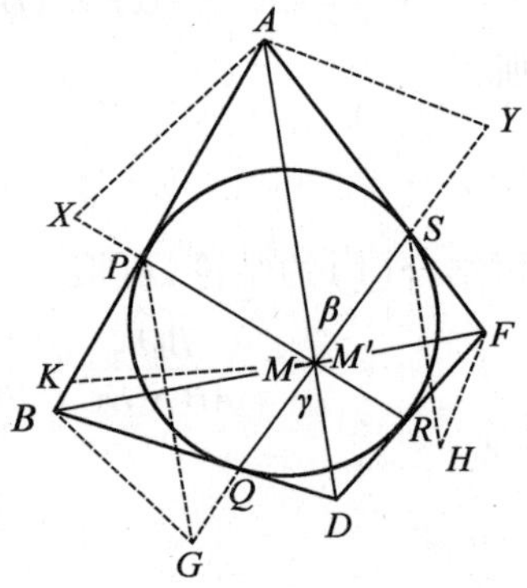

图53.1

由切线的性质,知 $\angle ASM'=\angle BQM'$,则有

$$\frac{AM'\cdot SM'}{QM'\cdot DM'}=\frac{S_{\triangle AM'S}}{S_{\triangle DM'Q}}=\frac{AS\cdot SM'}{DQ\cdot QM'}$$

即

$$\frac{AM'}{DM'}=\frac{AS}{DQ}$$

同理

$$\frac{AM}{DM}=\frac{AP}{DR}$$

注意到 $AP=AS,DR=DQ$,则 $\frac{AM}{DM}=\frac{AS}{DQ}=\frac{AM'}{DM'}$.

再由合比定理,有 $\frac{AM}{AD}=\frac{AM'}{AD}$.于是 M' 与 M 重合.即知 AD,PR,QS 三线共点.

同理,BF,PR,QS 三线共点.故 AD,BF,PR,QS 四直线共点.

注:上述定理的其他证法可参见本丛书中的《平面几何范例多解探究》(上篇).

下面,讨论牛顿定理中的四边形变型及切点连线的交点在形外的问题.

圆的外切四边形可以是凸四边形,也可以是凹四边形和折四边形.

定理1　若凹四边形 $ACDE$ 外切于圆,边 AC,DE,CD,EA 所在直线上的切

---

①　沈文选.牛顿定理的证明、应用及其他[J].中学教研(数学),2010(4):26-29.

点分别为 P,Q,R,S，则四条直线 AD,CE,PQ,SR 交于一点.

证明 如图 53.2，设直线 DE 交 AC 于点 B，直线 CD 交 AE 于点 F，直线 PQ 交 CE 于点 M，直线 SR 交 CE 于点 M'，下证 M' 与 M 重合.

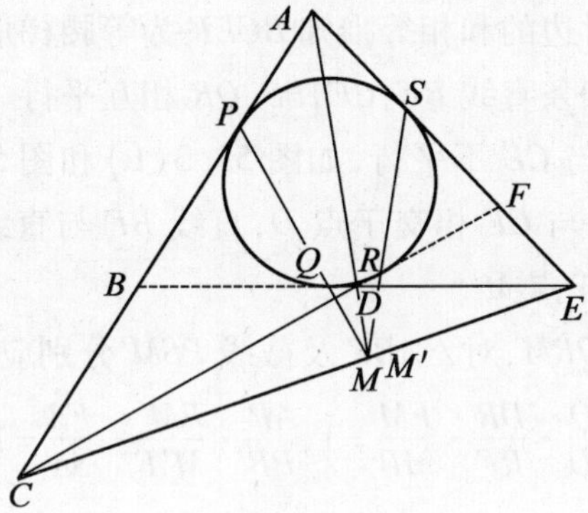

图 53.2

对 $\triangle CEB$ 及截线 PQM，对 $\triangle CEF$ 及截线 SRM' 分别应用梅涅劳斯定理，有

$$\frac{CM}{ME}\cdot\frac{EQ}{QB}\cdot\frac{BP}{PC}=1,\frac{CM'}{M'E}\cdot\frac{ES}{SF}\cdot\frac{FR}{RC}=1$$

注意到 $BP=BQ,FS=FR,CP=CR,EQ=ES$，有

$$\frac{CM}{ME}=\frac{PC}{EQ}=\frac{RC}{ES}=\frac{CM'}{M'E}$$

再由合比定理，即知 M' 与 M 重合，从而直线 PQ,SR 与 CE 交于一点.

同理，对 $\triangle ABD$ 及截线 PQ，对 $\triangle ADF$ 及截线 SR 应用梅涅劳斯定理，可证得直线 PQ,SR 与 AD 交于一点. 故四条直线 AD,CE,PQ,SR 交于一点.

定理 2 若折四边形 $BCFE$ 外切于圆（或折四边形 $BCFE$ 有旁切圆），边 BC,CF,FE,EB 所在直线上的切点分别为 P,R,S,Q，则四条直线 BF,CE,PS,QR 或者相互平行或者共点（图 53.3）.

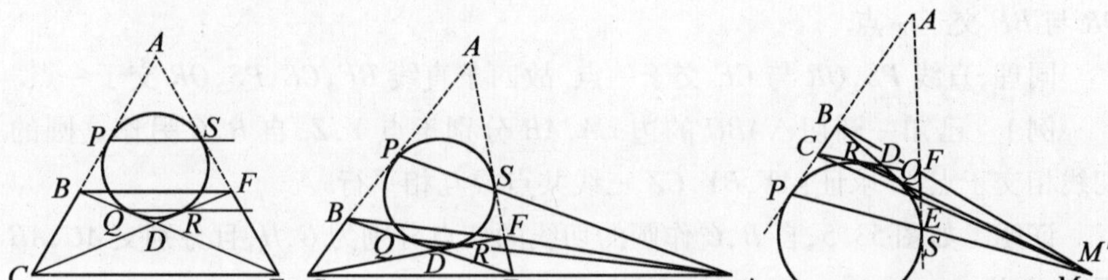

图 53.3

证明 (1)若对角线 BF 与 CE 平行,且 $BC/\!/FE$ 时,折四边形 $BCFE$ 外切于圆时,则四边形 $BCEF$ 必为矩形,此时四条直线 BF,CE,PS,QR 相互平行.

(2)若对角线 BF 与 CE 平行,且直线 BC 与 FE 相交于点 A 时,如图 53.3(a),则由圆的外切四边形对边的和相等推知 $BCEF$ 为等腰梯形,$\triangle ABF$ 和 $\triangle DBF$ 均为等腰三角形,此时,四条直线 BF,CE,PS,QR 相互平行.

(3)若对角线 BF 与 CE 不平行,如图 53.3(b)和图 53.3(c),且直线 CB,EF 交于点 A 时,设 BE 与 CF 相交于点 D,直线 BF 与直线 QR 相交于点 M,直线 BF 与直线 PS 相交于点 M'.

对 $\triangle BDF$ 及截线 QRM,对 $\triangle ABF$ 及截线 PSM' 分别应用梅涅劳斯定理,有

$$\frac{BQ}{QD}\cdot\frac{DR}{RF}\cdot\frac{FM}{MB}=1,\frac{AP}{PB}\cdot\frac{BM'}{M'F}\cdot\frac{FS}{SA}=1$$

注意到 $DQ=DR,AP=AS,BQ=BP,FR=FS$,则有 $\frac{FM}{MB}=\frac{RF}{BQ}=\frac{FS}{PB}=\frac{FM'}{M'B}$.

再由合比定理,即知 M' 与 M 重合. 从而直线 PS,QR 和 BF 交于一点.

272 同理,对 $\triangle CED$ 及截线 QR,对 $\triangle ACE$ 及截线 PS 分别应用梅涅劳斯定理,可证得直线 PS,QR 与 CE 交于一点. 故四条直线 BF,CE,PS,QR 相交于一点.

(4)若对角线 BF 与 CE 不平行,且直线 $CB/\!/EF$ 时,如图 53.4,设直线 BF 与直线 PS 相交于点 M,下面证 Q,R,M 三点共线.

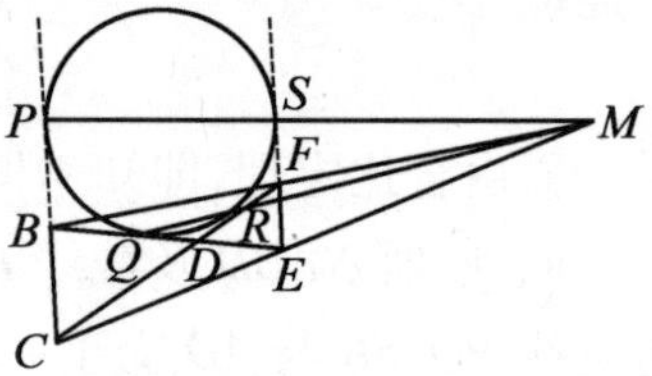

图 53.4

由 $BC/\!/FE$,有 $\frac{FM}{MB}=\frac{FS}{BP}=\frac{FR}{BQ}$,即有

$$1=\frac{FM}{MB}\cdot\frac{BQ}{RF}=\frac{FM}{MB}\cdot\frac{BQ}{QD}\cdot\frac{DR}{RF}$$

对 $\triangle BDF$ 应用梅涅劳斯定理的逆定理,知 Q,R,M 三点共线,即直线 PS,QR 与 BF 交于一点.

同理,直线 PS,QR 与 CE 交于一点. 故四条直线 BF,CE,PS,QR 交于一点.

例 1 已知一圆切 $\triangle ABC$ 的边 CA,AB 分别于点 Y,Z,自 B,C 另作这圆的切线相交于点 X. 求证:AX,BY,CZ 三线共点或互相平行.

证明 如图 53.5,自 B,C 作圆的切线的切点分别为 G,H,且分别交 AC,AB 于点 E,F.

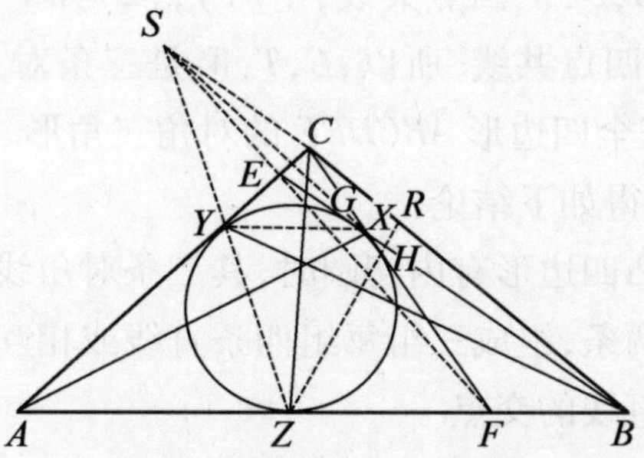

图 53.5

因折四边形 $ECFB$ 有旁切圆，由定理 2 知，直线 ZY,GH,BC,FE 共点于 S.

在 $\triangle AYZ$，$\triangle XBC$ 中，其对应边的交点 E,F,S 共线，由笛沙格定理的逆定理知，其对应顶点的连线 AX,BY,CZ 或共点或相互平行.

例 2　圆上四点两两相连组成一个完全四边形（四条直线两两相交且不共点，相交于六点所得图形），又过每点作圆的切线交成一个完全四边形，则这两形必有共同的对角三角形（或极点三角形）.

证明　如图 53.6，在完全四边形 $SPTQWR$ 中，设 G 为对角线 SQ 与 PR 的交点，则 $\triangle GTW$ 为其对角三角形（或极点三角形）.

在完全四边形 $ABCDEF$ 中，有：

(1) 凸四边形 $ABDF$ 有内切圆，由牛顿定理知，AD,BF,PR,QS 共点于 G；

(2) 折四边形 $BCFE$ 有旁切圆，由定理 2 知，BF,CE,PS,QR 四直线共点于 T；

(3) 凹四边形 $ACDE$ 有旁切圆，由定理 1 知，直线 AD,CE,PQ,SR 共点于 W.

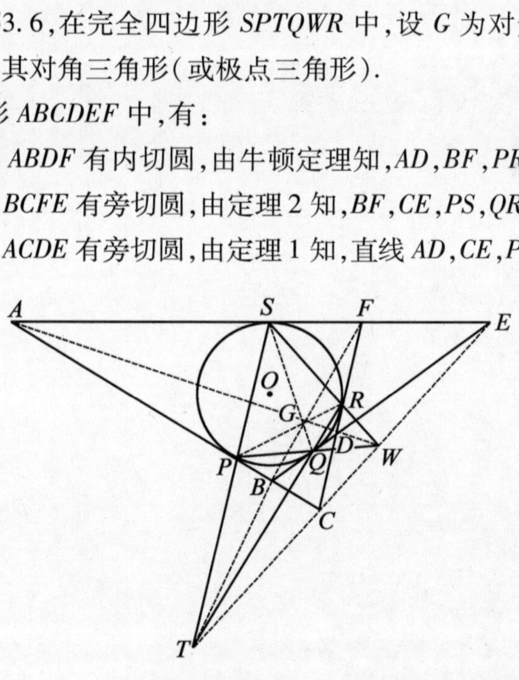

图 53.6

由(1),(3)知 A,G,D,W 四点共线;由(1),(2)知 F,G,B,T 四点共线;由(2),(3)知 T,C,W,E 四点共线. 所以,G,T,W 是三条对角线 AD,BF,CE 两两的交点,故 $\triangle GTW$ 为完全四边形 $ABCDEF$ 的对角三角形.

注:由例 2 我们可得如下结论:

完全四边形中的凸四边形有内切圆时,其三条对角线中的两条与四切点每两切点所在直线中的两条,组成三组每组四条直线或相互平行或共点于完全四边形对角线所在相应直线的交点.

第54章　圆内接、外切多边形

下面介绍圆内接、外切多边形的有关性质.

性质1　设凸 n 边形 $A_1A_2\cdots A_n$ 内接于半径为 R 的圆，$A_iA_{i+1}(i=1,2,\cdots,n,A_{n+1}=A_1)$ 所对的弧的弧度数为 α_i，则 $\dfrac{A_iA_{i+1}}{\sin\dfrac{\alpha_i}{2}}=2R(i=1,2,\cdots,n)$.

此性质用三角形正弦定理及圆周角定理即可证. 此性质亦称为圆内接凸 n 边形正弦定理.

推论1　设 P 是圆内接凸 n 边形 $A_1A_2\cdots A_n$ 内（或边上）任一点，它到边 $A_iA_{i+1}(i=1,2,\cdots,n,A_{n+1}=A_1)$ 的距离为 d_i，$\overset{\frown}{A_iA_{i+1}}$ 的弧度数为 $\alpha_i(i=1,2,\cdots,n)$，其面积为 $S_{A_1A_2\cdots A_n}$，则

$$\sum_{i=1}^{n} d_i\cdot\sin\frac{\alpha_i}{2}=\frac{S_{A_1A_2\cdots A_n}}{R}(\text{定值})$$

性质2　设凸 n 边形 $A_1A_2\cdots A_n$ 外切于半径为 r 的圆，则

$$\frac{A_iA_{i+1}}{\cot\dfrac{A_i}{2}+\cot\dfrac{A_{i+1}}{2}}=r(i=1,2,\cdots,n,A_{n+1}=A_1)$$

此性质称为凸 n 边形的余切定理.

推论2　$\sum\limits_{i=1}^{n}(A_iA_{i+1}-A_{i+1}A_{i+2})\cot\dfrac{A_{i+1}}{2}=0(i=1,2,\cdots,n,A_{n+1}=A_1,A_{n+2}=A_2)$.

性质3　(1)设半径为 R 的圆内接 n 边形 $A_1A_2\cdots A_n$ 的面积为 S，则 $S\leqslant\dfrac{1}{2}nR^2\cdot\sin\dfrac{2\pi}{n}$，其中等号当且仅当 n 边形为正 n 边形时成立；

(2)设半径为 r 的圆外切 n 边形 $B_1B_2\cdots B_n$ 的面积为 S'，则 $S'\geqslant r^2\cdot n\cdot\cot\dfrac{\pi}{n}$，其中等号当且仅当 n 边形为正 n 边形时成立.

证明提示 (1)注意到 $S=\frac{1}{2}R^2\cdot\sum_{i=1}^{n}\sin\angle A_iOB_{i+1}$ 及凸函数的琴生不等式即证.

(2)注意到 $S'=r^2\cdot\sum_{i=1}^{n}\cot\frac{\theta_i}{2}$($\theta_i$ 为 A_{i+1} 的补角)及凹函数的琴生不等式即证.

推论3 设 $A_1A_2\cdots A_n$ 边形为 n 边形 $B_1B_2\cdots B_n$ 的切点 n 边形,它们的面积分别为 S',S,则 $S'\leqslant S\cdot\cos\frac{\pi}{n}$,其中等号当且仅当 n 边形为正 n 边形时成立.

推论4 设 n 边形 $A_1A_2\cdots A_n$ 既有半径为 R 的外接圆,又有半径为 r 的内切圆,则 $R\geqslant r\cdot\sec\frac{\pi}{n}$,其中等号当且仅当 n 边形为正 n 边形时成立.

性质4 圆内接六边形 $ABCDEF$ 的三条对角线 AD,BE,CF 所在直线共点(三直线互相平行视其共点于无穷远点处)的充分必要条件是 $\frac{AB}{BC}\cdot\frac{CD}{DE}\cdot\frac{EF}{FA}=1$.

证明 由于命题中没有限定三弦的端点在圆周上的排列顺序,故可能的情形可归纳为8种.图54.1~54.3是其中的三种情形(图54.2是由图54.1中 B,E 互换得到的).

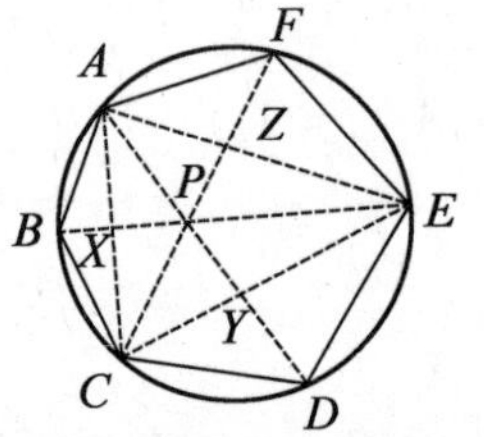

图54.1

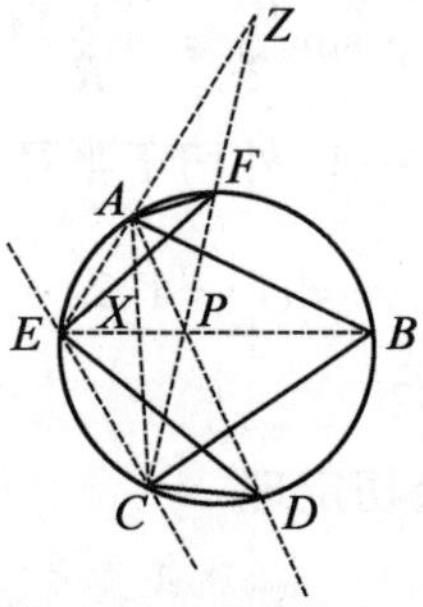

图54.2

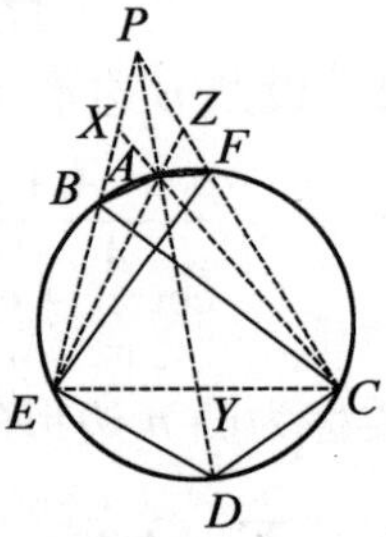

图54.3

设 AC 与 BE 交于点 X,CE 与 AD 交于点 Y,EA 与 CF 交于点 Z.

对 $\triangle ACE$,由塞瓦定理及其逆定理,得

$$AD,BE,CF\text{ 三线共点}$$

$$\Leftrightarrow\frac{AX}{XC}\cdot\frac{CY}{YE}\cdot\frac{EZ}{ZA}=1$$

$$\Leftrightarrow\frac{S_{\triangle ABE}}{S_{\triangle CBE}}\cdot\frac{S_{\triangle CAD}}{S_{\triangle EAD}}\cdot\frac{S_{\triangle ECF}}{S_{\triangle ACF}}=1$$

$$\Leftrightarrow\frac{AB\cdot AE}{BC\cdot CE}\cdot\frac{CD\cdot AC}{DE\cdot AE}\cdot\frac{EF\cdot CE}{FA\cdot AC}=1$$

$$\Leftrightarrow\frac{AB}{BC}\cdot\frac{CD}{DE}\cdot\frac{EF}{FA}=1$$

上述证明不难,从中可以看出此命题即是塞瓦定理及其逆定理的一个推论.

推论5 如图54.4,过圆上一点B的切线,与圆的两弦AD,CF三线共点的充分必要条件是

$$\frac{AB}{BC}\cdot\frac{CD}{DB}\cdot\frac{BF}{FA}=1$$

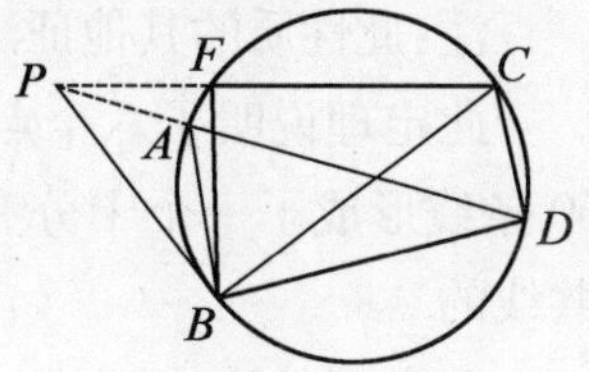

图54.4

考虑图54.3中,点E与点B重合,同时点F与点C重合的情形,可得:

推论6 如图54.5,分别过圆上两点B,C的切线,与圆的弦AD三线共点的充分必要条件是

$$AB\cdot CD=DB\cdot CA$$

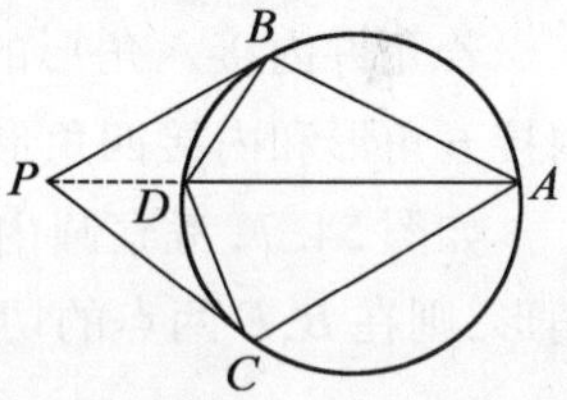

图54.5

下面介绍两个著名的定理:

性质5(帕斯卡定理) 若六角星(六点连线所组成的平面封闭图形)的六个顶点落在一个圆上,且它的三对对边分别相交,则这三个交点共线.

证明 如图54.6,在圆内接六角星$ABCDEF$中,AB与DE交于点L,CD与FA交于点M,BC与EF交于点N.为不失一般性,设三条直线AB,CD,EF构成的$\triangle UVW$如图54.6所示.运用梅涅劳斯定理于$\triangle UVW$的各边上三点组$L,D,E;A,M,F;B,C,N$,则得

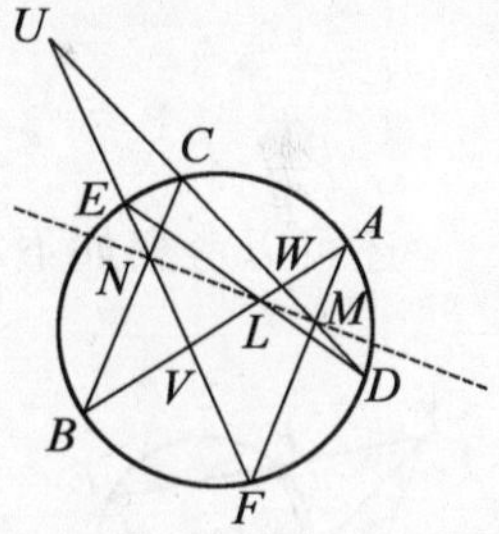

图54.6

$$\frac{VL}{WL}\cdot\frac{WD}{UD}\cdot\frac{UE}{VE}=1$$

$$\frac{VA}{WA}\cdot\frac{WM}{UM}\cdot\frac{UF}{VF}=1$$

$$\frac{VB}{WB}\cdot\frac{WC}{UC}\cdot\frac{UN}{VN}=1$$

从而

$$\frac{VL}{WL}\cdot\frac{WD}{UD}\cdot\frac{UE}{VE}\cdot\frac{VA}{WA}\cdot\frac{WM}{UM}\cdot\frac{UF}{VF}\cdot\frac{VB}{WB}\cdot\frac{WC}{UC}\cdot\frac{UN}{VN}=1$$

再注意到割线定理,由相交弦定理,有

$$\frac{UE \cdot UF}{UC \cdot UD} \cdot \frac{VA \cdot VB}{VE \cdot VF} \cdot \frac{WC \cdot WD}{WA \cdot WB} = 1$$

从而$\frac{VL}{WL} \cdot \frac{WM}{UM} \cdot \frac{UN}{VN} = 1$,即 L,M,N 三点共线.

注:此性质的其他证法可参见本丛书中的《平面几何范例多解探究》(上篇).

此定理说明了六个点一共决定了 60 个六角形,也就有 60 条帕斯卡线. 这 60 条线形成了一个十分有趣的构图,其中某些直线是共点的,而某些公共点是共线的.

此定理的逆定理为:若六角形的三对对边交成三个共线的点,则它的六个顶点落在一个圆上.

若允许内接六角形的顶点重合,而且仔细地标记这些顶点,则能得到关于内接五角形和内接四角形的有趣结论.

如图 54.7,考察圆内接四边形 $ADBE$. 把交叉四角形 $ABDE$ 看作退化的六角形,则在 B,E 两点的切线的交点 N 与 L,M 共线.

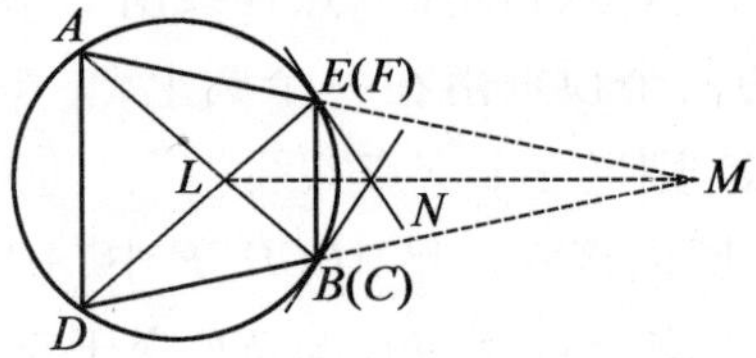

图 54.7

还可以考察如下特殊情形的图(图 54.8).

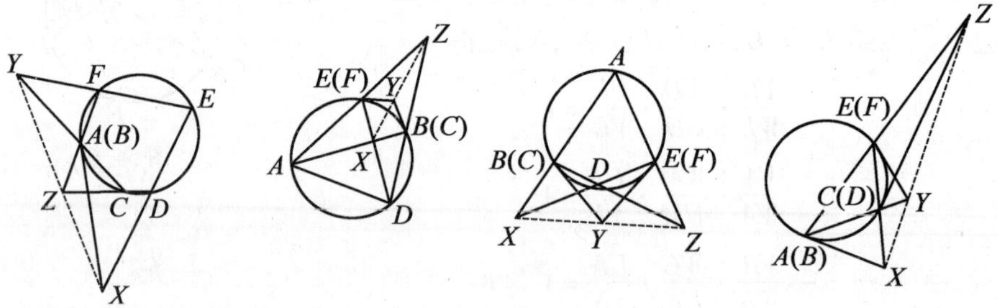

图 54.8

性质 6(布列安桑(C. J. Brianchon,1783—1864)定理)　若一个六角形的六条边与一个圆相切,则它的三条对角线共点或彼此平行.

证明　为了证此定理,先看一个引理.

引理 设 P' 和 Q' 分别是圆周在 P,Q 的切线上的两点(假定在直线 PQ 同侧),使得 $PP'=QQ'$,则存在一个圆分别与直线 PP' 和 QQ' 在 P' 和 Q' 相切.

事实上,如图 54.9,整个图形关于 PQ 的中垂线是对称的,这条垂直平分线也是 $P'Q'$ 及已知圆的一条直径的垂直平分线,PP' 和 QQ' 在 P' 和 Q' 处的垂线都与这条中间线交于同一点,此即为所求圆的圆心. 引理证毕.

现来证定理:如图 54.10,设 R,Q,T,S,P,U 是六条切线 AB,BC,CD,DE,EF,FA 的切点. 为叙述简单,假定六角形 $ABCDEF$ 是凸的,则三条对角线 AD,BE,CF 都是内切圆的割线(因此不可能彼此平行). 在线段 EF,CB,AB,ED,CD,AF 的延长线上取点 P',Q',R',S',T',U',使得 $PP'=QQ'=RR'=SS'=TT'=UU'$. 由引理,可作圆 O_1(与 PP' 和 QQ' 在 P' 和 Q' 相切),圆 O_2(与 RR' 和 SS' 在 R' 和 S' 相切)和圆 O_3(与 TT' 和 UU' 在 T' 和 U' 相切).

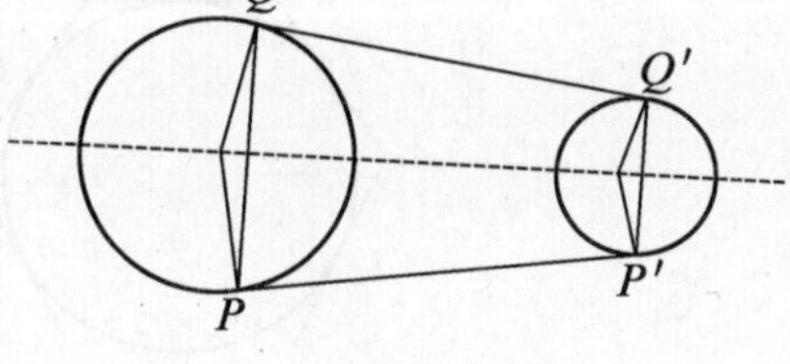

图 54.9

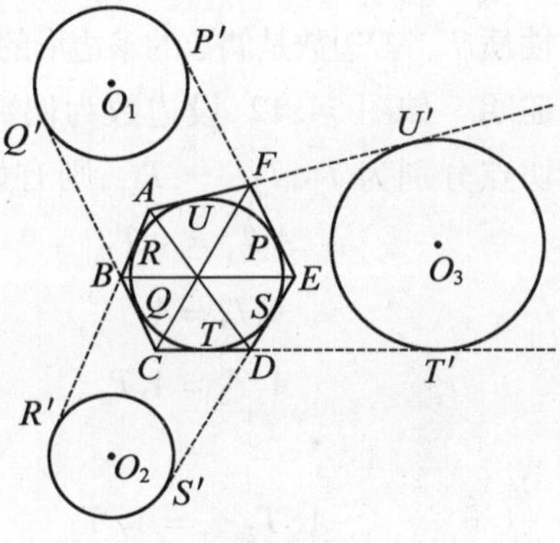

图 54.10

于是,$AR'=AU'$,$DS'=DT'$,这样 A 和 D 关于圆 O_2 和圆 O_3 是等幂的,于是连线 AD 是这两个圆的根轴. 同理 BE 是圆 O_1 和圆 O_2 的根轴,CF 是圆 O_3 和圆 O_1 的根轴. 对于三个不共轴(圆心不共线)的圆,两两配对所取的根轴必定是共点的. 由于这三条对角线不重合,即三圆不共轴,由此即证.

此定理的逆定理也成立,即"若一个六角形的三条对角线共点,则它的六条边与圆相切".

若容许外切六角形的某些边接合成一条线段,并且小心地标记这些边,则能得到若干关于外切五角形,外切四边形的有趣的定理. 这时,成一直线的两条边的公共顶点是它们与圆的切点.

如图 54.11(a),外切五角形 $ABCDE$ 可看作当点 F 是平角的退化六角形

$ABCDEF$,此时,外切五角形的边的切点 F 与点 C 及 AD 与 BE 的交点 G 共线;同理,如图 54.11(b),若外切四边形 $BCEF$ 的边 FB 和 CE 与圆相切于点 A 和 D,则可把它看作退化的六角形. 从而得知:四角形的对角线 BE 和 CF 相交在 FB 和 CE 与圆的切点的边线上,如图 54.11(b),此时,又给出了牛顿定理 2 的一个简证.

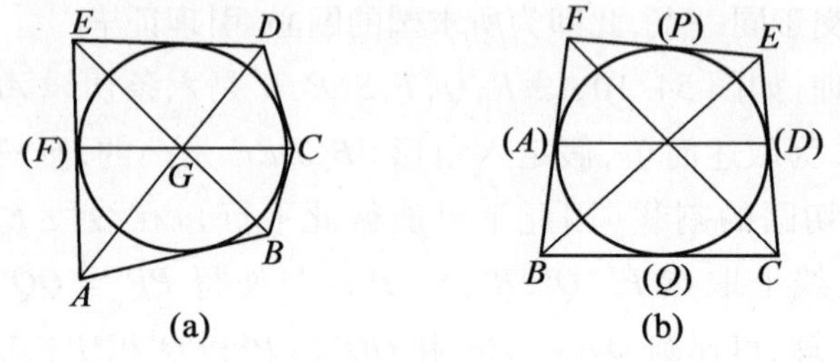

图 54.11

注:上述两个定理及逆定理对圆锥曲线也是成立的.

性质 7 若边数是偶数的多边形的边都与同一圆相切,则不相邻的边之和相等.

证明 如图 54.12,设边数为偶数的外切多边形为 $A_1A_2\cdots A_{2n}$,各边与同一圆的切点分别为 $T_1,T_2,\cdots,T_{2n}$,则有如下偶数个等式

$$A_1T_1=A_1T_{2n}$$
$$A_2T_1=A_2T_2$$
$$A_3T_3=A_3T_2$$
$$\vdots$$
$$A_{2n}T_{2n-1}=A_{2n}T_{2n}$$

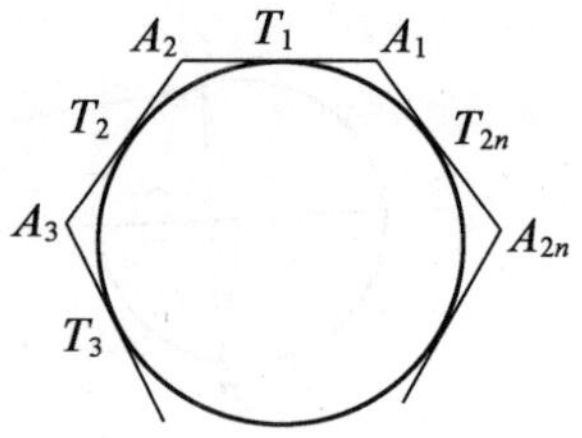

图 54.12

将上述各式两边分别相加,得结论成立.

性质 8 在圆外切等边多边形中,若边数为奇数,则是正多边形.

证明 如图 54.13,设圆外切等边多边形为 $A_1A_2\cdots A_m$,且各边与该圆的切点分别为 $T_1,T_2,\cdots,T_m$,圆心为 O,则由 $A_1A_2=A_2A_3$,$A_2T_1=A_2T_2$,有 $A_1T_1=A_3T_2$. 而 $OT_1=OT_2$,从而 $\mathrm{Rt}\triangle OT_1A_1\cong\mathrm{Rt}\triangle OT_2A_3$. 于是,$\angle OA_1T_1=\angle OA_3T_2$.

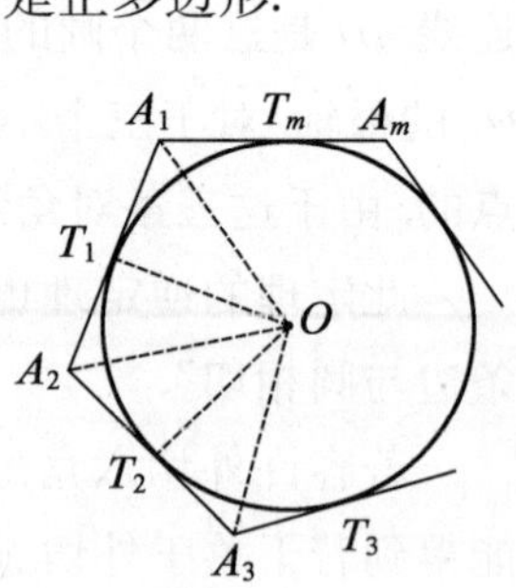

图 54.13

又注意到 $\angle A_mA_1A_2=2\angle OA_1T_1$,$\angle A_2A_3A_4=2\angle OA_3T_2$,则 $\angle A_mA_1A_2=\angle A_2A_3A_4$,即这个多边形的角每隔一个都相等.

所以边数是奇数时，可以继续递推下去，得各角都相等，故为正多边形.

性质9 若圆内接多边形的边数是偶数，则每隔一角的和等于另外的隔角的和.

证明 如图54.14，设圆 O 的内接边数为 $2n(n>1)$ 的多边形 $A_1A_2A_3\cdots A_{2n}$，分别联结 O 与各顶点，因 $\triangle OA_1A_2, OA_2A_3, \cdots$ 均为底角相等的三角形，则可令

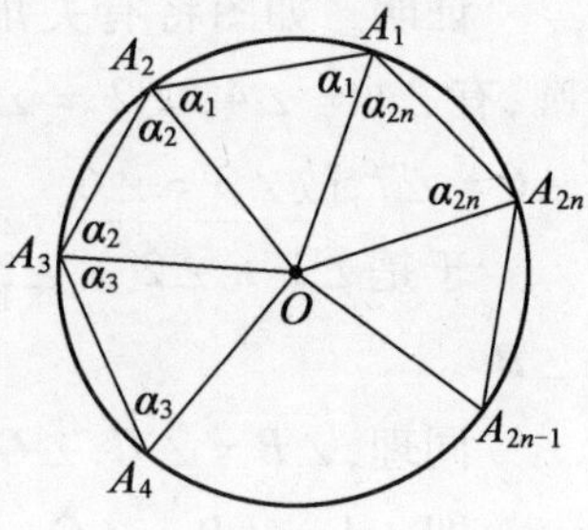

图54.14

$$\angle OA_1A_2 = \angle OA_2A_1 = \alpha_1$$

$$\angle OA_2A_3 = \angle OA_1A_2 = \alpha_2$$

$$\vdots$$

$$\angle OA_{2n}A_1 = \angle OA_1A_{2n} = \alpha_{2n}$$

则多边形 $A_1A_2A_3\cdots A_{2n}$ 每隔一角的几个角的和为

$$\angle A_1 + \angle A_3 + \cdots + A_{2n-1} = (\alpha_{2n} + \alpha_1) + (\alpha_2 + \alpha_3) + \cdots + (\alpha_{2n-2} + \alpha_{2n-1})$$

$$\angle A_2 + \angle A_4 + \cdots + A_{2n} = (\alpha_1 + \alpha_2) + (\alpha_3 + \alpha_4) + \cdots + (\alpha_{2n-1} + \alpha_{2n})$$

从而

$$\angle A_1 + \angle A_3 + \cdots + \angle A_{2n-1} = \angle A_2 + \angle A_4 + \cdots + \angle A_{2n}$$

性质10 在圆内接等角多边形中，若边数为 $2n+1$，则为正多边形.

证明 如图54.15，设 $A_1A_2\cdots A_m$ 为圆内接等角多边形，设 $\angle A_2 = \angle A_3$，则 $\overset{\frown}{A_1A_2A_3} = \overset{\frown}{A_2A_3A_4}$.

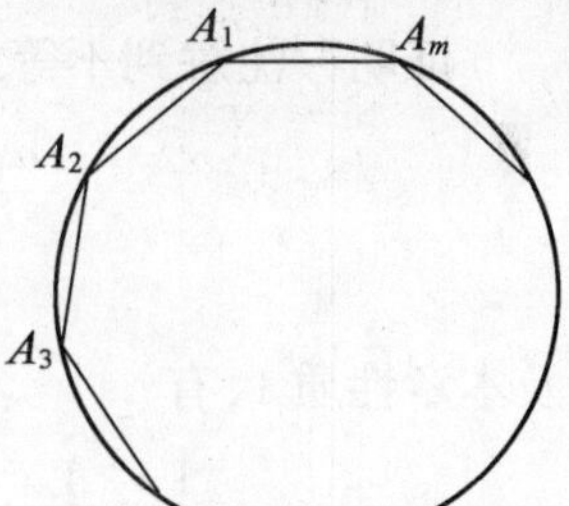

图54.15

若去掉公共部分 $\overset{\frown}{A_2A_3}$，则 $\overset{\frown}{A_1A_2} = \overset{\frown}{A_3A_4}$，故 $A_1A_2 = A_3A_4$.

同理，A_3A_4 和间隔着的一条边相等. 如此继续下去，就可以证明每隔一条边都相等.

因此，当多边形是偶数时，进行一周后，又等于 A_1A_2.

当多边形是奇数时，进行一周后，就等于 A_1A_2 的邻边 A_2A_3.

因 $2n+1$ 是奇数，所以边数为 $2n+1$ 时，等角的圆内接多边形是正多边形.

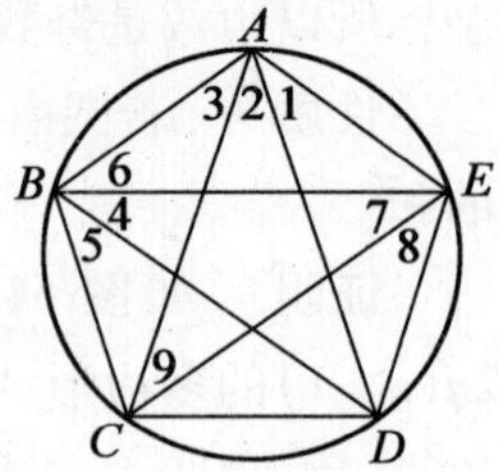

图 54.16

例 1　如图 54.16,圆内接凸五边形 $ABCDE$ 中,若 $AC /\!/ DE$, $BD /\!/ AE$, $CE /\!/ AB$, $DA /\!/ BC$, $EB /\!/ CD$. 试证: $ABCDE$ 为正五边形.

证明　如图将有关角标上数码,由 $ABCDE$ 内接于圆,有 $\angle 1 = \angle 4$, $\angle 2 = \angle 5$, $\angle 3 = \angle 7$. 又 $AB /\!/ CE$,有 $\angle 6 = \angle 7$,故 $\angle 3 = \angle 6$.

于是 $\angle 1 + \angle 2 + \angle 3 = \angle 4 + \angle 5 + \angle 6$,即 $\angle A = \angle B$.

同理, $\angle B = \angle C$, $\angle C = \angle D$, $\cdots$, $\angle E = \angle A$.

即 $\angle A = \angle B = \angle C = \angle D = \angle E$.

又可证 $\angle 3 = \angle 9 = \angle 8$. 从而 $BC = CD = AE$.

类似地,有 $DC = ED = AB$,故 $ABCDE$ 是正五边形.

注:在此指出一点,内角全相等的圆内接凸多边形不一定是正多边形,但对奇数凸多边形来说结论是肯定的,见性质 10,也可参见本章思考题第 4 题.

例 2　若圆内接凸 n 边形的边长依次为 $a_1, a_2, \cdots, a_n$,圆半径为 R,则有

$$\frac{1}{a_1} + \frac{1}{a_2} + \cdots + \frac{1}{a_n} \geqslant \frac{n}{2R \cdot \sin \dfrac{\pi}{n}}$$

证明　注意到不等式

$$\frac{a_1 + a_2 + \cdots + a_n}{n} \geqslant \frac{n}{\dfrac{1}{a_1} + \dfrac{1}{a_2} + \cdots + \dfrac{1}{a_n}}$$

及本章性质 1,有

$$\frac{1}{a_1} + \frac{1}{a_2} + \cdots + \frac{1}{a_n} \geqslant \frac{n^2}{a_1 + a_2 + \cdots + a_n}$$

$$= \frac{n^2}{2R\left(\sin \dfrac{\alpha_1}{2} + \sin \dfrac{\alpha_2}{2} + \cdots + \sin \dfrac{\alpha_n}{2}\right)}$$

再注意到, $\sin x$ 在 $x \in (0, \pi)$ 内为凸函数,且 $\dfrac{\alpha_1}{2} + \dfrac{\alpha_2}{2} + \cdots + \dfrac{\alpha_n}{2} = \pi$,则

$$\sin\left(\frac{\alpha_1}{2} + \frac{\alpha_2}{2} + \cdots + \sin \frac{\alpha_n}{2}\right) \leqslant n \cdot \sin \frac{\pi}{n}$$

故
$$\frac{1}{a_1}+\frac{1}{a_2}+\cdots+\frac{1}{a_n}\geqslant\frac{n}{2R\cdot\sin\frac{\pi}{n}}$$

例 3 如图 54.17,P,Q 分别是圆内接四边形 $ABCD$ 的对角线 AC,BD 的中点.若 $\angle BPA=\angle DPA$,证明:$\angle AQB=\angle CQB$.

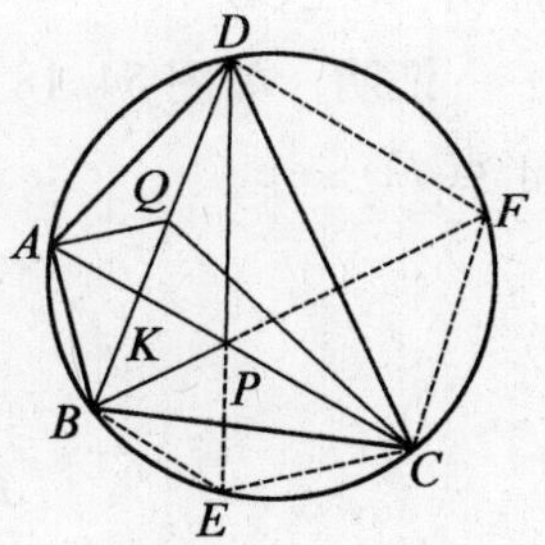

图 54.17

证明 如图 54.17,延长 DP,BP 分别与圆交于点 E,F,设 AC 与 BD 交于点 K.

由 $\angle CPE=\angle DPA=\angle BPA$,$P$ 是弦 AC 的中点,知 $AB=EC$.

同理,$CF=DA$.

对于圆内接六边形 $ABECFD$,由 AC,BF,ED 三弦共点(性质 4),得
$$\frac{AB}{BE}\cdot\frac{EC}{CF}\cdot\frac{FD}{DA}=1$$

从而 $\frac{AB^2}{DA^2}=\frac{BE}{FD}$.

又 $\triangle PBE\backsim\triangle PDF$,$\angle BPK=\angle DPK$,则
$$\frac{AB^2}{DA^2}=\frac{BE}{FD}=\frac{PB}{PD}=\frac{BK}{DK}=\frac{S_{\triangle ABC}}{S_{\triangle ADC}}=\frac{AB\cdot BC}{DA\cdot DC}$$
$$\Rightarrow BC\cdot AD=DC\cdot AB$$

由托勒密定理,得
$$2BQ\cdot AC=BD\cdot AC=BC\cdot AD+DC\cdot AB=2DC\cdot AB$$

即
$$\frac{BQ}{DC}=\frac{AB}{AC}$$

又 $\angle ABQ=\angle ACD$,于是,$\triangle ABQ\backsim\triangle ACD\Rightarrow\angle AQB=\angle ADC$.

同理,$\angle CQB=\angle ADC$.故 $\angle AQB=\angle CQB$.

注:类似地,考虑弦 AC,ED,BF 决定的圆内接六边形 $AEBCDF$,则
$$\frac{AE}{EB}\cdot\frac{BC}{CD}\cdot\frac{DF}{FA}=1$$

又 $AE=BC$,$FA=CD$,则 $\frac{BC^2}{CD^2}=\frac{BE}{DF}$.

这样可得到 $BC\cdot AD=DC\cdot AB$.

例4 已知 AB 是圆 O 的一条弦,点 P 在 AB 的延长线上,C 是圆 O 上一点,且 PC 与圆 O 相切,直径 CD 与 AB 的交点在圆 O 内,设 DB 与 OP 交于点 E. 证明:$AC\perp CE$.

证明 如图 54.18,PO 及其延长线与圆 O 交于点 G,H,延长 AO 与圆 O 交于点 F.

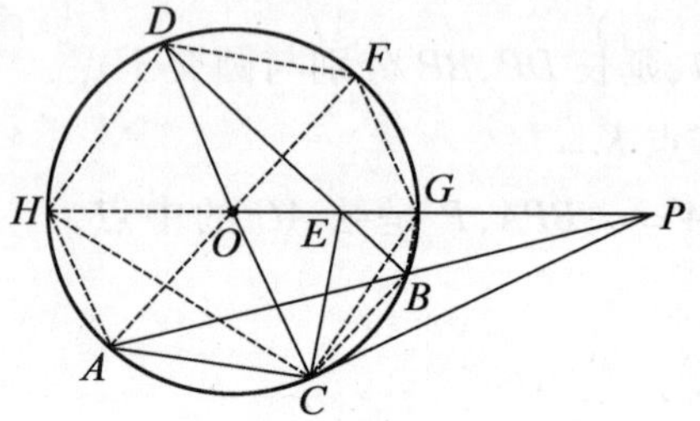

图 54.18

要证 $AC\perp CE$,即证 $\angle ACE=90°$,只需证 F,E,C 三点共线,即证 GH,FC,DB 三弦共点.

对圆内接六边形 $GFDHCB$,由性质 4 知,只需证$\frac{GF}{FD}\cdot\frac{DH}{HC}\cdot\frac{CB}{BG}=1$.

因为 $GF=AH,DH=CG,FD=AC$,所以,只需证$\frac{AH}{AC}\cdot\frac{CG}{HC}\cdot\frac{CB}{BG}=1$.

由$\triangle PAH\backsim\triangle PGB,\triangle PCG\backsim\triangle PHC,\triangle PCB\backsim\triangle PAC$,分别得

$$\frac{AH}{BG}=\frac{PH}{PB},\frac{CG}{HC}=\frac{PC}{PH},\frac{CB}{AC}=\frac{PB}{PC}$$

三式相乘即得证.

注:此证明对点 E 在圆外的情形也适用.

思考题

1. 试证:圆的内接四边形中正方形的周长最大.

2. 运用本章性质 1,2 的证明及性质 3(2),设双圆 n 边形(既有外接圆又有内切圆的 n 边形)的外接圆和内切圆半径分别为 R,r,则 $R\geqslant r\cdot\sec\frac{\pi}{n}$.

3. 某凸七边形内接于圆,已知它有三个角都等于 120°. 证明:它有两条等长的边.

4. 求证:边数是奇数的圆内接多边形,若它的各内角皆相等,则它一定是正

多边形.

5. 圆上任一点到圆内接 $n(n\geqslant 4)$ 边形各对角线距离之积的 $\frac{2}{n-3}$ 次方,等于该点至各边的距离之和.

6. 设圆 O_1,圆 O_2 相交,P 是其一个交点,两圆的一条外公切线与圆 O_1,圆 O_2 分别切于点 A,B. 过点 A 且垂直于 BP 的直线与线段 O_1O_2 交于点 C. 证明:$AP\perp PC$.

思考题 参考解答

1. 在 $(0,\pi)$ 上,$\sin x$ 是凸函数,在圆内接四边形 $A_1A_2A_3A_4$ 中,有

$$a_1=2R\cdot\sin A_1'$$

$$a_2=2R\cdot\sin A_2'$$

$$a_3=2R\cdot\sin A_3'$$

$$a_4=2R\cdot\sin A_4'$$

$$A_1'+A_2'+A_3'+A_4'=\pi$$

$$\begin{aligned}a_1+a_2+a_3+a_4&=2R(\sin A_1'+\cdots+\sin A_4')\\&\leqslant 2R\cdot 4\sin\left[\frac{1}{4}(A_1'+A_2'+A_3'+A_4')\right]\\&=4\sqrt{2}R\end{aligned}$$

式中等号当且仅当 $A_1=A_2=A_3=A_4$ 时成立,由此即证.

2. 由本章性质 1,2,有

$$2R(\sin A_1'+\sin A_2'+\cdots+\sin A_n')=2r\left(\cot\frac{A_1}{2}+\cot\frac{A_2}{2}+\cdots+\cot\frac{A_n}{2}\right)$$

又 $\sin x$ 在 $(0,\pi]$ 上是凸函数,$\cot x$ 在 $(0,\frac{\pi}{2})$ 上是凹函数,因此

$$\frac{R}{r}\geqslant\frac{\cot\frac{1}{2n}(A_1+A_2+\cdots+A_n)}{\sin\frac{1}{2}(A_1'+A_2'+\cdots+A_n')}=\frac{\cot\frac{(n-2)\pi}{2n}}{\sin\frac{\pi}{n}}=\sec\frac{\pi}{n}$$

3. 由于三个等于 120° 的角不能为三个彼此都不邻的角,则必有两相邻,不妨设七边形 $ABCDEFG$ 中有 $\angle ABC$ 和 $\angle BCD$ 相邻. 连 AC,BD,易证 $\triangle ABC\cong\triangle DCB$,则 $AB=CD$.

4. $n=3$ 时结论显然成立,下证 $n\geqslant 5$ 的情形:设多边形为 $A_1A_2\cdots A_n$,当令 $A_0=A_n$,$A_1=A_{n+1}$ 时,可设 A_{i-1},A_i,A_{i+1} 为相邻三顶点,且 $\angle A_{i-1}A_iA_{i+1}=\alpha$. 由 $n\geqslant 5$ 知,$\alpha\geqslant 105°$,则$\overparen{A_{i-1}A_iA_{i+1}}$的长小于半圆,故多边形是凸的.

设 $\angle A_{i-1}OA_{i+1}=\beta$($O$ 为圆心),易证 $\beta=360°-\alpha$,将多边形绕点 O 顺时针方向旋转 β 角度,则顶点 A_{i-1} 变成 A_{i+1}($i=1,2,\cdots,n$),即顶点 $A_1,A_2,A_3,\cdots,A_{n-2},A_{n-1},A_n$ 分别重合于点 $A_3,A_4,A_5,\cdots,A_n,A_1,A_2$. 前面的相邻顶点连线分别变为后面相邻顶点的连线,又 n 为奇数,有 $A_1A_2=A_3A_4=\cdots=A_{n-2}A_{n-1}=A_nA_1$,且 $A_2A_3=A_4A_5=\cdots=A_{n-1}A_n=A_1A_2$,即证.

5. 运用数学归纳法并注意到三角形正弦定理即证. 或设 P 到各顶点、各边、各对角线的距离分别为 a_i,h_i,m_j,则

$$\begin{aligned}\prod_{j=1}^{\frac{1}{2}n(n-3)} m_j^{\frac{2}{n-3}} &= [(a_1a_2\cdots a_n)^{n-3}]^{\frac{2}{n-3}}\\ &= \prod_{i=1}^{n} a_i^2\\ &= \prod_{i=1}^{n} h_i\\ &= (a_1a_2)(a_2a_3)\cdots(a_{n-1}a_n)(a_na_1)\end{aligned}$$

即证.

6. 如图 54.19,设直线 AB 与 O_1O_2 交于点 S(若 $AB/\!/O_1O_2$,则视 S 为无穷远点),SP 交圆 O_1,圆 O_2 的另一点分别为 H,G.

因为圆 O_1,圆 O_2 的位似中心是 S,所以,$AP/\!/BG$.

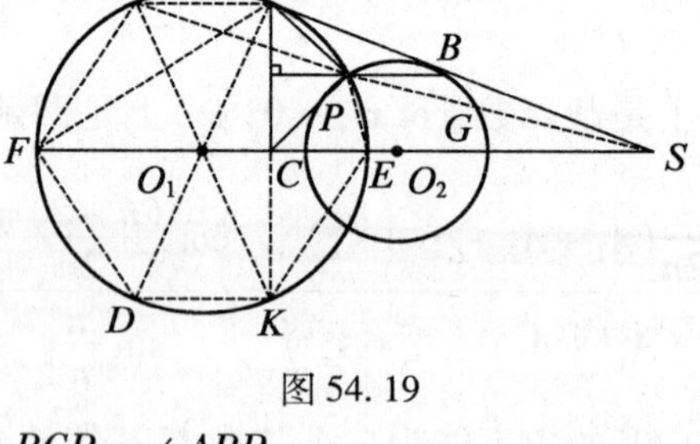

图 54.19

从而,$\angle APH=\angle BGP=\angle ABP$.

作圆 O_1 的直径 AD,延长 AC 与圆 O_1 交于点 K,延长 SO_1 与圆 O_1 交于点 E,F.

下面证明：P,C,D 三点共线.

由 $AD\perp AB, AC\perp BP$，得

$$\angle DAK=\angle ABP=\angle APH, DK=AH$$

又 AD 是圆 O_1 的直径，从而，HK 是圆 O_1 的直径，$FH=KE$.

易证 $\triangle SAP\backsim\triangle SHA$，$\triangle SAE\backsim\triangle SFA$，$\triangle SHF\backsim\triangle SEP$. 故

$$\frac{PA}{AH}=\frac{SA}{SH},\frac{AE}{AF}=\frac{SE}{SA},\frac{FH}{EP}=\frac{SH}{SE}$$

三式相乘，得

$$\frac{PA}{AH}\cdot\frac{AE}{AF}\cdot\frac{FH}{EP}=1$$

又 $AH=DK, AE=FD, FH=KE$，则 $\frac{PA}{AF}\cdot\frac{FD}{DK}\cdot\frac{KE}{EP}=1$

对圆内接六边形 $PAFDKE$，由性质 4 知，PD,AK,FE 三线共点，即 P,C,D 三点共线.

于是，$\angle APC=90^\circ$，即 $AP\perp PC$.

第55章　双圆四边形

既有内切圆,又有外接圆的四边形称之为双圆四边形,或双心四边形.

在下面的讨论中,我们记双圆四边形 $ABCD$ 的外接圆、内切圆圆心分别为 O,I,其半径分别为 $R,r,AB=a,BC=b,CD=c,DA=d,AC=e,BD=f,A_1,B_1,C_1,D_1$ 分别为边 AB,BC,CD,DA 上的内切圆切点;分别与边 AB,BC,CD,DA 相切,又与这边相邻的两边的延长线相切的旁切圆半径分别记为 r_a,r_b,r_c,r_d,旁心分别为 I_a,I_b,I_c,I_d;设 AC 与 BD 交于点 P,四边形 $ABCD$ 的面积,半周长记为 S,p.

定理1　(1)$A+C=B+D=\pi,a+c=b+d=p$;

(2)$S=\sqrt{abcd}$;

(3)$r=\dfrac{2\sqrt{abcd}}{a+b+c+d}=\dfrac{\sqrt{abcd}}{p}$;$R=\dfrac{1}{4}\sqrt{\dfrac{(ab+cd)(ac+bd)(ad+bc)}{abcd}}$;$R\geqslant\sqrt{2}r$;$ef=2r(r+\sqrt{r^2+4R^2})$;

(4)$\dfrac{R}{r}=\dfrac{\sqrt{1+\sin A\cdot\sin B}}{\sin A\cdot\sin B}$;

(5)$A_1C_1\perp B_1D_1$;

(6)$OI=d_0=R^2+r^2-r\sqrt{r^2+4R^2}$,$\dfrac{1}{(R+d_0)^2}+\dfrac{1}{(R-d_0)^2}=\dfrac{1}{r^2}$;

(7)P,O,I 三点共线;

(8)设 O 到四边形 $ABCD$ 的边 AB,BC,CD,DA 的距离分别为 d_a,d_b,d_c,d_d,则

$$d_a+d_b+d_c+d_d=r+\sqrt{r^2+4R^2}$$

(9)$\dfrac{AB}{\tan\dfrac{C}{2}+\tan\dfrac{D}{2}}=\dfrac{BC}{\tan\dfrac{D}{2}+\tan\dfrac{A}{2}}=\dfrac{CD}{\tan\dfrac{A}{2}+\tan\dfrac{B}{2}}=\dfrac{DA}{\tan\dfrac{B}{2}+\tan\dfrac{C}{2}}$.

证明提示　如图55.1.

(1)(略).

(2)由简单四边形的面积公式 8(第 47 章),并注意到(1)即证.

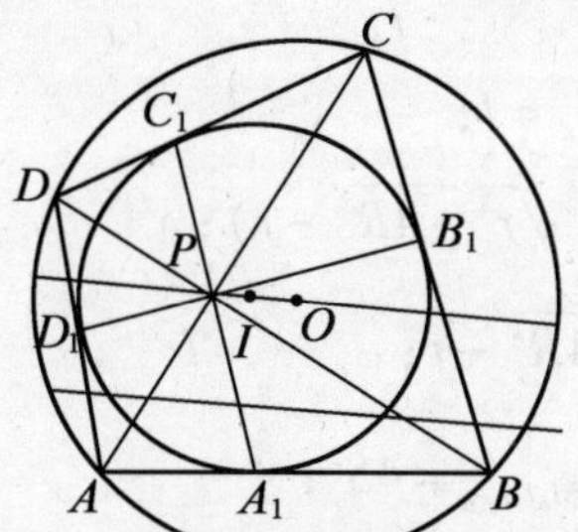

图 55.1

(3)注意到圆内接四边形性质 7(1)即有第二式;由前两式运用平均值不等式即得第三式;由 $ef=ac+bd$ 及 $ef=\frac{16R^2S^2}{(ab+cd)(ad+bc)}$ 导出方程 $(ef)^2-4r^2\cdot ef-16R^2r^2=0$,求根即得第四式.

(4)由 $\sin A=\frac{f}{2R}=\frac{2S}{ad+bc}$,$\sin B=\frac{2S}{ab+cd}$ 代入即得.

(5)由

$$\angle C_1B_1D_1=\angle C_1D_1D=\frac{1}{2}\angle C_1ID_1=\frac{1}{2}(180^\circ-\angle D)$$

$$\angle A_1C_1B_1=\angle BA_1B_1=\frac{1}{2}\angle A_1IB_1=\frac{1}{2}(180^\circ-\angle B),\angle B+\angle D=180^\circ$$

即知 $\angle C_1B_1D_1$ 与 $\angle A_1C_1B_1$ 互余,故 $A_1C_1\perp D_1B_1$.

(6)在 $\triangle OAI$,$\triangle OCI$,$\triangle ODI$,$\triangle OBI$ 中运用余弦定理后相加即得第一式;第二式左边通分再用到第一式即证得第二式.

(7)《平面几何证明方法思路》第 7 章例 23.

(8)将 $eR=ad_b+bd_a=cd_d+dd_c$,$fR=dd_a+ad_d=bd_c+cd_b$ 相加,再注意到 $e=\sqrt{\frac{(ac+bd)(ad+bc)}{ab+cd}}$ 及 $f=\sqrt{\frac{(ac+bd)(ab+cd)}{bc+ad}}$ 即证.

(9)由 $AB=AA_1+A_1B=IA_1(\cot\frac{A}{2}+\cot\frac{B}{2})=IA_1(\tan\frac{C}{2}+\tan\frac{D}{2})$ 等四式,并注意到 $IA_1=IB_1=IC_1=ID_1$ 即证.

定理 2 (1)旁心四边形 $I_aI_bI_cI_d$ 内接于圆 $O'(R')$;

(2)$r_a=\frac{a^2bd}{rp^2}$,$r_b=\frac{b^2ac}{rp^2}$,$r_c=\frac{c^2bd}{rp^2}$,$r_d=\frac{d^2ac}{rp^2}$;

(3) $\frac{S_{四边形AIBI_a}}{r_a}=\frac{S_{四边形BICI_b}}{r_b}=\frac{S_{四边形CIDI_c}}{r_c}=\frac{S_{四边形DIAI_d}}{r_d}=\frac{S}{2r}$;

(4) $I_aI_c\perp I_bI_d, I_aI_c\cap I_bI_d=I$;

(5) $r_a+r_b+r_c+r_d=2(\sqrt{r^2+4R^2}-r)$;

(6) $R_0=\frac{8R^2r}{ef}=\sqrt{r^2+4R^2}-r$;

(7) $S_{四边形A_1B_1C_1D_1}\cdot S_{四边形I_aI_bI_cI_d}=4S^2$;

(8) I_aI_c 垂直平分 B_1D_1, I_bI_d 垂直平分 A_1C_1;

(9) 切点四边形与旁心四边形的边对应平行, I_aA_1, I_bB_1, I_cC_1, I_dD_1 四线共点;

(10) 切点四边形,旁心四边形对角线交点及外心均在直线 OI 上;设旁心四边形的外心为 O',则 O 平分 IO'.

证明提示 如图 55.2.

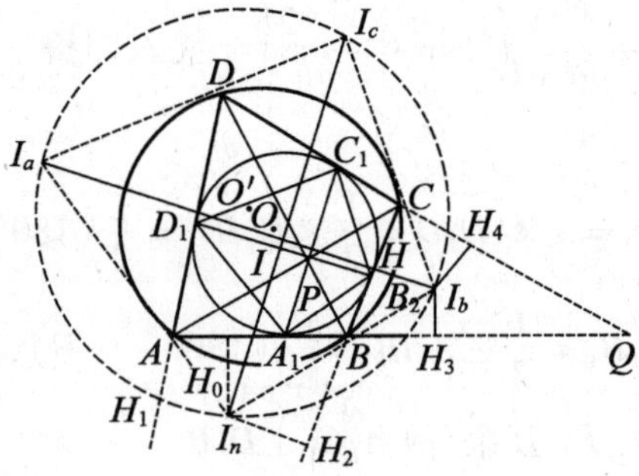

图 55.2

(1) 由 $\angle AI_aB=\frac{1}{2}(\angle A+\angle B)$, $\angle CI_cD=\frac{1}{2}(\angle C+\angle D)$,互补即证.

(2) 设 $D_1A=AA_1=x$, $A_1B=BB_1=y$, $B_1C=CC_1=z$, $C_1D=DD_1=w$,由 $\mathrm{Rt}\triangle AA_1I\backsim\mathrm{Rt}\triangle IC_1C$(注意 $\angle A$ 与 $\angle C$ 互补)有 $xz=r^2$. 同理 $yw=r^2$.

设 H_0, H_1, H_2 分别为 I_a 在直线 AB, DA, CB 上的射影,由直角三角形相似得 $\frac{AH_0}{r_a}=\frac{r}{x}$, $\frac{BH_0}{r_a}=\frac{r}{y}$, …, 又 $AH_0+H_0B=a$, …, 由此即可推出 $x=\frac{ad}{p}$, $y=\frac{ba}{p}$, $z=\frac{bc}{p}$, …, 由此得 $r_a=\frac{a^2bd}{rp^2}$等四式.

(3) 由 $S_{四边形AIBI_a}=\frac{1}{2}a(r+r_a)=\frac{a^2bd}{2rp}$等四式,注意 $S=pr$ 即证.

(4) 由 $S_{\text{四边形}AIBI_a}=\dfrac{a^2bd}{2rp}$ 等四式相加，得

$$S_{\text{四边形}I_aI_bI_cI_d}=\frac{1}{2rp}(ab+cd)(ad+bc)$$

由
$$BI_a^2=I_aH_0^2+BH_0^2=r_a^2+\frac{a^2d^2}{p^2}$$

得
$$BI_a=\frac{ad}{rp^2}\sqrt{ab}\cdot\sqrt{ab+cd}$$

同理算出 BI_b，有

$$I_aI_b=\frac{1}{rp^2}(ad+bc)\sqrt{ab}\cdot\sqrt{ab+cd}$$

再算出 I_bI_c，I_cI_d，I_dI_a，并在圆 O' 中运用托勒密定理，有

$$\begin{aligned}I_aI_c\cdot I_bI_d&=I_aI_b\cdot I_cI_d+I_bI_c\cdot I_dI_a\\&=\frac{1}{rp}(ab+cd)(ad+bc)\\&=2S_{\text{四边形}I_aI_bI_cI_d}\end{aligned}$$

故 $I_aI_c\perp I_bI_d$.

若延长 DC，AB 相交于点 Q，则 IQ 平分 $\angle AQD$，从而 I_b，I_d 均在直线 IQ 上，即 I 在 I_bI_d 上. 同理，I 在 I_aI_c 上，故 $I_aI_c\cap I_bI_d=I$.

(5) 运用 r_a 等的表达式并注意定理 1(3) 中第四式即得，此可看作三角形中关系式 $r_a+r_d+r_c=4R+r$ 的推广.

(6) 运用圆内接四边形性质 7(1)（第 51 章）即得.

(7) 由 (3) 运用等比定理并注意 (5)，有

$$\frac{S_{\text{四边形}I_aI_bI_cI_d}}{S}=\frac{\sqrt{r^2+4R^2}-r}{r}$$

又
$$\frac{S_{\text{四边形}A_1B_1C_1D_1}}{S}=\frac{r(r+\sqrt{r^2+4R^2})}{4R^2}$$

由此即证.

(8) 在 $\triangle A_1QC_1$ 中，$A_1Q=C_1Q$，从而 IQ 垂直平分 A_1C_1，即 I_bI_d 垂直平分 A_1C_1. 同理 I_aI_c 垂直平分 D_1B_1.

(9) 在 $\triangle AA_1D$ 中，$\angle AA_1D_1=\dfrac{1}{2}(180°-\angle A)$，又 $\angle A_1AI_a=\dfrac{1}{2}(180°-$

$\angle A$),从而 $A_1D_1 /\!/ I_aI_b$. 同理可证余下三组对应边平行.

由$\frac{A_1B_1}{I_aI_b}=\frac{B_1C_1}{I_bI_c}=\frac{C_1D_1}{I_cI_d}=\frac{D_1A_1}{I_dI_a}$即证四线共点.

(10)略.

例1 双圆四边形的四顶点组成的两相对三角形的内切圆切四条边的四个切点与四顶点分别组成四个等腰三角形的顶点,且相对的等腰三角形的底角互余.

证明 如图 55.3,设双圆四边形 $ABCD$ 中的 $\triangle ABC$,$\triangle ACD$ 的内切圆分别切四边于点 E,F,G,H,分别切对角线 AC 于点 M,N. 由

$$AM=\frac{1}{2}(AB+AC-BC)$$

$$AN=\frac{1}{2}(AD+AC-CD)$$

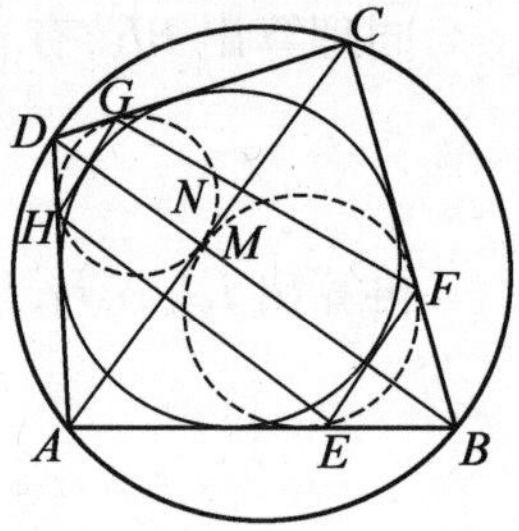

图 55.3

而

$$AB+CD=BC+AD$$

故 $AM=AN$,即 M,N 重合,从而 $AE=AM=AH$,即 $\triangle AEH$ 为等腰三角形.

同理,$\triangle CGF$ 为等腰三角形.

又由 $\angle A$ 与 $\angle C$ 互补,则 $\triangle AEH$ 与 $\triangle CGF$ 的底角互余. 显然,等腰 $\triangle BEF$ 与 $\triangle DGH$ 的底角也互余.

注:由此例结论即可推知 E,F,G,H 四点共圆.

例2 如图 55.4,设 P 是双圆四边形 $ABCD$ 的勃罗卡(Brocard)点,$\angle PAB=\angle PBC=\angle PCD=\angle PDA=\alpha$,点 P 在 AB,BC,CD,DA 上的射影分别为 A',B',C',D'. 记四边形 $ABCD$ 的面积为 Δ,则四边形 $A'B'C'D'$的面积①

$$\Delta'=\Delta\sin^2\alpha$$

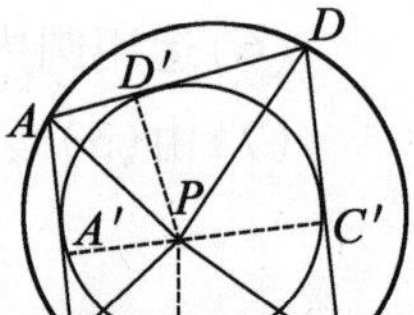

图 55.4

证明 因点 P 在 AB,BC,CD,DA 上的射影分别为 A',B',C',D',A,B,C,D 表示角,则

$$\angle A'PB'=180°-B,\angle B'PC'=180°-C$$

$$\angle C'PD'=180°-D,\angle D'PA'=180°-A$$

---

① 张云. 双圆四边形勃罗卡点的一个性质[J]. 中学数学,2005(7):40.

又四边形 $ABCD$ 为双圆四边形,则

$$A+C=180^\circ, B+D=180^\circ$$

从而

$$\Delta'=\frac{1}{2}PA'\cdot PB'\sin\angle A'PB'+\frac{1}{2}PB'\cdot PC'\sin\angle B'PC'+$$
$$\frac{1}{2}PC'\cdot PD'\cdot\sin\angle C'PD'+\frac{1}{2}PD'\cdot PA'\sin\angle D'PA'$$

又由

$$\angle PAB=\angle PBC=\angle PCD=\angle PDA=\alpha$$

有

$$\Delta'=\frac{1}{2}PA\sin\alpha\cdot PB\sin\alpha\cdot\sin B+\frac{1}{2}PB\sin\alpha\cdot PC\sin\alpha\cdot\sin C+$$
$$\frac{1}{2}PC\sin\alpha\cdot PD\sin\alpha\cdot\sin D+\frac{1}{2}PD\sin\alpha\cdot PA\sin\alpha\cdot\sin A$$
$$=\frac{1}{2}\sin^2\alpha(PA\cdot PB\sin B+PB\cdot PC\sin C+PC\cdot PD\sin D+$$
$$PD\cdot PA\sin A)$$

则得[①]

$$PA=\frac{d}{\sin C}\cdot\sin\alpha, PB=\frac{a}{\sin D}\cdot\sin\alpha$$
$$PC=\frac{b}{\sin A}\cdot\sin\alpha, PD=\frac{c}{\sin B}\cdot\sin\alpha$$

(这里 $AB=a,BC=b,CD=c,DA=d$)

所以

$$\Delta'=\frac{1}{2}\sin^2\alpha(\frac{da}{\sin C\sin D}\cdot\sin^2\alpha\sin B+\frac{ab}{\sin D\sin A}\cdot\sin^2\alpha\sin C+$$
$$\frac{bc}{\sin A\sin B}\cdot\sin^2\alpha\sin D+\frac{cd}{\sin B\sin C}\cdot\sin^2\alpha\sin A)$$
$$=\frac{1}{2}\sin^4\alpha(\frac{da}{\sin A\sin B}\cdot\sin B+\frac{ab}{\sin B\sin A}\cdot\sin A+$$

① 张赟. 关于勃罗卡点的两个命题[J]. 中等数学,1999(5):20.

$$\frac{bc}{\sin A\sin B}\cdot\sin B+\frac{cd}{\sin B\sin A}\cdot\sin A)$$

$$=\frac{1}{2}\sin^4\alpha(\frac{da}{\sin A}+\frac{ab}{\sin B}+\frac{bc}{\sin A}+\frac{cd}{\sin B})$$

$$=\frac{1}{2}\sin^4\alpha(\frac{bc+da}{\sin A}+\frac{ad+cd}{\sin B})$$

得①

$$\sin A=\frac{2\sqrt{abcd}}{ad+bc}=\frac{2\Delta}{ad+bc},\sin B=\frac{2\sqrt{abcd}}{ab+cd}=\frac{2\Delta}{ab+cd}$$

从而,有

$$\frac{1}{2}\sin^4\alpha(\frac{bc+da}{\sin A}+\frac{ab+cd}{\sin B})=\frac{1}{2}\sin^4\alpha(\frac{2\Delta}{\sin^2A}+\frac{2\Delta}{\sin^2B})$$

$$=\Delta\sin^4\alpha(\csc^2A+\csc^2B)$$

则得②

$$\csc^2\alpha=\csc^2A+\csc^2B$$

故

$$\Delta\sin^4\alpha(\csc^2A+\csc^2B)=\Delta\sin^4\alpha\cdot\csc^2\alpha$$

$$=\Delta\sin^2\alpha$$

即

$$\Delta'=\Delta\sin^2\alpha$$

思考题

1. 设 r_a,r_b,r_c,r_d 分别为双圆四边形 $ABCD$ 的外切一条边及与这边相邻的两边的延长线的旁切圆的半径,r,p 分别为四边形 $ABCD$ 的内切圆半径和周长,求证:

(1) $r_ar_br_cr_d=r^4$;

(2) $\frac{1}{r_a+r}+\frac{1}{r_c+r}=\frac{1}{r_b+r}+\frac{1}{r_d+r}=\frac{1}{r}$;

(3) $\sqrt{r_ar_b}+\sqrt{r_br_c}+\sqrt{r_cr_d}+\sqrt{r_dr_a}=p$.

---

① 张赟.关于勃罗卡点的两个命题[J].中等数学,1999(5):20.

② 苗大文.关于勃罗卡点的两个命题[J],数学通讯,1998(2):22.

2. 如果双圆四边形各边平方的和等于四边形面积的4倍,那么此双圆四边形为正方形.

3. 设 a,b,c,d 和 S 分别表示双圆四边形的边长和面积,则:

(1) $a^2+b^2+c^2+d^2\geqslant 4S$;

(2) $a^2+b^2+c^2+d^2\geqslant 4S+(a-b)^2+(b-c)^2+(c-d)^2+(d-a)^2$.

思考题 参考解答

1. 将 $r_a=\dfrac{a^2bd}{rp^2}$ 等四式代入计算即证.

2. 由 $a^2+b^2+c^2+d^2=4\sqrt{abcd}$ 有 $(a-b)^2+(c-d)^2+2(\sqrt{ab}-\sqrt{cd})^2=0\Rightarrow a=b=c=d$.

3. (1) 由 $a^2+b^2+c^2+d^2\geqslant 4\sqrt[4]{a^2b^2c^2d^2}=4\sqrt{abcd}=4S$ 即证;

(2) 由 $a+c=b+d$ 有 $d^2=(a+c-b)^2=a^2+b^2+c^2+2ac-2ab-2bc$,而原不等式可化为 $2a^2+2b^2+2c^2+2ac-2ab-2bc\geqslant 4S+2(a-b)^2+2(b-c)^2$,即 $ab+ac+bc\geqslant 2S+b^2$. 又 $ab+ac+bc=b(a+c)+ac=b(b+d)+ac=b^2+bd+ac$,则 $bd+ac\geqslant 2S$. 而 $bd+ac\geqslant 2\sqrt{abcd}=2S$.

第56章　两圆相交

圆与圆相交的问题中，两圆相交是基础．两圆相交为圆周角定理，四点共圆的性质定理等提供了用武之地．圆与圆相交有一系列优美的结论①②③④⑤．

性质1　相交两圆的连心线垂直平分公共弦．

性质2　以相交两圆的一交点为顶点，过另一交点的割线段为对边的三角形称为相交两圆的内接三角形，相交两圆的内接三角形的三个内角均为定值．

推论1　在相交两圆中，内接三角形均相似．

事实上，如图56.1，圆 O_1 与圆 O_2 相交于点 P,Q,AB,CD,EF 均为过点 Q 的割线段．则 $\triangle PAB\backsim\triangle PCD\backsim\triangle PEF\backsim\triangle QGH$．

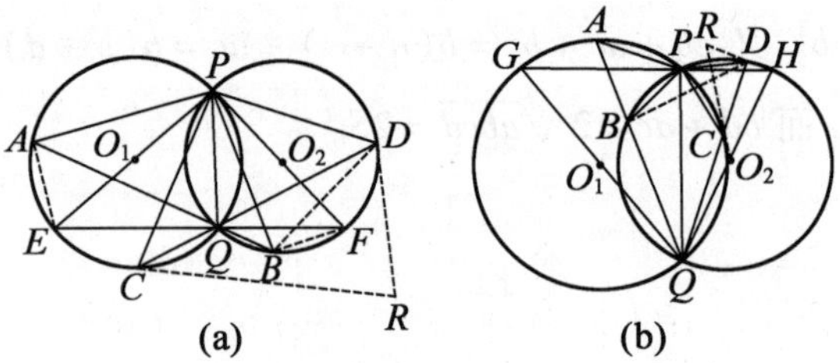

图56.1

推论2　如图56.1所设字母，又设 M,N 分别为 AB,CD 的中点，则 $\triangle PAC\backsim\triangle PBD\backsim\triangle PMN$．

证明　参见图56.1，由 $\triangle PAB\backsim\triangle PCD$，有 $\angle APC=\angle APB-\angle CPB=\angle CPD-\angle CPB=\angle BPD$，以及 $\triangle PAM\backsim\triangle PCN$，从而 $\frac{PB}{PD}=\frac{PA}{PC}=\frac{PM}{PN}$，且

---

① 沈文选．相交两圆的性质及应用[J]．数学通讯，2010(7)：56-58．

② 沈文选．再谈相交两圆的性质及应用[J]．数学通讯，2010(11)：56-58．

③ 沈文选．三谈相交两圆的性质及应用[J]．数学通讯，2011(2)：61-64．

④ 沈文选．两圆相交的几个结论[J]．中学数学教学参考，2011(5)：49-52．

⑤ 沈文选．以圆周上一点为圆心作图的性质及应用[J]．中学数学，2018(1)：6-12．

$\angle MPN=\angle CPN-\angle CPM=\angle APM-\angle CPM=\angle APC$. 由此，即有 $\triangle PAC\backsim\triangle PBD\backsim\triangle PMN$.

推论3 在相交两圆中，若过同一交点的两条割线段的长相等，则以这两条割线段为边的内接三角形全等，且公共弦平分这两条割线所构成的夹角. 反之亦真.

事实上，如图 56.1，圆 O_1 与圆 O_2 相交于点 P,Q，若过点 Q 的两条割线满足 $AB=CD$，则 $\triangle PAB\cong\triangle PCD$，于是 $PD=PB$. 联结 BD，则 $\angle AQP=\angle BDP=\angle DBP=\angle DQP$，知 PQ 平分 $\angle AQD$.

反之亦真.

推论4 在相交两圆中，若公共弦与内接三角形的一条边垂直，则另两边必分别为两圆直径. 反之亦真.

事实上，如图 56.1，圆 O_1 与圆 O_2 相交于点 P,Q，过 Q（或 P）的割线段与 PQ 垂直，则由直角所张的弦为直径知 PE（或 QG），PF（或 QH）分别为圆 O_1，圆 O_2 的直径. 反之亦真.

推论5 在相交两圆中，内接三角形的交点顶点（即两圆相交点）、两端交点顶点以及非交点顶点处的两切线的交点，此四点共圆. 或者说，两非交点顶点处的两切线的交点在相交两圆的内接三角形的外接圆上.

事实上，如图 56.1(a)，圆 O_1 与圆 O_2 相交于点 P,Q，过点 Q 的割线段 CD 在端点处的切线交于点 R，由弦切角定理，有 $\angle QCR=\angle QPC$，$\angle QDR=\angle QPD$. 于是

$$\begin{aligned}\angle PCR+\angle PDR&=\angle PCD+\angle QCR+\angle QDR+\angle CDP\\&=\triangle PCD\text{ 的内角和}\\&=180^\circ\end{aligned}$$

故 P,C,R,D 四点共圆，或者说，点 R 在 $\triangle PCD$ 的外接圆上.

对于图 56.1(b)，也可类似地证明（略）.

性质3 两相交圆的公共弦所在直线平分外公切线线段.

证明 如图 56.2，圆 O_1 与圆 O_2 相交于点 P，Q，设外公切线线段为 ST，直线 PQ 交 ST 于点 M，则由 $SM^2=MP\cdot MQ=MT^2$，知 M 为 ST 的中点.

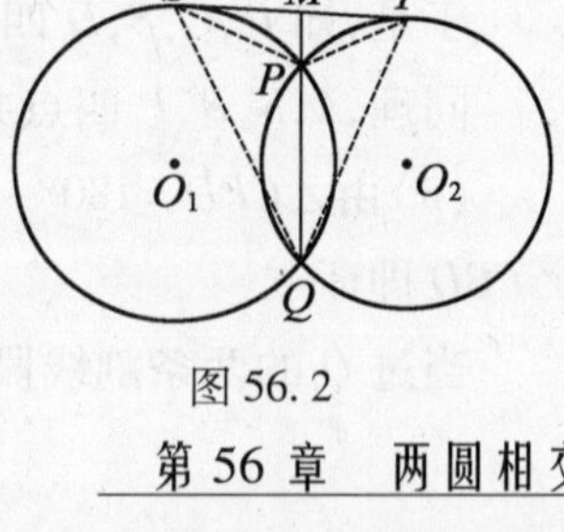

图 56.2

性质4 以相交两圆的两个交点分别为视点，对同一外公切线线段的张角之和为 180°.

证明 如图56.2,圆 O_1 与圆 O_2 相交于点 P,Q,ST 为两圆外公切线线段.联结 SP,SQ,TP,TQ,则由弦切角定理,有 $\angle SQP=\angle TSP$,$\angle TQP=\angle STP$.

从而 $\angle SPT+\angle SQT=\angle SPT+\angle TSP+\angle STP=\triangle SPT$ 的内角和 $=180^\circ$.

性质5 圆 O_1 与圆 O_2 相交于 P,Q 两点,过点 Q 的割线段 AB,CD 分别交圆 O_1 于点 A,C,交圆 O_2 于点 B,D,直线 AC 与直线 BD 交于点 S,则:(1)$\angle ASB$ 为定值;(2)P,C,S,D 及 A,S,B,P 分别四点共圆;(3)$\triangle APC\backsim\triangle BPD$.

证明 如图56.3,联结 PQ.

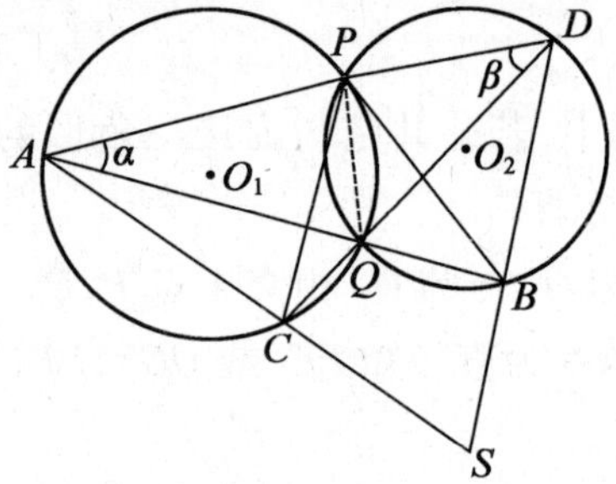

图56.3

(1)令 $\angle PAQ=\alpha$,$\angle PDQ=\beta$,则 α,β 为定值.从而

$$
\begin{aligned}
\angle ASB &=\angle BSC=360^\circ-\angle SBQ-\angle SCQ-\angle BQC\\
&=360^\circ-\angle QPD-\angle APQ-\angle AQD\\
&=360^\circ-\angle QPD-(\angle PQD+\angle AQP)-\angle AQD\\
&=180^\circ-\angle QPD-\angle PQD+180^\circ-\angle AQP-\angle AQD\\
&=\angle PAQ+\angle PDQ=\alpha+\beta(\text{定值})
\end{aligned}
$$

(2)由题意,有

$$
\begin{aligned}
\angle DPC &=180^\circ-\angle PCD-\angle PDC\\
&=180^\circ-\angle PAQ-\angle PDQ\\
&=180^\circ-\alpha-\beta=180^\circ-\angle BSC
\end{aligned}
$$

于是,知 P,C,S,D 四点共圆.

同理,A,S,B,P 四点共圆.

(3)由 $\angle CPD=180^\circ-\alpha-\beta=\angle APB$,有 $\angle APC=\angle BPD$ 及 $\angle PAC=\angle PQD=\angle PBD$ 即证.

当过 Q 的两条割线段 AB,CD 重合时,则有结论:

推论 6　圆 O_1 与圆 O_2 相交于 P,Q 两点，过点 Q 的割线段 AB 分别交圆 O_1 于点 A，交圆 O_2 于点 B，两圆在 A,B 处的切线交于点 S，则：(1) $\angle ASB$ 为定值；(2) A,S,B,P 四点共圆.

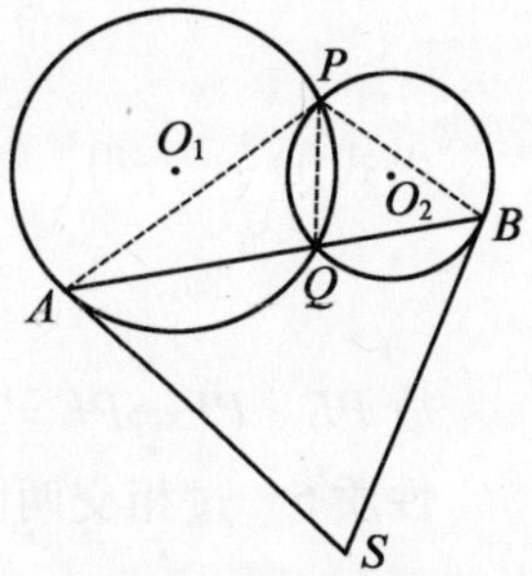

图 56.4

考虑过 Q 的两条割线 AB,CD 端点处的切线时，则有结论：

推论 7　设圆 O_1 与圆 O_2 相交于 P,Q 两点，过点 Q 的两条割线段 AB,CD 分别交圆 O_1 于点 A,C，交圆 O_2 于点 B,D，两圆在 A,B 处的切线相交于点 E，两圆在 C,D 处的切线相交于点 F，则 $PE=PF$ 的充要条件是 $AB=CD$.

证明　如图 56.5，联结有关线段. 设直线 AC 与直线 DB 交于点 R.

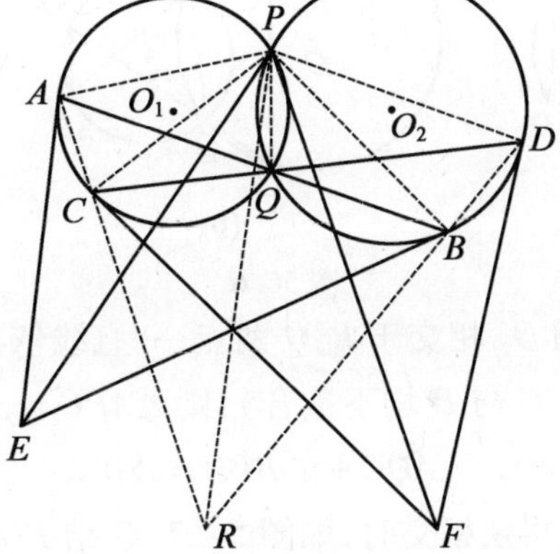

图 56.5

由结论 1 及推论 1 知，P,C,R,D 及 P,C,F,D 分别四点共圆，于是，有 P,C,R,F,D 五点共圆，由 $\angle PCF=\angle PAC$，$\angle ARP=\angle CRP=\angle CFP$，知 $\triangle PCF\backsim\triangle PAR$，有

$$\frac{PF}{PR}=\frac{PC}{PA} \qquad ①$$

由 $\triangle PCD\backsim\triangle PAB$，有

$$\frac{PC}{PA}=\frac{CD}{AB}=\frac{PD}{PB} \qquad ②$$

同理，P,A,E,R,B 五点共圆.

由 $\angle PRD=\angle PEB$，$\angle PBE=\angle PDB=\angle PDR$，知 $\triangle PRD\backsim\triangle PEB$，有

$$\frac{PD}{PB}=\frac{PR}{PE} \tag{③}$$

由式①~③,得

$$\frac{PF}{PR}=\frac{PC}{PA}=\frac{CD}{AB}=\frac{PD}{PB}=\frac{PR}{PE}$$

故 $PE=PF \Leftrightarrow PE=PR \Leftrightarrow AB=CD$.

性质6 过相交两圆的两交点分别作割线,交两圆于四点,同一圆上的两点的弦互相平行.

事实上,如图56.6,圆 O_1 与圆 O_2 交于点 P,Q,割线 AB,CD 分别过 P,Q,则 $AC/\!/BD$.

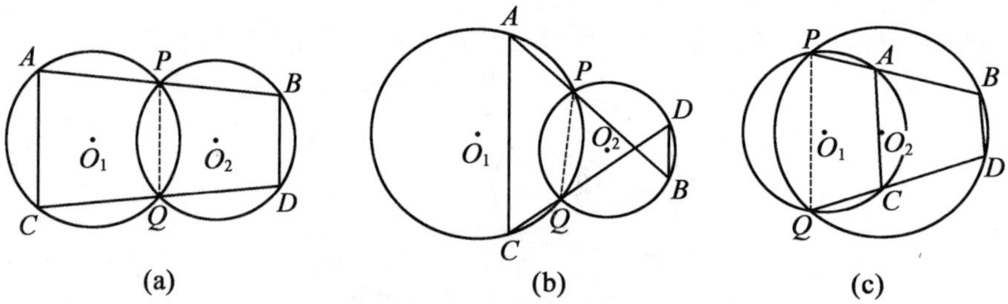

图56.6

性质7 圆 O_1 与圆 O_2 相交于 P,Q 两点,一直线依次交圆 O_1 于点 A,B,交圆 O_2 于点 C,D(A 与 B,C 与 D 均不重合),则 $\angle APC=\angle BQD$,$\angle AQC=\angle BPD$ 或者 $\angle APC+\angle BQD=180°$,$\angle AQC+\angle BPD=180°$.

证明 当直线与公共弦相交时,如图56.7,联结 PQ,由三角形的外角和定理及同弧上的圆周角相等,有

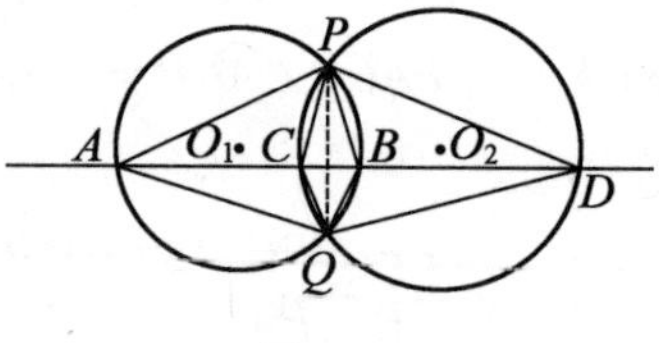

图56.7

$$\angle APC=\angle APQ-\angle CPQ=\angle ABQ-\angle CDQ=\angle BQD$$

$$\angle AQC=\angle AQP-\angle CQP=\angle ABP-\angle CDP=\angle BPD$$

当直线不与公共弦相交时,如图56.8,联结 PQ.

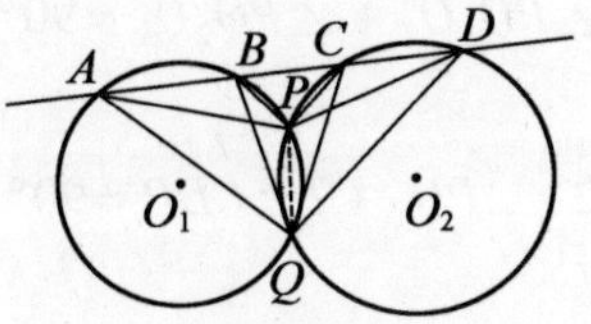

图 56.8

由

$$\angle APC = \angle DCP - \angle CAP = (180^\circ - \angle PQD) - \angle BQP = 180^\circ - \angle BQD$$

即

$$\angle APC + \angle BQD = 180^\circ$$

由

$$\angle AQC = \angle AQP + \angle PQC = (180^\circ - \angle ABP) + \angle BDC = 180^\circ - \angle BPD$$

即

$$\angle AQC + \angle BPD = 180^\circ$$

性质8 圆 O_1 与圆 O_2 相交于 P,Q 两点,直线 O_1O_2 分别交圆 O_1 于点 A, B,交圆 O_2 于点 C,D,则 $\angle O_1PO_2=90^\circ$ 的充要条件是 $\frac{AC}{CB}=\frac{AD}{DB}$(即两圆正交的充分必要条件是两圆连心线所在直线与两圆的交点成调和点列).

证明 如图 56.9,充分性:当 $\frac{AC}{CB}=\frac{AD}{DB}$ 时,有

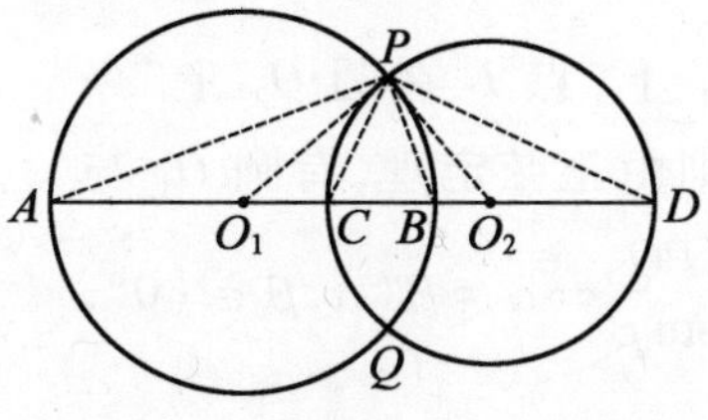

图 56.9

$$\frac{AC}{CB}=\frac{AD}{DB}\Leftrightarrow\frac{AO_1+O_1C}{AO_1-O_1C}=\frac{DO_1+AO_1}{DO_1-AO_1}\Leftrightarrow\frac{2AO_1}{2O_1C}=\frac{2DO_1}{2AO_1}\Leftrightarrow O_1C\cdot O_1D=AO_1^2$$

此时,$CO_1\cdot O_1D=AO_1^2=PO_1^2$,即知 PO_1 是圆 O_2 的切线,即 $\angle O_1PO_2=90^\circ$.

必要性:由 $\angle O_1PO_2=90^\circ$,则

$$\angle PO_1O_2 + \angle PO_2O_1 = 90°$$

即

$$2\angle APO_1 + 2\angle CDP = 90°$$

亦即

$$45° = \angle APO_1 + \angle CDP = \angle APO_1 + \angle O_1PC = \angle APC$$

从而知 PC 平分 $\angle APB$. 由此亦知 PD 平分 $\angle APB$ 的外角. 故 $\frac{AC}{CB} = \frac{PA}{PB} = \frac{AD}{DB}$.

性质9 两相交圆为等圆的充要条件是内接三角形为等腰三角形,且以割线段为底边.

证明 如图 56.10,设圆 O_1 与圆 O_2 相交于点 P,Q,AB 为过点 Q 的割线段,令 $\angle PAQ = \alpha$,$\angle PBQ = \beta$.

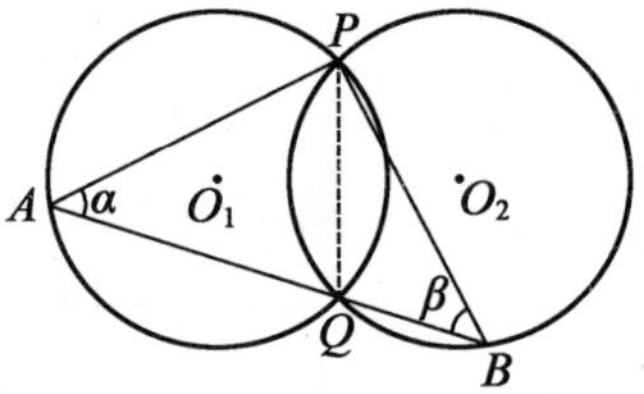

图 56.10

由正弦定理,有圆 O_1 与圆 O_2 为等圆 $\Leftrightarrow \frac{PQ}{\sin\alpha} = \frac{PQ}{\sin\beta} \Leftrightarrow \alpha = \beta(\alpha,\beta \in (0,90°)) \Leftrightarrow \triangle PAB$ 为等腰三角形.

性质10 两相交圆为等圆的充要条件是下述条件之一成立:

(1)公共弦对两圆的张角相等;

(2)过同一交点的两条割线交两圆所得两弦相等.

证明 如图 56.11,圆 O_1 与圆 O_2 相交于点 P,Q.

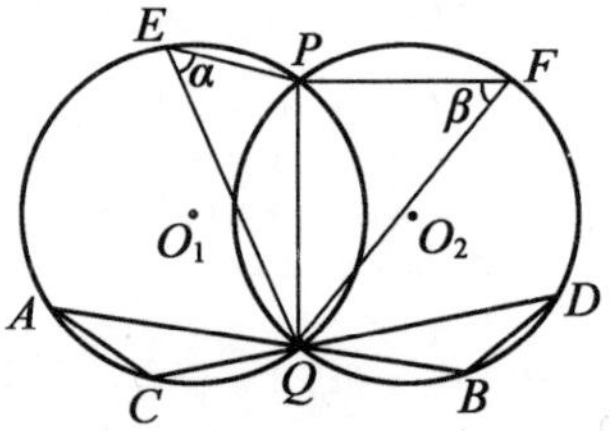

图 56.11

(1)设点 E 在圆 O_1 上,点 F 在圆 O_2 上. 令 $\angle PEQ = \alpha$,$\angle PFQ = \beta$,则由正弦定理,有圆 O_1 与圆 O_2 为等圆 $\Leftrightarrow \frac{PQ}{\sin\alpha} = \frac{PQ}{\sin\beta} \Leftrightarrow \alpha = \beta(\alpha,\beta \in (0°,90°))$.

(2)设 AB,CD 是过点 Q 的两条割线段,联结 AC,BD 时由正弦定理知,圆 O_1 与圆 O_2 为等圆 $\Leftrightarrow \frac{AC}{\sin\angle AQC} = \frac{BD}{\sin\angle BQD} \Leftrightarrow AC = BD$.

性质11 圆 O_1 与圆 O_2 相交于点 P,Q,AB 是过点 Q 的一条割线段. M 为 AB 的中点,N 为 O_1O_2 的中点,则 $NM = NQ$.

证明　如图 56.12,设点 M_1,K,M_2 分别为点 O_1,N,O_2 在 AB 上的射影,由垂径定理,知 M_1,M_2 分别是 AQ,BQ 的中点. 由梯形中位线定理知,K 为 M_1M_2 的中点.

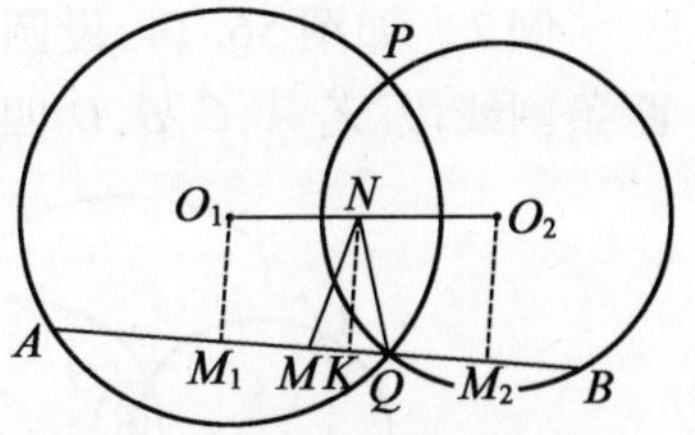

图 56.12

不妨设 $AQ>QB$,则

$$KQ=M_1Q-M_1K=\frac{AQ}{2}-\frac{M_1M_2}{2}$$

$$=\frac{AQ}{2}-\frac{AQ+QB}{4}=\frac{AQ-QB}{4}$$

$$MK=MB-KQ-QB=\frac{AQ+QB}{2}-\frac{AQ+QB}{4}-QB=\frac{AQ-QB}{4}$$

于是,$MK=KQ$,即 K 为 MQ 的中点. 注意到 $NK\perp MQ$,故 $NM=NQ$.

有关相交两圆的其他性质可参见作者另著的《高中数学竞赛解题策略几何分册》(第 2 版),浙江大学出版社,2012.

例 1(2006 年全国女子数学奥林匹克题)　设圆 O_1 与圆 O_2 相交于点 P,Q,AB 与 CD 是过点 Q 的两条割线段,直线 PQ 与 $\triangle AQD$,$\triangle CQB$ 的外接圆分别交于点 S,T,则 P 为 ST 的中点.

证明　如图 56.13,联结 SD,BT,PA,PC,PB,PD,BD. 则由 $\angle BTQ=\angle BCQ$,$\angle BDQ=\angle BPQ$,知 $\triangle BTP\backsim\triangle BCD$,即有

$$\frac{TP}{CD}=\frac{BP}{BD} \quad ①$$

同理,由 $\triangle DPS\backsim\triangle DBA$,有

$$\frac{PS}{BA}=\frac{DP}{BD} \quad ②$$

由①÷②,得

$$\frac{TP}{PS}=\frac{BP}{DP}\cdot\frac{CD}{BA} \quad ③$$

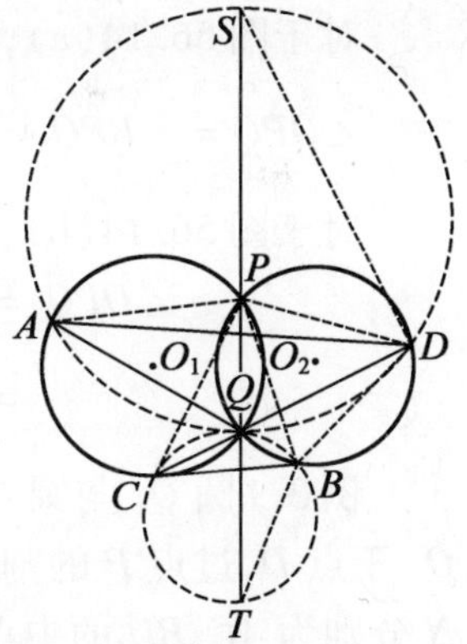

图 56.13

又由推论 1(或$\angle PBA=\angle PDC$,$\angle PAB=\angle PCD$),知 $\triangle PAB\backsim\triangle PCD$,有

$$\frac{BP}{DP}=\frac{BA}{CD} \quad ④$$

将式④代入式③,得 $TP=PS$. 故 P 为 ST 的中点.

例 2 如图 56.14,设圆 O_1 与圆 O_2 相交于点 P,Q,AB 与 CD 是过点 Q 的两条割线段.若 A,C,B,D 四点共圆于圆 O,则 $OP\perp PQ$.

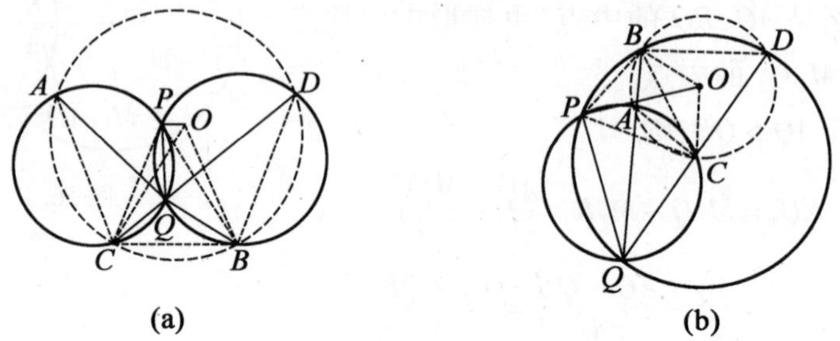

图 56.14

证明 如图 56.14,首先可证 B,O,P,C 四点共圆.联结有关线段如图所示,则对于图 56.14(a),有

$$\angle BPC=\angle BPQ+\angle CPQ=\angle BDC+\angle BAC=2\angle BDC=\angle BOC$$

对于图 56.14(b),有

$$\begin{aligned}\angle BPC&=\angle BPQ-\angle CPQ=180^\circ-\angle BDC-\angle CAQ\\&=180^\circ-2\angle BDC=180^\circ-\angle BOC\end{aligned}$$

从而 B,O,P,C 四点共圆.

然后再证 $OP\perp PQ$.由 B,O,P,C 四点共圆,有 $\angle OPB=\angle OCB$.

对于图 56.14(a),有

$$\angle OPQ=\angle BPQ+\angle OPB=\angle BDC+\angle OCB=\frac{1}{2}\angle BOC+\angle OCB=90^\circ$$

对于图 56.14(b),有

$$\begin{aligned}\angle OPQ&=\angle BPQ-\angle OPB=180^\circ-\angle BDC-\angle OCB\\&=180^\circ-(\frac{1}{2}\angle BOC+\angle OCB)=180^\circ-90^\circ=90^\circ\end{aligned}$$

例 3 圆 O_1 与圆 O_2 相交于 P,Q 两点.一条外公切线切圆 O_1 于点 A,切圆 O_2 于点 D,过点 P 的割线段 AB,CD 分别交圆 O_2 于点 B,交圆 O_1 于点 C,设 M,N 分别为 AC,BD 的中点,则 $\angle PQM=\angle PQN$.

证明 如图 56.15,延长 QP 交 AD 于点 T,由 $AT^2=TP\cdot TQ=TD^2$ 知,T 为 AD 的中点.联结 TN 交 PD 于点 E,则 $TN/\!/AB$,从而 $\angle DNT=\angle DBA=\angle ADP$,于是,$\triangle TDE\backsim\triangle TND$,即有

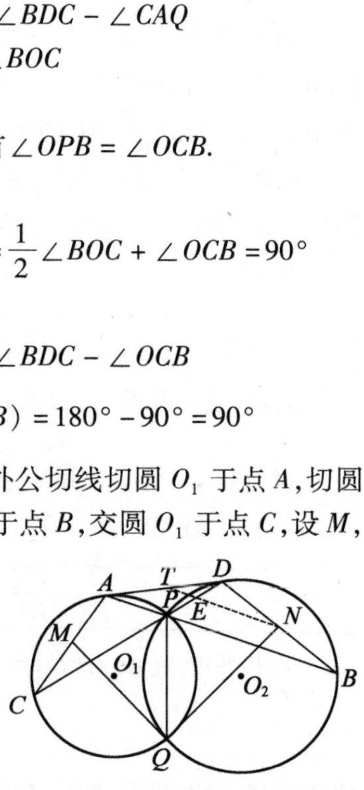

图 56.15

$\frac{DT}{NT}=\frac{TE}{TD}$,亦即有 $DT^2=TE\cdot TN$,而 $DT^2=TP\cdot TQ$,由此即知 P,Q,N,E 四点共圆.

于是,$\angle PQN=\angle DEN=\angle DPB$.

同理,$\angle PQM=\angle APC$. 而 $\angle APC=\angle BPD$,故 $\angle PQM=\angle PQN$.

例 4 设圆 O_1 与圆 O_2 相交于点 P,Q,AB 是过点 Q 的割线段,K 为 PQ 上异于端点的一点,直线 AK 交圆 O_2 于点 C,D,直线 BK 交圆 O_1 于点 E,F,则 E,C,F,D 四点共圆于圆 O,且 $OQ\perp AB$.

证明 如图 56.16,由相交弦定理,有

$$CK\cdot KD=PK\cdot KQ=EK\cdot KF$$

再由相交弦定理之逆定理,知 E,C,F,D 四点共圆.

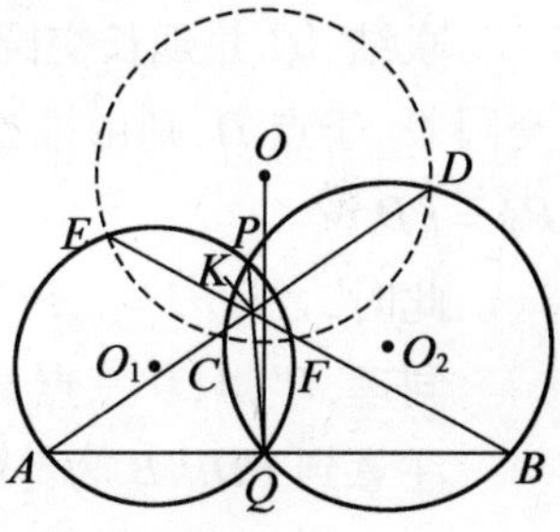

图 56.16

设圆 O 的半径为 r,注意到割线定理,则知

$$B\text{ 关于圆 }O\text{ 的幂}=BO^2-r^2=BE\cdot BF=BA\cdot BQ$$

$$A\text{ 关于圆 }O\text{ 的幂}=AO^2-r^2=AC\cdot AD=AB\cdot AQ$$

于是

$$\begin{aligned}AO^2-BO^2&=AB\cdot AQ-BA\cdot BQ=AB(AQ-BQ)\\&=(AQ+BQ)(AQ-BQ)=AQ^2-BQ^2\end{aligned}$$

故由定差幂线定理,知 $OQ\perp AB$.

例 5 圆 O_1 与圆 O_2 相交于 P,Q 两点,K 为 PQ 上异于端点的一点,直线 O_1K 交圆 O_2 于点 A,C,直线 O_2K 交圆 O_1 于点 B,D. 若 A,B,C,D 四点共圆于圆 O,则圆心 O 在直线 PQ 上.

证明 如图 56.17,由于 PQ,AC,BD 分别是圆 O_1 与圆 O_2,圆 O_2 与圆 O,圆 O_1 与圆 O 的根轴,则知 K 为其根心.

于是,$OO_1\perp BD$,$OO_2\perp AC$,$O_1O_2\perp PQ$,即知 K 为 $\triangle OO_1O_2$ 的垂心,因此,$OK\perp O_1O_2$.

又 $PQ\perp O_1O_2$,且 K 在 PQ 上,故点 O 在直线 PQ 上.

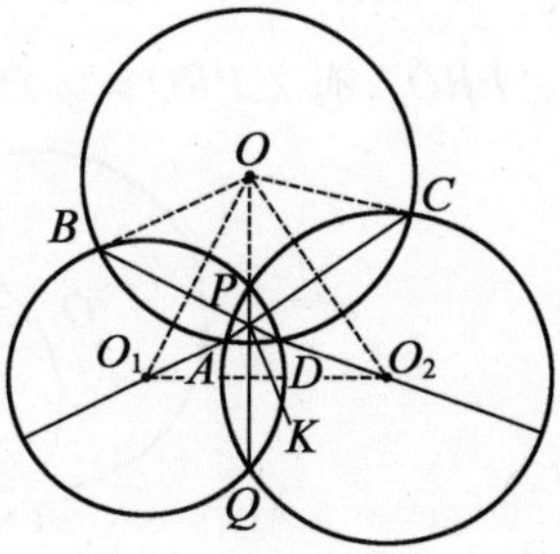

图 56.17

注:此例结论即表明:圆心不共线的三圆两两相交,若其中两圆的圆心在其中两条的根轴上,则第三圆的圆心也在第三条的根轴上.

例6 圆 O_1 与圆 O_2 相交于点 P,Q,圆 O_1 在 P 点处的切线 PB 交圆 O_2 于点 B,圆 O_2 在点 P 处的切线交圆 O_1 于点 A,M 为 AB 的中点,则 $\angle APQ=\angle BPM$.

证明 如图 56.18,延长 PM 至 P',使 $MP'=PM$,则四边形 $PAP'B$ 为平行四边形.

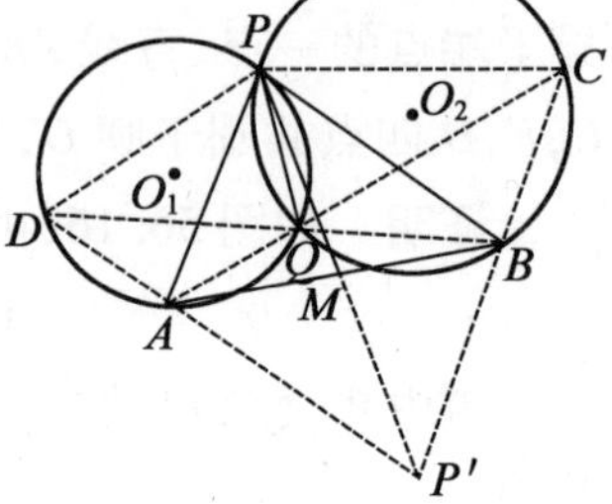

图 56.18

由弦切角与所夹弧上圆周角的关系,知 $\angle APQ=\angle PBQ$,$\angle PAQ=\angle BPQ$,于是 $\triangle PAQ\backsim\triangle BPQ$,即知 $\angle AQP=\angle PQB$.

联结 AQ 并延长交圆 O_2 于 C,联结 BQ 并延长交圆 O_1 于点 D,则由推论 3 知,$AC=DB$,$PB=PC$,$PA=PD$.

此时,$\angle PBC=\angle PCB=\angle BPA=180°-\angle PBP'$,即知 P',B,C 三点共线.

同理,P',A,D 三点共线.

注意到 $PDP'B$ 为等腰梯形,则 $\angle DPP'=\angle DBP'=\angle QPC$.

又由推论 2 中的结论,知 $\angle DPA=\angle BPC$. 故

$$\begin{aligned}\angle APQ&=\angle DPP'-\angle DPA-\angle QPP'\\&=\angle QPC-\angle BPC-\angle QPP'\\&=\angle BPM\end{aligned}$$

例7 如图 56.19,圆 O_1 与圆 O_2 相交于 P,Q 两点,$\triangle PO_1O_2$ 的外接圆分别交圆 O_1 于点 R,交圆 O_2 于点 S,则点 Q 为 $\triangle PRS$ 的内心或旁心.

证明 如图 56.19(a),由 $\angle PRQ=\dfrac{1}{2}\angle PO_1Q=\angle PO_1O_2$ 及 $\angle PO_1O_2=\angle PRO_2$,有 $\angle PRQ=\angle PRO_2$,即知 R,Q,O_2 三点共线.

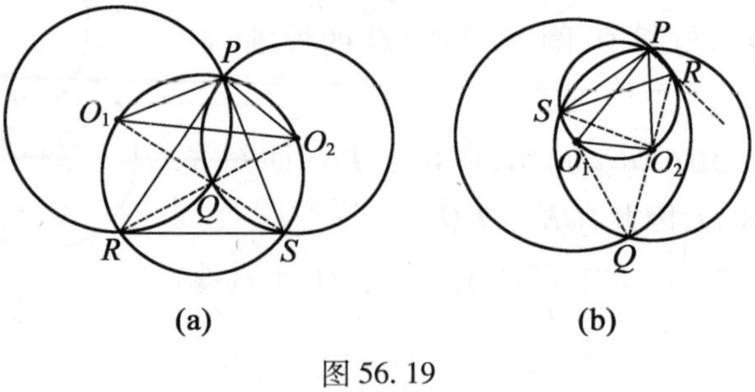

图 56.19

对于图 56.19(b),由 $\angle PRQ=180^\circ-\frac{1}{2}\angle PO_1Q=180^\circ-\angle PO_1O_2$ 及 $\angle PO_1O_2=180^\circ-\angle PRO_2$,有 $\angle PRQ=\angle PRO_2$,即知 R,Q,O_2 三点共线.

注意到 $PO_2=O_2S$,则在圆 PRS 中,有 $\overset{\frown}{PO_2}=\overset{\frown}{O_2S}$,即点 Q 在 $\angle PRS$ 的内角(或外角)平分线上.

同理,点 Q 在 $\angle PSR$ 的内角(或外角)平分线上.

故点 Q 为 $\triangle PRS$ 的内心或旁心.

例 8 圆 O_1 与圆 O_2 相交于 P,Q 两点,过点 Q 的割线段 AB 与圆 O_1 交于点 A,与圆 O_2 交于点 B.

(1)设 M 为 O_1O_2 的中点,则 $MQ\perp AB$ 的充要条件是点 Q 为 AB 的中点;

(2)设 C,D 分别为弧 $\overset{\frown}{AP},\overset{\frown}{PB}$ 的中点,则 $PQ\perp CD$ 的充要条件是点 Q 为 AB 的中点.

证明 (1)作 $O_1G\perp AQ$ 于点 G,作 $O_2H\perp QB$ 于点 H,则 $MQ\perp AB\Leftrightarrow O_1G\,/\!/\,MQ\,/\!/\,O_2H\Leftrightarrow MQ$ 为直角梯形 O_1GHO_2 的中位线 $\Leftrightarrow GQ=QH\Leftrightarrow AQ=QB$.

(2)如图 56.20,联结有关点,设 AP 与 CQ 交于点 E,BP 与 DQ 交于点 F,则由 $\overset{\frown}{AC}=\overset{\frown}{CP}$,知 $\angle CPE=\angle CQP$.

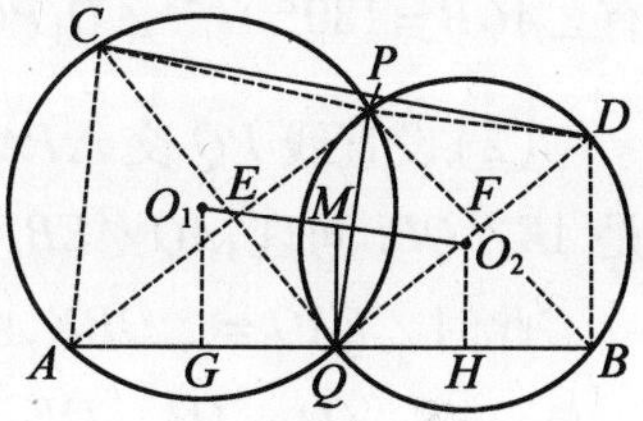

图 56.20

又 $\angle PCE=\angle QCP$,则 $\triangle CPE\backsim\triangle CQP$,即有 $\frac{CP}{CQ}=\frac{CE}{CP}$,亦即 $CP^2=CE\cdot CQ$.

同理,$DP^2=DF\cdot DQ$.

由 $\triangle ACQ\backsim\triangle QPE$,有 $CQ\cdot QE=AQ\cdot QP$. 同理 $DQ\cdot QF=BQ\cdot QP$.

注意到

$$\begin{aligned}CP^2-DP^2&=CE\cdot CQ-DF\cdot DQ\\&=(CQ-EQ)\cdot CQ-(DQ-FQ)\cdot DQ\\&=CQ^2-DQ^2-EQ\cdot CQ+FQ\cdot DQ\\&=CQ^2-DQ^2-AQ\cdot QP+BQ\cdot QP\end{aligned}$$

则

$$\begin{aligned}PQ\perp CD&\Leftrightarrow CP^2-DP^2=CQ^2-DQ^2\Leftrightarrow BQ\cdot QP=AQ\cdot QP\\&\Leftrightarrow AQ=QB\end{aligned}$$

例9 圆 O_1 与圆 O_2 相交于 P,Q 两点,离点 Q 较近的两圆外公切线切圆 O_1 于点 A,切圆 O_2 于点 B,则:(1) $\angle APB+\angle AQB=180°$,且较小者 $\angle APB=\frac{1}{2}\angle O_1PO_2$,较大者 $\angle AQB=180°-\frac{1}{2}\angle O_1PO_2$;(2) $\frac{PA}{PB}=\frac{QA}{QB}$.

证明 如图56.21,联结 PQ,PO_1,PO_2,O_1O_2.

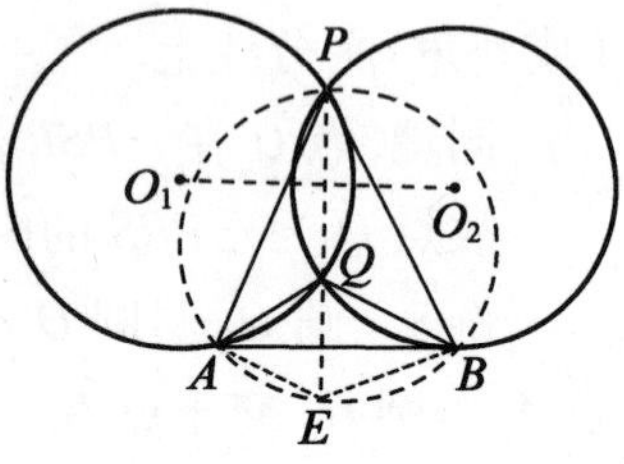

图56.21

(1)
$$\begin{aligned}\angle APB+\angle AQB&=\angle APQ+\angle QPB+\angle AQB\\&=\angle QAB+\angle QBA+\angle AQB\\&=180°\end{aligned}$$

由

$$\begin{aligned}\angle AQB&=180°-\angle APB\\&=\angle PAB+\angle PBA\\&=(\angle PAQ+\angle PBQ)+(\angle QAB+\angle QBA)\\&=(\angle PO_1O_2+\angle PO_2O_1)+\angle APB\\&=180°-\angle O_1PO_2+180°-\angle AQB\end{aligned}$$

有 $\angle AQB=180°-\frac{1}{2}\angle O_1PO_2$,从而 $\angle APB=\frac{1}{2}\angle O_1PO_2$.

(2)设直线 PQ 交 $\triangle PAB$ 的外接圆于点 E,则 $\angle EAB=\angle EPB=\angle QBA$. 于是 $AE/\!/QB$. 同理,$AQ/\!/EB$. 从而四边形 $AEBQ$ 为平行四边形.

此时 $\angle EAQ=\angle QBE$,由正弦定理,有

$$\frac{QA}{QB}=\frac{QA}{QE}\cdot\frac{QE}{QB}=\frac{\sin\angle PEA}{\sin\angle EAQ}\cdot\frac{\sin\angle QBE}{\sin\angle BEP}=\frac{\sin\angle PEA}{\sin\angle BEP}=\frac{PA}{PB}$$

故结论获证.

例10 圆 O_1 与圆 O_2 相交于 P,Q 两点,离点 P 较近的外公切线切圆 O_1 于点 A,切圆 O_2 于点 B,过点 P 的圆 O_1 的弦 PC 是圆 O_2 的切线,过点 P 的圆 O_2 的弦 PD 是圆 O_1 的切线. 直线 AP 交 BD 于点 T,交圆 O_2 于点 F,直线 BP 交 AC 于点 S,交圆 O_1 于点 E. 则:

(1) A,S,Q,T,B 五点共圆;

(2)当 M,N 分别为 AE,BF 上的点时,Q,S,M 及 Q,T,N 分别三点共线的充要条件是 M,N 分别为 AE,BF 的中点.

证明 如图56.22,联结 PQ,AQ,BQ.

(1)延长 DP 交 AB 于点 X,则 $\angle XAP=\angle XPA=\angle TPD$. 从而 $\angle ATB=$

$\angle PTB=\angle BDP+\angle TPD=\angle ABP+\angle BAP=\angle BQP+\angle AQP=\angle AQB$,即知 A,Q,T,B 四点共圆.

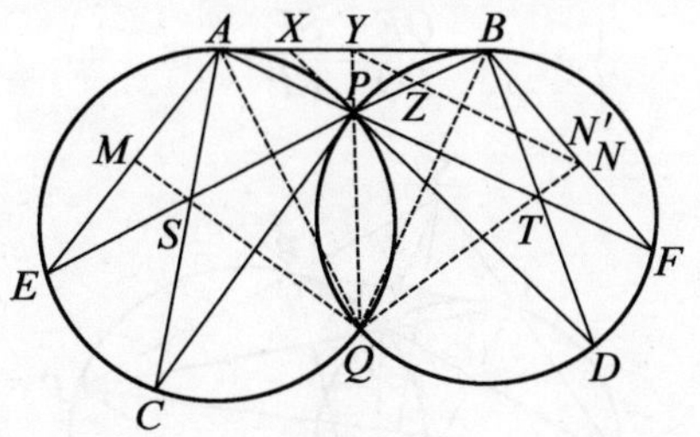

图 56.22

同理,A,S,Q,B 四点共圆. 故 A,S,Q,T,B 五点共圆.

(2)充分性:当 N 为 BF 的中点时,延长 QP 交 AB 于点 Y,则 $AY^2=YP\cdot YQ=YB^2$,知 Y 为 AB 的中点,联结 YN 交 PB 于点 Z,则 $YN/\!/AF$,即有 $\angle BNY=\angle BFA$.

注意到 $\angle ABP=\angle BFA$,则 $\angle BNY=\angle ABP$,从而 $\triangle YBZ\backsim\triangle YNB$. 于是,$YZ\cdot YN=BY^2=YP\cdot YQ$,由此即知 P,Q,N,Z 四点共圆,从而

$$\angle PQN=\angle BZN=\angle BPF \quad ①$$

又由 A,Q,T,B 四点共圆,知 $\angle BQT=\angle BAT$. 于是

$$\angle PQT=\angle PQB+\angle BQT=\angle ABP+\angle BAT=\angle BPF \quad ②$$

故 $\angle PQN=\angle PQT$,即知 Q,T,N 三点共线.

同理,Q,S,M 三点共线.

必要性:当 Q,T,N 三点共线时,有 $\angle PQN=\angle PQT$.

取 BF 的中点 N',则同式①的证法有 $\angle PQN'=\angle BPF$. 同样有式②,则 $\angle PQN'=\angle PQN$,即知 N' 与 N 重合,从而 N 为 BF 的中点.

同理,当 Q,S,M 三点共线时,M 为 AE 的中点.

例 11 圆 O_1 与圆 O_2 相交于 P,Q 两点,过点 P 的割线段 AF,BE 分别交圆 O_1 于点 A,E,交圆 O_2 于点 F,B,直线 EA 与直线 FB 交于点 S,则 $\angle ASQ=\angle BSP$ 的充要条件是 $AB/\!/EF$.

证明 如图 56.23,由 A,E,Q,P 及 P,Q,F,B 分别四点共圆,有 $\angle AEQ=\angle QPF=\angle QBF$,即知 S,E,Q,B 四点共圆.

同理,S,A,Q,F 四点共圆. 于是

$$\angle ESQ=\angle EBQ=\angle PFQ \quad ①$$

又$\angle QES=\angle QPF$,知$\triangle SEQ\backsim\triangle FPQ$.

同理,$\triangle EQP\backsim\triangle SQF$,从而

$$\frac{QF}{PQ}=\frac{SF}{EP} \quad ②$$

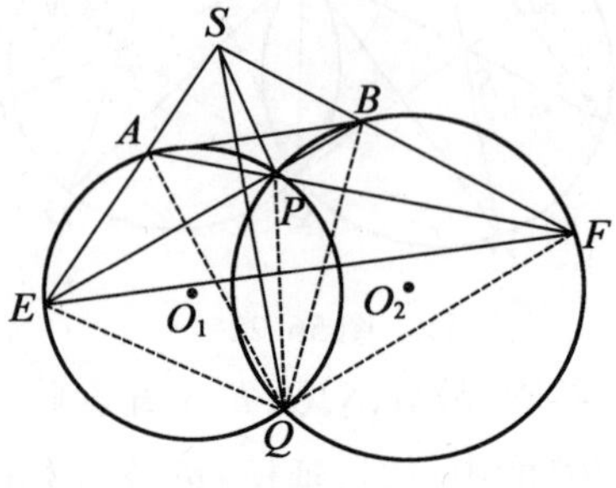

图 56.23

充分性:若$AB/\!/EF$,则$\frac{SB}{SF}=\frac{AB}{EF}=\frac{PB}{EP}$,所以$\frac{SF}{EP}=\frac{SB}{PB}$. 故$\frac{QF}{PQ}=\frac{SB}{PZ}$.

又$\angle SBP=\angle FQP$,则$\triangle SPB\backsim\triangle FPQ\backsim\triangle SEQ$.

从而$\angle ESQ=\angle PSB$,即$\angle ASQ=\angle BSP$.

必要性:若$\angle ASQ=\angle BSP$,即$\angle ESQ=\angle PSB$,则由式①,有$\angle PFQ=\angle PSB$. 又$\angle SBP=\angle FQP$,则$\triangle PQF\backsim\triangle PBS$,所以$\frac{QF}{PQ}=\frac{SB}{PB}$.

注意到式②,则有$\frac{SF}{EP}=\frac{SB}{PB}$. 因而$\frac{EP}{PB}=\frac{SF}{SB}$.

对$\triangle SEB$及截线APF应用梅涅劳斯定理,有$\frac{SA}{AE}\cdot\frac{EP}{PB}\cdot\frac{BF}{FS}=1$.

因此,$\frac{SA}{AE}\cdot\frac{SF}{SB}\cdot\frac{BF}{SF}=1$,从而$\frac{SA}{AE}=\frac{SB}{BF}$,故$AB/\!/EF$.

例 12 圆O_1与圆O_2相交于P,Q两点,一直线分别交圆O_1于点B,E,交圆O_2于点F,C. 设A为QP延长线上的一点,直线QF交AB于点X,直线QE交AC于点Y,则$XY/\!/BC$.

证明 如图 56.24,设直线AP交BC于点S,分别对$\triangle ABS$及截线FQX,$\triangle ASC$及截线EQY应用梅涅劳斯定理,有

$$\frac{AX}{XB}\cdot\frac{BF}{FS}\cdot\frac{SQ}{QA}=1,\frac{AQ}{QS}\cdot\frac{SE}{EC}\cdot\frac{CY}{YA}=1$$

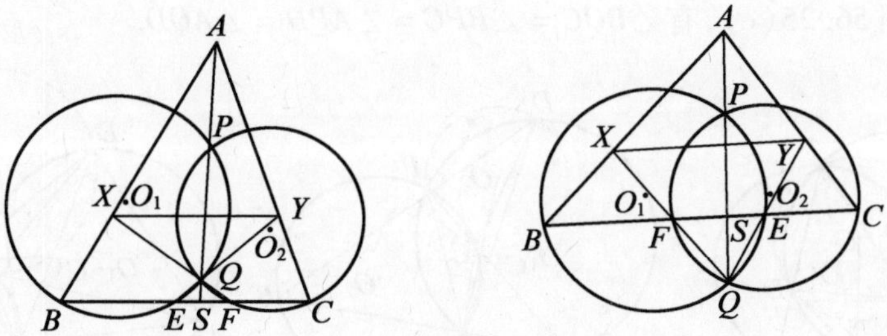

图 56.24

上述两式相乘,得

$$\frac{AX}{XB}\cdot\frac{BF}{FS}\cdot\frac{SE}{EC}\cdot\frac{CY}{YA}=1 \quad (*)$$

又由圆幂定理,有

$$SE\cdot SB=SQ\cdot SP=SF\cdot SC$$

于是

$$SE\cdot SB+SE\cdot SF=SF\cdot SC+SE\cdot SF$$

即

$$SE(SB+SF)=SF(SC+SE)$$

亦即

$$SE\cdot BF=SF\cdot EC$$

故

$$\frac{BF}{FS}\cdot\frac{SE}{EC}=1$$

将上式代入式(*),得$\frac{AX}{XB}\cdot\frac{CY}{YA}=1$,即$\frac{AX}{XB}=\frac{AY}{YC}$.

故 $XY /\!/ BC$.

例 13　如图 56.25,圆 O_1 与圆 O_2 相交于 P,Q 两点,过点 Q 的割线段 AB 分别交圆 O_1 于点 A,交圆 O_2 于点 B,直线 AP 交圆 O_2 点 C,直线 BP 交圆 O_1 于点 D. 设$\triangle PCD$ 的外心为 O,则 $OQ\perp AB$.

证明　如图 56.25(a),联结 PQ,首先证明 AB 平分$\angle CQD$ 的外角.

事实上,对于图 56.25(a),有$\angle BQD=\angle APD=\angle CPB=\angle AQC$.

对于图 56.25(b),有$\angle BQC=180^\circ-\angle BPC=\angle APD=\angle AQD$.

对于图 56.25(c),有 $\angle BQC=\angle BPC=\angle APD=\angle AQD$.

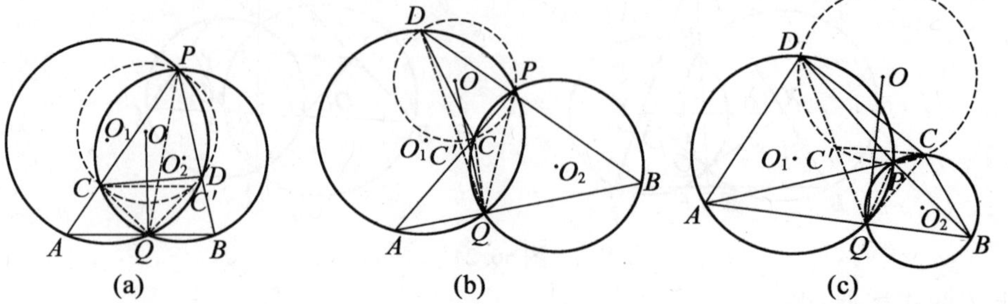

图 56.25

其次,作 C 关于过点 Q 的 AB 的垂线的对称点 C',则 $CC'/\!/AB$,且 C'在 QD 上,$QC'=QC$,于是

$$\begin{aligned}\angle CC'Q&=\angle BQC'(\text{或 }180^\circ-\angle BQC')\\&=\angle BQD(\text{或 }180^\circ-\angle BQD)\\&=\angle APD(\text{或 }180^\circ-\angle APD)\\&=\angle CPD(\text{或 }180^\circ-\angle CPD)\end{aligned}$$

由此说明点 C'在 $\triangle PCD$ 的外接圆上.

从而 $OC'=OC$. 又 $QC'=QC$,因此 $OQ\perp CC'$. 故 $OQ\perp AB$.

例 14 圆 O_1 与圆 O_2 相交于 P,Q 两点,过点 P 的割线 AB 交圆 O_1 于点 A,交圆 O_2 于点 B,直线 BQ 交圆 O_1 于点 C,直线 AC 交圆 O_2 于 D,E 两点. 则:(1)AC为定值(不依赖点 A 的位置);(2)$BE=BD$,且 $BO_2\perp AC$.

证明 如图 56.26,联结 AQ,PQ,DQ,PD.

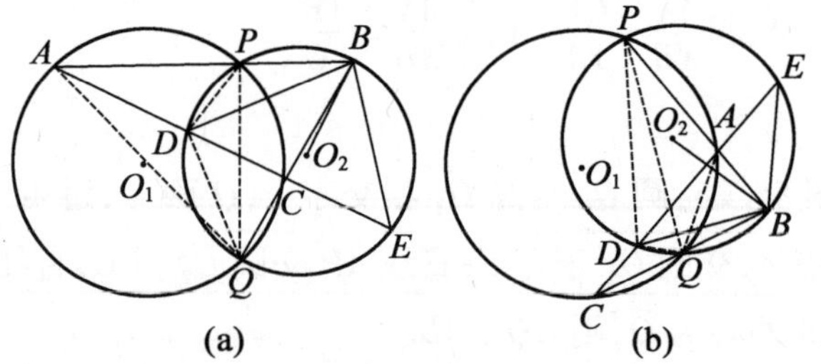

图 56.26

(1)由于$\triangle QAB$ 的三个内角均为定值,从而$\angle AQC$ 为定值,故 AC 的长为定值.

(2)由 $\angle E=\angle BED=\angle BQD$(对于图(b)为 $\angle BPD$) $=\angle BQP+\angle PQD$(或

$\angle APQ+\angle QPD)=\angle BDP+\angle PBD$(或$\angle ACQ+\angle QBD)=\angle BDE$,知 $BE=BD$.

(3)由 $BE=BD$,知 $BO_2\perp DE$,故 $BO_2\perp AC$.

例 15 圆 O_1 与圆 O_2 相交于 P,Q 两点,点 A 在圆 O_1 上,割线段 AP,AQ 交圆 O_2 于点 C,D,点 B 在圆 O_2 上,割线段 BP,BQ 交圆 O_1 于点 E,F. 直线 AF 与直线 BD 交于点 M,直线 AE 与直线 BC 交于点 N,则 $\angle AMP=\angle ANQ$,$\angle BMP=\angle BNQ$.

证明 如图 56.27,联结 PF,PQ,PD,QE.

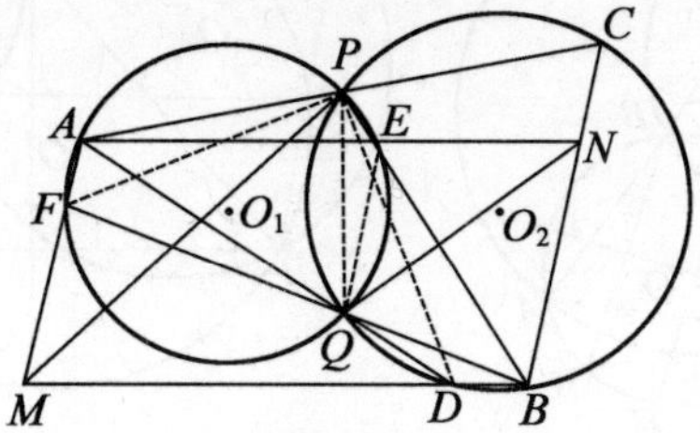

图 56.27

由 $\angle QBC=\angle APQ=\angle QFM$,知 $AM/\!/CB$,则 $\angle EQB=\angle FAE=180^\circ-\angle ENB$,于是,知 E,Q,B,N 四点共圆,从而 $\angle ANQ=\angle ENQ=\angle QBE=\angle FBP$.

由性质 5,知 F,M,B,P 四点共圆,从而

$$\angle AMP=\angle FMP=\angle FBP=ANQ \qquad (*)$$

注意到 $\angle APF=\angle AQF=\angle BQD=\angle BPD$,则 $\angle APD=\angle APF+\angle FPD=\angle BPD+\angle FPD=\angle FPB$.

又由性质 5,知 A,M,D,P 四点共圆,则 $\angle AMD=180^\circ-\angle APD=180^\circ-\angle FPB=180^\circ-\angle FPE=180^\circ-\angle FAE$,从而 $AN/\!/MB$. 由式(*)即知 $\angle BMP=\angle BNQ$.

例 16 圆 O_1 与圆 O_2 相交于 P,Q 两点,圆 O_2 的弦 AB 为圆 O_1 的切线的充要条件是 AB 与圆 O_1 的公共点 E,满足 $\angle APE=\angle BQE$.

证明 如图 56.28,注意到 P,Q,B,A 四点共圆,则 $\angle APE+\angle EPQ=\angle APQ=180^\circ-\angle ABQ=\angle BQE+\angle BEQ$.

于是,$\angle APE=\angle BQE\Leftrightarrow\angle EPQ=\angle BEQ\Leftrightarrow AB$ 与圆 PQE(即圆 O_1)切于点 E.

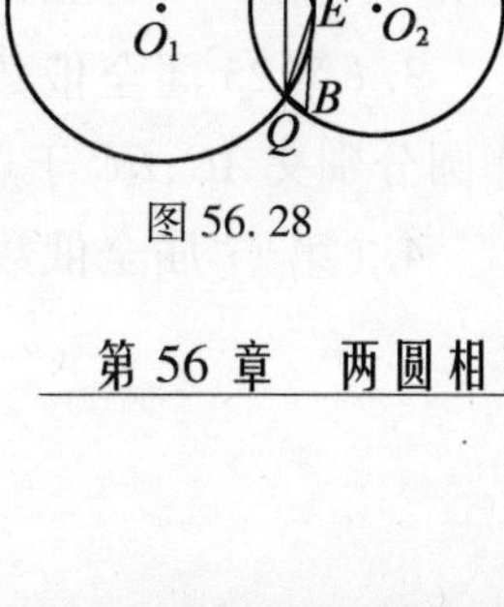

图 56.28

例 17 圆 O_1 与圆 O_2 相交于 P,Q 两点,过点 P 的割线段 AB,CD 分别交圆 O_1 于点 B,C,交圆 O_2 于点 A,D,且 A,B,C,D 四点共圆于圆 O. 若过点 P 的直线分别交圆 O_1 于点 E,交圆 O_2 于点 F,交圆 O 于点 G,H,则 $GE=FH$.

证明 如图 56.29,设过点 O 垂直于直线 EH 的直线为 l,今 B,D 关于直线 l 对称的点为 B',D',则知 B',D'均在圆 O 上,且 $BB'/\!/DD'/\!/GH$.

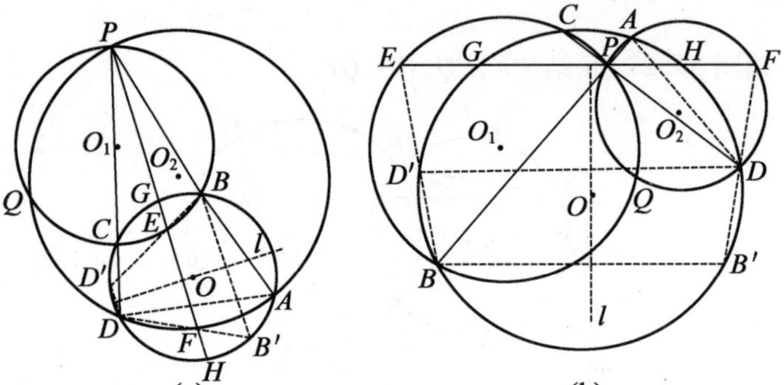

图 56.29

此时,对图 56.29(a),有 $\angle DB'B=\angle DAB=\angle DAP=\angle DFP$. 对于图 56.29(b),有 $\angle DB'B=180^\circ-\angle DAB=180^\circ-\angle DAP=180^\circ-\angle DFP$.

因 $BB'/\!/PF$,则知 D,F,B'三点共线.

同理,D',E,B 三点共线.

注意到 E,F 分别为 $BD',B'D$ 与直线 EF 的交点,所以 E,F 为关于直线 l 的对称点. 又点 G,H 关于直线 l 对称. 故 $GE=FH$.

思考题

1.(1990 年全国高中联赛题)四边形 $ABCD$ 内接于圆 O,对角线 AC 与 BD 相交于点 P. 设$\triangle ABP,\triangle BCP,\triangle CDP$ 和$\triangle DAP$ 的外接圆圆心分别是 O_1,O_2,O_3,O_4. 求证:OP,O_1O_3,O_2O_4 三直线共点.

2.(第 21 届俄罗斯数学奥林匹克题)试证:若五边形 $ABCDE$ 中,$\angle ABC=\angle ADE,\angle AEC=\angle ADB$,则$\angle BAC=\angle DAE$.

3.(第 25 届全俄数学奥林匹克题)点 D 是锐角$\triangle ABC$ 的外心,过 A,B,D 作圆分别交 AC,BC 于点 M,N. 证明:$\triangle ABD$ 和$\triangle MNC$ 的外接圆相等.

4.(第 17 届全俄数学奥林匹克题)圆 S_1 和圆 S_2 交于点 A_1,A_4,圆 S_2 和圆

S_3 交于点 A_2,A_5,圆 S_3 和圆 S_1 交于点 A_3,A_6. 折线 $M_1M_2M_3M_4M_5M_6M_7$ 使得每条直线 M_kM_{k+1} 含有点 A_k. 而 M_k 和 M_{k+1} 在相交于点 A_k 的两圆上,而点 M_{k+1} 异于点 A_{k+1},证明:点 M_1 与 M_7 重合.

5.(2006 年全国女子数学奥林匹克题)设凸四边形 $ABCD$ 的对角线交于点 O. $\triangle OAD$,$\triangle OBC$ 的外接圆交于 O,M 两点,直线 OM 分别交 $\triangle OAB$,$\triangle OCD$ 的外接圆于 S,T 两点. 求证:M 是线段 TS 的中点.

6. 圆 O_1 与圆 O_2 相交于 P,Q 两点,过点 P 的割线段 AB,CD 分别交圆 O_1 于点 A,C,交圆 O_2 于点 B,D,直线 CA 与直线 BD 交于点 S. 求证:$QA \cdot QD = QB \cdot QC = QP \cdot QS$.

7. 圆 O_1 与圆 O_2 相交于 P,Q 两点,过点 P 的割线段 AB 交圆 O_1 于点 A,交圆 O_2 于点 B,两圆在 A,B 处的切线交于点 S,直线 SQ 交 $\triangle O_1O_2Q$ 的外接圆于另一点 T. 求证:ST 等于 $\triangle O_1O_2Q$ 的外接圆的直径.

8. 圆 O_1 与圆 O_2 相交于 P,Q 两点,过点 Q 的割线段 AB,EF 分别交圆 O_1 于点 A,E,交圆 O_2 于点 B,F. 若点 D,C 分别在 AE,BF 的延长线上,且满足 $\frac{AE}{ED}=\frac{BF}{FC}$,则 $\triangle PDE$ 的外接圆与 $\triangle PCF$ 的外接圆的另一交点为直线 CD 与直线 QF 的交点 T.

9.(2004 年国家集训队测试题)圆心为 O_1 和圆 O_2 的两个半径相等的圆相交于 P,Q 两点,O 是公共弦 PQ 的中点,过 P 任作两条割线 AB 和 CD(AB,CD 均不与 PQ 重合),点 A,C 在圆 O_1 上,点 B,D 在圆 O_2 上,联结 AD 和 BC,点 M,N 分别是 AD,BC 的中点. 已知 O_1 和 O_2 不在两圆的公共部分内,点 M,N 均不与点 O 重合. 求证:M,N,O 三点共线.

10. 圆 O_1 与圆 O_2 相交于 P,Q 两点,过点 Q 的割线段 AB 交圆 O_1 于点 A,交圆 O_2 于点 B,且 Q 为 AB 的中点,以 AB 为直径的半圆交圆 O_1 于点 C,交圆 O_2 于点 D. 直线 CD 与直线 AB 交于点 O,则 $OP \perp PQ$.

11. 从相交两圆的一圆上两点各自引出两条分别过两交点的割线分别与两圆相交,则相异割线交点形成的弦互相平行.

思考题 参考解答

1. 如图 56.30,连 PO_2 并两方延长交圆 O_2 于点 Q,交 AD 于点 R. 在$\triangle PRD$ 和$\triangle PBQ$ 中,$\angle PDR=\angle BDA=\angle BCA=\angle BCP=\angle BQP$,$\angle DPR=\angle QPB$,从而$\angle PRD=\angle PBQ=90°$,即 $PO_2\perp AD$.

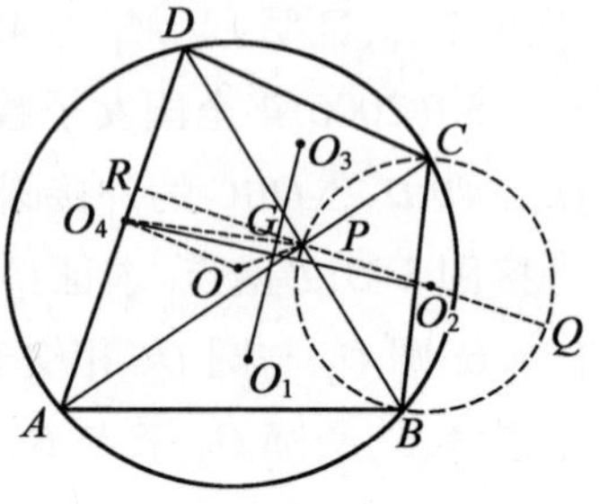

图 56.30

利用相交两圆的性质 1 知,圆 O 与圆 O_4 的连心线 $OO_4\perp$公共弦 AD,故$PO_2/\!/OO_4$.

同理,$PO_4/\!/OO_2$. 从而 PO_2OO_4 为平行四边形,O_2O_4 交 OP 于其中点 G.

同理,O_1O_3 也交 OP 于其中点 G.

所以,OP,O_1O_3,O_2O_4 三直线共点.

2. 如图 56.31,设 BD 与 CE 交于点 F,联结 AF,则由$\angle ADF=\angle ADB=\angle AEC=\angle AEF$,知 A,E,D,F 四点共圆. 此时,$\angle AFE=\angle ADE=\angle ABC$,即知 A,F,C,B 四点共圆.

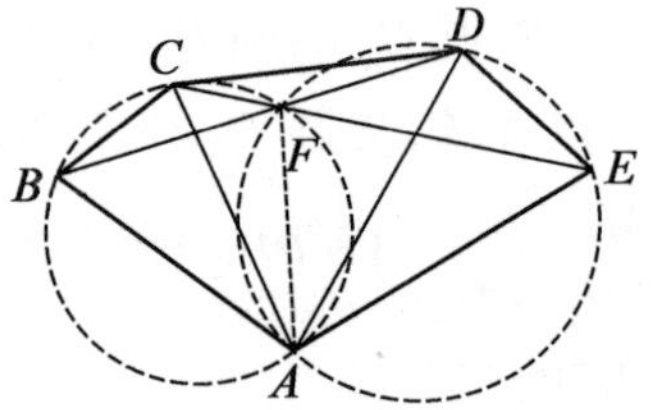

图 56.31

于是圆 $AFCB$ 与圆 $AEDF$ 相交于 A,F 两点,BD 和 CE 是过点 F 的两条割线段,由上述定理,知$\triangle AEC\backsim\triangle ADB$,故$\angle BAC=\angle DAE$.

3. 如图 56.32,联结 MB,则$\triangle ABD$ 与$\triangle MNB$ 内接于同一个圆. 而$\triangle MNB$ 与$\triangle MNC$ 有公共边,因此要证明$\triangle ABD$ 与$\triangle MNC$ 的外接圆相等,由性质 9 知,只需证明$\triangle MBC$ 是等腰三角形,即证$\angle MBN=\angle MCN$.

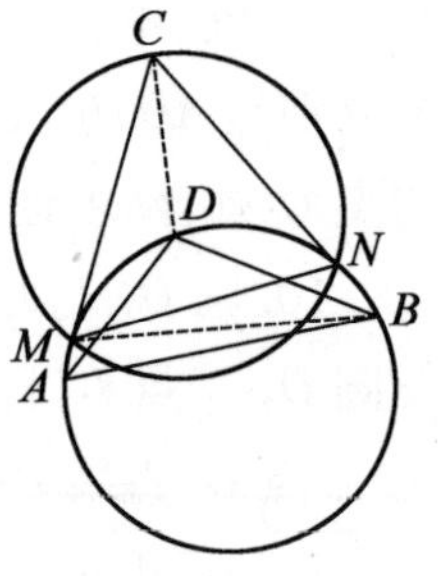

图 56.32

事实上,由 $DB=DC=DA$,有

$$\angle DBN=\angle DCN,\ \angle MAD=\angle MCD$$

在圆 ABD 中,有$\angle MAD=\angle MBD$,于是

$$\begin{aligned}\angle MBN&=\angle MBD+\angle DBN=\angle MAD+\angle DCN\\&=\angle MCD+\angle DCN=\angle MCN\end{aligned}$$

故$\triangle ABD$ 和$\triangle MNC$ 的外接圆相等.

4. 图略. 考虑圆 S_1 和圆 S_2,M_1M_2,M_4M_5 是过点 A_1,A_4 的两条割线段,由性

质6知，$M_1M_4 /\!/ M_2M_5$. 同理，考虑圆 S_2 和圆 S_3，有 $M_6M_3 /\!/ M_2M_5$；考虑圆 S_3 和圆 S_1，有 $M_6M_3 /\!/ M_7M_4$. 于是，有 $M_1M_4 /\!/ M_7M_4$. 故 M_1 与 M_7 重合.

5. 如图 56.33，设 $\triangle OAB$，$\triangle OBC$，$\triangle OCD$，$\triangle ODA$ 的外心分别为 O_1，O_2，O_3，O_4，由于 BO 是圆 O_1 与圆 O_2 的公共弦，则知 $O_1O_2 \perp BD$.

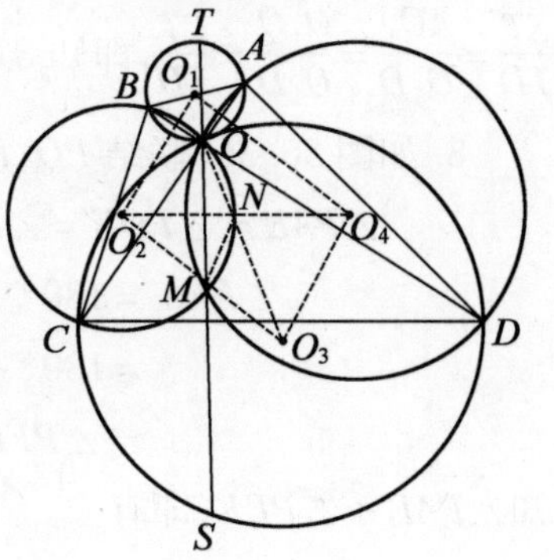

图 56.33

同理 $O_4O_3 \perp BD$，$O_2O_3 \perp CA$，$O_1O_4 \perp CA$.

因此，$O_1O_2O_3O_4$ 构成平行四边形，从而其对角线 O_1O_3 与 O_2O_4 互相平分，不妨设 N 为其交点，从而 N 为 O_1O_3 的中点，且 N 在公共弦 OM 的中垂线上，于是 $NM = NO$.

由性质11，即知 M 为 TS 的中点.

注：也可按例1，找三对相似三角形而证.

6. 如图 56.34，由性质5(3)知，$\triangle QAC \backsim \triangle QBD$，有 $\dfrac{QA}{QB} = \dfrac{QC}{QD}$，从而

$$QA \cdot QD = QB \cdot QC$$

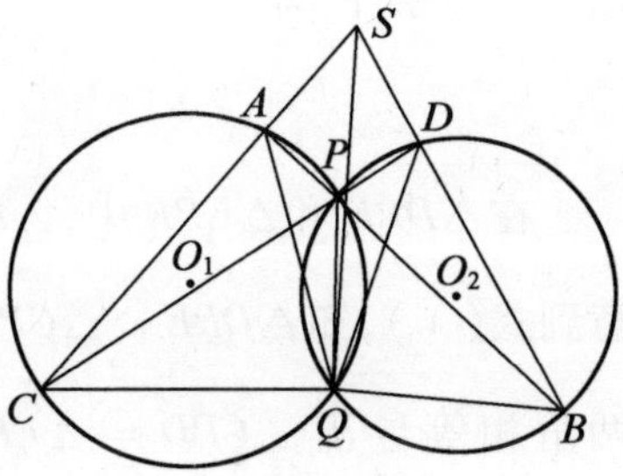

图 56.34

又由性质5(2)，知 S，A，Q，B 四点共圆，从而 $\angle QBP = \angle QBA = \angle QSA = \angle QSC$.

注意到 $\angle QPB = \angle QCA = \angle QCS$，于是 $\triangle QBP \backsim \triangle QSC$，即有 $\dfrac{QB}{QS} = \dfrac{QP}{QC}$. 故 $QB \cdot QC = QP \cdot QS$.

7. 如图 56.35，设直线 AO_1 与直线 BO_2 交于点 C，则知 S，A，C，B 四点共圆. 又由推论6知，S，A，Q，B 四点共圆，故知 S，A，C，Q，B 五点共圆. 因此，$\angle CQS = \angle CBS = 90°$.

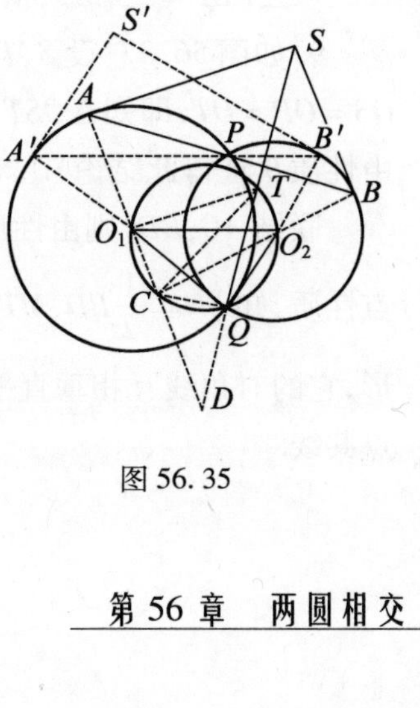

图 56.35

分别延长 QO_1，QO_2 交圆于点 A'，B'，设两圆在 A'，B' 的切线交于点 S'，则由推论6，知 $\angle A'S'B' = \angle ASB$. 注意到推论6知，$\angle O_1CO_2 = \angle O_1QO_2$，于是，知点 C 在 $\triangle O_1O_2Q$ 的外接圆上.

由上即知 CT 为 $\triangle O_1O_2Q$ 的外接圆直径. 于是

$TO_1 \perp AC$,即有 $AS // O_1T$.

设直线 AC 与直线 SQ 交于点 D,则由 $AS // O_1T$ 及 $\triangle DQO_1 \backsim \triangle DCT$,有 $\frac{ST}{TD}=\frac{AO_1}{O_1D}=\frac{O_1Q}{O_1D}=\frac{CT}{TD}$,即知 $ST=CT$. 即 ST 等于 $\triangle O_1O_2Q$ 的外接圆直径.

8. 如图 56.36,联结 PQ,PA,PB. 由

$$\angle PAE=\angle PQE=\angle PQF=\angle PBF$$

$$\begin{aligned}\angle PEA&=180^\circ-\angle PQA\\&=180^\circ-\angle PQB\\&=\angle PFB\end{aligned}$$

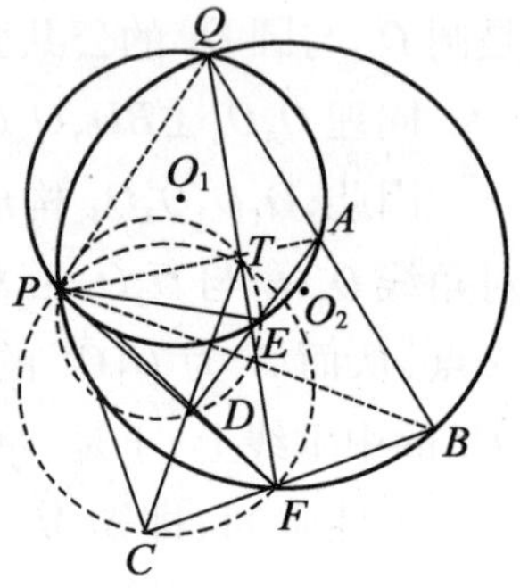

图 56.36

知 $\triangle PAE \backsim \triangle PBF$,即有

$$\frac{PE}{PF}=\frac{EA}{FB}$$

结合已知条件,有

$$\frac{PE}{PF}=\frac{ED}{FC} \qquad (*)$$

在 $\triangle DPE$ 和 $\triangle CPF$ 中,$\angle DEP=180^\circ-\angle PEA=180^\circ-\angle PFB=\angle CFP$. 注意到式(*),知 $\triangle DPE \backsim \triangle CPF$,即有 $\angle CPF=\angle DAE$,$\frac{PE}{PF}=\frac{PD}{PC}$. 此时,由上述两角相等导出 $\angle CPD=\angle FPE$,结合上述比例式知 $\triangle PCD \backsim \triangle PFE$,于是 $\angle PCD=\angle PFE$,即 $\angle PCT=\angle PFT$,所以,P,C,F,T 四点共圆.

又由 $\triangle PCD \backsim \triangle PFE$ 知 $\angle PDC=\angle PEF$,即有 $\angle PDT=180^\circ-\angle PDC=180^\circ-\angle PEF=\angle PET$,从而知 P,D,E,T 四点共圆. 证毕.

9. 如图 56.37,设 S,T 分别为 CD,AB 的中点,联结 OS,OT,则由性质 11,知 $OS=OP=OT$,即知 $\triangle OST$ 为等腰三角形,亦即知点 O 在 ST 的中垂线上(也可由性质 9 证得此结论).

联结 AC,BD. 则由性质 10(2),知 $AC=BD$. 又联结 MT,MS,NT,NS,则由中点性质,知 $SN \underline{\underline{//}} \frac{1}{2}BD$,$MT \underline{\underline{//}} \frac{1}{2}BD$,$NT \underline{\underline{//}} \frac{1}{2}AC$,$MS \underline{\underline{//}} \frac{1}{2}AC$. 从而,知 $MSNT$ 为菱形,它的对角线互相垂直平分,即 M,N 也在线段 ST 的中垂线上. 故 M,N,O 三点共线.

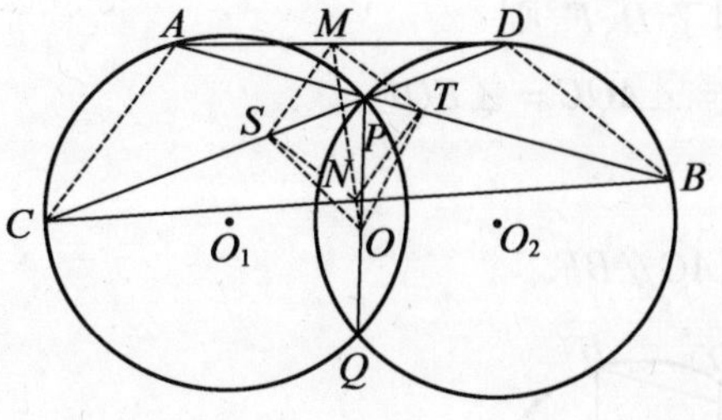

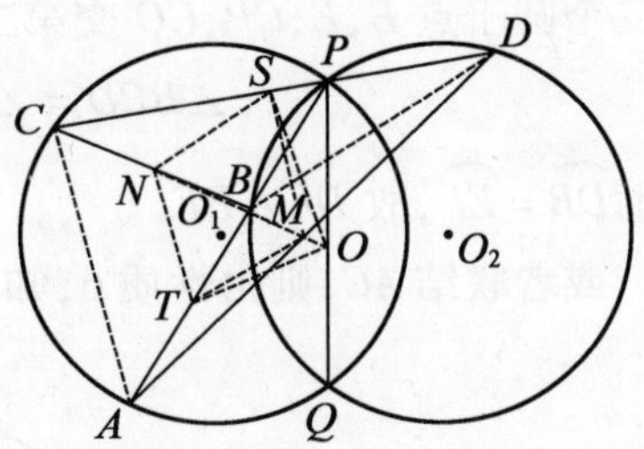

图 56.37

10. 如图 56.38,延长线 QO_1 交圆 O_1 于点 M,延长 QO_2 交圆 O_2N. 由于 O_1O_2 垂直平分 PQ,且 O_1O_2 是 $\triangle QMN$ 的中位线,所以知直线 MN 过点 P,且 $MN\perp PQ$. 下只需 M,N,O 三点共线即可.

易知 MA,MC,ND,NB 均与圆 Q 相切,且 $MA/\!/NB$.

设 MC 与 ND 交于点 E,作 $AD'/\!/BD$ 交直线 CD 于点 D'. 则

$$\begin{aligned}\angle AD'C &= \angle BDO = \angle BDN \mp \angle NDO = \angle BDN \mp \angle EDC\\ &= \frac{1}{2}\angle BQD \mp \frac{1}{2}\angle DQC = \frac{1}{2}\angle BQC\\ &= \angle BAC = \frac{1}{2}\angle AMC\end{aligned}$$

而 $MA = MC$,所以,知 M 为 $\triangle D'AC$ 的外心. 于是 $D'M = MC$, $\angle MD'C =$ 319
$\angle D'CM = \angle DCM = \angle EDC = \angle NDO$,于是知 $D'M/\!/DN$.

注意到 $MA/\!/NB$,$AD'/\!/BD$,且 A,B,O 共线,D',D,O 共线,则知 $\triangle AD'M$ 与 $\triangle BDN$ 为位似形,位似中心为 O. 故 M,N,O 三点共线.

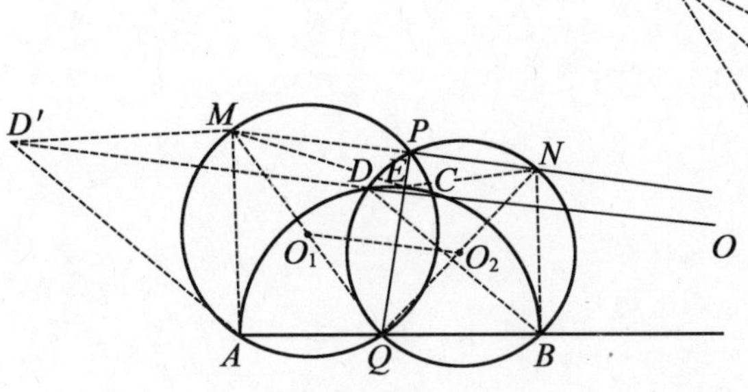

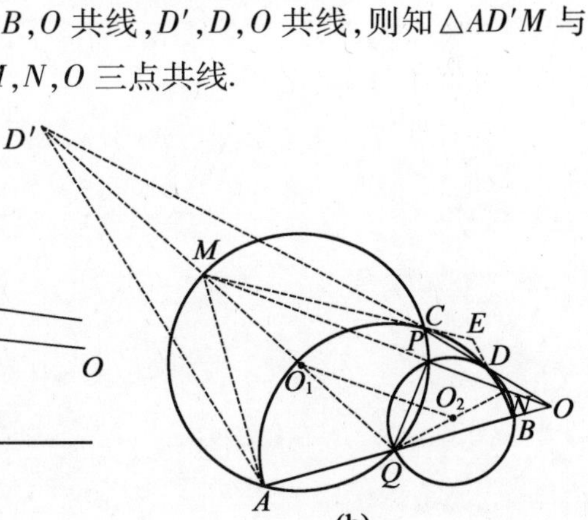

图 56.38

11. 如图 56.39,设两圆相交于点 P,Q,A,C 为第一个圆上两点,AP,AQ 交

第二个圆于点 B,E,CP,CQ 交第二个圆于 D,F,则

$$\angle BPD = \angle APC = \angle AQC = \angle EQF$$

从而$\overset{\frown}{DB} = \overset{\frown}{EF}$,故 $DE /\!/ BF$.

或者联结 AC,则由性质 6,知 $DE /\!/ AC /\!/ BF$.

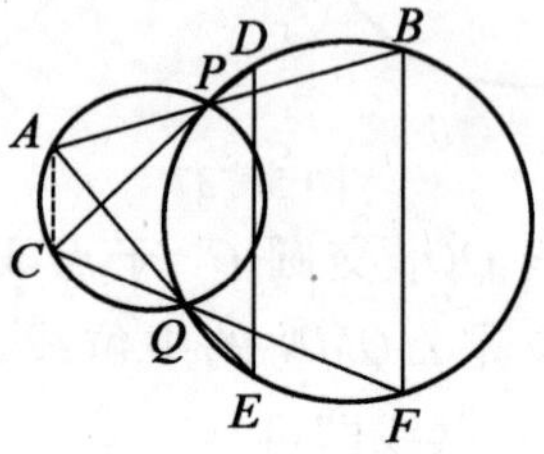

图 56.39

第 57 章　两圆相切

两圆相切可以是内切，也可以是外切，各自有类似的各种性质. [①②]

57.1　两圆内切的性质

性质 1　两圆内切，是以公切点为外位似中心，以两圆半径之比为位似系数的位似图形；此时，两圆心间的距离等于大圆半径与小圆半径的差.

性质 2　两圆内切于点 T，过 T 作任意两弦 TAC，TBD 分别交小圆于点 A，B，交大圆于点 C，D，则 $AB /\!/ CD$.

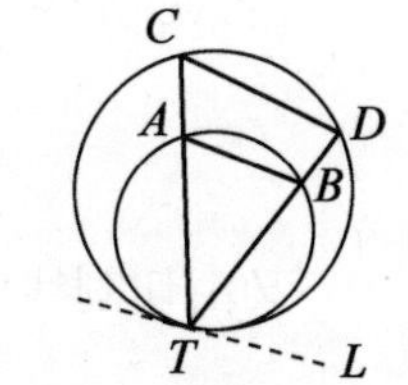

图 57.1

事实上，由性质 1 即得. 或者如图 57.1，过 T 作两圆的公切线 TL，由 $\angle BAT = \angle BTL = \angle DTL = \angle DCT$，从而 $AB /\!/ CD$.

性质 3　两圆内切于点 T，一条直线依次与这两个圆交于点 M，N，P，Q，则 $\angle MTP = \angle NTQ$（或 $\angle MTN = \angle PTQ$）.

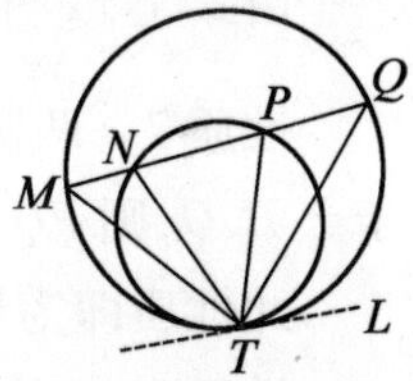

图 57.2

事实上，由性质 1 即得. 或者如图 57.2，过 T 作两圆的公切线 TL，由 $\angle QMT = \angle QTL$，$\angle PNT = \angle PTL$，有 $\angle MTN = \angle PNT - \angle QMT = \angle PTL - QTL = \angle PTQ$. 故 $\angle MTP = \angle MTN + \angle NTP = \angle NTP + \angle PTQ = \angle NTQ$.

性质 4　两圆内切于点 T，大圆的弦 PQ 与小圆切于点 K，则 TK 平分 $\angle PTQ$.

事实上，此性质为性质 3 的特殊情形，由此而证.

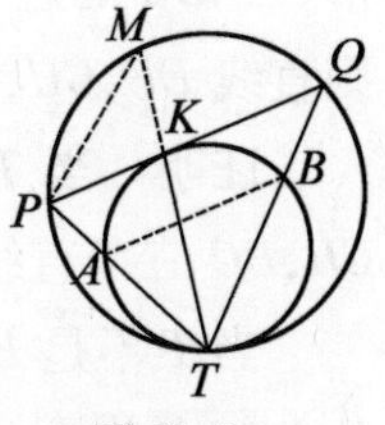

图 57.3

或者如图 57.3，设 PT，QT 分别交小圆于 A，B，连 AB，则由性质 2 知，$PQ /\!/ AB$. 此时，对于小圆，有 $\overset{\frown}{AK} = \overset{\frown}{KB}$（同一个圆中，夹在两平行弦或一弦一切线间的弧相等），从而 $\angle ATK =$

---

① 沈文选. 两圆内切的性质及其应用[J]. 中学数学教学参考，2010(1-2)：121-123.

② 沈文选. 两圆外切的性质及其应用[J]. 中学数学教学参考，2010(3)：47-49.

$\angle KTB$. 故 KT 平分 $\angle PTQ$.

性质5 两圆内切于点 T,大圆的弦 PQ 与小圆切于点 K,直线 TK 交大圆于点 M,则点 M 为 $\overparen{PQ}$ 的中点,且 $MP^2=MK\cdot MT$.

事实上,可由性质 4 即得,其中注意到 $\angle MPQ=\angle MTQ=\angle PTM$,有 $\triangle MPT\backsim\triangle MKP$ 即可.

性质6 设半径分别为 $R,r(R>r)$ 的两个圆内切于点 T,自大圆上任一点 P 向小圆作切线(P 与 T 不重合),切点为 Q,则 $PT=PQ\cdot\sqrt{\frac{R}{R-r}}$.

证明 如图 57.4,设半径分别为 R,r 的两圆为圆 O,圆 O_1,则 O,O_1,T 三点共线. 设 PT 交圆 O_1 于点 A. 连 OP,O_1A,则 $\angle O_1AT=\angle O_1TA=\angle OPT$,从而 $O_1A/\!/OP$(也可由位似得).

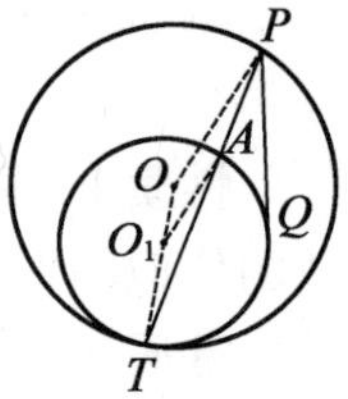

图 57.4

由 $\triangle O_1AT\backsim\triangle OPT$,有 $\frac{AT}{PT}=\frac{O_1A}{OP}=\frac{r}{R}$,即有

$$\frac{PA}{PT}=\frac{PT-AT}{PT}=1-\frac{r}{R}=\frac{R-r}{R} \quad ①$$

又由切割线定理,有

$$PQ^2=PA\cdot PT \quad ②$$

由式①,②知,$PQ^2=PT^2\cdot\frac{R-r}{R}$,故 $PT=PQ\cdot\sqrt{\frac{R}{R-r}}$.

性质7 两圆内切于点 T,大圆的内接 $\triangle ABC$ 的边 AB,AC 分别与小圆相切于点 P,Q,则 PQ 的中点 I 为 $\triangle ABC$ 的内心.

此性质即为曼海姆(Mannheim)定理(参见第 63 章性质 10).

性质8 两圆内切于点 T,以公切线 BC 为公共边,分别作两圆的外切三角形,$\triangle ABC$ 的边 AB,AC 切大圆于点 E,F,$\triangle DBC$ 的边 DB,DC 切小圆于点 G,H,则直线 EF,GH,BC 要么相互平行,要么相交于一点.

证明 当 T 为 BC 的中点时,$\triangle ABC,\triangle DBC$ 均为等腰三角形,此时 EF,GH,BC 三条直线相互平行.

当 T 不是 BC 的中点时,如图 57.5,设直线 EF 与 BC 交于点 P. 下面证 G,H,P 三点共线.

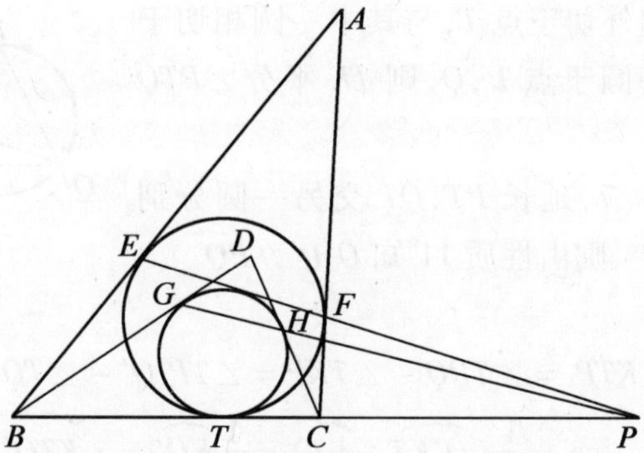

图 57.5

由切线长定理,知 $AE=AF, DG=DH, BE=BT=BG, CF=CT=CH$. 于是,对 $\triangle ABC$ 及截线 EFP 应用梅涅劳斯定理,有

$$1=\frac{AE}{EB}\cdot\frac{BP}{PC}\cdot\frac{CF}{FA}=\frac{AE}{AF}\cdot\frac{BP}{PC}\cdot\frac{CF}{EB}$$

$$=\frac{DG}{DH}\cdot\frac{BP}{PC}\cdot\frac{CH}{BG}=\frac{DG}{GB}\cdot\frac{BP}{PC}\cdot\frac{CH}{HD}$$

从而,对 $\triangle DBC$ 应用梅涅劳斯定理的逆定理,知 G,H,P 三点共线.

57.2 两圆外切的性质

性质 9 两圆外切,是以公切点为内位似中心,以两圆半径之比为位似系数的位似图形,或以两圆外公切线所在直线的交点(包括无穷远点)为外位似中心的位似图形;此时,两圆心间的距离等于两圆半径之和.

性质 10 两圆外切,过切点任作一条割线分别与两圆相交,交点处的两条圆的切线平行.

事实上,这可由性质 9 即得.

性质 11 两圆外切,过切点任作两条割线,同一圆上两交点所得的弦平行.

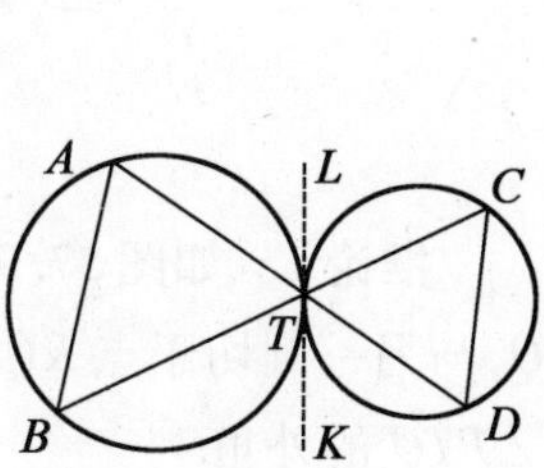

图 57.6

事实上,由性质 9 即得. 或者如图 57.6,过切点 T 作切线 LK,由于割线 AD,BC 均过点 T,则 $\angle ABT=\angle ATL=\angle DTK=\angle DCT$,故 $AB/\!/CD$.

性质 12 两圆外切于点 T，与其中一圆相切于点 K 的直线交另一圆于点 P, Q，则 TK 平分 $\angle PTQ$ 的外角.

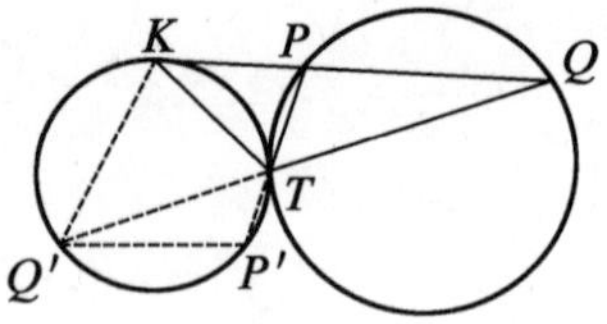

图 57.7

证明 如图 57.7，延长 PT, QT 交另一圆分别于点 P', Q'，连 $Q'P'$，则由性质 11 知 $Q'P' \parallel PQ$.

连 KQ'，则

$$\begin{aligned}\angle KTP &= \angle TPQ - \angle TKP = \angle TP'Q' - \angle TQ'K \\ &\overset{m}{=} \frac{1}{2}(\overset{\frown}{Q'KT} - \overset{\frown}{KT}) = \frac{1}{2}\overset{\frown}{KQ'} = \angle KTQ'\end{aligned}$$

故 KT 平分 $\angle PTQ'$，即 KT 平分 $\angle PTQ$ 的外角.

性质 13 两圆外切于点 T，与其中一圆相切于点 K 的直线交另一圆于点 P, Q，连 KT 并延长与 P, Q 所在圆交于点 M，则 M 为优弧 $\overset{\frown}{PQ}$ 的中点，且 $MP^2 = MK \cdot MT$.

证明 如图 57.8，过点 M 作圆的切线 ML，则由性质 2，知 $KPQ \parallel ML$，即 $\overset{\frown}{PM} = \overset{\frown}{MQ}$，即 M 为优弧 $\overset{\frown}{PQ}$ 的中点.

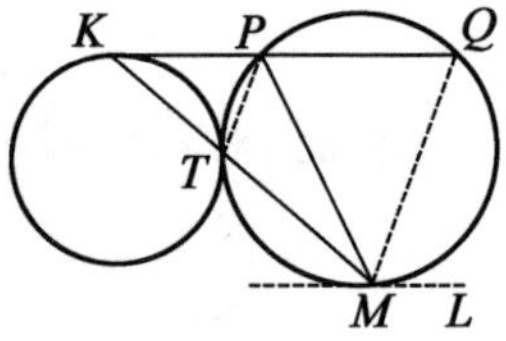

图 57.8

连 TP, MQ，则 $\angle PTM = 180° - \angle PQM = 180° - \angle QPM = \angle KPM$. 从而 $\triangle PTM \backsim \triangle KPM$，故有 $MP^2 = MK \cdot MT$.

性质 14 两圆外切于点 T，一直线依次与两圆相交于 P, Q, K, L 四点，则 $\angle PTL + \angle QTK = 180°$.

证明 如图 57.9(a)，过点 T 作两圆的公切线交 QL 于点 S，则

$$\begin{aligned}\angle PTL + \angle QTK &= \angle PTL + \angle QTS + \angle STK \\ &= \angle PTL + \angle TPQ + \angle KLT \\ &= 180°\end{aligned}$$

推论 1 如图 57.9(b)，两圆外切于点 T，一直线与其中一圆相交于点 P, Q，与另一圆切于点 $K(L)$，则 $\angle PTL + \angle QTK = 180°$，或 TK 平分 $\triangle PQT$ 的顶角 $\angle PTQ$ 的外角.

推论 2 如图 57.9(c)，两圆外切于点 T，作两圆的外公切线 $P(Q)K(L)$，其中 $P(Q), K(L)$ 为切点，则 $\angle PTL + \angle QTK = 180°$，或 $\angle PTK = 90°$.

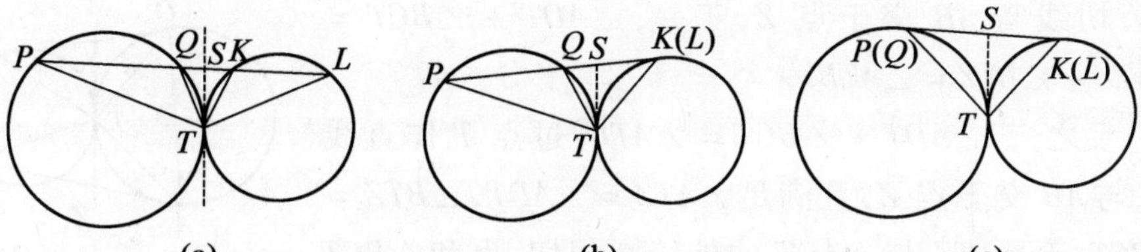

图 57.9

性质 15 设半径分别为 R,r 的两个圆外切于点 T,自一圆上任意一点 P(异于点 T)向另一圆作切线,切点为 Q,连 PT,则 $PT=PQ\cdot\sqrt{\frac{R}{R+r}}$.

证明 如图 57.10,设半径分别为 R,r 的两圆为圆 O,圆 O_1,则 O_1,T,O 三点共线. 又设直线 PT 交圆 O_1 于点 A,连 O_1A,OP,则 $\angle O_1AT=\angle O_1TA=\angle OTP=\angle OPT$,从而 $O_1A\parallel OP$(也可由位似形得). 于是,有 $\triangle O_1AT\backsim\triangle OPT$,即有 $\frac{AT}{PT}=\frac{O_1A}{OP}=\frac{r}{R}$,则

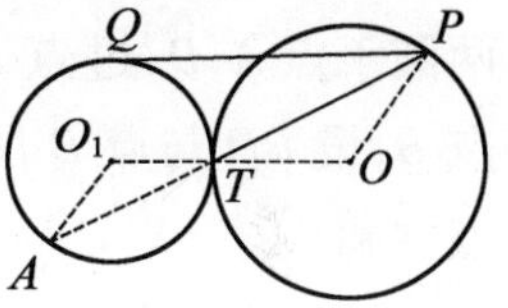

图 57.10

$$\frac{PA}{PT}=\frac{PT+AT}{PT}=1+\frac{r}{R}=\frac{R+r}{R} \quad ①$$

又由切割线定理,有

$$PQ^2=PA\cdot PT \quad ②$$

由式①,②知,$PQ^2=PT^2\cdot\frac{R+r}{R}$,故 $PT=PQ\cdot\sqrt{\frac{R}{R+r}}$.

性质 16 两圆外切于点 T,内公切线与外公切线 AB 或 CD 的交点 M 或 N 是外公切线线段的中点,$\triangle ATB$,$\triangle CTD$ 是直角三角形;且内公切线被两条外公切线所截得的线段 MN 等于外公切线线段 AB 或 CD 的长.

证明 如图 57.11,由 $MA=MT=MB$,$NC=NT=ND$,即知 M 为 AB 的中点,N 为 CD 的中点,显然 $\triangle ATB$,$\triangle CTD$ 为直角三角形.

此时,有 $AB=MN=CD$.

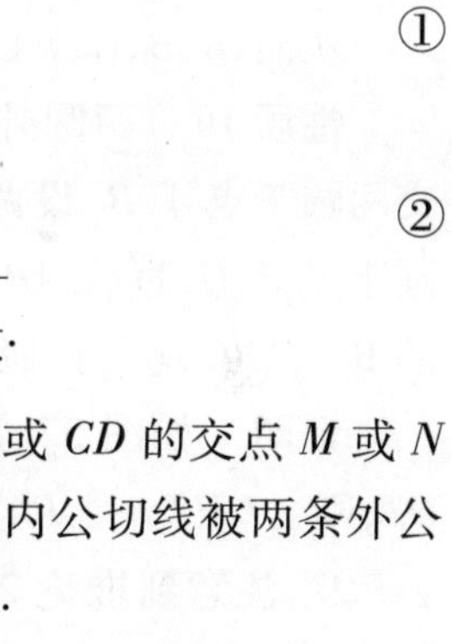

图 57.11

性质 17 设 T 是凸四边形 $ABCD$ 内的一点,$\triangle BCT$ 与 $\triangle ADT$ 的外接圆切于点 T 的充分必要条件是 $\angle ADT+\angle BCT=\angle ATB$.

证明 如图 57.12,若 $\triangle BCT$ 与 $\triangle ADT$ 的外接圆切于点 T. 过 T 作这两个圆

的公切线与 AB 交于点 Z,于是,$\angle ADT+\angle BCT=\angle ATZ+\angle BTZ=\angle ATB$.

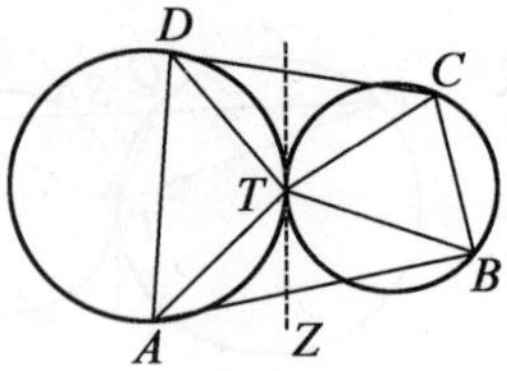

图 57.12

反之,若 $\angle ADT+\angle BCT=\angle ATB$,过点 T 作直线 TZ,与 AB 交于点 Z,且满足 $\angle ATZ=\angle ADT$, $\angle BTZ=\angle BCT$,于是,TZ 与 $\triangle ADT$ 的外接圆相切,也和 $\triangle BCT$ 的外接圆相切.故这两个圆切于点 T.

注:显然,若 T 是梯形 $ABCD$(其中 $AD/\!/BC$)两对角线 AC,BD 的交点,则 $\triangle BCT$ 与 $\triangle ADT$ 的外接圆切于点 T.

性质 18 两圆外切于点 T,过点 T 的割线分别交两圆于点 A,D,过点 A 的切线与过点 D 的割线相交于点 B,设 BD 与点 D 所在的圆交于点 C,则 A,B,C,T 四点共圆.

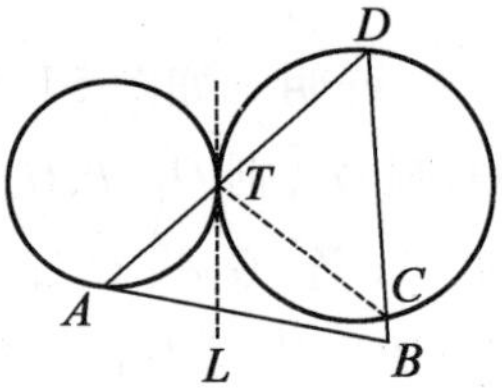

图 57.13

证明 如图 57.13,连 TC,过点 T 作切线 TL,则 $\angle TCD$ 等于 $\angle ATL$ 的对顶角,即有

326

$$\angle TAB=\angle ATL=\angle TCD$$

从而,A,B,C,T 四点共圆.

性质 19 两圆外切于点 T,过点 T 的割线分别交两圆于点 A,B,设两圆的外公切线分别对应交两圆于点 P,Q,直线 AP 与 BQ 交于点 C,则这样得到的 $\mathrm{Rt}\triangle ABC$ 均是相似的.

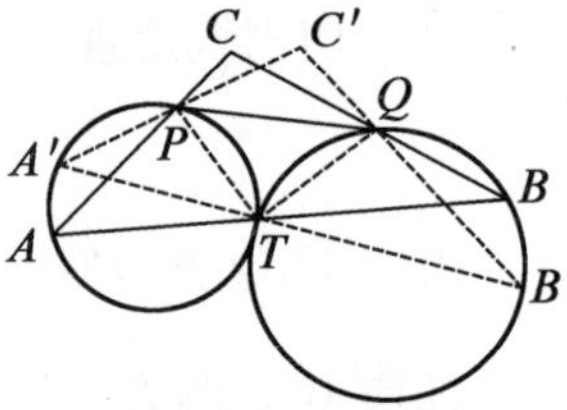

图 57.14

证明 如图 57.14,按题设作 $\triangle A'B'C'$,连 PT,QT,则 $\angle PA'T=\angle PAT=\angle QPT$, $\angle QB'T=\angle QBT=\angle PQT$,注意到推论 2,由 $\angle C'A'B'=\angle CAB$, $\angle C'B'A'=\angle CBA$,得 $\mathrm{Rt}\triangle ABC\backsim\mathrm{Rt}\triangle A'B'C'$.

例 1 如图 57.15,圆 O_1 与圆 O_2 外切于点 N 且与圆 O 内切于点 A,B,圆 O_1,圆 O_2 的内公切线与圆 O 交于点 P,则

$$\frac{PA^2}{PB^2}=\frac{\sin\angle O_2O_1O}{\sin\angle O_1O_2O}$$

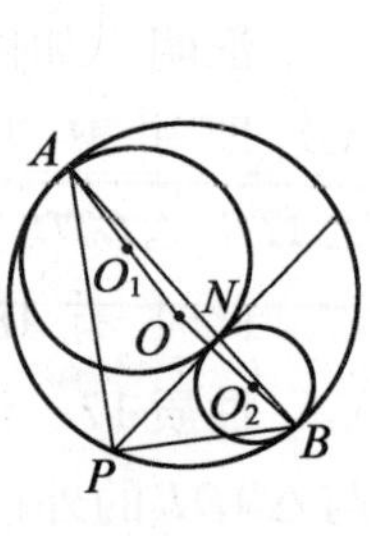

图 57.15

特别地,当 O_1,O,O_2 三点共线,即 AB 为直径时,有

$$\frac{PA^2}{PB^2}=\frac{S_{\triangle POO_2}}{S_{\triangle POO_1}}$$

证明 设圆 O_1,圆 O_2,圆 O 的半径分别为 r_1,r_2,R,由性质6,得

$$\frac{PA}{PN}=\sqrt{\frac{R}{R-r_1}},\frac{PB}{PN}=\sqrt{\frac{R}{R-r_2}}$$

从而

$$\frac{PA}{PB}=\sqrt{\frac{R}{R-r_1}}\cdot\sqrt{\frac{R-r_2}{R}}=\sqrt{\frac{R-r_2}{R-r_1}}$$

即

$$\frac{PA^2}{PB^2}=\frac{R-r_2}{R-r_1}$$

因为圆 O_1 与圆 O 内切于点 A,圆 O_2 与圆 O 内切于点 B,所以

$$O_1O=R-r_1,O_2O=R-r_2$$

从而

$$\frac{PA^2}{PB^2}=\frac{O_2O}{O_1O}$$

在 $\triangle O_1O_2O$ 中,根据正弦定理,得

$$\frac{O_2O}{O_1O}=\frac{\sin\angle O_2O_1O}{\sin\angle O_1O_2O}$$

因此

$$\frac{PA^2}{PB^2}=\frac{\sin\angle O_2O_1O}{\sin\angle O_1O_2O}$$

特别地,当 AB 时圆 O 的直径,即 O_1,O,O_2 三点共线时,如图57.16,有

$$\frac{PA^2}{PB^2}=\frac{R-r_2}{R-r_1}=\frac{OO_2}{OO_1}=\frac{S_{\triangle POO_2}}{S_{\triangle POO_1}}$$

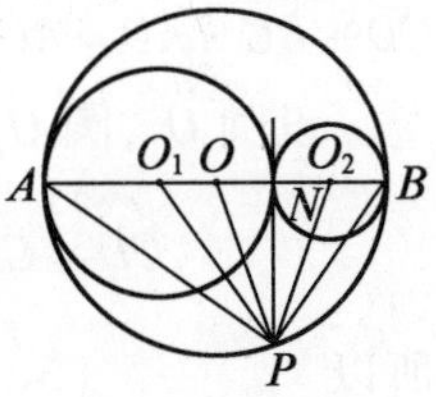

图57.16

例2 如图57.17,四边形 $ABCD$ 是半径为 R 的圆 O 的内接正方形,圆 O_1,圆 O_2,圆 O_3,圆 O_4 是半径为 $r(r<R)$ 的等圆且与圆 O 分别内切于 A,B,C,D,自圆 O 上任一点 P(与 A,B,C,D 不重合)作四等圆的切线,切点为 A',B',C',D',则 $PA'^2+PB'^2+PC'^2+PD'^2$ 为定值.

证明 由性质6,得

$$PA^2=\frac{R}{R-r}PA'^2$$

$$PB^2=\frac{R}{R-r}PB'^2$$

$$PC^2=\frac{R}{R-r}PC'^2$$

$$PD^2=\frac{R}{R-r}PD'^2$$

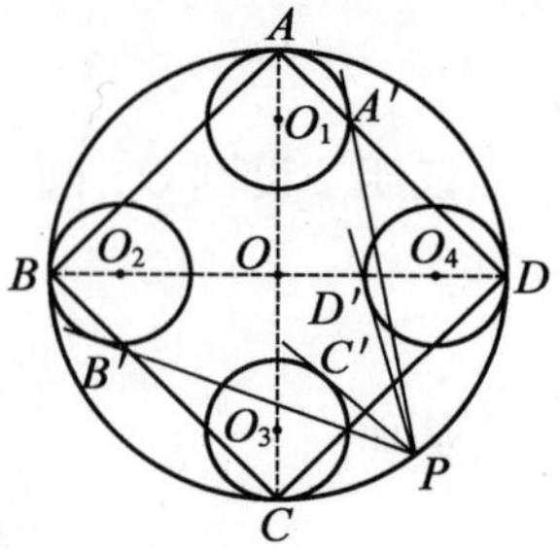

图 57.17

由于 AC,BD 为直径,根据勾股定理,得

$$PA^2+PC^2=PB^2+PD^2=(2R)^2=4R^2$$

则

$$PA^2+PB^2+PC^2+PD^2=8R^2$$

即

$$\frac{R}{R-r}(PA'^2+PB'^2+PC'^2+PD'^2)=8R^2$$

所以

$$PA'^2+PB'^2+PC'^2+PD'^2=8R(R-r)\text{(定值)}$$

例 3(托勒密定理的推广 1)　如图 57.18,已知点 A,B,C,D 在圆 O_1 上,圆 O_2 内切圆 O_1 于点 D,AM,NB,CL 分别切圆 O_2 于点 M,N,L.

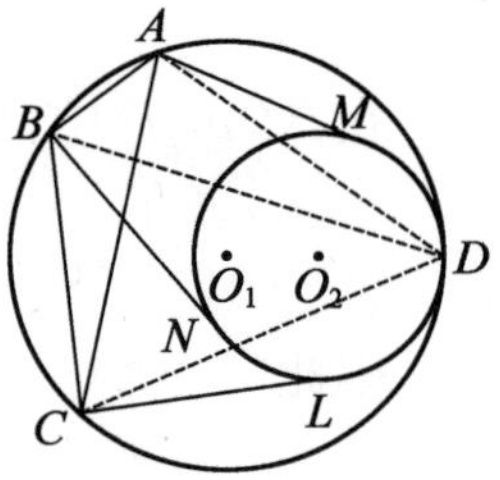

图 57.18

求证:$AB\cdot CL+BC\cdot AM=AC\cdot BN$.①

证明　联结 AD,BD,CD,由托勒密定理可知,$AB\cdot CD+BC\cdot AD=AC\cdot BD$.

设圆 O_1,圆 O_2 的半径分别为 R,r,则由性质 6,有

$$CD=CL\cdot\sqrt{\frac{R}{R-r}},AD=AM\cdot\sqrt{\frac{R}{R-r}},BD=BN\cdot\sqrt{\frac{R}{R-r}}$$

所以

$$AB\cdot CL\cdot\sqrt{\frac{R}{R-r}}+BC\cdot AM\cdot\sqrt{\frac{R}{R-r}}=AC\cdot BN\cdot\sqrt{\frac{R}{R-r}}$$

所以

$$AB\cdot CL+BC\cdot AM=AC\cdot BN$$

当圆 O_1 与圆 O_2 外切时,如图 57.19,由所得结论和托勒密定理不难证明

① 张留杰,邱继勇.第 1578 问题的简单证明、推广及应用[J].数学通报,2006(7):60-61.

$AB\cdot CL+BC\cdot AM=AC\cdot BN$ 也成立(这时要应用性质 15).

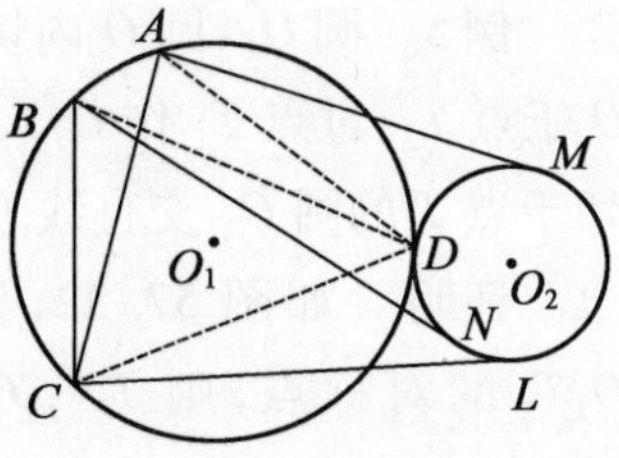

图 57.19

当我们将图 57.19 中的点 B,C,D 均膨胀为与原来的圆相切的等圆时,也有着与推广 1 相对应的形式,这里只给出推广形式,有兴趣的读者可仿照推广 1 的证明解如下问题:

问题(托勒密定理的推广 2):如图 57.20,已知点 A,B,C,D 在圆 O_1 上,圆 O_2 内切圆 O_1 于点 B,圆 O_3 内切圆 O_1 于点 C,圆 O_4 内切圆 O_1 于点 D,且圆 O_2,圆 O_3,圆 O_4 为等圆,过点 A 分别引这三个等圆的切线 AM,AN,AL,切点分别为 M,N,L,则 $AM\cdot CD+BC\cdot AL=AN\cdot BD$.

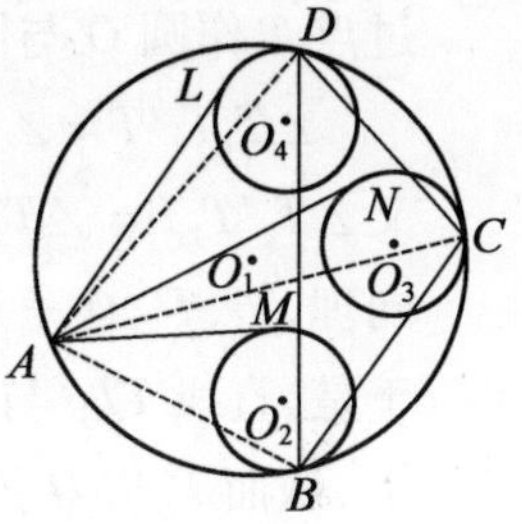

图 57.20

同理,当等圆圆 O_2,圆 O_3,圆 O_4 分别外切圆 O_1 于点 B,C,D 时,该结论也成立.

例 4 两圆外切于点 T,则在过 T 的切线夹在两条外公切线以外的部分上任一点 P,可同时作两个圆,一个与前面的两圆外切,另一个与前面的两圆内切.

证明 如图 57.21,设 $T_1T_2,T_1'T_2'$ 为两已知外切圆的公切线,T_1,T_2,T_1',T_2' 为切点. 连 PT_1,PT_2 分别交两已知圆于另一点 P_1,P_2,则过 P,P_1,P_2 可作圆 O 分别与两已知圆外切. 这是因为 $PT_1\cdot PP_1=PT^2=PT_2\cdot PP_2$,知 P_1,T_1,T_2,P_2 四点共圆. 从而 $\angle PP_1P_2=\angle PT_2T_1$.

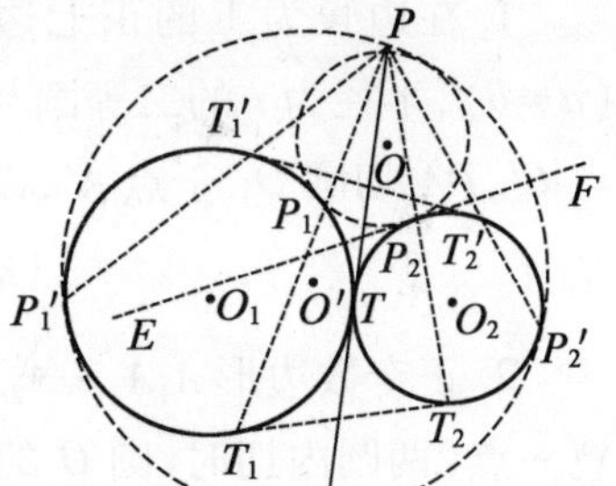

图 57.21

设两已知圆中的圆 O_2 在 P_2 处的切线为 EF,则 $\angle PT_2T_1=\angle EP_2T_2=\angle PP_2F$, $\angle PP_2F=\angle PP_1P_2$,因此,$EF$ 也与圆 O 相切,于是圆 O 与圆 O_2 相切.

同理,圆 O 与圆 O_1 也相切.

反之,若圆 O 过 P 并且分别与圆 O_1,圆 O_2 切于点 P_1,P_2. 设 PP_1,PP_2 分别再交圆 O_1,圆 O_2 于点 T_1,T_2,则易知 T_1T_2 是圆 O_1,圆 O_2 的公切线.

因此,过点 P 可作圆 O 与圆 O_1、圆 O_2 均外切.

同理,过点 P 可作圆 O' 与圆 O_1、圆 O_2 均内切,如图.

例5 圆 O_1,圆 O 内切于点 T_1,过 T_1 作割线交小圆圆 O_1 于点 T,交大圆圆 O 于点 T_2,过点 T_2 作 O_1T_2 垂直的直线交圆 O 于点 Q,过点 T_2 且与圆 O_1 相外切于点 T 的圆 O_2 交直线 QT_2 于点 P,则 $QT_2=T_2P$.

证明 如图 57.22,设 T_1',T' 是 T_1,T 关于直线 O_1T_2 的对称点,则 T_1',T' 均在圆 O_1 上,且 $T_1'T_1 /\!/ T'T /\!/ QP$.

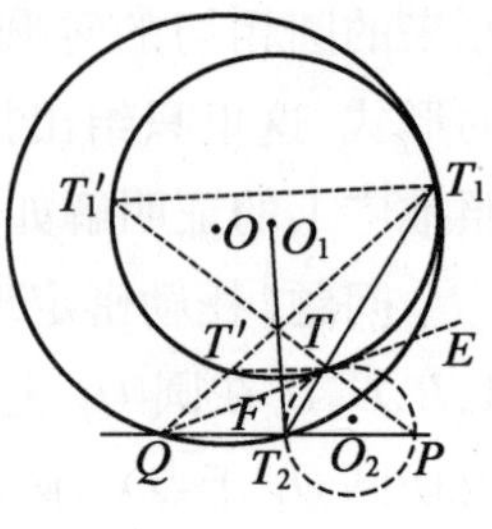

图 57.22

过点 T 作圆 O 与圆 O_2 的公切线 FE,则

$$\angle T_1T_1'T=\angle ETT_1=\angle FTT_2=\angle TPT_2$$

又 $\angle T_1'T_1T=\angle TT_2P$,因此,$T_1'$,$T$,$P$ 三点共线.

同理,T_1,T',Q 三点共线.

于是,直线 TT_1' 与 $T'T_1$ 关于直线 O_1T_2 对称,而 P 在直线 TT_1' 上,Q 在直线 $T'T_1$ 上,从而 P 与 Q 关于直线 O_1T_2 对称. 故 $QT_2=T_2P$.

注:此例结论表明:对于相交的两圆,可以作一个圆既与其中一圆相外切,又与另一圆相内切.

思考题

1. 在边长为 1 的正七边形 $ABCDEFG$ 中,对角线 AD,BG 的长分别为 a,b $(a\neq b)$,半径为 r 的二等圆与正七边形的外接圆内切于点 A,G,BG' 切圆 O_2 于点 G',DA' 切圆 O_1 于点 A',设 $BG'=b'$,$DA=a'$,则

$$(a'+b')^2(a'-b')=a'b'^2$$

2. 正奇数边形 $A_1A_2\cdots A_{2n+1}$ $(n\geqslant1)$ 的外接圆与圆 O 相切于劣弧 $\overset{\frown}{A_1A_{2n+1}}$ 上任意一点(两圆内切时,圆 O 的半径较小). 记从各顶点 A_i 所作的圆 O 的切线之长为 t_i $(i=1,2,\cdots,2n+1)$. 能否证明

$$t_1+t_3+\cdots+t_{2n+1}=t_2+t_4+\cdots+t_{2n}$$

请给出 $n=1,2,3$ 时的证明.

3. 两圆相切于点 T,过点 T 的两条割线与两圆相交 A,B 及 C,D,则同一圆上的两交点形成的弦互相平行,即 $AC /\!/ BD$.

4. 两圆相切于点 T,过点 T 的一条割线与两圆相交于点 A,B,则过 A,B 分别作两圆的切线平行.

5. 两圆相切于点 T,一直线分别与两圆依次相交于点 A,B,C,D,则 $\angle ATC$

与$\angle BTD$相补或相等.

思考题　参考解答

1. 如图 57.23,连 BD,EG,BE,DG,则

$$BD=EG=BG=b$$
$$DG=BE=AD=a$$
$$DE=AB=1$$

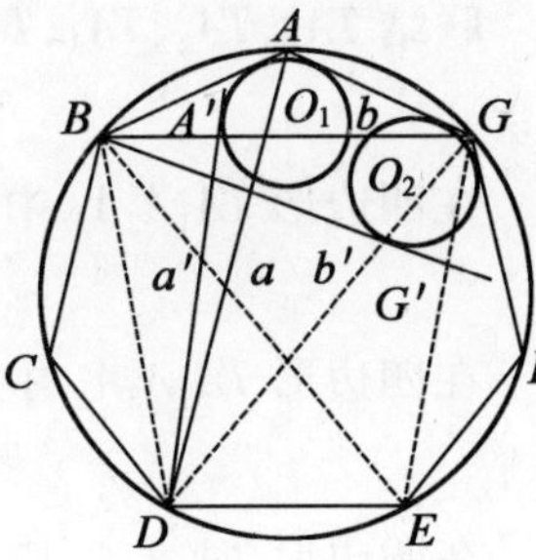

图 57.23

在四边形 $ABDG$ 中,由托勒密定理,有

$$AD\cdot BG=AB\cdot DG+BD\cdot AG$$

即
$$a\cdot b=a+b \quad ①$$

在四边形 $BDEG$ 中,由托勒密定理,有

$$BE\cdot DG=DE\cdot BG+BD\cdot EG$$

即
$$a^2=b+b^2$$

从而

$$b=a^2-b^2 \quad ②$$

由①×②,得

$$ab^2=(a+b)^2(a-b) \quad ③$$

由性质 15,得

$$a=\sqrt{\frac{R}{R-r}}a',b=\sqrt{\frac{R}{R-r}}b'$$

将 a,b 代入式③,得

$$\sqrt{\frac{R}{R-r}}a'\left(\sqrt{\frac{R}{R-r}}b'\right)^2=\left(\sqrt{\frac{R}{R-r}}\right)^2(a'+b')^2\sqrt{\frac{R}{R-r}}(a'-b')$$

即
$$a'b'^2=(a'+b')^2(a'-b')$$

2. 当 $n=1$ 时,如图 57.24,设两圆内切于点 T,T 在劣弧$\overset{\frown}{A_1A_3}$内,联结 TA_1,TA_2,TA_3,在四边形 $TA_1A_2A_3$ 中应用托勒密定理,有

$$TA_1\cdot A_2A_3+TA_3\cdot A_1A_2=TA_2\cdot A_1A_3$$

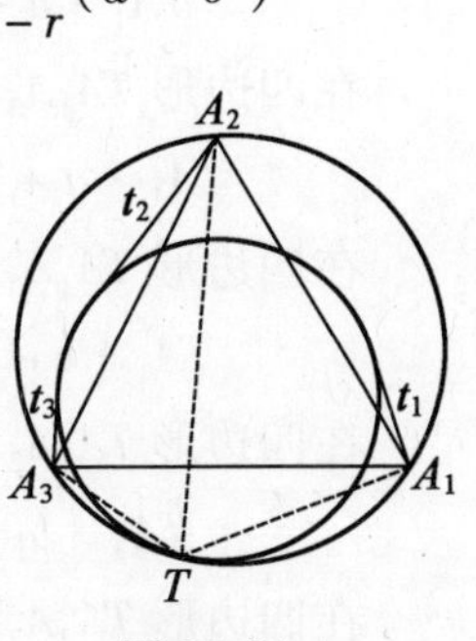

图 57.24

亦即,有

$$TA_1+TA_3=TA_2$$

再应用性质6,即有 $t_1+t_3=t_2$.

当 $n=2$ 时,如图57.25,设两圆内于点 T,T 在劣弧 $\overset{\frown}{A_1A_5}$ 内,设正五边形 $A_1A_2A_3A_4A_5$ 的边长为 a,对角线长为 b.

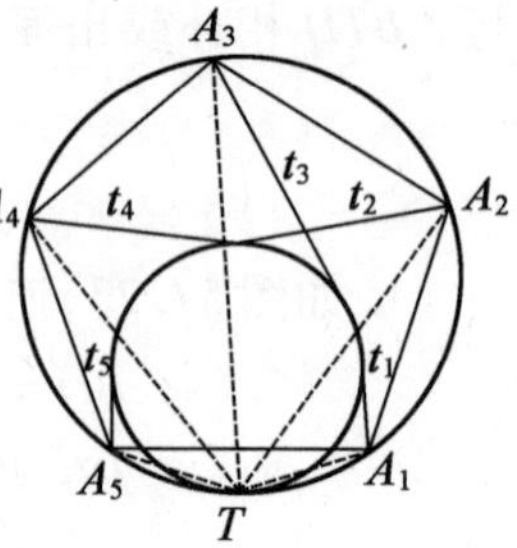

图57.25

联结 TA_1,TA_2,TA_3,TA_4,TA_5,注意到托勒密定理,则:

在四边形 $TA_1A_2A_3$ 中,有

$$TA_1\cdot a+TA_3\cdot a=TA_2\cdot b$$

在四边形 $TA_1A_3A_5$ 中,有

$$TA_1\cdot b+TA_5\cdot b=TA_3\cdot a$$

在四边形 $TA_2A_3A_4$ 中,有

$$TA_3\cdot b=TA_2\cdot a+TA_4\cdot a$$

在四边形 $TA_3A_4A_5$ 中,有

$$TA_3\cdot a+TA_5\cdot a=TA_4\cdot b$$

由上述4式左、右两边相加,整理即得

$$TA_1+TA_3+TA_5=TA_2+TA_4$$

再应用性质6,即有 $t_1+t_3+t_5=t_2+t_4$.

当 $n=3$ 时,如图57.26,多边形为正七边形 $A_1A_2A_3A_4A_5A_6A_7$. 设其边长,对角线长依次为 a,b,c. 设两圆内切于点 T,T 在劣弧 $\overset{\frown}{A_1A_7}$ 内,联结 $TA_1,TA_2,TA_3,TA_4,TA_5,TA_6,TA_7$. 注意到托勒密定理,则:

在四边形 $TA_1A_2A_3$ 中,有

$$TA_1\cdot a+TA_3\cdot a=TA_2\cdot b$$

在四边形 $TA_1A_3A_5$ 中,有

$$TA_1\cdot a+TA_5\cdot b-TA_3\cdot c=0$$

在四边形 $TA_1A_3A_6$ 中,有

$$TA_1\cdot c-TA_3\cdot b=-TA_6\cdot b$$

在四边形 $TA_2A_3A_4$ 中,有

$$TA_3\cdot b=TA_4\cdot a+TA_2\cdot a$$

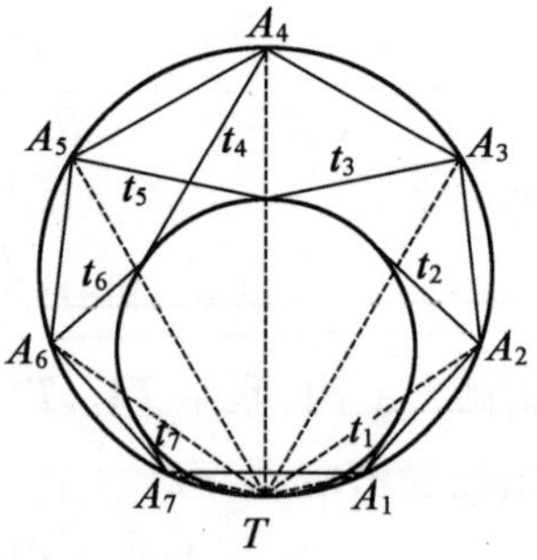

图57.26

在四边形 $TA_2A_3A_6$ 中,有

$$TA_3 \cdot c = TA_6 \cdot a + TA_2 \cdot c$$

在四边形 $TA_2A_4A_5$ 中,有

$$TA_5 \cdot b = TA_2 \cdot a - TA_4 \cdot c$$

在四边形 $TA_2A_6A_7$ 中,有

$$TA_7 \cdot c = TA_6 \cdot b - TA_2 \cdot a$$

在四边形 $TA_3A_4A_5$ 中,有

$$TA_3 \cdot a + TA_5 \cdot a = TA_4 \cdot b$$

在四边形 $TA_3A_4A_6$ 中,有

$$TA_3 \cdot b = TA_4 \cdot c - TA_6 \cdot a$$

在四边形 $TA_3A_4A_7$ 中,有

$$TA_3 \cdot c + TA_7 \cdot a = TA_4 \cdot c$$

在四边形 $TA_3A_5A_6$ 中,有

$$TA_5 \cdot c - TA_3 \cdot a = TA_6 \cdot b$$

在四边形 $TA_4A_5A_6$ 中,有

$$TA_5 \cdot b = TA_4 \cdot a + TA_6 \cdot a$$

在四边形 $TA_4A_6A_7$ 中,有

$$TA_7 \cdot b = TA_6 \cdot c - TA_4 \cdot a$$

由上述 13 式左、右两边相加,整理即得

$$TA_1 + TA_3 + TA_5 + TA_7 = TA_2 + TA_4 + TA_6$$

再应用性质 6,即有 $t_1 + t_3 + t_5 + t_7 = t_2 + t_4 + t_6$.

3. 如图 57.27,过点 T 作两圆的公切线 STL,由 $\angle ACT = \angle ATS = \angle BTL = \angle TDB$ 或 $\angle ACT = \angle ATS = \angle TDB$,从而知 $AC /\!/ BD$.

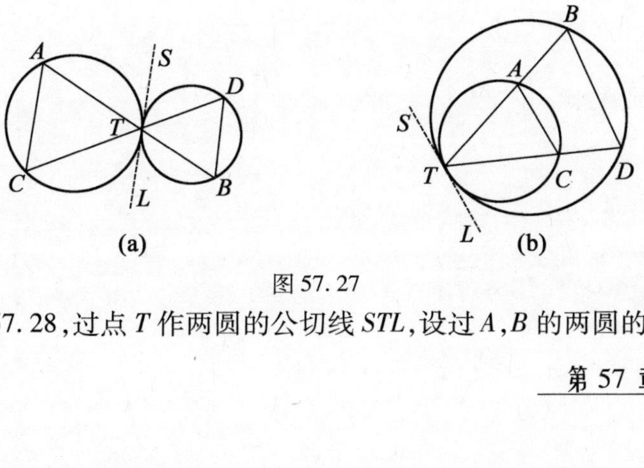

图 57.27

4. 如图 57.28,过点 T 作两圆的公切线 STL,设过 A,B 的两圆的各自切线与

STL 分别交于点 S,L,则 $\angle SAT=\angle STA=\angle BTL=\angle LBT$,故 $AS/\!/BL$.

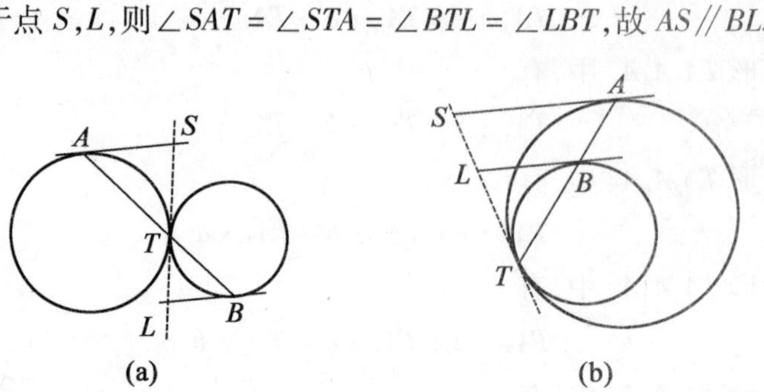

图 57.28

5. 如图 57.29,设线段 AT,BT 或其延长线交另一圆分别于点 E,F,联结 EF,则由性质知 $EF/\!/AB/\!/CD$,从而 $\overset{\frown}{EC}=\overset{\frown}{FD}$,于是,$\angle ETC=\angle FTD$. 故 $\angle ATC$ 与 $\angle BTD$ 相补或相等.

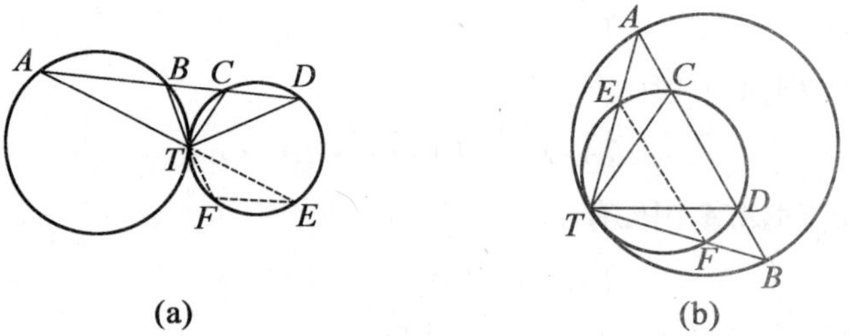

图 57.29

推论 在上述性质中,若 C 与 D 重合为一点,即直线 AB 切这个圆于点 C(或 D),则 $\angle ATC$ 与 $\angle BTC$ 相补或相等.

第58章　三圆两两相交(或相切)

三圆两两相交(或相切),有三条公共弦(或公切线),由于圆心的位置不同,三条公共弦所在直线(或公切线)有如下结论①:

结论1　三个圆的圆心不共线时,则三条公共弦所在的直线(或公切线)共点;若三个圆的圆心共线时,则三条公共弦所在直线(或公切线)相互平行或重合.

结论2　三个圆两两相交,共一条公共弦的充分必要条件是三圆的圆心共线.

事实上,这可由相交两圆的连心线垂直平分公共弦及线段的中垂线唯一即证.

推论1　三个圆两两相切,共切点的充分必要条件是三圆的圆心共线.

结论3　三个圆两两相交(或相切),共一条公共弦(或共切点)的充分必要条件是从一交点(或切点)引出的两条直线被这三圆依次截得的两条对应线段成比例.

证明　先证必要性:当三圆共一条公共弦 PQ(或共切点 P)时(图58.1).

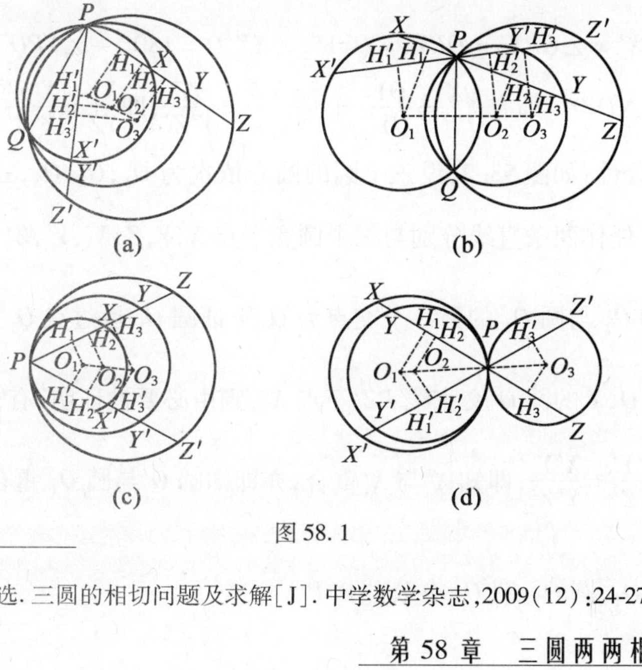

图58.1

① 沈文选.三圆的相切问题及求解[J].中学数学杂志,2009(12):24-27.

证法1:如图58.1,设三个圆的圆心依次为 O_1, O_2, O_3. 因三个圆有公共弦 PQ(或有公切点 P),则由结论2及推论1,知 O_1, O_2, O_3 共线. 过 O_1, O_2, O_3 分别作直线 PZ(P 为三个圆的公共交点或切点,PZ 依次交三圆于 X, Y, Z)和直线 PZ'(PZ'依次交三圆于 X', Y', Z')的垂线,垂足分别为 $H_1, H_2, H_3; H_1', H_2', H_3'$.

易知,$PX = 2PH_1, PY = 2PH_2, PZ = 2PH_3$,则$\frac{XY}{YZ} = \frac{H_1H_2}{H_2H_3} = \frac{O_1O_2}{O_2O_3}$.

同理,$\frac{X'Y'}{Y'Z'} = \frac{H_1'H_2'}{H_2'H_3'} = \frac{O_1O_2}{O_2O_3}$. 故$\frac{XY}{YZ} = \frac{X'Y'}{Y'Z'}$.

证法2:仅就如图58.2的情形给出证明(其他情形图的证明留给读者,下同),圆 O_1,圆 O_2,圆 O_3 有公共弦 PQ,直线 PZ,直线 PZ'依次交三圆于点 $X, Y, Z; X', Y', Z'$.

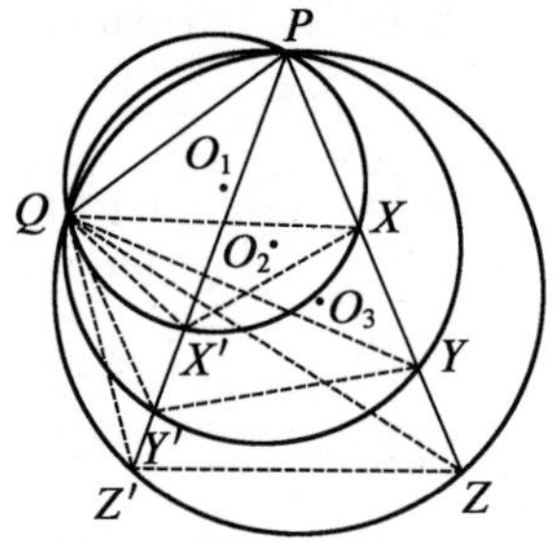

图58.2

由$\angle QXY = 180° - \angle QXP = 180° - \angle Q'X'P = \angle QX'Y$,及$\angle QYP = \angle QY'P$,知$\triangle QXY \backsim \triangle QX'Y'$.

同理,$\triangle QYZ \backsim \triangle QY'Z'$. 于是,有$\frac{QX}{QX'} = \frac{XY}{X'Y'}$, $\frac{QY}{QY'} = \frac{YZ}{Y'Z'}$.

又$\angle QXX' = \angle QPX' = QPY' = QYY'$, $\angle XX'Q = 180° - \angle YPQ = \angle YY'Q$,则知$\triangle QXX' \backsim \triangle QYY'$,即有$\frac{QX}{QX'} = \frac{QY}{QY'}$. 于是$\frac{XY}{X'Y'} = \frac{YZ}{Y'Z'}$,即$\frac{XY}{YZ} = \frac{X'Y'}{Y'Z'}$.

再证充分性:如图58.2,设三个圆的圆心依次为 O_1, O_2, O_3,三个圆的公共点为 P,过 P 任作两条直线分别与三个圆交于点 $X, Y, Z; X', Y', Z'$,且满足$\frac{XY}{YZ} = \frac{X'Y'}{Y'Z'}$. 又设圆 O_2 与圆 O_3 的另一个交点为 Q,下证圆 O_1 也过点 Q.

设过 P, Q, X 的圆 O'交直线 PZ'于点 X'',则由必要性证明,有$\frac{XY}{YZ} = \frac{X''Y}{Y'Z'}$.

此时,$\frac{X'Y'}{Y'Z'} = \frac{X''Y'}{Y'Z'}$,即知 X''与 X'重合,亦即知圆 O'与圆 O_1 重合,故圆 O_1 也过点 Q.

亦即圆 O_1,圆 O_2,圆 O_3 有公共弦 PQ.

推论2 三个圆两两相交(或相切)有公共弦 PQ(或公切点 P)时,过点 P 的割线段 PA,PB 依次交三个圆于 $D,E,A;C,F,B$. 若点 M,N,L 分别在线段 DC,EF,AB 上,且满足 $\frac{DM}{MC}=\frac{EN}{NF}=\frac{AL}{LB}$,则 M,N,L 三点共线.

证明 仅就图 58.3 的情形给出证明.

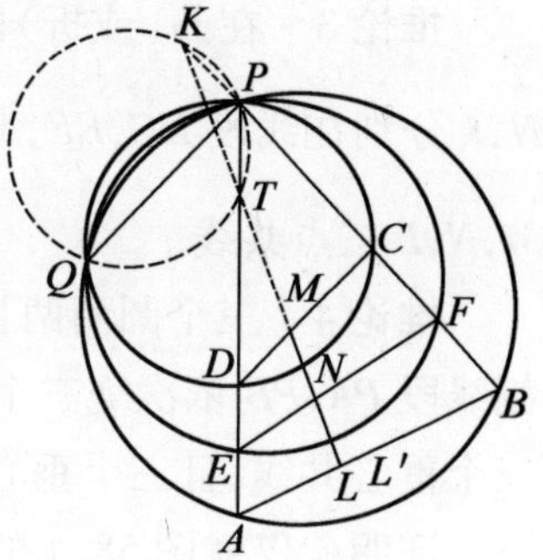

图 58.3

设直线 NM 交直线 PA 于点 T,交 BP 或延长线于点 K.

对 $\triangle PDC$ 及截线 KTM,$\triangle PEF$ 及截线 KTN 分别应用梅涅劳斯定理,有

$$\frac{PT}{TD}\cdot\frac{DM}{MC}\cdot\frac{CK}{KP}=1,\frac{PT}{TE}\cdot\frac{EN}{NF}\cdot\frac{FK}{KP}=1 \qquad ①$$

上式两式相除,得

$$\frac{CK}{TD}\cdot\frac{DM}{MC}=\frac{EN}{NF}\cdot\frac{FK}{TE} \qquad ②$$

由题设有 $\frac{DM}{MC}=\frac{EN}{NF}$,则由式②有 $\frac{CK}{TD}=\frac{FK}{TE}$,即有 $\frac{KC}{KF}=\frac{TD}{TE}$,亦即,有

$$\frac{KC}{CF}=\frac{TD}{DE} \qquad ③$$

对于式③,应用结论 3,知 Q,T,P,K 四点共圆. 即知圆 $QTPK$,圆 $QDCP$,圆 $QEFP$ 有公共弦 PQ.

此时,有由结论 3,当圆 $QTPK$,圆 $QEFP$,圆 $QABP$ 有公共弦 PQ 时,有 $\frac{BF}{FK}=\frac{AE}{ET}$,亦即 $\frac{KB}{FK}=\frac{TA}{ET}$,从而有

$$\frac{KB}{TA}=\frac{FK}{TE} \qquad ④$$

设直线 KN 交 AB 于点 L',对 $\triangle PAB$ 及截线 KTL' 应用梅涅劳斯定理,有

$$\frac{PT}{TA}\cdot\frac{AL'}{L'B}\cdot\frac{BK}{KP}=1$$

由上式和式①两式相除,得

$$\frac{BK}{TA}\cdot\frac{AL'}{L'B}=\frac{EN}{NF}\cdot\frac{FK}{TE} \qquad ⑤$$

将式④代入式⑤,得$\frac{AL'}{L'B}=\frac{EN}{NF}$. 注意到已知条件$\frac{EN}{NF}=\frac{AL}{LB}$,有$\frac{AL'}{L'B}=\frac{AL}{LB}$.

从而L'与L重合. 故M,N,L三点共线.

由推论2即得如下结论:

推论3 在凸(或折)四边形$ABCD$中,E,F分别在线段AD,BC上,点M,N,L分别在线段DC,EF,AB或其延长线上,且满足$\frac{DE}{EA}=\frac{CF}{FB},\frac{DM}{MC}=\frac{EN}{NF}=\frac{AL}{LB}$,则$M,N,L$三点共线.

推论4 三个圆两两相交(或相切)有公共弦PQ(或公切点P),过点P的割线段PA,PB依次交三个圆于点$D,E,A;C,F,B$,则$\triangle PDC,\triangle PEF,\triangle PAB$的三个重心共线,且三个垂心共线.

证明 仅就图58.4的情形给出证明.

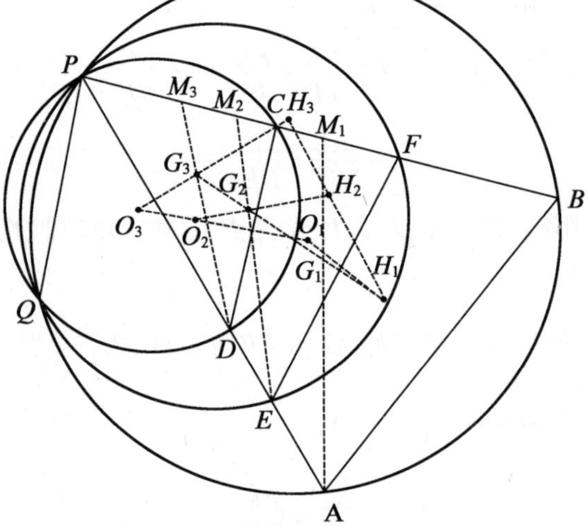

图58.4

设$\triangle PAB,\triangle PEF,\triangle PDC$的重心分别为$G_1,G_2,G_3$,又$M_1,M_2,M_3$分别为$PB,PF,PC$的中点,则注意到结论3,有

$$\frac{M_1M_2}{M_2M_3}=\frac{M_1P-M_2P}{M_2P-M_3P}=\frac{\frac{1}{2}(BP-FP)}{\frac{1}{2}(FP-CP)}=\frac{BF}{FC}=\frac{AE}{ED}$$

而 G_1, G_2, G_3 分别在线段 AM_1, EM_2, DM_3 上，且 $\frac{AG_1}{G_1M_1}=\frac{EG_2}{G_2M_2}=\frac{DG_3}{G_3M_3}=2$，则由推论 3，知 G_1, G_2, G_3 三点共线.

设 O_1, O_2, O_3 分别为 $\triangle PAB$，$\triangle PEF$，$\triangle PDC$ 的外心，则由结论 2，知 O_1, O_2, O_3 三点共线，且由结论 3 的必要性证法 1，知 $\frac{O_1O_2}{O_2O_3}=\frac{M_1M_2}{M_2M_3}$.

再注意到欧拉线定理，三角形的外心，重心，垂心共线，且其间距离成比例，从而由推论 3 知 $\triangle PAB$，$\triangle PEF$，$\triangle PDC$ 的垂心 H_1, H_2, H_3 共线.

由结论 3 还可得到如下结论：

推论 5 两圆相交的公共弦为 PQ，过点 P 的割线 XY 与 $X'Y'$ 分别交第一个圆于点 X, X'，交第二个圆于点 Y, Y'. 若有一点 O，使得 $\triangle OXY$ 与 $\triangle OX'Y'$ 反向相似，则 $OQ \perp QP$.

证明 在图 58.5 中，$\triangle O_1XY$ 与 $\triangle O_1X'Y'$ 以及 $\triangle O_2XY$ 与 $\triangle O_2X'Y$ 似乎顺向相似，但 O_1, O_2 是不存在的. 反向相似存在于图 58.5(b) 中，设 O 在直线 XY，$X'Y'$ 上的射影分别为 Z, Z'. 则由反向的 $\triangle OXY \backsim \triangle OX'Y'$，知 $\triangle OYZ \backsim \triangle OY'Z'$，即有 $\frac{XY}{YZ}=\frac{X'Y'}{Y'Z'}$.

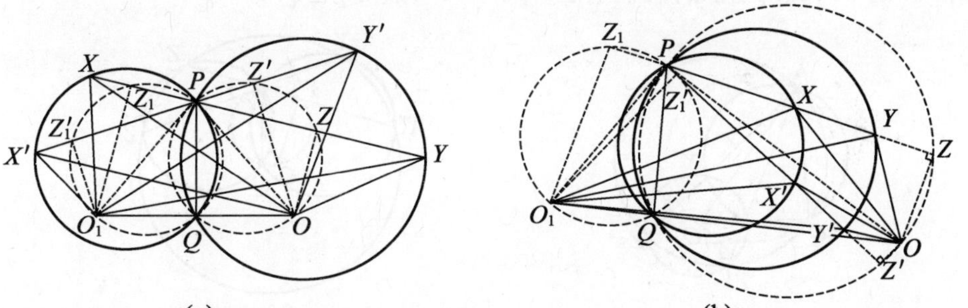

图 58.5

注意到结论 3，知 P, Q, Z', Z 四点共圆，即知 P, Q, Z', O, Z 五点共圆.

于是 $\angle PQO=90°$，故 $OQ \perp QP$.

推论 6 两圆相交的公共弦为 PQ，过点 P 的割线 XZ 与 $X'Z'$ 分别交第一个圆于点 X, X'，交第二个圆于点 Z, Z'. 若线段 XZ 的中垂线与线段 $X'Z'$ 的中垂线相交于点 O，则 $OQ \perp QP$.

证明 如图 58.6，设 Y, Y' 分别为 $XZ, X'Z'$ 的中点，则 $OY \perp XZ$，$OY' \perp X'Z'$.

从而,即知 P,Y,O,Y' 四点共圆,且 PO 为其直径.

此时,$\frac{XY}{YZ}=\frac{X'Y'}{Y'Z'}=1$,注意到结论 3,知 P,Y,Y',Q 四点共圆.

于是,P,Y,O,Y',Q 五点共圆,有 $\angle PQO=90°$,故 $OQ\perp QP$.

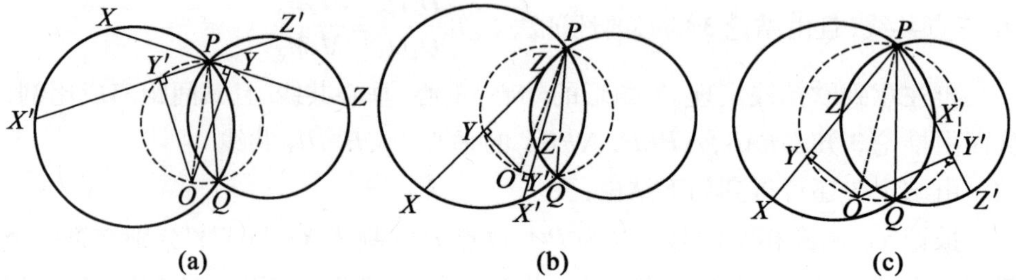

图 58.6

推论 7 两圆相交的公共弦为 PQ,过点 P 的割线 XZ 与 $X'Z'$ 分别交第一个圆于点 X,X',交第二个圆于点 Z,Z'. 若 X,Z,Z',X' 四点共圆,圆心为 O,则 $OQ\perp QP$.

证明 如图 58.7,设 Y,Y' 分别为 $XZ,X'Z'$ 的中点,则 $OY\perp XZ,OY'\perp X'Z'$. 从而即知 P,Y,O,Y' 四点共圆,且 PO 为其直径,此时 $\frac{XY}{YZ}=\frac{X'Y'}{Y'Z'}=1$. 注意到结论 3,知 P,Y,O,Y',Q 五点共圆,有 $\angle PQO=90°$,故 $OQ\perp QP$.

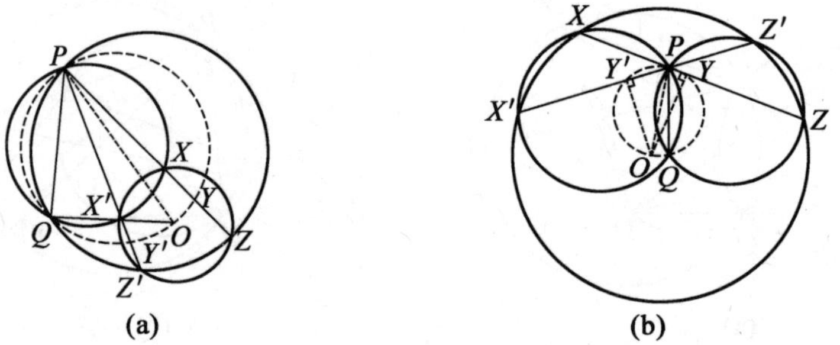

图 58.7

结论 4 三个圆两两相交,一条与三圆相交(异于公共弦的端点)的直线依次与各圆交于六点,过第一、五、六点分别作该圆的直径,则这三个圆共一条公共弦,且三条直径的另一端点为顶点的三角形的垂心在公共弦所在直线上的充分必要条件是这三条直径的端点构成完全四边形的六个顶点.

证明 如图 58.8,三个圆的圆心分别为 M,N,L,点 A,B,C 相应为直线与三个圆的交点,D,F,E 分别为三条直径的另一端点.

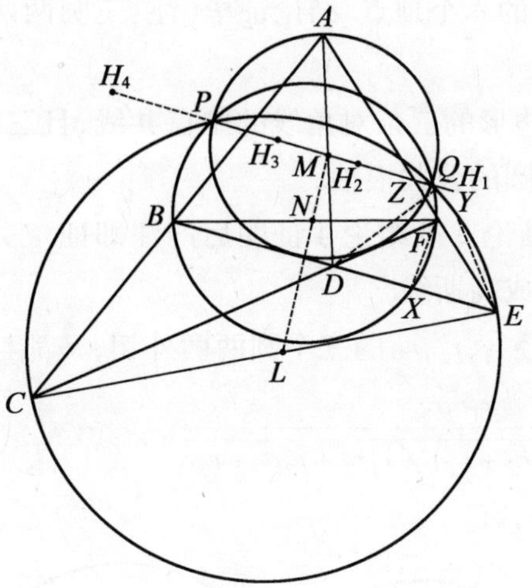

图 58.8

充分性:当 A,B,C,D,E,F 构成完全四边形的六个顶点时,则 M,N,L 分别为完全四边形的三条对角线 AD,BF,CE 的中点. 设 H_1,H_2,H_3,H_4 分别为 $\triangle DEF,\triangle ACF,\triangle ABE,\triangle BCD$ 的垂心. 注意到三角形垂心的性质:三角形的垂心是所有过任一条高的两个端点的圆的根心,即知 H_1 是三个圆的根心,对于 $\triangle DEF$,在它的边所在直线上的点 C,B,A,H_1 关于以 CE,BF,AD 为直径的圆的幂相等,即 H_1 在这三个圆两两的根轴上.

同样,对 $\triangle ACF$,在它的边所在直线上的点 B,D,E,其垂心 H_2 关于以 CE,BF,AD 为直径的圆的幂相等,即 H_2 在这三个圆两两的根轴上.

同理,H_3,H_4 也都在这三个圆两两的根轴上.

于是,H_1,H_2,H_3,H_4 均在这三个圆两两的根轴上,即这三个圆两两的根轴重合,亦即共轴,三个圆两两相交时,三个圆共公共弦 PQ 如图所示,显然 $\triangle DEF$ 的垂心 H_1 在直线 PQ 上.

必要性:设圆 M,圆 N,圆 L 共公共弦 PQ,且 $\triangle DEF$ 的垂心 H_1 在直线 PQ 上时.

联结 AF,BD,CD,由于 H_1 在直线 PQ 上,则知 H_1 在这三个圆两两的根轴上,即 H_1 关于以 CE,BF,AD 为直径的圆的幂相等,从而知这三个圆分别过 $\triangle DEF$ 的三条高 EY,FX,DZ(图 58.8)的端点,于是知 C,B,A 分别在边 FD,ED,EF 所在的直线上,故 BE 与 CF 交于点 D. 点 A,F,E 三点共线,即 A,B,C,

D,E,F 为完全四边形的六个顶点. 结论证毕(注:三圆两两不相交时,也有类似于结论 4 的结论).

推论 8 完全四边形的三条对角线的中点共线,且三中点所在直线垂直于以对角线为直径的三圆的公共根轴.

事实上,这可由结论 2 及结论 4 证明后的注即证. 三条对角线的中点所在直线也常称为牛顿线或高斯线.

结论 5 如果半径 r_1,r_2,r_3 的三个圆两两外切,又都与半径为 r_4 的圆外切,则 $r_4=\dfrac{r_1r_2r_3}{2\sqrt{r_1r_2r_3(r_1+r_2+r_3)}+r_1r_2+r_2r_3+r_3r_1}$.

证明 如图 58.9,有

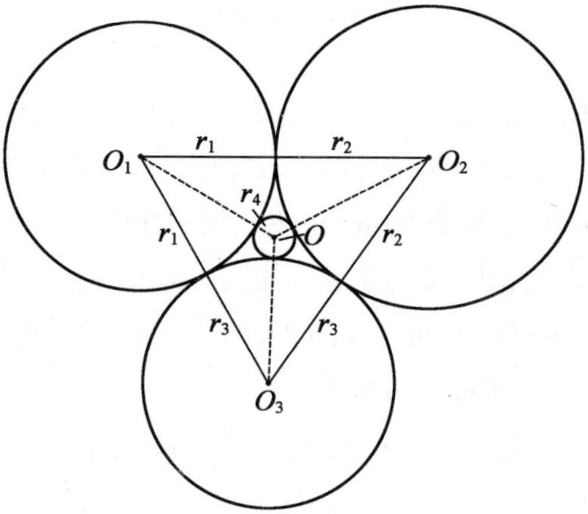

图 58.9

$$O_1O_2=r_1+r_2=a,O_1O_3=r_1+r_3=b,O_2O_3=r_2+r_3=c$$

$$O_3O=r_3+r_4=x,O_2O=r_2+r_4=y,O_1O=r_1+r_4=z$$

记$\angle O_1OO_2=\alpha,\angle O_2OO_3=\gamma,\angle O_3OO_1=\beta$,则 $\alpha+\beta+\gamma=2\pi$.

由余弦定理,得

$$\cos\alpha=\frac{y^2+z^2-a^2}{2yz} \quad ①$$

$$\cos\beta=\frac{z^2+x^2-b^2}{2zx} \quad ②$$

$$\cos\gamma=\frac{x^2+y^2-z^2}{2xy} \quad ③$$

而

$$\begin{aligned}\cos\gamma &=\cos(2\pi-\alpha-\beta)=\cos(\alpha+\beta)\\ &=\cos\alpha\cdot\cos\beta-\sin\alpha\cdot\sin\beta\\ &=\cos\alpha\cdot\cos\beta-\sqrt{(1-\cos^2\alpha)(1-\cos^2\beta)}\end{aligned}$$

由式①~③,得

$$\frac{x^2+y^2-c^2}{2xy}=\frac{y^2+z^2-a^2}{2yz}\cdot\frac{z^2+x^2-b^2}{2zx}-\sqrt{\left[1-\left(\frac{y^2+z^2-a^2}{2yz}\right)^2\right]\cdot\left[1-\left(\frac{z^2+x^2-b^2}{2zx}\right)^2\right]}$$

化简得

$$\begin{aligned}&2z^2(x^2+y^2-c^2)-(y^2+z^2-a^2)(z^2+x^2-b^2)\\ =&-\sqrt{[4y^2z^2-(y^2+z^2-a^2)^2]\cdot[4z^2x^2-(z^2+x^2-b^2)^2]}\end{aligned}$$

平方并化简得

$$\sum a^2(x^2-y^2)(x^2-z^2)-\sum a^2(b^2+c^2-a^2)\cdot x^2+a^2b^2c^2=0$$

其中$\sum$表示将a,b,c轮换,x,y,z对应轮换而得出的三个式子的和.

再将$a=r_2+r_1,b=r_3+r_1,c=r_3+r_2,x=r_3+r_4,y=r_2+r_4,z=r_1+r_4$代入并化简,得

$$r_4=\frac{r_1r_2r_3}{2\sqrt{r_1r_2r_3(r_1+r_2+r_3)}+r_1r_2+r_2r_3+r_3r_1}$$

结论6 圆O_1与圆O_2外切于点T,且分别与圆O内切于点T_1,T_2,则直线OT,O_1T_2,O_2T_1共点,且$\angle OO_2O_1=2\angle TT_1T_2$(或$\angle OO_1O_2=2\angle TT_2T_1$).

证明 如图58.10,可设圆O_1,圆O_2,圆O的半径分别为r_1,r_2,r.显然,$T_1,O_1,O;O,O_2,T_2;O_1,T,O_2$分别三点共线.

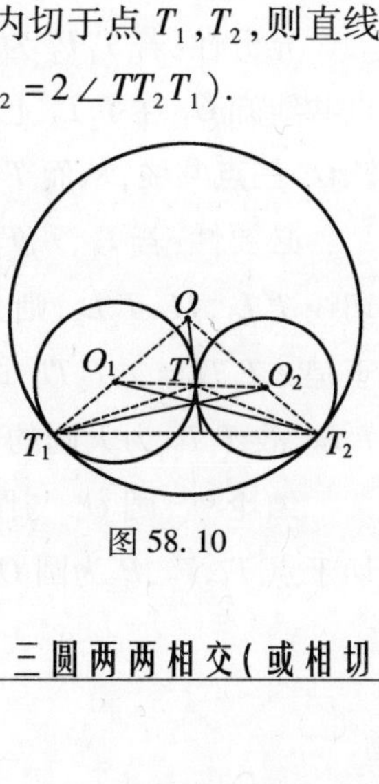

图58.10

在$\triangle OO_1O_2$中,有

$$\frac{OT_1}{T_1O_1}\cdot\frac{O_1T}{TO_2}\cdot\frac{O_2T_2}{T_2O}=\frac{r}{r_1}\cdot\frac{r_1}{r_2}\cdot\frac{r_2}{r}=1$$

由塞瓦定理的逆定理,知OT,O_1T_2,O_2T_1三直线

共点,则

$$\begin{aligned}\angle OO_2O_1 &= 180° - (\angle T_1OT_2 + \angle OO_1O_2) \\ &= 180° - [180° - 2(\angle OT_1T + \angle TT_1T_2) + 2\angle OT_1T] \\ &= 2\angle TT_1T_2\end{aligned}$$

结论 7　圆 O_1 与圆 O_2 外切于点 T,且分别与圆 O 内切于点 T_1, T_2. 设圆 O_1,圆 O_2,圆 O 的半径分别为 r_1, r_2, r,则 $T_1T_2 = \frac{2r\sqrt{r_1r_2}}{\sqrt{(r-r_1)(r-r_2)}}$.

证明　如图 58.10,在 $\triangle OO_1O_2$ 中,由余弦定理,有

$$\cos\angle O_1OO_2 = \frac{OO_1^2 + OO_2^2 - O_1O_2^2}{2OO_1 \cdot OO_2} = \frac{(r-r_1)^2 + (r-r_2)^2 - (r_1+r_2)^2}{2(r-r_1)(r-r_2)} \quad ①$$

同理,在 $\triangle OT_1T_2$ 中,有

$$\cos\angle O_1OO_2 = \cos\angle T_1OT_2 = \frac{OT_1^2 + OT_2^2 - T_1T_2^2}{2OT_1 \cdot OT_2} = \frac{2r^2 - T_1T_2^2}{2r^2} \quad ②$$

由式①,②,即得

$$T_1T_2 = \frac{2r\sqrt{r_1r_2}}{\sqrt{(r-r_1)(r-r_2)}}.$$

结论 8　两圆外切于点 T,且均与一大圆内切,切点分别为 T_1, T_2,则 T_1, T, T_2 共线的充要条件是弦 T_1T_2 为大圆的直径.

证明　设大圆,两个小圆的圆心分别为 O, O_1, O_2,如图 58.11.

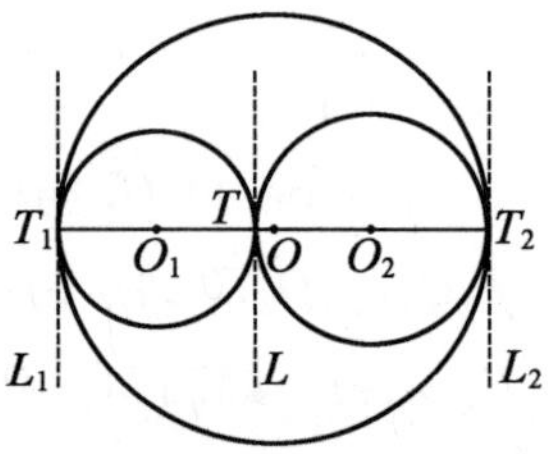

图 58.11

充分性:若 T_1T_2 为圆 O 的直径,由于 O, T_1, T_2 三点共线知 O_1 在 T_1T_2 上. 同理,O_2 也在 T_1T_2 上. 又 O_1, T, O_2 三点共线,从而 T 在 T_1T_2 上.

必要性:若 T_1, T, T_2 三点共线,分别过 T_1, T, T_2 作切线 T_1L_1, TL, T_2L_2,则 $\angle TT_1L_1 = \angle TT_2L_2$, $\angle TT_1L_1 = \angle T_1TL$, $\angle T_2TL = \angle TT_2L$,于是 $\angle T_1TL = \angle T_2TL$,即 $TL \perp T_1T_2$,从而 $T_1L_1 \perp T_1T_2$, $T_2L_2 \perp T_1T_2$,即有 $T_1L_1 /\!/ T_2L_2$,故 T_1T_2 为大圆的直径.

结论 9　圆 O_1 与圆 O_2 相交于点 M, N(或外切于点 M),且分别与圆 O 内切于点 T_1, T_2, P 为圆 O 上任一点,弦 PT_1, PT_2 分别交圆 O_1,圆 O_2 于点 E_1, E_2,

则 E_1E_2 是圆 O_1 与圆 O_2 的外公切线的充要条件是点 P 在直线 MN（或过切点 M 的公切线）上.

证法 1 如图 58.12，设与圆 O_1 切于点 E_1 的直线交圆 O 于点 C_1,D_1，与圆 O_2 切于点 E_2 的直线交圆 O 于点 C_2,D_2. 则由前述结论知，P 分别为弧 $\overset{\frown}{C_1D_1}$，$\overset{\frown}{C_2D_2}$ 的中点，且

$$PC_1^2=PE_1\cdot PT_1,PC_2^2=PE_1\cdot PT_1$$

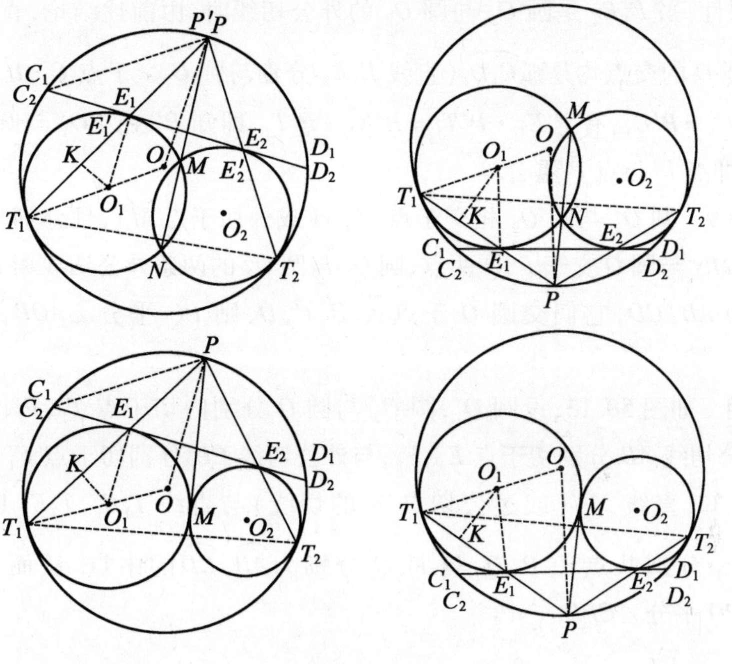

图 58.12

于是，E_1E_2 是圆 O_1 与圆 O_2 的外公切线⇔弦 C_1D_1 与弦 C_2D_2 重合⇔$PC_1^2=PC_2^2$⇔$PE_1\cdot PT_1=PE_2\cdot PT_2$⇔点 P 关于圆 O_1，圆 O_2 的幂相等⇔点 P 在圆 O_1 与圆 O_2 的根轴上⇔点 P 在直线 MN 上（或过切点 M 的公切线）上.

证法 2 充分性：设直线 MN（或过切点 M 的公切线）交圆 O 于点 P'，联结 $P'T_1,P'T_2$ 分别交圆 O_1，圆 O_2 于点 E_1',E_2'，则 $P'E_1'\cdot P'T_1=P'M\cdot P'N$（或 $P'M^2$）$=P'E_2'\cdot P'T_2$. 即知 T_1,T_2,E_2',E_1' 四点共圆，即有 $\angle P'E_1'E_2'=\angle P'T_2T_1$.

联结 O_1E_1', OP',作 $O_1K\perp T_1E_1'$ 于点 K. 显然,T_1, O_1, O 三点共线,由 $E_1'O_1 /\!/ P'O$,有 $\angle KO_1E_1'=\frac{1}{2}\angle T_1O_1E_1'=\frac{1}{2}\angle T_1OP'=\angle P'T_2T_1=\angle P'E_1'E_2'$. 于是

$$\angle KE_1'O_1+\angle P'E_1'E_2'=\angle KE_1'O_1+\angle KO_1E_1'=90^\circ$$

从而 $O_1E_1'\perp E_1'E_2'$,即 $E_1'E_2'$ 是圆 O_1 的切线,即知 E_1' 与 E_1 重合.

同理,E_2' 与 E_2 重合.

必要性:当 E_1E_2 是圆 O_1 与圆 O_2 的外公切线时,由前述结论,直线 T_1E_1, T_2E_2 与圆 O 的交点均是弧$\overparen{C_1D_1}$(直线 E_1E_2 分别与圆 O 交于点 C_1, D_1)的中点 P'. 由 $P'C_1^2=P'D_1^2$,有 $P'E_1\cdot P'T_1=P'E_2\cdot P'T_2$,即知 P' 在圆 O_1 与圆 O_2 的根轴上,亦即点 P' 与点 P 重合.

推论 9 圆 O_1 与圆 O_2 相交于点 M, N(或外切于点 M),且分别与圆 O 内切,直线 MN 与圆 O 交于 P, Q 两点,圆 O_1 与圆 O_2 的两条外公切线离 P, Q 较近的分别为 AB, CD,它们交圆 O 于点 A, B, C, D,则 PQ 平分 $\angle AQB$, PQ 平分 $\angle CPD$.

证明 如图 58.13,设圆 O_1,圆 O_2 与圆 O 分别内切于点 T_1, T_2,圆 O_1,圆 O_2 与外公切线 AB 分别切于点 E_1, E_2,与外公切线 CD 分别切于点 F_1, F_2. 则由上述结论知,直线 MN(或过公切点 M 的切线)与直线 T_1E_1, T_2E_2 以及直线 T_1F_1, T_2F_2 分别共点于 P, Q,且 P, Q 分别为$\overparen{AB}$, $\overparen{CD}$的中点. 从而 PQ 平分 $\angle AQB$, PQ 平分 $\angle CPD$.

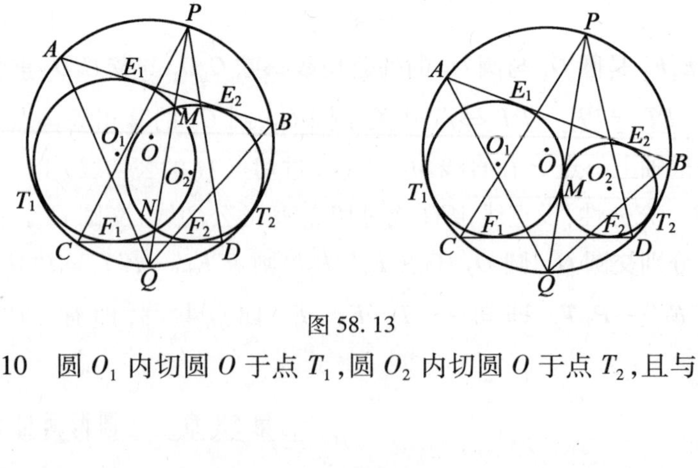

图 58.13

结论 10 圆 O_1 内切圆 O 于点 T_1,圆 O_2 内切圆 O 于点 T_2,且与圆 O_1 交于

点 M,N,直线 MN 交圆 O 于点 A,B,弦 T_1T_2 交 AB 于点 G,H 为 AB 的中点,则点 H 在公共弦 MN 上(外)的充要条件是点 G 也在公共弦 MN 上(外),且 $\angle GT_1N=\angle MT_1H$.(1997 年全国高中联赛题的推广)

证明 如图 58.14,可过 T_1 作公切线与直线 AB 交于点 P,则知 P 为根心. 连 OP,则 $OP\perp T_1T_2$.

用"~"表示">"或"="或"<",则点 H 在公共弦 MN 上(外)$\Leftrightarrow$点 G 在公共弦 MN 上(外)$\Leftrightarrow$ $\angle T_1HP\sim\angle T_1MP$ 时,$\angle T_2T_1P\sim\angle NT_1P$.

又点 H 为 AB 的中点$\Leftrightarrow\angle OHP=90^\circ$,注意到 $\angle OT_1P=90^\circ\Leftrightarrow O,T_1,P,H$ 四点共圆$\Leftrightarrow\angle T_2T_1P=\angle T_1OP\Leftrightarrow\angle T_1HP$,注意到 $|\angle T_2T_1P-\angle NT_1P|=\angle GT_1N$,$\angle MT_1H=|\angle T_1HP-\angle T_1MP|$,且 $\angle NT_1P=\angle T_1MN\Leftrightarrow\angle GT_1N=\angle MT_1H$.

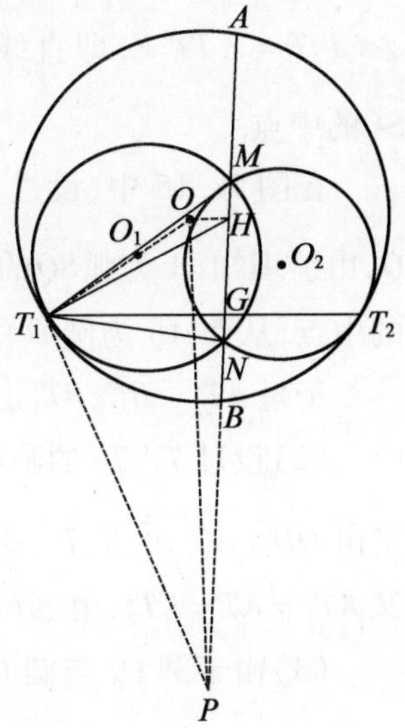

图 58.14

图 58.14 中的情形,是点 H 在弦 MN 上.

结论 11 圆 O_1,圆 O_2 外切于点 T,且均与大圆圆 O 内切,切点分别为 T_1,T_2(T_1T_2 不为圆 O 的直径),弦 T_2T 交圆 O 于另一点 A,弦 T_1T 交圆 O 于另一点 B,如图 58.15.

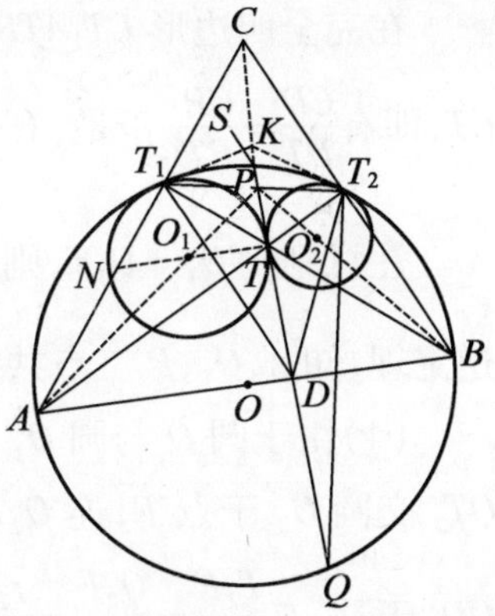

图 58.15

(1)设直线 AT_1 与 BT_2 交于点 C,则 T 为 $\triangle ABC$ 的垂心;

(2)设过点 T 的内公切线与 AB 交于点 D,则 T 为 $\triangle T_1DT_2$ 的内心;

(3)设过点 T 的内公切线与 T_1T_2 交于点 P,则 A,O_1,P 三点共线,B,O_2,P 三点也共线;

(4)设过点 T 的内公切线交圆 O 于点 Q,则 $\frac{QT_1^2}{QT_2^2}=\frac{r-r_2}{r-r_1}$,其中 r_1,r_2,r 分别为圆 O_1,圆 O_2,圆 O 的半径;

(5)直线 OT,O_1T_2,T_1O_2 三线共点.

证明 (1)先证明一条引理:两圆内切于点 T_2,大圆的弦 SQ 与小圆切于点

T,直线 T_2T 交大圆于点 A,则点 A 为$\overset{\frown}{SQ}$的中点(此即两圆内切性质5).

事实上,如图58.16,连 ST_2,QT_2 分别交小圆于点 E,F,连 EF,则 $EF /\!/ SQ$,在小圆中,有$\overset{\frown}{ET}=\overset{\frown}{TF}$,即有 $\angle ET_2T=\angle TT_2F$,即直线 AT_2 平分 $\angle ST_2Q$,故 A 为弧$\overset{\frown}{SQ}$的中点.

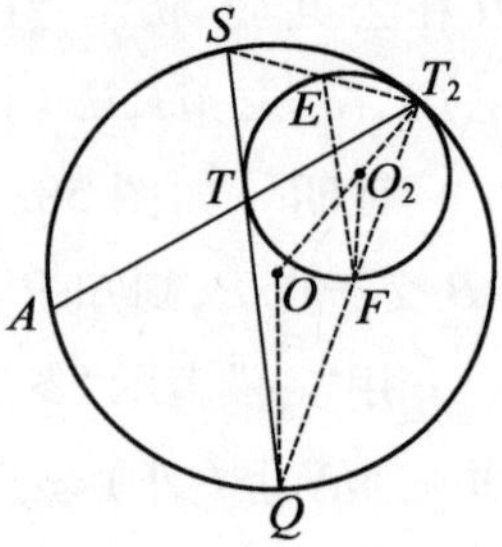

图58.16

在图58.15中,设过 T 的内公切线交圆 O 于点 S,Q,由引理知,A 为弧$\overset{\frown}{SQ}$的中点. 同理,B 为另一段弧$\overset{\frown}{SQ}$的中点. 从而 AB 为圆 O 的直径,即 O 在 AB 上.

于是 $AT_2\perp BC$,$BT_1\perp AC$,故 T 为 $\triangle ABC$ 的垂心.

(2)设过 T_1,T_2 的圆的切线交于点 K,则知 K 为圆 O,圆 O_1,圆 O_2 的根心,又由 $OD\perp SQ$ 知,K,T_1,O,D,T_2 五点共圆,且$\overset{\frown}{T_1K}=\overset{\frown}{KT_2}$,即知 KD 平分 $\angle T_1DT_2$,又 $KT_1=KT=KT_2$,由三角形内心性质的逆用知,T 为 $\triangle T_1DT_2$ 的内心.

(3)由于圆 O_1 与圆 O 内切于点 T,设 AC 与圆 O_1 的第二个交点为 N,则知 NT 是圆 O_1 的直径,即 N,O_1,T 三点共线,且 $NT /\!/ AB$. 此时,有$\frac{CA}{AN}=\frac{CD}{DT}$.

在完全四边形 CT_1ATBT_2 中,由对角线调和分割的性质,有 P,D 调和分割 CT,即有$\frac{CD}{DT}=\frac{CP}{PT}$. 于是,有$\frac{CA}{AN}=\frac{CP}{PT}$.

注意到,$NO_1=O_1T$,则$\frac{CA}{AN}\cdot\frac{NO_1}{O_1T}\cdot\frac{TP}{PC}=1$. 于是,对 $\triangle CNT$ 应用梅涅劳斯的逆定理,知 A,O_1,P 三点共线. 同理,B,O_2,P 三点共线.

(4)由于圆 O 与圆 O_2 内切于点 T_2,则 O,O_2,T 三点共线,如图58.16. 设 QT_2 交圆 O_2 于点 F,连 O_2F,OQ,则由 $\angle O_2FT_2=\angle O_2T_2Q=\angle OQT_2$,知 $O_2F /\!/ OQ$,于是,有$\frac{T_2F}{T_2Q}=\frac{O_2F}{OQ}=\frac{r_2}{r}$,亦即$\frac{QF}{QT_2}=\frac{QT_2-FT_2}{QT_2}=\frac{r-r_2}{r}$.

注意到 $QT^2=QT_2\cdot QF$,则 $QT^2=QT_2^2\cdot\frac{r-r_2}{r}$,即 $QT_2^2=QT^2\cdot\frac{r}{r-r_2}$.

同理,$QT_1^2=QT^2\cdot\frac{r}{r-r_1}$,故$\frac{QT_1^2}{QT_2^2}=\frac{r-r_2}{r-r_1}$.

(5)由于 $O,O_1,T_1;O,O_2,T_2;O_1,T,O_2$ 分别三点共线,在 $\triangle OO_1O_2$ 中,由于 $\frac{OT_1}{T_1O_1}\cdot\frac{O_1T}{TO_2}\cdot\frac{O_2T_2}{T_2O}=\frac{r}{r_1}\cdot\frac{r_1}{r_2}\cdot\frac{r_2}{r}=1$,由塞瓦定理之逆知 OT,O_1T_2,T_1O_2 共线.

例 1(2006 年第 35 届美国数学奥林匹克题)　在四边形 $ABCD$ 中,点 E 和 F 分别在边 AD 和 BC 上,且 $\frac{AE}{ED}=\frac{BF}{FC}$. 射线 FE 分别交线段 BA 和 CD 的延长线于点 S 和 T. 求证:$\triangle SAE,\triangle SBF,\triangle TCF$ 和 $\triangle TDE$ 的外接圆有一个公共点!

证明　如图 58.17,延长 BS 交直线 TC 于点 K.

对 $\triangle TED$ 及截线 ASK,$\triangle TFC$ 及截线 BSK 分别应用涅劳斯定理,有

$$\frac{TS}{SE}\cdot\frac{EA}{AD}\cdot\frac{DK}{KT}=1,\frac{TS}{SF}\cdot\frac{FB}{BC}\cdot\frac{CK}{KT}=1$$

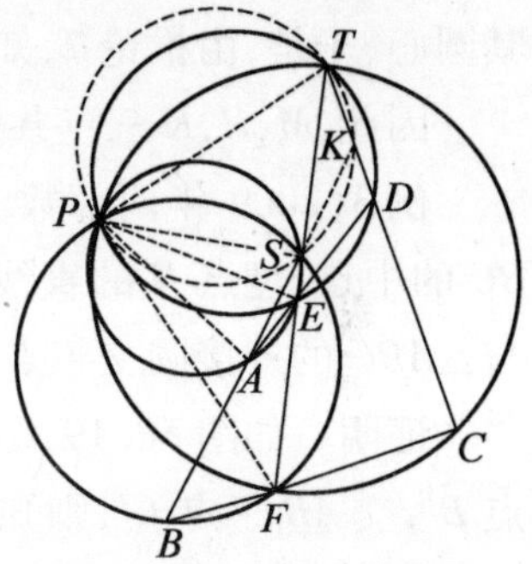

图 58.17

上述两式相除得

$$\frac{EA}{AD}\cdot\frac{DK}{SE}=\frac{FB}{BC}\cdot\frac{CK}{SF}\quad(*)$$

由题设 $\frac{AE}{ED}=\frac{BF}{FC}$,有 $\frac{AE}{AD}=\frac{FB}{BC}$.

于是,由式($*$)有 $\frac{DK}{SE}=\frac{CK}{SF}$,即有

$$\frac{KD}{DC}=\frac{SE}{EF}\quad(**)$$

设 $\triangle TCF$ 与 $\triangle TDE$ 的外接圆的另一交点为 P,对式($**$)应用结论 3,知圆 SKT 也共公共弦 PT,即 S,K,T,P 四点共圆.

由 S,K,T,P 及 E,D,T,P 分别四点共圆,有 $\angle PSK=180°-\angle PTK=\angle PED$,从而它们的补角相等,那么 $\angle ASP=\angle AEP$. 于是,知 A,E,S,P 四点共圆.

由 S,K,T,P 及 F,C,T,P 分别四点共圆,有 $\angle PSK=180°-\angle PTK=\angle PFC$,从而它们的补角相等,即 $\angle BSP=\angle BFP$. 于是,知 B,F,S,P 四点共圆.

故 $\triangle SAE,\triangle SBF,\triangle TCF$ 与 $\triangle TDE$ 的外接圆有一个公共点 P.

注:此例的另一证法参见第 56 章思考题第 8 题.

例 2(2006 年瑞士国家队选拔赛题)　在锐角 $\triangle ABC$ 中,$AB\neq AC$,H 为 $\triangle ABC$ 的垂心,M 为 BC 的中点,D,E 分别为 AB,AC 上的点,且 $AD=AE$,D,H,E 三点共线. 求证:$\triangle ABC$ 的外接圆与 $\triangle ADE$ 的外接圆的公共弦垂直于 HM.

证明 如图 58.18,设直线 BH,CH 分别与 AC,AB 交于点 B',C',$\triangle ABC$ 的外接圆与 $\triangle ADE$ 的外接圆交于 A,K 两点(因 $AB\neq AC$).由 $\angle HBD=\angle HCE$,$\angle BDH=\angle CEH$,则知 $\triangle HDB$ 与 $\triangle HEC$ 反向相似.于是,由推论 5,知 $HK\perp AK$.

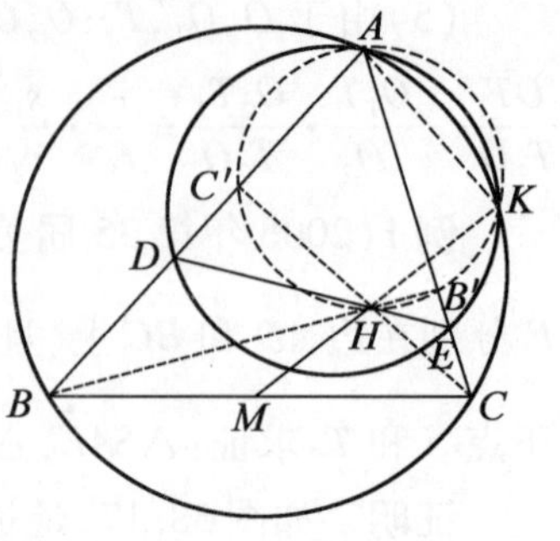

图 58.18

又 $HC'\perp AB$,$HB'\perp AC$,所以 A,C',H,B',K 五点共圆.而 B',C'在以 BC 为直径的圆上,M 为其圆心,于是,由推论 7,知 $MK\perp AK$.

因此,M,H,K 三点共线.故 $AK\perp HM$.

例 3(2009 年西部数学奥林匹克题) 设 H 为锐角 $\triangle ABC$ 的垂心,D 为边 BC 的中点,过点 H 的直线分别交边 AB,AC 于点 F,E,使得 $AE=AF$,射线 DH 与 $\triangle ABC$ 的外接圆交于点 P.求证:P,A,E,F 四点共圆.

证明 如图 58.19,分别延长 BH,CH 交 AC 于点 B',交 AB 于点 C',则知 A,C',H,B'四点共圆,设其圆心为 O.又设圆 O 与 $\triangle ABC$ 的外接圆除交于点 A 外,另一交点为 P'.

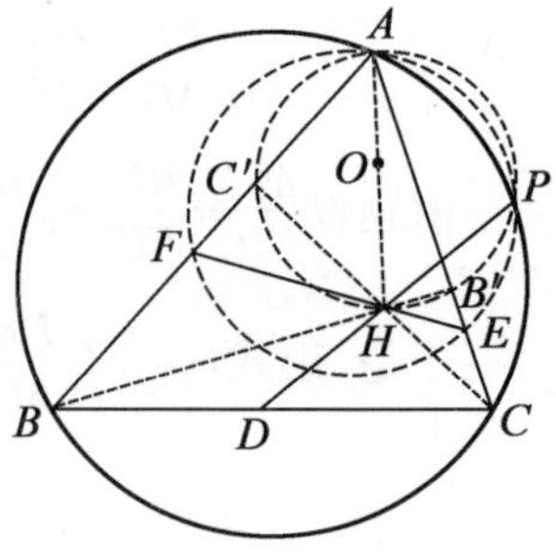

图 58.19

由于 AH 为圆 O 的直径,则知 $HP'\perp AP'$.

注意到 B,C,B',C'四点共圆,其圆心为 D,则由推论 7,知 $DP'\perp AP'$.

于是,D,H,P'三点共线.又 P'在圆 ABC 上,即知 P'与 P 重合.

又由 $\mathrm{Rt}\triangle C'FH\backsim\mathrm{Rt}\triangle B'EH$,$\triangle FHB\backsim\triangle EHC$,有 $\frac{C'F}{B'E}=\frac{FH}{EH}=\frac{FB}{EC}$,即 $\frac{C'F}{FB}=\frac{B'E}{EC}$.

由上式,应用结论 3,即知 $\triangle AFE$ 的外接圆,圆 O,圆 ABC 有公共弦 AP.

故 P,A,F,E 四点共圆.

例 4(2003 年德国国家第二轮数学竞赛题) 已知,圆内接四边形 $ABCD$ 的两条对角线 AC,BD 的交点为 S,S 在边 AB,CD 上的射影分别为 E,F.证明:EF 的中垂线平分线段 BC,AD.

证明 若 $AB/\!/DC$,则四边形 $ABCD$ 为等腰梯形,此时,E,S,F 三点共线,

EF 的中垂线就是等腰梯形的中位线. 故结论显然成立.

当 $AB \not\parallel DC$ 时,可设直线 BA 与直线 CD 交于点 P,如图 58.20.

由 $SE\perp AB$,$SF\perp CD$,则知 P,E,S,F 四点共圆,且 PS 为其直径. 设 O,L 分别为 PS,EF 的中点,则 OL 为 EF 的中垂线.

设 M,N 分别为 AD,BC 的中点,在完全四边形 $PABSCD$ 中,应用推论 8,则知 O,M,N 三点共线,即 O 在直线 MN 上.

由 $\mathrm{Rt}\triangle EBS\backsim\mathrm{Rt}\triangle FCS$,$\mathrm{Rt}\triangle AES\backsim\mathrm{Rt}\triangle DFS$,有 $\frac{BE}{CF}=\frac{ES}{FS}=\frac{EA}{FD}$,即 $\frac{AE}{EB}=\frac{DF}{FC}$.

又 M,L,N 分别为 AD,EF,BC 的中点. 即有 $\frac{AM}{MD}=\frac{EL}{LF}=\frac{BN}{NC}$.

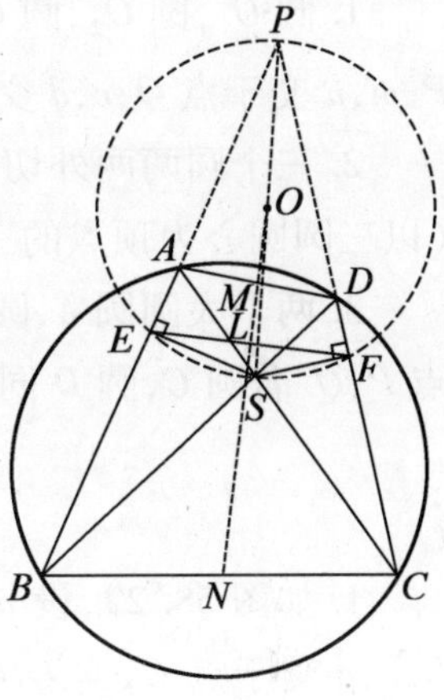

图 58.20

于是,由推论 3,即知 M,L,N 共线,亦即 L 在直线 MN 上.

故 EF 的中垂线 OL 过 BC,AD 的中点 N,M. 结论获证.

例 5　三个圆两两相切于点 A,B,C,若弦 AB,AC 的延长线和第三个圆的交点为 D,E,则第三个圆的圆心在直线 DE 上.

证明　如图 58.21.

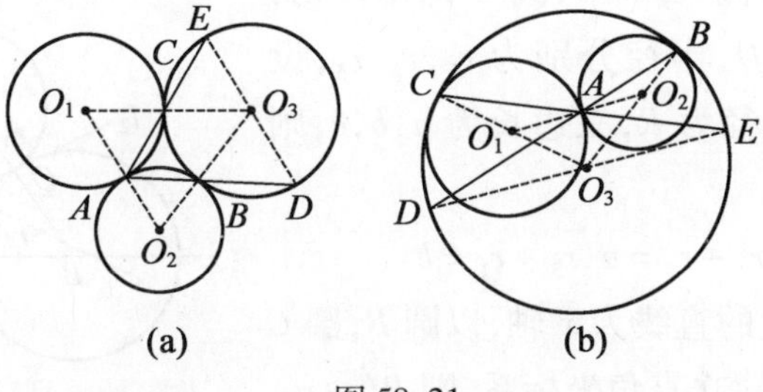

图 58.21

设三个圆的圆心分别为 O_1,O_2,O_3. 联结 O_3D,O_3E,则

$$\angle O_2AB=\angle O_2BA,\angle O_3BD=\angle O_3DB$$

而 $\angle O_2BA=\angle O_3BD$,所以,$\angle O_2AB=\angle O_3DB$,于是 $AO_2\parallel DO_3$.

同理,$O_1A\parallel EO_3$.

注意到 O_1,A,O_2 是在一条直线上,于是,知 D,O_3,E 三点在一条直线上.

思考题

1. 圆 O_1,圆 O_2,圆 O_3 是两两相离不等的三圆,两两外公共线 a,b 交于点 P;m,n 交于点 Q;c,d 交于点 R. 求证:P,Q,R 共直线.

2. 三个圆两两外切,求证:三条内公切线必交于一点,且这点是圆心三角形(以三圆圆心为顶点的三角形)的内心.

3. 两个大圆圆 A,圆 B 相等且相交,两个小圆圆 C,圆 D 不等亦相交且交于点 P,Q. 若圆 C,圆 D 同时与圆 A 内切又与圆 B 外切. 试证:PQ 平分线段 AB.

思考题 参考解答

1. 如图 58.22,设 a,n 交于点 A,a,c 交于点 B,n,c 交于点 C,连 O_1O_2,O_2O_3,O_3O_1,则它们分别过点 P,R,Q,又 AO_1,BO_2,CO_3 分别为 $\angle BAC$,$\angle ABC$,$\angle BCA$ 的平分线,故必共点,设为 O.

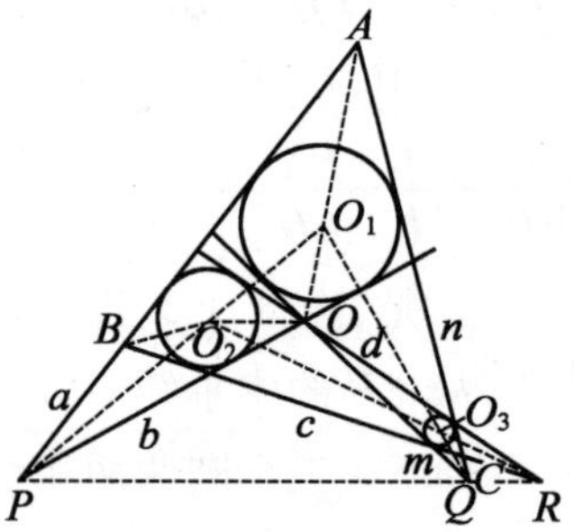

图 58.22

现在看 $\triangle ABC$ 与 $\triangle O_1O_2O_3$,对应顶点连线 AO_1,BO_2,CO_3 共点,由笛沙格定理,对应边 AB 与 O_1O_2,BC 与 O_2O_3,AC 与 O_1O_3 的交点 P,Q,R 共线.

2. 如图 58.23,圆 A,圆 B,圆 C 两两外切,切点分别为 P,Q,O,半径分别为 r_1,r_2,r_3,设 $\triangle ABC$ 的外接圆半径为 R,三边长为 a,b,c,则有

$$r_1+r_2=c,r_2+r_3=a,r_3+r_1=b$$

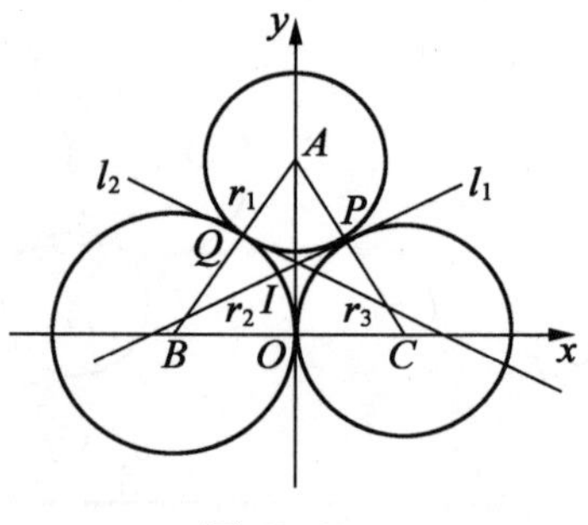

图 58.23

以过 B,C 两点的直线为 x 轴,以圆 B,圆 C 的内公切线为 y 轴建立直角坐标系. 则 $B(-r_2,0)$,$C(r_3,0)$,$P(r_3(1-\cos C),r_3\sin C)$. 由图知,切线 l_1 的斜率 $k_1=\cot C$,l_1 的方程为

$$y-r_3\sin C=\cot C[x-r_3(1-\cos C)]$$

令 $x=0$,得 l_1 在 y 轴上的截距

$$b_1=r_3\cdot\sin C-r_3\cdot\cot C(1-\cos C)$$

$$=r_3\cdot\frac{1-\frac{a^2+b^2-c^2}{2ab}}{\frac{c}{2R}}$$

$$=\frac{4Rr_1r_2r_3}{(r_1+r_2)(r_2+r_3)(r_3+r_1)}$$

同理,l_2 在 y 轴上的截距 $b_2=\frac{4Rr_1r_2r_3}{(r_1+r_2)(r_2+r_3)(r_3+r_1)}$,从而 $b_1=b_2$,即三条内公切线相交于一点.

设三切线相交于点 I,易证 $IP=IQ=IO$,则 I 是 $\triangle ABC$ 三内角平分线交点,即为 $\triangle ABC$ 的内心.

3. 如图 58.24,由于圆 C,圆 D 不等,可证直线 PQ 必与 AB 相交,设交于点 M. 如图连有关线段,记圆 A,圆 B 的半径为 a,圆 C,圆 D 的半径分别为 $R,r\ (R\neq r)$.

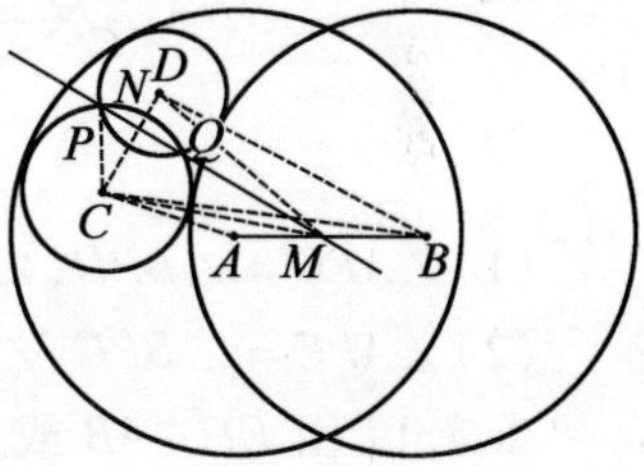

图 58.24

易得

$$AC=a-R, BC=a+R$$
$$AD=a-r, BD=a+r$$

设 $PM\perp CD$ 于点 N,则

$$MC^2-MD^2=CN^2-DN^2=PC^2-PD^2=R^2-r^2 \quad ①$$

设 $AM=x, MB=y$,观察 $\triangle CAB$,$\triangle DAB$ 并运用斯特瓦尔特(Stewart)定理,有

$$x\cdot BC^2+y\cdot AC^2=(x+y)MC^2+x\cdot MB^2+y\cdot AM^2$$
$$x\cdot BD^2+y\cdot AD^2=(x+y)MD^2+x\cdot MB^2+y\cdot AM^2$$

两式相减有

$$x(BC^2-BD^2)+y(AC^2-AD^2)=(x+y)(MC^2-MD^2)$$

将式①代入,得

$$x[(a+R)^2-(a+r)^2]+y[(a-R)^2-(a-r)^2]=(x+y)(R^2-r^2)$$

即
$$2a(x-y)(R-r)=0$$

因 $a\neq 0, R\neq r$,即 $x-y=0$,亦即 $AM=MB$. 故直线 PQ 平分线段 AB.

第 59 章　一直线与两圆有公共点

1. 两圆内切于点 P 时(图 59.1):

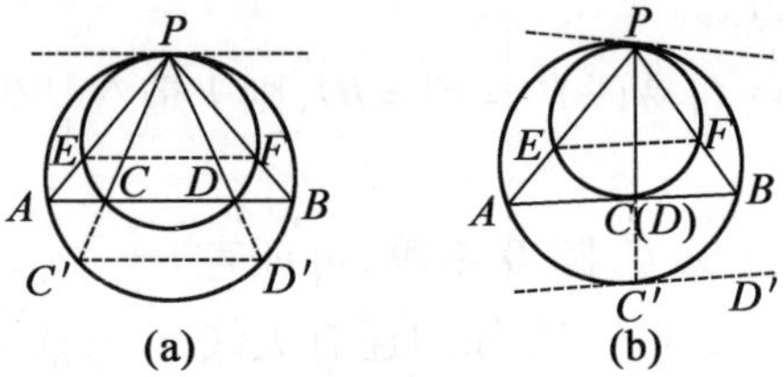

图 59.1

(1) $\angle APC=\angle BPD$, $\angle APC'=\angle BPD'$.

(2) $\angle APC=\angle BPC$, $\angle APC'=\angle BPC'$.

事实上,由 $EF/\!/AB$ 或 $AB/\!/C'D'$,即得.

2. 两圆相交于点 P,Q 时(图 59.2):

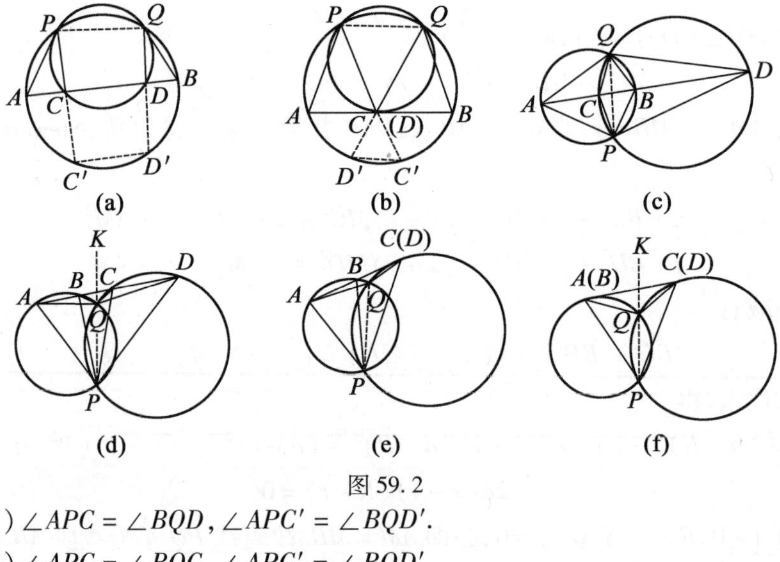

图 59.2

(1) $\angle APC=\angle BQD$, $\angle APC'=\angle BQD'$.

(2) $\angle APC=\angle BQC$, $\angle APC'=\angle BQD'$.

事实上,由 $AB/\!/C'D'$. PQ 与 AB 逆平行即得.

(3) $\angle APD+\angle BQC=180°$. 事实上,由

$$\angle CQP=\angle ADP,\angle BQP=\angle DAP$$

即得.

$\angle APC=\angle BQD$. 事实上,由

$$\angle APC=\angle APQ-\angle CPQ=\angle ABQ-\angle CDQ=\angle BQD$$

即得.

$\angle AQC=\angle BPD$. 事实上,由

$$\angle AQC=\angle AQP-\angle CQP=\angle ABP-\angle CDP=\angle BPD$$

即得.

(4) $\angle APD+\angle BQC=180°$. 事实上,由

$$\angle BQK=\angle DAP,\angle CQK=\angle ADP$$

即得.

$\angle APC+\angle BQD=180°$. 事实上,由

$$\begin{aligned}\angle APC&=\angle APQ+\angle CPQ=(180°-\angle ABQ)+\angle CDQ\\&=180°-(\angle BQD+\angle CDQ)+\angle CDQ=180°-\angle BQD\end{aligned}$$

即得.

$\angle AQC+\angle BPD=180°$. 事实上,由

$$\begin{aligned}\angle AQC&=\angle DCQ-\angle CAQ=(180°-\angle QPD)-\angle BPQ\\&=180°-(\angle QPD+\angle BPQ)=180°-\angle BPD\end{aligned}$$

即得.

(5) $\angle APC+\angle BQC=180°$. 事实上,由

$$\angle CBQ=\angle APQ,\angle BCQ=\angle CPQ$$

即证.

$\angle AQC+\angle BPC=180°$. 事实上,由

$$\angle BPQ=\angle BAQ,\angle CPQ=\angle BCQ$$

即证.

(6) $\angle APC+\angle AQC=180°$. 事实上,由

$$\angle APQ=\angle CAQ,\angle QPC=\angle ACQ$$

即证.

3. 两圆外切于点 P 时(图 59.3):

(1) $\angle APD+\angle BPC=180°$. 事实上,由

$$\angle BPK=\angle DAP,\angle KPC=\angle ADP$$

即得.

$\angle APC+\angle BPD=180°$. 事实上,由

$$\angle APD+\angle BPC=180°$$

知$\angle DPL=\angle BPC$. 从而$\angle CPL=\angle BPD$,即证.

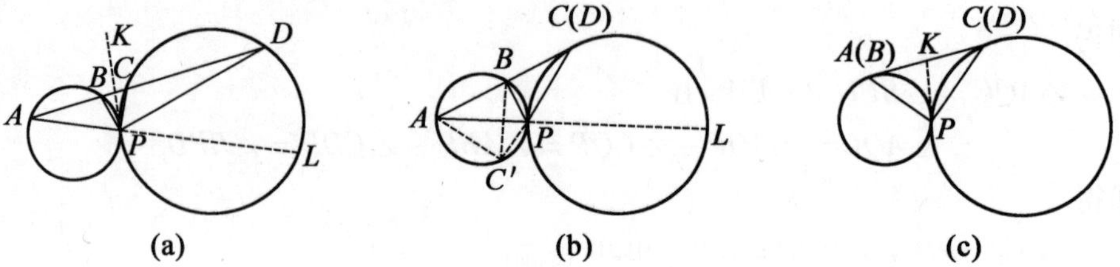

图 59.3

(2) $\angle APC+\angle BPC=180°$. 事实上,由 C' 为优弧$\overset{\frown}{AB}$的中点, $\angle CPL=\angle BPC$ 即得.

(3) $\angle APC=90°$. 事实上,由$\angle CAP=\angle APK$, $\angle ACP=\angle CPK$,即得.

4. 两圆相离时(图 59.4):

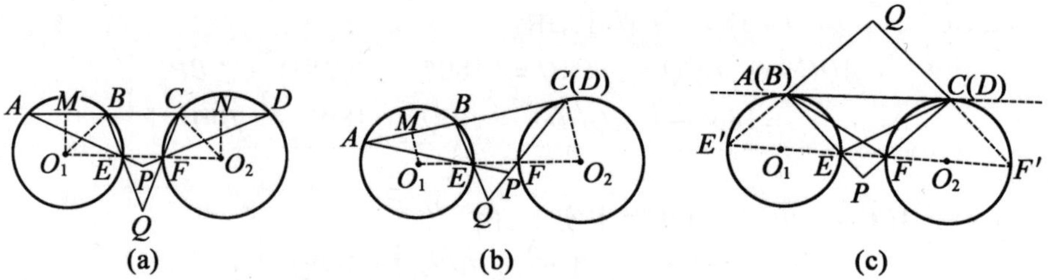

图 59.4

(1) $\angle APD+\angle BQC=180°$. 事实上,有

$$\begin{aligned}\angle APD+\angle BQC &=(180°-\angle A-\angle D)+(180°-\angle CBQ-\angle BCQ)\\&=360°-2\angle A-2\angle D-\angle AEB-\angle CFD\\&=360°-(\angle BO_1E+\angle BOM+\angle FO_2C+\angle CO_2N)\\&=360°-180°=180°\end{aligned}$$

(2) $\angle APC+\angle BQC=180°$. 事实上,有

$$\begin{aligned}\angle APC+\angle BQC &=(180°-\angle A-\angle C)+(180°-\angle C-\angle QBC)\\&=360°-2\angle A-\angle AEB-2\angle C\end{aligned}$$

$$=360^\circ-(\angle BO_1E+\angle BO_1M+\angle FO_2C)=180^\circ$$

(3) $\angle APC=90^\circ=\angle AQC$. 事实上

$$\angle APC=180^\circ-\angle CAP-\angle ACP=180^\circ-\frac{1}{2}\angle AO_1E-\frac{1}{2}\angle CO_2F=90^\circ$$

$$\angle AQC=180^\circ-\angle QAC-\angle QCA=180^\circ-\frac{1}{2}\angle AO_1E'-\frac{1}{2}\angle CO_2F'=90^\circ$$

5. 两圆内含时(图 59.5):

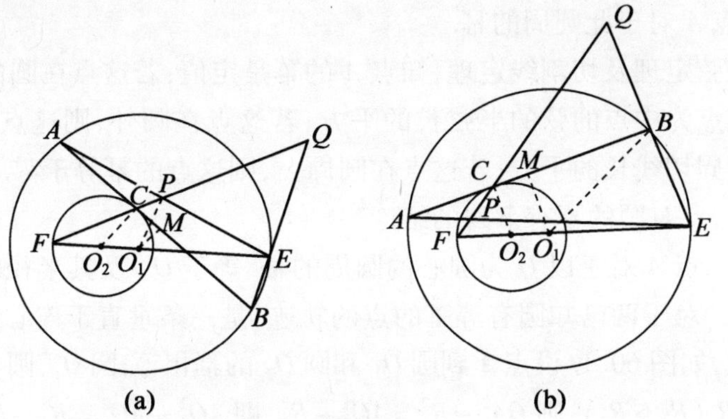

图 59.5

(1) $\angle APC=\angle BQC$. 事实上,有

$$\begin{aligned}\angle BQC-\angle APC&=180^\circ-\angle ABE-\angle QCB-(\angle ACF-\angle A)\\&=180^\circ-\angle PO_1E-\angle ACF-(\angle ACF-\angle PO_1M)\\&=180^\circ-\angle FO_2C-\angle MO_1E\\&=180^\circ-180^\circ=0\end{aligned}$$

(2) $\angle APC+\angle BQC=180^\circ$. 事实上,有

$$\begin{aligned}\angle APC+\angle BQC&=180^\circ-\angle A-\angle ACP+(180^\circ-\angle QCB-\angle QBC)\\&=360^\circ-\angle A-\angle ACF-\angle ACF-(\angle A+\angle AEB)\\&=360^\circ-2\angle ACF-2\angle A-\angle AEB\\&=360^\circ-\angle FO_2C-\angle BO_1E-\angle MO_1B\\&=360^\circ-180^\circ=180^\circ\end{aligned}$$

第60章 根　　轴

定义　从一点 A 作一圆周的任一割线,从 A 起到和圆周相交为止的两线段之积,称为点 A 对于此圆周的幂.

由相交弦定理及切割线定理,知点 A 的幂是定值:若这点在圆内,则这点的幂等于以该点为中点的弦的半弦长的平方;若这点在圆外,则这点的幂等于从这点所引圆周切线长的平方;若这点在圆周上,则这点的幂等于零.

由定义,点对圆的幂有下列的结论①:

结论1　点 A 对于以 O 为圆心的圆周的幂,等于 OA 及其半径的平方差.

结论2　对于两已知圆有等幂的点的轨迹,是一条垂直于连心线的直线.

事实上,如图60.1.设点 A 到圆 O_1 和圆 O_2 的幂相等,圆 O_1,圆 O_2 的半径分别为 R_1 和 $R_2(R_1>R_2)$,则 $OA_1^2-R_1^2=AO_2^2-R_2^2$,即 $AO_1^2-AO_2^2=R_1^2-R_2^2=$ 常数.

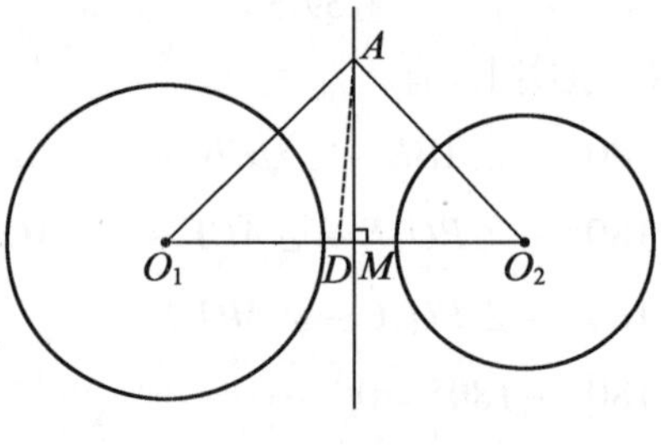

图60.1

设 O_1O_2 的中点为 D,$AM\perp O_1O_2$ 于点 M,则

$$AO_1^2=AD^2+O_1D^2+2O_1D\cdot DM,AO_2^2=AD^2+DO_2^2-2DO_2\cdot DM$$

即

$$AO_1^2-AO_2^2=2DM\cdot(O_1D+DO_2)=2DM\cdot O_1O_2$$

亦即 $DM=\dfrac{R_1^2-R_2^2}{2O_1O_2}=$ 常数.所以,点 M 是一定点,过点 M 的垂线即是两圆等幂

---

①　沈文选.根轴的性质及应用[J].中等数学,2004(1):6-10.

点的轨迹.

这条直线称为两圆的根轴或等幂轴.

特别地,若两圆同心,则 $O_1O_2=0$,从而同心圆的根轴不存在;若 $R_2=0$,圆 O_2 变成一点 O_2,则点 A 在圆 O_2 的幂是 AO_2^2. 此时,直线(轨迹)称为一圆与一定点的根轴.

根轴有如下性质:

性质1 若两圆相交,其根轴就是公共弦所在的直线.

由于两圆的交点对于两圆的幂都是零,所以,它们位于根轴上,而根轴是直线,所以,根轴是两交点的连线.

性质2 若两圆相切,其根轴就是过两圆切点的公切线.

性质3 三个圆,其两两的根轴或相交于一点,或互相平行(蒙日定理).

事实上,若三条根轴中有两条相交,则这一交点对于三个圆的幂均相等,所以必在第三条根轴上. 这一点,称为三个圆的根心.

显然,当三个圆的圆心在一条直线上时,三条根轴互相平行. 当三个圆的圆心不共线时,根心存在.

性质4 若两圆相离,则两圆的四条公切线的中点在根轴上.

性质5 一点对于不同圆心两圆的幂之差等于等幂轴到该点的距离乘以圆心距之积的2倍.

如图60.2,点 P 对于不同圆心圆 $O_1(r_1)$,圆 $O_2(r_2)$ 的幂为 t_1,t_2,l 是这两圆的等幂轴,$PA\perp l$ 于点 A,则 $t_1-t_2=2AP\cdot O_1O_2$.

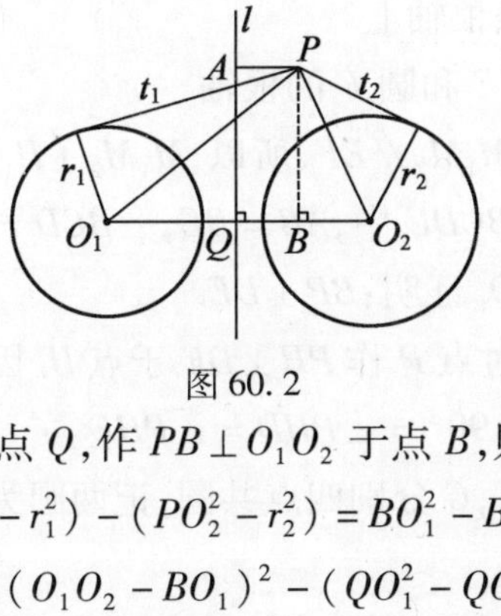

图60.2

证明 设 $l\perp O_1O_2$ 于点 Q,作 $PB\perp O_1O_2$ 于点 B,则得

$$\begin{aligned}t_1-t_2&=(PO_1^2-r_1^2)-(PO_2^2-r_2^2)=BO_1^2-BO_2^2-(r_1^2-r_2^2)\\&=BO_1^2-(O_1O_2-BO_1)^2-(QO_1^2-QO_2^2)\\&=2O_1O_2\cdot BO_1-O_1O_2^2-(QO_1-QO_2)(QO_1+QO_2)\end{aligned}$$

$$=2O_1O_2 \cdot BO_1 - O_1O_2^2 - [QO_1 - (O_1O_2 - QO_1)] \cdot O_1O_2$$
$$=2O_1O_2 \cdot BO_1 - O_1O_2^2 - O_1O_2 \cdot (2QO_1 - O_1O_2)$$
$$=O_1O_2(2BO_1 - O_1O_2 - 2QO_1 + O_1O_2)$$
$$=O_1O_2 \cdot 2BQ$$
$$=2AP \cdot O_1O_2$$

推论 若两圆不同心,则其中一个圆的任何点对于另一圆的幂的绝对值,必等于该点到等幂轴的距离乘以同心距之积的2倍.

即若点 P 在圆 O_2 上,则 $t_2=0$,此时 $t_1=2AP \cdot O_1O_2$.

例1 凸四边形 $ABCD$ 的两条对角线相交于点 O,$\triangle AOB$ 和 $\triangle COD$ 的重心分别为 M_1 和 M_2,$\triangle BOC$ 和 $\triangle AOD$ 的垂心分别为 H_1 和 H_2. 证明:$M_1M_2 \perp H_1H_2$.

证明 如图60.3,作 $\triangle AOD$ 的两条高 AA_1 和 DD_1,作 $\triangle BOC$ 的两条高 BB_1 和 CC_1.

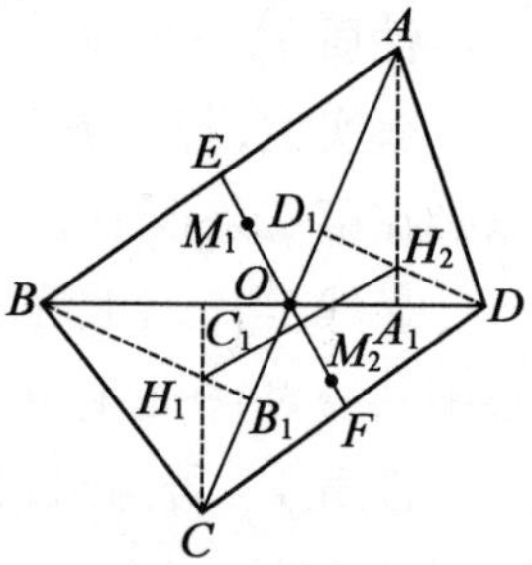

图60.3

因为 $\angle AA_1B=90°=\angle BB_1A$,所以,$A,B,B_1,A_1$ 四点共圆且圆心为 AB 的中点 E.

同理,C_1,C,D,D_1 四点共圆且圆心为 CD 的中点 F.

因此,EF 为圆 E 和圆 F 的连心线.

又 A,D_1,A_1,D 四点共圆,则有

$$H_2A \cdot H_2A_1 = H_2D_1 \cdot H_2D$$

由于 $H_2A \cdot H_2A_1$ 和 $H_2D_1 \cdot H_2D$ 恰分别为点 H_2 关于圆 E 和圆 F 的幂,所以,点 H_2 在圆 E 和圆 F 的根轴上.

同理,点 H_1 也在这条根轴上.

故直线 H_1H_2 就是圆 E 和圆 F 的根轴.

从而,$H_1H_2 \perp EF$. 又 $M_1M_2 /\!/ EF$,所以,$M_1M_2 \perp H_1H_2$.

例2 在凸五边形 $ABCDE$ 中,$AB=BC$,$\angle BCD=\angle EAB=90°$,$P$ 为形内一点,使得 $AP \perp BE$,$CP \perp BD$. 证明:$BP \perp DE$.

证法1 如图60.4,过点 P 作 $PH \perp DE$ 于点 H. 因为

$$\angle PFD=\angle PGE=90°=\angle PHD=\angle PHE$$

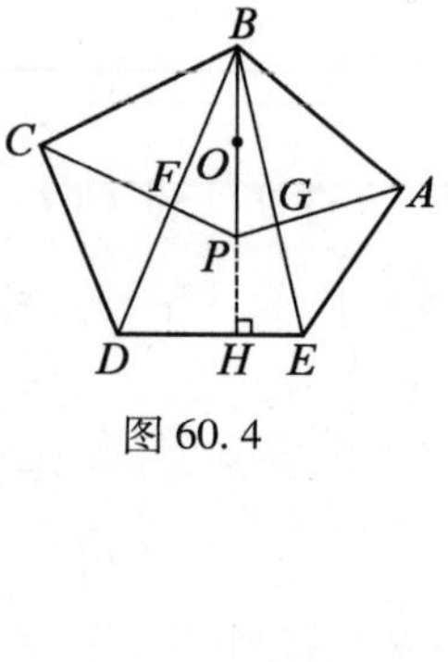

图60.4

所以,F,D,H,P 和 P,H,E,G 分别四点共圆,记两圆为圆 w_1 和圆 w_2. 又

$$BF \cdot BD = BC^2 = BA^2 = BG \cdot BE$$

所以 F,D,E,G 四点共圆,记此圆为圆 w_3.

易见,圆 w_1,圆 w_2,圆 w_3 两两之间的公共弦恰为 PH,EG,FD. 由蒙日定理知,这三条根轴交于一点.

又已知直线 DF 和 EG 交于点 B,因此,直线 PH 过点 B. 由 $PH\perp DE$,知 $BP\perp DE$.

证法 2 如图 60.4,记 BP 的中点为 O.

因为 $\angle BFP=90°=\angle BGP$,所以,$B,F,P,G$ 四点共圆且圆心为点 O.

又因为 $BA=BC$,$\angle BCD=90°=\angle BAE$,故以点 B 为圆心,BC 为半径的圆 B 过点 A,且直线 DC 和 EA 都是圆 B 的切线,切点分别为 C 和 A. 所以

$$DC^2=DF\cdot DB$$

故点 D 在圆 O 与圆 B 的根轴上.

同理,点 E 也在圆 O 与圆 B 的根轴上.

因此,直线 DE 为圆 O 与圆 B 的根轴.

则 $BO\perp DE$,即 $BP\perp DE$.

例 3 已知四边形 $ABCD$ 内接于圆 O,且两对对边都不平行,点 O 不在 AB,CD 上. 边 AD,BC 的中点分别为 M,N,$\triangle OAB$ 和 $\triangle OCD$ 的外接圆交于点 O,E. 证明:O,E,M,N 四点共圆.

证明 如图 60.5.

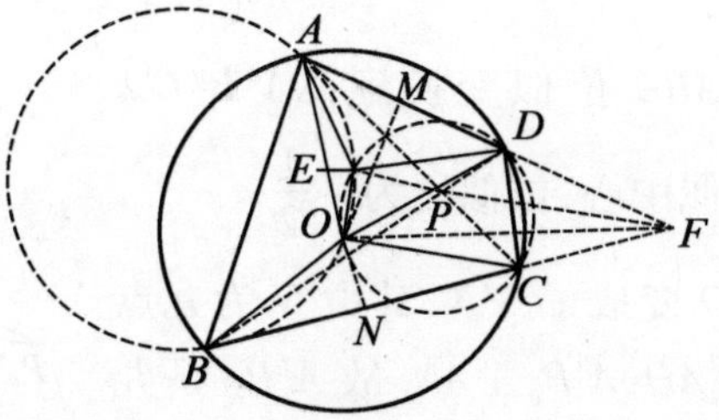

图 60.5

设对角线 AC 与 BD 交于点 P,AD 与 BC 的延长线交于点 F. 由 O,E,A,B;O,E,D,C 分别四点共圆,得

$$\begin{aligned}\angle AED&=360°-\angle AEO-\angle DEO\\&=360°-(180°-\angle ABO)-(180°-\angle DCO)\\&=\angle ABO+\angle DCO\end{aligned}$$

$$=\frac{180°-\angle AOB}{2}+\frac{180°-\angle COD}{2}$$

$$=180°-\angle ADB-\angle CAD=\angle APD$$

故 A,E,P,D 四点共圆,记其为圆 w_1.

同理,B,E,P,C 四点共圆,记其为圆 w_2.

由割线定理,得 $FD\cdot FA=FC\cdot FB$.

于是,点 F 对于圆 w_1,圆 w_2 的幂相等,即 F 在圆 w_1,圆 w_2 的根轴 EP 上.

所以,E,P,F 三点共线.

而由 A,E,P,D;O,E,D,C 分别四点共圆,得

$$\angle OEP=\angle OED-\angle PED=180°-\angle OCD-\angle PAD$$

$$=180°-\angle OCD-\frac{1}{2}\angle COD=90°$$

故 $\angle OEF=90°$.

又由 M,N 分别为边 AD,BC 的中点知,$\angle OMF=\angle ONF=90°$.

因此,M,E,N 都在以 OF 为直径的圆上. 从而,O,E,M,N 四点共圆.

例 4 $\triangle ABC$ 的外接圆的圆心为 O,A'是边 BC 的中点,AA'与外接圆交于点 A'',$A'Q_a\perp AO$,点 Q_a 在 AO 上,过点 A''的外接圆的切线与 $A'Q_a$ 相交于点 P_a. 用同样的方式,可以构造点 P_b 和 P_c. 证明:P_a,P_b,P_c 三点共线.

证明 可以证明它们都在圆 O 与九点圆的根轴上.

如图 60.6,把 $\triangle ABC$ 位似变换到 $\triangle A''B''C''$,$\triangle ABC$ 的重心 G 为位似中心,位似比为 $-\frac{1}{2}$.

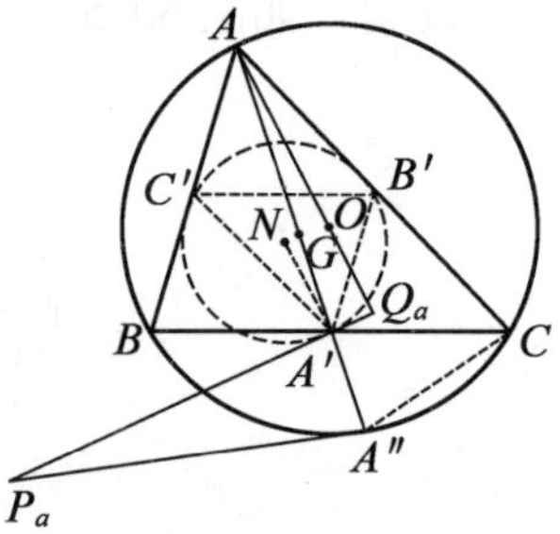

图 60.6

在这种变换下,AO 变成了 $A'N$,其中 N 为九点圆的圆心,所以 $A'N/\!/AO$,$A'P_a\perp AN$. 故 $A'P_a$ 是九点圆的切线.

易知 $\angle OAB+\angle C=90°$,则 $\angle BAA'+\angle A'AO+\angle C=90°$(不妨设 $AB\leqslant AC$).

又 $\angle P_aA''A'=\angle BAA'+\angle C$,$\angle P_aA'A''=90°-\angle A'AO$,所以 $\angle P_aA''A'=\angle P_aA'A''$,故 $A'P_a=A''P_a$.

所以,P_a 在圆 O 与九点圆的根轴上. 同理,P_b,P_c 也在圆 O 与九点圆的根轴上.

例 5 已知,不等边$\triangle ABC$ 的内切圆为圆 Γ,内心为 S,圆 Γ 与边 BC,CA,

AB 分别切于点 P, Q, R，直线 QR 与 BC 交于点 M，一个过 B, C 两点的圆与圆 Γ 内切于点 N，$\triangle MNP$ 的外接圆与直线 AP 交于不同于 P 的另一点 L. 证明：S, L, M 三点共线.

证明　如图 60.7，以点 N 为位似中心作位似变换，使得 $\triangle ABC$ 的内切圆圆 Γ 经过位似变换得到 $\triangle NBC$ 的外接圆，设点 P 在位似变换下的像为 P_1.

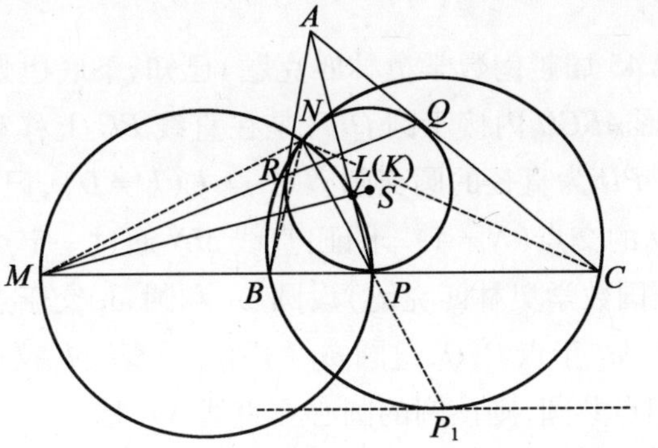

图 60.7

因为直线 BPC 与圆 S 相切，所以，过点 P_1 与 $\triangle NBC$ 的外接圆相切的直线与 BC 平行. 故 P_1 为弧 $\overparen{BC}$ 的中点.

从而，$\angle BNP = \angle CNP$. 故 NP 平分 $\angle BNC$.

由梅涅劳斯定理，得

$$\frac{BM}{MC} \cdot \frac{CQ}{QA} \cdot \frac{AR}{RB} = 1$$

$$\Rightarrow \frac{BM}{MC} = \frac{BP}{PC}$$

$\Rightarrow NM$ 为 $\angle BNC$ 的外角平分线

$\Rightarrow NM \perp NP$

$\Rightarrow \triangle NMP$ 的外接圆以 MP 为直径

作 $SK \perp AP$ 于点 K. 则 A, R, K, S, Q 五点均在以 AS 为直径的圆上.

考虑分别以 AS, SP 为直径的两个圆以及 $\triangle ABC$ 的内切圆圆 Γ，三个圆两两之间的三条根轴分别为 RQ, KS, BC.

由蒙日定理知，三条根轴交于一点 M.

从而，S, K, M 三点共线.

故 $SM \perp AP \Rightarrow$ 点 K 与 L 重合 $\Rightarrow S,L,M$ 三点共线.

思考题

1. (IMO50 预选题)已知,$\triangle ABC$ 的内切圆分别与边 AB,AC 切于点 Z,Y,BY 与 CZ 交于点 G,点 R,S 满足四边形 $BCYR$ 和四边形 $BCSZ$ 是平行四边形. 证明:$GR=GS$.

2. (2007 年第 45 届越南数学奥林匹克题)已知,下底边为 BC(即 $BC /\!/ AD$,且 $BC>AD$)的梯形 $ABCD$ 内接于圆 O. P 是在直线 BC 上移动的点,且使得 PA 不与圆 O 相切. 以 PD 为直径的圆交圆 O 于点 $E(E\neq D)$,记 BC 与 DE 交于点 M,N 是 PA 与圆 O 的交点$(N\neq A)$. 求证:直线 MN 通过一定点.

3. (2009 年美国数学奥林匹克题)设圆 ω_1 和圆 ω_2 交于点 X,Y. 过圆 ω_1 的圆心的直线 l_1 交圆 ω_2 于点 P,Q,过圆 ω_2 的圆心的直线 l_2 交圆 ω_2 于点 R,S. 证明:若 P,Q,R,S 四点共圆,则该圆的圆心在直线 XY 上.

4. 在锐角$\triangle APD$ 的边 AP 和 PD 上各取一点 B 和 C,四边形 $ABCD$ 的两条对角线相交于点 Q. $\triangle APD$ 和$\triangle BPC$ 的垂心分别为 H_1,H_2. 证明:如果直线 H_1H_2 经过$\triangle ABQ$ 和$\triangle CDQ$ 的外接圆的交点 X,那么它必定经过$\triangle BQC$ 和$\triangle AQD$ 的外接圆的交点 $Y(X\neq Q,Y\neq Q)$.

思考题 参考解答

1. 如图 60.8,设$\triangle ABC$ 的内切圆和$\angle A$ 内的旁切圆分别为圆 Γ 和圆 Γ_a,圆 Γ 和圆 Γ_a 与边 BC 分别切于点 X,T,圆 Γ_a 与直线 AB,AC 分别切于点 P,Q.

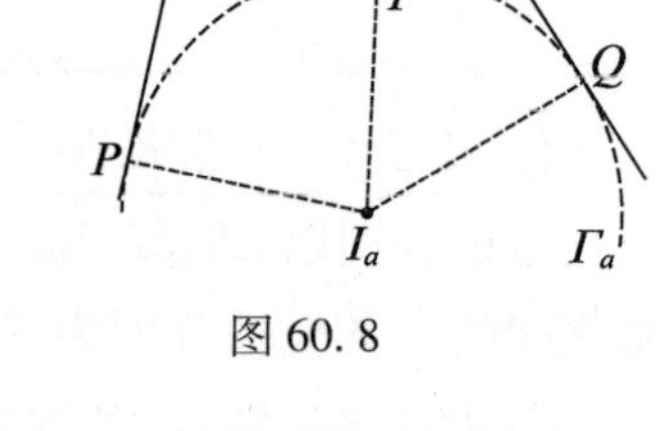

图 60.8

由 $BX=CT$,得

$$ZP=ZB+BP=XB+BT=BX+CX=ZS$$

$$CQ=CT=BX=BZ=CS$$

因此,对于点 Z,C,它们到点 S 的距离等于它们向圆 Γ_a 所引的切线段的长. 从而,ZC 是点圆 S 和圆 Γ_a 的根轴.

同理,BY 是点圆 R 和圆 Γ_a 的根轴.

于是，ZC 与 BY 的交点 G 为圆 S，圆 R，圆 Γ_a 的根心，所以 $GR=GS$.

2. 如图 60.9，记 A 关于 O 的对称点为 A'.

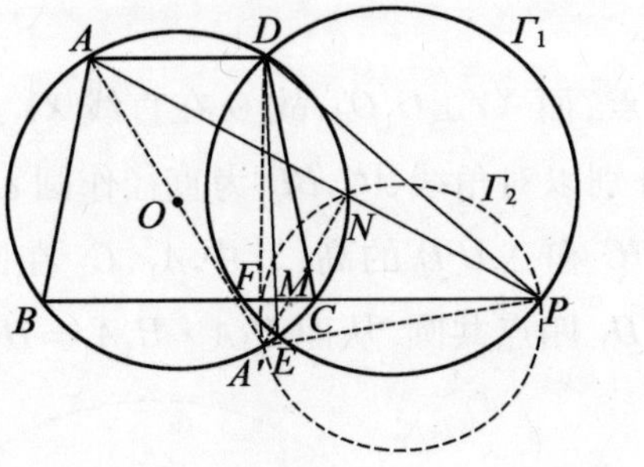

图 60.9

下面证明：N,M,A' 三点共线，也就是直线 MN 通过定点 A'.

记以 PD 为直径的圆为 Γ_1，以 PA' 为直径的圆为 Γ_2. 注意到 $\angle PNA'=90°$，则直线 DE,NA' 分别为圆 O 与圆 Γ_1，圆 Γ_2 的根轴.

记 DA' 与直线 BC 交于点 F，由 $\angle ADA'=90°$，知 $\angle PFA'=90°$，而 $\angle PNA'=90°$，于是，知点 F 在圆 Γ_2 上，从而，直线 BC 是圆 Γ_1，圆 Γ_2 的根轴.

由蒙日定理知，圆 O，圆 Γ_1，圆 Γ_2 的根轴 DE,BC,NA' 交于点 M. 因此，M,N,A' 三点共线.

3. 如图 60.10，设 O_1,O_2 分别为圆 ω_1，圆 ω_2 的圆心，联结 O_1O_2，过 O_1 作 RS 的垂线 l_3，过 O_2 作 PQ 的垂线 l_4，设 l_3 与 l_4 交于点 O. 记过 P,Q,R,S 的圆为 ω，则 O 为圆 ω 的圆心.

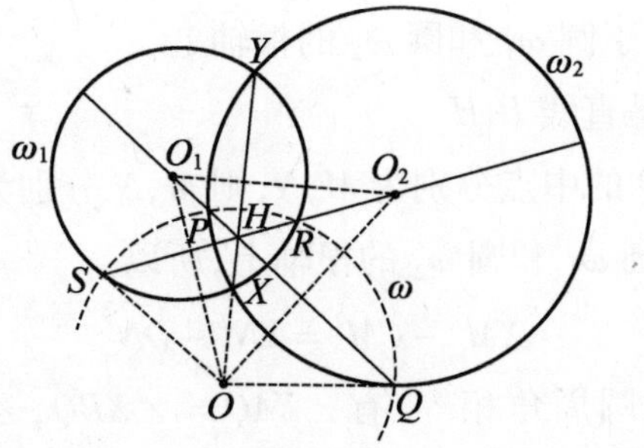

图 60.10

注意到 PQ,RS,XY 分别为圆 ω 与圆 ω_2，圆 ω 与圆 ω_1，圆 ω_1 与圆 ω_2 的根轴. 于是，直线 PQ,RS,XY 共点，设为 H（当 PQ,RS,XY 两两平行时，视 H 为无穷远点）.

由 $O_1O \perp RS$ 知,$O_1O \perp O_2H$. 同理,$O_2O \perp O_1H$.

于是,知 O 为 $\triangle O_1O_2H$ 的垂心(当 H 为无穷远点时,O 在 O_1O_2 所在的直线上). 因此,$OH \perp O_1O_2$.

又 H 为 XY 上一点,而 $XY \perp O_1O_2$,故 O 在直线 XY 上.

4. 如图 60.11,分别以对角线 AC,BD 为直径作圆 ω_1 和圆 ω_2. 设 BB_1,CC_1,AA_1,DD_1 分别是 $\triangle BPC$ 和 $\triangle APD$ 的高,其中 A_1,C_1 在圆 ω_1 上,点 B_1,D_1 在圆 ω_2 上. 于是,A,D,A_1,D_1 四点共圆. 从而 $H_1A \cdot H_1A_1 = H_1D \cdot H_1D_1$.

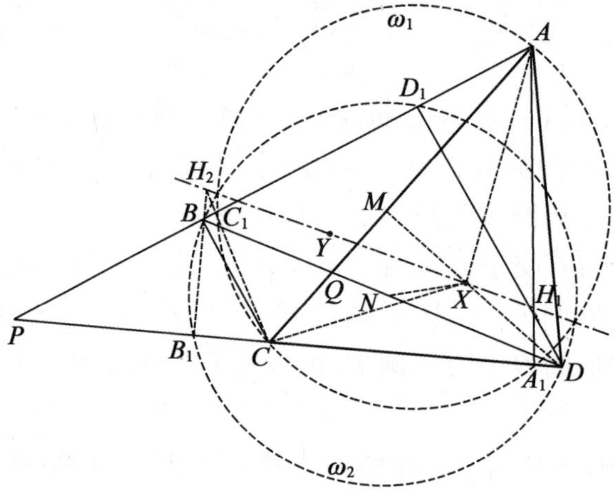

图 60.11

即点 H_1 位于圆 ω_1 和圆 ω_2 的根轴上.

同理,点 H_2 也位于圆 ω_1 和圆 ω_2 的根轴上.

于是,该根轴就是直线 H_1H_2.

取对角线 AC,BD 的中点分别为 M,N,则 M,N 分别为圆 ω_1,圆 ω_2 的圆心. 根据题设,点 X 位于圆 ω_1 和圆 ω_2 的根轴上,所以

$$XM^2 - CM^2 = XN^2 - DN^2 \qquad (*)$$

注意到同弧上的圆周角相等,有 $\angle XAQ = \angle XBQ$,$\angle XCQ = \angle XDQ$. 所以,$\triangle XAC \backsim \triangle XBD$.

因此,式($*$)中的平方差或者等于零,或者是它们相似比的平方.

若该平方差为零,有 $\angle AXC = \angle BXD = 90°$,于是 $AB \perp CD$,这与 $\triangle APD$ 为锐角三角形矛盾.

故该平方差为相似比的平方，又由$\frac{XM}{XN}=\frac{CM}{DN}=k$，有$XM^2-CM^2=k^2(XN^2-DN^2)=XN^2-DN^2$，从而有$k^2=1$，故$\triangle XAC\cong\triangle XBD$，于是，知$AC=BD$.

同样，由$\angle YAQ=\angle YDQ$，$\angle YCQ=\angle YBQ$，有$\triangle YAC\cong\triangle YBD$，亦有$YM=YN$. 而$CM=DN$，则$YM^2-CM^2=YN^2-DN^2$，即$Y$关于圆$\omega_1$和圆$\omega_2$的幂相等.

故点Y在圆ω_1和圆ω_2的根轴上.

第61章 半　圆

一条直径将圆分成2个半圆,半圆有如下有趣的性质:

性质1 以AB为直径的半圆O的内切圆切AB于点T,则内切圆的半径$r=\frac{AT\cdot TB}{AB}$.

证明 如图61.1,设半圆的内切圆圆心为O_1,切半圆于点E,当$AT\geqslant TB$时,则$OE=\frac{1}{2}AB=\frac{1}{2}(AT+TB)$,$OT=\frac{AT+TB}{2}-TB=\frac{1}{2}(AT-TB)$.

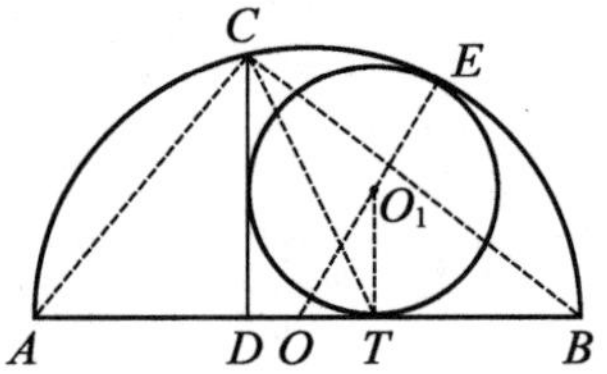

图61.1

由勾股定理,有

$$\left[\frac{1}{2}(AT+TB)-r\right]^2-\left[\frac{1}{2}(AT-TB)\right]^2=O_1T^2=r^2$$

从而

$$r=\frac{AT\cdot TB}{AT+TB}=\frac{AT\cdot TB}{AB}$$

推论1 设圆O_1是半圆O的内切圆,圆O_1与圆O的直径AB交于点T,圆O_1又与AB垂直的直线CD相切,直线CD交AB于点D,交半圆于点C,则$AC=AT$,且CT平分$\angle BCD$.

证明 如图61.1,令$AT=x$,$TB=y$,$AD=a$,$DB=b$,则当$x\geqslant y$时,且r为圆O_1的半径,则$x=a+r$,$y=b-r$.由性质1,有$r=\frac{xy}{x+y}=\frac{(a+r)(b-r)}{a+b}$,从而$r^2+2ar-ab=0$,即$r=\sqrt{a(a+b)}-a$.于是$AT=AD+DT=\sqrt{a(a+b)}$.

注意直角三角形的射影定理,有$AC^2=AD\cdot AB$,即$AC=\sqrt{a(a+b)}$.

故$AC=AT$.此时,$\triangle ACT$为等腰三角形.

又注意到$\angle DCB=\angle CAB$,则$\angle DCT=90°-\angle ATC=\frac{1}{2}\angle CAB=\frac{1}{2}\angle DCB$.

即知 CT 平分 $\angle BCD$.

注:由推论1知,在 Rt$\triangle ABC$ 中,$CD\perp AB$ 于点 D,点 T 在 DB 上,则 $AT=AC\Leftrightarrow CT$ 平分 $\angle BCD$.

推论2 设点 C 是以 AB 为直径的半圆 O 上一点,$CD\perp AB$ 于点 D. 圆 O_1,圆 O_2 在 CD 的两侧均与 CD 相切且为半圆 O 的内切圆,则圆 O_1,圆 O_2 的半径 r_1,r_2 满足 $r_1+r_2=AC+BC-AB$.

证明 如图61.1,设圆 O_1,圆 O_2 分别切 AB 于点 T,S,则由推论1知,$AT=AC,BS=BC$. 于是,由性质1,有

$$r_1+r_2=\frac{AT\cdot TB}{AB}+\frac{AS\cdot SB}{AC}=\frac{AC(AB-AC)}{AB}+\frac{(AB-BC)\cdot BC}{AB}$$

$$=AC-\frac{AC^2}{AB}+BC-\frac{BC^2}{AB}=AC+BC-AB$$

推论3 设圆 O_1 是半圆 O 的内切圆,圆 O_1 切半圆 O 的直径 AB 于点 T. 又与 AB 垂直的直线 CD 相切,直线 CD 交 AB 于点 D,交半圆于点 C. 则存在一个圆圆 O_3 也与 AB 切于点 T,同时与 AC 相切,又与以 BC 为直径的圆外切.

证明 如图61.2,设 BC 的中点为 M,则以 BC 为直径的圆即为圆 M. 设与圆 M 外切于点 P,又与 AC 切于点 Q 的圆 O_3 切 AB 于点 T'. 下证 T' 与 T 重合.

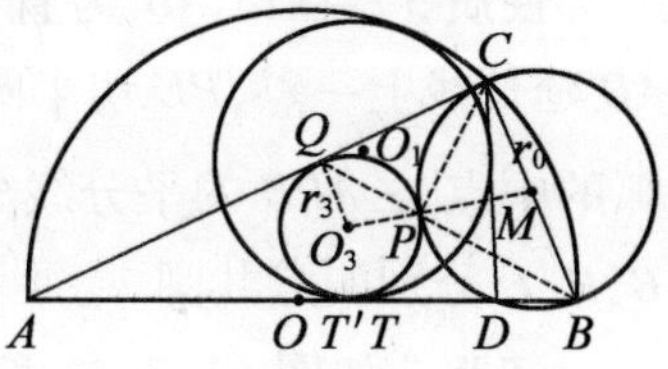

图61.2

由 $\angle PQC=\frac{1}{2}\angle PO_3Q$,$\angle PCQ=\frac{1}{2}\angle PMC$,由 $O_3Q/\!/MC$ 及 O_3,P,M 三点共线,知 $\angle PQC+\angle PCQ=\frac{1}{2}(\angle PO_3Q+\angle PMC)=90^\circ$.

又 $\angle CPB=90^\circ$,从而 Q,P,B 三点共线.

由 Rt$\triangle QCP\backsim$Rt$\triangle CBP$,有

$$\frac{CP}{CQ}=\frac{BP}{BC} \quad ①$$

设圆 M,圆 O_3 的半径分别记为 r_0,r_3,则由 $\triangle O_3QP\backsim\triangle MBP$,有 $\frac{QP}{BP}=\frac{O_3P}{MP}=\frac{r_3}{r_0}$,即有 $\frac{BQ}{BP}=\frac{r_3+r_0}{r_0}$.

注意到切割线定理,有

$$BT'^2=BP\cdot BQ=BP^2\cdot\frac{r_3+r_0}{r_0}$$

从而$\frac{BP}{BT'}=\sqrt{\frac{r_0}{r_3+r_0}}$. 同理,$\frac{CP}{CQ}=\sqrt{\frac{r_0}{r_3+r_0}}$. 即有

$$\frac{CP}{CQ}=\frac{BP}{BT'} \qquad ②$$

由式①,②有 $BC=BT'$.

又由题设及推论1,有 $BC=BT$. 故 T' 与 T 重合.

注:式②也可直接由第57章性质15获得.

性质2 在以 AB 为直径的半圆 O 中,P 为 AB 延长线上一点,PE 切半圆 O 于点 E,$\angle APE$ 的平分线分别交 AE 于点 X,交 BE 于点 Y,则 $EX=EY$.

证明 如图61.3,由 $\angle EXY=\angle EAP+\angle XPA=\angle BEP+\frac{1}{2}\angle APE=\angle EYX$,知 $EX=EY$.

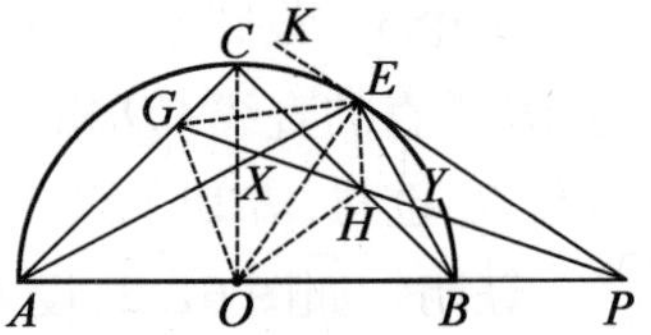

图61.3

性质3 在以 AB 为直径的半圆 O 中,P 为 AB 延长线上一点,PE 切半圆 O 于点 E,C 为半圆弧的中点,$\angle APE$ 的平分线分别交 CA 于点 G,交 CB 于点 H,则 P,A,G,E 及 P,B,H,E 分别四点共圆.

证明 如图61.3,注意到 $\angle AEB=90°$,则由性质2知,$\angle EYX=\angle EXY=45°=\angle ABC$. 于是,$\angle BHP=\angle ABC-\angle BPH=\angle EYX-\frac{1}{2}\angle BPE=\angle BEP$. 即知 P,B,H,E 四点共圆.

此时,注意 $\angle GPE=\angle HPE=\angle HBE=\angle CBE=\angle CAE=\angle GAE$,即知 P,A,G,E 四点共圆.

推论4 在性质3的条件下,由性质3有:

(1)$AG=GE,BH=HE$;

(2)$\angle GEH=90°$,且 G,H,E,C 四点共圆;

(3)H,G 分别为 $\triangle POE$ 的内心与旁心,且 $\angle GOH=90°$及 C,G,O,H,E 五点共圆;

(4)$OH/\!/AE,OG/\!/BE$;

(5) A,B,H,X 及 A,B,Y,G 分别四点共圆.

证明 (1) 如图 61.3, 由圆中等圆周角对等弦即得.

(2) 由 $\angle HEP=\angle ABC=45°$, $\angle KEG=\angle GAB=45°$ (K 为 PE 延长线上一点) 即得.

(3) 由 $OE\perp EP$ 及 $\angle HEP=45°$ 知, EH 平分 $\angle OEP$, 由 $\angle GEH=90°$ 知, GE 平分 $\angle KEO$, 又 PHG 平分 $\angle OPE$, 即得.

(4) 由 $\angle EAO=\dfrac{1}{2}\angle EOP=\angle HOP$, $\angle AOG=\dfrac{1}{2}\angle AOE=\angle OBE$, 即得.

(5) 由 $\angle BHP=\angle BEP=\angle BAE$, $\angle GAP=45°=\angle EYX=\angle EYG$ 即得.

注: 还可证得 $CE/\!/GH$, $OG=OH$ 等结论.

性质 4 在以 AB 为直径的半圆中, 点 F,E 在半圆上, 直线 AF 与 BE 交于点 H, 以 AH 为直径的圆交直线 BF 于点 Q,L, 以 BH 为直径的圆交直线 AE 于点 K,P, 公共弦 HD (显然 D 在 AB 上) 交半圆 O 于点 C, 则: (1) K,L,P,Q 四点共圆; (2) $AL=AC$, $BK=BC$.

证明 (1) 如图 61.4, 由 $\angle HLA=\angle HKB=90°$, 有

$$HL^2=HF\cdot HA, HK^2=HE\cdot HB$$

而 $HF\cdot HA=HE\cdot HB$, 即知 $HL=HK$.

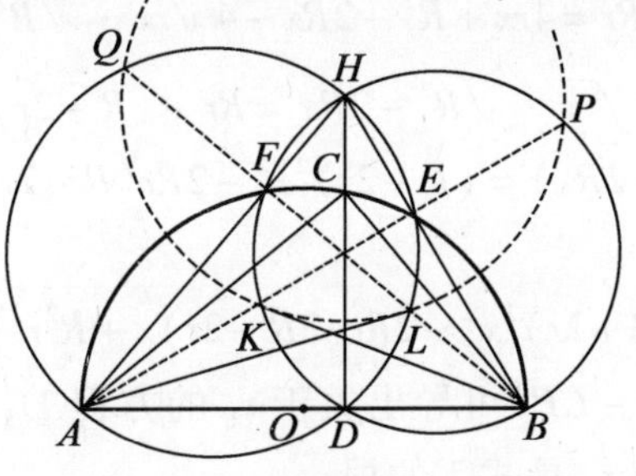

图 61.4

由对称性知, $HQ=HL$, $HP=HK$. 故 K,L,P,Q 在以 H 为圆心的圆上.

(2) 由 $BK^2=BE\cdot BH=BD\cdot BA=BC^2$, 即知 $BK=BC$.

同理 $AL=AC$.

推论 5 在性质 4 的条件下, 还可证 BK,AL 均为圆 $PLKQ$ 的切线. 因由 $BK^2=BC^2=BD\cdot BA=BL\cdot BQ$ 等即得.

注: 还可证直线 QK 与 PL 的交点在 AB 上.

性质5 在以 AB 为直径的半圆中,圆 O,圆 O_1,圆 O_2 均与半圆 C 和 AB 相切,且圆 O_1,圆 O_2 与圆 O 相切. 记圆 O,圆 O_1,圆 O_2 的半径分别为 r,r_1,r_2,则

$$\frac{1}{\sqrt{r_1}}+\frac{1}{\sqrt{r_2}}=\frac{2\sqrt{2}}{\sqrt{r}}$$

证明 为了证明结论,我们先给出下面的引理:

引理 两个外切圆的外公切线长为 $2\sqrt{Rr}$,其中 R,r 为两圆半径.

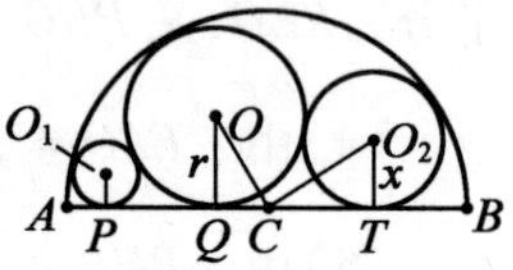

图 61.5

如图 61.5,点 C 为 AB 的中点,点 P,Q,T 分别为圆 O_1,圆 O,圆 O_2 与 AB 的切点. 设 $AB=2R$,$TO_2=r_2=x$,则有 $CO=R-r$.

在 $\mathrm{Rt}\triangle OQC$ 中,有

$$QC=\sqrt{R^2-2Rr}$$

类似地,得

$$CT=\sqrt{R^2-2Rx}$$

注意到 $QC=|QT-CT|$,由引理得 $QT=2\sqrt{rx}$.

于是,$QC^2=(QT-CT)^2$,即

$$R^2-2Rr=4rx+R^2-2Rx-4\sqrt{rx}\cdot\sqrt{R^2-2Rx}$$

则
$$2\sqrt{rx}\cdot\sqrt{R^2-2Rx}=Rr-(R-2r)x$$

得
$$4rx(R^2-2Rx)=(R-2r)^2x^2-2Rr(R-2r)x+R^2r^2$$

故

$$(R+2r)^2x^2-2Rr(3R-2r)x+R^2r^2=0 \quad ①$$

同样,由 $QC=|QP-CP|$ 可导出关于 r_1 的方程①,所以,$x=r_2$,$x=r_1$ 均满足式①. 也就是说,r_1 和 r_2 是式①的根.

由韦达定理,有

$$r_1+r_2=\frac{2Rr(3R-2r)}{(R+2r)^2},r_1r_2=\frac{R^2r^2}{(R+2r)^2}$$

特别地,$\sqrt{r_1r_2}=\frac{Rr}{R+2r}$. 因此

$$r_1+r_2+2\sqrt{r_1r_2}=\frac{2Rr(3R-2r)}{(R+2r)^2}+\frac{2Rr(R+2r)}{(R+2r)^2}$$

$$=\frac{8R^2r}{(R+2r)^2}=\frac{8r_1r_2}{r}$$

即$(\sqrt{r_1}+\sqrt{r_2})^2=\frac{8r_1r_2}{r}$. 故$\sqrt{r_1}+\sqrt{r_2}=\frac{2\sqrt{2}\sqrt{r_1r_2}}{\sqrt{r}}$.

从而,$\frac{1}{\sqrt{r_1}}+\frac{1}{\sqrt{r_2}}=\frac{2\sqrt{2}}{\sqrt{r}}$.

性质6 点 C 在以 AB 为直径的半圆上,作 $CD\perp AB$ 于点 D,圆 O_1,圆 O_2 均与半圆及 AB 相切,且均与 CD 相切. 设 r,r_1,r_2 分别为$\triangle ABC$ 的内切圆,圆 O_1,圆 O_2 的半径,则 $r=\frac{r_1+r_2}{2}$.

证明 如图 61.6,设圆 O_1 分别与半圆,CD,DG 切于点 E,F,G,圆 O_2 切 AD 于点 H,联结 BE,EF,FA,OO_1,O_1E,O_1F.

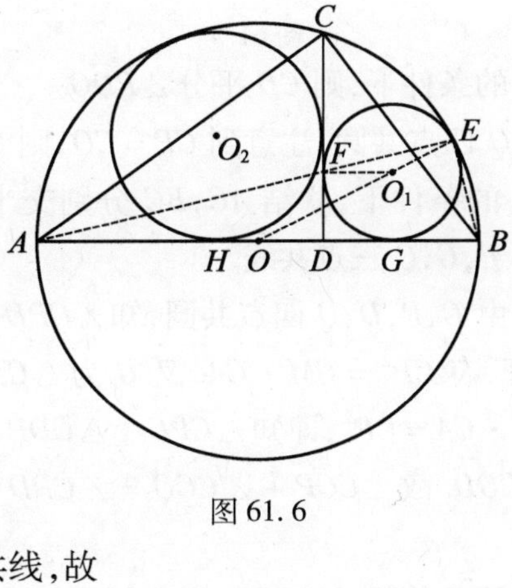

图 61.6

则 O,O_1,E 三点共线,故

$$\angle EFO_1=\angle FEO_1=\frac{1}{2}\angle FO_1O=\frac{1}{2}\angle O_1OB=\angle EAB$$

从而,A,F,E 三点共线. 由

$$\triangle AFD\backsim\triangle ABE\Rightarrow AD\cdot AB=AF\cdot AE$$

则
$$AG^2=AF\cdot AE=AD\cdot AB=AC^2$$

因此,$AC=AG$.

设圆 O_2 与边 AD 切于点 H. 类似地,$BC=BH$. 故

$$r=\frac{AC+BC-AB}{2}=\frac{AG+BH-AB}{2}=\frac{HG}{2}=\frac{HD+DG}{2}=\frac{r_1+r_2}{2}$$

性质7 以 AB 为直径的半圆 O 的外切三角形为 $\triangle CEF$, AB 在边 EF 上,半圆 O 分别切 CE, CF 于点 P, Q, $CD\perp AB$ 于点 D,则 C, P, D, Q 四点共圆.

证明 如图61.7,联结 OP, OQ, OC,显然, C, P, O, Q 四点共圆,且 CO 为其直径. 注意到 $CD\perp AB$ 于点 D,则知点 D 也在此圆上,故 C, P, D, Q 四点共圆.

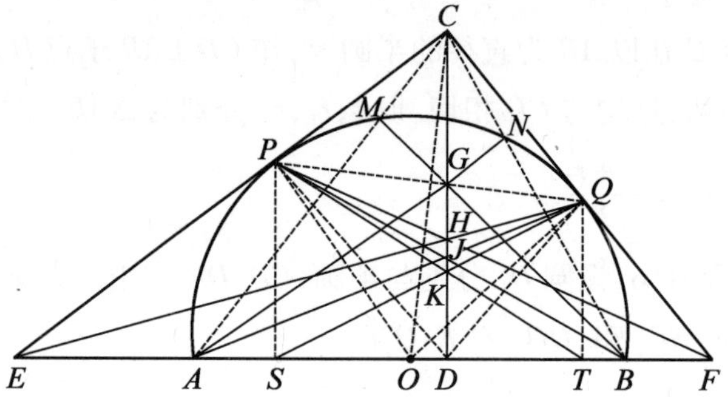

图61.7

推论6 在性质7的条件下,则 CD 平分 $\angle PDQ$.

证明 由 C, P, D, Q 四点共圆,注意到 $CP=CQ$,则 CD 平分 $\angle PDQ$.

推论7 在性质7的条件下,联结 AC, BC 分别交半圆 O 于点 M, N,直线 AN 与 BM 交于点 G,则 P, G, Q 三点共线.

证明 如图61.7,由 C, P, D, Q 四点共圆,知 $\angle CPD$ 与 $\angle CQD$ 相补.

注意到切割线定理,有 $CP^2=CM\cdot CA$. 又 G 为 $\triangle CAB$ 的垂心,知 G 在 CD 上,从而 $CG\cdot CD=CM\cdot CA=CP^2$,即知 $\triangle CPG\backsim\triangle CDP$,即有 $\angle CGP=\angle CPD$.

同理, $\angle CGQ=\angle CQD$. 故 $\angle CGP+\angle CGQ=\angle CPD+\angle CQD=180^\circ$. 即 P, G, Q 三点共线.

推论8 在性质7的条件下,设 PF 与 EQ 交于点 H,则点 H 在 CD 上.

证明 如图61.7,由 C, P, D, Q 四点共圆, CD 平分 $\angle PDQ$,知 $\angle EDP=\angle FDQ$, $\angle EPD$ 与 $\angle FQD$ 相补. 注意到三角形的正弦定理,有

$$\frac{EP}{ED}=\frac{\sin\angle EDP}{\sin\angle EPD}=\frac{\sin\angle FDQ}{\sin\angle FQD}=\frac{FQ}{FD}$$

于是,有

$$\frac{CP}{PE}\cdot\frac{ED}{DF}\cdot\frac{FQ}{QC}=1 \qquad (*)$$

故由塞瓦定理的逆定理知，CD，PF，EQ 三直线共点于 H，即知点 H 在 CD 上.

推论 9　在性质 7 的条件下，作 $PS\perp AB$ 于点 S，作 $QT\perp AB$ 于点 T，令 SQ 与 PT 交于点 K，则点 K 在 CD 上.

证明　如图 61.7，由 $PS/\!/CD/\!/QT$，有

$$ED=\frac{CD}{PS}\cdot ES,FQ=\frac{QT}{CD}\cdot FC,\frac{CP}{PE}=\frac{DS}{SE}.$$

将上述三式代入推论 8 证明中的式（*），并注意 $\frac{QT}{PS}=\frac{QK}{KS}$，则有

$$\frac{SD}{DF}\cdot\frac{FC}{CQ}\cdot\frac{QK}{KS}=1$$

于是，对 $\triangle SFQ$ 应用梅涅劳斯定理的逆定理，知 C，K，D 三点共线，即知点 K 在 CD 上.

推论 10　在性质 7 的条件下，设 AQ 与 PB 交于点 J，则点 J 在 CD 上.

证明　如图 61.7，由 C，P，D，Q 四点共圆，知 $\angle PCD=\angle PQD$.

注意到 P，O，D，Q 四点共圆，有

$$\angle AOP=\angle PQD=\angle PCD \qquad ①$$

又由 $\angle POC=\frac{1}{2}\angle POQ=\angle PAJ$，知 $\mathrm{Rt}\triangle POC\backsim\mathrm{Rt}\triangle PAJ$，于是 $\frac{PC}{PJ}=\frac{PO}{PA}$.

注意到 $\angle CPJ=90^\circ-\angle BPO=\angle OPA$，则 $\triangle CPJ\backsim\triangle OPA$. 故

$$\angle PCJ=\angle POA \qquad ②$$

由式①，②知 $\angle PCD=\angle PCJ$. 故点 J 在 CD 上.

性质 8　半圆 O 的直径 MN 在 $\triangle ABC$ 的边 BC 上，$\triangle ABC$ 的边 AB，AC 与半圆 O 分别切于点 F，E. 作 $AD\perp BC$ 于点 D. 设直线 MF 与直线 NE 的交点为 P. 则：(1) 点 P 在直线 AD 上；(2) 设 ME 与 NF 交于点 J（此时点 J 在 AD 上）时，A 为 PJ 的中点.

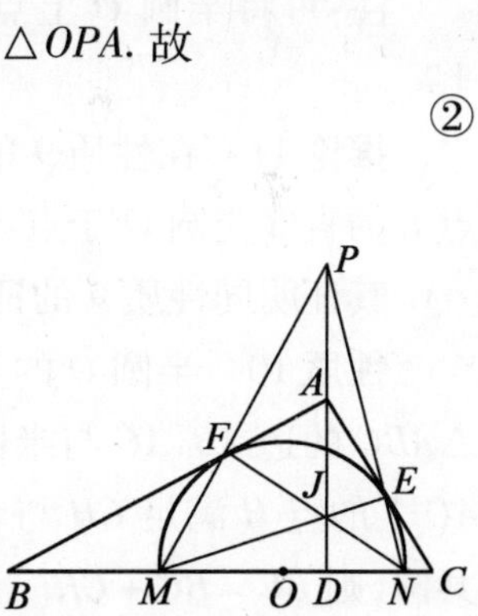

图 61.8

证明　(1) 如图 61.8，注意到 ME 与 NF 的交点 J 为 $\triangle PMN$ 的垂心，即有 $PJ\perp MN$. 从而

$$\angle MPJ=\angle FNM,\angle JPN=\angle EMN$$

又 $\angle AFE=\angle AEF$，则

$$\frac{\sin\angle MPJ}{\sin\angle JPN}\cdot\frac{\sin\angle AFE}{\sin\angle AFP}\cdot\frac{\sin\angle AEP}{\sin\angle AEF}=\frac{\cos\angle FMN}{\cos\angle ENM}\cdot\frac{\sin\angle AFE}{\sin\angle FNM}\cdot\frac{\sin\angle EMN}{\sin\angle AEF}$$
$$=\frac{\sin\angle FNM}{\sin\angle EMN}\cdot\frac{\sin\angle EMN}{\sin\angle FNM}=1$$

于是,由角元形式的塞瓦定理,知 PJ,AE,AF 三线共点于 A,即点 A 在直线 PJ 上,亦有 $PA\perp MN$. 而 $AD\perp MN$,即知点 P 在直线 AD 上.

(2)注意到在 $\mathrm{Rt}\triangle PJE$ 中,$\angle AJE=\angle DNE=\angle MNE=\angle MEA=\angle JEA$,即有 $AE=AJ$. 同理 $AE=AP$. 故 A 为 PJ 的中点.

注:也可用同一法. 取 PJ 的中点 A',证 A' 与 A 重合先证得 A 为 PJ 的中点,再证点 P 在 AD 上.

性质 9　半圆 O 的直径 MN 在 $\triangle ABC$ 的边 CB 上,$\triangle ABC$ 的边 AB,AC 与半圆 O 分别切于点 F,E. 设过 EF 的中点 L 的直线交半圆 O 于点 S,T,则 AO 平分 $\angle SAT$.

证明　如图 61.9,联结 FO,SO,TO,则由

$$SL\cdot LT=FL\cdot LE=FL^2=OL\cdot LA$$

知 A,S,O,T 四点共圆. 在这个圆中,由 $OS=OT$,即知 AO 平分 $\angle SAT$.

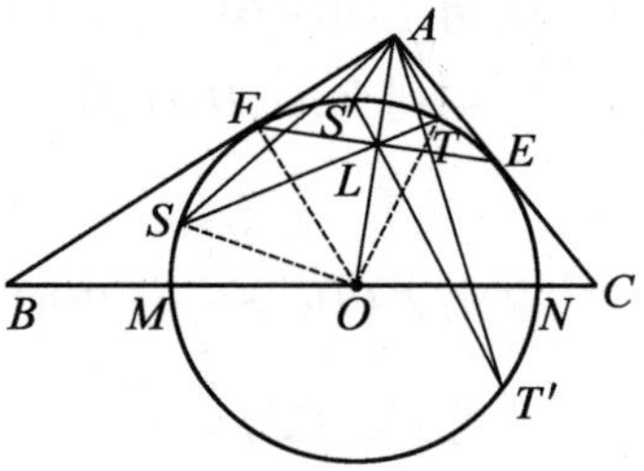

图 61.9

注:可将半圆 O 上点 S,T 推广到整个圆 O 上.

推论 11　在性质 9 的条件下,设过 EF 的中点 L 的直线交圆 O 于点 S',T',则 AO 平分 $\angle S'AT'$.

其证明同性质 9 的证明(略).

性质 10　半圆 O 的直径 MN 在 $\triangle ABC$ 的边 BC 上. $\triangle ABC$ 的边 AB,AC 与半圆 O 均相切. 若 AB 上的点 G,AC 上的点 H 满足 GH 与半圆 O 相切,且 B,C,H,G 四点共圆,则 $BC=BG+CH$.

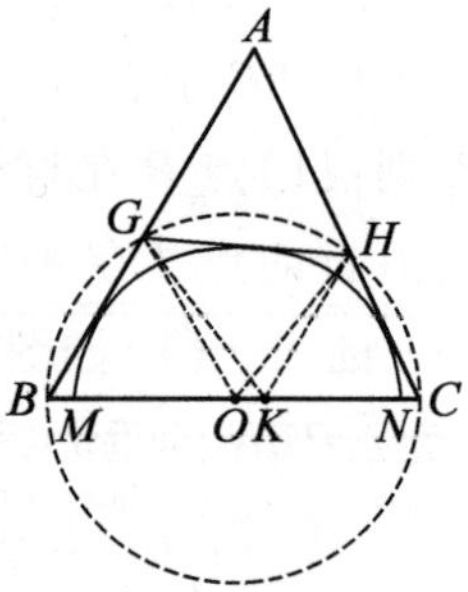

图 61.10

证明　如图 61.10,当 $GH/\!/BC$ 时,结论显然成立.

下面讨论 $GH\not\parallel BC$ 的情形. 在 BC 上取点 K,使 $BK=BG$. 联结 GO,GK,HO,HK. 注意到 B,C,H,G 四点共圆,则

$$\angle BKG = \frac{1}{2}(180° - \angle B) = \frac{1}{2}\angle GHC = \angle GHO$$

从而知 G,O,K,H 四点共圆. 于是

$$\begin{aligned}\angle CHK &= \angle OKH - \angle C = (180° - \angle OGH) - (180° - 2\angle OGH)\\ &= \angle OGH = \angle CKH\end{aligned}$$

从而,在$\triangle CHK$ 中,有 $CH = CK$. 故 $BC = BK + KC = BG + CH$.

注:性质 10 中,点 O 实质上就是$\triangle AGH$ 的旁心. 在性质 10 的条件中,改变 GH 的条件,只满足 B,C,H,G 四点共圆,将 GH 与半圆 O 相切变为 O,H,G 为关于$\triangle ABC$ 的内心 I 的密克尔三角形三顶点,则 I 为关于 O,H,G 的$\triangle ABC$ 的密克尔点的充要条件是 $BC = BG + CH$. 即变为第 29 届中国数学奥林匹克中的平面几何题的等价说法:在锐角$\triangle ABC$ 中,已知 $AB > AC$, $\angle BAC$ 的角平分线与边 BC 交于点 D,点 E,F 分别在边 AB,AC 上,使得 B,C,F,E 四点共圆. 证明:$\triangle DEF$ 的外心与$\triangle ABC$ 的内心重合的充分必要条件是 $BE + CF = BC$.

性质 11 如图 61.11,点 D 为半圆 O 的直径 AB 上的一点,以 DB 为直径的圆的圆心为 O_2, $CD \perp AB$ 交圆 O 于点 C,圆 O_1 与圆 O 内切于点 E,圆 O_1 与圆 O_2 外切于点 G,且与 CD 切于点 H,直线 BE 与直线 DC 交于点 P,与圆 O_1 交于点 I, O_2'为 AD 的中点,圆 O_2',圆 O_2 的外公切线的切点为 M,N,则:

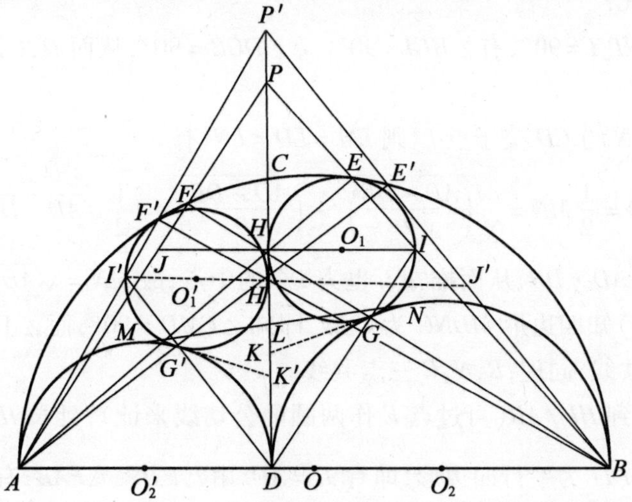

图 61.11

(1)直线 BH 过切点 G;

(2)过点 B 作 AP 的垂线,垂足 F 在圆 O 上;

(3) B,H,F 及 A,H,E 分别三点共线,H 为 $\triangle PAB$ 的垂心;

(4)直线 DI 过点 G;

(5)圆 O_2,圆 O_2' 的外公切线 MN 的长等于 CD;

(6) A,M,C 及 B,N,C 分别三点共线;

(7)圆 O_1 的直径 $2r=\frac{AD\cdot DB}{AD+DB}=\frac{AD\cdot DB}{AB}$ $\left(r=\frac{R_1\cdot R_2}{R_1+R_2}, R_1, R_2\right.$ 分别为圆 O_2',圆 O_2 的半径);

(8)与圆 O_1 类同得圆 O_1',且与圆 O_1,圆 O_1' 均内切的最小圆的直径等于 CD.

证明 (1)过点 G 作两圆的公切线交 DH 于点 K,则 $KH=KG=KD$,从而 $\angle HGD=90°$.

又 $\angle DGB=90°$,则知 H,G,B 三点共线,即 HB 过点 G.

(2)由 $\angle AFB=90°$,知 F 在圆 O 上.

(3)由(1)知,$BH\perp DG$,又由 $\angle DGB=\angle AFD$,知 $AP/\!/DG$,从而 $BH\perp AP$,故 B,H,F 三点共线.

于是,H 为 $\triangle PAB$ 的垂心,即 $AH\perp PB$,又 $\angle DGB=90°$,从而 D,G,I 共线,即直线 DI 过点 G.

(4)由 $\angle HEI=90°$,有 $\angle HGI=90°$,又 $\angle DGB=90°$,从而 D,G,I 共线,即直线 DI 过点 G.

(5)设 MN 与 CD 交于点 L,则 $LM=LD=LN$,有

$$LD=\frac{1}{2}MN=\sqrt{\left(\frac{AD+DB}{2}\right)^2-\left(\frac{AD-DB}{2}\right)^2}=\frac{1}{2}\sqrt{AD\cdot DB}$$

而 $CD^2=AD\cdot DB$,从而推知 L 也为 DC 的中点,故 $MN=\sqrt{AD\cdot DB}=CD$.

(6)由(5)知四边形 $MDNC$ 为矩形,即知 $\angle CMD=90°$,而 $\angle AMD=90°$,则 A,M,C 三点共线,同理,B,N,C 三点共线.

(7)注意到 $HI/\!/AB$(可过点 E 作两圆的公切线来证),延长 IH 交 AP 于点 J,则四边形 $ADIJ$ 为平行四边形,即有 $JI=AD$. 由 $\triangle PJI\backsim\triangle PAB$,有 $\frac{PH}{JI}=\frac{PD}{AB}$,即 $\frac{PH}{PD}=\frac{JI}{AB}=\frac{AD}{AB}$,亦有 $\frac{HI}{DB}=\frac{PH}{PD}=\frac{AD}{AB}$,从而 $HI=\frac{AD\cdot DB}{AB}$,因 $\angle HEI=90°$,则知 HI

为圆 O_1 的直径 $2r$.

(8)设 $HI,H'I'$ 分别为圆 O_1，圆 $O_1{}'$ 的直径，由 $\mathrm{Rt}\triangle BDH\backsim\mathrm{Rt}\triangle DHI$，有 $\frac{DH}{HI}=\frac{BD}{DH}$，从而

$$DH=\sqrt{BH\cdot HI}=\sqrt{\frac{BD^2\cdot AD}{AB}}=BD\cdot\sqrt{\frac{AD}{AB}}$$

同理，$DH'=AD\cdot\sqrt{\frac{BD}{AB}}$. 于是

$$HH'=|DH-DH'|=\sqrt{\frac{AD\cdot DB}{AB}}\,|\sqrt{DB}-\sqrt{AD}|$$

由于圆 $O_1{}'$，圆 O_1 的半径均为 $\frac{AD\cdot DB}{AB}$，从而与这两圆均内切的最小圆的直径等于这两圆的圆心距与两半径之和. 因为这两圆均与 CD 相切，则圆心距为

$$\sqrt{HH'^2+HI^2}=\frac{\sqrt{AD\cdot DB}\,(AB-\sqrt{AD\cdot DB})}{AB}$$

从而，所求最小圆的直径为 $\sqrt{HH'^2+HI^2}+HI=\sqrt{AD\cdot DB}=CD$

例1 已知 CD 为 $\mathrm{Rt}\triangle ABC$ 斜边 AB 上的高，圆 O 是其外接圆. 圆 O_1 与弧 $\overparen{AC}$ 内切，且与 AB,CD 相切，E 为边 AB 上的切点；圆 O_2 与弧 $\overparen{CB}$ 内切且与 AB,CD 相切，F 为边 AB 上的切点. 求证：$\frac{AE}{ED}\cdot\frac{DF}{FB}\cdot\frac{BC}{CA}=1$.

证明 可参见图 61.1，应用推论 1，有 $AF=AC,BE=BC$，及 CE 平分 $\angle ACD$，CF 平分 $\angle DCB$，应用角平分线性质，有

$$\frac{AE}{ED}\cdot\frac{DF}{FB}\cdot\frac{BC}{CA}=\frac{CA}{CD}\cdot\frac{CD}{CB}\cdot\frac{BC}{CA}=1$$

例2(2013 年陕西省竞赛题) 如图 61.12，AB 是半圆 O 的直径，C 是半圆弧的中点，P 是 AB 延长线上一点，PD 与半圆 O 相切于点 D，$\angle APD$ 的平分线分别交 AC,BC 于点 E,F. 求证：线段 AE,BF,EF 可组成一个直角三角形.

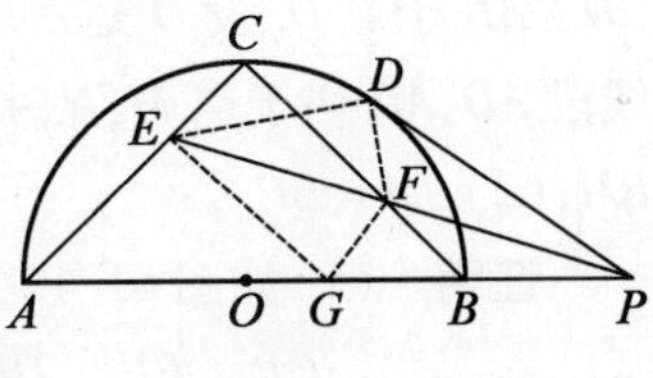

图 61.12

证法1 由推论 4(1)，(2)，知 $AE=ED,DF=FB,\angle EDF=90°$. 即有

$$EF^2=ED^2+DF^2=AE^2+BF^2$$

证法2 过 F 作 $FG/\!/CA$ 交 AB 于点 G,则

$$\angle FGB=\angle CAB=45°=\angle ABC$$

有 $FG=FB$.

由性质3知,$\angle PDF=\angle GBF=45°$,且 $DF=FB=FG$,知 $\triangle PDF\cong\triangle PGF$. 有 $PG=PD$. 从而 $PG^2=PD^2=PB\cdot PA$,即有 $\frac{PB}{PG}=\frac{PG}{PA}=\frac{PF}{PE}$,于是 $FB/\!/EG$.

即知 $\angle EGA=\angle CBA=45°$,亦即有 $AE=EG$,且 $\angle EGF=90°$.

故 $EF^2=EG^2+GF^2=AE^2+BF^2$.

例3(2009年福建省竞赛题) 圆 O 与线段 AB 切于点 M,且与以 AB 为直径的半圆切于点 E,$CD\perp AB$ 于点 D,CD 与以 AB 为直径的半圆交于点 C,且与圆 O 切于点 F. 联结 AC,CM. 求证:(1)A,F,E 三点共线;(2)$AC=AM$;(3)$MC^2=2MD\cdot MA$.

证明 (1)事实上,设 L 为 AB 的中点,显然 L,O,E 三点共线. 由 $\angle FOE=\angle ALE$,有 $\angle FEO=\frac{1}{2}(180°-\angle FOE)=\frac{1}{2}(180°-\angle ALE)=\angle AEL$. 即知 A,F,E 三点共线.

(2)由推论1即证.

(3)由推论1知,$\triangle AMC$ 为等腰三角形,有 $\frac{1}{2}CM=AM\cdot\cos\angle AMC$.

又在 $\mathrm{Rt}\triangle CDM$ 中,有 $DM=CM\cdot\cos\angle AMC$. 故

$$\begin{aligned}CM^2&=CM\cdot CM=\frac{DM}{\cos\angle AMC}\cdot 2AM\cdot\cos\angle AMC\\&=2MD\cdot MA\end{aligned}$$

例4(2009年香港数学奥林匹克题) 在 $\mathrm{Rt}\triangle ABC$ 中,已知 $\angle C=90°$,作 $CD\perp AB$ 于点 D. 设 O 是 $\triangle BCD$ 的外接圆的圆心,在 $\triangle ACD$ 内有一圆 Γ_1 分别与线段 AD,AC 切于点 M,N,并与圆 O 相切. 证明:(1)$BD\cdot CN+BC\cdot DM=CD\cdot BM$;(2)$BM=BC$.

证明 (1)如图61.13,设圆 O 与圆 Γ_1 外切于点 P,则由推论3中的式② 及证明过程知 $\frac{CP}{CN}=\frac{BP}{BM}=\frac{DP}{DM}$,令上述比值为 λ. 在圆 O 中应用托勒密定理,有

$$BD\cdot CP+BC\cdot DP=CD\cdot BP$$

于是

$$BD\cdot \lambda CN+BC\cdot \lambda DM=CD\cdot \lambda BM$$

故
$$BD\cdot CN+BC\cdot DM=CD\cdot BM$$

(2)由于$\triangle ABC$可内接于直径为AB的半圆，由推论3，即可证$BM=BC$.

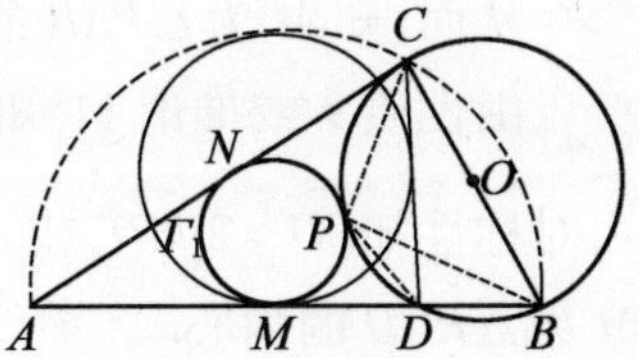

图 61.13

例 5(1996 年 CMO 试题)　设 H 为锐角$\triangle ABC$的垂心，由A向以BC为直径的圆作切线AP，AQ，切点分别为P，Q. 求证：P，H，Q三点共线.

事实上，由推论5即证.

例 6(2003 年中国国家集训队选拔考试题)　在锐角$\triangle ABC$中，AD是$\angle BAC$的内角平分线，点D在边BC上，过点D分别作$DE\perp AC$，$DF\perp AB$，垂足分别为E，F，联结BE，CF，它们相交于点H，$\triangle AFH$的外接圆交BE于点G. 求证：以线段BG，GE，BF组成的三角形是直角三角形.

证明　如图61.14，由题设知，存在以D为圆心，分别与AC，AB切于点E，F的半圆. 设$AD'\perp BC$于点D'，则由推论9，知H在AD'上. 即$AH\perp BC$.

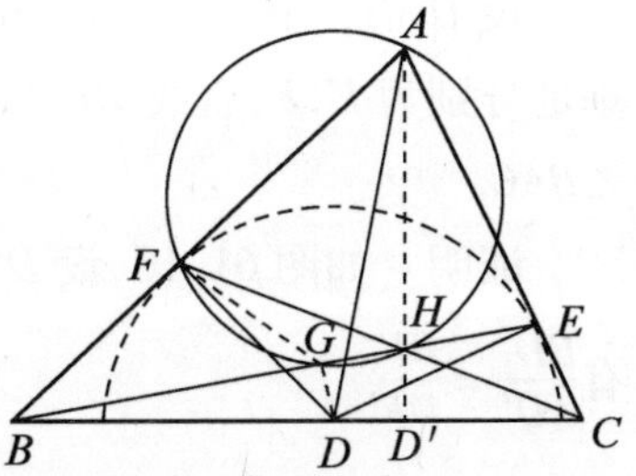

图 61.14

作$DG'\perp BE$于点G'，由$\angle BAH=90^\circ-\angle ABC=\angle FDB$，及注意$B$，$F$，$G'$，$D$四点共圆，有$\angle FG'B=\angle FDB=\angle BAH$，知$A$，$F$，$G'$，$H$四点共圆. 从而$G'$与$G$重合，即有$DG\perp BE$. 于是

$$BG^2=DG^2+BD^2=GE^2-DF^2+BD^2=GE^2+BF^2$$

因此，以BG，GE，BF为三边的三角形是直角三角形.

例 7(2001 年中国西部数学奥林匹克题)　P为圆O外一点，过点P作圆O的两条切线，切点分别为A，B. 设Q为PO与弦AB的交点，过点Q作圆O的任意一条弦CD. 证明：$\triangle PAB$与$\triangle PCD$有相同的内心.

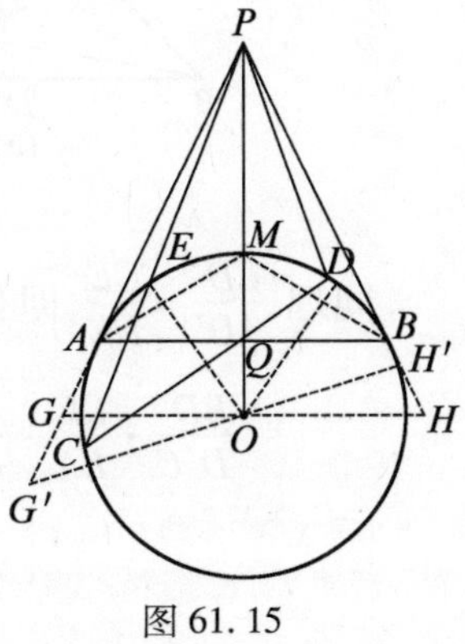

图 61.15

证明　如图61.15，设PO交圆O于点M，PC与圆O交于点E，联结AM，MB. 由题设知Q为AB中点，显然PO平分$\angle APB$.

由$\angle PAM=\angle MBA=\angle MAB$，知$AM$平分$\angle PAB$.

从而,知 M 为 $\triangle PAB$ 的内心.

由性质 9 或推论 11 知,PO 平分 $\angle CPD$,即 PM 平分 $\angle CPD$. 联结 OE,OD,由对称性知 $\overset{\frown}{ED}=2\overset{\frown}{MD}$,或 $\angle MOD=\angle ECD$,即知 M 在 $\angle DCE$ 的平分线上. 即知 M 为 $\triangle PCD$ 的内心.

故 $\triangle PAB$ 与 $\triangle PCD$ 有相同的内心.

例 8(IMO35 预选题)　在直线 l 的一侧画一个半圆 Γ,C,D 是 Γ 上的两点,Γ 上过 C 和 D 的切线交 l 于点 B 和 A,半圆的圆心在线段 BA 上,E 是线段 AC 和 BD 的交点,F 是 l 上的点,$EF\perp l$. 求证:EF 平分 $\angle CFD$.

事实上,由推论 9,知直线 AD 与 BC 的交点 P,E 的连线垂直于 AB. 由题设 $EF\perp AB$,知 P,E,F 三点共线. 又由推论 7,知 EF 平分 $\angle CFD$.

注:此例可推广为下述题(也为推论 6 的推广):

设 D 是一个非直角 $\triangle ABC$ 的边 BC 上一点,从点 D 分别作 AC,AB 的垂线,垂足分别为 E,F,直线 BE 与 CF 交于点 H. 求证:$AH\perp BC$,当且仅当 AD 平分 $\angle BAC$.

证明　如图 61.16,设 D' 是点 A 在直线 BC 上的射影,则 $\triangle ABD'\backsim\triangle DBF$,有 $\frac{BD'}{AD'}=\frac{BF}{DF}$.

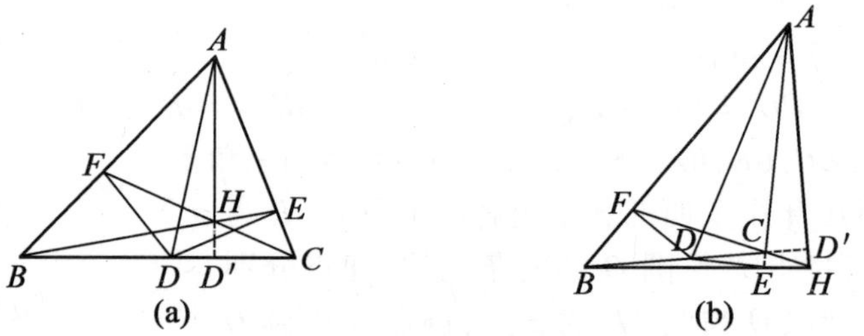

图 61.16

同理,$\frac{CD'}{AD'}=\frac{CE}{DE}$,即有 $\frac{CE}{BF}=\frac{DE}{DF}\cdot\frac{CD'}{BD'}$. 于是

$$\frac{BD'}{D'C}\cdot\frac{CE}{EA}\cdot\frac{AF}{FB}=\frac{BD'}{CD'}\cdot\frac{AF}{EA}\cdot\frac{CE}{FB}=\frac{BD'}{CD'}\cdot\frac{AF}{AE}\left(\frac{DE}{DF}\cdot\frac{CD'}{BD'}\right)$$

$$=\frac{AF}{AE}\cdot\frac{DE}{DF}=\frac{AF}{DF}\cdot\frac{DE}{AE}$$

从而

$$AD',BE,CF\text{ 三线共点}\Leftrightarrow\frac{BD'}{D'C}\cdot\frac{CE}{EA}\cdot\frac{AF}{FB}=1\Leftrightarrow\frac{AF}{DF}\cdot\frac{DE}{AE}=1$$

$$\Leftrightarrow\frac{AF}{DF}=\frac{AE}{DE}\Leftrightarrow\triangle ADF\backsim\triangle ADE\Leftrightarrow\angle FAD=\angle EAD$$

$$\Leftrightarrow AD\text{ 平分}\angle BAC$$

但 $AH\perp BC\Leftrightarrow A,H,D'$三点共线$\Leftrightarrow AD',BE,CF$ 三线共点.

故 $AH\perp BC\Leftrightarrow AD$ 平分$\angle BAC$.

此题当$\triangle ABC$ 为锐角三角形时,即为 2006 年罗马尼亚国家队选拔考试题.

此题的充分性则为 2000 年第 49 届保加利亚(冬季)数学竞赛题,也是 1997 年第 10 届韩国数学奥林匹题.

例 9(2012 年 IMO 试题)　在$\triangle ABC$ 中,已知$\angle BCA=90°$,D 是过顶点 C 的高的垂足. 设 X 是线段 CD 内部的一点,K 是线段 AX 上一点,使得 $BK=BC$,L 是线段 BX 上一点,使得 $AL=AC$. 设 M 是 AL 与 BK 的交点,证明:$MK=ML$.

证明　如图 61.17,分别以 A,B 为圆心,以 AC,BC 为半径作圆,分别交直线 AX 于点 P,交直线 BX 于点 Q. 设圆 A 与圆 B 的另一交点为 C',则 C,D,C'三点共线.

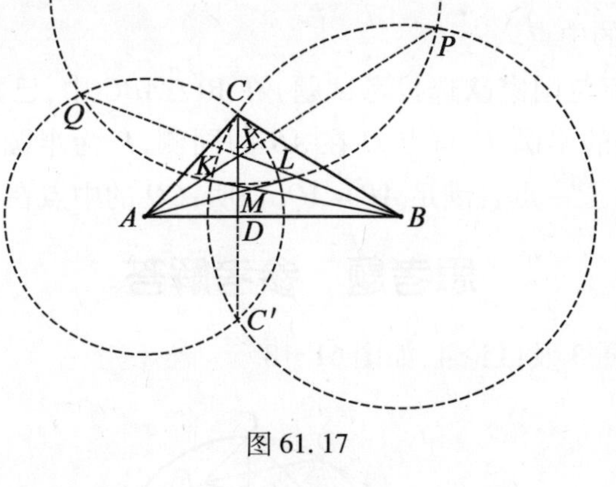

图 61.17

此时

$$KX\cdot XP=CX\cdot XC'=QX\cdot XL$$

即知 Q,K,L,P 四点共圆.

由性质 4 的证明,知

$$AL^2=AC^2=AK\cdot AP(\text{因 }AC\text{ 为圆 }B\text{ 的切线})$$

即知 AL 为圆 $QKLP$ 的切线.

同理,BK 也为圆 $QKLP$ 的切线. 故 $MK=ML$.

思考题

1.(2014 年江西省竞赛题)C 为半圆弧的中点,P 为直径 BA 延长线上一点. 过点 P 作半圆 O 的切线 PD,D 为切点,$\angle DPB$ 的平分线分别与 AC,BC 交于点 E,F. 证明:$\angle PDA=\angle CDF$.

2.(1996 年 CMO 题)设 H 为锐角 $\triangle ABC$ 的垂心,由 A 向以 BC 为直径的圆作切线 AP,AQ,切点分别为 P,Q. 求证:P,H,Q 三点共线.

3.(1996 年中国国家队选拔赛题)以 $\triangle ABC$ 的底边为直径作半圆,分别交 AB,AC 于点 D 和 E,过点 D 和 E 分别作 BC 的垂线,垂足分别为 F,G,线段 DG 和 EF 交于点 M. 求证:$AM\perp BC$.

4.(2007 年泰国数学奥林匹克题)PA,PB 是圆 O 的两条切线,切点分别为 A,B. 又 M,N 分别是 PA,AB 的中点,MN 的延长线交圆 O 于点 C. 联结 PC 交圆 O 于点 D,ND 的延长线交 PB 于点 Q. 证明:四边形 $PMNQ$ 是菱形.

5.(第 47 届保加利亚竞赛题)凸四边形 $ABCD$ 内接于一圆,过 A 和 C 作圆的两条切线交于点 P. 如果点 P 不在直线 BD 上,且 $PA^2=PB\cdot PD$. 证明:BD 与 AC 的交点是 AC 的中点.

6.(2008 年荷兰国家队选拔考试题)在 $\mathrm{Rt}\triangle ABC$ 中,已知 $\angle B=90°$,$AB>BC$,以 AB 为直径的半圆 Γ 与点 C 在 AB 的同侧,P 为半圆 Γ 上一点且满足 $BP=BC$,Q 为 AB 上一点且满足 $AP=AQ$. 证明:CQ 的中点在半圆 Γ 上.

思考题　参考解答

1. 注意到性质 3 及推论 4,如图 61.18.

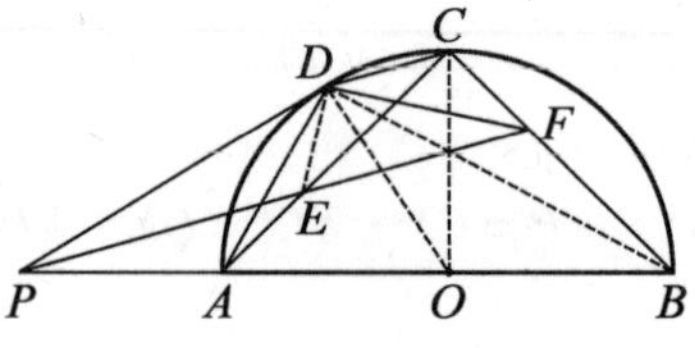

图 61.18

联结 OD,DE,BD. 由 $OD\perp PD$,$CO\perp PO$,知

$\angle DPB = \angle DOC = 2\angle DAC = 2\angle DBC = 2\angle DPF$

$\Rightarrow \angle DAC = \angle DPE, \angle DPF = \angle DBF$

$\Rightarrow P, A, E, D$ 及 P, B, F, D 分别四点共圆

$\Rightarrow \angle DEC = \angle DPA = \angle DFC$

$\Rightarrow D, E, F, C$ 四点共圆

$\Rightarrow \angle CDE = \angle CEF = \angle DEA = \angle PDA$

2. 设 AB,AC 分别与圆弧$\overset{\frown}{PQ}$交于点 X,Y,则点 H 在 CX 上,且点 H 在 BY 上,设直线 AH 交 BC 于点 D,则 $AD\perp BC$. 由性质 1(1)知,A,P,D,Q 四点共圆,则有$\angle APD$ 与$\angle AQD$ 互补. 由 $AP^2=AX\cdot AB=AH\cdot AD$,知$\triangle APH\backsim\triangle ADP$,有$\angle AHP=\angle APD$. 同理$\angle AHQ=\angle AQD$. 由$\angle AHP+\angle AHQ=\angle APD+\angle AQD=180°$即证.

3. 作 $AK\perp BC$ 于点 K,过点 D,E 分别作半圆的切线相交于点 P,分别与直线 BC 交于点 L,N,则由性质 8 的证明知,点 P 在直线 AK 上. 由 $DF/\!/PK/\!/EG$,有 $LK=\frac{PK}{DF}\cdot LF$,$NE=\frac{EG}{PK}\cdot NP$,$\frac{PD}{DL}=\frac{KF}{FL}$. 由推论 8 证明中的式($*$),对半圆的外切三角形有$\frac{PD}{DL}\cdot\frac{LK}{KN}\cdot\frac{NE}{EP}=1$. 将前述三式代入此式中并注意$\frac{EG}{DF}=\frac{EM}{MF}$,有$\frac{FK}{KN}\cdot\frac{NP}{PE}\cdot\frac{EM}{MF}=1$. 对$\triangle FNE$ 应用梅涅劳斯的逆定理,知 P,M,K 三点共线,即证.

4. 设直线 MN 交圆 O 于点 E,因 N 为 AB 的中点,由性质 9 或推论 11 知,PO 平分$\angle EPC$,由对称性知,E 与 D 关于 PO 对称,从而 ND 与 NE 关于 PO 对称,即知 Q 为 PB 的中点. 又 $MN=\frac{1}{2}PA=PM$,$NQ=\frac{1}{2}PB=PQ$,由此即证.

5. 联结 PB 交圆于点 E. 设圆心为 O,PO 与 AC 交于点 M. 由 $PE\cdot PB=PA^2=PD\cdot PB$,知 $PE=PD$,即知 D,E 关于 PO 对称,且 PO 平分$\angle BPD$. 当 BD 不过点 M 时,由性质 9 或推论 11 知,PO 平分$\angle BPD$. 故结论成立.

6. 如图 61.19,设 S 为半圆 Γ 与 CQ 的交点.

接下来证明:S 为 CQ 的中点.

因为$\angle CBP=\angle BAP=\angle QAP$,所以,$\triangle CBP\backsim\triangle QAP$.

易知$\angle BCP=\angle CPB=\angle QPA=\angle AQP$.

又$\angle CPQ=\angle CPB+\angle BPQ=\angle QPA+$

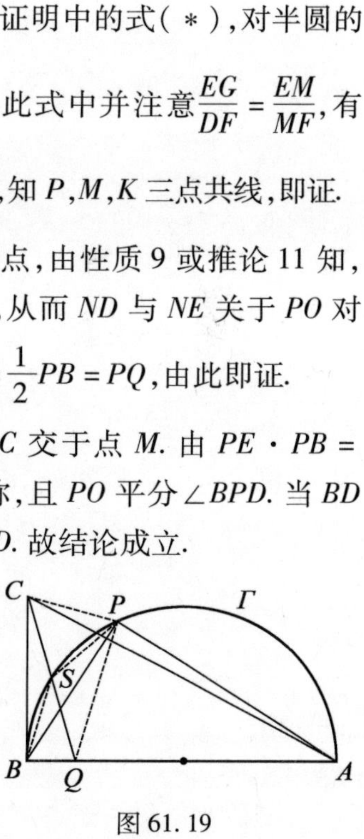

图 61.19

$\angle BPQ = \angle BPA = 90°$,则 C,B,Q,P 四点共圆,且 CQ 为该圆直径.

由于点 S 在 CQ 上,由 $\angle BSP = 180° - \angle BAP = 180° - \angle PBC = \angle BPC + \angle BCP = 2\angle BCP$ 即证.

第 62 章　角的内切圆

定义　在角 APB 内有一个圆 O 与角的两边分别切于点 A,B（或从圆 O 外一点 P 向该圆引两条切线 PA,PB，切点为 A,B），所得图形称为角的内切圆.

事实上，将三角形及内切圆图去掉一边亦得角的内切圆图.

此时，切点弦直线 AB 亦称为点 P 关于圆 O 的极线. 点 P 称为切点弦直线关于圆 O 的极点.

角的内切圆有如下一系列性质：①

性质 1　设圆 O 切 $\angle APB$ 的两边分别于点 A,B,Q 为 AB 上任一点，M 为 AB 中点，则：(1) $PA=PB,PM\perp AB$；(2) P,A,O,B 四点共圆；(3) $PQ^2=PA^2-AQ\cdot QB$.

证明　如图 62.1，(1)(2)略.

(3)由斯特瓦尔特定理即得. 也可由勾股定理，有

$$\begin{aligned}PQ^2&=PM^2+MQ^2\\&=PA^2-(AM^2-MQ^2)\\&=PA^2-AQ\cdot QB\end{aligned}$$

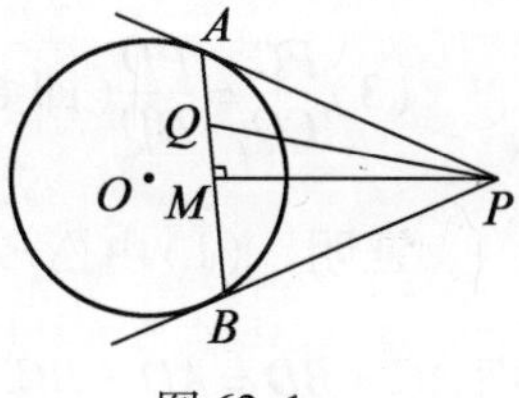

图 62.1

性质 2　设圆 O 切 $\angle APB$ 的两边分别于点 A,B,M 为 AB 中点，则：(1)当直线 PM 交圆 O 于点 I,I_P 时，I,I_P 分别为 $\triangle PAB$ 的内心和旁心；

(2)当过 M 的弦 CD 交圆 O 于点 C,D 时，P,C,O,D 四点共圆，且 PM 平分 $\angle CPD,I,I_P$ 也分别为 $\triangle PCD$ 的内心和旁心.

证明　(1)如图 62.2，由 $PA=PB,PM\perp AB$，知 PM 为 $\angle APB$ 的平分线，且 I 为弧 $\overset{\frown}{AB}$ 的中点.

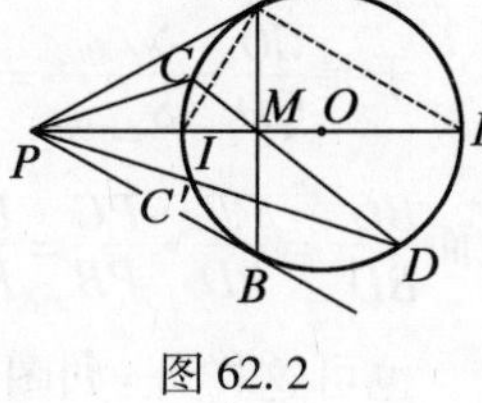

图 62.2

联结 AI,AI_P，则 $\angle IAB=\angle IBA=\angle PAI$，即 AI 平分

① 沈文选. 角的内切圆的性质及应用[J]. 中等数学，2014(7)：7-10.

$\angle PAB$. 故 I 为 $\triangle PAB$ 的内心. 又 $AI\perp AI_P$,知 AI_P 平分 $\angle PAB$ 的外角,从而 I_P 为 $\triangle APB$ 的旁心.

(2)设 PD 交圆 O 于点 C',由 $OM\cdot MP=BM^2=AM\cdot MB=CM\cdot MD$,知 P,C,O,D 四点共圆. 由 $CO=OD$,知 PI 平分 $\angle CPD$,亦 PM 平分 $\angle CPD$.

又由 $\angle COI=\angle CDC'$,知 $\overset{\frown}{CC'}=2\overset{\frown}{CI}$,亦知 I 在 $\angle CDC'$ 的平分线上,故 I 为 $\triangle PCD$ 的内心. 注意 $ID\perp DI_P$,即知 I_P 为 $\triangle PCD$ 的旁心.

注:(1)显然,当 CD 与 AB 重合时,即为(1)的情形.

(2)由 $PM\cdot PO=PB^2=PC'\cdot PD$ 知,C',D,O,M 四点共圆.

性质3 如图 62.3,设圆 O 与 $\angle APB$ 的边分别切于点 A,B,过点 P 的射线交圆 O 于点 C,D(C 在 P 与 D 之间),交 AB 于点 Q. 则:

(1)$AC\cdot BD=AD\cdot BC$(即 $ACBD$ 为调和四边形);

(2)N 为 CD 中点的充要条件是 P,A,N,B 四点共圆;

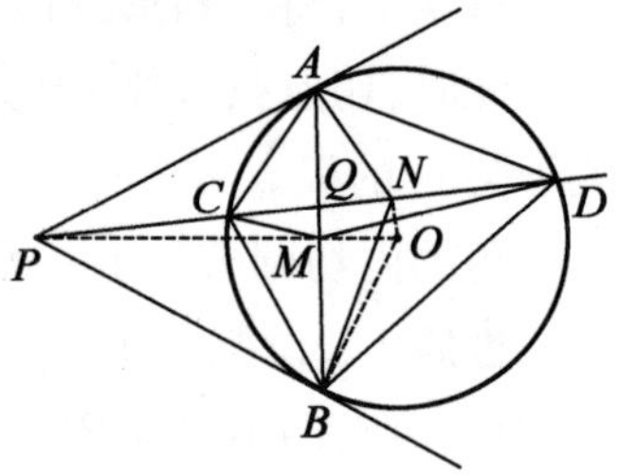

图 62.3

(3)$\dfrac{PC}{CQ}=\dfrac{PD}{DQ}$(即 C,D 调和分割 PQ).

证明 (1)由 $\triangle PAC\backsim\triangle PDA$,$\triangle PBC\backsim\triangle PDB$,有 $\dfrac{AC}{DA}=\dfrac{PA}{PD}=\dfrac{PB}{PD}=\dfrac{BC}{DB}$,从而 $AC\cdot BD=AD\cdot BC$.

(2)N 为 CD 的中点$\Leftrightarrow ON\perp CD$. 注意 $OB\perp PB\Leftrightarrow P$,$B$,$O$,$N$ 四点共圆,注意 P,B,O,A 四点共圆$\Leftrightarrow P$,B,O,N,A 五点共圆$\Leftrightarrow P$,A,N,B 四点共圆.

(3)由(1)有 $AC\cdot BD=AD\cdot BC$,即有 $\dfrac{AC}{AD}=\dfrac{BC}{BD}$.

于是 $\dfrac{CQ}{QD}=\dfrac{S_{\triangle ABC}}{S_{\triangle ADB}}=\dfrac{AC\cdot BC}{AD\cdot BD}=\dfrac{BC^2}{BD^2}$. 又由 $\triangle PBC\backsim\triangle PDB$,有 $\dfrac{BC}{DB}=\dfrac{PB}{PD}=\dfrac{PC}{PB}$,从而 $\dfrac{BC^2}{BD^2}=\dfrac{PB}{PD}\cdot\dfrac{PC}{PB}=\dfrac{PC}{PD}$. 于是,有 $\dfrac{PC}{PD}=\dfrac{CQ}{QD}$,即 $\dfrac{PC}{CQ}=\dfrac{PD}{DQ}$.

也可这样证:如图 62.4(a),当 PCD 过圆心 O 时,有

$$PD\cdot PC=PA^2,CQ\cdot QD=AQ^2$$

上述两式相减,得

$$PD \cdot PC - CQ \cdot QD = PA^2 - AQ^2 = PQ^2 = (PC + CQ)(PD - QD)$$
$$= PC \cdot PD - PC \cdot QD + CQ \cdot PD - CQ \cdot QD$$

故 $PC \cdot QD = PD \cdot CQ$.

如图 62.4(b),当 PCD 不过圆心 O 时,连 PO 交 AB 于点 M,则 $AM \perp PM$. 由

$$PD \cdot PC = PA^2$$
$$CQ \cdot QD = AQ \cdot QB = \left(\frac{1}{2}AB + MQ\right)\left(\frac{1}{2}AB - MQ\right) = \frac{1}{4}AB^2 - MQ^2$$

上述两式相减,得

$$PD \cdot PC - CQ \cdot QD = PA^2 - \frac{1}{4}AB^2 + MQ^2 = PM^2 + MQ^2$$
$$= PQ^2 = (PC + CQ)(PD - QD)$$
$$= PC \cdot PD - PC \cdot QD + CQ \cdot PD - CQ \cdot QD$$

故 $PC \cdot QD = PD \cdot CQ$.

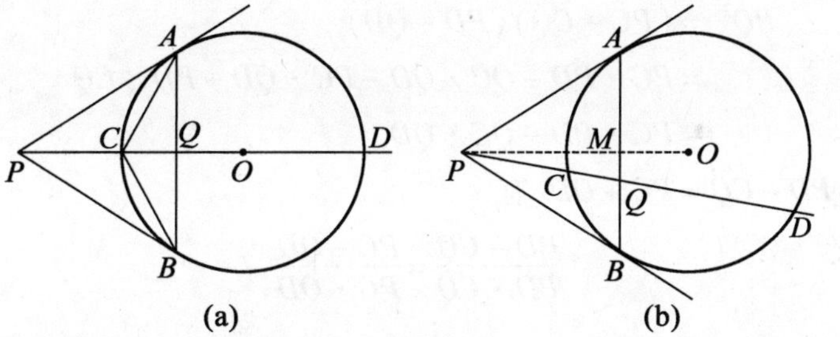

图 62.4

推论 1　在性质 3 的条件下:

(1) N 为 CD 中点时, $\angle CAB = \angle NAD$, $\angle CBA = \angle NBD$;

(2) N 为 CD 的中点时, CN 平分 $\angle ANB$;

(3) 设 PO 交 AB 于点 M 时, $\angle ACD = \angle MCB$, $\angle ADQ = \angle MDB$, 且 AM 平分 $\angle CMD$,此时,由(1)和(3)可知: M, N 是调和四边形 $ABCD$ 的一对等角共轭点;

(4) $PQ^2 = PC \cdot PD - QC \cdot QD$;

(5) $\dfrac{1}{CQ} = \dfrac{1}{PD} + \dfrac{1}{PC} + \dfrac{1}{QD}$.

证明 (1)在四边形 $ACBD$ 中应用托勒密定理,有

$$AC \cdot BD + AD \cdot BC = AB \cdot CD$$

注意到 $AC \cdot BD = AD \cdot BC$,有 $2AD \cdot BC = 2AB \cdot ND$,即有 $\frac{BC}{AB} = \frac{ND}{AD}$.

又注意到 $\angle ABC = \angle ADN$,从而 $\triangle CAB \backsim \triangle NAD$. 故 $\angle CAB = \angle NAD$.

同理,由 $\triangle CAB \backsim \triangle NDB$,有 $\angle CBA = \angle NBD$.

(2)由 P,A,N,B 四点共圆,注意 $PA = PB$,即知 CN 平分 $\angle ANB$.

或者由 $\triangle CAB \backsim \triangle NAD$, $\triangle CAB \backsim \triangle NDB$,可证 CN 平分 $\angle ANB$.

(3)应用托勒密定理,同(1)的证法,由 $\triangle CBM \backsim \triangle CDA \backsim \triangle BDM$,可证得 $\angle ACD = \angle MCB$, $\angle ADQ = \angle MDB$,且 AM 平分 $\angle CMD$.

(4)由切割线定理和相交弦定理,有

$$PB^2 = PC \cdot PD, QC \cdot QD = QA \cdot QB$$

注意斯特瓦尔特定理,有

$$PQ^2 = PB^2 - QA \cdot QB = PC \cdot PD - QC \cdot QD$$

或者由 $\frac{PC}{CQ} = \frac{PD}{DQ}$ 有 $PC \cdot DQ = PD \cdot CQ$,于是

$$\begin{aligned} PQ^2 &= (PC + CQ)(PD - QD) \\ &= PC \cdot PD - QC \cdot QD - PC \cdot QD + PD \cdot CQ \\ &= PC \cdot PD - QC \cdot QD \end{aligned}$$

(5)由 $PD - CQ = PC + QD$,有

$$\frac{PD - CQ}{PD \cdot CQ} = \frac{PC + QD}{PC \cdot QD}$$

即得.

推论 2 在性质 3 的条件下:

(1)设 N 为 CD 上的一点,则 $\angle PAC = \angle DBN$ 的充要条件是 $\angle PBC = \angle DAN$;

(2)设 M,N 分别为 AB,CD 的中点,则 AM 平分 $\angle CMD$ 的充要条件是 CN 平分 $\angle ANB$;

(3)过点 B(或 C)且平行于 PA 的直线被直线 AD,AC(或 AB)截出相等的线段.

证明 (1)如图 62.5,令 $\angle PAC = \alpha$, $\angle PBC = \beta$,则 $\angle ABC = \angle ADC = \alpha$,

$\angle BAC=\angle BDC=\beta$.

于是, $\angle DBN=\angle PAC=\alpha \Leftrightarrow \angle BNP=\angle DBN+\angle BDC=\alpha+\beta=\angle PAC+\angle BAC=\angle BAP \Leftrightarrow P,B,N,A$ 四点共圆 $\Leftrightarrow \angle ANP=\angle BNP \Leftrightarrow \angle DAN+\angle ADC=\angle DBN+\angle BDC \Leftrightarrow \angle DAN+\alpha=\alpha+\beta \Leftrightarrow \angle DAN=\beta=\angle PBC$.

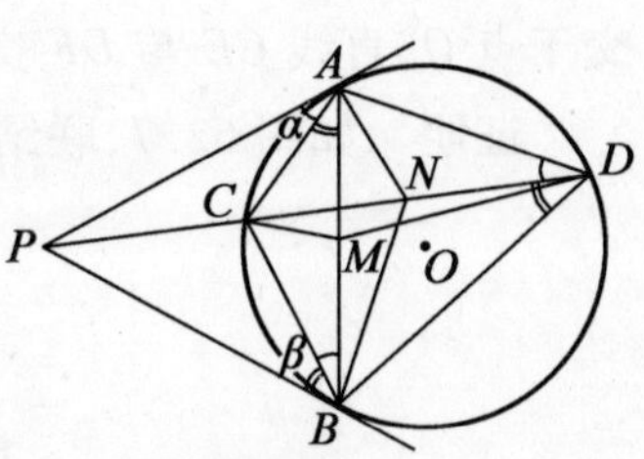

图 62.5

(2) N 为 CD 中点时, P,A,N,B 四点共圆. CN 平分 $\angle ANB \Leftrightarrow \angle PNA=\angle PNB=\angle PAB=\angle ADB \Leftrightarrow \triangle AND \backsim \triangle ACB \backsim \triangle DNB \Leftrightarrow \frac{ND}{CB}=\frac{AD}{AB},\frac{AC}{DN}=\frac{AB}{DB} \Leftrightarrow$

$\frac{AD\cdot BC}{AB}=ND=\frac{AC\cdot BD}{AB} \Leftrightarrow AD\cdot BC=AC\cdot BD$, 且注意 M 为 AB 中点及托勒密定理, 有 $AD\cdot BC+AC\cdot BD=AB\cdot CD \Leftrightarrow AD\cdot BC=BM\cdot CD, AC\cdot BD=MB\cdot CD \Leftrightarrow \triangle CBM \backsim \triangle CDA \backsim \triangle BDM \Leftrightarrow \angle BMC=\angle DAC=\angle DMB \Leftrightarrow AM$ 平分 $\angle CMD$.

(3) 如图 62.6, 设 CD 与 AB 交于点 Q, 则有 $\frac{PC}{CQ}=\frac{PD}{DQ}$. 又设过 B(或 C) 且和 PA 平行的直线与 AC,AD 交于点 E,F(或与 AB,AD 交于点 S,T).

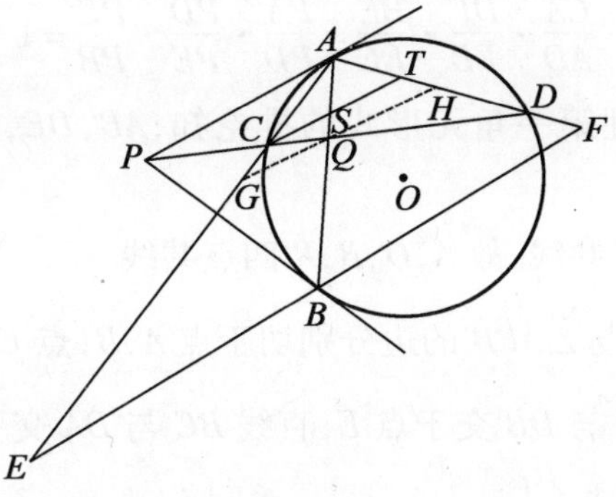

图 62.6

过点 Q 作与 PA 平行的直线分别交直线 AC,AD 于点 G,H, 此时 $GH/\!/CT/\!/EF$. 从而 $\frac{GQ}{PA}=\frac{PC}{CQ}=\frac{PD}{DQ}=\frac{QH}{PA}$. 故 $GQ=QH$.

于是 $CS=ST, EB=BF$.

注: 过点 A 且与点 D 处的切线平行的直线被 DA,DB 截得相等的线段.

性质 4 设圆 O 与 $\angle APB$ 的边分别切于点 A,B, 过点 P 的两条割线分别交圆 O 于点 C,D 和 E,F(C 在 P 与 D 之间, E 在 P 与 F 之间), 若直线 CF 与 DE

交于点 Q,直线 CE 与 DF 交于点 R,则 A,Q,B,R 四点共线.

证明 如图 62.7,联结 AC,AD,BE,BF.

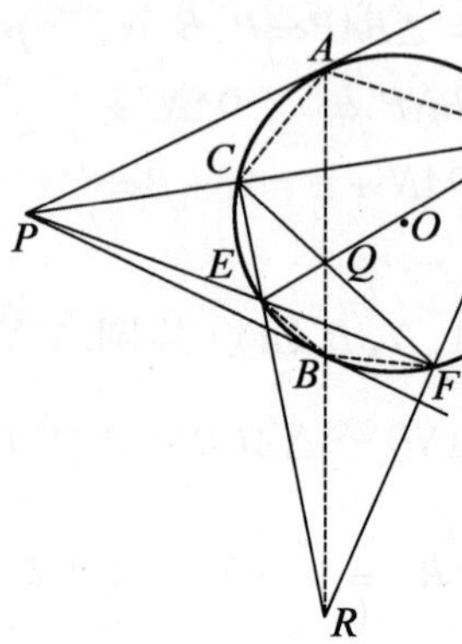

图 62.7

由 $\triangle PAC \backsim \triangle PDA$, $\triangle PDF \backsim \triangle PEC$, $\triangle PEB \backsim \triangle PBF$,有

$$\frac{CA}{AD}=\frac{PA}{PD},\frac{DF}{EC}=\frac{PD}{PE},\frac{BE}{FB}=\frac{PE}{PB}$$

上述三式相乘,并注意 $PA=PB$,得

$$\frac{CA}{AD}\cdot\frac{DF}{FB}\cdot\frac{BE}{EC}=\frac{PA}{PD}\cdot\frac{PD}{PE}\cdot\frac{PE}{PB}=1$$

于是,由塞瓦定理第一角元形式的推论知,AB,DE,CF 三线共点于 Q. 故 A,Q,B 三点共线.

同理 A,B,R 三点共线. 故 A,Q,B,R 四点共线.

性质 5 设圆 O 与 $\angle APB$ 的边分别切于点 A,B,点 C 在劣弧 $\overparen{AB}$ 上,点 D 在优弧 $\overparen{AB}$ 上,若直线 AC 与 DB 交于点 E,直线 BC 与 DA 交于点 F,则:

(1) $\angle APB=\angle E+\angle F$;

(2) E,P,F 三点共线.

证明 (1)如图 62.8,联结 AB,EP,PF. 注意到

$$\angle DBC+\angle DAC=180^\circ, \angle E+\angle D+\angle DAC=180^\circ$$

$$\angle F+\angle D+\angle DBC=180^\circ$$

从而

$$\angle E+\angle F=180^\circ-2\angle D$$

又
$$PA=PB, \angle PAB=\angle PBA=\angle D$$

故有

$$\angle APB=180^\circ-2\angle D=\angle E+\angle F$$

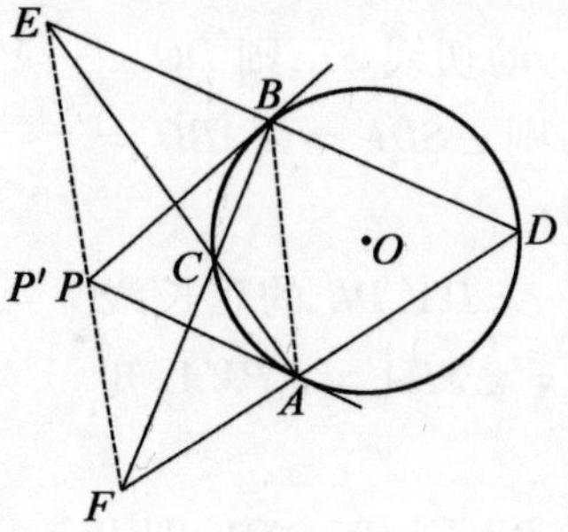

图 62.8

(2)设过点 A 的圆 O 的切线交直线 EF 于点 P',则

$$\angle EAP'=\angle ABF,\angle FAP'=\angle ABD=180^\circ-\angle ABE$$

于是

$$\frac{EP'}{P'F}=\frac{S_{\triangle AEP'}}{S_{\triangle AP'F}}=\frac{EA\cdot\sin\angle EAP'}{FA\cdot\sin\angle FAP'}=\frac{EA\cdot\sin\angle ABF}{FA\cdot\sin\angle ABE}$$

$$=\frac{EA}{\sin\angle ABE}\cdot\frac{\sin\angle ABF}{FA}$$

$$=\frac{AB}{\sin\angle E}\cdot\frac{\sin\angle F}{AB}=\frac{\sin\angle F}{\sin\angle E}$$

同理,设过点 B 的圆 O 的切线交直线 EF 于点 P'',则$\frac{EP''}{FP''}=\frac{\sin\angle F}{\sin\angle E}$.

从而$\frac{EP'}{P'F}=\frac{EP''}{P''F}$,即$\frac{EP'}{EF}=\frac{EP''}{EF}$.

故 P''与 P'重合于点 P,即 E,P,F 三点共线.

性质6 圆 O 与$\angle APB$ 的两边 PA,PB 分别切于点 A,B,点 D 在优弧$\overset{\frown}{AB}$上且与 P,O 不共线. AB 与 PO 交于点 M,则$\triangle ODM\backsim\triangle OPD$.

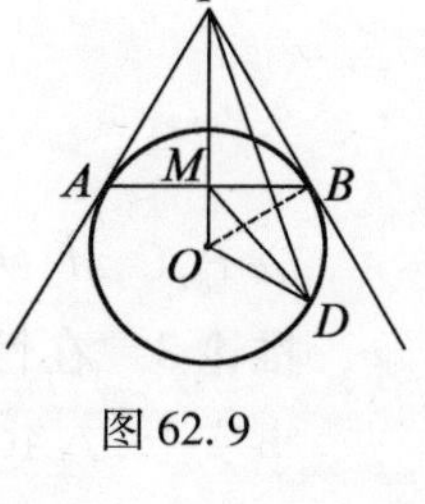

图 62.9

证明 如图 62.9,联结 OB,由 $OM\cdot OP=OB^2=OD^2$,有$\frac{OM}{OD}=\frac{OD}{OP}$. 注意$\angle DOM$ 公用,知$\triangle ODM\backsim\triangle OPD$.

性质7 圆 O 与 $\angle APB$ 的两边 PA,PB 分别切于点 A,B,点 D 在优弧 $\overset{\frown}{AB}$ 上,则 PD 平分 AB 的逆平行线段 EF,如图62.10.

证明 过点 D 作圆 O 的切线 ST,则 $DO\perp ST$.由 AB 与 EF 逆平行,则 $\angle SDF=\angle ABD=\angle DFE$,从而 $ST/\!/FE$.

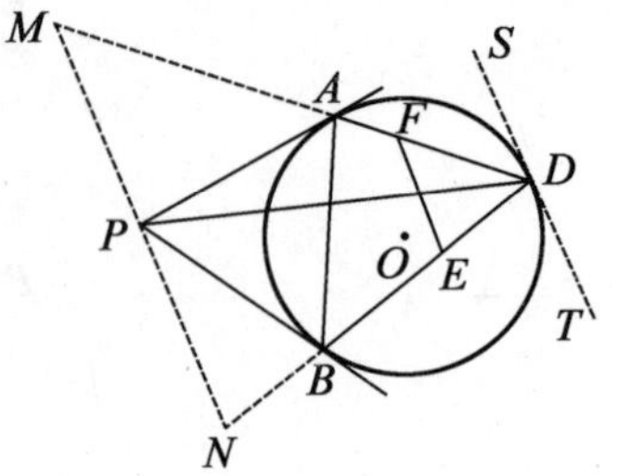

图62.10

又过点 P 作 $MN/\!/ST$ 交 DA,DB 的延长线分别于点 M,N,则 $\angle MAP=\angle SDA=\angle PMA$,知 $PM=PA$.

同理 $PN=PB$,而 $PA=PB$,则 $PM=PN$,即 P 为 MN 的中点,故 PD 平分 EF.

性质8 设圆 O 与 $\angle APB$ 的边分别切于点 A,B,点 C 在劣弧 $\overset{\frown}{AB}$ 上,直线 AC 交 PB 于点 E,直线 BC 交 PA 于点 F,令 M 为圆 ACF 与圆 BCE 的交点(或完全四边形的密克尔点),则 P,C,M,O 四点共线或共圆.

证明 如图62.11,若点 C 为劣弧 $\overset{\frown}{AB}$ 的中点时,P,C,M,O 四点共线.下面讨论点 C 不为劣弧 $\overset{\frown}{AB}$ 的中点.不妨设 $\overset{\frown}{AC}<\overset{\frown}{CB}$.

注意到,M 为圆 ACF 与圆 BCE 的交点,知其两圆外心在 MC 的中垂线上,于是

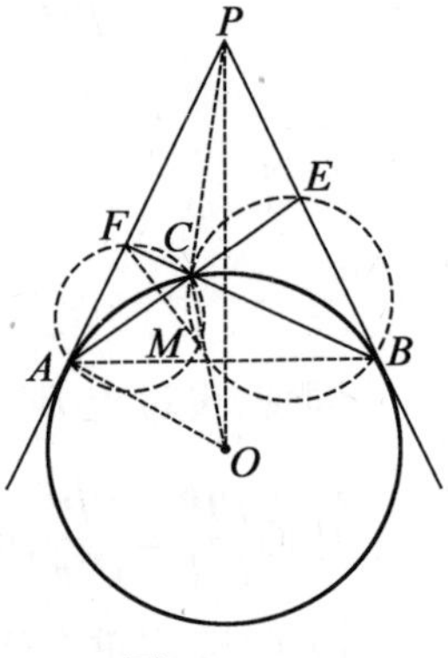

图62.11

$$\begin{aligned}\angle COP&=\angle AOP-\angle AOC\\&=\angle PBA-2\angle CBA\\&=\angle PBA-\angle CBA-\angle CBA\\&=\angle EBP-\angle CBA\\&=\angle FBP-\angle CAF\\&=\angle FMP-\angle CMF=\angle CMP\end{aligned}$$

故 P,C,M,O 四点共圆.

推论3 在性质8的条件下,$\triangle ACF$,$\triangle BCE$,$\triangle CMO$ 的外心共线.

事实上,$\triangle ACF$,$\triangle BCE$,$\triangle CMO$ 的外心均在 CM 的中垂线上.

性质9 设圆 O 与 $\angle APB$ 的边分别切于点 A,B,点 C 在劣弧 $\overset{\frown}{AB}$ 上,射线 PC

交 AB 于点 D，圆 ADC 交 PA 于点 F，圆 BCD 交 PB 于点 E，则：(1) $PE=PF$；(2) $CD^2=CE\cdot CF$.

证明 (1)如图 62.12，联结 EC，FC，则由三角形密克尔定理或 $\angle PFC=\angle ADC=\angle PEC$，即知 P，F，C，E 四点共圆. 又 $\angle PCF=\angle PAD=\angle DBP=\angle PCE$，知 $PE=PF$.

(2)联结 AC，FD，ED，BC. 于是，注意到四点共圆及弦切角定理，可得 $\angle CFD=\angle CAB=\angle CBE=\angle CDE\Leftrightarrow$ 注意 $\angle FCD=\angle DCE$，$\triangle CFD\backsim\triangle CDE\Leftrightarrow\dfrac{CF}{CD}=\dfrac{CD}{CE}\Leftrightarrow CD^2=CE\cdot CF$.

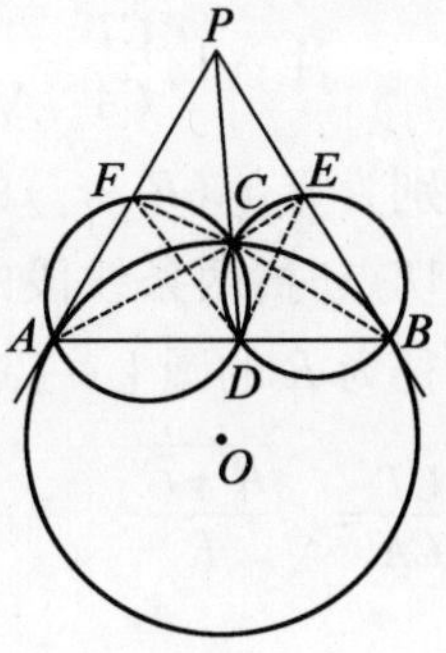

图 62.12

性质 10 圆 O 与 $\angle APB$ 的两边分别切于点 A，B，圆 O_1 与圆 O_2 外切于点 T，且均与圆 O 内切，切点分别为 A，B，联结 PT 交圆 O 于点 C. 令圆 O，圆 O_1，圆 O_2 的半径分别为 R，r_1，r_2，则 $\dfrac{AC^2}{BC^2}=\dfrac{R-r_2}{R-r_1}$.

证明 如图 62.13，设 AC 交圆 O_1 于点 E，联结 EO_1，CO，注意到 A，O_1，O 共线，则 $\angle O_1EA=\angle OAC=\angle OCA$，知 $EO_1/\!/CO$.

从而 $\triangle AEO_1\backsim\triangle ACO$，有

$$\frac{AE}{AC}=\frac{AO_1}{AO}=\frac{r_1}{R}$$

即

$$\frac{CE}{AC}=\frac{R-r_1}{R}$$

又由切割线定理，有 $CT^2=CE\cdot CA$. 于是，$CT^2=\dfrac{R-r_1}{R}AC\cdot CA$，故 $AC^2=CT^2\cdot\dfrac{R}{R-r_1}$.

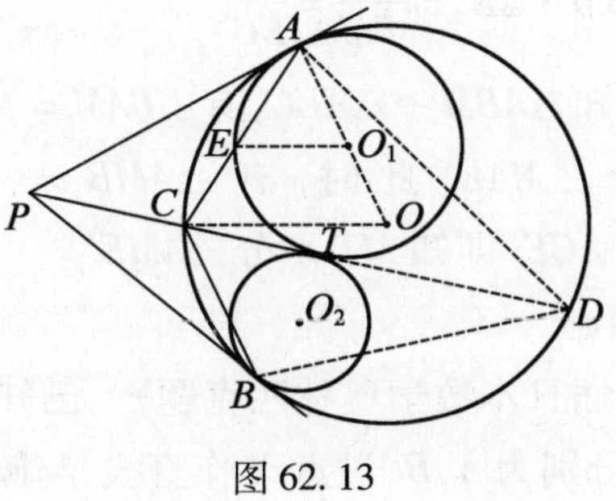

图 62.13

同理,$BC^2=CT^2\cdot\frac{R}{R-r_2}$. 故$\frac{AC^2}{BC^2}=\frac{R-r_2}{R-r_1}$.

注:(1)$\frac{CT}{CA}=\sqrt{\frac{R-r_1}{R}}$是一个重要公式(即第57章性质6),它表明:半径分别为$R,r_1(R>r_1)$的两圆内切于点A,从大圆上一点C作小圆的切线CT,T为切点时,两条线段的比例关系式. 若半径分别为R,r_1的两圆外切于点A,从半径为R的圆上一点C作另一圆的切线CT,T为切点时,两线段的比例关系式为$\frac{CT}{CA}=\sqrt{\frac{R+r_1}{R}}$.

(2)图62.13中,若延长CT交圆O于点D,则有$\frac{AD^2}{BD^2}=\frac{R-r_2}{R-r_1}$. 这也可由性质3(1)推得.

例1(2006年福建省竞赛题) 圆O为$\triangle ABC$的外接圆,AM,AT分别为中线和角平分线,过点B,C的圆O的切线相交于点P,联结AP与BC和圆O分别相交于点D,E. 求证:点T是$\triangle AME$的内心.

证法1 如图62.14,设直线OP交圆O于点N,L,则M在OP上,L在直线AT上,注意性质3(3),则由$NA\perp AL$,且M,P调和分割NL,知AL平分$\angle MAP$,即AT平分$\angle MAE$. 注意到$PM\perp MC$,且P,D调和分割EA,则知MD平分$\angle AME$.

故T为$\triangle AME$的内心.

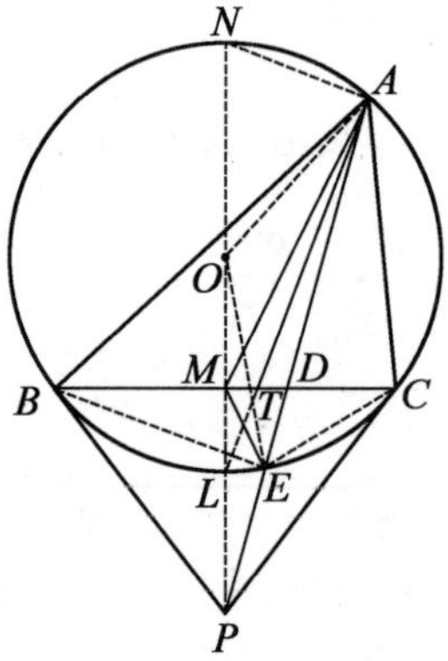

图62.14

证法2 如图62.14,联结BE,EC,则由性质3(1),有$AB\cdot EC=BE\cdot AC$.

由托勒密定理,有$AB\cdot EC+EB\cdot AC=AE\cdot BC$.

于是$2AB\cdot EC=2BM\cdot AE$,即$\frac{AB}{BM}=\frac{AE}{EC}$.

又$\angle ABM=\angle AEC$,知$\triangle ABM\backsim\triangle AEC$,有$\angle BAM=\angle EAC$,即知$AT$平分$\angle MAE$. 此时,有$\angle AMB=\angle ACE$. 同理$\angle BME=\angle ACE$. 即知$MT$平分$\angle AME$.

故T为$\triangle AME$的内心.

例2(2005年第15届日本数学奥林匹克题) 已知圆O外一点X,由X向圆O引两条切线,切点分别为A,B,过点X作直线,与圆O交于点C,D,且满足

$CA\perp BD$. 若 CA 与 BD 交于点 F, CD 与 AB 交于点 G, BD 与 GX 的中垂线交于点 H. 证明:X,F,G,H 四点共圆.

证明 如图 62.15,由性质 3(3)知 X,G;D,C 为调和点列. 联结 FG, FX,则 FX, FG;FD, FC 为调和线束,而 $FD\perp FC$,由调和线束性质知 FD 平分 $\angle GFX$.

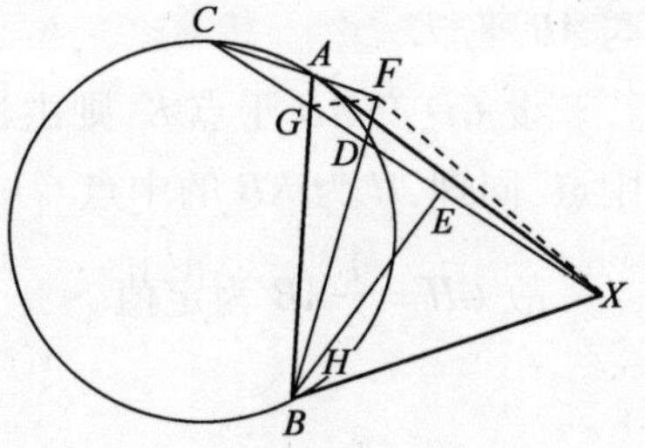

图 62.15

设 $\triangle GXF$ 的外接圆与 BF 交于点 H',则 $GH'=XH'$,即点 H' 在 GX 的中垂线上,亦即 H' 为直线 BD 与 GX 的中垂线的交点,从而 H' 与 H 重合. 故 X,F,G,H 四点共圆.

例 3(1998 年第 47 届保加利亚(春季)数学竞赛题) 凸四边形 $ABCD$ 内接于一圆,过 A 和 C 作圆的两条切线交于点 P. 如果点 P 不在直线 BD 上,$PA^2=PB\cdot PD$. 证明:BD 与 AC 的交点是 AC 的中点.

证明 如图 62.16,联结 PB 交圆于点 E,延长 PD 交圆于点 F. 设圆心为 O,联结 OP, EF.

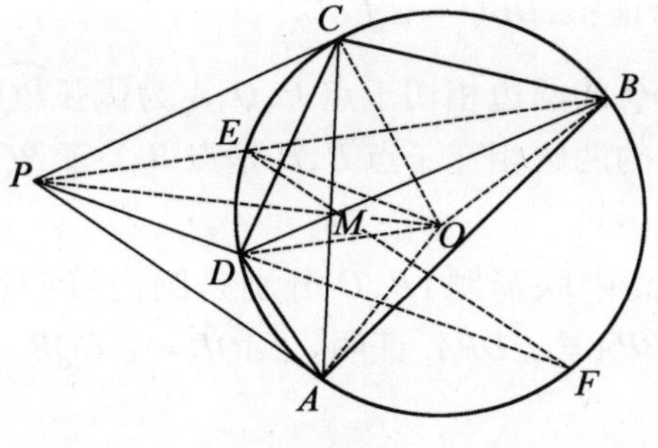

图 62.16

设 DB 与 EF 交于点 M,由性质 4 知 M 在 AC 上.

由 $PE\cdot PB=PD\cdot PF=PA^2=PB\cdot PD$,知 $PE=PD$, $PF=PB$,于是 $\triangle OPE\cong\triangle OPD$, $\triangle OPF\cong\triangle OPB$,从而 D,E 及 F,B 分别关于直线 OP 对称. 于是知点 M 在直线 OP 上,即 M 为 AC 的中点. 故 BD 与 AC 的交点是 AC 的中点.

例 4(2013 年北方数学奥林匹克题) 如图 62.17, A,B 是圆 O 上的两个定点, C 是优弧$\overparen{AB}$的中点, D 是劣弧$\overparen{AB}$上任意一点,过点 D 作圆 O 的切线. 与圆 O 在点 A,B 处的切线分别交于点 E,F, CE, CF 与弦 AB 分别交于点 G,H. 求证:线

段 GH 的长为定值.

证明 联结 AD 知,在 $\triangle ACD$ 中,过点 C 的切线与 AB 平行.

设 CD 交 AB 于点 K,则由性质 7,知 G 为 AK 的中点.同理,H 为 KB 的中点.

故 $GH=\frac{1}{2}AB$ 为定值.

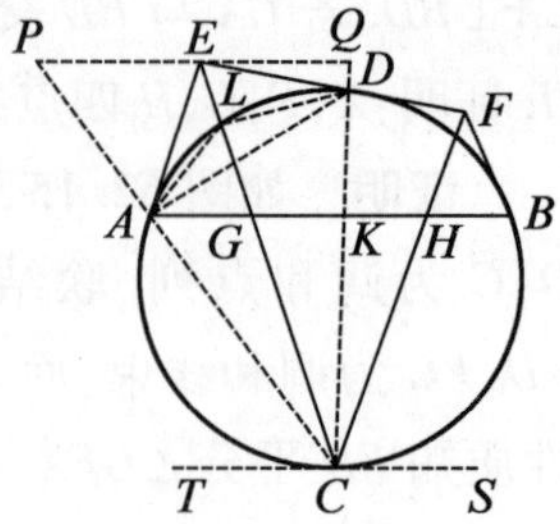

图 62.17

思考题

1.(2007 年第 21 届北欧数学竞赛题)已知 A 为圆 O 外一点,过 A 引圆 O 的割线交圆 O 于点 B,C,且点 B 在线段 AC 的内部.过点 A 引圆 O 的两条切线,切点分别为 S,T.设 AC 与 ST 交于点 P.证明:$\frac{AP}{PC}=2\cdot\frac{AB}{BC}$.

2.(2003 年全国高中联赛题)过圆外一点 P 作圆的两条切线和一条割线,切点为 A,B,所作割线交圆于 C,D 两点,C 在 P,D 之间.在弦 CD 上取一点 Q,使 $\angle DAQ=\angle PBC$,求证:$\angle DBQ=\angle PAC$.

3.一个圆与 $\angle PSQ$ 的两边相切于点 P,Q,A 为优弧 $\overset{\frown}{PQ}$ 上一点,过点 A 且分别与 PQ 切于点 P,Q 的两圆相交于点 B,H 是点 B 关于 PQ 的对称点,则 A,S,H 三点共线.

4.(2011 年全国高中联赛题)P,Q 分别是圆内接四边形 $ABCD$ 的对角线 AC,BD 的中点.若 $\angle BPA=\angle DPA$.证明:$\angle AQB=\angle CQB$.

思考题 参考解答

1.如图 62.18,由性质 3(3)知,$A,P;B,C$ 是调和点列,即 $\frac{AB}{BP}=\frac{AC}{CP}$,亦即 $\frac{AB}{BC-PC}=\frac{AB+BC}{PC}$.

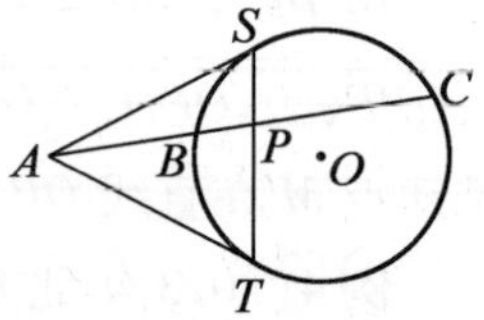

图 62.18

于是

$$\begin{aligned}AB\cdot PC&=BC(AB+BC-PC)-AB\cdot PC\\&=BC\cdot AP-AB\cdot PC\end{aligned}$$

即 $2AB\cdot PC=BC\cdot AP$,从而$\frac{AP}{PC}=2\cdot\frac{AB}{BC}$.

2. 如图 62.19,由性质 3(1)知,$ACBD$ 为调和四边形. 注意到托勒密定理,有

$$2AD\cdot BC=AB\cdot CD$$

又 $\angle DAQ=\angle PBC=\angle CAB$, 知 $\triangle ACB\backsim\triangle AQD$,有 $AD\cdot BC=AB\cdot QD$,从而知 Q 为 CD 的中点.

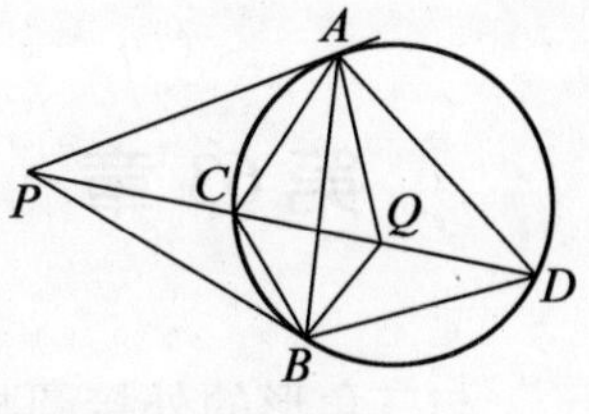

图 62.19

由性质 3 的推论 1(1)知,$\angle DBQ=\angle ABC=\angle PAC$.

注:证得 Q 为 CD 的中点后,可由性质 3(2)知,P,A,Q,B 四点共圆,有

$$\angle PAC=\angle PAB-\angle BAC=\angle PQB-\angle BDC=\angle DBQ$$

3. 如图 62.20, 延长 AB 交 PQ 于点 M, 由 $MP^2=MB\cdot MA=MQ^2$,知 M 为 PQ 的中点. 联结 AS 交$\triangle APQ$ 的外接圆于点 H',则在调和四边形 $AQH'P$ 中应用性质 3 或推论 1(3),有$\triangle APH'\backsim\triangle PAH'\backsim\triangle QMH'$,从而 $\angle PAH'=\angle MAQ$,于是 $\angle PQH'=\angle PAH'=\angle MAQ=\angle PQB$.

同理 $\angle QPH'=\angle QPB$. 又 QP 公用,则 $\triangle QPH'\cong\triangle QPB$. 故 H'为 B 关于 PQ 的对称点. 即 A,H,S 三点共线.

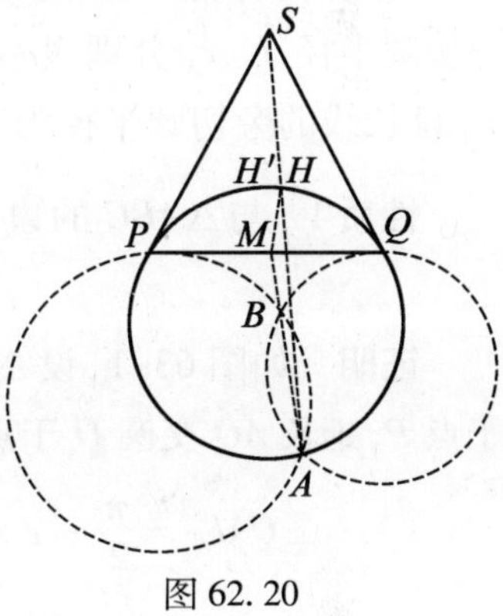

图 62.20

4. 如图 62.21,延长 BP 交圆于点 E,由 P 为 AC 的中点及$\angle BPA=\angle DPA$,知 E,D 关于 AC 的中垂线对称,从而有

$$AE=CD,CE=AD$$

由 $S_{\triangle ABE}=S_{\triangle BCE}$,有 $AB\cdot AE\cdot\sin\angle BAE=BC\cdot CE\cdot\sin\angle BCE$,亦即有 $AB\cdot CD=BC\cdot AD$.

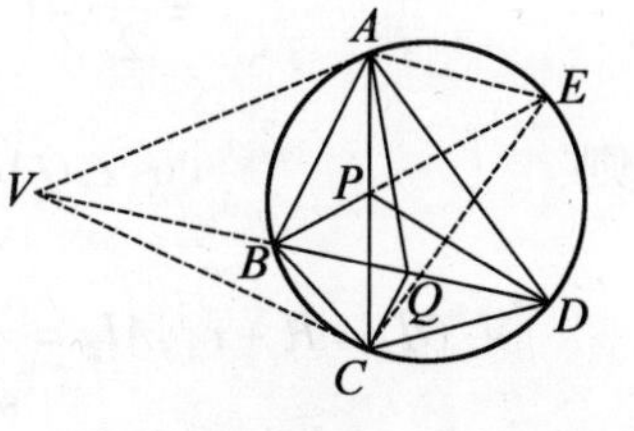

图 62.21

由调和四边形的性质知,过点 A,C 的切线与直线 BD 交于点 V. 则由推论 2(2),即知$\angle AQB=\angle CQB$.

注:可由 $AB\cdot CD=BC\cdot AD$,结合托勒密定理可推知,$\triangle AQD\backsim\triangle ABC\backsim\triangle DQC$,得$\angle AQB=\angle CQB$.

第63章 三角形的半外切圆、半内切圆

与三角形的外接圆相外切,又与三角形两边的延长线相切的圆,称为三角形的半外切圆;与三角形的外接圆相内切,又与三角形两边相切的圆,称为三角形的半内切圆.一个三角形各有三个这样的圆.

三角形的半外切圆、半内切圆均是一类特殊的角的内切圆组合图.

为了简便,用 a,b,c 表示 $\triangle ABC$ 三顶点 A,B,C 所对的边,R 表示 $\triangle ABC$ 的外接圆半径,I_A,r_A 分别表示切 AB,AC 延长线的半外切圆圆心和半径,切 AB,AC 延长线的旁切圆半径为 r.

性质1[①] 与 $\triangle ABC$ 的边 AB,AC 延长线相切的半外切圆半径 $r_A=\dfrac{r}{\cos^2\dfrac{A}{2}}$.

证明 如图63.1,设 $\triangle ABC$ 的外心为 O,AI_A 交圆 O 于点 P,延长 AO 交圆 O 于点 Q,联结 PQ,则

$$\angle QAI_A=\frac{\pi}{2}-\angle AOP=\frac{\pi}{2}-\left(\frac{A}{2}+B\right)$$

$$=\frac{\pi}{2}-\left(\frac{\pi}{2}-\frac{B+C}{2}+B\right)=\frac{C-B}{2}$$

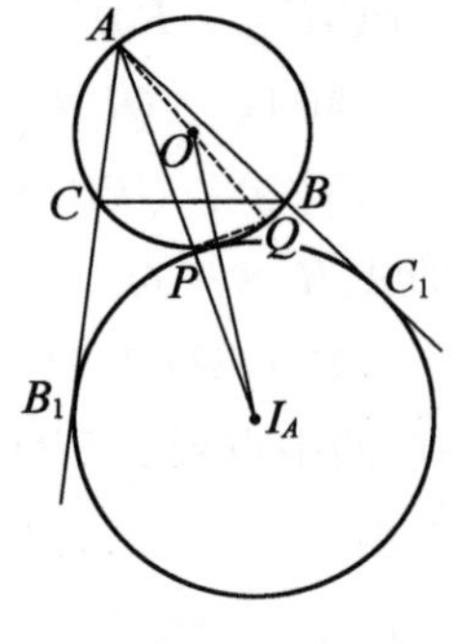

图63.1

则

$$\cos\angle QAI_A=\cos\frac{B-C}{2}$$

又 $OI_A=R+r_A,AI_A=\dfrac{r_A}{\sin\dfrac{A}{2}},OA=R$.

在 $\triangle AOI_A$ 中,由余弦定理,有

$$OI_A^2=OA^2+AI_A-2OA\cdot AI_A\cos\angle OAI_A$$

① 熊光汉.半外切圆及其性质[J].数学通报,1994(4):18-20.

即
$$(R+r_A)^2=R^2+\frac{r_A^2}{\sin^2\frac{A}{2}}-2R\cdot\frac{r_A}{\sin\frac{A}{2}}\cdot\cos\frac{B-C}{2}$$

则

$$r_A+2R=\frac{r_A}{\sin^2\frac{A}{2}}-2R\frac{1}{\sin\frac{A}{2}}\cos\frac{B-C}{2}$$

$$r_A\sin^2\frac{A}{2}+2R\sin^2\frac{A}{2}=r_A-2R\sin\frac{A}{2}\cos\frac{B-C}{2}$$

即

$$\begin{aligned}r_A\cos^2\frac{A}{2}&=2R\sin\frac{A}{2}\left(\sin\frac{A}{2}+\cos\frac{B-C}{2}\right)\\&=2R\sin\frac{A}{2}\left(\cos\frac{B+C}{2}+\cos\frac{B-C}{2}\right)\\&=4R\sin\frac{A}{2}\cos\frac{B}{2}\cos\frac{C}{2}\end{aligned}$$

由旁切圆性质知，$4R\sin\frac{A}{2}\cos\frac{B}{2}\cos\frac{C}{2}=r$，故 $r_A=\dfrac{r}{\cos^2\frac{A}{2}}$.

性质 2 $\triangle ABC$ 的半外切圆与 AC，AB 的延长线相切于点 B_1，C_1，则线段 B_1C_1 的中点 I 是 $\triangle ABC$ 的旁心（亦即曼海姆定理）.

证明 如图 63.2，显然 $\triangle AB_1C_1$ 是等腰三角形，I 是底边 B_1C_1 的中点，因此 $\triangle AIC_1$ 是直角三角形，则

$$AI=AC_1\cos\frac{A}{2}=r_A\cot\frac{A}{2}\cos\frac{A}{2}=\frac{r_A\cos^2\frac{A}{2}}{\sin\frac{A}{2}}$$

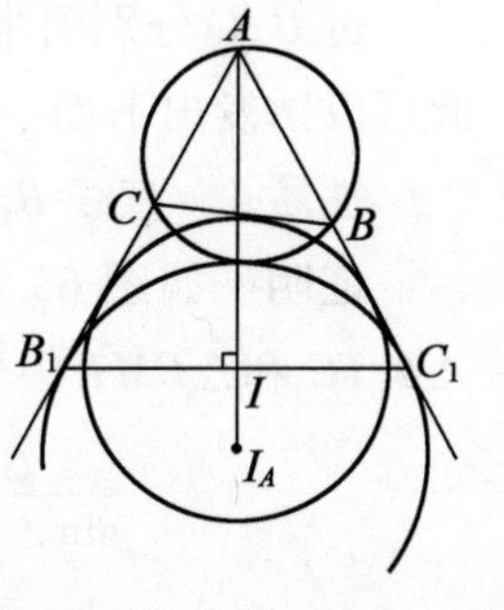

图 63.2

由性质 1，知

$$r_A=\frac{r}{\cos^2\frac{A}{2}}$$

故
$$AI=\frac{r}{\cos^2\frac{A}{2}}\cdot\frac{\cos^2\frac{A}{2}}{\sin\frac{A}{2}}=\frac{r}{\sin\frac{A}{2}}$$

这就说明 I 是 $\triangle ABC$ 的一个旁心.

性质 3 直线 B_1C_1 与 $\triangle BIC$ 的外接圆相切.

证明 如图 63.3,设 W 是 $\angle A$ 的平分线与 $\triangle ABC$ 的外接圆的交点,则 $CW=BW$.

由性质 2 知,I 是 $\triangle ABC$ 的旁心,则

$$\angle CBI=\angle C_1BI$$

又 $\angle C_1BI=\angle WIB+\angle IAB$,即

$$\angle WIB=\angle C_1BI-\frac{A}{2}=\angle CBI-\frac{A}{2}$$

而 $\angle CBW=\angle CAW=\dfrac{A}{2}$,则

$$\angle WBI=\angle CBI-\angle CBW=\angle CBI-\frac{A}{2}$$

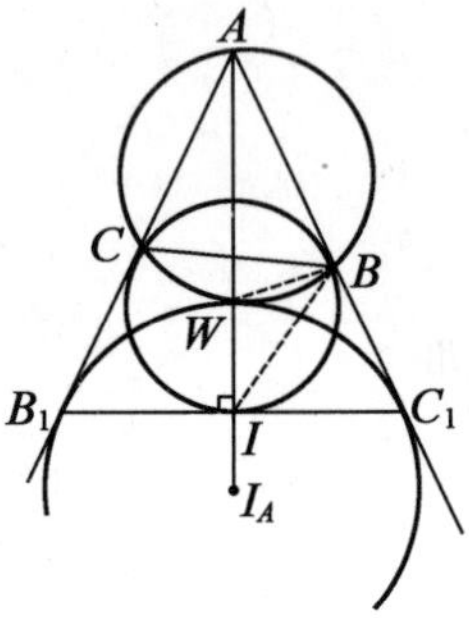

图 63.3

从而

$$\angle WIB=\angle WBI$$

即
$$CW=BW=IW$$

故 W 是 $\triangle CIB$ 的外心.

又在等腰 $\triangle AB_1C_1$ 中,$\angle A$ 的平分线 AI 垂直于底边 B_1C_1. 故 B_1C_1 与 $\triangle BIC$ 的外接圆相切.

过 B,C 分别引半外切圆的切线,它们相交于点 K,M,N,且分别是切点,由此可以诱发出下面一些问题.

性质 4 直线 B_1M,C_1N,BC 和 AK 相交于一点.

证明 如图 63.4,设 B_1M 与 BC 的交点为 T,在 $\triangle B_1TC$ 和 $\triangle BMT$ 中分别由正弦定理,有

$$\frac{CT}{\sin\angle CB_1T}=\frac{CB_1}{\sin\angle B_1TC} \quad ①$$

$$\frac{BT}{\sin\angle BMT}=\frac{BM}{\sin\angle BTM} \quad ②$$

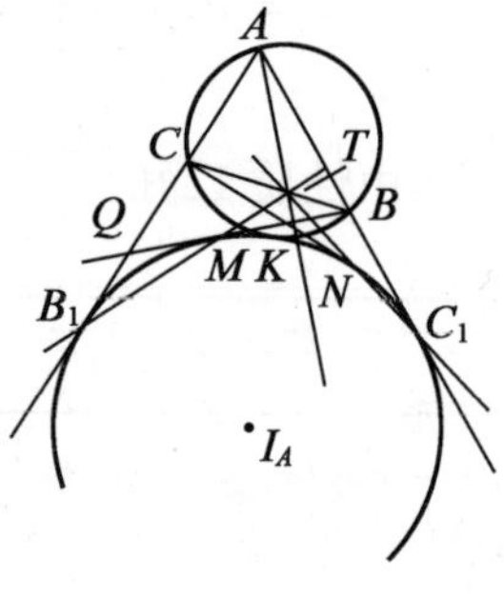

图 63.4

因 $\angle B_1TC+\angle BTM=\pi$, $\angle CB_1T=\angle QMB_1=\angle BMT$,则由①÷②,得

$$\frac{CT}{BT}=\frac{CB_1}{BM}=\frac{CB_1}{C_1B}$$

从而得到 B_1M 分线段 BC 之比，同理可以求出 C_1N 分线段 BC 为同样的比，因此 B_1M,CN,BC 共点. 用同样的方法，可以证得 B_1M,C_1N,AK 共点，由此证明了 B_1M,C_1N,BC 和 AK 共点.

性质 5 直线 B_1C_1 和 MN 的交点在直线 BC 上.

证明 如图 63.5，设 E 是 B_1C_1 和 BC 的交点，分别在 $\triangle BC_1E$ 和 $\triangle CB_1E$ 中，应用正弦定理，有

$$\frac{BE}{\sin\angle BC_1E}=\frac{BC_1}{\sin\angle BEC_1} \quad ①$$

$$\frac{CE}{\sin\angle CB_1E}=\frac{CB_1}{\sin\angle CEB_1} \quad ②$$

又 $\angle CB_1E=\angle BC_1B_1$，则

$$\angle BC_1E+\angle CB_1E=\angle BC_1E+\angle BC_1B_1=\pi$$

$$\angle BEC_1=\angle CEB_1$$

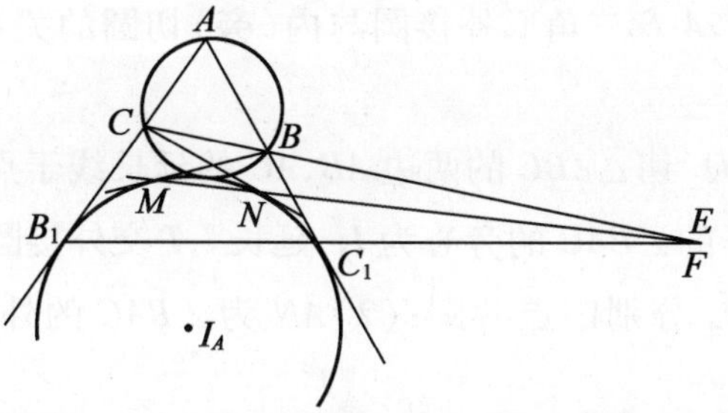

图 63.5

即由① ÷ ②，得

$$\frac{BE}{CE}=\frac{BC_1}{CB_1}$$

又设 F 是 MN 和 BC 的交点，同理 $\frac{BF}{CF}=\frac{BM}{CN}$.

由 $BM=BC_1$，$CN=CB_1$，则

$$\frac{BE}{CE}=\frac{BF}{CF}$$

从而知 E 与 F 重合，故 B_1C_1 和 MN 的交点在直线 BC 上.

性质6 直线 BB_1, CC_1 和 AK 相交于一点.

证明 如图63.6,由性质4有$\frac{BT}{CT}=\frac{BC_1}{CB_1}$,即

$$\frac{BT}{CT}\cdot\frac{CB_1}{BC_1}=1 \quad ①$$

又由 $B_1A=AC_1$,即

$$\frac{AC_1}{B_1A}=1 \quad ②$$

由①×②,有

$$\frac{BT}{CT}\cdot\frac{CB_1}{B_1A}\cdot\frac{AC_1}{C_1B}=1$$

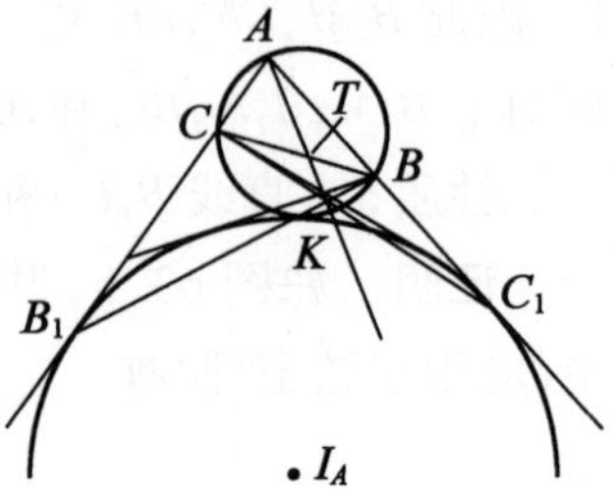

图63.6

由塞瓦定理的逆定理知,BB_1, CC_1 和 AK 相交于一点.

性质7 一圆切△ABC 的两边 AB,AC 的延长线于点 P,Q,又与△ABC 的外接圆外切于点 T. 设 PQ 的中点在 BC 上的射影为 X,直线 PQ 与直线 BC 交于点 Y,则$\angle ATX=2\angle Y$.

此性质即为第24章三角形外接圆与内(旁)切圆的关系(上篇)一节中的推论5.

性质8 设圆 O_2 切△ABC 的两边 AB,AC 的延长线于点 P,Q,且与外接圆外切于点 T,△ABC 的$\angle BAC$ 的旁心为 I_A,延长 I_AT 交外接圆于点 N,则:(1)B,T,I_A,P 及 T,C,Q,I_A 分别四点共圆;(2)AN 为$\angle BAC$ 的外角平分线(或 N 为$\overparen{BAC}$的中点).

证明 (1)如图63.7,延长 QT 交圆 ABC 于点 L,则 L 为优弧$\overparen{AC}$的中点. 联结 LA,LC,TC,有$\angle LAC=\frac{1}{2}\overparen{ABC}=\frac{1}{2}(\angle A+\angle C)=90°-\frac{1}{2}\angle B$.

联结 I_AC,注意到 I_A 为 PQ 的中点,且

$$\begin{aligned}\angle CI_AQ&=180°-\angle I_ACQ-\angle I_AQC\\&=180°-(90°-\frac{1}{2}\angle C)-(90°-\frac{1}{2}\angle A)\\&=90°-\frac{1}{2}\angle B\end{aligned}$$

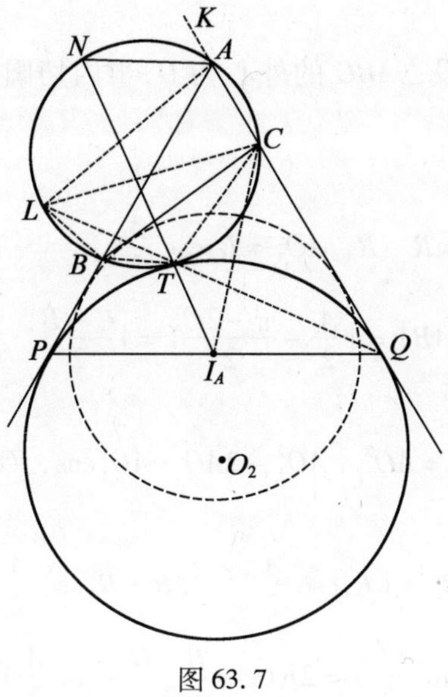

图 63.7

从而$\angle CTQ=\angle LAC=90^\circ-\dfrac{1}{2}\angle B=\angle CI_AQ$.

于是,T,C,Q,I_A 四点共圆.

联结 LB,BT, 由 T,C,Q,I_A 及 A,B,T,C 分别四点共圆,有$\angle ABT=\angle TCQ=\angle TI_AP$,即知 B,T,I_A,P 四点共圆.

(2)注意到 B,T,I_A,P 四点共圆,有$\angle NAB=\angle NTB=\angle BPI_A$,从而 $NA/\!/PQ$. 延长 CA 至 K,此时,$\angle KAN=\angle AQP=\angle APQ=\angle BPI_A=\angle NAB$,即知 AN 为$\angle BAC$ 的外角平分线(或 N 为$\overset{\frown}{BAC}$的中点).

推论 圆 O_2 切$\triangle ABC$ 的两边 AB,AC 的延长线及外接圆 O 于点 P,Q,T,线段 PQ 的中点为 I_A,N 为$\overset{\frown}{BAC}$的中点,则 N,T,I_A 三点共线.

三角形的半内切圆也有如下的一些性质:①②

性质 9 与$\triangle ABC$ 的边 AB,AC 相切的半内切圆的半径 $R_A=\dfrac{r}{\cos^2\dfrac{A}{2}}$,其中 r

---

① 孙维梓. 关于半内切圆的若干性质[J]. 中学生数学,1991(6):16-17.

② 李平龙. 三角形的半内切圆及其性质[J]. 中学教研(数学),1995(4):23-24.

为$\triangle ABC$的内切圆半径.

证明 如图63.8,设$\triangle ABC$的外心为O,半内切圆圆心为O_1.

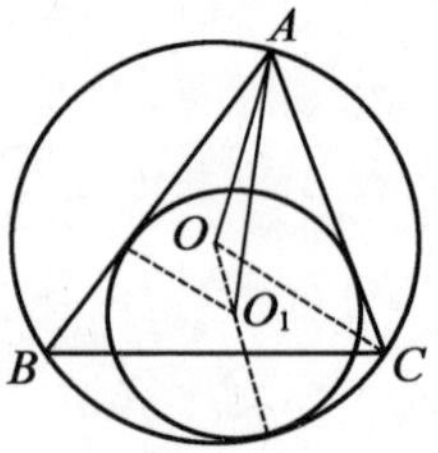

图63.8

在$\triangle AOO_1$中,因

$$OA=R,OO_1=R-R_A,AO_1=R_A\csc\frac{A}{2}$$

$$\angle OAO_1=|\frac{A}{2}-\angle OAB|=|\frac{A}{2}-\frac{\pi-2C}{2}|=|\frac{C-B}{2}|$$

则由余弦定理,得

$$OO_1^2=AO^2+AO_1^2-2AO\cdot AO_1\cos\angle OAO_1$$

即

$$(R-R_1)^2=R^2+(R_1\csc\frac{A}{2})^2-2R\cdot R_1\csc\frac{A}{2}\cdot\cos|\frac{C-B}{2}|$$

$$R_1(1-\sin^2\frac{A}{2})=2R(\cos\frac{B-C}{2}-\sin\frac{A}{2})\cdot\sin\frac{A}{2}$$

$$R_1\cos^2\frac{A}{2}=2R(\cos\frac{B-C}{2}-\cos\frac{B+C}{2})\cdot\sin\frac{A}{2}$$

则

$$R_A\cos^2\frac{A}{2}=4R\sin\frac{A}{2}\sin\frac{B}{2}\sin\frac{C}{2}$$

又$r=4R\sin\frac{A}{2}\sin\frac{B}{2}\sin\frac{C}{2}$,故$R_A=\dfrac{r}{\cos^2\frac{A}{2}}$.

性质10 设B_1,C_1分别是半内切圆与AC,AB的切点(下面表示相同),则B_1C_1的中点I是$\triangle ABC$的内心(亦称为曼海姆定理).

证明 如图63.9,由于$\triangle AB_1C_1$是等腰三角形,因此$\triangle AIC_1$是直角三角形.则

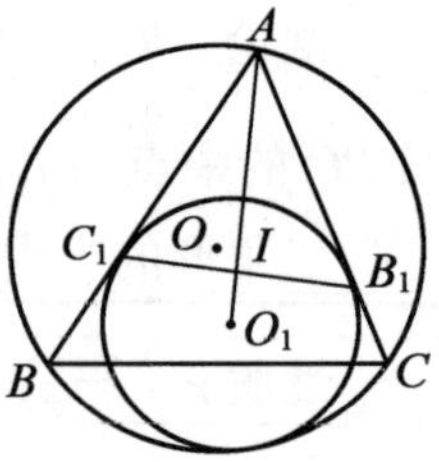

图63.9

$$AI=AC_1\cos\frac{A}{2}=R_1\cot\frac{A}{2}\cdot\cos\frac{A}{2}=R_1\frac{\cos^2\frac{A}{2}}{\sin\frac{A}{2}}$$

由性质9,知

$$R_1=\frac{r}{\cos^2\frac{A}{2}}$$

则 $$AI=\frac{r}{\cos^2\frac{A}{2}}\cdot\frac{\cos^2\frac{A}{2}}{\sin\frac{A}{2}}=\frac{r}{\sin\frac{A}{2}}$$

这表明 I 是 $\triangle ABC$ 的内心.

性质 11 直线 B_1C_1 与 $\triangle BIC$ 的外接圆相切.

证明 如图 63.10,设 W 是 $\angle A$ 的平分线与 $\triangle ABC$ 的外接圆的交点,则 $CW=BW$.

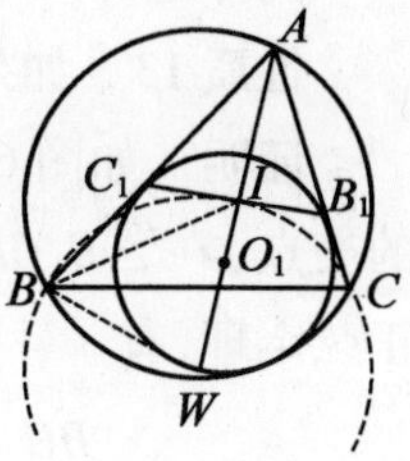

图 63.10

由性质 10 知,I 是 $\triangle ABC$ 的内心,则

$$\angle CBI=\frac{B}{2},\angle BAI=\frac{A}{2}$$

又 $\angle BIW$ 是 $\triangle ABI$ 的外角,则

$$\angle BIW=\angle IAB+\angle ABI=\frac{A}{2}+\frac{B}{2}$$

由 $\angle CBW=\angle CAW=\frac{A}{2}$,则

$$\angle IBW=\angle CBW+\angle IBC=\frac{A}{2}+\frac{B}{2}$$

即 $$\angle BIW=\angle IBW$$

从而 $CW=BW=IW$,即 W 是 $\triangle CIB$ 的外心.

在等腰 $\triangle AB_1C_1$ 中,$B_1C_1\perp AI$,即 $B_1C_1\perp WI$,故 B_1C_1 与 $\triangle BIC$ 的外接圆相切.

性质 12 过 B,C 分别引半内切圆的切线,它们相交于点 K,M,N 分别是切点,则直线 B_1M,C_1N,BC 和 AK 共点.

证明 如图 63.11,设 B_1M 与 BC 相交于点 T,在 $\triangle B_1TC$ 和 $\triangle BMT$ 中分别运用正弦定理,有

$$\frac{CT}{\sin\angle CB_1T}=\frac{CB_1}{\sin\angle B_1TC} \quad ①$$

$$\frac{BT}{\sin\angle BMT}=\frac{BM}{\sin\angle BTM} \quad ②$$

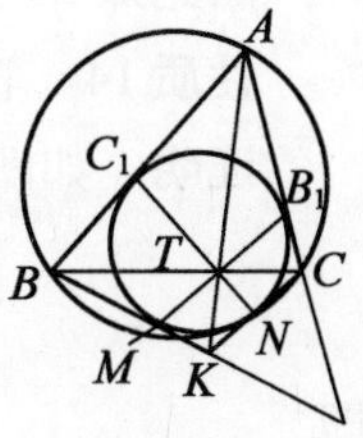

图 63.11

因 $\angle CB_1T=\angle KMB_1=\pi-\angle BMT,\angle B_1TC=\angle BTM$,则由①÷②,得

$$\frac{CT}{BT}=\frac{CB_1}{BM}=\frac{CB_1}{C_1B}$$

从而得 T 分线段 BC 之比为 $CB_1:C_1B$.

同理可证,C_1N 与 BC 的交点 T 分线段 BC 为同样的比,因此 B_1M,C_1N,BC 共点于 T.

同样地,B_1M,C_1N,AK 也共点于 T,故 B_1M,C_1N,BC 和 AK 共点.

性质 13 如果直线 B_1C_1 和 MN 相交,那么交点在直线 BC 上.

证明 如图 63.12,设 E 是 B_1C_1 与 BC 的交点,在 $\triangle B_1CE$ 和 $\triangle C_1BE$ 中分别运用正弦定理,有

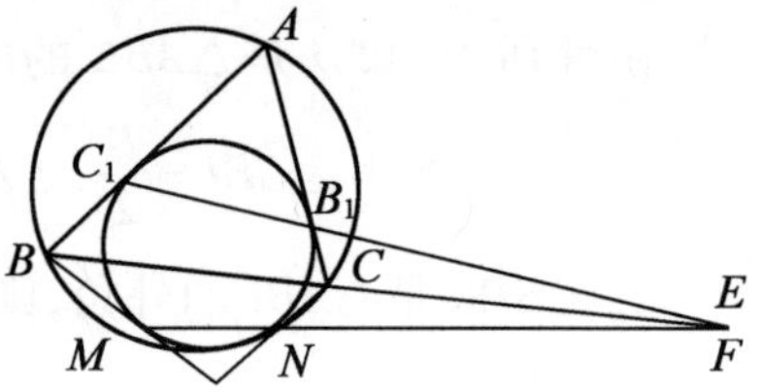

图 63.12

$$\frac{BE}{\sin\angle BC_1E}=\frac{BC_1}{\sin\angle BEC_1}$$

和
$$\frac{CE}{\sin\angle CB_1E}=\frac{CB_1}{\sin\angle B_1EC}$$

因 $\angle BC_1E+\angle CB_1E=\angle BC_1E+\angle AC_1B_1=\pi$,$\angle BEC_1=\angle B_1EC$,则

$$\frac{BE}{CE}=\frac{BC_1}{CB_1}$$

又设 F 是 MN 和 BC 的交点,同理可证$\frac{BF}{CF}=\frac{BM}{CN}$.

又因 $BM=BC_1$,$CN=CB_1$,则

$$\frac{BE}{CE}=\frac{BF}{CF}$$

因此知 E 与 F 重合,故 B_1C_1 和 MN 的交点在直线 BC 上.

性质 14 直线 BB_1,CC_1 和 AK 共点.

证明 如图 63.13,由性质 12,知

$$\frac{BT}{TC}=\frac{BC_1}{CB_1}$$

即

$$\frac{BT}{TC}\cdot\frac{CB_1}{BC_1}=1 \quad ①$$

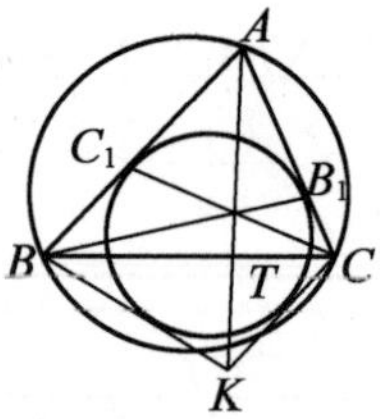

图 63.13

又因 $B_1A=AC_1$,即

$$\frac{AC_1}{B_1A}=1 \quad ②$$

由①×②,得

$$\frac{BT}{TC}\cdot\frac{CB_1}{B_1A}\cdot\frac{AC_1}{C_1B}=1$$

由塞瓦定理的逆定理知,BB_1,CC_1 和 AK 共点.

性质 15[①] 设$\triangle ABC$ 的半内切圆与其外接圆切于点 D,与边 AB,AC 分别切于点 E,F,则有

$$AE=AF=\frac{bc}{p} \quad ①$$

$$BF=\frac{c(p-b)}{p} \quad ②$$

$$CE=\frac{b(p-c)}{p} \quad ③$$

$$AD=\frac{bc}{p}\sqrt{\frac{pa}{a(p-a)+(b-c)^2}} \quad ④$$

$$DF=\frac{2c(p-b)}{p}\sqrt{\frac{b(p-c)}{a(p-a)+(b-c)^2}} \quad ⑤$$

$$DE=\frac{2b(p-c)}{p}\sqrt{\frac{c(p-b)}{a(p-a)+(b-c)^2}} \quad ⑥$$

$$BD=\frac{c(p-b)}{p}\sqrt{\frac{pa}{a(p-a)+(b-c)^2}} \quad ⑦$$

$$CD=\frac{b(p-c)}{p}\sqrt{\frac{pa}{a(p-a)+(b-c)^2}} \quad ⑧$$

证明 下面的讨论中以 a,b,c,p 分别表示$\triangle ABC$ 的三边长与半周长,A,B,C 既表示其三个顶点,也表示相应顶点处的内角.

先给出两条引理.

引理 1 设$\triangle ABC$ 的内心为 I,则有

$$AI=\sqrt{\frac{bc(p-a)}{p}}$$

---

① 肖振纲. 三角形的半内切圆的若干计算公式[J]. 中学数学,2002(10):42-43.

事实上，由正弦定理与半角公式，有

$$IA=\frac{c\cdot\sin\frac{B}{2}}{\sin\angle AIB}=\frac{c\cdot\sin\frac{B}{2}}{\sin(\frac{\pi}{2}+\frac{C}{2})}=\frac{c\sin\frac{B}{2}}{\cos\frac{C}{2}}$$

$$=\frac{c\sqrt{\frac{(p-c)(p-a)}{ca}}}{\sqrt{\frac{p(p-c)}{ab}}}=\sqrt{\frac{bc(p-a)}{p}}$$

引理2 设两圆内切于点 T，过小圆上任一点 P 作切线交大圆于点 A,B，则 TP 为 $\angle ATB$ 的平分线.

事实上，此即为节57.1两圆内切的性质4，如图63.14.

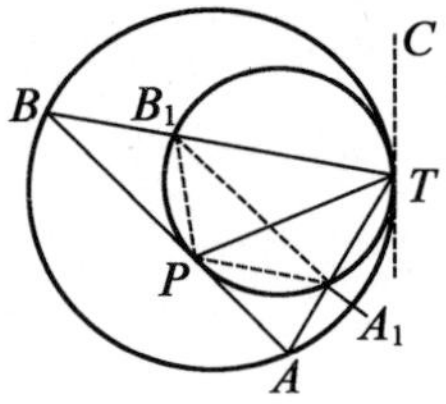

图 63.14

下面回到定理的证明：

如图63.15，设 $\triangle ABC$ 的内心为 I，由曼海姆定理，I 为 EF 的中点，从而由半角公式与引理1，有

$$AE=AF=\frac{IA}{\cos\frac{A}{2}}=\frac{\sqrt{\frac{bc(p-a)}{p}}}{\sqrt{\frac{p(p-a)}{bc}}}=\frac{bc}{p}$$

$$BF=c-AF=\frac{cp-bc}{p}=\frac{c(p-b)}{p}$$

$$CE=b-AE=b-\frac{bc}{p}=\frac{b(p-c)}{p}$$

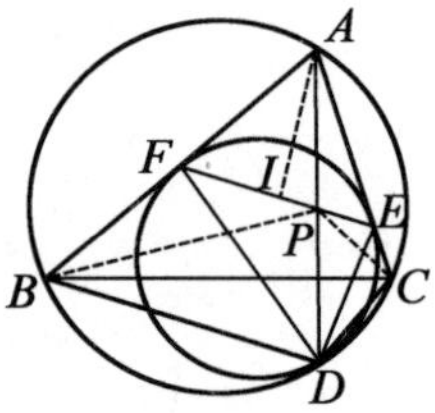

图 63.15

因而式①～③得证.

现在证明式④～⑧.

由引理2，有 $\angle BDF=\frac{C}{2}$，又 $\angle ADB=C$，于是由正弦定理、半角公式、正弦函数的倍角公式及已证的式②，有

$$\frac{DF}{AD}=\frac{BF}{AB}\cdot\frac{AB}{AD}\cdot\frac{DF}{BF}=\frac{BF}{AB}\cdot\frac{\sin\angle ADB}{\sin\angle ABD}\cdot\frac{\sin\angle ABD}{\sin\angle BDF}$$

$$=\frac{BF}{AB}\cdot\frac{\sin\angle ADB}{\sin\angle BDF}=\frac{BF}{AB}\cdot\frac{\sin C}{\sin\frac{C}{2}}$$

$$=\frac{2}{AB}\cdot BF\cos\frac{C}{2}=\frac{2}{c}\cdot\frac{c(p-b)}{p}\sqrt{\frac{p(p-c)}{ab}}$$

$$=2(p-b)\sqrt{\frac{p-c}{pab}} \tag{⑨}$$

又在$\triangle AFD$中,由余弦定理,有

$$AF^2=AD^2+DF^2-2AD\cdot DF\cos\frac{C}{2}$$

两边同除以AD^2,由式⑨及半角公式,有

$$\frac{AF^2}{AD^2}=1+(\frac{DF}{AD})^2-2\cdot\frac{DF}{AD}\cos\frac{C}{2}$$

$$=1+4(p-b)^2\cdot\frac{p-c}{pab}-4(p-b)\sqrt{\frac{p-c}{pab}}\cdot\sqrt{\frac{p(p-c)}{ab}}$$

$$=1+4(p-b)^2\cdot\frac{p-c}{pab}-\frac{4(p-b)(p-c)}{ab}$$

$$=\frac{(pab+4(p-b)^2(p-c)-4p(p-b)(p-c))}{pab}$$

$$=\frac{(pa-4(p-b)(p-c))}{pa}$$

$$=\frac{(p(p-a)+(b-c)^2)}{pa}$$

开方,并由式①即得式④.

由⑨,④两式即得式⑤,由对称性,将式⑤中的b,c互换即得式⑥.

由引理2与三角形的内角平分线性质定理及①,②两式,可得

$$\frac{BD}{AD}=\frac{BF}{AF}=\frac{p-b}{b}$$

于是,再由式④即得式⑦;由对称性,将式⑦中的b,c互换即得式⑧.

由以上这些计算公式可以得到三角形的半内切圆的几个新的结论.

性质16 设$\triangle ABC$的半内切圆与其外接圆切于点D,与边AC,AB分别切于点E,F,再设AD与EF交于点P,则有$\triangle BFP\backsim\triangle CEP$.

证明 仍见图63.15,由性质15中的有关计算公式,可知

$$\frac{BF}{CE}=\frac{BD}{DC}$$

又因$AF=AE$,有

$$\frac{FP}{PE}=\frac{AF\sin\angle BAD}{AE\sin\angle DAC}=\frac{\sin\angle BAD}{\sin\angle DAC}$$

但由正弦定理,知

$$\frac{\sin\angle BAD}{\sin\angle DAC}=\frac{BD}{DC}$$

因此

$$\frac{BF}{CE}=\frac{BD}{DC}=\frac{FP}{PE}$$

又显然有

$$\angle BFP=\angle CEP$$

故 $\triangle BFP\backsim\triangle CEP$

性质 17　设在$\triangle ABC$中,与$\angle C$对应的半内切圆切AB于点P,与$\angle B$对应的半内切圆切AC于点Q,则有$PQ/\!/BC$.

证明　如图63.16,由性质15中的相关计算公式,知

$$BP=\frac{ca}{p},AP=\frac{c(p-a)}{p},AQ=\frac{b(p-a)}{p},CQ=\frac{ab}{p}$$

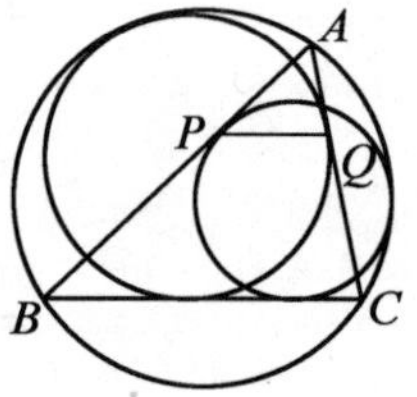

图63.16

于是

$$\frac{AP}{BP}=\frac{p-a}{a}=\frac{AQ}{CQ}$$

故 $PQ/\!/BC$

性质 18　如图63.17,设$\triangle ABC$的三个半内切圆分别与其外接圆切于点D,E,F,则AD,BE,CF三线共点.

证明　由正弦定理及性质15中的式⑦,⑧,可知

$$\frac{\sin\angle BAD}{\sin\angle DAC}=\frac{BD}{DC}=\frac{c(p-b)}{b(p-c)}$$

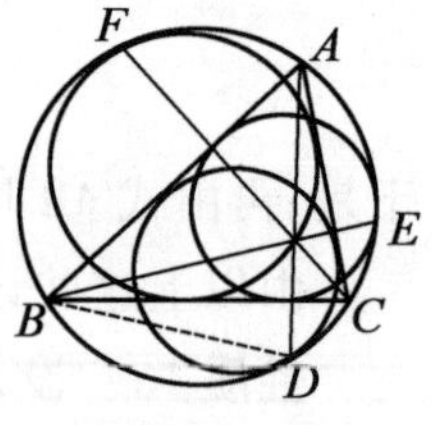

图63.17

轮换之,得另外两式,将三式相乘,即得

$$\frac{\sin\angle BAD}{\sin\angle DAC}\cdot\frac{\sin\angle CBE}{\sin\angle EBA}\cdot\frac{\sin\angle ACF}{\sin\angle FCB}=1$$

显然,AD与BE相交,于是由塞瓦定理的角元形式即知,AD,BE,CF三线共点.

性质 19　设在$\triangle ABC$中,$\angle A$对应的半内切圆与$\triangle ABC$的外接圆切于点T,设S为$\angle A$的旁切圆与边BC的切点.则$\angle BAS=\angle CAT$.

证明 如图 63.18,设 AB,AC 分别与半切圆切于点 P,Q,则由曼海姆定理知,PQ 的中点 I 为 $\triangle ABC$ 的内心.

设 M 为 BC 的中点,则 $IM /\!/ AS$.

延长 BI 交 $\triangle ABC$ 的外接圆于点 N,在直线 BN 上取点 L,使 $IL=BI$. 联结 LC,LQ,NC,则知 $QL /\!/ BA$,$IM /\!/ LC$ 有 $AS /\!/ LC$.

由两圆内切的性质知,T,Q,N 三点共线.

此时,$\angle AQL = \angle BAC = \angle BNC$,即知 Q,C,L,N 四点共圆.

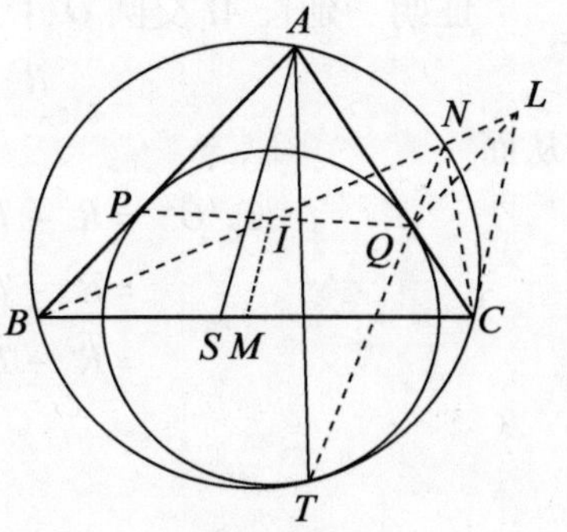

图 63.18

于是,$\angle BAS = \angle QLC = \angle QNC = \angle TNC = \angle CAT$.

注:由性质 19,可处理如下两道竞赛题,它们均共点于 $\triangle ABC$ 的纳格尔(Nagel)点的等角共轭点.

(1)(2007 年日本数学奥林匹克题)Γ 为 $\triangle ABC$ 的外接圆,圆 Γ_A 与 AB,AC 和 Γ 均相切,圆 Γ_B 与 AB,BC 和 Γ 均相切. 圆 Γ_C 与 AC,BC 和 Γ 均相切. 记 Γ_A,Γ_B,Γ_C 与 Γ 分别切于点 P,Q,R. 证明:AP,BQ,CR 三线共点.

(2)(2007 年第 15 届土耳其数学奥林匹克题)设 AA_1,BB_1,CC_1 是 $\triangle ABC$ 的三条高. 一圆通过 B_1,C_1 与 $\triangle ABC$ 的外接圆的 $\overset{\frown}{BC}$(不含点 A)相切于点 A_2,点 B_2,C_2 类似定义. 求证:AA_2,BB_2,CC_2 三线共点.

例 1 如图 63.19,$\triangle ABC$ 的三个半外切圆为圆 T_A,圆 T_B,圆 T_C,圆 T_B 切 BA 的延长线于 A_1,圆 T_C 切 CA 的延长线于点 A_2,设 BA_2 与 CA_1 相交于点 D,则三对直线 AB 与 T_BT_A,BC 与 T_CT_B,AC 与 T_CT_A 的交点共线.

证明 由于 AT_A,BT_B,CT_C 三线共点于 $\triangle ABC$ 的内心 I,对 $\triangle ABC$ 和 $\triangle T_AT_BT_C$ 运用笛沙格定理,即证得结论成立.

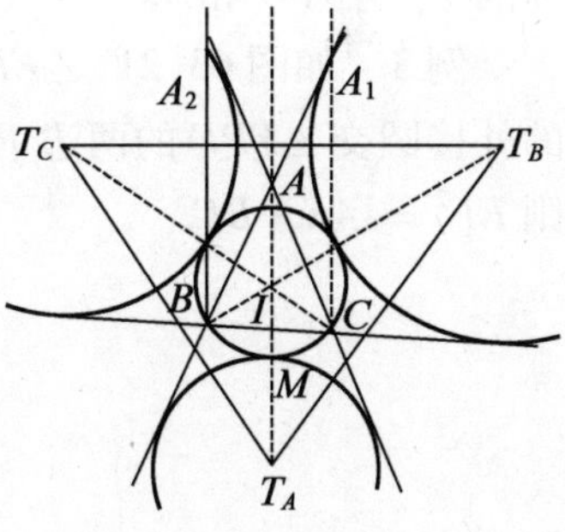

图 63.19

例 2 如图 63.20,设 I 是 $\triangle ABC$ 的内心,过 I 作 AI 的垂线分别交边 AB,AC 于点 P,Q. 求证:分别与 AB 及 AC 相切于点 P 及 Q 的圆 T_A' 必与 $\triangle ABC$ 的外接圆圆 O 相切.

证明 延长 AI 交圆 O 于点 M,设圆 O 的半径为 R,则

$$R^2 - T_A{}'O^2 = T_A{}'A \cdot T_A{}'M$$

从而

$$\begin{aligned} T_A{}'O^2 &= R^2 - T_A{}'A \cdot T_A{}'M = R^2 - T'A(IM - IT_A{}') \\ &= R^2 - T'A \cdot IM + T'A \cdot IT_A{}' \\ &= R^2 - T'A \cdot IM + PT_A{}'^2 \end{aligned}$$

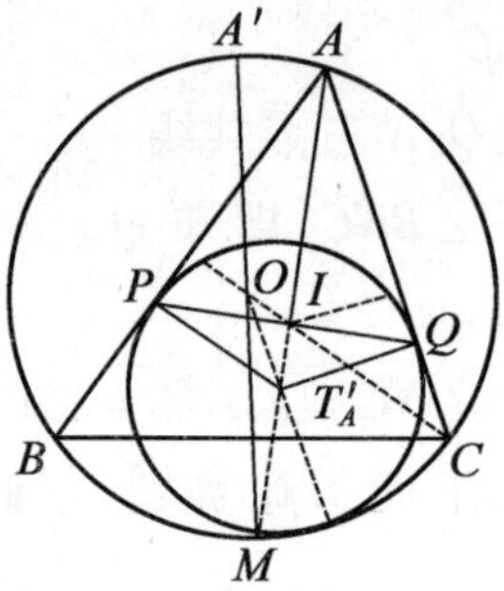

图 63.20

而
$$\angle MIC = \frac{1}{2}\angle OCM + \frac{C}{2} = \angle BCM + \frac{C}{2} = \angle MCI$$

或由三角形内心性质 5,有

$$MI = MC = 2R \cdot \sin\frac{A}{2} = 2R \cdot \frac{PT_A{}'}{AT_A{}'}$$

从而
$$T_A{}'O^2 = R^2 - 2R \cdot PT_A{}' + PT_A{}'^2 = (R - PT_A{}')^2$$

即圆 $T_A{}'$ 与圆 O 相切.

例 3 如图 63.21,$\angle EPF$ 的内切圆分别切两边于点 E,F,这个角的内切圆的外接圆交 $\angle EPF$ 的两边 PE,PF 分别于点 A,B,且与角的内切圆内切于点 T,则 $EF^2 = 4AE \cdot BF$.

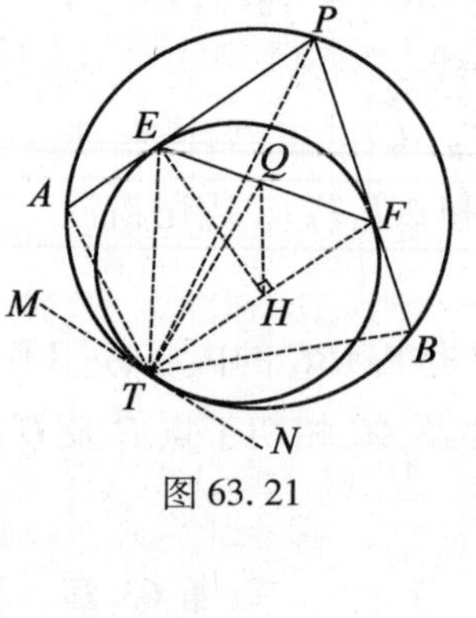

图 63.21

证明 如图 63.21,取 EF 的中点 Q,过点 T 作公切线 MN,作 $EH\perp TF$ 于点 H,联结 TA,TE,TP,TQ,TB,则

$$QE=QF=QH,且\angle QHF=\angle QFH$$

易得

$$\frac{TH}{TE}=\cos\angle HTE=\cos\angle PEF=\frac{QE}{PE}=\frac{QH}{PE}$$

又

$$\begin{aligned}\angle PEF&=180^\circ-\angle AEF=180^\circ-\angle EFT\\&=180^\circ-\angle QHF=\angle QHT\end{aligned}$$

有 $\triangle PET\backsim\triangle QHT$,则

$$\angle PTE=\angle QTH=\angle QTF \qquad ①$$

又易得

$$\angle BTE=\angle NTF-\angle NTB=\angle TFB-\angle TPB=\angle PTE \qquad ②$$

于是,由式①,②,得

$$\angle ETQ=\angle PTF=\angle FTB$$

且 $\angle TEQ=\angle TFB$.

从而 $\triangle ETQ\backsim\triangle FTB$,有

$$\frac{QE}{TE}=\frac{BF}{TF} \qquad ③$$

同理,$\triangle FTQ\backsim\triangle ETA$,有

$$\frac{QF}{TF}=\frac{AE}{TE} \qquad ④$$

由式③,④,可得

$$AE\cdot BF=QE\cdot QF=\frac{1}{4}EF^2$$

故 $EF^2=4AE\cdot BF$.

例 4(《数学通报》2015(12)问题 2280) 设 $\triangle ABC$ 的顶点 A,B,C 所对的边长依次为 a,b,c,圆 ω 切 $\triangle ABC$ 的两边 CA,CB 于点 D,F,同时与 $\triangle ABC$ 的外接圆圆 O 内切于点 H. 求证:$CF=CD=\dfrac{2ab}{a+b+c}$.

证明 如图 63.22,联结 CH,设 CH 与圆 ω 的另一交点为 G,过点 G 引圆 ω 的切线 GJ 交 CA,CB 分别于点 B',A'. 过点 H 作圆 O 的切线 HJ,则 $JG=JH$,

$\angle JHG=\angle JGH$.

而$\angle JGH=\angle GB'C+\angle B'CG$，所以$\angle JHG=\angle GB'C+\angle B'CG$.

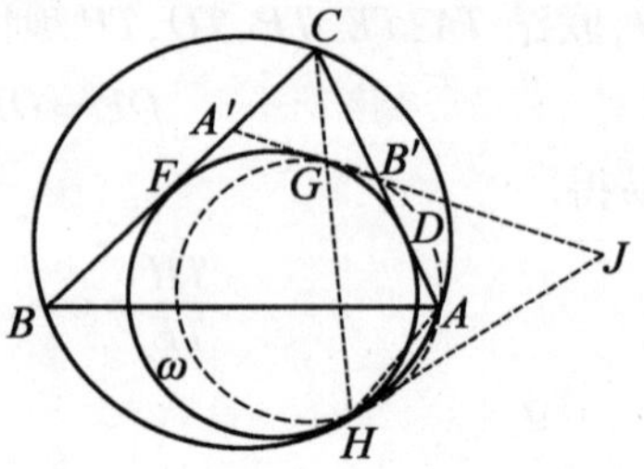

图 63.22

注意到HJ是切线，则$\angle AHJ=\angle GCB'$.

从而$\angle GHA=\angle GB'C$，即G,B',A,H四点共圆. 于是$CH\cdot CG=CA\cdot CB'$.

而$CH\cdot CG=CD^2$，则$CA\cdot CB'=CD^2$.

设$\triangle ABC$与$\triangle A'B'C$的半周长分别为P与P'，易知$CF=CD=P'$，从而$CA\cdot CB'=P'^2$.

又$\angle CB'A'=\angle CHA=\angle CBA$，所以$\triangle A'B'C\backsim\triangle ABC$.

从而$\frac{P'}{P}=\frac{CB'}{CB}$，则$\frac{P'}{P}=\frac{CA\cdot CB'}{CA\cdot CB}=\frac{P'^2}{ab}$.

故$P'=\frac{2ab}{a+b+c}$，即$CF=CD=\frac{2ab}{a+b+c}$.

例 5(2013 年欧洲女子数学奥林匹克题)　易知圆O是$\triangle ABC$的外接圆，圆I与AC,BC相切，且与圆O内切于点P，一条平行于AB的直线与圆I切于点Q(在$\triangle ABC$内部). 证明：$\angle ACP=\angle QCB$.

证明　如图 63.23，设圆I分别与AC,BC切于点E,F，PC交圆I于点D，射线PE,PQ,PF分别与圆O交于点K,M,L，则知K,M,L分别为劣弧$\overset{\frown}{AC}$，优弧$\overset{\frown}{AB}$，劣弧$\overset{\frown}{CB}$的中点.

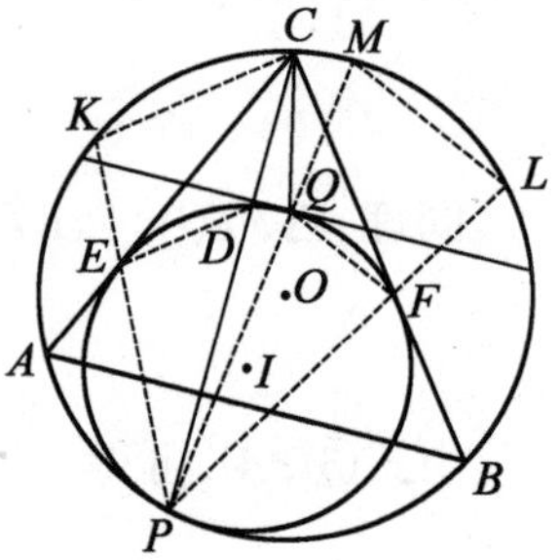

图 63.23

于是

$$\overset{\frown}{ML}=\overset{\frown}{BM}-\overset{\frown}{BL}=\frac{1}{2}\overset{\frown}{ACB}-\frac{1}{2}\overset{\frown}{BC}$$
$$=\frac{1}{2}(\overset{\frown}{ACB}-\overset{\frown}{BC})=\frac{1}{2}\overset{\frown}{AC}=\overset{\frown}{KC}$$

从而$\angle KPC=\angle MPL$，推知

$$ED=QF$$

且

$$\angle CED=\angle EPD=\angle QPF=\angle QFC$$

注意到$CE=CF$，知$\triangle CED\cong\triangle CFQ$. 故$\angle ECD=\angle FCQ$，即$\angle ACP=\angle QCB$.

例 6(2005 年北欧数学竞赛题) 易知圆 O_1 内切于圆 O_2 于点 A,过点 A 作直线分别交圆 O_1,圆 O_2 于点 B,C. 过点 B 作圆 O_1 的切线交圆 O_2 于点 D,E,过点 C 作圆 O_1 的两条切线,切点分别为 F,G. 求证:D,E,F,G 四点共圆.

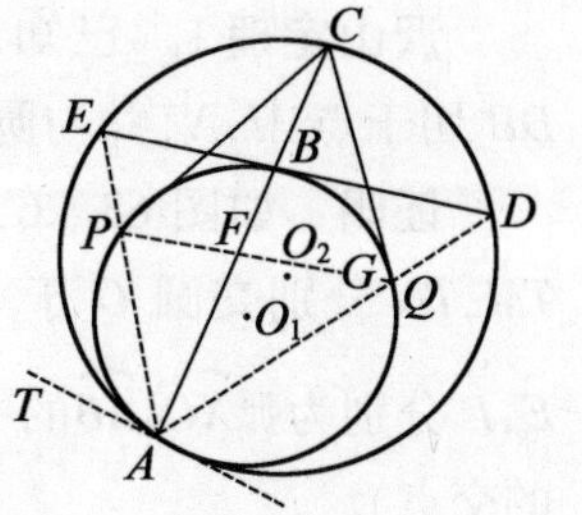

图 63.24

证明 如图 63.24,联结 AD,AE 分别交圆 O_1 于点 Q,P. 过 A 作切线 AT,则 $\angle EDA=\angle EAT=\angle PQA$,从而 $PQ /\!/ ED$,有 $\overset{\frown}{PB}=\overset{\frown}{BQ}$,亦即 $\angle QAB=\angle BAP=\angle CDE$,由 $\triangle CAD \backsim \triangle CDB$,知 $CD^2=CB \cdot CA$.

又 $CG^2=CB \cdot CA$,故 $CF=CG=CD=CE$. 即证.

例 7 已知圆 O 切 $\angle ADC$ 的边 DC,DA 分别为 E,F,在 CD 的延长线上取一点 B,过 B 作圆 Γ 与圆 O 内切,交 DC,DA 分别于点 C,A,则 $\triangle ABC$ 的内心 I 在直线 EF 上.

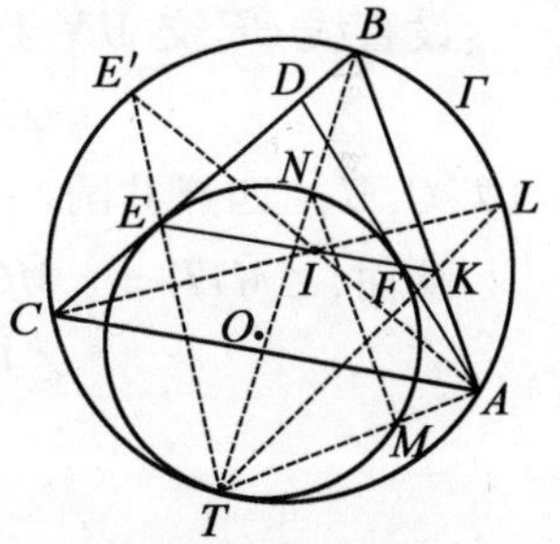

图 63.25

证明 如图 63.25,设圆 O 与圆 Γ 内切于点 T,射线 TE 交圆 Γ 于点 E',则 E' 为 $\overset{\frown}{BC}$(不含 A)的中点,AE' 为 $\angle BAC$ 的平分线.

设 TA,TB 交圆 O 于点 M,N,则 $MN /\!/ AB$.

注意 $AF^2=MA \cdot TA$,$BE^2=NB \cdot TB$,有

$$\frac{MA}{MB}=\frac{TA}{TB},\frac{AF}{BE}=\frac{\sqrt{MA \cdot TA}}{\sqrt{NB \cdot TB}}=\frac{TA}{TB}$$

又设直线 EF 与 AB 交于点 K,对 $\triangle ABD$ 及截线 EFK,应用梅氏定理,有

$$\frac{BE}{ED} \cdot \frac{DF}{FA} \cdot \frac{AK}{KB}=1 \xrightarrow{DE=DF} \frac{AK}{KB}=\frac{AF}{BE}=\frac{TA}{TB}$$

因此,TK 平分 $\angle ATB$.

设直线 TK 交圆 Γ 于点 L,则 L 为 $\overset{\frown}{AB}$(不含点 C)的中点,即 CL 平分 $\angle ACB$.

于是 AE' 与 CL 交于 $\triangle ABC$ 的内心 I.

又对圆内接六边形 $TE'ABCL$ 应用帕斯卡定理,即知 E,I,K 三点共线,又 K 在直线 EF 上. 故 E,I,F 三点共线.

注:上述例题即为下述定理,因而下述定理的证法也是该例的另一种证法.

沢山定理1 已知$\triangle ABC$内接于圆O,点D在边AB上,圆O_1分别与DC,DB切于点M,N,并与圆O相切,则直线MN过$\triangle ABC$的内心I.

证明 如图63.26,设两圆内切于点T,直线TM,TN分别交圆O于点E,F,则知$EF/\!/MN$,且E,F分别为弧$\overset{\frown}{XC}$,$\overset{\frown}{AB}$的中点(其中X为CD与圆O的交点).

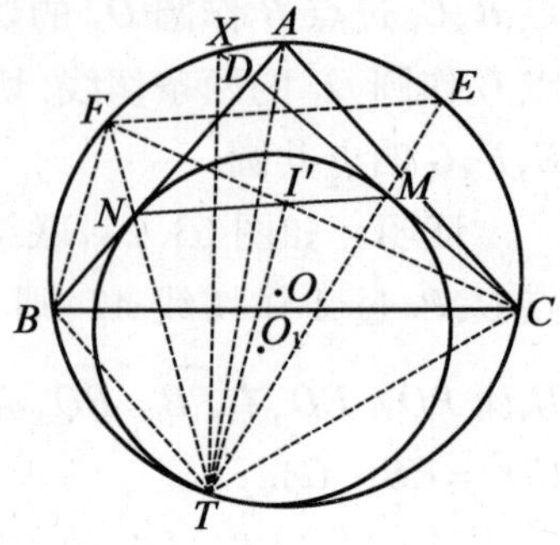

图63.26

从而,ET平分$\angle ATC$,即

$$\angle ETC=\angle ETX \quad ①$$

FT平分$\angle ATB$,且有

$$FB^2=FN\cdot FT \quad ②$$

设直线CF交MN于点I',联结TI',由

$$\angle NMT=\angle FET=\angle FCT=\angle I'CT$$

知T,C,M,I'四点共圆.

从而,$\angle MTI'=\angle MCI'=\angle XCF=\angle XTF$,并注意到式①,则有

$$\begin{aligned}\angle FI'N&=\angle MI'C=\angle MTC=\angle XTM\\&=\angle XTI'+\angle I'TM\\&=\angle XTI'+\angle XTF=\angle FTI'\end{aligned}$$

于是,由三角形相似或弦切角定理的逆定理,知

$$FI'^2=FN\cdot FT \quad ③$$

由式②,③知$FI'=FB$,即知I'为$\triangle ABC$的内心I.即证.

注:上述定理也是曼海姆定理的推广.

沢山定理2 已知,$\triangle ABC$内接于圆O,点D在边AB的延长线上,圆O_1分别与DC,DB切于点M,N,并与圆O相切,则直线MN过$\triangle ABC$在$\angle A$内的旁心I_A.

证明 如图63.27.设$\triangle ABC$在点C处的外角平分线与圆O交于点E(与C不重合),则E为弧$\overset{\frown}{ACB}$的中点.所以,$OE\perp AB$.又$O_1N\perp AB$,则$O_1N/\!/OE$.

令圆O与圆O_1相切于点T,由于O,T,O_1三点共线,且$O_1N=O_1T$,$OE=OT$,得E,T,N三点共线.由$\angle ETA=\angle EBA=\angle EAN$,知$\triangle EAT\backsim\triangle ENA$.

从而,有$EB^2=EA^2=EN\cdot ET$.

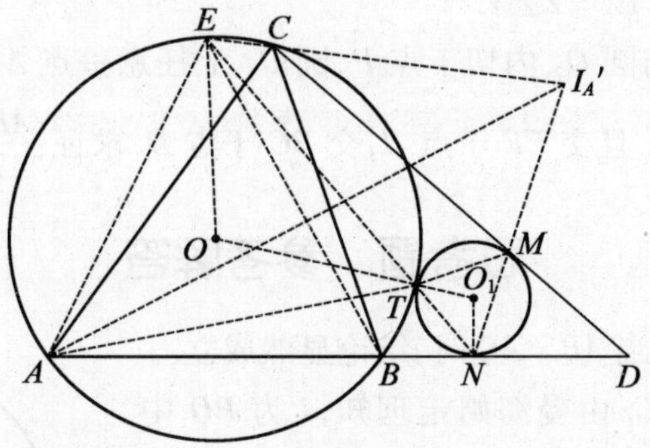

图 63.27

设直线 CE 与 NM 交于点 I_A'，则

$$\angle TMN = \frac{1}{2}\angle TO_1N = \frac{1}{2}\angle TOE$$
$$= \angle TAE = \angle TCI_A'$$

因此，T, M, I_A', C 四点共圆. 从而

$$\angle ETI_A' = 180° - \angle NTI_A' = 180° - (\angle NTM + \angle MTI_A')$$
$$= 180° - (\angle I_A'MC + \angle MCI_A')$$
$$= \angle MI_A'C$$

于是，$\triangle ETI_A' \backsim \triangle EI_A'N$，有 $EI_A'^2 = EN \cdot ET = EA^2 = EB^2$，从而，点 E 为过 A, B, I_A' 三点的圆的圆心.

所以 $\angle BAI_A' = \frac{1}{2}\angle BEI_A' = \frac{1}{2}\angle BAC$，即 AI_A' 平分 $\angle BAC$.

因此，I_A' 为 $\triangle ABC$ 顶点 A 对应的旁心 I_A.

思考题

1. 圆 O_1 切 $\triangle ABC$ 的两边 AB, AC 及外接圆圆 O 于点 P, Q, T，$\triangle ABC$ 的内心为 I，则：(1) $\angle O_1TI = \angle O_1AT$；(2) $\angle ITP = \angle ATQ$.

2. 已知一个圆与 $\triangle ABC$ 的边 AB, BC 相切，也和 $\triangle ABC$ 的外接圆相切于点 T. 若 I 为 $\triangle ABC$ 的内心，证明：$\angle ATI = \angle CTI$.

3. $\triangle ABC$ 内接于圆 ω，圆 γ 与边 AB, AC 分别切于点 P, Q，与圆 ω 相切于点 S，联结 AS 和 PQ，AS 与 PQ 交于点 T. 求证：$\angle BTP = \angle CTQ$.

4. 在 $\triangle ABC$ 的 $\angle ACB$ 内有一个圆，其与边 CA, CB 分别切于点 E, F，又与 $\triangle ABC$ 的外接圆内切于点 T，EF 的中点 I 在 AB 上的射影为 X，直线 AB 与 EF

交于点 Y. 证明：$\angle CTX=2\angle Y$.

5. 已知圆 O_1 与圆 O_2 内切于点 P，圆 O_1 上任意一点 A，弦 AB，AC 切圆 O_2 于 E，F，弦 AT 过 O_2 且交 EF 于点 H，交 BC 于点 D. 求证：$\frac{AH}{AT}=\frac{HD}{HT}$.

思考题 参考解答

1. 如图 63.28，当 $AB=AC$ 时，结论显然成立.

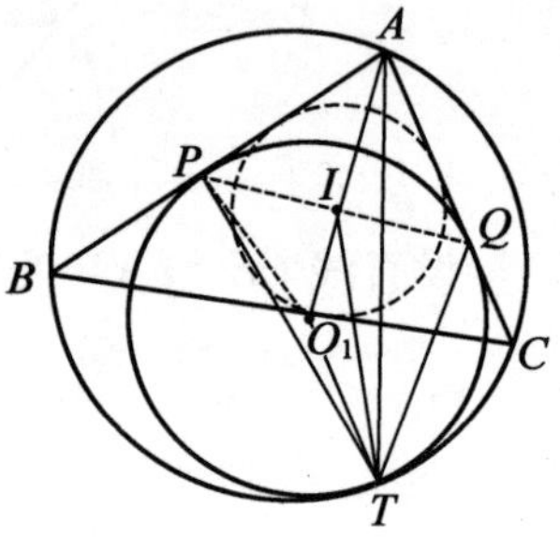

图 63.28

不妨设 $AB>AC$. 由曼海姆定理知，I 为 PQ 中点，则 A，I，O_1 三点共线，且 $AO_1\perp PQ$.

(1)联结 O_1P，则 $O_1I\cdot O_1A=O_1P^2=O_1T^2$，注意 $\angle IO_1T$ 公用，知 $\triangle O_1IT\backsim\triangle O_1TA$，故 $\angle O_1TI=\angle O_1AT$.

(2) 注意到 AT 为 $\triangle PTQ$ 的共轭中线，则 $\angle ITP=\angle ATQ$.

2. 如图 63.29，延长 TQ 交 $\triangle ABC$ 的外接圆于点 K，则 K 为 $\overset{\frown}{BC}$ 的中点，从而 A，I，K 三点共线.

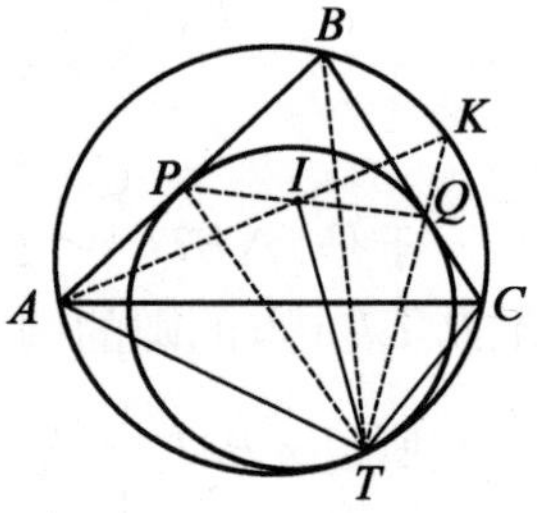

图 63.29

由性质 4 知，$\angle PTI=\angle BTK=\angle BAK=\angle PAI$.

从而 A，T，I，P 四点共圆，有 $\angle ATI=\angle BPI$. 同理，$\angle CTI=\angle BQP$.

注意 $BP=BQ$，有 $\angle BPI=\angle BQP$. 故 $\angle ATI=\angle CTI$.

3. 如图 63.30，注意到

$$\frac{PT}{TQ}=\frac{S_{\triangle APT}}{S_{\triangle AQT}}=\frac{\sin\angle BAS}{\sin\angle CAS}=\frac{BS}{SC} \quad ①$$

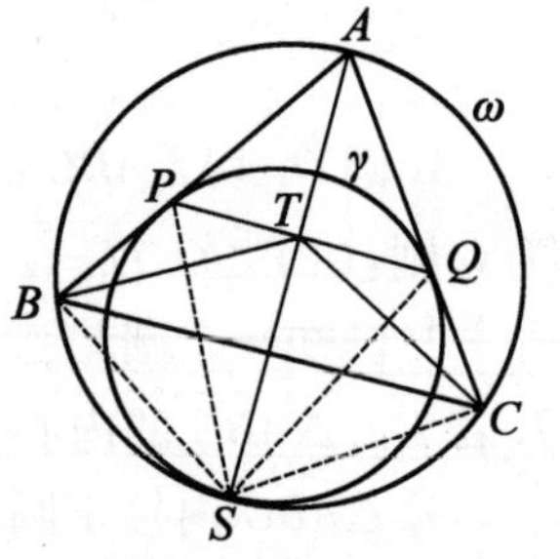

图 63.30

由相切两圆的性质，知 PS 平分 $\angle BSA$，QS 平分 $\angle ASC$，则

$$\frac{BS}{BP}=\frac{AS}{AP}=\frac{AS}{AQ}=\frac{SC}{CQ}$$

即

$$\frac{BS}{SC}=\frac{BP}{CQ} \quad ②$$

由式①,②知,$\frac{PT}{TQ}=\frac{BP}{CQ}$.

又$\angle BPT=\angle CQT$,则$\triangle BPT\backsim\triangle CQT$,故$\angle BTP=\angle CTQ$.

4. 如图 63.31,由$\angle CFE=\angle CBA-\angle Y$及$\angle CEF=\angle CAB+\angle Y$,有

$$2\angle Y=\angle CBA-\angle CAB$$

从而$\angle CTX=2\angle Y\Leftrightarrow\angle ATX=\angle BTC$.

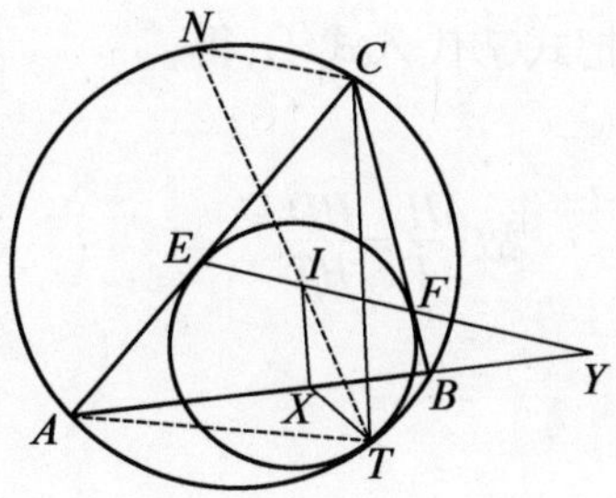

图 63.31

延长 TI 交$\triangle ABC$ 的外接圆于点 N,则由三角形外接圆与内(旁)切圆的关系中的性质 10,可知 N 为$\overset{\frown}{ACB}$的中点,CN 为$\angle ACB$ 的外角平分线.

于是,又由该章中性质 11 知,$\angle ATX=\angle BTC$ 成立.

5. 联结 TB,如图 63.32.

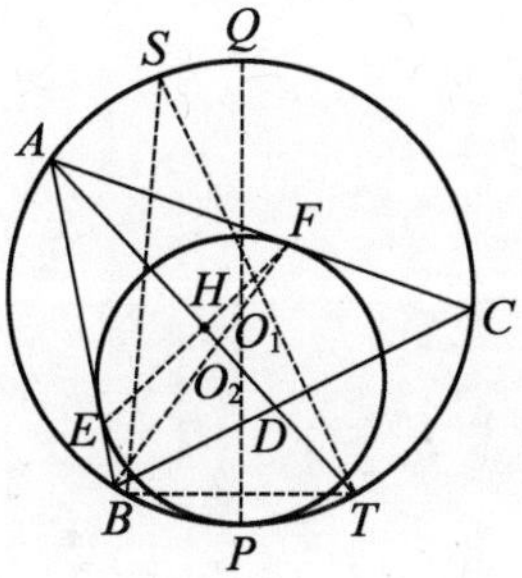

图 63.32

因 AB,AC 是圆 O_2 的切线,又 AT 经过 O_2,则$\angle BAT=\angle CAT=\angle CBT$,从而$\triangle BTD\backsim\triangle ATB$,所以$TB^2=TD\cdot TA$.

又由 $TD=TH-HD$,$TA=TH+AH$,有

$$\begin{aligned}TB^2&=(TH-HD)(TH+AH)\\&=TH^2-HD\cdot TH+TH\cdot AH-HD\cdot AH\\&=TH^2+TH\cdot AH-(TH+AH)\cdot HD\\&=TH^2+TH\cdot AH-AT\cdot HD\end{aligned}\quad ①$$

再过 P,T 分别作圆 O_1 的直径 PQ,TS,联结 BS,EO_2,则在 $Rt\triangle AEO_2$ 中,有

$$O_2E^2=O_2H\cdot O_2A \quad ②$$

在圆 O_1 中,由相交弦定理,得

$$O_2P\cdot O_2Q=O_2T\cdot O_2A \quad ③$$

而 $O_2E=O_2P$,则②+③,得

$$O_2P\cdot PQ=O_2A\cdot TH \quad ④$$

易证 $Rt\triangle AEO_2\backsim Rt\triangle SBT$,则

$$O_2E\cdot TS=O_2A\cdot TB \quad ⑤$$

又由 $O_2E=O_2P$,$PQ=TS$ 代入式⑤,得

$$PO_2 \cdot PQ = O_2A \cdot TB \qquad ⑥$$

由式④和式⑥,得

$$TH = TB \qquad ⑦$$

把式⑦代入式①,得

$$AT \cdot HD = TH \cdot AH$$

故$\frac{AH}{AT}=\frac{HD}{HT}$.

第 64 章　过三角形的两顶点且与内切圆相切的圆

过三角形的两个顶点且与三角形内切圆相切的圆有几个美妙的结论,介绍如下:①

性质 1　已知圆 Γ 过点 B,C,且与 $\triangle ABC$ 的内切圆圆 I 切于点 K,D 为圆 O 在边 BC 上的切点. 证明:直线 KD 过 $\triangle ABC$ 中 $\angle A$ 所对的旁心 I_A.

证明　如图 64.1,设直线 I_AD 与圆 I 交于点 K',并设法证明 $\triangle BCK'$ 的外接圆与圆 I 切于点 K'.

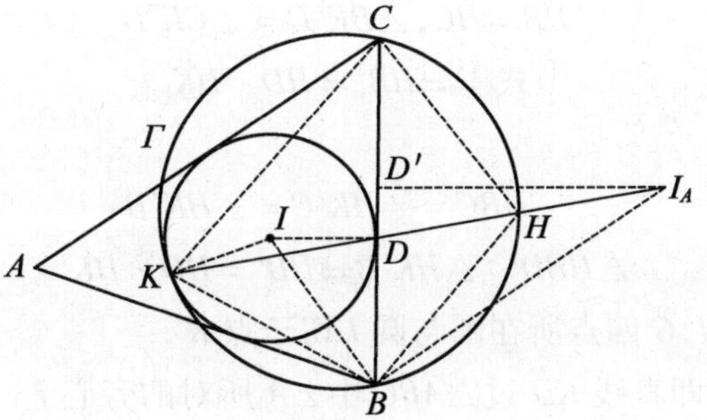

图 64.1

设 I_AD 的中点为 H, $\angle A$ 所对的旁切圆在边 BC 上的切点为 D'. 设 $\triangle ABC$ 的三边长为 a,b,c,内切圆半径、旁切圆半径分别为 r,r_A.

先证明:K',B,H,C 四点共圆. 由

$$\tan\angle IDK'=\tan\angle D'I_AK'=\frac{|b-c|}{r_A}$$

$$\Rightarrow\cos\angle K'ID=-\cos 2\angle IDK'=\frac{(b-c)^2-r_A^2}{(b-c)^2+r_A^2}$$

$$\Rightarrow K'D=\sqrt{2r^2-2r^2\cos\angle K'ID}=\frac{2rr_A}{DI_A}=\frac{rr_A}{DH}$$

① 杨泓暕. 一个图形的性质探索[J]. 中等数学,2015(11):17-20.

$$\Rightarrow K'D \cdot HD = rr_a$$

又

$$\frac{r}{BD} = \tan\angle IBD = \cot\angle I_ABD = \frac{BD'}{I_AD'} = \frac{CD}{I_AD'}$$
$$\Rightarrow BD \cdot CD = rr_A$$
$$\Rightarrow BD \cdot CD = K'D \cdot HD$$
$$\Rightarrow K', B, H, C \text{ 四点共圆}$$

再证明:K',B,H,C 四点所在的圆与圆 I 相切.

考虑圆 I 及点圆 B,H,C.

由第 57 章托勒密定理的推广 2 的逆命题,只要证

$$HB \cdot CD + HC \cdot BD = BC\sqrt{HD \cdot HK'} \quad ①$$

易证

$$HB = HC, \angle BK'D = \angle CK'D$$

故

$$\text{式}① \Leftrightarrow HB^2 = HD \cdot HK'$$

而注意到

$$\angle HBC = \angle HK'C = \angle HK'B$$

故

$$\triangle HBD \backsim \triangle HK'B \Rightarrow HB^2 = HD \cdot HK'$$

因此,K',B,H,C 四点所在圆与圆 I 切于点 K'.

根据同一法,即直线 KD 过$\triangle ABC$ 中$\angle A$ 所对的旁心 I_A.

注:直线 KD 同样过边 BC 上高的中点 N.

性质 2 已知圆 Γ_A 过点 B,C,且与$\triangle ABC$ 的内切圆圆 I 切于点 K_A,类似定义点 K_B,K_C. 证明:直线 AK_A,BK_B,CK_C 三线共点.

证明 如图 64.2.

由第一角元形式的塞瓦定理知,只要证 $\prod \frac{\sin\angle BAK_A}{\sin\angle K_AAC} = 1$,其中,"$\prod$"表示轮换对称积.

对$\triangle AEF$ 及点 K_A,运用第一角元形式的塞瓦定理,知

$$\frac{\sin\angle BAK_A}{\sin\angle K_AAC} = \left(\frac{\sin\angle K_AEF}{\sin\angle K_AFE}\right)^2 = \left(\frac{K_AF}{K_AE}\right)^2$$

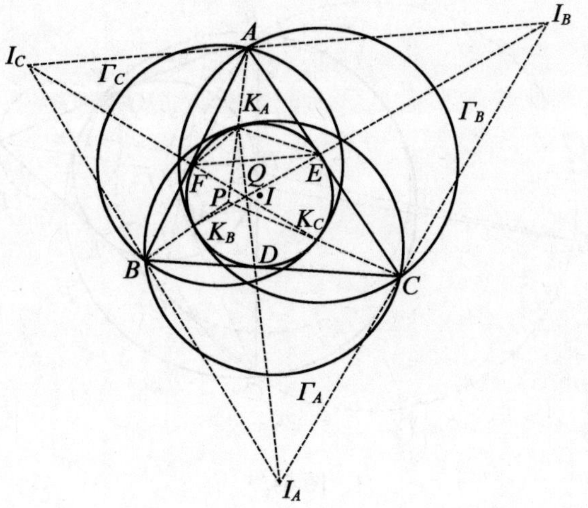

图 64.2

故只要证 $\prod \frac{K_AF}{K_AE}=1$, 即 K_AD, K_BE, K_CF 三线共点. 由性质 1 的结论, 即要证 I_AD, I_BE, I_CF 三线共点.

由第一角元形式的塞瓦定理知, 只要证

$$\prod \frac{\sin\angle I_CI_AD}{\sin\angle DI_AI_B}=1$$

由角分线定理, 得

$$\frac{\sin\angle I_CI_AD}{\sin\angle DI_AI_B}=\frac{BD}{CD}\cdot\frac{I_AC}{I_AB}$$

故只要证

$$\left(\prod \frac{BD}{CD}\right)\left(\prod \frac{I_AC}{I_AB}\right)=1$$

注意到, AI_A, BI_B, CI_C 三线共点及切线长的性质, 上式显然成立. 从而, 结论成立.

性质 3　已知圆 Γ 过点 B, C, 且与 $\triangle ABC$ 的内切圆圆 I 切于点 K, 圆 Γ 分别与直线 AB, AC 交于点 Y, X, $\triangle AXY$ 中 $\angle A$ 所对的旁心为 J, D 为圆 I 在边 BC 上的切点. 证明: D, I, J, K 四点共圆.

证明　如图 64.3, 设圆 I 与边 AB, AC 分别切于点 F, E, $\triangle BCX$, $\triangle BCY$ 的内心分别为 M, N.

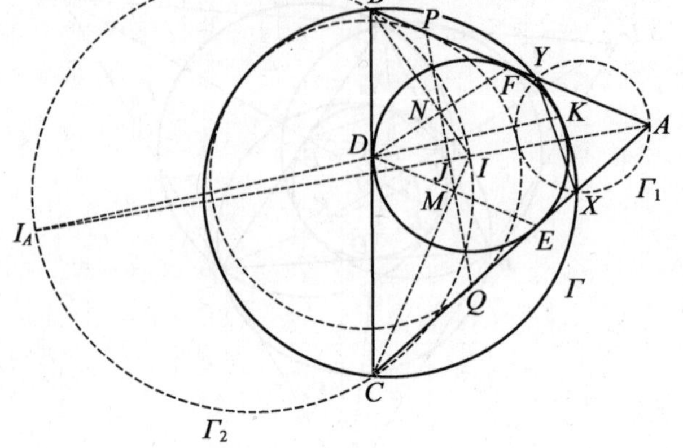

图 64.3

以 A 为反演中心,A 到圆 Γ 的幂为反演幂作反演变换.

则圆 Γ,直线 AB,AC 不变. 故圆 I 在反演下变为与 AB,AC,圆 Γ 相切的另一个圆 Γ'. 设圆 Γ' 与 AB,AC 分别切于点 P,Q.

直线 BC 在反演下变为 $\triangle AXY$ 的外接圆 Γ_1. 故圆 Γ_1 与 Γ' 外切,即圆 Γ' 为 $\triangle AXY$ 的半外切圆.

由曼海姆定理,知 J 为 PQ 的中点. 由沢山定理 1(第 63 章),知点 M,N 均在 PQ 上. 再由曼海姆定理,知点 M 在 DE 上,点 N 在 DF 上.

另外,显然点 M 在 CI 上,点 N 在 BI 上. 作以圆 I 为反演基圆的反演变换. 于是,反演下 $N\to B$,$M\to C$,直线 $MN\to\triangle BIC$ 的外接圆 Γ_2.

注意到,圆 Γ_2 同样过点 I_A. 从而,反演下 $J\to I_A$.

故 PQ 为点 I_A 关于圆 I 的极线.

另一方面,由性质 2 的结论,知 I_A,D,K 三点共线.

由熟知的结论,知 D,I,J,K 四点共圆.

性质4 已知圆 Γ 过点 B,C,且与 $\triangle ABC$ 的内切圆切于点 K,延长 AK,再与圆 Γ 交于点 T,D 为 $\triangle ABC$ 的内切圆在边 BC 上的切点. 证明:$\angle BTA=\angle CTD$.

证明 先证明一个引理.

引理 设圆 Γ 与圆 Γ' 内切于点 T,过平面内任一点 A 向圆 Γ 作切线,分别与圆 Γ' 交于点 B,C,I 为 $\triangle ABC$ 的内心,则 IT 平分 $\angle BTC$.

证明 如图 64.4,设 P,Q 分别为圆 Γ 在 AB,AC 上的切点,M,N 分别为

PQ 与 BI,CI 的交点,R,S 分别为圆 Γ' 与 TP,TQ 的交点,X,Y 分别为圆 Γ' 与 BA,CA 的交点.

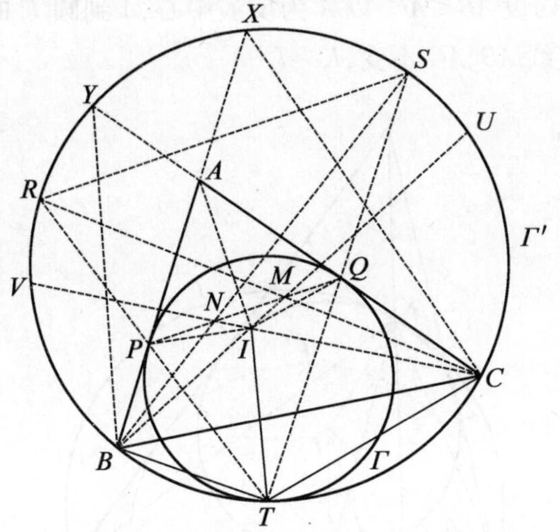

图 64.4

由沢山定理 1,知 M,N 分别为 $\triangle BXC,\triangle BYC$ 的内心.

由位似的熟知结论,知 S,R 分别为弧$\overset{\frown}{CY},\overset{\frown}{BX}$的中点. 故点 M 在 CR 上,点 N 在 BS 上. 又

$$\angle BNC=90^\circ+\frac{1}{2}\angle BYC=90^\circ+\frac{1}{2}\angle BXC=\angle BMC$$

则 B,C,M,N 四点共圆.

于是,$\angle CNQ=\angle CBI=\angle ABI$. 因此,$B,P,N,I$ 四点共圆. 类似地,C,Q,M,I 四点共圆.

由位似知 $PQ/\!/RS$. 故 $\angle NPT=\angle SRT=\angle NBT$. 从而,$B,P,N,I,T$ 五点共圆. 类似地,C,Q,M,I,T 五点共圆.

由 $\angle APQ=\angle AQP$,知

$$\angle BTN=\angle CTM$$

由 $\angle MBN=\angle MCN$,知

$$\angle ITN=\angle ITM$$

两式相加,得

$$\angle BTI=\angle CTI$$

即 IT 平分 $\angle BTC$.

回到原题.

如图 64.5,不妨设 $AB\leqslant AC$. 以 A 为反演中心,A 到圆 Γ 的幂为反演幂作反演变换,则圆 Γ,直线 AB,AC 不变,$K\to T$.

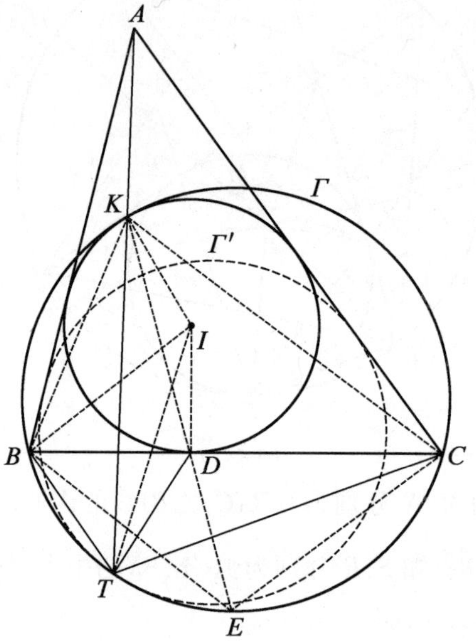

图 64.5

故圆 I 在反演下变为与 AB 和 AC 相切、与圆 Γ 内切于点 T 的圆 Γ'.

由引理,知 IT 平分 $\angle BTC$. 由位似的熟知结论,得 KD 平分 $\angle BKC$.

再由引理,得

$$\angle CKD+\angle BTI=90^\circ-\frac{1}{2}\angle BEC+\frac{1}{2}\angle BTC=90^\circ$$

$$\Rightarrow -\angle DKT+\angle CKT+\angle BTI=90^\circ$$

$$\Rightarrow \angle DKT=\angle CKT+\angle BTI-90^\circ=90^\circ-\langle BC,IT\rangle=\angle DIT$$

$$\Rightarrow K,I,D,T\text{ 四点共圆}$$

又 $IK=ID$,故 IT 平分 $\angle KTD$. 因此,IT 平分 $\angle BTC$ 及 $\angle KTD$,则 $\angle BTA=\angle CTD$.

注:此证法由文武光华数学工作室田开斌老师给出.

性质 5 已知 I,O 分别为 $\triangle ABC$ 的内心、外心,圆 Γ_A 过点 B,C,且与 $\triangle ABC$

的内切圆相切,类似地,定义圆 Γ_B,Γ_C. 设圆 Γ_B 与圆 Γ_C 交于不同的两点 A,A',类似地,定义点 B',C'. 证明:直线 AA',BB',CC'交于一点,且交点在直线 OA 上.

证明 由点 A'定义,知直线 AA'为圆 Γ_B 与圆 Γ_C 的根轴.

考虑圆 $\Gamma_A,\Gamma_B,\Gamma_C$ 的根心. 由蒙日定理,知直线 AA',BB',CC'交于一点,设此点为 Q.

如图 64.6,设 J_A 为圆 Γ_A 与 $\triangle ABC$ 的内切圆的切点,类似地,定义点 J_B,J_C.

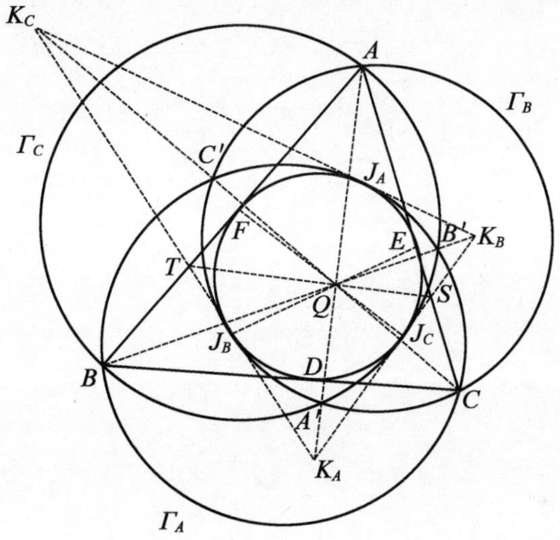

图 64.6

设 D 为$\triangle ABC$ 的内切圆在边 BC 上的切点,类似地,定义点 E,F.

设 K_A 为直线 J_BJ_C 关于$\triangle ABC$ 内切圆的极点,类似地,定义点 K_B,K_C.

设 S 为 K_AK_B 与 AC 的交点,T 为 K_AK_C 与 AB 的交点,X 为 K_BK_C 与 BC 的交点,点 Y,Z 类似定义(图 64.6 中未作出).

考虑$\triangle ABC$ 的内切圆,圆 Γ_B,Γ_C 的根心. 由蒙日定理,知 A,Q,A',K_A 四点共线.

类似地,B,Q,B',K_B;C,Q,C',K_C 分别四点共线.

由笛沙格定理,知$\triangle ABC$ 与$\triangle K_AK_BK_C$ 有透视中心 Q. 因此,$\triangle ABC$ 与$\triangle K_AK_BK_C$ 有透视轴 XYZ,即 X,Y,Z 三点共线.

由帕斯卡定理的逆定理,知六边形 $AK_ABK_BCK_C$ 在一条二次曲线上. 由帕斯

卡定理得 S,Q,T 三点共线.

对圆外切四边形 ATK_AS 应用牛顿定理,知 J_AD 过点 Q. 类似地,J_BE,J_CF 过点 Q.

注意到,直线 XYZ 其实为 $\triangle ABC$ 的外接圆与内切圆的根轴,故 $OI\perp XYZ$;而 Q 为直线 XYZ 关于 $\triangle ABC$ 内切圆的极点,故 $QI\perp XYZ$. 从而,点 Q 在直线 OI 上.

注:此性质为2012年罗马尼亚大师杯数学奥林匹克题.

第65章　完全四边形

定义　称两两相交又没有三线共点的四条直线及它们的六个交点所构成的图形，叫作完全四边形. 六个点可分成三对相对的顶点，它们的连线是三条对角线. 如图65.1，直线 ABC，BDE，CDF，AFE 两两相交于 A，B，C，D，E，F 六点即为完全四边形 $ABCDEF$. 线段 AD，BF，CE 为其三条对角线.

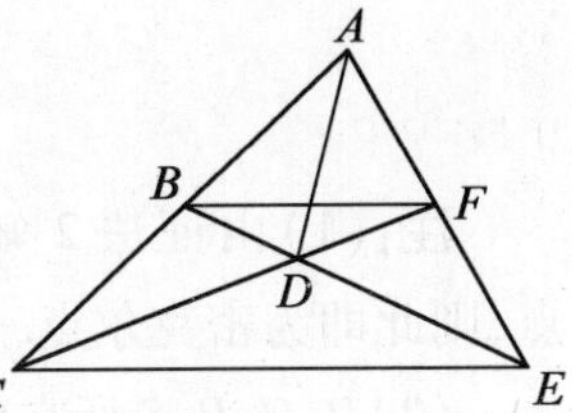

图65.1

如图65.1，完全四边形 $ABCDEF$ 中既含有凸四边形 $ABDF$，凹四边形 $ACDE$，还含有折四边形 $BCFE$ 以及4个三角形 $\triangle ACF$，$\triangle BCD$，$\triangle DEF$，$\triangle ABE$.

完全四边形有一系列优美的结论：①②③④

性质1（密克尔定理）　完全四边形的四个三角形的外接圆共点，该点称为密克尔点.

证法1　如图65.2，在完全四边形 $ABCDEF$ 中，对于 $\triangle ACF$，点 B，D 分别在边 AC，CF 上，点 E 在 AF 的延长线上，由三角形的密克尔定理，圆 BCD，圆 DEF，圆 ABE 共点于 M. 又对 $\triangle ABE$，由三角形的密克尔定理，知圆 ACF 过圆 BCD 与圆 DEF 的交点 M. 故 $\triangle BCD$，$\triangle DEF$，$\triangle ACF$，$\triangle ABE$ 的外接圆共点于 M.

证法2　如图65.2，设过 B，C，D 三点的圆与过 D，E，F 三点的交于另一点 M，则由西姆松定理，知点 M 分别在直线 AC，CF，BE，AE 上的射影 P，Q，R，S 四点共直线. 又利用西姆松定理的逆定理，由点 M 在 $\triangle ACF$，$\triangle ABE$ 三边所在直线上的射线共线，知点 M 均在 $\triangle ACF$，$\triangle ABE$ 的外接圆上. 故 $\triangle BCD$，$\triangle DEF$，

---

① 沈文选. 完全四边形的优美性质[J]. 中等数学，2006(8)：17-20.

② 沈文选. 完全四边形的性质应用举例[J]. 中学数学，2006(10)：16-20.

③ 沈文选. 有约束条件的完全四边形的优美性质与竞赛命题[J]. 中等数学，2007(2，3)：17-22.

④ 沈文选. 完全四边形的 Miquel 点及其应用[J]. 中学数学，2006(4)：36-39.

$\triangle ACF$, $\triangle ABE$ 的外接圆共点于 M.

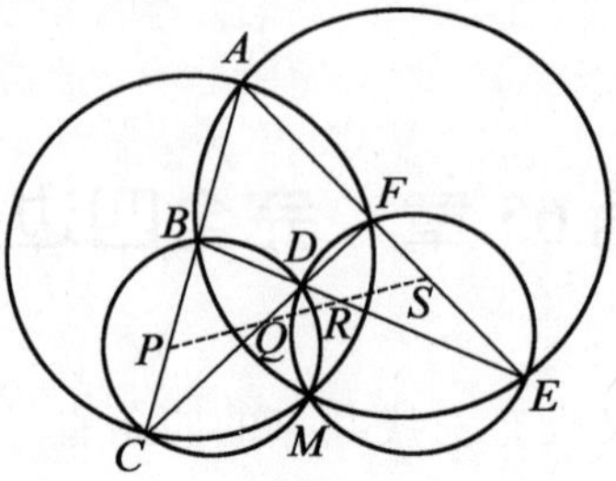

图 65.2

注:(1)由证法 2 知,在完全四边形中,只要找出两个三角形的外接圆交点,则此即为密克尔点.

(2)P, Q, R, S 所在的直线称为完全四边形的西姆松线.

(3)由三角形西姆松线的性质(平分与垂心的连线段),即知完全四边形的四个三角形的垂心共线.

由性质 1,即可得如下推论:

推论 1 完全四边形的密克尔点与每类四边形的一组对边构成一对相似的三角形.

如图 65.3, P 为完全四边形 $ABCDEF$ 的密克尔点,则:

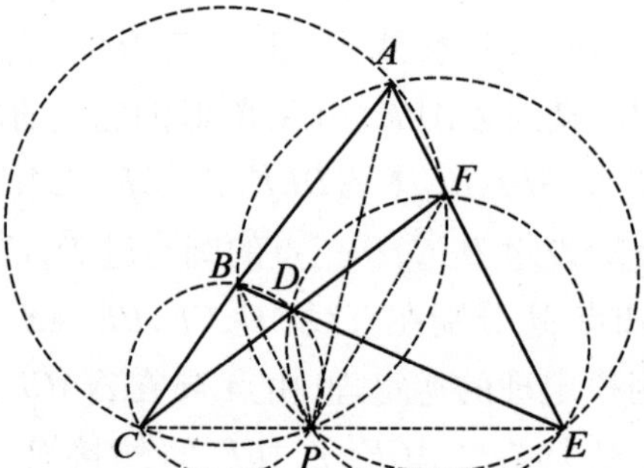

图 65.3

(1) $\triangle PBA \backsim \triangle PDF$, $\triangle PBD \backsim \triangle PAF$;

(2) $\triangle PCA \backsim \triangle PDE$, $\triangle PCD \backsim \triangle PAE$;

(3) $\triangle PCB \backsim \triangle PFE$, $\triangle PCF \backsim \triangle PBE$.

证明 (1)对于凸四边形 $ABDF$.

由$\angle CAP=\angle CFP$,有$\angle BAP=\angle DFP$及$\angle ABP=180^\circ-\angle PEF=\angle FDP$,知$\triangle PBA\backsim\triangle PDF$.

由$\angle PBE=\angle PAE$,有$\angle PBD=\angle PAF$及$\angle BDP=180^\circ-\angle BCP=\angle AFP$,知$\triangle PBD\backsim\triangle PAF$.

(2)对于凹四边形$ACDE$.

由$\angle BAP=\angle BEP$,有$\angle CAP=\angle DEP$及$\angle ACP=\angle BCP=\angle EDP$,知$\triangle PCA\backsim\triangle PDE$.

由$\angle FCP=\angle FAP$,有$\angle DCP=\angle EAP$及$\angle CDP=\angle FEP=\angle AEP$,知$\triangle PCD\backsim\triangle PAE$.

(3)对于折四边形$BCEF$.

由$\angle BCP=\angle EFP$及$\angle CBP=\angle FEP$,知$\triangle PCB\backsim\triangle PFE$.

由$\angle FCP=\angle DCP=\angle DBP=\angle EBP$及$\angle CFP=\angle DFP=\angle DEP=\angle BEP$,知$\triangle PCF\backsim\triangle PBE$.

注:此推论也可运用相交两圆的内接三角形相似来证.

推论2 如图65.4,在有缺线的完全四边形中,若这个完全四边形中的一个三角形外接圆上有一点,使得这点与完全四边形中的凸四边形的一组对边构成一对相似三角形,则这点即为完全四边形的密克尔点.

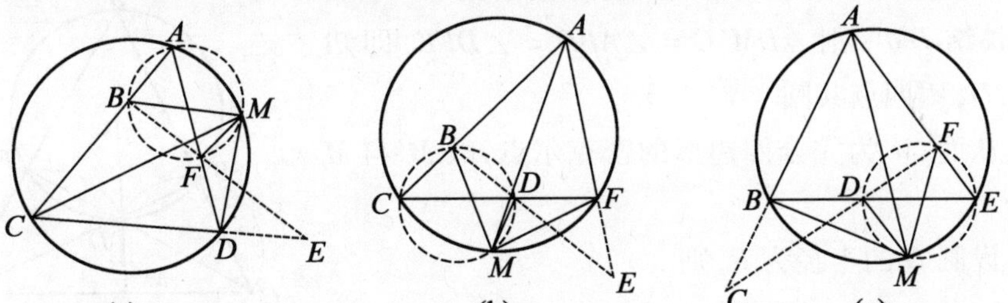

(a) $\triangle MBC\backsim\triangle MFD$

(b) $\triangle MBA\backsim\triangle MDF$

(c) $\triangle MBD\backsim\triangle MAF$

或三角形外接圆上一点与两边上对应线段构成相似三角形,则圆上这点、两边上两分点及两边的公共点四点共圆.

由$\angle ABM=\angle AFM$知M在圆ABF上

由$\angle CBM=\angle CDM$知M在圆BCD上

由$\angle MDE=\angle MFE$知M在圆DEF上

图65.4

性质2 在完全四边形$ABCDEF$中,设M为其密克尔点,则:

(1)当B,C,E,F四点共圆于圆O时,点M在直线AD上,且$OM\perp AD$,M为

过点 D 的圆 O 的弦的中点;

(2)当 A,B,D,F 四点共圆于圆 O 时,点 M 在直线 CE 上,且 $OM\perp CE$,AD 与 BF 的交点在 OM 上.

证明 (1)如图 65.5,设 $\triangle BCD$ 的外接圆交直线 AD 于点 M',则 $AD\cdot AM'=AB\cdot AC=AF\cdot AE$,即知 E,F,D,M' 四点共圆.

从而,M' 为完全四边形的密克尔点,故 M' 与 M 重合.

联结 CO,CM,EO,EM,设 N 为 AM 延长线上一点,则

$$\begin{aligned}\angle CME&=\angle CMN+\angle NME\\&=\angle CBE+\angle CFE\\&=2\angle CBE\\&=\angle COE\end{aligned}$$

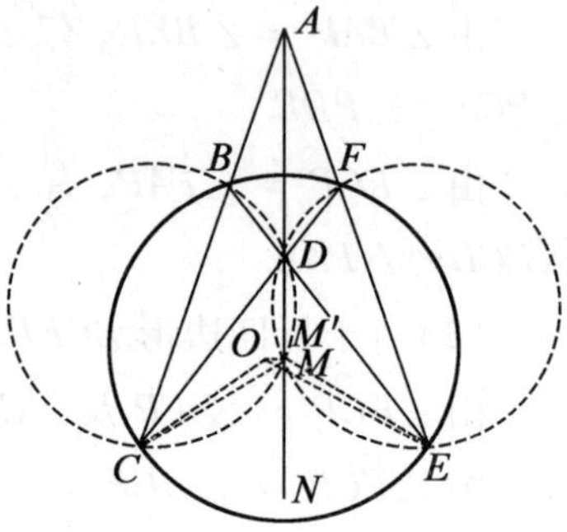

图 65.5

即知 C,E,M,O 四点共圆,则

$$\angle OMN=\angle OMC+\angle CMN=\angle OEC+\frac{1}{2}\angle COE=90^\circ$$

故 $OM\perp AD$,且 M 为过点 D 的圆 O 的弦的中点.

(2)如图 65.6,设 $\triangle BCD$ 的外接圆交 CE 于点 M',联结 DM',则 $\angle DM'C=\angle ABD=\angle DFE$,即知 E,F,D,M' 四点共圆.

从而,M' 为完全四边形的密克尔点,故 M' 与 M 重合.

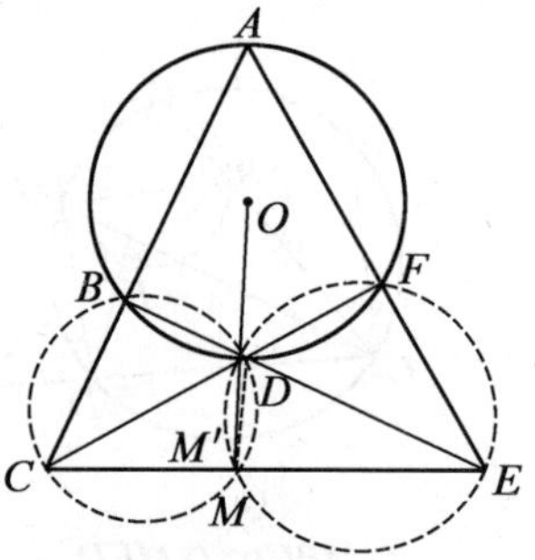

图 65.6

设圆 O 的半径为 R,则

$$\begin{aligned}CM\cdot CE&=CD\cdot CF\\&=(CO-R)(CO+R)\\&=CO^2-R^2\end{aligned}$$

同理,$EM\cdot EC=EO^2-R^2$.

于是,$CO^2-EO^2=EC(CM-EM)=(CM+EM)(CM-EM)=CM^2-EM^2$.由定差幂线定理,即知 $OM\perp CE$.

注:对于(1)有如下结论:

结论 1　B,C,E,F 四点共圆的充要条件是$\frac{AB}{BE}=\frac{AF}{FC}$.

事实上,B,C,E,F 四点共圆$\Leftrightarrow\angle AEB=\angle ACF\Leftrightarrow\frac{\sin\angle AEB}{\sin\angle BAE}=\frac{\sin\angle ACF}{\sin\angle CAF}\Leftrightarrow\frac{AB}{BE}=\frac{AF}{FC}$.

由(2)又可得如下结论:

结论 2　若点 D 为$\triangle ACE$ 的三边 CE,EA,AC 上的点 M,F,B 关于该三角形的密克尔点,设 O 为密克尔圆圆 ABF 的圆心,则 $OM\perp CE$.

推论 3　在完全四边形 $ABCDEF$ 中,凸四边形 $ABDF$ 内接于圆 O,AD 与 BF 交于点 G,则圆 CDB,圆 CFA,圆 EFD,圆 EAB,圆 OAD,圆 OBF 六圆共点;圆 CFB,圆 CDA,圆 GAB,圆 GDF,圆 OBD,圆 OFA 六圆共点;圆 EFB,圆 EAD,圆 GBD,圆 GFA,圆 OAB,圆 ODF 六圆共点.

证明　如图 65.7,设 M 为完全四边形 $ABCDEF$ 的密克尔点,则由性质 2(2),知 M 在 CE 上,且 $OM\perp CE$.

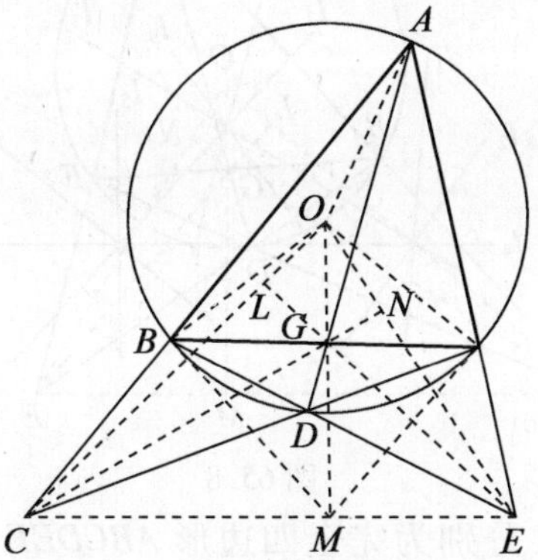

图 65.7

于是,C,M,D,B 及 M,E,F,D 分别四点共圆,有

$$\begin{aligned}\angle BMO&=90^\circ-\angle BMC=90^\circ-\angle BDC=90^\circ-(180^\circ-\angle BDF)\\&=\angle BDF-90^\circ=(180^\circ-\frac{1}{2}\angle BOF)-90^\circ\\&=90^\circ-\frac{1}{2}\angle BOF=\angle BFO\end{aligned}$$

从而,知点 M 在圆 OBF 上. 同理,知点 M 在圆 OAD 上.

由密克尔点的性质,知圆 CDB,圆 CFA,圆 EFD,圆 EAB 四点共圆于 M. 故以上六圆共点 M.

同理,设 N 为完全四边形 $CDFGAB$ 的密克尔点,则圆 CFB,圆 CDA,圆 GAB,圆 GDF,圆 OBD,圆 OFA 六圆共点于 N.

设 L 为完全四边形 $EFAGBD$ 的密克尔点,则圆 EFB,圆 EAD,圆 GBD,圆 GFA,圆 OAB,圆 ODF 六圆共点于 L.

推论4 如图65.8,在完全四边形 $ABCDEF$ 中,凸四边形 $ABDF$ 内接于圆 O,AD 与 BF 交于点 G. 圆 CDB 与圆 CFA,圆 CDA 与圆 CFB,圆 OBD 与圆 OFA,圆 ODA 与圆 OBF,圆 EAB 与圆 EFD,圆 EAD 与圆 EFB,圆 OAB 与圆 ODF,圆 GAB 与圆 GDF,圆 GBD 与圆 GFA 共九对圆的连心线分别记为 $l_1,l_2,l_3,\cdots,l_9$,则 l_1,l_2,l_3,l_4,OC 五线共点于 OC 的中点;l_4,l_5,l_6,l_7,OE 五线共点于 OE 的中点;l_3,l_7,l_8,l_9,OG 五线共点于 OG 的中点.

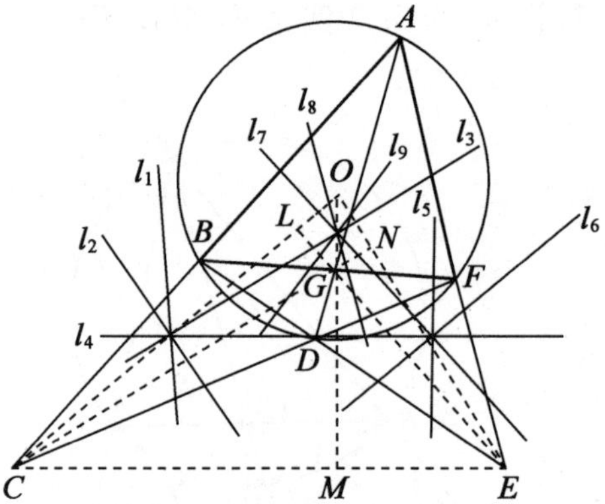

图65.8

证明 可设 M,L,N 分别为完全四边形 $ABCDEF$,$EFAGBD$,$CDFGAB$ 的密克尔点,则 $OM\perp CE$ 于点 M,$OL\perp EG$ 于点 L,$ON\perp CG$ 于点 N.

注意到,OM 是圆 ODA 与圆 OBF 的公共弦,则 l_4 是 OM 的中垂线,从而知 l_4 过 OC 的中点,l_4 也过 OE 的中点.

因 CN 是圆 CDA 与圆 CFB 的公共弦,则 l_2 是 CN 的中垂线,而 $ON\perp CN$,从而 l_2 过 OC 的中点;又注意到 CM 是圆 CDB 与圆 CFA 的公共弦,则 l_1 是 CM 的中垂线,又 $OM\perp CM$,则 l_1 过 OC 的中点,ON 是圆 OBD 与圆 OFA 的公共弦,则 l_3 是 ON 的中垂线. 而 $ON\perp CN$,l_3 过 OC 的中点. 故 l_1,l_2,l_3,l_4,OC 五线共点于

OC 的中点.

同理,注意到 LE,ME,OL 分别是圆 EAD 与圆 EFB,圆 EFD 与圆 EAB,圆 OAB 与圆 ODF 的公共弦,推知 l_4,l_5,l_6,l_7,OE 五线共点于 OE 的中点.

注意到,GN,LG,OL,ON 分别是圆 GAB 与圆 GDF,圆 GBD 与圆 GFA,圆 OAB 与圆 ODF,圆 OBD 与圆 OFA 的公共弦,推知,l_3,l_7,l_8,l_9,OG 五线共点于 OG 的中点.

性质 3(牛顿线定理) 完全四边形 $ABCDEF$ 的三条对角线 AD,BF,CE 的中点 M,N,P 三点共线(此线称为牛顿线).

证明 如图 65.9,分别取 CD,BD,BC 的中点 Q,R,S. 于是,在 $\triangle ACD$ 中,M,R,Q 三点共线;在 $\triangle BCF$ 中,S,R,N 三点共线;在 $\triangle BCE$ 中,S,Q,P 三点共线.

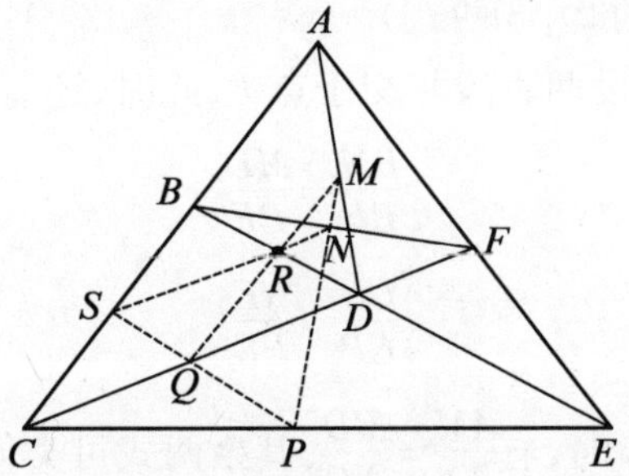

图 65.9

由平行线性质,有

$$\frac{MQ}{MR}=\frac{AC}{AB},\frac{NR}{NS}=\frac{FD}{FC},\frac{PS}{PQ}=\frac{EB}{ED}$$

对 $\triangle BCD$ 及截线 AFE 应用梅涅劳斯定理,有

$$\frac{AC}{AB}\cdot\frac{FD}{FC}\cdot\frac{EB}{ED}=1$$

即有

$$\frac{MQ}{MR}\cdot\frac{NR}{NS}\cdot\frac{PS}{PQ}=1$$

再对 $\triangle QRS$ 应用梅涅劳斯定理的逆定理,知 M,N,P 三点共线.

注:牛顿线定理的其他十几种证法可参见本丛书中的《平面几何范例多解探究》.

性质 4 完全四边形的一条对角线被其他两条对角线所在直线调和分割.

证明 如图 65.10,在完全四边形 $ABCDEF$ 中,若对角线 AD 所在直线分别与对角线 BF,CE 所在直线交于点 M,N,则

$$AM \cdot ND = AN \cdot MD \quad ①$$

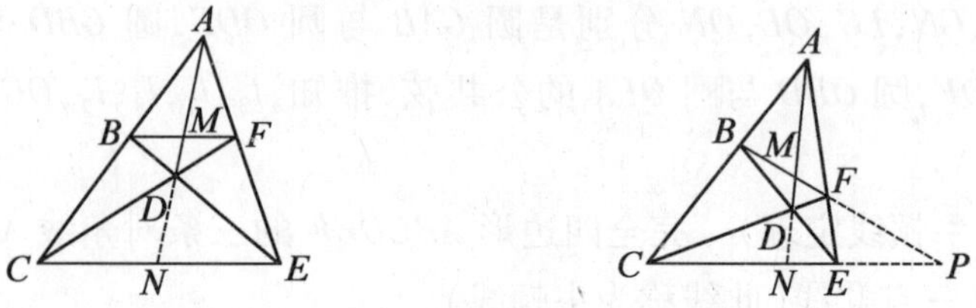

图 65.10

若 $BF /\!/ CE$,则由 $\frac{AM}{AN}=\frac{BF}{CE}=\frac{MD}{ND}$,即证(此时,也可看作直线 BF,CE 相交于无穷远点 P,也有下面的②,③两式).

若 $BF \not\parallel CE$ 时,可设两直线相交于点 P,此时,还有

$$\frac{BM}{BP}=\frac{MF}{PF} \quad ②$$

$$\frac{CN}{CP}=\frac{NE}{PE} \quad ③$$

下面仅证明当 $BF \not\parallel CE$ 时,有 $\frac{AM}{AN}=\frac{MD}{ND}$,其余两式可类似证明.

事实上,对 $\triangle ADF$ 及点 B 应用塞瓦定理,有

$$\frac{AM}{MD} \cdot \frac{DC}{CF} \cdot \frac{FE}{EA}=1 \quad ④$$

对 $\triangle ADF$ 及截线 CNE 应用梅涅劳斯定理,有

$$\frac{AN}{ND} \cdot \frac{DC}{CF} \cdot \frac{FE}{EA}=1 \quad ⑤$$

上述两式相除(即④÷⑤),可得 $\frac{AM}{AN}=\frac{MD}{ND}$.

注:(1)对 $\triangle ABF$ 及点 D 和截线 CEP,应用塞瓦、梅涅劳斯定理,有

$$\frac{BM}{MF} \cdot \frac{FE}{EA} \cdot \frac{AC}{CB}=1, \frac{BP}{PF} \cdot \frac{FE}{EA} \cdot \frac{AC}{CB}=1$$

上述两式相除,即有 $\frac{BM}{MF}=\frac{BP}{PF}$.

对 $\triangle ACE$ 及点 D 和截线 BFP,应用塞瓦、梅涅劳斯定理,有

$$\frac{CN}{NE}\cdot\frac{EF}{FA}\cdot\frac{AB}{BC}=1,\frac{CP}{PE}\cdot\frac{EF}{FA}\cdot\frac{AB}{BC}=1$$

上述两式相除,即有$\frac{CP}{PE}=\frac{CN}{NE}$.

(2)此性质的其他证法可参见本丛书中的《平面几何范例多解探究》(上篇).

推论5 过完全四边形对角线所在直线的交点作另一条对角线的平行线.所作直线与平行对角线的同一端点所在的边(或其延长线)相交,所得线段被此对角线所在直线的交点平分.

证明 如图65.11,设O,G,H分别为完全四边形$ABCDEF$的三条对角线AD,BF,CE所在直线两两的交点.

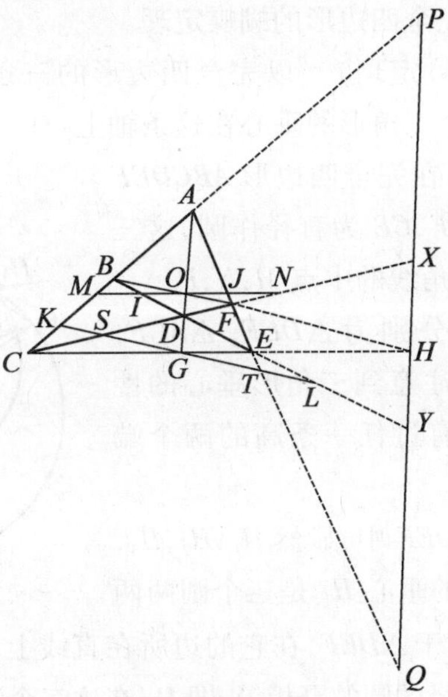

图65.11

(1)过O作与CE平行的直线交EB于点I,交EA于点J,交AC于点M,与CF的延长线交于点N,则需证$OI=OJ,OM=ON$.

事实上,由完全四边形对角线调和分割的性质,有$\frac{AO}{AG}=\frac{DO}{DG}$.

又$IJ/\!/CE$,则

$$\frac{OJ}{GE}=\frac{DO}{DG}=\frac{AO}{AG}=\frac{OJ}{GE}$$

从而 $OI=OJ$.

又由 $MN/\!/CE$,则

$$\frac{ON}{CG}=\frac{DO}{DG}=\frac{AO}{AG}=\frac{OM}{CG}$$

从而 $OM=ON$.

(2)过 G 作与 BF 平行的直线,交 FC 于点 S,交 FE 的延长线于点 T,交 BE 的延长线于点 L,交 BC 于点 K. 同(1)的证明一样,可得 $GS=GT$,$GK=GL$.

(3)过 H 作与 AD 平行的直线,交 CA 的延长线于点 P,交 AE 的延长线于点 Q,交 DF 的延长线于点 X,交 DE 的延长线于点 Y. 同(1)的证明一种,可得 $HP=HQ$,$HX=HY$.

注:此结论可称为完全四边形的蝴蝶定理.

性质5(高斯(Guass)定理) 以完全四边形的三条对角线为直径的圆共轴,且完全四边形的四个三角形的垂心在这条轴上.

证明 如图65.12,在完全四边形 $ABCDEF$ 中,分别以对角线 AD,BF,CE 为直径作圆,这三个圆的圆心就是三条对角线的中点 M,N,P.

设 H_1,H_2,H_3,H_4 分别为 $\triangle DEF$,$\triangle ACF$,$\triangle ABE$,$\triangle BCD$ 的垂心,注意到三角形垂心的性质:三角形的垂心是所有过任一条高的两个端点的圆的根心.

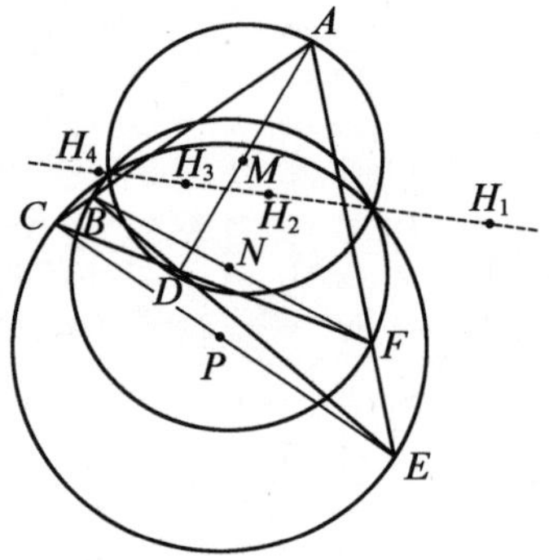

图65.12

在完全四边形 $ABCDEF$ 中,显然 H_1,H_2,H_3,H_4 不重合,由于 $\triangle DEF$ 的垂心 H_1 是三个圆两两相交的根轴的根心,而对于 $\triangle DEF$,在它的边所在直线上的点 C,B,A,其垂心 H_1 关于以 CE,BF,AD 为直径的圆的幂相等,即 H_1 在这三个圆两两的根轴上.

同样,对于 $\triangle ACF$,在它的边所在直线上的点 B,D,E,其垂心 H_2 关于以 CE,BF,AD 为直径的圆的幂相等.

同理,H_3,H_4 均关于以 CE,BF,AD 为直径的圆的幂相等.

从而,H_1,H_2,H_3,H_4 均在这三个圆两两的根轴上,即这三个圆两两的根轴重合,亦即共轴,且四个三角形的垂心在这条根轴上.

注:这条轴也称为完全四边形的垂心线,且这条垂心线与牛顿线垂直.

性质6(完全四边形对角线平行的条件) 在完全四边形 $ABCDEF$ 中,M 为其密克尔点，对角线 AD 所在的直线分别交 $\triangle ACF$，$\triangle ABE$ 的外接圆于点 N,L，则 $BF /\!/ CE$ 的充分必要条件是满足下述三条件之一：

(1) AD,AM 为 $\angle CAE$ 的等角线（AM 为 $\triangle ACE$ 的共轭中线）；

(2) $MN /\!/ CF$；

(3) $ML /\!/ BE$.

证明 如图 65.13，联结 MC,MB,MF,ME.

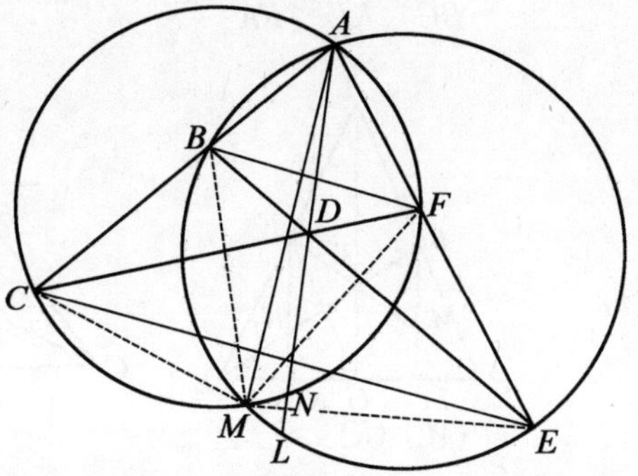

图 65.13

(1) 由 $\triangle BCM \backsim \triangle EFM$，有

$$\frac{BC}{EF}=\frac{BM}{EM}=\frac{\sin\angle BEM}{\sin\angle EBM}=\frac{\sin\angle BAM}{\sin\angle EAM} \qquad (*)$$

于是

$$BF /\!/ CE \Leftrightarrow S_{\triangle BCD}=S_{\triangle FED}$$

$$\Leftrightarrow \frac{1}{2}BC\cdot d_1=\frac{1}{2}FE\cdot d_2$$

$$\Leftrightarrow \frac{BC}{EF}=\frac{d_2}{d_1}=\frac{d_2/AD}{d_1/AD}=\frac{\sin\angle EAD}{\sin\angle BAD}$$

$$\Leftrightarrow \frac{\sin\angle EAD}{\sin\angle BAD}=\frac{\sin\angle BAM}{\sin\angle EAM}$$

$$\Leftrightarrow \frac{\sin\angle BAM}{\sin\angle EAD}=\frac{\sin\angle MAE}{\sin\angle BAD}$$

$\Leftrightarrow$ 等角线的斯坦纳（Steiner）定理三角形式

$\Leftrightarrow \angle BAM=\angle EAD$

$\Leftrightarrow AM,AD$ 为 $\angle CAE$ 的等角线

(2) $MN /\!/ CF \Leftrightarrow \angle CFM=\angle FMN \Leftrightarrow \angle CAM=\angle FAN \overset{(1)}{\Leftrightarrow} BF /\!/ CE$.

(3) $ML /\!/ BE \Leftrightarrow \angle BEM = \angle EML \Leftrightarrow \angle BAM = \angle EAD \overset{(1)}{\Leftrightarrow} BF /\!/ CE$.

性质 7 在完全四边形 $ABCDEF$ 中,点 G 是对角线 AD 所在直线上异于点 A 的任意一点,则 $\cot\angle AGC + \cot\angle AGF = \cot\angle AGB + \cot\angle AGE$.

证明 如图 65.14,联结 CE 与直线 AD 交于点 K,对 $\triangle ACE$ 及点 D 应用塞瓦定理,有

$$\frac{AB}{BC}\cdot\frac{CK}{KE}\cdot\frac{EF}{FA}=1 \qquad ①$$

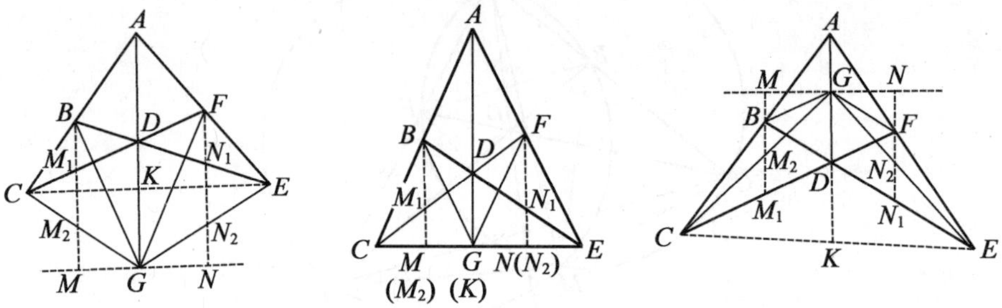

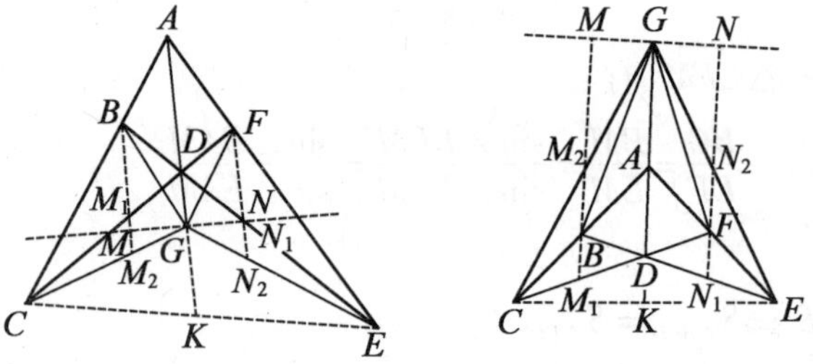

图 65.14

注意到

$$\frac{AB}{BC}=\frac{S_{\triangle GAB}}{S_{\triangle GBC}}=\frac{AG\cdot\sin\angle AGB}{CG\cdot\sin\angle BGC},\frac{CK}{KE}=\frac{S_{\triangle GCK}}{S_{\triangle GKE}}=\frac{CG\cdot\sin\angle AGC}{EG\cdot\sin\angle AGE}$$

$$\frac{EF}{FA}=\frac{S_{\triangle GEF}}{S_{\triangle GFA}}=\frac{EG\cdot\sin\angle EGF}{AG\cdot\sin\angle AGF}$$

将以上三式代入式①,得

$$\frac{\sin\angle BGC}{\sin\angle AGC\cdot\sin\angle AGB}=\frac{\sin\angle EGF}{\sin\angle AGE\cdot\sin\angle AGF} \qquad ②$$

又

$$\begin{aligned}\sin\angle BGC &= \sin(\angle AGC-\angle AGB)\\ &= \sin\angle AGC\cdot\cos\angle AGB-\cos\angle AGC\cdot\sin\angle AGB\end{aligned}$$

$$\sin\angle EGF = \sin(\angle AGE - \angle AGF)$$
$$= \sin\angle AGE \cdot \cos\angle AGF - \cos\angle AGE \cdot \sin\angle AGF$$

将上述两式代入式②,得

$$\cot\angle AGB - \cot\angle AGC = \cot\angle AGF - \cot\angle AGE$$

故 $$\cot\angle AGC + \cot\angle AGF = \cot\angle AGB + \cot\angle AGE$$

推论6 点 G 是完全四边形 $ABCDEF$ 的对角线 AD 所在直线上异于点 A 的任意一点,则 $\angle AGC = \angle AGE$ 的充要条件是 $\angle AGB = \angle AGF$.

事实上,可由性质7即得,下面给出另证:

如图65.14所示的各种情形,过点 G 作直线 $l \perp AD$. 过 B,F 分别作直线 $BM \perp l$ 于点 M,交 CD 于点 M_1,交 CG 于点 M_2,作直线 $FN \perp l$ 于点 N,交 DE 于点 N_1,交 GE 于点 N_2,则 $BM // AG // FN$.

于是,由

$$\angle AGC = \angle AGE$$
$$\Leftrightarrow \text{Rt}\triangle GMM_2 \backsim \text{Rt}\triangle GNN_2$$
$$\Leftrightarrow \frac{MM_2}{NN_2} = \frac{MG}{NG} = \frac{BD}{DN_1} = \frac{M_1B}{N_1F} = \frac{M_1B}{DA} \cdot \frac{DA}{N_1F} = \frac{M_2B}{GA} \cdot \frac{GA}{N_2F} = \frac{M_2B}{N_2F} \quad (*)$$

并注意等比性质,有

$$\frac{MG}{NG} = \frac{M_2B \pm MM_2}{N_2F \pm NN_2} = \frac{BM}{FN} \Leftrightarrow \text{Rt}\triangle BGM \backsim \text{Rt}\triangle FGM$$
$$\Leftrightarrow \angle BGM = \angle FGN$$
$$\Leftrightarrow \angle AGB = \angle AGF$$

其中,当 M_2 与 M 重合,N_2 与 N 重合时,式(*)变为

$$\frac{MG}{NG} = \frac{BD}{DN_1} = \frac{M_1B}{N_1F} = \frac{M_1B}{DA} \cdot \frac{DA}{N_1F} = \frac{MB}{GA} \cdot \frac{GA}{NF} = \frac{MB}{NF}$$

注:如上性质及推论可称为完全四边形的张角定理.

性质8 完全四边形中的(折、凹、凸)四边形的一条边上的两端点与对边上的两端点到不是此四边形对角线所在直线的距离的倒数代数和相等(一条边上两端点在这条对角线所在直线异侧均取正号,同侧取一正一负).

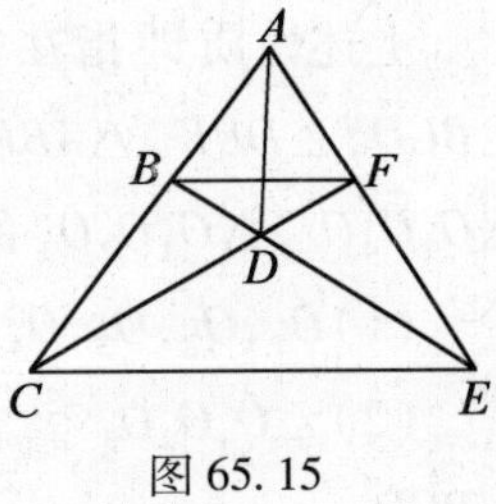

图65.15

证明 如图65.15,在完全四边形 $ABCDEF$ 中,记

点 X 到相应对角线所在直线的距离为 d_x. 则:

(1)对于折四边形 $BCFE$ 及对角线 AD,有 $\frac{1}{d_B}+\frac{1}{d_E}=\frac{1}{d_C}+\frac{1}{d_F}$;

(2)对于凹四边形 $ACDE$ 及对角线 BF,有 $\frac{1}{d_D}=\frac{1}{d_A}+\frac{1}{d_C}+\frac{1}{d_E}$;

(3)对于凸四边形 $ABDF$ 及对角线 CE,有 $\frac{1}{d_A}-\frac{1}{d_B}=\frac{1}{d_F}-\frac{1}{d_D}$.

事实上,(1) $\frac{1}{d_B}+\frac{1}{d_E}=\frac{1}{d_C}+\frac{1}{d_F}\Leftrightarrow\frac{1}{d_B}-\frac{1}{d_C}=\frac{1}{d_F}-\frac{1}{d_E}\Leftrightarrow\frac{1}{S_{\triangle BAD}}-\frac{1}{S_{\triangle CAD}}=\frac{1}{S_{\triangle FAD}}-\frac{1}{S_{\triangle EAD}}\Leftrightarrow\frac{S_{\triangle CBD}}{S_{\triangle BAD}\cdot S_{\triangle CAD}}=\frac{S_{\triangle EFD}}{S_{\triangle FAD}\cdot S_{\triangle EAD}}\Leftrightarrow\frac{S_{\triangle DAC}}{S_{\triangle DBC}}\cdot\frac{S_{\triangle ABD}}{S_{\triangle ADE}}\cdot\frac{S_{\triangle DEF}}{S_{\triangle DAF}}=1\Leftrightarrow\frac{AC}{CB}\cdot\frac{BD}{DE}\cdot\frac{EF}{FA}=1\Rightarrow$ 对 $\triangle ABE$ 及截线 CDF 应用梅涅劳斯定理.

(2) $\frac{1}{d_D}=\frac{1}{d_A}+\frac{1}{d_C}+\frac{1}{d_E}\Leftrightarrow\frac{1}{d_D}-\frac{1}{d_C}=\frac{1}{d_A}+\frac{1}{d_E}\Leftrightarrow\frac{1}{S_{\triangle DBF}}-\frac{1}{S_{\triangle CFB}}=\frac{1}{S_{\triangle ABF}}+\frac{1}{S_{\triangle BEF}}\Leftrightarrow\frac{S_{\triangle CDB}}{S_{\triangle DBF}\cdot S_{\triangle CFB}}=\frac{S_{\triangle ABE}}{S_{\triangle ABF}\cdot S_{\triangle BEF}}\Leftrightarrow\frac{S_{\triangle FAB}}{S_{\triangle FBC}}\cdot\frac{S_{\triangle BCD}}{S_{\triangle BDF}}\cdot\frac{S_{\triangle BFE}}{S_{\triangle BEA}}=1\Leftrightarrow\frac{AB}{BC}\cdot\frac{CD}{DF}\cdot\frac{FE}{EA}=1\Leftrightarrow$ 对 $\triangle ACF$ 及截线 BDE 应用梅涅劳斯定理.

(3) $\frac{1}{d_D}-\frac{1}{d_B}=\frac{1}{d_F}-\frac{1}{d_A}\Leftrightarrow\frac{1}{S_{\triangle DEC}}-\frac{1}{S_{\triangle BEC}}=\frac{1}{S_{\triangle EFC}}-\frac{1}{S_{\triangle AEC}}\Leftrightarrow\frac{S_{\triangle BCD}}{S_{\triangle AEC}\cdot S_{\triangle BEC}}=\frac{S_{\triangle ACF}}{S_{\triangle EFC}\cdot S_{\triangle DEC}}\Leftrightarrow\frac{S_{\triangle EAC}}{S_{\triangle EBC}}\cdot\frac{S_{\triangle CBD}}{S_{\triangle CDE}}\cdot\frac{S_{\triangle CEF}}{S_{\triangle CFA}}=1\Leftrightarrow\frac{AC}{CB}\cdot\frac{BD}{DE}\cdot\frac{EF}{FA}=1\Leftrightarrow$ 对 $\triangle ABE$ 及截线 CDF 应用梅涅劳斯定理.

性质 9 完全四边形的四个三角形的外接圆圆心共圆,这四个圆心每三个构成的三角形的垂心分别在构成完全四边形的四条直线上,且这四个垂心为顶点构成的四边形与四个圆心为顶点构成的四边形全等.

上述性质即指在完全四边形 $ABCDEF$ 中,O_1,O_2,O_3,O_4 分别为 $\triangle ACF$, $\triangle BCD$, $\angle DEF$, $\triangle ABE$ 的外心,H_1,H_2,H_3,H_4 分别为 $\triangle O_4O_2O_3$, $\triangle O_4O_1O_3$, $\triangle O_2O_4O_1$, $\triangle O_1O_2O_3$ 的垂心,则:

(1) O_1,O_2,O_3,O_4 四点共圆(斯坦纳圆,斯坦纳定理);

(2) $\triangle O_4O_2O_3\backsim\triangle ACF$, $\triangle O_1O_2O_3\backsim\triangle ABE$, $\triangle O_2O_4O_1\backsim\triangle DEF$, $\triangle O_4O_1O_3\backsim\triangle BCD$;

(3) H_1, H_2, H_3, H_4 分别在 BE, AE, AC, CF 上，且四边形 $H_1H_2H_3H_4 \cong$ 四边形 $O_2O_1O_4O_3$.

证明 如图 65.16，设 M 为完全四边形 $ABCDEF$ 的密克尔点，联结 BM，CO_2，O_2M，MO_3，DM，则：

(1) 注意到 CM 为圆 O_1 与圆 O_2 的公共弦，则

$$\angle O_1O_2M = 180° - \frac{1}{2}\angle CO_2M = 180° - \angle CDM$$

同理，注意到 FM 为圆 O_1 与圆 O_3 的公共弦，则

$$\angle O_1O_3M = 180° - \angle FDM$$

从而

$$\angle O_1O_2M + \angle O_1O_3M = 360° - (\angle CDM + \angle FDM) = 180°$$

因此，O_1, O_2, O_3, M 四点共圆. 同理，O_3, O_4, O_2, M 四点共圆.

故 O_1, O_2, O_3, O_4 四点共圆.

(2) 由 BM 为圆 O_2 与圆 O_4 的公共弦，则知 $O_2O_4 \perp BM$. 同理 $O_2O_3 \perp DM$.

于是 $\angle O_4O_2O_3 = \angle BMD = \angle BCD = \angle ACF$.

同理，$\angle O_2O_4O_3 = 180° - \angle O_2MO_3 = \angle BAF = \angle CAF$，故 $\triangle O_4O_2O_3 \backsim \triangle ACF$. 同理，$\triangle O_1O_2O_3 \backsim \triangle ABE$.

于是 $\angle O_2O_4O_1 = \angle O_2O_3O_1 = \angle BEA = \angle DEF$. 又

$$\begin{aligned}\angle O_2O_1O_4 &= \angle O_2O_1O_3 + \angle O_3O_1O_4 = \angle O_2O_1O_3 + \angle O_3O_2O_4 \\ &= \angle CAF + \angle ACF = \angle DFE\end{aligned}$$

从而 $\triangle O_2O_4O_1 \backsim \triangle DEF$. 同理，$\triangle O_4O_1O_3 \backsim \triangle BCD$.

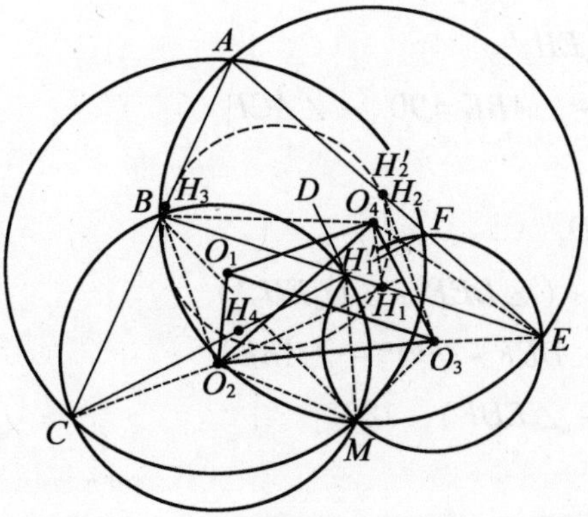

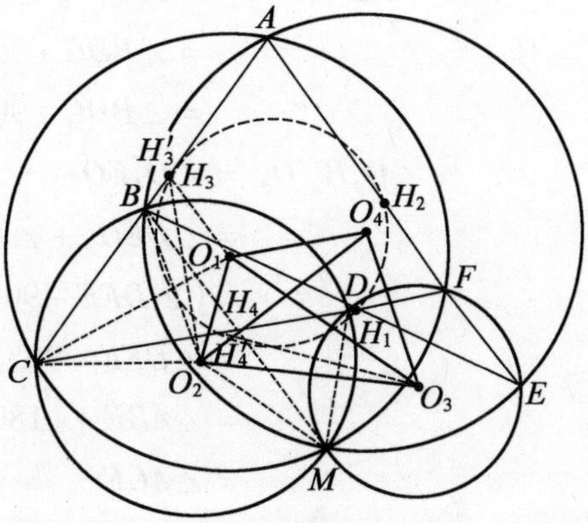

图 65.16

(3)自 O_2 作 O_3O_4 的垂线交 BE 于点 H_1',连 BO_4,BO_2,O_4H_1',由 O_4 为 $\triangle ABE$ 的外心,有

$$\angle H_1'BO_4=90°-\angle BAE$$

及

$$\angle H_1'O_2O_4=90°-\angle O_2O_4O_3=90°-\angle BAE$$

知 $\angle H_1'BO_4=\angle H_1'O_2O_4$,从而 H_1',O_2,B,O_4 四点共圆,于是 $\angle H_1'O_4O_2=\angle H_1'BO_2$.

又 O_2 为 $\triangle BCD$ 的外心,知 $\angle H_1'BO_2=\angle O_2BE=90°-\angle BCD$.

于是 $\angle H_1'O_4O_2=90°-\angle BCD=90°-\angle O_4O_2O_3$,即 $\angle H_1'O_4O_2+\angle O_4O_2O_3=90°$. 这表明 O_4H_1' 也垂直于 O_2O_3,即知 H_1' 为 $\triangle O_4O_2O_3$ 的垂心,故 H_1' 与 H_1 重合.

过 O_3 作 O_1O_4 的垂线交 AE 于点 H_2',连 O_4E,O_3E,O_4H_2',则

$$\angle O_4EH_2'=90°-\angle ABE$$

$$\begin{aligned}\angle O_4O_3H_2'&=90°-(180°-\angle O_1O_4O_3)\\&=\angle O_1O_4O_3-90°\\&=\angle CBD-90°\\&=180°-\angle ABE-90°\\&=90°-\angle ABE\end{aligned}$$

从而 H_2',O_4,O_3,E 四点共圆,则有 $\angle O_4H_2'O_3=\angle O_4EO_3$.

又

$$\begin{aligned}\angle O_1O_3H_2'&=\angle O_1O_3O_4+\angle O_4O_3H_2'\\&=\angle BDC+\angle O_4EH_2'\\&=\angle BDC+90°-\angle ABE=90°-\angle ACF\end{aligned}$$

$$\begin{aligned}\angle O_4H_2'O_3&=\angle O_4EO_3\\&=\angle DEO_3+\angle DEO_4\\&=(\angle DFE-90°)+(\angle DEF-\angle O_4EH_2')\\&=\angle DFE-90°+\angle DEF-(90°-\angle ABE)\\&=\angle ABE+(180°-\angle EDF)-180°\\&=\angle ACF\end{aligned}$$

即 $\angle O_1O_3H_2'+\angle O_4H_2'O_3=90°$. 这说明 H_2' 为 $\triangle O_1O_3O_4$ 的垂心,故 H_2' 与 H_2 重合.

过点 O_2 作 O_1O_4 的垂线交 AC 于点 H_3'，连 CO_1，CO_2，$H_3'O_1$，则

$$\angle H_3'O_2O_1+(180^\circ-\angle O_2O_1O_4)=\angle H_3'O_2O_1+180^\circ-\angle DFE$$
$$=\angle H_3'O_2O_1+\angle AFC=90^\circ$$
$$\angle H_3'CO_1=90^\circ-\angle AFC$$

于是 $\angle H_3'O_2O_1=\angle H_3'CO_1$，即知 H_3'，C，O_2，O_1 四点共圆，有 $\angle O_2H_3'O_1=\angle O_2CO_1$.

又

$$\begin{aligned}\angle H_3'O_2O_4&=\angle H_3'O_2O_1+\angle O_1O_2O_4\\&=\angle H_3'CO_1+\angle O_1O_2O_4\\&=90^\circ-\angle AFC+\angle FDE\\&=90^\circ-(\angle FDE+\angle FED)+\angle FDE=90^\circ-\angle FED\end{aligned}$$

$$\begin{aligned}\angle O_2H_3'O_1&=\angle O_1CO_2\\&=\angle ACF-\angle ACO_1+\angle FCO_2\\&=\angle ACF-(90^\circ-\angle AFC)+(\angle CBD-90^\circ)\\&=180^\circ-\angle CAF+\angle CBD-180^\circ\\&=\angle CAF+\angle FED-\angle CAF\\&=\angle FED\end{aligned}$$

即 $\angle H_3'O_2O_4+\angle O_2H_3'O_1=90^\circ$，由此知 H_3'为$\triangle O_1O_2O_4$ 的垂心，故 H_3'与 H_3 重合.

过点 O_3 作 O_1O_2 的垂线交 CF 于点 H_4'，连 O_1F，O_1H_4'，O_3F，由 O_1 为$\triangle ACF$ 的外心，有

$$\angle H_4'FO_1=90^\circ-\angle FAC$$

及

$$\angle H_4'O_3O_1=90^\circ-\angle O_2O_1O_3=90^\circ-\angle FAC$$

知 $\angle H_4'FO_1=\angle H_4'O_3O_1$，从而 H_4'，O_3，F，O_1 四点共圆，于是

$$\angle H_4'O_1O_3=\angle H_4'FO_3$$

又 O_3 为$\triangle DEF$ 的外心，知

$$\angle H_4'FO_3=\angle DFO_3=90^\circ-\angle FED$$

于是 $\angle H_4'O_1O_3=90^\circ-\angle FED=90^\circ-\angle O_1O_3O_2$，即 $\angle H_4'O_1O_3+\angle O_1O_3O_2=90^\circ$. 这表明 O_1H_4'也垂直于 O_2O_3，即知 H_4'为$\triangle O_1O_2O_3$ 的垂心，故 H_4'与 H_4 重合.

综上可知,H_1,H_2,H_3,H_4 分别在 BE,AE,AC,CF 上.

下面,我们证明四边形 $H_1H_2H_3H_4 \cong$ 四边形 $O_2O_1O_4O_3$.

由于 O_1,O_2,O_3,O_4 共圆,设该圆圆心为 O,设 M 为 O_2O_3 的中点(图 65.17).

由垂心的性质(卡诺(Carnot)定理):三角形任一顶点至该三角形垂心的距离,等于外心至其对边的距离的 2 倍. 于是 $O_4H_1=2OM$ 且 $O_4H_1 /\!/ OM$,$O_1H_4=2OM$ 且 $O_1H_4 /\!/ OM$,故 $O_1H_4 \underline{\underline{/\!/}} O_4H_1$,即 $O_1H_4H_1O_4$ 为平行四边形,从而有 $H_4H_1 \underline{\underline{/\!/}} O_1O_4$.

同理 $H_1H_2 \underline{\underline{/\!/}} O_2O_1$,$H_2H_3 \underline{\underline{/\!/}} O_3O_2$,$H_3H_4 \underline{\underline{/\!/}} O_4O_3$.

从而四边形 $H_1H_2H_3H_4 \cong$ 四边形 $O_2O_1O_4O_3$.

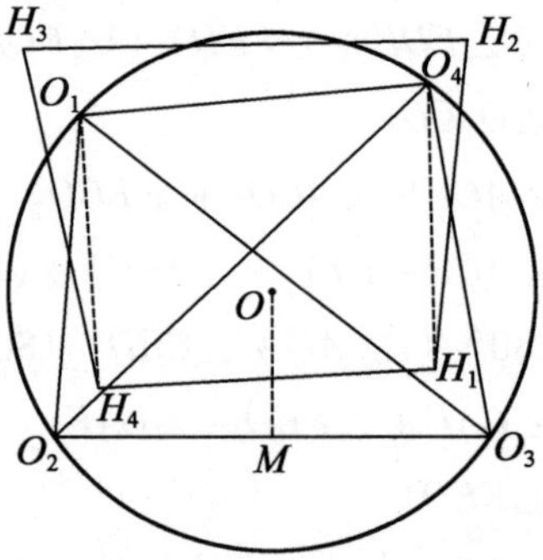

图 65.17

推论 7 在完全四边形 $ABCDEF$ 中,A,B,D,F 四点共圆于圆 O,O_1,O_2,O_3,O_4 分别为 $\triangle BCD$,$\triangle DEF$,$\triangle ABE$,$\triangle ACF$ 的外心,H_1,H_2,H_3,H_4 分别为 $\triangle O_2O_3O_4$,$\triangle O_1O_3O_4$,$\triangle O_1O_2O_4$,$\triangle O_1O_2O_3$ 的垂心,M 为完全四边形 $ABCDEF$ 的密克尔点,K_1,K_2,K_3,K_4,K_5,K_6 分别为 $\triangle AO_3O_4$,$\triangle BO_1O_3$,$\triangle CO_1O_4$,$\triangle DO_1O_2$,$\triangle EO_2O_3$,$\triangle FO_2O_4$ 的外心,O_2O_4 与 O_1O_3 所在直线交于点 P_1,直线 O_2O_1 与 O_4O_3 交于点 P_2,J_1,J_2 分别为 O_1O_4,O_2O_3 的中点,直线 H_1H_2 与 H_3H_4 交于点 Q_1,直线 H_1H_3 与 H_2H_4 交于点 Q_2,直线 O_1O_2 与 H_3H_4 交于点 L,直线 O_4O_3 与 H_1H_2 交于点 N,$\triangle O_1O_2O_4$ 的外心为 X,$\triangle H_1H_2H_3$ 的外心为 Y,圆 X 与圆 Y 交于点 S,T. 则:

(1)O 在圆 X 上,且$\triangle ACE \backsim \triangle OO_1O_2$;

(2)$O_1O_4 /\!/ O_2O_3 /\!/ OM /\!/ ST /\!/ H_1H_4 /\!/ H_2H_3$;

(3)$H_1O_4 /\!/ H_2O_3 /\!/ O_1H_4 /\!/ O_2H_3 /\!/ XY /\!/ CE$;

(4) $\triangle OO_1O_2 \cong \triangle MO_4O_3$;

(5)点 $J_1, J_2, P_1, P_2, Q_1, Q_2$ 在直线 XY 上, N, L 在直线 SL 上;

(6)点 K_1, K_2, K_4, K_6 在直线 ST 上, K_3, K_5 在直线 XY 上且它们关于直线 XY 对称;

(7) J_1, J_2 分别为 $\triangle OMC, \triangle OME$ 的外心;

(8) P_1, P_2 分别为 $\triangle BOF, \triangle AOD$ 的外心.

证明 (1)如图 65.18,联结 $OO_1, OO_2, O_1M, O_2M, AD, MD, DO, OB, OF, O_1D, O_2D$,则 $\angle O_1MD = \angle O_1DM = \frac{1}{2}(180° - \angle DO_1M) = 90° - \angle DCM$.

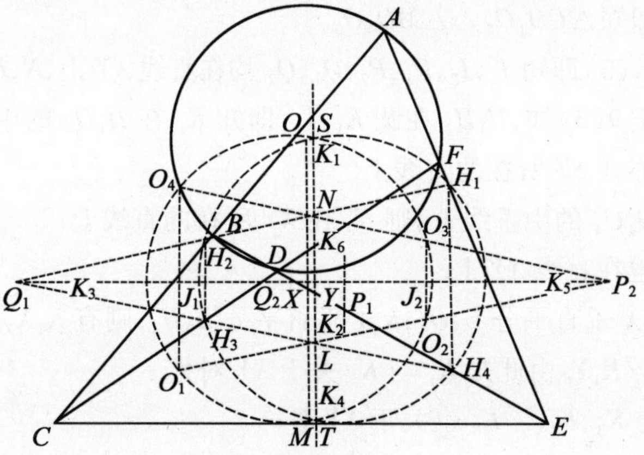

图 65.18

同理, $\angle O_2MD = 90° - \angle DEM$. 从而

$$\angle O_1MO_2 = 180° - (\angle DCM + \angle DEM) = 180° - \angle BDC = 180° - \angle BAF \quad ①$$

又 O_1 为 $\triangle BDC$ 的外心,知 OO_1 为 BD 的中垂线. 于是

$$\angle O_1OD = \frac{1}{2}\angle BOD = \angle BAD, \angle O_2OD = \frac{1}{2}\angle FOD = \angle FAD$$

则

$$\angle O_1OO_2 = \angle O_1OD + \angle O_2OD = \angle BAD + \angle FAD = \angle BAF \quad ②$$

由式①,②知,点 O 在圆 X 上. 注意到

$$\angle OO_1O_2 = \angle OO_1D + \angle O_2O_1D = \angle BCD + \angle MCD = \angle BCE \quad ③$$

由式②,③知, $\triangle OO_1O_2 \backsim \triangle ACE$.

(2)注意到 O_1O_4 是公共弦 CM 的中垂线, O_2O_3 是 EK 的中垂线,以及 $OM \perp$

CE,则知 $O_1O_4 /\!/ O_2O_3 /\!/ OM$. 设此三线段的中垂线为 l,则知点 X 在 l 上.

由性质 9(3)知,$H_1H_4 /\!/ O_1O_4$,$H_2H_3 /\!/ O_2O_3$,故 $H_1H_4 /\!/ H_2H_3 /\!/ OM$.

又注意到四边形 $H_1H_4O_1O_4$ 为平行四边形,则由 H_1 为 $\triangle O_2O_3O_4$ 的垂心,知四边形 $H_1H_4O_1O_4$ 为矩形,即知 H_1H_4 与 O_1O_4 的中垂线共线,即知点 Y 也在直线 l 上,亦即知 l 为 ST 的中垂线. 故 $ST /\!/ OM$.

(3)由性质 9(3)知,圆 X 与圆 Y 为等圆,知 ST 垂直平分 XY,且 $XO_4 = YH_1$,即知四边形 XYH_1O_4 为等腰梯形,亦知 ST 为 H_1O_4 的中垂线. 同理 ST 为 O_2H_3 的中垂线. 于是 $H_1O_4 /\!/ H_2O_3 /\!/ O_1H_4 /\!/ O_2H_3 /\!/ XY /\!/ CE$,且其前五条线段的中垂线为 ST.

(4)由上即知 $\triangle OO_1O_2 \cong \triangle MO_4O_3$.

(5)由(2),(3)即知 J_1,J_2,P_1,P_2,Q_1,Q_2 均在直线 XY 上,N,L 在直线 ST 上.

(6)由性质 9(3)知,H_1H_2 在圆 K_1 上,即知 K_1 在 H_1O_4 的中垂线 ST 上. 同理,K_2,K_4,K_6 亦在 ST 所在的直线上.

又 K_3 在 O_1O_4 的中垂线上,则 K_3 在 XY 所在的直线上.

同理,K_3 也在直线 XY 上.

注意到 K_1X 垂直平分 O_3O_4,K_4Y 垂直平分 H_3H_4,则有 $K_1X /\!/ K_4Y$.

同理 $K_4X /\!/ K_1Y$. 由此知 K_1 与 K_4 关于 XY 对称.

同理 K_5 与 K_3,K_2 与 K_6 也关于 XY 对称.

(7)注意到四边形 O_1O_4OM 为等腰梯形,J_1 为 O_1O_4 的中点,O_1O_4 为 CM 的中垂线,则 $OJ_1 = J_1M = J_1C$,即 J_1 为 $\triangle OMC$ 的外心,由此知 J_1 在 OC 上,且 J_1 为 OC 的中点.

同理,J_2 在 OE 上,且 J_2 为 OE 的中点.

(8)注意到 $\angle BMF = 180° - 2\angle BAF = 180° - \angle BOF$,知 M 在 $\triangle OBF$ 的外接圆上.

又 O_1,O_3 分别是四边形 $BCMD$,$ABME$ 的外接圆圆心,知 O_1O_3 为公共弦 BM 的中垂线. 同理,O_4O_2 为 FM 的中垂线. 于是 O_1O_3 与 O_4O_2 的交点 P_1 为 $\triangle BOF$ 的外心.

同理,O_4O_3 与 O_1O_2 的交点 P_2 为 $\triangle AOD$ 的外心.

推论 8 在完全四边形 $ABCDEF$ 中,$\triangle BCD$,$\triangle DEF$,$\triangle ABE$,$\triangle ACF$ 的外心依次为 O_1,O_2,O_3,O_4,如图 65.19,则:

(1)直线 CO_1,FO_2,AO_3 共点于 P_4,P_4 在圆 O_4 上;直线 DO_2,BO_3,CO_4 共点于 P_1,P_1 在圆 O_1 上,直线 DO_1,EO_3,FO_4 共点于 P_2,P_2 在圆 O_2 上,直线 BO_1,EO_2,AO_4 共点于 P_3,P_3 在圆 O_3 上;

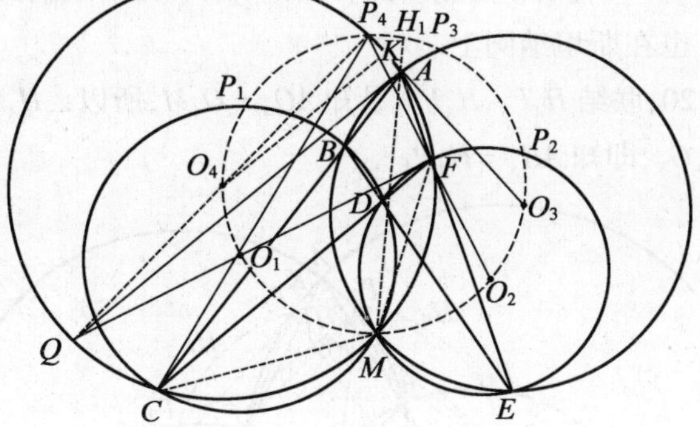

图 65.19

(2)P_1,P_2,P_3,P_4 在斯坦纳圆上;

(3)设 M 为完全四边形的密克尔点,直线 AM 交斯坦纳圆于点 H_A,此时 H_A 为 $\triangle AP_3P_4$ 的外心,又为 $\triangle AO_3O_4$ 的垂心. 类似地,有 H_B,H_C,H_D,H_E,H_F,也具有同样的性质.

证明 (1)如图 65.19,设 M 为完全四边形的密克尔点. 又设过点 A 的圆 O_3 的切线与过点 C 的圆 O_1 的切线交于点 Q',则由相交两圆的性质知,A,Q',C,M 四点共圆,即为圆 O_4. 注意到点 F 在圆 O_4 上,有 A,Q,C,M,F 五点共圆.

也设过点 F 的圆 O_2 的切线与过点 C 的圆 O_1 的切线交于点 Q'',则由相交两圆的性质,知 Q'',C,M,F 四点共圆. 此圆即为圆 O_4,而 Q',Q''均是过点 C 的圆 O_1 的切线与圆 O_4 的交点. 从而 Q'与 Q''重合于点 Q.

如图 65.19,再设直线 AO_3 与圆 O_4 交于点 P_4,由 $\angle QAO_3=90°$,知 $\angle P_4AQ=90°$,即 P_4 为 Q 的对径点.

注意到 $\angle QCO_1=90°$,延长 CO_1 交圆 O_4 于点 P_4',则 P_4 亦为 Q 的对径点,从而 P_4'与 P_4 重合,即直线 CO_1 过点 P_4.

同理,直线 FO_2 也过点 P_4. 这就是证明了直线 CO_1,FO_2,AO_3 共点于 P_4,且 P_4 在圆 O_4 上. 同理可证其余情形.

(2)如图 65.20,联结 MO_3,MP_3,MO_4,O_4P_4,O_1O_4,O_1P_1. 设直线 AO_3 交圆 O_3 于点 G. 联 P_3G.

由$\angle O_1CB=\angle O_1BC=180°-\angle CBP_3$(或$=\angle CBP_3$)$=\angle AGP_3=\angle AEP_3=\angle FEO_2=\angle O_2FE$,知$\angle BO_1C=180°-\angle P_4O_1P_3$(或$=\angle P_4O_1P_3$)$=\angle FO_2E$.

又$\angle AGP_3=\angle O_3P_3G$,即$\angle P_3O_1P_4=\angle P_3O_2P_4=\angle P_3O_3P_4$.

从而知O_1,O_2,O_3,P_4,P_5五点共圆,即知P_3,P_4在斯坦纳圆上.

同理,P_1,P_2也在斯坦纳圆上.

(3)如图65.20,联结H_AP_3,H_AP_4,易知$AO_4=O_4M$,所以$\angle H_AAP_4=\angle O_3AM=\angle O_3MA=\angle H_AP_4O_3$,即知$AH_A=H_AP_4$

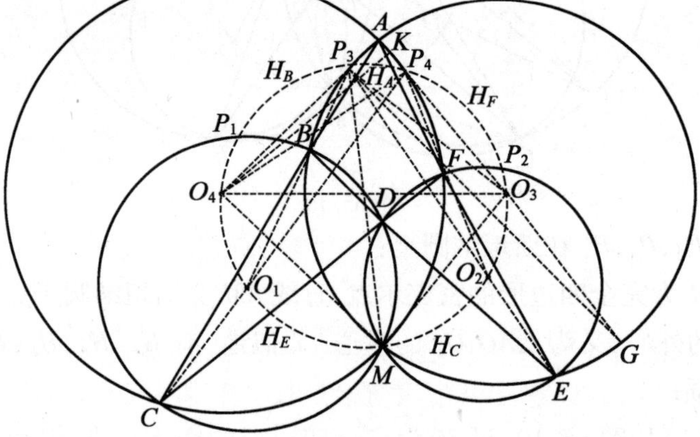

图65.20

同理,$AH_A=H_AP_3$.从而H_A为$\triangle AP_3P_4$的外心.

设直线O_4H_A交AP_4于点K,易知

$$\angle H_AAP_4=\angle H_AP_4O_3(\text{或}180°-\angle H_APO_3)=\angle KO_4O_3$$

则$O_4K\perp AO_3$,又$AM\perp O_3O_4$,从而知H_A为$\triangle AO_3O_4$的垂心.

同理,可证得其余情形.

注:(1)上述定理说明:斯坦纳圆上有15个特殊点$M,O_1,O_2,O_3,O_4,P_1,P_2,P_3,P_4,H_A,H_B,H_C,H_D,H_E,H_F$,其中$P_i$是斯坦纳圆与圆$O_i$的交点,也为圆$O_i$的内接三角形三顶点与另外三外心相应连线的交点,$H_x$是点$M$和顶点$X$的连线与斯坦纳圆的交点,也为$\triangle XP_kP_j$的外心,也为$\triangle XO_kO_j$的垂心($1\leqslant k<j\leqslant 4$).

（2）若 D 为 $\triangle ACE$ 的垂心时，M 为 $\triangle ACE$ 的边 CE 上高线的垂足，斯坦纳圆变为 $\triangle ACE$ 的九点圆. 如图 65. 21，O_i 分别成为有关线段的中点. H_A，H_D，H_C 也成为线段的中点，H_E 与 M 重合，P_1，P_3，H_B，B 四点重合，P_2，P_4，H_F，F 四点重合.

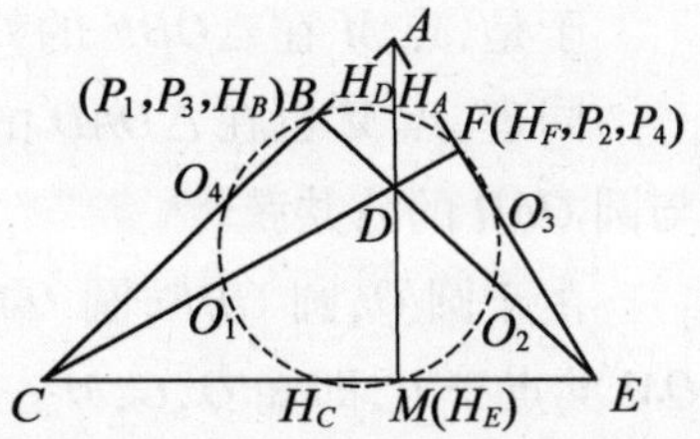

图 65. 21

推论 9 注意到相交两圆连心线是公共弦的中垂线，则由 $\triangle AO_4O_3 \cong \triangle MO_4O_3$ 等，知六个三角形：$\triangle AO_4O_3$，$\triangle BO_1O_3$，$\triangle CO_1O_4$，$\triangle DO_1O_4$，$\triangle EO_3O_2$，$\triangle FO_4O_2$ 的外接圆均为等圆，且与斯坦纳圆相等.

推论 10 完全四边形中的三类四边形（凸、凹、折）对边的中垂线的交点共六个均在斯坦纳圆上.

事实上，如图 65. 21，对于折四边形 $BCFE$ 的一组对边 BC，EF，边 BC 的中垂线，即顶角 $\angle BO_1C$ 的平分线，此线平分优弧 $\overset{\frown}{P_3P_4}$. 同样，EF 的中垂线，即顶角 $\angle EO_2F$ 的平分线，此线亦平分优弧 $\overset{\frown}{P_3P_4}$. 故 BC，EF 的中垂线共点于优弧 $\overset{\frown}{P_3P_4}$ 的中点.

同理可证得其他情形.

性质 10（勃罗卡定理） 在完全四边形 $ABCDEF$ 中，凸四边形 $ABDF$ 有外接圆 O，AD 与 BF 交于点 G，则 $OG \perp CE$.

证明 如图 65. 22，在完全四边形 $ABCDEF$ 中，应用性质 2（2），知其密克尔点 M 在对角线 CE 上，且 $OM \perp CE$. 联结 BM，FM，DM，OB，OD.

注意到 C，M，D，B 及 M，E，F，D 分别四点共圆，即有 $\angle BMC = \angle BDC = \angle EDF = \angle EMF$，从而

$$\begin{aligned}\angle BMO &= \angle FMO = 90^\circ - \angle EMF = 90^\circ - \angle EDF \\ &= 90^\circ - (180^\circ - \angle BDF) = \angle BDF - 90^\circ \\ &= (180^\circ - \frac{1}{2}\angle BOF) - 90^\circ \\ &= 90^\circ - \frac{1}{2}\angle BOF = \angle BFO\end{aligned}$$

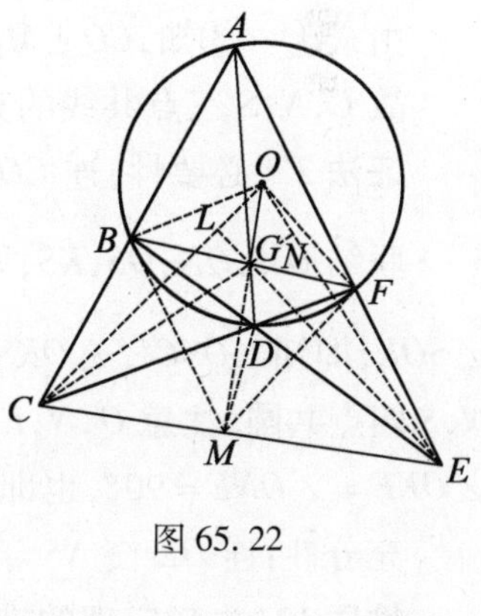

图 65. 22

于是,点 M 在 $\triangle OBF$ 的外接圆上.

同理,点 M 也在 $\triangle OAD$ 的外接圆上,或由性质2及推论4知,OM 为圆 OBF 与圆 OAD 的公共弦.

由于圆 O,圆 OBF,圆 OAD 两两相交,由根心定理,知其三公共弦 BF,AC,OM 共点于 G,即知 O,G,M 三点共线. 故 $OG\perp CE$.

性质11 在完全四边形 $ABCDEF$ 中,凸四边形 $ABDF$ 有内切圆,AB,BD,DF,FA 边上的切点分别为 M,N,R,S,则 C,N,S 三点共线的充要条件是 M,R,E 三点共线.

证法1 应用定差幂线定理,并注意有 $CO\perp MR$,$EO\perp NS$,如图65.23,则

$$C,N,S\text{ 三点共线}\Leftrightarrow CO\perp ME$$

$$\Leftrightarrow CM^2-CE^2=OM^2-OE^2$$

$$\Leftrightarrow CM^2+OE^2=OM^2+CE^2 \quad ①$$

$$M,R,E\text{ 三点共线}\Leftrightarrow EO\perp CS$$

$$\Leftrightarrow EC^2-ES^2=OC^2-OS^2$$

$$\Leftrightarrow EC^2+OS^2=OC^2+ES^2 \quad ②$$

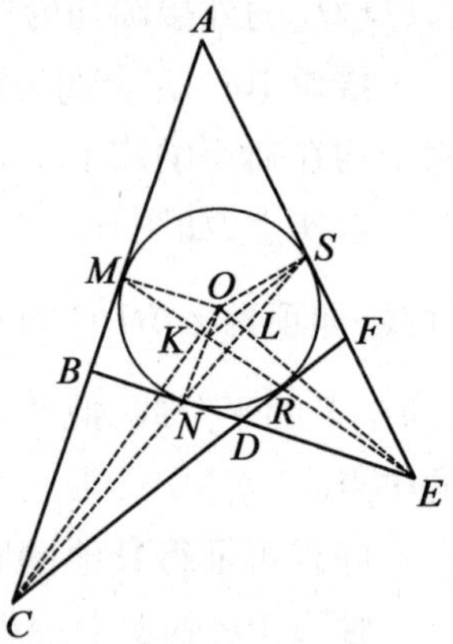

图65.23

注意 $OM=OS$,及 $CO^2-CM^2=OM^2=OS^2=OE^2-ES^2$,即

$$CO^2+ES^2=OE^2+CM^2 \quad ③$$

由式①~③知,$CO\perp ME\Leftrightarrow EO\perp CS$.

故 C,N,S 三点共线的充分必要条件是 M,R,E 三点共线.

证法2 必要性:连 CO 交 MR 于点 K,则 $CK\perp MR$.

联结 OM,ON,OS,KS,则由 $OS^2=OM^2=OK\cdot OC$,有 $\frac{OS}{OC}=\frac{OK}{OS}$,又 $\angle COS=\angle SOK$,即知 $\triangle OSC\backsim\triangle OKS$. 从而 $\angle ONS=\angle OSN=\angle OSC=\angle OKS$,即知 O,K,N,S 四点共圆. 注意 O,N,E,S 四点共圆,于是,知 D,K,N,E,S 五点共圆,即有 $\angle OKE=\angle ONE=90^\circ$,也即 $OK\perp KE$,亦即 $CK\perp KE$. 故 M,R,E 三点共线.

充分性:连 OE 交 NS 于点 L,仿必要性证明,得 C,N,S 三共线.

性质12(牛顿定理的推广) 完全四边形中的凸四边形有内切圆,则其三条对角线中的两条与四切点每两切点所在直线中的两条,此3组四条直线共点于对角线的交点.

如图 65.24,在完全四边形 $ABCDEF$ 中,凸四边形 $ABDF$ 的内切圆分别切 AB,BD,DF,FA 于点 P,Q,R,S,对角线 AD 所在直线交对角线 BF,CE 分别于点 M,N,直线 BF 与 CE 交于点 L. 则:

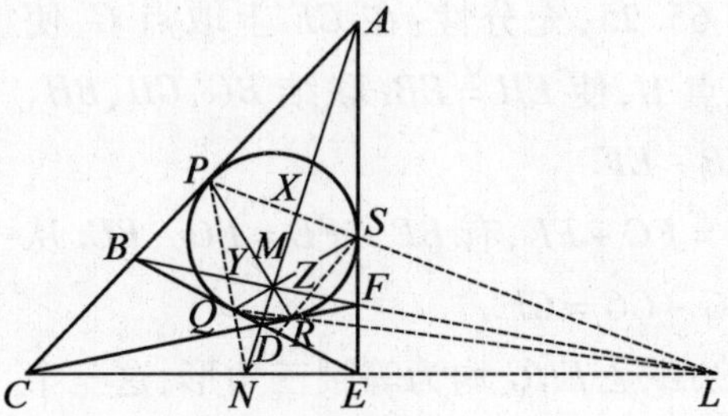

图 65.24

(1) AD,BF,PR,QS 四直线共点于 M;

(2) AD,CE,PQ,SR 四直线共点于 N;

(3) CE,QR,BF,PS 四直线共点于 L.

证明 (1)设 BF 与 QS 交于点 M,BF 与 PR 交于点 M',下证 M' 与 M 重合. 分别对 $\triangle BEF$ 及截线 QS,对 $\triangle BCF$ 及截线 PR 应用梅涅劳斯定理,有

$$\frac{BM}{MF}\cdot\frac{FS}{SE}\cdot\frac{EQ}{QB}=1$$

即有

$$\frac{BM}{MF}=\frac{QB}{SF},\frac{BM'}{M'F}\cdot\frac{FR}{RC}\cdot\frac{CP}{PB}=1$$

即有

$$\frac{BM'}{M'F}=\frac{PB}{RF}$$

注意到 $BP=BQ,FS=FR$,则 $\frac{BM}{MF}=\frac{BM'}{M'F}$. 故 M' 与 M 重合. 由此知,BF,QS,PR 三直线共点于 M.

同理,AD,QS,PR 三直线共点于 M. 即证.

(2)将图中字母 A,B,C,D,E,F,P,Q,R,S 分别重新标作 A,C,B,D,F,E,P,R,Q,S,使用(1)的证法即可.

(3)将图中字母 A,B,C,D,E,F,P,Q,R,S,分别重新标作 E,B,D,C,A,F,Q,P,R,S,使用(1)的证法即可.

性质 13 在完全四边形 $ABCDEF$ 中,凸四边形 $ABDF$ 有内切圆的充要条件是下述三条件之一:

(1) $BC+BE=FC+FE$;(2) $AC+DE=AE+CD$;(3) $AB+DF=BD+AF$.

证明 (1)如图 65.25,充分性:在 CF 上取点 G,使 $CG=CB$,在 EA 上取点 H,使 $EH=EB$. 联结 BG,GH,BH,则 $FH=EH-EF=EB-EF$.

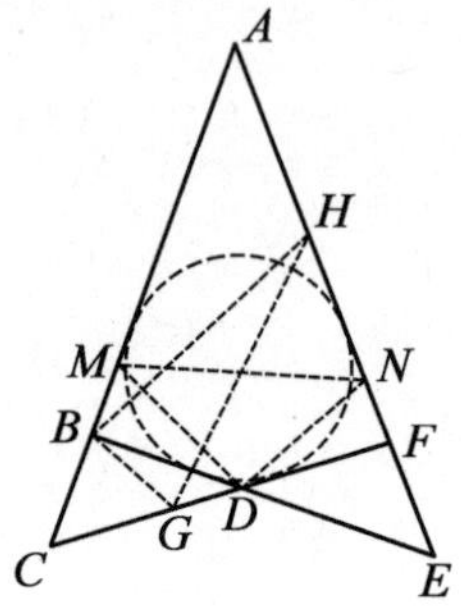

图 65.25

由已知 $BC+BE=FC+FE$,有 $BE-FE=FC-BC$. 从而 $FH=FC-BC=FC-CG=GF$.

于是 $\triangle CGB$,$\triangle EHB$,$\triangle FHG$ 均为等腰三角形,这三个等腰三角形顶角的平分线,即为三个底边的中垂线,三个底边构成 $\triangle BGH$,其三边的中垂线必交于一点,记该点为 I,从而点 I 到射线 CA,CF,EB,EA 的距离相等,即 I 为凸四边形 $ABDF$ 的内心,亦即凸四边形 $ABDF$ 有内切圆.

必要性:(略).

(2)充分性:在 CA 上取点 M,使 $CM=CD$,在 EA 上取点 N,使 $EN=ED$. 则

$$AM=AC-CM=AC-CD=AE-DE=AE-EN=AN$$

于是 $\triangle CDM$,$\triangle END$,$\triangle AMN$ 均为等腰三角形(下同(1),略).

(3)由切线长定理即得.

性质 14 在完全四边形 $ABCDEF$ 中,凸四边形 $ABDF$(在 $\angle BAF$ 内)有旁切圆的充要条件为下述三条件之一:(1) $AB+BD=AF+FD$;(2) $AC+CD=AE+ED$;(3) $BC+CF=BE+EF$.

证明 如图 65.26.

(1)充分性:在射线 AB 上取 K,使 $BK=BD$,在射线 AF 上取点 L,使 $FL=FD$. 联结 DK,DL,KL,则

$$AK=AB+BK=AB+BD=AF+FD=AF+FL=AL$$

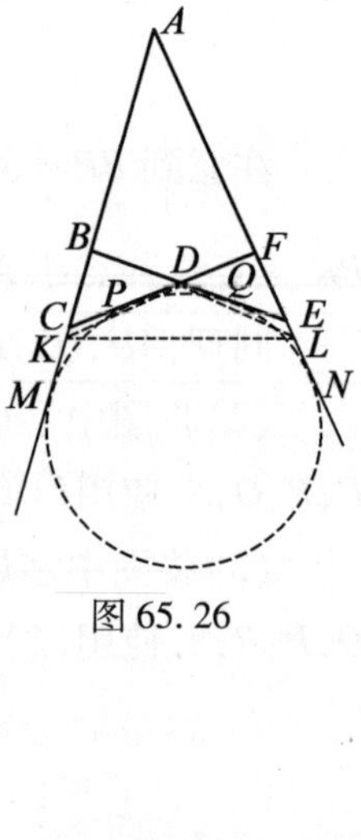

图 65.26

于是,$\triangle BKD$,$\triangle FDL$,$\triangle AKL$ 均为等腰三角形.

注意到等腰三角形的顶角平分线即为底边上的中垂线. 三个底也构成 $\triangle DKL$,其三边的中垂线必交于一点,记该点为 O,从而点 O 到射线 BC,BD,FD,FE 的距离相等,即 O 为凸四边形 $ABDF$ 的旁切圆圆心,亦即这个凸四边

形有旁切圆.

必要性:(略).

(2)必要性:设旁切圆与四边形相切于点 M,P,Q,N 如图所示,则

$$AM=AN,CP=CM,EQ=EN,DP=DQ$$

于是

$$\begin{aligned}AC+CD&=AC+CP+PD\\&=AM+PD\\&=AN+DQ\\&=AE+EN+DQ\\&=AE+EQ+DQ\\&=AE+ED\end{aligned}$$

充分性:类似于(1)而证(略).

(3)必要性:设旁切圆与四边形相切于点 M,P,Q,N 如图所示,则

$$BM=BQ,CM=CP,DP=DQ,FP=FN$$

于是

$$\begin{aligned}BC+CF&=(BM-CM)+(CD+DF)\\&=BQ+PD+DF\\&=BQ+FN\\&=BQ+EN+FE\\&=BQ+QE+FE\\&=BE+FE\end{aligned}$$

充分性:类似于(1)证.

注:如上两条性质的条件式可合写为:(1)$BC\pm BE=EF\pm FC$;(2)$AC\pm DE=AE\pm CD$;(3)$AB\pm DF=AF\pm BD$,即每类四边形的对边之和(或差)相等.

性质 15 在完全四边形 $ABCDEF$ 中,折四边形 $BCFE$ 有旁切圆 I,$\triangle IAB$,$\triangle IBD$,$\triangle IDF$,$\triangle IFA$(I 与凸四边形 $ABDF$ 四边所组成的三角形),$\triangle IAC$,$\triangle ICD$,$\triangle IDE$,$\triangle IEA$(I 与凹四边形 $ACDE$ 四边所组成的三角形),$\triangle IBC$,$\triangle ICF$,$\triangle IFE$,$\triangle IEB$(I 与折四边形 $BCFE$ 四边所组成的三角形)的外心分别记为 P_1,P_2,P_3,P_4;Q_1,Q_2,Q_3,Q_4;R_1,R_2,R_3,R_4.

(1)P_1,Q_4,R_4 在 $\triangle ABE$ 的外接圆上,P_2,Q_2,R_1 在 $\triangle BCD$ 的外接圆上,P_3,

Q_3,R_3 在△DEF 的外接圆上,P_4,Q_1,R_2 在△ACF 的外接圆上;

(2)P_1,P_3 在直线 EI 上,Q_1,Q_3 在直线 FI 上,R_2,R_4 在直线 AI 上,R_3,R_1 在直线 DI 上,Q_4,Q_2 在直线 BI 上,P_4,P_2 在直线 CI 上;

(3)P_1,P_2,P_3,P_4 四点共圆,记该圆圆心为 O_1,Q_1,Q_2,Q_3,Q_4 四点共圆,记该圆圆心为 O_2,R_1,R_2,R_3,R_4 四点共圆,记该圆圆心为 O_3;

(4)P_1,Q_1,Q_4,P_4 四点共线,P_2,Q_2,Q_3,P_3 四点共线;

(5)O_1,O_2,I 三点共线.

证明 如图 65.27,设圆 I 分别与直线 AC,AE 切于点 M,N.

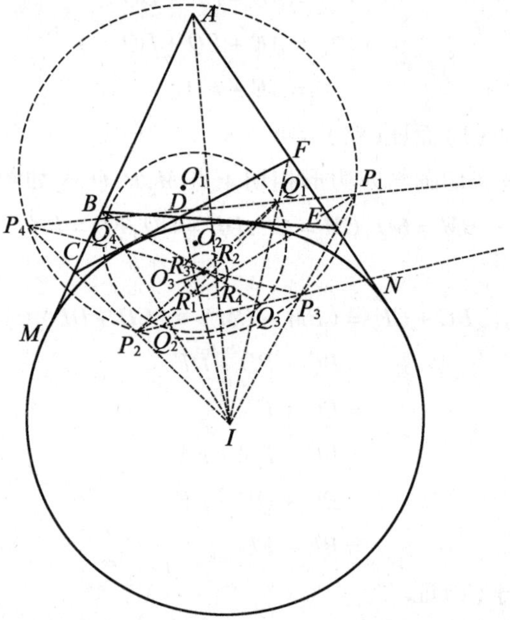

图 65.27

(1)由

$$\angle AP_1B = 2\angle AIB = 2(\angle CBI - \angle BAI) = \angle CBE - \angle BAE = \angle AEB$$

知点 P_1 在△ABE 的外接圆上.

由

$$\angle AQ_4E = 2\angle AIE = 2(\angle IEN - \angle IAE) = \angle BEN - \angle BAE = \angle ABE$$

知点 Q_4 在△ABE 的外接圆上.

由

$$\begin{aligned}\angle BR_4E &= 2\angle BIE \\ &= 2(\angle BIA + \angle AIE) \\ &= 2\left[\left(\angle MBI - \frac{1}{2}\angle A\right) + \left(\angle IEN - \frac{1}{2}\angle A\right)\right] \\ &= (\angle CBE - \angle A) + (\angle BEN - \angle A) \\ &= \angle AEB + \angle ABE \\ &= 180^\circ - \angle A\end{aligned}$$

知点 R_4 在 $\triangle ABE$ 的外接圆上.

又由

$$\angle BP_2D = 2\angle BID = 2(\angle IDE - \angle IBD) = \angle CDE - \angle CBD = \angle BCD$$

知点 P_2 在 $\triangle BCD$ 的外接圆上.

由

$$\begin{aligned}\angle CQ_2D &= 2\angle CID \\ &= 2(180^\circ - \angle DCI - \angle CDI) \\ &= 180^\circ - \angle DCM + 180^\circ - \angle CDE \\ &= \angle BCD + \angle CDB = 180^\circ - \angle CBD\end{aligned}$$

知点 Q_2 在 $\triangle BCD$ 的外接圆上.

由

$$\angle BR_1C = 2\angle BIC = 2(\angle MCI - \angle CBI) = 180^\circ - \angle BCD - \angle CBD = \angle BDC$$

知点 R_1 在 $\triangle BCD$ 的外接圆上. 再由

$$\angle DP_3F = 2\angle DIF = 2(\angle CDI - \angle DFI) = \angle CDE - \angle DFE = \angle DEF$$

知点 P_3 在 $\triangle DEF$ 的外接圆上.

由

$$\begin{aligned}\angle DQ_3E &= 2\angle DIE \\ &= 2(180^\circ - \angle IDE - \angle IED) \\ &= 180^\circ - \angle CDE + 180^\circ - \angle DEN \\ &= \angle EDF + \angle DEF \\ &= 180^\circ - \angle DFE\end{aligned}$$

知点 Q_3 在 $\triangle DEF$ 的外接圆上.

由

$$\begin{aligned}\angle ER_3F &= 2\angle EIF\\ &= 2(\angle AIE - \angle AIF)\\ &= 2[(\angle DEI - \frac{1}{2}\angle A) - (\frac{1}{2}\angle CFE - \frac{1}{2}\angle A)]\\ &= 2(\angle DEI - \frac{1}{2}\angle CFE)\\ &= 2[\frac{1}{2}(180^\circ - \angle DEF) - \frac{1}{2}\angle CFE]\\ &= 180^\circ - \angle DEF - \angle CFE\\ &= \angle EDF\end{aligned}$$

知点 R_3 在 $\triangle DEF$ 的外接圆上.

最后,由

$$\angle AP_4F = 2\angle AIF = 2(\angle IFE - \angle IAF) = \angle CFE - \angle CAF = \angle ACF$$

知点 P_4 在 $\triangle ACF$ 的外接圆上.

由

$$\angle AQ_1C = 2\angle AIC = 2(\angle MCI - \angle MAI) = \angle MCF - \angle MAF = \angle AFC$$

知点 Q_1 在 $\triangle ACF$ 的外接圆上.

由

$$\begin{aligned}\angle CR_2F &= 2\angle CIF\\ &= 2(180^\circ - \frac{1}{2}\angle MCF - \frac{1}{2}\angle CFE)\\ &= 2[180^\circ - \frac{1}{2}(180^\circ - \angle ACF) - \frac{1}{2}(180^\circ - \angle AFC)]\\ &= 2[\frac{1}{2}(\angle ACF + \angle AFC)]\\ &= \angle ACF + \angle AFC\\ &= 180^\circ - \angle CAF\end{aligned}$$

知点 R_2 在 $\triangle ACF$ 的外接圆上.

(2)由 A,B,E,P_1 四点共圆,有

$$\angle BP_1E = \angle BAE = 2\angle BAI = \angle BP_1I$$

知点 P_1 在直线 EI 上.

由 E,F,D,P_3 四点共圆,有

$$
\begin{aligned}
\angle DEP_3 &= \angle DFP_3 \\
&= 90^\circ - \frac{1}{2}\angle DP_3F \\
&= 90^\circ - \frac{1}{2}\angle DEF \\
&= \frac{1}{2}(180^\circ - \angle DEF) \\
&= \frac{1}{2}\angle DEN \\
&= \angle DEI
\end{aligned}
$$

知 P_3 在直线 EI 上.

由 A,C,Q_1,F 四点共圆,有

$$
\begin{aligned}
\angle CFQ_1 &= \angle CAQ_1 \\
&= 90^\circ - \frac{1}{2}\angle AQ_1C \\
&= \frac{1}{2}(180^\circ - \angle AQ_1C) \\
&= \frac{1}{2}(180^\circ - \angle AFE) \\
&= \frac{1}{2}\angle DFE \\
&= \angle DFI
\end{aligned}
$$

知 Q_1 在直线 FI 上.

由 D,Q_3,E,F 四点共圆,有

$$
\begin{aligned}
\angle DFQ_3 &= \angle DEQ_3 \\
&= 90^\circ - \frac{1}{2}\angle DQ_3E \\
&= \frac{1}{2}(180^\circ - \angle DQ_3E) \\
&= \frac{1}{2}\angle DFE \\
&= \angle DFI
\end{aligned}
$$

知 Q_3 在直线 FI 上.

由 A,C,R_2,F 四点共圆,有

$$\begin{aligned}\angle CAR_2 &= \angle CFR_2\\ &=90^\circ-\frac{1}{2}\angle CR_2F\\ &=90^\circ-\frac{1}{2}(180^\circ-\angle CAF)\\ &=\frac{1}{2}\angle CAF\\ &=\angle CAI\end{aligned}$$

知 R_2 在直线 AI 上.

由 B,R_4,E_A 四点共圆,有

$$\begin{aligned}\angle EAR_4 &= \angle EBR_4\\ &=90^\circ-\frac{1}{2}\angle BR_4E\\ &=90^\circ-\frac{1}{2}(180^\circ-\angle A)\\ &=\frac{1}{2}\angle A\\ &=\angle EAI\end{aligned}$$

知 R_4 在直线 AI 上.

由 B,C,R_1,D 四点共圆,有

$$\begin{aligned}\angle CDR_1 &= \angle CBR_1\\ &=\frac{1}{2}(180^\circ-\angle BR_1C)\\ &=90^\circ-\frac{1}{2}\angle BR_1C\\ &=90^\circ-\frac{1}{2}\angle BDC\\ &=90^\circ-\frac{1}{2}(180^\circ-\angle CDE)\\ &=\frac{1}{2}\angle CDE\\ &=\angle CDI\end{aligned}$$

知 R_1 在直线 DI 上.

由 D, R_3, E, F 四点共圆,有

$$\begin{aligned}\angle EDR_3 &= \angle EFR_3\\ &= 90^\circ - \frac{1}{2}\angle ER_3F\\ &= 90^\circ - \frac{1}{2}\angle EDF\\ &= 90^\circ - \frac{1}{2}(180^\circ - \angle EDC)\\ &= \frac{1}{2}\angle EDC\\ &= \angle EDI\end{aligned}$$

知 R_3 在直线 DI 上.

由 A, B, Q_4, E 四点共圆,有

$$\begin{aligned}\angle EBQ_4 &= \angle EAQ_4\\ &= 90^\circ - \frac{1}{2}\angle AQ_4E\\ &= 90^\circ - \frac{1}{2}\angle ABE\\ &= 90^\circ - \frac{1}{2}(180^\circ - \angle CBD)\\ &= \frac{1}{2}\angle CBD\\ &= \angle EBI\end{aligned}$$

知 Q_4 在直线 BI 上.

由 B, C, Q_2, D 四点共圆,有

$$\begin{aligned}\angle CBQ_2 &= \angle CDQ_2\\ &= 90^\circ - \frac{1}{2}\angle CQ_2D\\ &= 90^\circ - \frac{1}{2}(180^\circ - \angle CBD)\\ &= \frac{1}{2}\angle CBD\end{aligned}$$

$$= \angle CBI$$

知 Q_2 在直线 BI 上.

由 A,P_4,C,F 四点共圆,有

$$\angle CP_4F = \angle CAF = 2\angle FAI = \angle FP_4I$$

知 P_4 在直线 CI 上.

由 B,C,P_2,D 四点共圆,有

$$\begin{aligned}\angle DCP_2 &= \angle DBP_2\\ &=90^\circ - \frac{1}{2}\angle BP_2D\\ &=90^\circ - \frac{1}{2}\angle BCD\\ &=90^\circ - \frac{1}{2}(180^\circ - \angle MCD)\\ &=\frac{1}{2}\angle MCD\\ &= \angle DCI\end{aligned}$$

知 P_2 在直线 CI 上.

(3)由点 P_1,P_3 在直线 EI 上,点 P_2,P_4 在直线 CI 上,可设圆 P_i 的半径为 $r_i(i=1,2,3,4)$,则

$$2r_1\cdot\sin\angle ABI = AI = 2r_4\cdot\sin\angle AFI$$

$$2r_2\cdot\sin\angle DBI = CI = 2r_3\cdot\sin\angle DFI$$

又

$$\angle ABI + \angle DBI = \angle ABI + \angle CBI = 180^\circ$$

$$\angle AFI + \angle DFI = \angle AFI + \angle EFI = 180^\circ$$

知

$$\frac{r_1}{r_4} = \frac{\sin\angle AFI}{\sin\angle ABI} = \frac{\sin\angle DFI}{\sin\angle DBI} = \frac{r_2}{r_3}$$

即

$$r_1\cdot r_3 = r_2\cdot r_4$$

亦有

$$IP_1\cdot IP_3 = IP_2\cdot IP_4$$

从而知 P_1,P_2,P_3,P_4 四点共圆.

由 Q_1,Q_2 在直线 FI 上,Q_4,Q_2 在直线 BI 上,可设圆 Q_i 的半径为 $t_i(i=1,2,3,4)$,则

$$2t_1\cdot\sin\angle CAI=CI=2t_2\cdot\sin\angle CDI$$

$$2t_4\cdot\sin\angle EAI=EI=2t_3\cdot\sin\angle EDI$$

又 $\angle CAI=\angle EAI,\angle CDI=\angle EDI$,则

$$\frac{t_1}{t_2}=\frac{\sin\angle CDI}{\sin\angle CAI}=\frac{\sin\angle EDI}{\sin\angle EAI}=\frac{t_4}{t_3}$$

即 $t_1\cdot t_3=t_2\cdot t_4$,亦有 $IQ_1\cdot IQ_3=IQ_2\cdot IQ_4$,从而知 Q_1,Q_2,Q_3,Q_4 四点共圆.

由 R_2,R_4 在直线 AI 上,R_3,R_1 在直线 DI,可设圆 R_i 的半径为 $s_i(i=1,2,3,4)$,则

$$2s_1\cdot\sin\angle CBI=CI=2s_2\cdot\sin\angle CFI$$

$$2s_4\cdot\sin\angle EBI=EI=2s_3\cdot\sin\angle EFI$$

又 $\angle CBI=\angle EBI,\angle CFI=\angle EFI$,则

$$\frac{s_1}{s_2}=\frac{\sin\angle CFI}{\sin\angle CBI}=\frac{\sin\angle EFI}{\sin\angle EBI}=\frac{s_4}{s_3}$$

即 $s_1\cdot s_3=s_2\cdot s_4$,亦有 $IR_1\cdot IR_3=IR_2\cdot IR_4$,从而知 R_1,R_2,R_3,R_4 四点共圆.

(4)由 A,B,Q_4,E,P_1 五点共圆,知

$$\angle AP_1Q_4=\angle CBQ_4=\angle CBI=\frac{1}{2}\angle AP_1I=\angle AP_1P_4$$

即知点 Q_4 在直线 P_1P_4 上.

由 A,P_4,C,Q_1,F 五点共圆,知

$$\angle AP_4Q_1=\angle EFQ_1=\angle EFI=\frac{1}{2}\angle AP_4I=\angle AP_4P_1$$

即知点 Q_1 在直线 P_1P_4 上. 从而知 P_1,Q_1,Q_4,P_4 四点共线,且设此直线为 l_1.

由 B,C,P_2,Q_2,D 五点共圆,知

$$\angle DP_2Q_2=\angle DBQ_2=\angle DBI=\frac{1}{2}\angle DP_2I=\angle DP_2P_3$$

即知点 Q_2 在直线 P_2P_3 上.

由 D,Q_3,P_3,E,F 五点共圆,知

$$\angle DP_3Q_3=\angle DFQ_3=\angle DFI=\frac{1}{2}\angle DP_3I=\angle DP_3P_2$$

即知点 Q_3 在直线 P_2P_3 上. 从而知 P_2,Q_2,Q_3,P_3 四点共线,且设此直线为 l_2.

(5)设直线 l_1 与 l_2 交于点 G,直线 P_1P_2 与 P_3P_4 交于点 S,直线 Q_1Q_2 与 Q_3Q_4 交于点 T,则 I 关于圆 O_1 的极线为 GS,I 关于圆 O_2 的极线为 GT. 注意到 GP_1,GP_3,GS,GI 为调和线束,GQ_1,GQ_3,GT,GI 也为调和线束. 所以 G,S,T 三点共线.

由 $IO_1\perp GS,IO_2\perp GT$,知 O_1,O_2,I 三点共线.

性质 16 在完全四边形 $ABCDEF$ 中,折四边形 $BCFE$ 有旁切圆 I,且分别切直线 BE,CD,DE,FE 于点 X,T,Y,Z. 若 A,B,D,F 四点共圆,令 AC 与 BF 交于点 P,则:(1)P,Y,Z 及 P,T,X 分别三点共线;(2)PZ 平分 $\angle DPF$,PX 平分 $\angle BPD$.

证明 (1)如图 65.28,设直线 YZ,XT 与 BF 分别交于点 P_1,P_2(图中未标出).

过点 F 作 BY 的平行线,交直线 YZ 于点 L,则由 $EZ=EY$ 知 $FZ=FL$. 从而

$$\frac{BP_1}{P_1F}=\frac{BY}{FL}=\frac{BY}{FZ}$$

同理

$$\frac{BP_2}{P_2F}=\frac{BX}{FT}$$

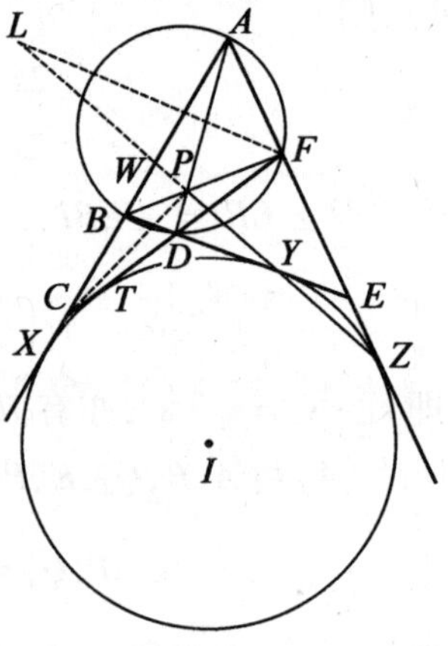

图 65.28

注意到 $BY=BX,FZ=FT$,则$\frac{BP_1}{P_1F}=\frac{BP_2}{P_2F}$,从而 P_1 与 P_2 重合,即知直线 YZ,XT,BF 三线共点.

同样地,将以上对 B,F,Y,Z,X,T 的结论应用于 A,D,Z,Y,X,T,可知直线 YZ,XT,AD 也共点.

从而,直线 YZ,XT 均经过 AD,BF 的交点 P,故(1)获证.

(2)由(1)知,$\angle FZP=\angle EZY=\angle EYZ=\angle BYP$.

注意到 A,B,D,F 四点共圆,有

$$\angle FPZ=\angle AFP-\angle FZP=\angle PDB-\angle BYP=\angle DPY=\angle DPZ$$

即知 PZ 平分 $\angle DPF$.

同理,PX 平分 $\angle BPD$,故(2)获证.

例 1(2006 年波兰数学奥林匹克题) 设四边形 $ABCD$ 内接于圆 Γ,点 S 在

圆 Γ 内,且 $\angle BAS = \angle DCS$,$\angle SBA = \angle SDC$,平分 $\angle BSC$ 的直线交圆 Γ 于 P,Q 两点.求证:$PS = SQ$.

证明 如图 65.29,设点 P 在 $\overset{\frown}{AD}$ 上,点 Q 在 $\overset{\frown}{BC}$ 上.若 $AB /\!/ DC$,则推知结论成立.

当 $AB \nparallel DC$ 时,可设直线 AB 与 DC 交于点 T,不妨设 T 与 AD 都在 BC 的同侧.

由 $\angle SDC = \angle SBA$,$\angle BAS = \angle DCS$,知四边形 $BSDT$ 与 $ASCT$ 皆内接于圆.

由蒙日定理知,AC,BD,TS 三线共点于 R.

设圆 Γ 的圆心为 O,在完全四边形 $TABRCD$ 中,由性质 2(1),知 $OS \perp PQ$(因 S 为其密克尔点).

由垂径定理,即知 $PS = SQ$.

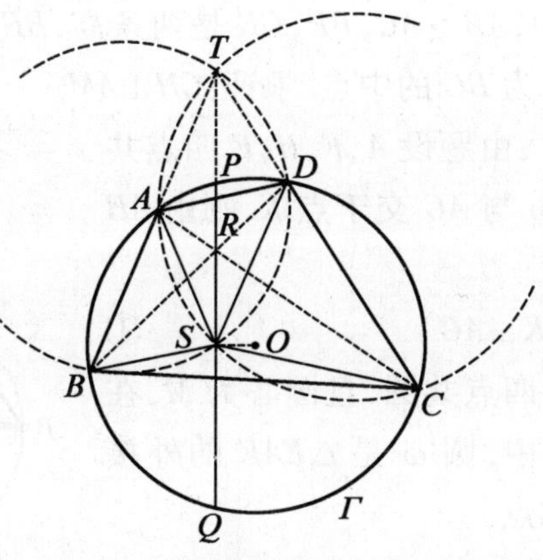

图 65.29

例 2(2007 年美国国家队选拔赛题) 已知,圆 Γ_1 与圆 Γ_2 交于点 P,Q,线段 AC,BD 分别是圆 Γ_1,Γ_2 的弦,满足 AB 与射线 CD 交于点 P,AC 与射线 BD 交于点 X,又 Y,Z 分别是圆 Γ_1,Γ_2 上的点,且满足 $PY /\!/ BD$,$PZ /\!/ AC$.证明:Q,X,Y,Z 四点共线.

证明 如图 65.30,注意到 Q 为完全四边形 $AXCDBP$ 的密克尔点,知 X,C,Q,D 四点共圆,即有

$$\angle XQD = \angle XCD = \angle CPZ$$

从而 $\angle XQD + \angle DQZ = \angle CPZ + \angle DQZ = 180^\circ$,即知 X,Q,Z 三点共线.

又由 Q 为完全四边形 $AXCDBP$ 的密克尔点知,A,X,Q,B 四点共圆.此时,

$\angle AQX=\angle ABX=\angle APY$.

延长 QX 交圆 Γ_1 于点 Y',由 $\angle APY=\angle AQX=\angle AQY'$,知 Y 与 Y' 重合,即知 Y,X,Q 三点共线. 故 X,Y,Q,Z 四点共线.

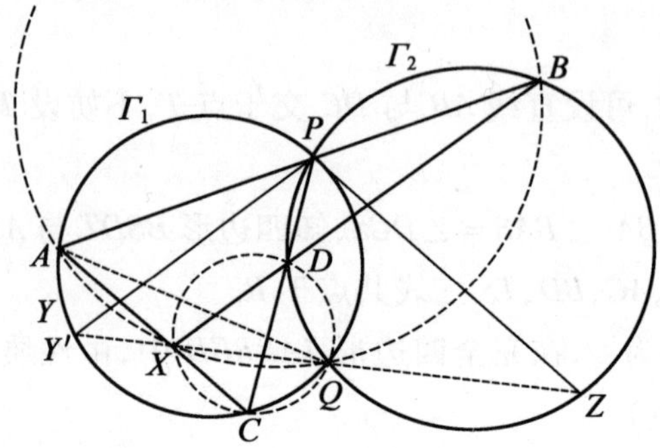

图 65.30

例 3 在 $\triangle ABC$ 中,$AB>AC$,BE,CF 是两条高,BE 与 CF 交于点 H,直线 BC 与 FE 交于点 G,M 为 BC 的中点. 求证:$GH\perp AM$.

证明 如图 65.31,由题设 A,F,H,E 四点共圆,设此圆为 ω,并设 ω 与 AG 交于点 K,则由 AH 为圆 ω 的直径,知

$$HK\perp AG \quad ①$$

注意到 B,C,E,F 四点共圆,且圆心为 M,在完全四边形 $BCGEAF$ 中,圆 ω 是 $\triangle EAF$ 的外接圆,则知 K 为其密克尔点.

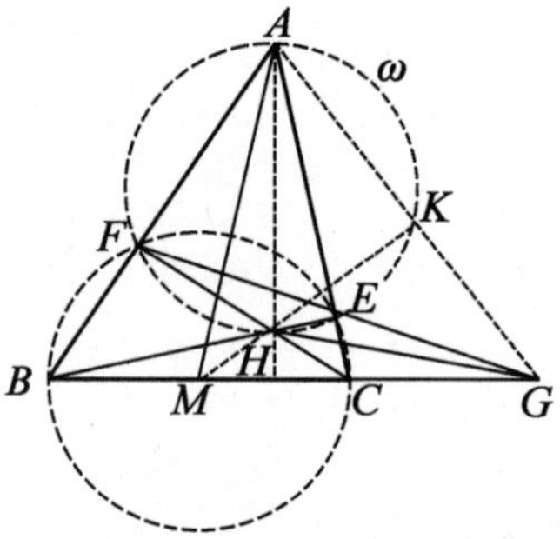

图 65.31

于是,又由性质 2(2),知

$$MK\perp AG \quad ②$$

由条件①,②知,M,H,K 三点共线,且知

$$MH\perp AG \quad ③$$

注意到 $AH\perp BC$,即

$$AH\perp MG \quad ④$$

由条件③,④知,H 为 $\triangle AMG$ 的垂心,故 $GH\perp AM$.

例 4(2013 年中国数学奥林匹克题) 两个半径不相等的圆 Γ_1,Γ_2 交于点 A,B,点 C,D 分别在圆 Γ_1,Γ_2 上,且线段 CD 以 A 为中点,延长 DB 与圆 Γ_1 交于点 E,延长 CB 与圆 Γ_2 交于点 F. 设线段 CD,EF 的中垂线分别为 l_1,l_2. 证明:

(1) l_1 与 l_2 相交;(2)若 l_1 与 l_2 的交点为 P,则三条线段 CA,AP,PE 能构成一个直角三角形.

证明 如图 65.32.

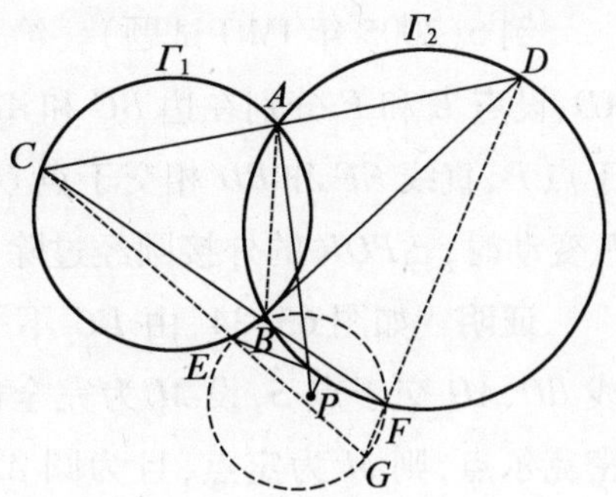

图 65.32

(1)由圆 Γ_1,Γ_2 相交,延长 CE,DF 交于点 G,联结 AB,则

$$\angle CEB+\angle BFD$$
$$=180°-\angle CAB+180°-\angle BAD$$
$$=180°$$

从而 $\angle BEG+\angle BFG=180°$,即知 B,E,G,F 四点共圆,并设其圆心为 P.

显然,P 在弦 EF 的中垂线上.

在完全四边形 $GFDBCE$ 中,知 A 为其密克尔点,由性质 2(2),知 $PA\perp CD$. 故 l_1 与 l_2 相交于点 P.

(2)注意到圆幂定理,有

$$PC^2=CB\cdot CF+PE^2=CA\cdot CD+PE^2=2CA^2+PE^2$$

由 $PA\perp CD$,知

$$AP^2=PC^2-CA^2=2CA^2+PE^2-CA^2=CA^2+PE^2$$

故 CA,AP,DE 能构成一个直角三角形.

例 5(2005 年中国国家队集训题,2005 年俄罗斯数学奥林匹克题) 已知 E,F 分别是 $\triangle ABC$ 的边 AB,AC 的中点,CM,BN 分别是边 AB,AC 上的高,联结 EF,MN 交于点 P. 又设 O,H 分别是 $\triangle ABC$ 的外心、垂心,联结 AP,OH,求证:$AP\perp OH$.

证明 如图 65.33,注意到 A,M,H,N 及 A,E,O,F 分别四点共圆,其直径分别为 AH,AO,其圆心 H_1,O_1 分别为 AH,AO 的中点,从而 $O_1H_1/\!/OH$.

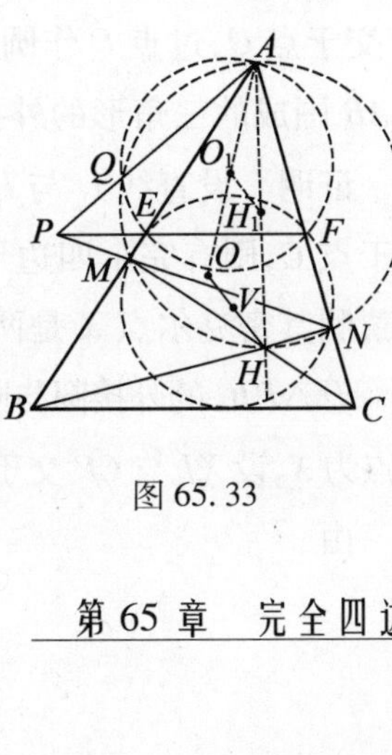

图 65.33

在完全四边形 $NFAEPM$(若点 P 在 $\triangle ABC$ 内时,则考虑完全四边形 $AMEPNF$)中,其密克尔点 Q 为圆 O_1 与圆 H_1 的另一个交点. 又注意到 M,E,F,N 四点共圆,且该圆为 $\triangle ABC$ 的九点圆,其圆心 V 为 OH 的中点,于是由性质2(2)(若点 P 在 $\triangle ABC$

内,则由性质2(1)),知点 Q 在对角线 AP 上.

又 $O_1H_1\perp AQ$,即 $O_1H_1\perp AP$. 故 $AP\perp OH$.

例6(2005年IMO试题) 给定凸四边形 $ABCD$,$BC=AD$,且 BC 不平行于 AD,设点 E 和 F 分别在边 BC 和 AD 的内部,满足 $BE=DF$. 直线 AC 和 BD 相交于点 P,直线 EF 和 BD 相交于点 Q,直线 EF 和 AC 相交于点 R. 证明:当点 E 和 F 变动时,$\triangle PQR$ 的外接圆经过除点 P 外的另一个顶点.

证明 如图65.34,由 BC 不平行于 AD,可设直线 BC,AD 交于点 S,设 M 为完全四边形 $SDAPBC$ 的密克尔点,则 M 为定点,且为圆 ADP 与圆 BCP 的另一个交点.

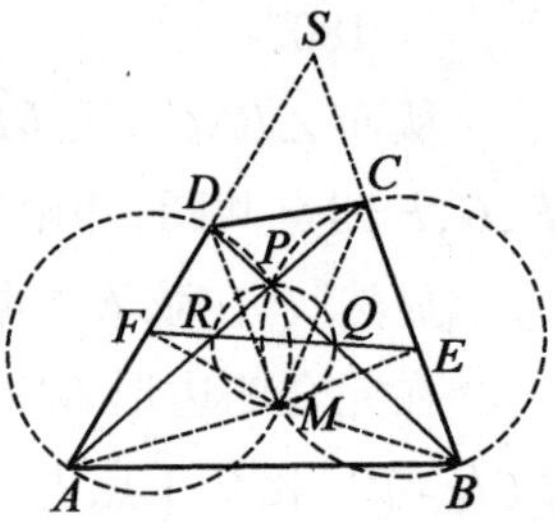

图65.34

联结 MA,MD,MB,MC,有 $\triangle MDA\backsim\triangle MBC$,亦有 $\frac{MD}{MB}=\frac{MA}{MC}=\frac{DA}{BC}$. 注意到 $\frac{DA}{BC}=\frac{DF}{BE}$,联结 ME,MF,可得

$\triangle MFD\backsim\triangle MEB$,即有 $\frac{MF}{ME}=\frac{FD}{EB}$.

于是,由 $\angle FME=\angle FMD+\angle DME=\angle BME+\angle DME=\angle BMD=\angle CMA$,有 $\triangle MEF\backsim\triangle MBD\backsim\triangle MCA$,亦有 $\angle MBQ=\angle MEQ=\angle MCR$.

从而圆 $MBEQ$ 与圆 $MECR$ 相交于点 E,M,即 M 为完全四边形 $CPRQBE$ 的密克尔点. 故 Q,P,R,M 四点共圆,其中 M 为定点.

例7(第26届(2014)亚太地区数学奥林匹克题) 如图65.35,已知圆 O_1 与圆 O_2 交于点 A,B,M 为圆 O_1 在圆 O_2 内的弧 $\overset{\frown}{AB}$ 的中点. 圆 O_1 的弦 MP 与圆 O_2 交于点 Q,过点 P 作圆 O_1 的切线 l_1,过点 Q 作圆 O_2 的切线 l_2. 证明;直线 l_1,l_2,AB 围成的三角形的外接圆与圆 O_2 相切.

证明 设直线 l_1 与 l_2 交于点 K,直线 AB 交 l_1,l_2 分别于点 J,I,令 PQ 与 IJ 交于点 C,则有完全四边形 $KQICPJ$(图65.35(a))或 $PQCIKJ$(图65.35(b)),可猜测其密克尔点 X 是两圆的公切点.

设 $\triangle PJC$ 的外接圆与圆 O_2 位于 IJ 左侧(图65.35(a))或右侧(图65.35(b))的交点为 X,设 XJ 与 CP 交于点 N,TX 为圆 O_2 的切线.

由

$$\begin{aligned}\angle PXJ &= \angle PCJ \\ &= \angle CMB + \angle CBM \\ &= \angle PAB + \angle CAM \\ &= \angle PAM(\text{或 } 180^\circ - \angle PBM) \\ &= \angle JPC\end{aligned}$$

得

$$\triangle JPN \backsim \triangle JXP \Rightarrow JP^2 = JN \cdot JX$$

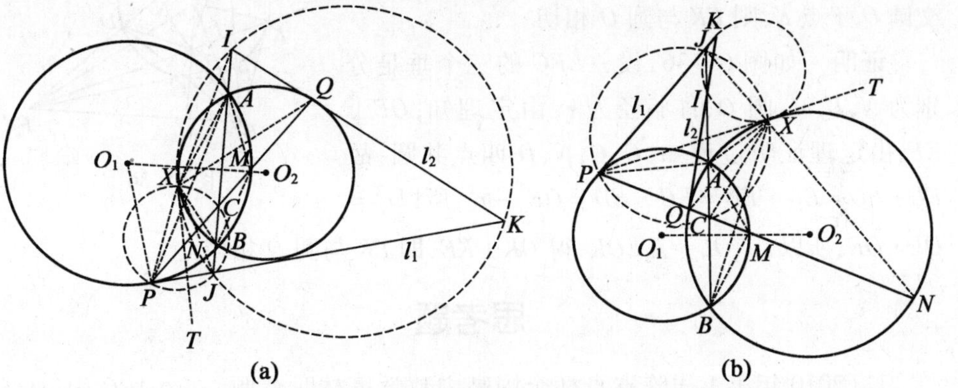

图 65.35

又 $JB \cdot JA = JP^2$，于是

$JB \cdot JA = JN \cdot JX \Rightarrow X, N, B, A$ 四点共圆 $\Rightarrow$ 点 N 在圆 O_2 上

$\Rightarrow \angle IQX = \angle XNQ = \angle NCJ + \angle NJC = \angle NPJ + \angle NPX$

$= \angle XPJ = \angle XCI$（对于图 65.35(b)）

$\angle XNQ = \angle PXJ - \angle NPX = \angle JPC - \angle NPX = \angle XPJ$

$\Rightarrow I, X, C, Q$ 四点共圆

$\Rightarrow X$ 为完全四边形 $KQICPJ$（图 65.35(a)）或 $PQCIKJ$（图 65.35(b)）的密克尔点

$\Rightarrow P, X, Q, K$ 及 I, X, J, K 分别四点共圆

又 TX 为圆 O_2 的切线，则

$$\angle TXJ = \angle TXN = \angle XQN = \angle XIC = \angle XIJ$$

（对于图 65.35(b)，有 $\angle TXJ = 180^\circ - \angle TXN = 180^\circ - \angle XQN = 180^\circ - \angle XIC = \angle XIJ$）故 TX 为圆 IJK 的切线，即直线 l_1, l_2, AB 所围成的三角形的外接圆与圆

O_2 相切. 证毕.

勃罗卡定理的极限情形是,当四边形 $ABCD$ 中,$AD // BC$ 时,PR 与 AD,BC 垂直,点 F 不存在,可看成是在与 AD 平行的直线的无穷远处,同样满足 O 是 $\triangle EFG$ 的垂心;当 $ABCD$ 是矩形时,E,F 均不存在,此时点 O 与 G 重合.

利用这个定理,不难得到下面的结论:

例 8 四边形 $ABCD$ 内接于圆 O,对边延长线交点和对角线交点分别为 E,F,G,连 FG 并延长交圆 O 于点 K,则 EK 与圆 O 相切.

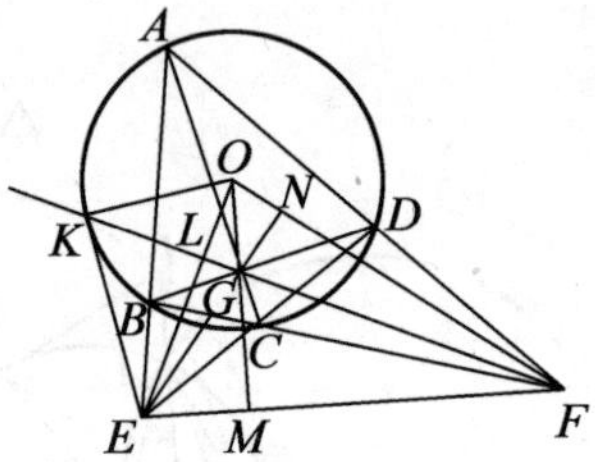

图 65.36

证明 如图 65.36,设 $\triangle EFG$ 的三个垂足分别为 N,L,M,圆 O 的半径为 r,由定理知,$OE \perp KF$,由定理证明过程知,C,G,N,D 四点共圆,故 $EL \cdot EO = EG \cdot EN = EC \cdot ED = OE^2 - r^2$,所以 $r^2 = OL \cdot OE$,所以 $\triangle KOL \backsim \triangle EOK$,得 $OK \perp KE$,即 EK 与圆 O 相切.

思考题

1. (2010 年第 1 届陈省身杯全国高中数学奥林匹克题)在 $\triangle ABC$ 中,D,E 分别为边 AB,AC 的中点,BE 与 CD 交于点 G,$\triangle ABE$ 的外接圆与 $\triangle ACD$ 的外接交于点 $P(P \not\equiv A)$,AG 的延长线与 $\triangle ACD$ 的外接圆交于点 $L(L \not\equiv A)$. 求证: $PL // CD$.

2. (2009 年俄罗斯奥林匹克题)A_1 和 C_1 分别是平行四边形 $ABCD$ 的边 AB 和 BC 上的点,线段 AC_1 和 CA_1 交于点 P. $\triangle AA_1P$ 和 $\triangle CC_1P$ 的外接圆的第二个交点 Q 位于 $\triangle ACD$ 的内部. 证明: $\angle PDA = \angle QBA$.

3. (2009 年土耳其奥林匹克题)已知圆 Γ 和直线 l 不相交,P,Q,R,S 为圆 Γ 上的点,PQ 与 RS,PS 与 QR 分别交于点 A,B,且 A,B 在直线 l 上. 试确定所有以 AB 为直径的圆的公共点.

4. 试证:若完全四边形 $ABCDEF$ 的凸四边形 $ABDF$ 有内切圆,则 $\triangle ACE$ 的内切圆与 $\triangle DCE$ 的内切圆相切.

5. 已知动点 E,F 分别在 $\triangle ABC$ 的边 AB,AC 上,且 $\frac{BE}{CF}$ 为定值. 证明: $\triangle AEF$ 的外接圆过定点.

6. 已知 I 为 $\triangle ABC$ 的内心，$ID \perp BC$ 于点 D，AI 与 $\triangle ABC$ 的外接圆交于点 S，延长 SD，与外接圆交于点 P. 证明：$\angle API = 90°$.

7. 已知点 E, F 分别在 $\triangle ABC$ 的边 AC, AB 上，且 $\angle BEC = \angle BFC$，BE 与 CF 交于点 D，$\triangle AEF$ 的外接圆与 $\triangle ABC$ 的外接圆的另一个交点为 M. 证明：$AM \perp MD$.

8. 设凸四边形的两组对边所在直线分别交于 E, F 两点，两对角线的交点为 P，过 P 作 $PO \perp EF$ 于点 O. 求证：$\angle BOC = \angle AOD$.

9. 过完全四边形 $ABCDEF$ 的顶点 A 的直线交对角线 BF 于点 M，交对角线 CE 于点 N，交 BD 于点 G，交 CD 于点 H，则 $\frac{1}{AM} + \frac{1}{AN} = \frac{1}{AG} + \frac{1}{AH}$.

思考题　参考解答

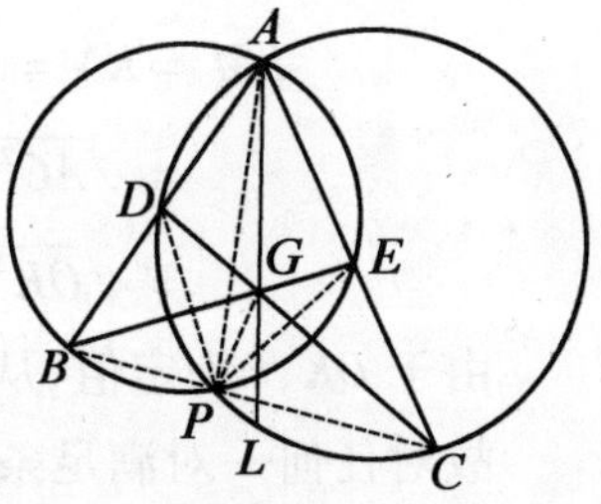

图 65.37

1. 如图 65.37，联结 PD, PA, PG, PE, PC.

注意到完全四边形中，每个四边形（凸、凹、折）的一组对边与密克尔点组成的三角形相似，有 $\triangle PDG \backsim \triangle PAE$. 又注意到 $GC = 2DG$，$AC = 2AE$，即有 $\frac{PG}{PE} = \frac{DG}{AE} = \frac{CG}{CA}$.

又由 P, C, E, G 四点共圆，有 $\angle EPG = \angle ACG$.

则 $\triangle PEG \backsim \triangle CAG$，亦有 $\angle PEG = \angle CAG = \angle CPL$.

又 $\angle PEG = \angle PCG = \angle PCD$. 故 $\angle PCD = \angle CPL$，从而 $PL /\!/ CD$.

2. 如图 65.38，注意到 $\triangle AA_1P$ 和 $\triangle CC_1P$ 的两个外接圆的第二个交点为 Q，则知 Q 为完全四边形 BC_1CPAA_1 的密克尔点，从而知 A_1, B, C, Q 四点共圆，有

$$\angle QBA = \angle QBA_1 = \angle QCA_1 \qquad ①$$

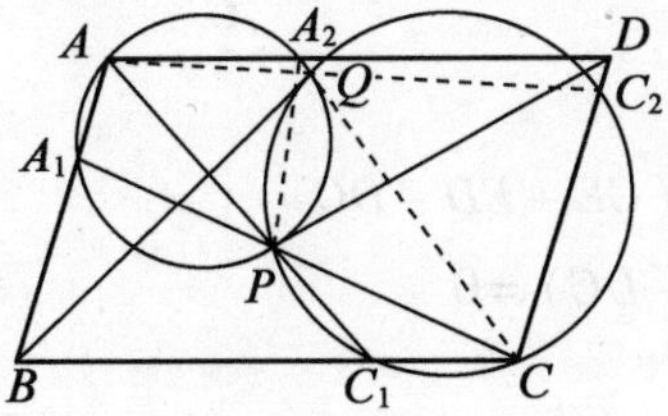

图 65.38

由于 Q 位于 $\triangle ACD$ 内，可设直线 CQ 交 AD 于点 A_2，由 $\angle DA_2Q = \angle QCC_1 =$

$\angle APQ$,知 A_2 在圆 APQ 上. 联结 A_2P,注意到 A,A_1,P,A_2 共圆及 $AB\,/\!/\,DC$,有 $\angle A_2PC=\angle A_1AA_2=180^\circ-\angle A_2DC$,即知 A_2,P,C,D 四点共圆. 从而

$$\angle PDA=\angle PDA_2=\angle PCA_2=\angle QCA_1 \quad ②$$

由式①,②知,$\angle PDA=\angle QBA$.

3. 如图 65.39,设 O 为圆 Γ 的圆心,其半径为 r,又设 K 为完全四边形 $PQARBS$ 的密克尔点,则 K 在直线 l 上,且 $OK\perp l$,K 为定点.

此时 K,B,S,R 四点共圆,由圆幂定理,有

$$\begin{aligned}AO^2&=r^2+AS\cdot AR=r^2+AK\cdot AB\\&=r^2+AK^2+AK\cdot KB\end{aligned}$$

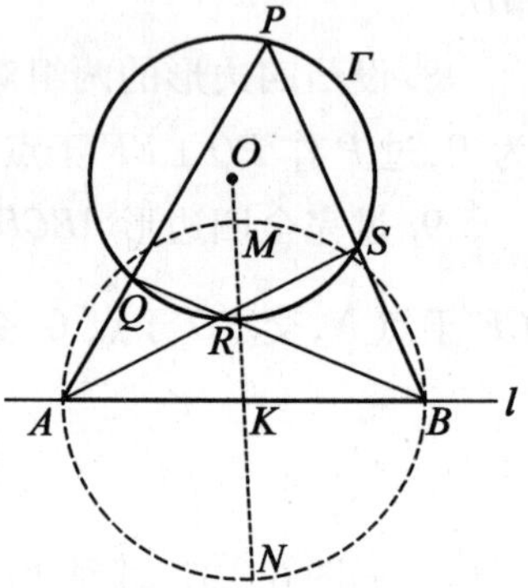

图 65.39

设以 AB 为直径的圆交直线 OK 于点 M,N,则

$$\begin{aligned}KM&=KN=\sqrt{AK\cdot KB}\\&=\sqrt{AO^2-AK^2-r^2}\\&=\sqrt{OK^2-r^2}\end{aligned}$$

由于 OK,r 为定值,从而 M,N 为定点.

故对任何一对满足条件的点 $\{A,B\}$,是过直线 OK 上的定点 M,N.

4. 如图 65.40,设 $\triangle ACE$ 的内切圆切 CE 于点 G,$\triangle DCE$ 的内切圆切 CE 于点 H.

由于凸四边形 $ABDF$ 有内切圆,则由性质 13,有 $AC-AE=CD-ED$.

又由

$$\begin{aligned}&2(EG-EH)\\&=2EG-2EH\\&=(CE+AE-AC)-(CE+ED-DC)\\&=(AE-AC)-(ED-DC)=0\end{aligned}$$

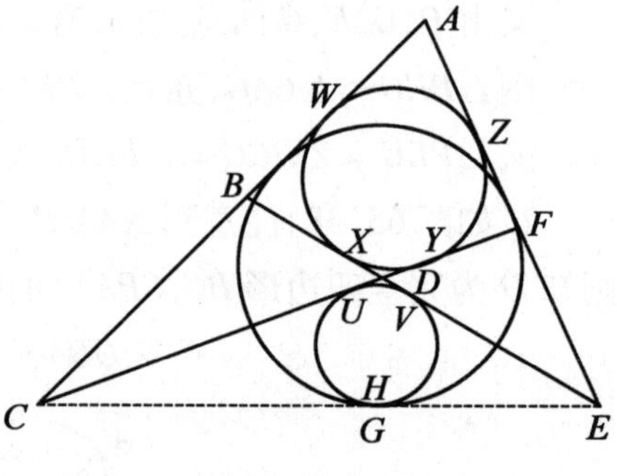

图 65.40

故 G 与 H 重合.

即$\triangle ACE$ 的内切圆与$\triangle DCE$ 的内切圆相切.

5. 如图 65.41,在$\triangle ABC$的外接圆上取一点M,使得$\frac{MB}{MC}=\frac{BE}{CF}$.

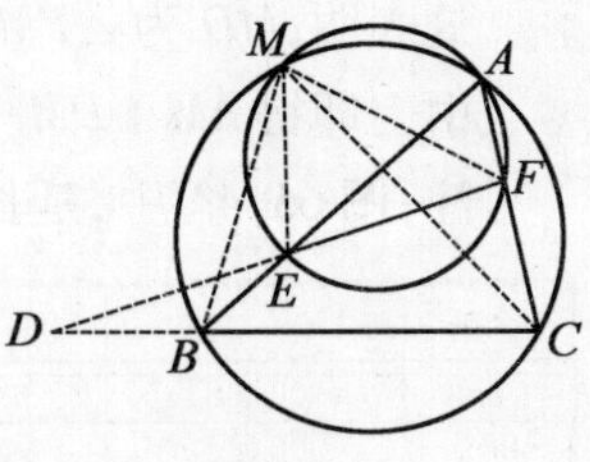

图 65.41

联结MB,MC.又$\angle MBA=\angle MCA$,则

$$\triangle MBE\backsim\triangle MCF\Rightarrow\angle EMF=\angle BMC=\angle A$$
$$\Rightarrow A,M,E,F\text{ 四点共圆}$$

故$\triangle AEF$的外接圆始终经过定点M.

注:图 65.41 中,延长CB,FE交于点D,则得完全四边形$CFAEDB$.

6. 如图 65.42,作$IE\perp AC$于点E,$IF\perp AB$于点F.联结PB,PC,PE,PF.

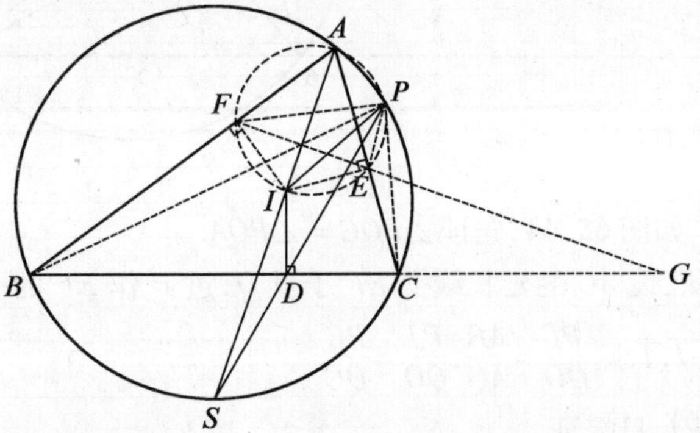

图 65.42

易知,PS平分$\angle BPC$.

在$\triangle PBC$中,由角平分线定理,得$\frac{PB}{PC}=\frac{BD}{CD}=\frac{BF}{CE}$,且$\angle ABP=\angle ACP\Rightarrow\triangle PBF\backsim\triangle PCE\Rightarrow\angle AFP=\angle AEP$.这表明,$A$,$P$,$E$,$F$四点共圆.

又易知AI为所共圆的直径,根据直径所对圆周角为直角,知$\angle API=90°$.

注:图 65.42 中,延长BC,FE交于点G,则有完全四边形$BCGEAF$.

7. 辅助线如图 65.43 所示,由$\angle AMC=\angle ABC=\angle AEF=180°-\angle AMF$,知$MA$为$\angle FMC$的外角平分线.

注意到,$\triangle MBF\backsim\triangle MCE\Rightarrow\frac{BF}{CE}=\frac{MF}{ME}$.

而$\triangle MBC\backsim\triangle MFE\Rightarrow\frac{EF}{BC}=\frac{ME}{MC}$.

由共边定理,知$\frac{FD}{DC}=\frac{S_{\triangle BFE}}{S_{\triangle BCE}}=\frac{EF\cdot BF}{BC\cdot CE}=\frac{MF}{MC}$.

这表明,MD 为 $\angle FMC$ 的平分线.

由上即得 $AM\perp DM$.

注:图 65.43 中,延长 CB 与 EF 相交于点 G,则有完全四边形 $CEAFGB$.

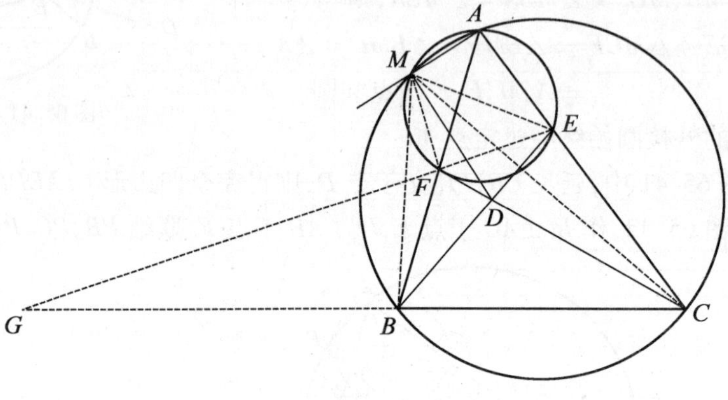

图 65.43

8. **证法 1** 如图 65.44,先证 $\angle POC=\angle POA$.

若 $AC\not\parallel EF$,设 AC 的延长线交 EF 于点 Q,过 P 作 EF 的平行线分别交直线 OA,OC 于点 I,J,则 $\frac{PI}{QO}=\frac{AP}{AQ}$,$\frac{PJ}{QO}=\frac{PC}{QC}$.

欲证 $PI=PJ$,只需证

$$\frac{AP}{AQ}=\frac{PC}{QC} \qquad (*)$$

对完全四边形 $ABECFD$ 应用其对角线调和分割性质,知式$(*)$成立,故

$$\angle POC=\angle POA$$

若 $AC/\!/EF$,如图 65.45,过 A 作 $AK/\!/EC$ 交 BD 于点 K,则 $\frac{DK}{KP}=\frac{DA}{DE}=\frac{DC}{CF}$,从而 $KC/\!/AF$,即 $ADCK$ 是平行四边形,故 P 为 AC 的中点,于是 $\angle POC=\angle POA$.

同理可证 $\angle POB=\angle POD$. 故 $\angle BOC=\angle AOD$.

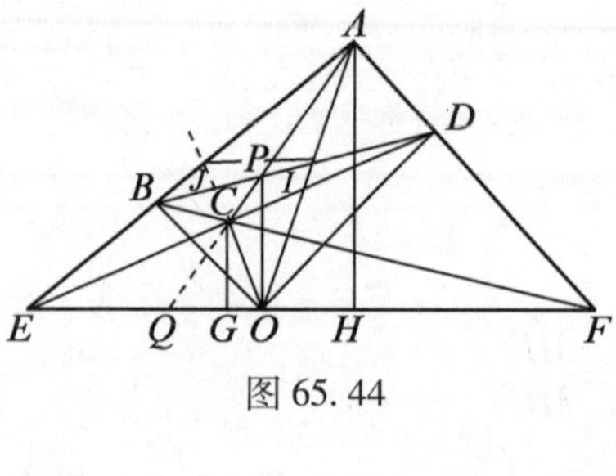

图 65.44

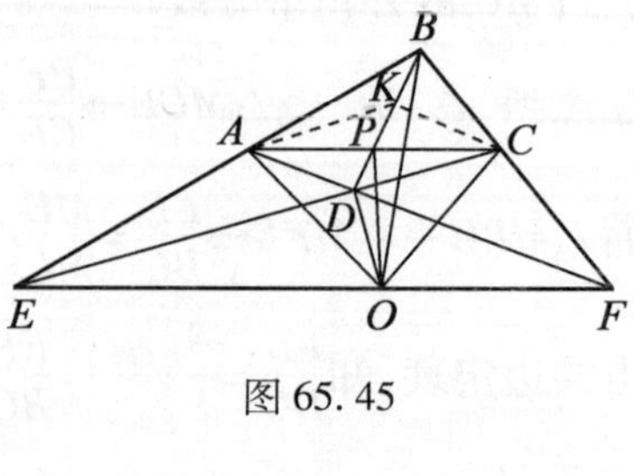

图 65.45

证法 2　若 $AC \not\parallel EF$,设 AC 的延长线交 EF 于点 Q. 欲证 $\angle POC=\angle POA$,只需证 $\angle COE=\angle AOF$. 作 $CG\perp EF$ 于点 G,作 $AH\perp EF$ 于点 H,如图 65.44. 又只需证 $\text{Rt}\triangle CGO\backsim\text{Rt}\triangle AHO$,则只需证 $\frac{CG}{AH}=\frac{CO}{OH}$.

由 $CG/\!/PO/\!/AH$,知 $\frac{GO}{OH}=\frac{PC}{PA}$,$\frac{CG}{AH}=\frac{QC}{QA}$.

从而又只需证 $\frac{PC}{PA}=\frac{QC}{QA}$,即 $\frac{AP}{AQ}=\frac{PC}{QC}$.

对完全四边形 $ABECFD$ 应用其对角线调和分割性质,知上式成立,故

$$\angle POC=\angle POA$$

同证法 1,可证 $AC/\!/EF$ 时的情形. 同理可证 $\angle POB=\angle POD$. 故 $\angle BOC=\angle AOD$.

9. 如图 65.46,设两对角线 BF,CE 所在直线交于点 P(或无穷远点 P). 连 AP,直线 DP 交 AC 于点 K,交 GH 于点 L,直线 AD 交 BF 于点 M',交 CE 于点 N'. 在完全四边形 $ABCDEF$ 中,知 AD 被 M' 和 N' 调和分割,即知 PA,PD,PM',PN' 为调和线束,从而知 A,L,M,N 为调和点列,即有 $\frac{2}{AL}=\frac{1}{AM}+\frac{1}{AN}$.

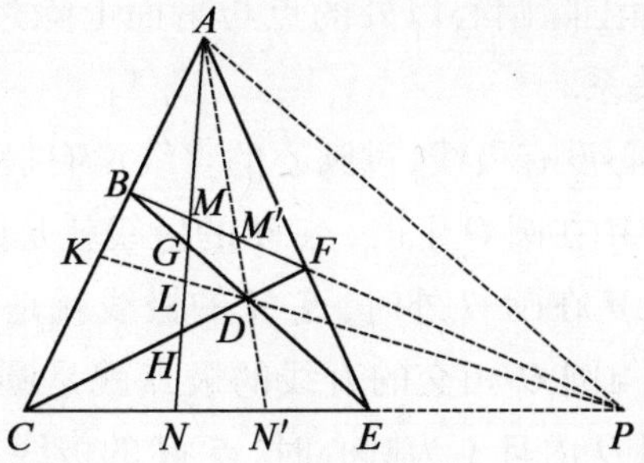

图 65.46

在完全四边形 $PECDBF$ 中,BC 被 K 和 A 调和分割,即知 DA,DK,DB,DC 为调和线束. 从而 A,L,G,H 为调和点列,即有 $\frac{2}{AL}=\frac{1}{AG}+\frac{1}{AH}$.

故 $\frac{1}{AM}+\frac{1}{AN}=\frac{1}{AG}+\frac{1}{AH}$.

第66章　圆中的极点和极线

定义1　如图66.1,设圆 O 是平面上的一个定圆(半径为 r),点 M,N 为满足条件 $OM \cdot ON = r^2$ 的对应点(或反点),则过点 N 且垂直于 OM 的直线 l 称为点 M 关于圆 O 的极线,点 M 称为直线 l 关于圆 O 的极点.

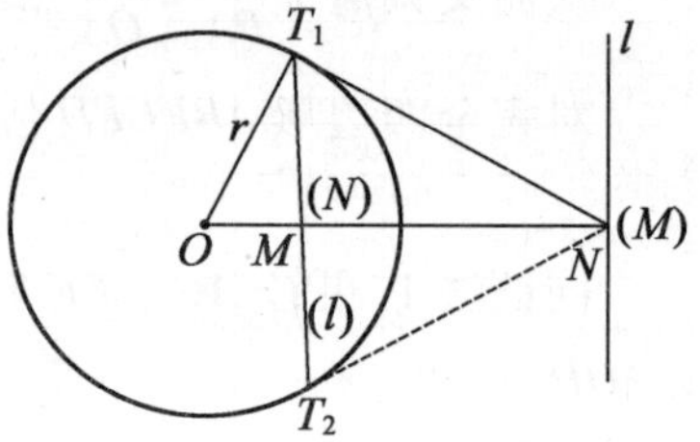

图66.1

显然,对于平面上不过圆心 O 的直线 l 关于圆 O 的极点是圆心 O 在直线 l 上的射影关于圆 O 的对应点(反点).

由定义1可以看出,给定了平面上的一个圆,除圆心外,平面上每一点都有唯一确定的极线;除过圆心的直线外,平面上每一条直线都有唯一确定的极点.因而极点与极线是平面上除圆心以外的点与平面上除过圆心的直线以外的直线间的一个一一对应关系.

在普通平面上,圆心没有极线,过圆心的直线没有极点.

由此亦可知,当点 M 在圆 O 上时,点 M 的极线就是圆 O 在 M 的切线,切线的极点就是切点;当点 M 在圆 O 外时,点 M 的极线就是过点 M 所引圆 O 的两条切线的切点弦直线;与圆 O 相交的直线的极点就是圆 O 在交点处的两条切线的交点;当点 M 在圆 O 内且不为圆心时,点 M 的极线在圆外,是过点 M 的对应点(反点) N,且与以 M 为中点的弦平行的直线;圆 O 外的直线 l 的极点可以这样得到:过 O 作 $ON \perp l$ 于点 N,过 N 作圆 O 的两条切线得切点 T_1,T_2,切点弦 T_1T_2 的中点 M 即为直线 l 的极点.

于是,我们有:

性质1　设 A,B 两点关于圆 O 的极线分别为 a,b.若点 A 在直线 b 上,则点 B 在直线 a 上.

证明　如图66.2,若 A,B 是圆 O 的两个互反点,则结论显然成立.若 A,B 不

是圆 O 的两个互反点,则点 A 在点 B 的极线 b 上. 因而 O,A,B 三点不共线.

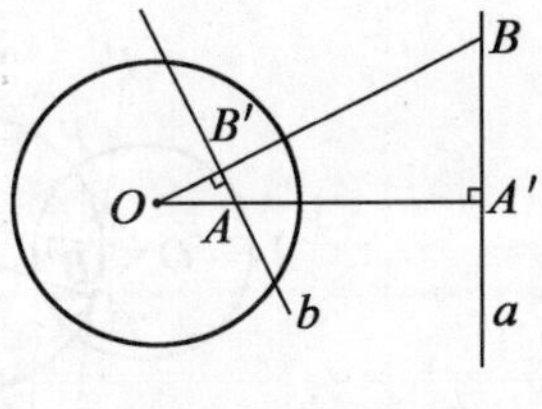

图 66.2

设 A,B 关于圆 O 的反点分别为 A',B',则由 $OA\cdot OA'=r^2=OB\cdot OB'$,知 A,A',B,B' 四点共圆.

由于点 A 在直线 b 上,所以 $AB'\perp OB$,从而 $BA'\perp OA'$. 这说明直线 BA' 即为点 A 的极线 a,故点 B 在点 A 的极线 a 上.

由性质 1 知,若点 A 在点 B 的极线上,则点 B 在点 A 的极线上,或者说,如果直线 a 通过直线 b 的极点,则直线 b 通过直线 a 的极点. 于是,即知对于给定的一个圆,圆心以外的任意一点 A 的极线是过点 A 但不过圆心的任意两条直线的极点的连线;不过圆心的任意一条直线 l 的极点是直线 l 上的不同两点的极线的交点. 从而,亦有:

推论 1 如果若干个点共线,则这些点的极线共点,如果若干条直线共点,则这些直线的极点共线.

定义 2 如果点 A 关于圆 O 的极线通过点 B,而点 B 关于圆 O 的极线通过点 A,则称 A,B 两点关于圆 O 共轭.

性质 2 A,B 两点关于圆 O 共轭的充分必要条件是以 AB 为直径的圆与圆 O 正交.

证明 必要性:如图 66.3 所示,设 A,B 两点关于圆 O 共轭,则点 B 在点 A 的极线 l 上,设直线 OA 与 l 交于点 A',则点 A' 为点 A 的反点. 因为 $AA'\perp l$,所以,点 A' 在以 AB 为直径的圆 O' 上. 设圆 O 的半径为 r,圆 O 与圆 O' 的一个交点为 P,因圆 O' 通过圆 O 的一对反点 A,A',则由一对反点的几何意义,有 $OA\cdot OA'=r^2=OP^2$,由此即知,OP 为圆 O' 的切线(切割定理的逆定理),即 $OP\perp O'P$. 故圆 O 与圆 O' 正交.

充分性:如图 66.3,设以 AB 为直径的圆 O' 与圆 O 正交,即若圆 O' 与圆 O 的一个交点为 P 时,OP 为圆 O' 的切线. 设圆 O 的半径为 r,直线 OA 与圆 O' 交于另一点 A',则由切割线定理,有 $OA\cdot OA'=OP^2=r^2$,由此,即知 A' 为点 A 关于圆 O 的反点. 由于 AB 是圆 O' 的直径,所以 $BA'\perp OA'$,从而直线 BA' 是点 A 的极线,再由性质 1,知点 A 必在点 B 的极线上. 因此,A,B 两点关于圆 O 共轭.

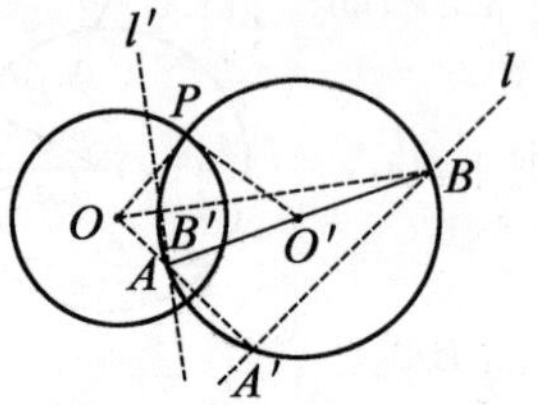

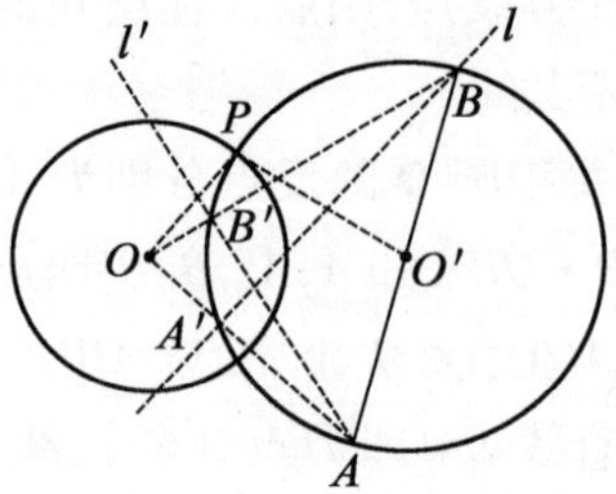

图 66.3

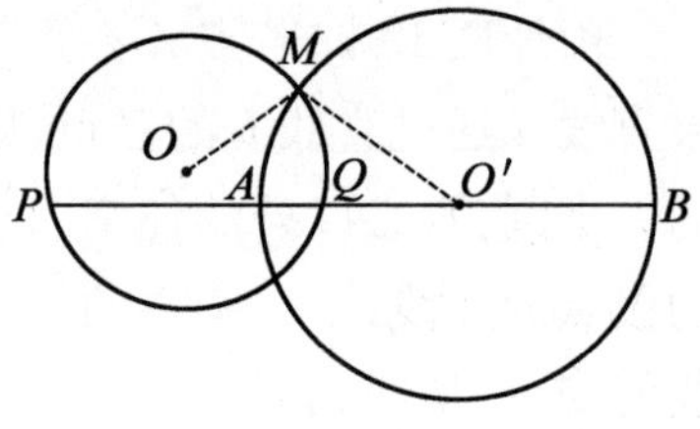

图 66.4

性质 3 设 P,Q 调和分割线段 AB,圆 O 是过 P,Q 两点的任意一个圆,则 A,B 两点关于圆 O 共轭.

证明 如图 66.4,设圆 O'是以 AB 为直径的圆,由 P,Q 调和分割线段 AB,有$\frac{AP}{PB}=\frac{AQ}{QB}$,即

$$AP \cdot QB - AQ \cdot PB = 0 \quad (*)$$

注意到

$$AP = O'P - O'A, QB = QO' + O'B, AQ = AO' - QO', PB = PO' + O'B$$

于是,由式(*),有

$$(OP' - O'A)(QO' + O'B) - (AO' - QO')(PO' + O'B) = 0$$

将上式展开,注意 $AO' = O'B$,得

$$O'P \cdot O'Q = AO' \cdot O'B = AO'^2$$

从而,知 P,Q 两点关于圆 O'互为反点. 若设 M 为圆 O 与圆 O'的一个交点,则 $O'M = O'A$,即 $O'P \cdot O'Q = O'M^2$,由切割线定理的逆定理知,$O'M$ 为圆 O 的切线.

于是,知圆 O 与圆 O'正交. 由性质 2 即知 A,B 两点关于圆 O 共轭.

性质 4 从不在圆上的一点(异于圆心)P 引一条直线与已知圆交于 A,B 两点,且与 P 关于已知圆的极线交于点 Q,则 P,Q 调和分割弦 AB.

证明 当点 P 在已知圆圆 O 外时,如图 66.5(a).

过点 P 作圆 O 的两条切线 PM,PN,M,N 分别为切点,从而直线 MN 为点 P 关于圆 O 的极线,则点 Q 在直线 MN 上.

联结 AM,AN,BM,BN,则由$\triangle PMA \backsim \triangle PBM$,有

$$\frac{MA}{BM}=\frac{PM}{PB}=\frac{PA}{PM}$$

即有

$$\frac{MA^2}{BM^2}=\frac{PM}{PB}\cdot\frac{PA}{PM}=\frac{PA}{PB} \quad ①$$

同理,有$\frac{NA^2}{BN^2}=\frac{PA}{PB}$.于是,有

$$\frac{MA}{BM}=\frac{NA}{BN} \quad ②$$

又$\triangle ANQ \backsim \triangle MBQ$,$\triangle AMQ \backsim \triangle NBQ$,有

$$\frac{AN}{MB}=\frac{AQ}{MQ},\frac{AM}{NB}=\frac{MQ}{BQ}$$

于是,由上式及式②,有

$$\frac{MA^2}{BM^2}=\frac{AM}{BM}\cdot\frac{NA}{BN}=\frac{AM}{NB}\cdot\frac{NA}{MB}=\frac{MQ}{BQ}\cdot\frac{AQ}{MQ}=\frac{AQ}{BQ} \quad ③$$

由式①及式③得,$\frac{PA}{PB}=\frac{AQ}{BQ}$,或$\frac{AP}{PB}=\frac{AQ}{QB}$,即有 P,Q 调和分割弦 AB.

当点 P 在已知圆 O(异于圆心 O)内时,如图 66.5(b).

作以点 P 为中点的弦 T_1T_2,分别作点 T_1,T_2 处的切线交于 P'.过点 P'作与 OP 垂直的直线 MN,则 MN 为点 P 关于圆 O 的极线,且点 Q 在直线 MN 上.

此时,由性质 1,知点 Q 关于圆 O 的极线过点 P,于是,P,Q 关于圆 O 互为反点.问题转化为前述情形(即点 P 在圆 O 外情形),即有$\frac{QB}{BP}=\frac{QA}{AP}$,亦即有 $\frac{AP}{PB}=\frac{AQ}{QB}$.

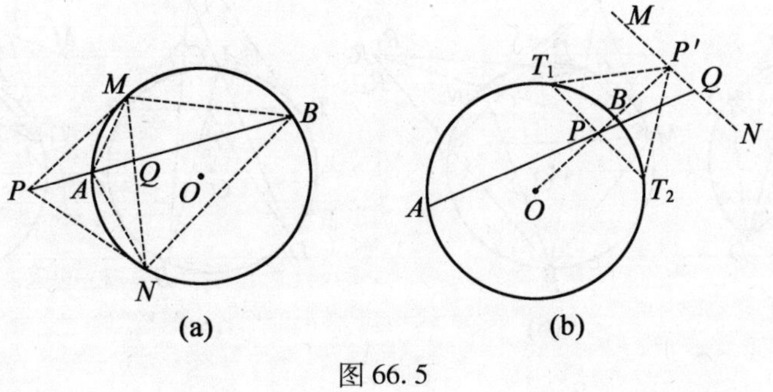

图 66.5

性质 5 从不在圆上的一点(异于圆心 O)P 引两条直线与已知圆 O 相交得两条弦 AB,CD,则直线 AD 与直线 BC 的交点 R 在点 P 关于圆 O 的极线上.

证明 当点 P 在已知圆 O 外时,如图 66.6(a),图 66.6(b),同性质 4 中图 66.5(a)得点 P 关于圆 O 的极线 MN. 联结 AM,AN,BM,BN,CM,CN,DM,DN.

设直线 AD 与直线 MN 交于点 R_1,则

$$\frac{MR_1}{R_1N}=\frac{S_{\triangle MBR_1}}{S_{\triangle R_1BN}}=\frac{MB\cdot\sin\angle MBR_1}{BN\cdot\sin\angle R_1BN}=\frac{MB}{BN}\cdot\frac{MC}{CN} \quad ①$$

设直线 BC 与直线 MN 交于点 R_2,同理,有

$$\frac{MR_2}{R_2N}=\frac{MD}{DN}\cdot\frac{MA}{AN} \quad ②$$

由 $\triangle PMB\backsim\triangle PAM$,$\triangle PBN\backsim\triangle PNA$,有 $\frac{MB}{AM}=\frac{PM}{PA}=\frac{PN}{PA}=\frac{BN}{NA}$,即

$$\frac{MB}{BN}=\frac{MA}{NA} \quad ③$$

同理

$$\frac{MD}{DN}=\frac{MC}{CN} \quad ④$$

由式①~④得,$\frac{MR_1}{R_1N}=\frac{MR_2}{R_2N}$,即 $\frac{MR_1}{MN}=\frac{MR_2}{MN}$. 从而 R_1 与 R_2 重合于点 R.

故点 R 在点 P 关于已知圆的极线 MN 上.

当点 P 在已知圆 O 内(异于圆心 O)时,如图 66.6(c),图 66.6(d). 同性质 4 中图 66.5(b),得点 P 关于圆 O 的极线 MN. 此时,由图 66.6(a),图 66.6(b)中情形的证明知,点 R 关于圆 O 的极线为 T_1T_2,且点 P 在弦 T_1T_2 上. 由性质 1,知 R 在点 P 关于圆 O 的极线 MN 上.

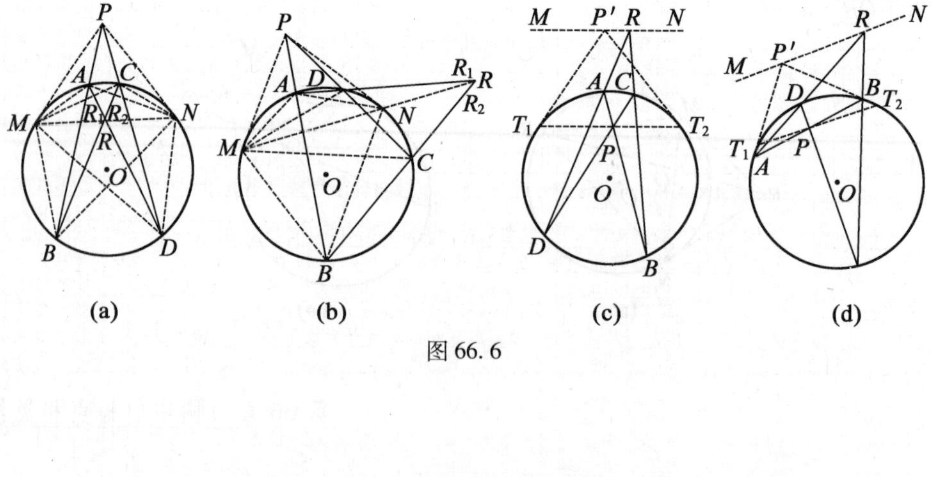

图 66.6

推论2 同性质5 的条件,则直线 AC 与直线 BD 的交点在点 P 关于已知圆的极线上.

推论3 过不在圆上的一点(异于圆心 O)P 引两条割线 PBA,PCD. 若直线 BC 与 AD 交于点 Q,直线 AC 与 BD 交于点 R,则直线 QR 是点 P 关于圆 O 的极线.

证明 如图 66.7,设直线 QR 与 AB,CD 分别交于点 E,F.

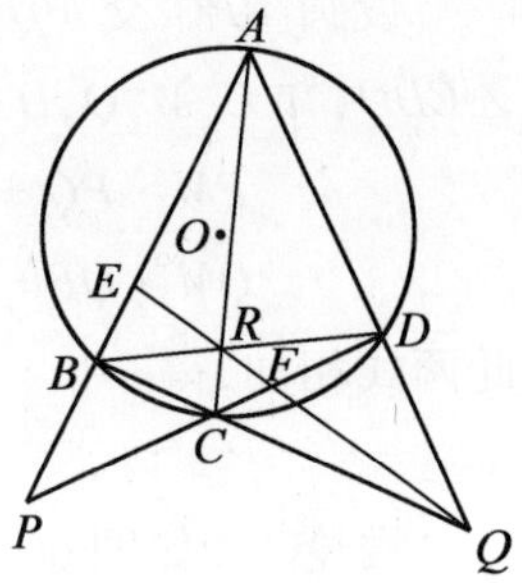

图 66.7

对$\triangle ABQ$ 及截线 PCD,对$\triangle ABQ$ 及点 R 分别应用梅涅劳斯定理和塞瓦定理,有

$$\frac{BC}{CQ}\cdot\frac{QD}{DA}\cdot\frac{AP}{PB}=1,\frac{BC}{CQ}\cdot\frac{QD}{DA}\cdot\frac{AE}{EB}=1$$

由此两式得$\frac{AP}{PB}=\frac{AE}{EB}$,即知 P,E 调和分割 BA,由性质3 知,P,E 关于圆 O 共轭,所以,点 E 在点 P 的极线上.

同理,点 F 也在点 P 的极线上.

故直线 QR 是点 P 关于圆 O 的极线.

定义3 如果一个三角形的顶点都是另一个三角形的边所在直线的极点(关于同一圆),则称这两个三角形共轭. 如果一个三角形的每一个顶点都是对边所在直线的极点,则称这个三角形是自共轭三角形(或极点三角形).

性质6 设 A,B,C,D 是一圆上的四点,若直线 AB 与 CD 交于点 P,直线 BC 与 AD 交于点 Q,直线 AC 与 BD 交于点 R,则$\triangle PQR$ 是一个自共轭三角形(或极点三角形).

证明 由推论3 知,QR 是点 P 的极线,RP 是点 Q 的极线. 从而,由性质1,知 PQ 是点 R 的极线. 故$\triangle PQR$ 是一个自共轭三角形(或极点三角形).

性质7(极点公式) 凸四边形 $ABCD$ 内接于圆 O,延长 AB,DC 交于点 P,延长 BC,AD 交于点 Q,AC 与 BD 交于点 R,设圆 O 的半径为 R,则

$$RP^2=OR^2+OP^2-2R^2,RQ^2=OR^2+OQ^2-2R^2,PQ^2=OP^2+OQ^2-2R$$

证明 如图 66.8,延长 PR 至 K,使得 $PR\cdot RK=BR\cdot RD$,则知 P,D,K,B 四点共圆,从而$\angle BKR=\angle BKP=\angle BDC=\angle BAD$,即知 A,B,R,K 四点共圆.

即有 $PR\cdot PK=PB\cdot PA$,此式与 $PR\cdot RK=BR\cdot RD$ 相减,得

$$PR(PK-RK)=PB\cdot PA-BR\cdot RD$$

即

$$RP^2 = \text{点}\,P\,\text{对圆}\,O\,\text{的幂} - \text{点}\,R\,\text{对圆}\,O\,\text{的幂}$$
$$= (OP^2 - R^2) - (R^2 - OR^2)$$
$$= OP^2 + OR^2 - 2R^2$$

同理,$RQ^2 = OQ^2 + OR^2 - 2R^2$.

设圆 BPC 交 PQ 于点 M,则 $\angle CMP = \angle CBA = \angle CDQ$,知 C,M,Q,D 四点共圆,从而

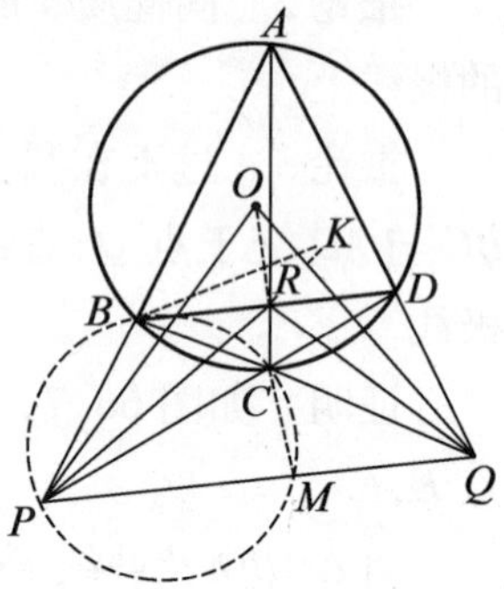

图 66.8

$$PM \cdot PQ = PC \cdot PD = OP^2 - R^2$$
$$QM \cdot QP = QC \cdot QB = OQ^2 - R^2$$

此两式相加,得

$$PQ^2 = OP^2 + OQ^2 - 2R^2$$

推论 4 如图 66.8,O 是自共轭$\triangle PQR$(或极点三角形)的垂心.

事实上,由极点公式,有

$$RP^2 = OR^2 + OP^2 - 2R^2$$
$$RQ^2 = OR^2 + OQ^2 - 2R^2$$

两式相减,得

$$RP^2 - RQ^2 = OP^2 - OQ^2$$

由定差幂线定理,知 $OR \perp PQ$.

由

$$PQ^2 = OP^2 + OQ^2 - 2R^2$$
$$PR^2 = OP^2 + OR^2 - 2R^2$$

两式相减,得

$$PQ^2 - PR^2 = OQ^2 - OR^2$$

由定差幂线定理,知 $OP \perp QR$.

故知 O 为$\triangle PQR$ 的垂心.

性质 8 从不在圆上的一点(异于圆心)P 引三条直线依次交圆于点 A,B,C,D,G,H. 直线 GH 与点 P 关于圆的极线交于点 Q,直线 GH 与直线 AC,BD 分别交于点 E,F,则 P,Q 调和分割线段 EF.

证明 如图 66.9,按性质 4 中的图作出点 P 关于已知圆的极线 MN.

设直线 MN 交直线 AB 于点 K(或交直线 CD 于点 K'),则由性质 4,知$\dfrac{PA}{AK}=$

$\frac{PB}{BK}$（或$\frac{PC}{CK'}=\frac{PD}{DK'}$），即知 P,K,A,B（或 P,K',C,D）为调和点列.

当 $AC /\!/ BD$ 时，即有$\frac{PE}{EQ}=\frac{PA}{AK}=\frac{PB}{BK}=\frac{PF}{FQ}$，亦即 P,Q,E,F 为调和点列.

当 $AC \nparallel BD$ 时，可设直线 AC 与 BD 交于点 R，则由推论 3，知 R,M,N 三点共线.

注意到 P,K,A,B（或 P,K',C,D）为调和点列，此时 RP,RK,RA,RB 为调和线束（或 RP,RK',RC,RD 为调和线束），由调和线束的性质知 P,Q,E,F 为调和点列.

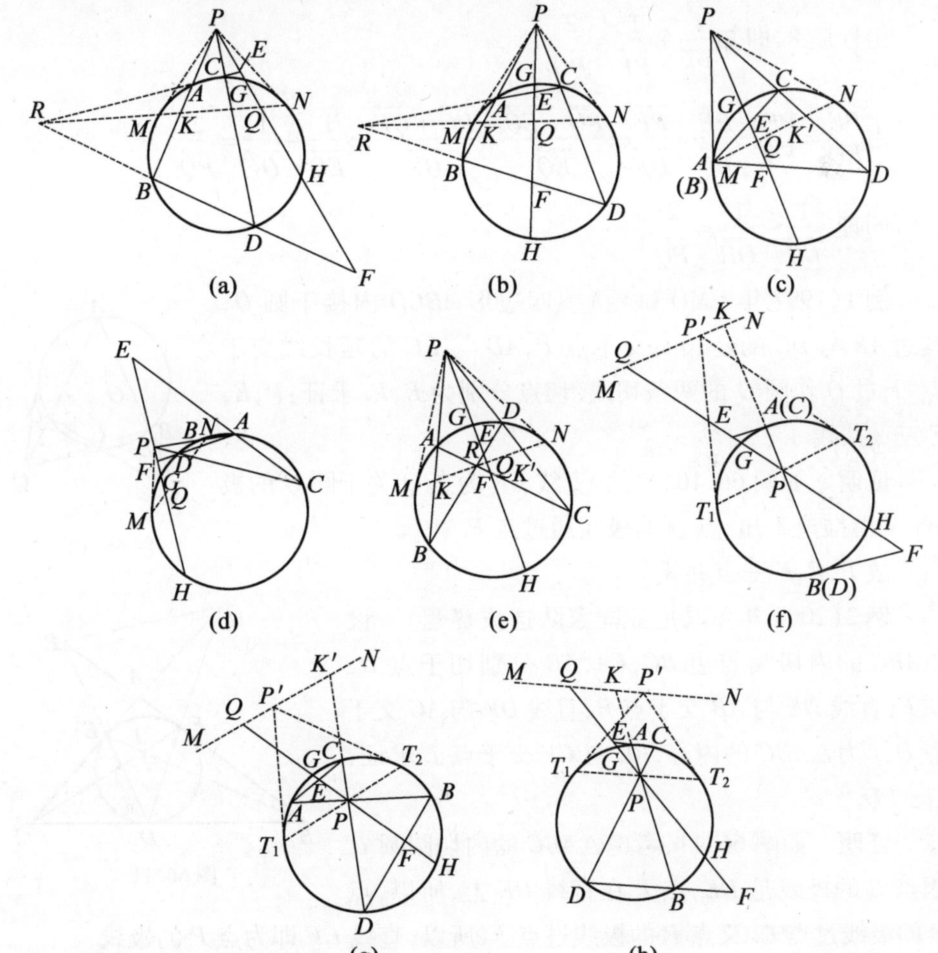

图 66.9

推论5 同性质8的条件,则

$$\frac{1}{\overrightarrow{PG}}+\frac{1}{\overrightarrow{PH}}=\frac{1}{\overrightarrow{PE}}+\frac{1}{\overrightarrow{PF}}=\frac{2}{\overrightarrow{PQ}}=\frac{1}{\overrightarrow{EQ}}-\frac{1}{\overrightarrow{QF}}=\frac{1}{\overrightarrow{GQ}}-\frac{1}{\overrightarrow{QH}}$$

事实上,由性质4,有

$$\frac{PG}{GQ}=\frac{PH}{HQ}\Leftrightarrow\frac{GQ}{PG}=\frac{QH}{PH}\Leftrightarrow\frac{PQ-PG}{PG}=\frac{PH-PQ}{PH}$$

$$\Leftrightarrow\frac{PQ}{PG}+\frac{PQ}{PH}=2\Leftrightarrow\frac{1}{\overrightarrow{PG}}+\frac{1}{\overrightarrow{PH}}=\frac{2}{\overrightarrow{PQ}}$$

由性质8,即知$\frac{1}{\overrightarrow{PE}}+\frac{1}{\overrightarrow{PF}}=\frac{2}{\overrightarrow{PQ}}$.

由$\frac{PE}{EQ}=\frac{PF}{FQ}\Leftrightarrow\frac{\overrightarrow{PE}}{\overrightarrow{EQ}}=\frac{\overrightarrow{PF}}{\overrightarrow{QF}}\Leftrightarrow\frac{\overrightarrow{PQ}-\overrightarrow{EQ}}{\overrightarrow{EQ}}=\frac{\overrightarrow{PQ}+\overrightarrow{QF}}{\overrightarrow{QF}}\Leftrightarrow\frac{1}{\overrightarrow{EQ}}-\frac{1}{\overrightarrow{QF}}=\frac{2}{\overrightarrow{PQ}}$.

同理,$\frac{1}{\overrightarrow{GQ}}-\frac{1}{\overrightarrow{QH}}=\frac{2}{\overrightarrow{PQ}}$.

例1(1997年CMO试题) 四边形$ABCD$内接于圆O,其边AB与DC的延长线交于点P,AD与BC的延长线交于点Q,过Q作圆O的两条切线,切点分别为E,F.求证:P,E,F三点共线.

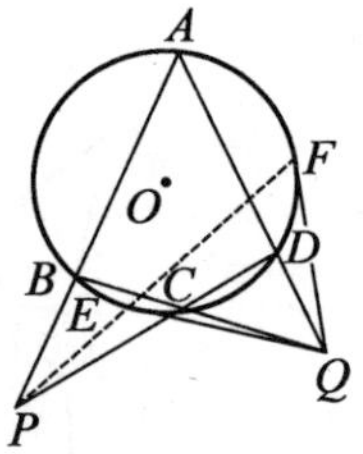

图66.10

证明 如图66.10,显然,直线EF为点Q关于圆O的极线.又由推论3知,点Q的极线通过点P.

故P,E,F三点共线.

例2(2004年罗马尼亚国家队选拔赛题) 设$\triangle ABC$的内切圆与边BC,CA,AB分别切于点D,E,F,直线DE与AB交于点P,直线DF与AC交于点Q,I为$\triangle ABC$的内心,BE与CF交于点J.求证:$IJ\perp PQ$.

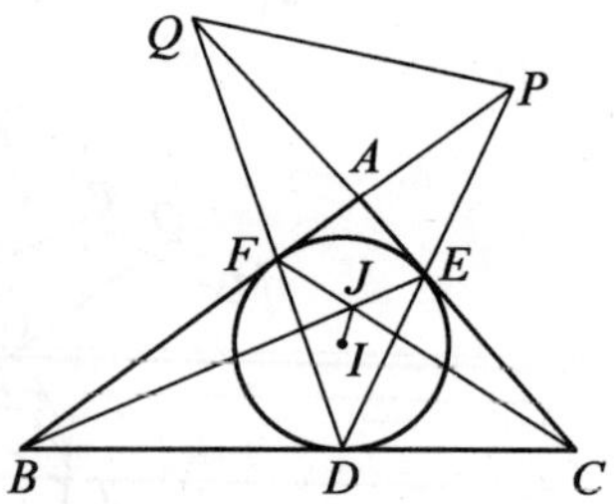

图66.11

证明 如图66.11,考虑$\triangle ABC$的内切圆圆I,因点C的极线是DE,点P在直线DE上,所以,点P的极线过点C.又点P的极线过点F,所以,直线CF即为点P的极线.

同理,点Q的极线是直线BE.

从而,CF 与 BE 的交点 J 的极线是 PQ,即知 $\triangle JPQ$ 为极点三角形.

故 $IJ\perp PQ$.

例 3(1994 年 IMO35 试题)　$\triangle ABC$ 是一个等腰三角形,$AB=AC$. 假如:(1)M是 BC 的中点,O 是直线 AM 上的点,使得 OB 垂直于 AB;(2)Q 是线段 BC 上不同于 B 和 C 的一个任意点;(3)E 在直线 AB 上,F 在直线 AC 上,使得 E,Q 和 F 是不同的三个共线点. 求证:OQ 垂直于 EF,当且仅当 $QE=QF$.

证明　如图 66.12,以 O 为圆心,OB 为半径作圆,则由 $OB\perp AB$ 知,BE 切圆 O 于点 B. 又 $AB=AC$,O 为 BC 中垂线上的点,则知 FC 切圆 O 于点 C.

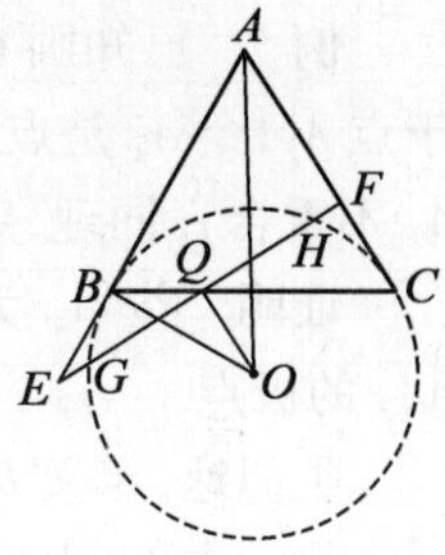

图 66.12

设 EF 交圆 O 于点 G,H,参见图 66.9(h),对于圆 O 内的点 Q,应用推论 5,则有

$$\frac{1}{\overrightarrow{QG}}+\frac{1}{\overrightarrow{QH}}=\frac{1}{\overrightarrow{QE}}+\frac{1}{\overrightarrow{QF}}\Leftrightarrow\frac{1}{QG}-\frac{1}{QH}=\frac{1}{QE}-\frac{1}{QF}$$

于是,$OQ\perp EF\Leftrightarrow QG=QH\Leftrightarrow QE=QF$.

例 4(2008 年印度国家队选拔赛题)　设 $\triangle ABC$ 的内切圆 Γ 与 BC 切于点 D,D'是圆 Γ 上的点,且 DD'为圆 Γ 的直径,过 D'作圆 Γ 的切线与 AD 交于点 X,过 X 作圆 Γ 的不同于 XD'的切线,切点为 N. 证明:$\triangle BCN$ 的外接圆与圆 Γ 切于点 N. 487

证明　由于 D'与 X 不重合,知 $AB\nparallel AC$.

不妨设 $AB>AC$,如图 66.13,设圆 Γ 与 AC,AB 分别切于点 E,F,且设直线 FE 与直线 BC 交于点 K,则 K 是点 A 关于圆 Γ 的极线 FE 上的点,由性质 1,知 A 也是点 K 关于圆 Γ 的极线上的点.

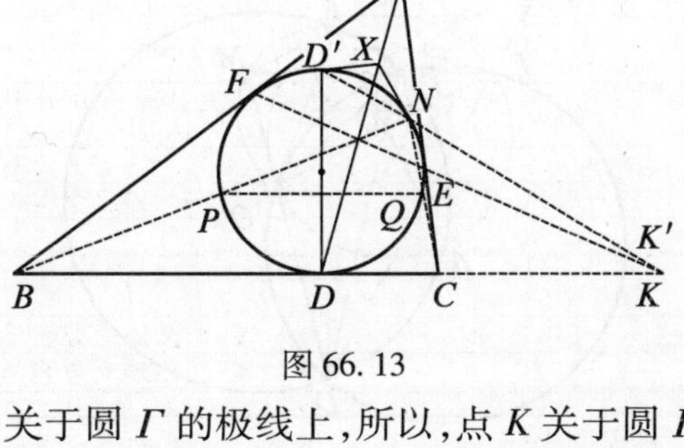

图 66.13

又点 D 在点 K 关于圆 Γ 的极线上,所以,点 K 关于圆 Γ 的极线为 AD.

同理,设直线 $D'N$ 与 BC 交于点 K',则 K'关于圆 Γ 的极线为 DX.

由于 AD 与 DX 为同一条直线,因此,K'重合于 K.

注意到 B,C,D,K 为调和点列,且 $\angle D'ND=90°$,由调和点列的性质,知 ND 平分 $\angle BNC$.

设 NB,NC 分别与圆 Γ 交于点 P,Q,则 D 为弧 $\overset{\frown}{PQ}$ 的中点,于是 $PQ /\!/ BC$.

由 $\angle XNP=\angle PQN=\angle BCN$,知 XN 与 $\triangle BCN$ 的外接圆切于点 N. 从而,$\triangle BCN$ 的外接圆与圆 Γ 切于点 N.

例 5 已知圆 O 为非等腰 $\triangle ABC$ 的外接圆,过点 A 作圆 O 的切线与 BC 交于点 A_1,令 A_2 是点 A 关于点 O 的对称点,直线 A_1A_2 与圆 O 交于点 A_3(A_3 与点 A_2 不重合). 同理,定义点 B_3,C_3. 证明:AA_3,BB_3,CC_3 三线共点.

证明 令 A_4 为 AA_1 的中点. 由 $\angle AA_3A_2=90°$,得 $A_4A_3=A_4A$. 从而,A_4 是 AA_3 的极点.

类似地,定义 B_4 和 C_4,则 B_4,C_4 分别为 BB_3,CC_3 的极点.

另一方面,由帕斯卡定理知,A_1,B_1,C_1 三点共线.

对四边形 AB_1BA_1 应用牛顿定理知,A_4,B_4,C_4 三点共线.

由于 AA_3,BB_3,CC_3 的极点共线,从而,AA_3,BB_3,CC_3 三线共点.

例 6 已知 A,B 是以 R 为半径的圆 O 上的两点,且 $R<AB<2R$,以 $r(0<r<R)$ 为半径的圆 A 与圆 O 交于点 C,D(点 C 在劣弧 $\overset{\frown}{AB}$ 上),过点 B 作圆 A 的两条切线,与圆 A 分别切于点 E,F,且 E 在圆 O 外. 若 EC 与 DF 交于点 M,证明:B,C,F,M 四点共圆.

证明 如图 66.14,设 EF 与 CD 交于点 Q,ED 与 CF 交于点 T.

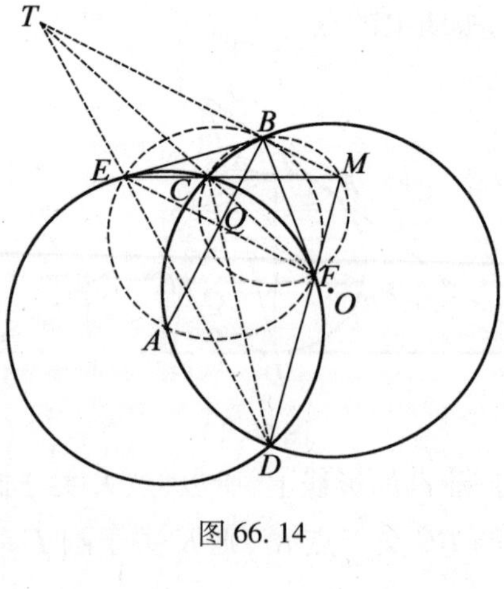

图 66.14

在退化六边形 $EEDFFC$ 中，由帕斯卡定理知 T,B,M 三点共线.

因为四边形 $ECFD$ 外接于圆 A，且 T,M 为对边交点，Q 为对角线交点，所以，直线 TM 为点 Q 关于圆 A 的极线. 从而，$AQ\perp TM$.

又 $AB\perp EF$，则 $EF/\!/TM$. 故 $\angle BMC=\angle MEF=\angle CFB$，即 B,C,F,M 四点共圆.

例 7 已知圆 I 为 $\triangle ABC$ 的内切圆，与边 CA,AB 分别切于点 E,F. 令 E,F 关于点 I 的对称点分别为 G,H,Q 为 GH 与 BC 的交点，M 为 BC 的中点. 证明：$IQ\perp IM$.

证明 首先注意到一个有关内切圆及旁切圆的简单结论：$\triangle ABC$ 的内切圆圆 I 与边 BC 切于点 D，D 关于点 I 的对称点为 D'，联结 AD' 并延长与边 BC 交于点 R，则 $BR=DC$.

这个结论应用位似变换即证.

回到原题.

如图 66.15，作点 D 关于点 I 的对称点 D'，过 D' 作圆 I 的切线（边 BC 的平行线）与 EF 的延长线交于点 Q'，延长 AD'，分别与圆 I，边 BC 交于点 T,R.

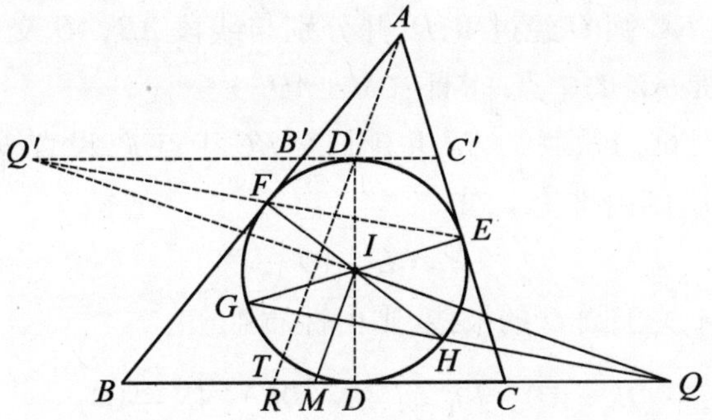

图 66.15

由于点 A 关于圆 I 的极线为直线 EF，点 Q' 在直线 EF 上，即点 Q' 在点 A 关于圆 I 的极线上，从而，点 A 在点 Q' 关于圆 I 的极线上.

因为 $Q'D'$ 与圆 I 相切，所以，点 D' 也在点 Q' 的极线上. 故直线 AD' 即为 Q' 关于圆 I 的极线. 所以，直线 $Q'I$ 垂直于极线 AR. 又由前述结论知 $BR=DC$，而 M 为边 BC 的中点，故 $RM=MD$. 因此，MI 为 $\triangle RDD'$ 的中位线. 于是，$IM/\!/RD'$.

因为 G,H,D 分别为 E,F,D' 关于点 I 的对称点，$Q'D'/\!/DQ$，所以，点 Q' 关

于点 I 的对称点即为点 Q.

综上,$IQ\perp IM$.

例 8　证明:双心四边形(既有外接圆,又有内切圆的四边形)的两个圆心与其对角线的交点共线.

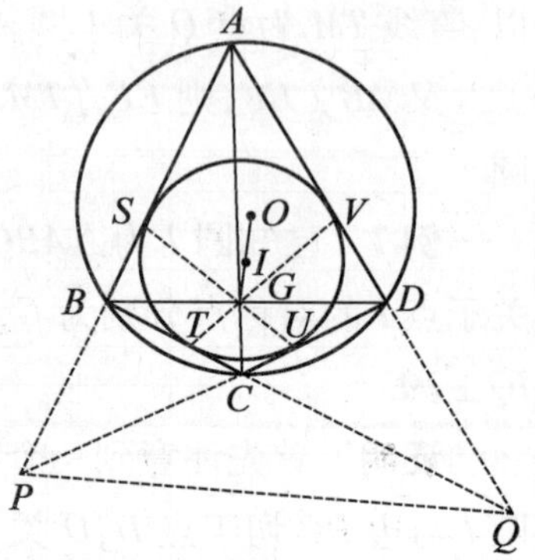

图 66.16

证明　如图 66.16,设四边形 $ABCD$ 内接于圆 O,外切于圆 I,对角线 AC 与 BD 交于点 G,且圆 I 分别与 AB,BC,CD,DA 切于点 S,T,U,V. 由牛顿定理,知 SU 与 TV 也交于点 G.

若四边形 $ABCD$ 为梯形,则结论虽然成立,三点共线于两底中点的连线. 若四边形 $ABCD$ 不为梯形,则可设直线 AB 与 CD 交于点 P,直线 AD 与 BC 交于点 Q.

于是,直线 PQ 是点 G 关于圆 O 的极线. 对于圆 I 来说,直线 SU 的极点为 P,直线 TV 的极点为 Q,直线 PQ 是点 G 关于圆 I 的极线.

因此,由推论 4,知 $OG\perp PQ$,$IG\perp PQ$. 故 O,I,G 三点共线.

例 9(2009 年中国国家队选拔考试试题)　设 D 是 $\triangle ABC$ 的边 BC 上一点,满足 $\angle CAD=\angle CBA$. 圆 O 经过 B,D,并分别与线段 AB,AD 交于点 E,F,BF 与 DE 交于点 G,M 是 AG 的中点. 求证:$CM\perp AO$.

证法 1　如图 66.17,联结 EF 并延长交 BC 于点 P,设直线 GP 分别交 AD,直线 AC 于点 K,L,则由推论 4,知

$$GL\perp AO \quad ①$$

又 GP 是点 A 关于圆 O 的极线,则由性质 4,知

$$\frac{AF}{FK}=\frac{AD}{DK}\Leftrightarrow AF\cdot DK=AD\cdot FK=(AK+DK)(AK-AF)$$

$$\Leftrightarrow 2AF\cdot DK=AK(AK-AF+DK)=AK(FK\cdot DK)=AK\cdot DF$$

$$\Leftrightarrow 2AF\cdot DK=AK\cdot DF \quad ②$$

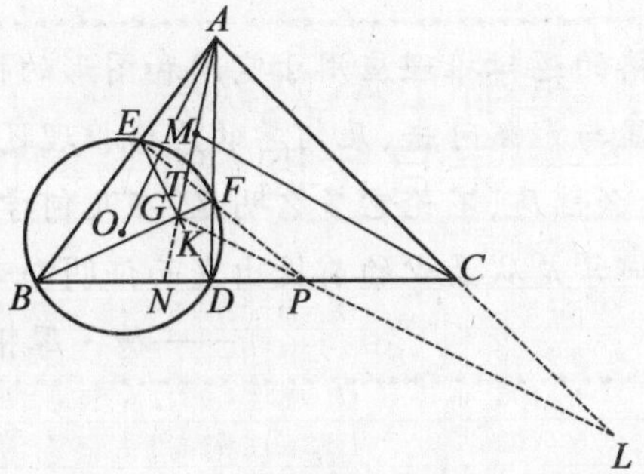

图 66.17

注意到 B,D,F,E 共圆,有 $\angle CAD=\angle CBA=\angle DBA=\angle EFA$,从而知直线 $EFP /\!/$ 直线 ACL,即有

$$\frac{CP}{PD}=\frac{AF}{FD} \quad ③$$

对 $\triangle ADC$ 及截线 KPL 应用梅涅劳斯定理,有

$$\frac{AL}{LC}\cdot\frac{CP}{PD}\cdot\frac{DK}{KA}=1 \quad ④$$

将式②,③代入式④,得 $\frac{AL}{LC}=2$.

注意到 $AG=2AM$,即知 MC 是 $\triangle AGL$ 的中位线.

于是 $MC/\!/GL$. 注意到式①,故知 $CM\perp AO$.

证法 2 如图 66.17,同证法 1,有 $GP\perp AO$ 及 $EP/\!/AC$,则

$$\frac{NP}{PC}=\frac{NT}{TA} \quad ⑤$$

由性质 8,知 A,G 调和分割 TN,即

$$\frac{TG}{AT}=\frac{NG}{AN}\Leftrightarrow\frac{AG-AT}{AT}=\frac{NG}{NG+AG}$$

$$\Leftrightarrow 2AT\cdot NG=AG(NG+AG-AT)=2MG\cdot TN$$

$$\Leftrightarrow\frac{NT}{TA}=\frac{NG}{GM} \quad ⑥$$

由式⑤,⑥有 $\frac{NP}{PC}=\frac{NG}{GM}$,从而有 $GP/\!/MC$.

再注意到式①,故知 $CM\perp AO$.

几何学把严格的逻辑推理应用于空间和图形的性质,不论这些性质本身是何等明显与无懈可击,几何学的严格推理还要把它向前推进一步,亦即无论什么性质,不论它多么明显,在几何学中仍然不允许不加证明.因此,几何学是从最少的前提出发而证明全部几何真理的.

——德·摩根(A. De Morgan)

刘培杰数学工作室
已出版(即将出版)图书目录——初等数学

书 名	出版时间	定 价	编号
新编中学数学解题方法全书(高中版)上卷	2007—09	38.00	7
新编中学数学解题方法全书(高中版)中卷	2007—09	48.00	8
新编中学数学解题方法全书(高中版)下卷(一)	2007—09	42.00	17
新编中学数学解题方法全书(高中版)下卷(二)	2007—09	38.00	18
新编中学数学解题方法全书(高中版)下卷(三)	2010—06	58.00	73
新编中学数学解题方法全书(初中版)上卷	2008—01	28.00	29
新编中学数学解题方法全书(初中版)中卷	2010—07	38.00	75
新编中学数学解题方法全书(高考复习卷)	2010—01	48.00	67
新编中学数学解题方法全书(高考真题卷)	2010—01	38.00	62
新编中学数学解题方法全书(高考精华卷)	2011—03	68.00	118
新编平面解析几何解题方法全书(专题讲座卷)	2010—01	18.00	61
新编中学数学解题方法全书(自主招生卷)	2013—08	88.00	261

数学奥林匹克与数学文化(第一辑)	2006—05	48.00	4
数学奥林匹克与数学文化(第二辑)(竞赛卷)	2008—01	48.00	19
数学奥林匹克与数学文化(第二辑)(文化卷)	2008—07	58.00	36′
数学奥林匹克与数学文化(第三辑)(竞赛卷)	2010—01	48.00	59
数学奥林匹克与数学文化(第四辑)(竞赛卷)	2011—08	58.00	87
数学奥林匹克与数学文化(第五辑)	2015—06	98.00	370

世界著名平面几何经典著作钩沉——几何作图专题卷(上)	2009—06	48.00	49
世界著名平面几何经典著作钩沉——几何作图专题卷(下)	2011—01	88.00	80
世界著名平面几何经典著作钩沉(民国平面几何老课本)	2011—03	38.00	113
世界著名平面几何经典著作钩沉(建国初期平面三角老课本)	2015—08	38.00	507
世界著名解析几何经典著作钩沉——平面解析几何卷	2014—01	38.00	264
世界著名数论经典著作钩沉(算术卷)	2012—01	28.00	125
世界著名数学经典著作钩沉——立体几何卷	2011—02	28.00	88
世界著名三角学经典著作钩沉(平面三角卷Ⅰ)	2010—06	28.00	69
世界著名三角学经典著作钩沉(平面三角卷Ⅱ)	2011—01	38.00	78
世界著名初等数论经典著作钩沉(理论和实用算术卷)	2011—07	38.00	126

发展你的空间想象力	2017—06	38.00	785
走向国际数学奥林匹克的平面几何试题诠释(上、下)(第1版)	2007—01	68.00	11,12
走向国际数学奥林匹克的平面几何试题诠释(上、下)(第2版)	2010—02	98.00	63,64
平面几何证明方法全书	2007—08	35.00	1
平面几何证明方法全书习题解答(第1版)	2005—10	18.00	2
平面几何证明方法全书习题解答(第2版)	2006—12	18.00	10
平面几何天天练上卷・基础篇(直线型)	2013—01	58.00	208
平面几何天天练中卷・基础篇(涉及圆)	2013—01	28.00	234
平面几何天天练下卷・提高篇	2013—01	58.00	237
平面几何专题研究	2013—07	98.00	258

刘培杰数学工作室
已出版(即将出版)图书目录——初等数学

书　　名	出版时间	定　价	编号
最新世界各国数学奥林匹克中的平面几何试题	2007－09	38.00	14
数学竞赛平面几何典型题及新颖解	2010－07	48.00	74
初等数学复习及研究(平面几何)	2008－09	58.00	38
初等数学复习及研究(立体几何)	2010－06	38.00	71
初等数学复习及研究(平面几何)习题解答	2009－01	48.00	42
几何学教程(平面几何卷)	2011－03	68.00	90
几何学教程(立体几何卷)	2011－07	68.00	130
几何变换与几何证题	2010－06	88.00	70
计算方法与几何证题	2011－06	28.00	129
立体几何技巧与方法	2014－04	88.00	293
几何瑰宝——平面几何 500 名题暨 1000 条定理(上、下)	2010－07	138.00	76,77
三角形的解法与应用	2012－07	18.00	183
近代的三角形几何学	2012－07	48.00	184
一般折线几何学	2015－08	48.00	503
三角形的五心	2009－06	28.00	51
三角形的六心及其应用	2015－10	68.00	542
三角形趣谈	2012－08	28.00	212
解三角形	2014－01	28.00	265
三角学专门教程	2014－09	28.00	387
图天下几何新题试卷.初中(第 2 版)	2017－11	58.00	855
圆锥曲线习题集(上册)	2013－06	68.00	255
圆锥曲线习题集(中册)	2015－01	78.00	434
圆锥曲线习题集(下册・第 1 卷)	2016－10	78.00	683
圆锥曲线习题集(下册・第 2 卷)	2018－01	98.00	853
论九点圆	2015－05	88.00	645
近代欧氏几何学	2012－03	48.00	162
罗巴切夫斯基几何学及几何基础概要	2012－07	28.00	188
罗巴切夫斯基几何学初步	2015－06	28.00	474
用三角、解析几何、复数、向量计算解数学竞赛几何题	2015－03	48.00	455
美国中学几何教程	2015－04	88.00	458
三线坐标与三角形特征点	2015－04	98.00	460
平面解析几何方法与研究(第 1 卷)	2015－05	18.00	471
平面解析几何方法与研究(第 2 卷)	2015－06	18.00	472
平面解析几何方法与研究(第 3 卷)	2015－07	18.00	473
解析几何研究	2015－01	38.00	425
解析几何学教程.上	2016－01	38.00	574
解析几何学教程.下	2016－01	38.00	575
几何学基础	2016－01	58.00	581
初等几何研究	2015－02	58.00	444
十九和二十世纪欧氏几何学中的片段	2017－01	58.00	696
平面几何中考.高考.奥数一本通	2017－07	28.00	820
几何学简史	2017－08	28.00	833
四面体	2018－01	48.00	880
平面几何图形特性新析.上篇	即将出版		911
平面几何图形特性新析.下篇	2018－06	88.00	912
平面几何范例多解探究.上篇	2018－04	48.00	913
平面几何范例多解探究.下篇	即将出版		914

刘培杰数学工作室
已出版(即将出版)图书目录——初等数学

书 名	出版时间	定 价	编号
俄罗斯平面几何问题集	2009-08	88.00	55
俄罗斯立体几何问题集	2014-03	58.00	283
俄罗斯几何大师——沙雷金论数学及其他	2014-01	48.00	271
来自俄罗斯的5000道几何习题及解答	2011-03	58.00	89
俄罗斯初等数学问题集	2012-05	38.00	177
俄罗斯函数问题集	2011-03	38.00	103
俄罗斯组合分析问题集	2011-01	48.00	79
俄罗斯初等数学万题选——三角卷	2012-11	38.00	222
俄罗斯初等数学万题选——代数卷	2013-08	68.00	225
俄罗斯初等数学万题选——几何卷	2014-01	68.00	226
463个俄罗斯几何老问题	2012-01	28.00	152
谈谈素数	2011-03	18.00	91
平方和	2011-03	18.00	92
整数论	2011-05	38.00	120
从整数谈起	2015-10	28.00	538
数与多项式	2016-01	38.00	558
谈谈不定方程	2011-05	28.00	119
解析不等式新论	2009-06	68.00	48
建立不等式的方法	2011-03	98.00	104
数学奥林匹克不等式研究	2009-08	68.00	56
不等式研究(第二辑)	2012-02	68.00	153
不等式的秘密(第一卷)	2012-02	28.00	154
不等式的秘密(第一卷)(第2版)	2014-02	38.00	286
不等式的秘密(第二卷)	2014-01	38.00	268
初等不等式的证明方法	2010-06	38.00	123
初等不等式的证明方法(第二版)	2014-11	38.00	407
不等式·理论·方法(基础卷)	2015-07	38.00	496
不等式·理论·方法(经典不等式卷)	2015-07	38.00	497
不等式·理论·方法(特殊类型不等式卷)	2015-07	48.00	498
不等式探究	2016-03	38.00	582
不等式探秘	2017-01	88.00	689
四面体不等式	2017-01	68.00	715
数学奥林匹克中常见重要不等式	2017-09	38.00	845
同余理论	2012-05	38.00	163
[x]与{x}	2015-04	48.00	476
极值与最值.上卷	2015-06	28.00	486
极值与最值.中卷	2015-06	38.00	487
极值与最值.下卷	2015-06	28.00	488
整数的性质	2012-11	38.00	192
完全平方数及其应用	2015-08	78.00	506
多项式理论	2015-10	88.00	541
奇数、偶数、奇偶分析法	2018-01	98.00	876

刘培杰数学工作室

已出版(即将出版)图书目录——初等数学

书　　名	出版时间	定　价	编号
历届美国中学生数学竞赛试题及解答(第一卷)1950—1954	2014—07	18.00	277
历届美国中学生数学竞赛试题及解答(第二卷)1955—1959	2014—04	18.00	278
历届美国中学生数学竞赛试题及解答(第三卷)1960—1964	2014—06	18.00	279
历届美国中学生数学竞赛试题及解答(第四卷)1965—1969	2014—04	28.00	280
历届美国中学生数学竞赛试题及解答(第五卷)1970—1972	2014—06	18.00	281
历届美国中学生数学竞赛试题及解答(第六卷)1973—1980	2017—07	18.00	768
历届美国中学生数学竞赛试题及解答(第七卷)1981—1986	2015—01	18.00	424
历届美国中学生数学竞赛试题及解答(第八卷)1987—1990	2017—05	18.00	769

历届 IMO 试题集(1959—2005)	2006—05	58.00	5
历届 CMO 试题集	2008—09	28.00	40
历届中国数学奥林匹克试题集(第 2 版)	2017—03	38.00	757
历届加拿大数学奥林匹克试题集	2012—08	38.00	215
历届美国数学奥林匹克试题集:多解推广加强	2012—08	38.00	209
历届美国数学奥林匹克试题集:多解推广加强(第 2 版)	2016—03	48.00	592
历届波兰数学竞赛试题集.第 1 卷,1949～1963	2015—03	18.00	453
历届波兰数学竞赛试题集.第 2 卷,1964～1976	2015—03	18.00	454
历届巴尔干数学奥林匹克试题集	2015—05	38.00	466
保加利亚数学奥林匹克	2014—10	38.00	393
圣彼得堡数学奥林匹克试题集	2015—01	38.00	429
匈牙利奥林匹克数学竞赛题解.第 1 卷	2016—05	28.00	593
匈牙利奥林匹克数学竞赛题解.第 2 卷	2016—05	28.00	594
历届美国数学邀请赛试题集(第 2 版)	2017—10	78.00	851
全国高中数学竞赛试题及解答.第 1 卷	2014—07	38.00	331
普林斯顿大学数学竞赛	2016—06	38.00	669
亚太地区数学奥林匹克竞赛题	2015—07	18.00	492
日本历届(初级)广中杯数学竞赛试题及解答.第 1 卷(2000～2007)	2016—05	28.00	641
日本历届(初级)广中杯数学竞赛试题及解答.第 2 卷(2008～2015)	2016—05	38.00	642
360 个数学竞赛问题	2016—08	58.00	677
奥数最佳实战题.上卷	2017—06	38.00	760
奥数最佳实战题.下卷	2017—05	58.00	761
哈尔滨市早期中学数学竞赛试题汇编	2016—07	28.00	672
全国高中数学联赛试题及解答:1981—2017(第 2 版)	2018—05	98.00	920
20 世纪 50 年代全国部分城市数学竞赛试题汇编	2017—07	28.00	797
高中数学竞赛培训教程:平面几何问题的求解方法与策略.上	2018—05	68.00	906
高中数学竞赛培训教程:平面几何问题的求解方法与策略.下	2018—06	78.00	907
高中数学竞赛培训教程:整除与同余以及不定方程	2018—01	88.00	908
高中数学竞赛培训教程:组合计数与组合极值	2018—04	48.00	909
国内外数学竞赛题及精解:2016～2017	2018—07	45.00	922

高考数学临门一脚(含密押三套卷)(理科版)	2017—01	45.00	743
高考数学临门一脚(含密押三套卷)(文科版)	2017—01	45.00	744
新课标高考数学题型全归纳(文科版)	2015—05	72.00	467
新课标高考数学题型全归纳(理科版)	2015—05	82.00	468
洞穿高考数学解答题核心考点(理科版)	2015—11	49.80	550
洞穿高考数学解答题核心考点(文科版)	2015—11	46.80	551

刘培杰数学工作室
已出版(即将出版)图书目录——初等数学

书 名	出版时间	定 价	编号
高考数学题型全归纳:文科版.上	2016—05	53.00	663
高考数学题型全归纳:文科版.下	2016—05	53.00	664
高考数学题型全归纳:理科版.上	2016—05	58.00	665
高考数学题型全归纳:理科版.下	2016—05	58.00	666
王连笑教你怎样学数学:高考选择题解题策略与客观题实用训练	2014—01	48.00	262
王连笑教你怎样学数学:高考数学高层次讲座	2015—02	48.00	432
高考数学的理论与实践	2009—08	38.00	53
高考数学核心题型解题方法与技巧	2010—01	28.00	86
高考思维新平台	2014—03	38.00	259
30 分钟拿下高考数学选择题、填空题(理科版)	2016—10	39.80	720
30 分钟拿下高考数学选择题、填空题(文科版)	2016—10	39.80	721
高考数学压轴题解题诀窍(上)(第 2 版)	2018—01	58.00	874
高考数学压轴题解题诀窍(下)(第 2 版)	2018—01	48.00	875
北京市五区文科数学三年高考模拟题详解:2013～2015	2015—08	48.00	500
北京市五区理科数学三年高考模拟题详解:2013～2015	2015—09	68.00	505
向量法巧解数学高考题	2009—08	28.00	54
高考数学万能解题法(第 2 版)	即将出版	38.00	691
高考物理万能解题法(第 2 版)	即将出版	38.00	692
高考化学万能解题法(第 2 版)	即将出版	28.00	693
高考生物万能解题法(第 2 版)	即将出版	28.00	694
高考数学解题金典(第 2 版)	2017—01	78.00	716
高考物理解题金典(第 2 版)	即将出版	68.00	717
高考化学解题金典(第 2 版)	即将出版	58.00	718
我一定要赚分:高中物理	2016—01	38.00	580
数学高考参考	2016—01	78.00	589
2011～2015 年全国及各省市高考数学文科精品试题审题要津与解法研究	2015—10	68.00	539
2011～2015 年全国及各省市高考数学理科精品试题审题要津与解法研究	2015—10	88.00	540
最新全国及各省市高考数学试卷解法研究及点拨评析	2009—02	38.00	41
2011 年全国及各省市高考数学试题审题要津与解法研究	2011—10	48.00	139
2013 年全国及各省市高考数学试题解析与点评	2014—01	48.00	282
全国及各省市高考数学试题审题要津与解法研究	2015—02	48.00	450
新课标高考数学——五年试题分章详解(2007～2011)(上、下)	2011—10	78.00	140,141
全国中考数学压轴题审题要津与解法研究	2013—04	78.00	248
新编全国及各省市中考数学压轴题审题要津与解法研究	2014—05	58.00	342
全国及各省市 5 年中考数学压轴题审题要津与解法研究(2015 版)	2015—04	58.00	462
中考数学专题总复习	2007—04	28.00	6
中考数学较难题、难题常考题型解题方法与技巧.上	2016—01	48.00	584
中考数学较难题、难题常考题型解题方法与技巧.下	2016—01	58.00	585
中考数学较难题常考题型解题方法与技巧	2016—09	48.00	681
中考数学难题常考题型解题方法与技巧	2016—09	48.00	682
中考数学选择填空压轴好题妙解 365	2017—05	38.00	759

刘培杰数学工作室
已出版(即将出版)图书目录——初等数学

书　　名	出版时间	定　价	编号
中考数学小压轴汇编初讲	2017—07	48.00	788
中考数学大压轴专题微言	2017—09	48.00	846
北京中考数学压轴题解题方法突破(第3版)	2017—11	48.00	854
助你高考成功的数学解题智慧:知识是智慧的基础	2016—01	58.00	596
助你高考成功的数学解题智慧:错误是智慧的试金石	2016—04	58.00	643
助你高考成功的数学解题智慧:方法是智慧的推手	2016—04	68.00	657
高考数学奇思妙解	2016—04	38.00	610
高考数学解题策略	2016—05	48.00	670
数学解题泄天机(第2版)	2017—10	48.00	850
高考物理压轴题全解	2017—04	48.00	746
高中物理经典问题25讲	2017—05	28.00	764
高中物理教学讲义	2018—01	48.00	871
2016年高考文科数学真题研究	2017—04	58.00	754
2016年高考理科数学真题研究	2017—04	78.00	755
初中数学、高中数学脱节知识补缺教材	2017—06	48.00	766
高考数学小题抢分必练	2017—10	48.00	834
高考数学核心素养解读	2017—09	38.00	839
高考数学客观题解题方法和技巧	2017—10	38.00	847
十年高考数学精品试题审题要津与解法研究.上卷	2018—01	68.00	872
十年高考数学精品试题审题要津与解法研究.下卷	2018—01	58.00	873
中国历届高考数学试题及解答.1949—1979	2018—01	38.00	877
数学文化与高考研究	2018—03	48.00	882
跟我学解高中数学题	2018—07	58.00	926
中学数学研究的方法及案例	2018—05	58.00	869

新编640个世界著名数学智力趣题	2014—01	88.00	242
500个最新世界著名数学智力趣题	2008—06	48.00	3
400个最新世界著名数学最值问题	2008—09	48.00	36
500个世界著名数学征解问题	2009—06	48.00	52
400个中国最佳初等数学征解老问题	2010—01	48.00	60
500个俄罗斯数学经典老题	2011—01	28.00	81
1000个国外中学物理好题	2012—04	48.00	174
300个日本高考数学题	2012—05	38.00	142
700个早期日本高考数学试题	2017—02	88.00	752
500个前苏联早期高考数学试题及解答	2012—05	28.00	185
546个早期俄罗斯大学生数学竞赛题	2014—03	38.00	285
548个来自美苏的数学好问题	2014—11	28.00	396
20所苏联著名大学早期入学试题	2015—02	18.00	452
161道德国工科大学生必做的微分方程习题	2015—05	28.00	469
500个德国工科大学生必做的高数习题	2015—06	28.00	478
360个数学竞赛问题	2016—08	58.00	677
200个趣味数学故事	2018—02	48.00	857
德国讲义日本考题.微积分卷	2015—04	48.00	456
德国讲义日本考题.微分方程卷	2015—04	38.00	457
二十世纪中叶中、英、美、日、法、俄高考数学试题精选	2017—06	38.00	783

刘培杰数学工作室
已出版(即将出版)图书目录——初等数学

书　名	出版时间	定　价	编号
中国初等数学研究　2009 卷(第 1 辑)	2009－05	20.00	45
中国初等数学研究　2010 卷(第 2 辑)	2010－05	30.00	68
中国初等数学研究　2011 卷(第 3 辑)	2011－07	60.00	127
中国初等数学研究　2012 卷(第 4 辑)	2012－07	48.00	190
中国初等数学研究　2014 卷(第 5 辑)	2014－02	48.00	288
中国初等数学研究　2015 卷(第 6 辑)	2015－06	68.00	493
中国初等数学研究　2016 卷(第 7 辑)	2016－04	68.00	609
中国初等数学研究　2017 卷(第 8 辑)	2017－01	98.00	712

几何变换(Ⅰ)	2014－07	28.00	353
几何变换(Ⅱ)	2015－06	28.00	354
几何变换(Ⅲ)	2015－01	38.00	355
几何变换(Ⅳ)	2015－12	38.00	356

初等数论难题集(第一卷)	2009－05	68.00	44
初等数论难题集(第二卷)(上、下)	2011－02	128.00	82,83
数论概貌	2011－03	18.00	93
代数数论(第二版)	2013－08	58.00	94
代数多项式	2014－06	38.00	289
初等数论的知识与问题	2011－02	28.00	95
超越数论基础	2011－03	28.00	96
数论初等教程	2011－03	28.00	97
数论基础	2011－03	18.00	98
数论基础与维诺格拉多夫	2014－03	18.00	292
解析数论基础	2012－08	28.00	216
解析数论基础(第二版)	2014－01	48.00	287
解析数论问题集(第二版)(原版引进)	2014－05	88.00	343
解析数论问题集(第二版)(中译本)	2016－04	88.00	607
解析数论基础(潘承洞,潘承彪著)	2016－07	98.00	673
解析数论导引	2016－07	58.00	674
数论入门	2011－03	38.00	99
代数数论入门	2015－03	38.00	448
数论开篇	2012－07	28.00	194
解析数论引论	2011－03	48.00	100
Barban Davenport Halberstam 均值和	2009－01	40.00	33
基础数论	2011－03	28.00	101
初等数论 100 例	2011－05	18.00	122
初等数论经典例题	2012－07	18.00	204
最新世界各国数学奥林匹克中的初等数论试题(上、下)	2012－01	138.00	144,145
初等数论(Ⅰ)	2012－01	18.00	156
初等数论(Ⅱ)	2012－01	18.00	157
初等数论(Ⅲ)	2012－01	28.00	158

刘培杰数学工作室
已出版(即将出版)图书目录——初等数学

书　　名	出版时间	定　价	编号
平面几何与数论中未解决的新老问题	2013—01	68.00	229
代数数论简史	2014—11	28.00	408
代数数论	2015—09	88.00	532
代数、数论及分析习题集	2016—11	98.00	695
数论导引提要及习题解答	2016—01	48.00	559
素数定理的初等证明. 第 2 版	2016—09	48.00	686
数论中的模函数与狄利克雷级数(第二版)	2017—11	78.00	837
数论:数学导引	2018—01	68.00	849

数学眼光透视(第 2 版)	2017—06	78.00	732
数学思想领悟(第 2 版)	2018—01	68.00	733
数学解题引论	2017—05	48.00	735
数学史话览胜(第 2 版)	2017—01	48.00	736
数学应用展观(第 2 版)	2017—08	68.00	737
数学建模尝试	2018—04	48.00	738
数学竞赛采风	2018—01	68.00	739
数学技能操握	2018—03	48.00	741
数学欣赏拾趣	2018—02	48.00	742

从毕达哥拉斯到怀尔斯	2007—10	48.00	9
从迪利克雷到维斯卡尔迪	2008—01	48.00	21
从哥德巴赫到陈景润	2008—05	98.00	35
从庞加莱到佩雷尔曼	2011—08	138.00	136

博弈论精粹	2008—03	58.00	30
博弈论精粹. 第二版(精装)	2015—01	88.00	461
数学 我爱你	2008—01	28.00	20
精神的圣徒　别样的人生——60 位中国数学家成长的历程	2008—09	48.00	39
数学史概论	2009—06	78.00	50
数学史概论(精装)	2013—03	158.00	272
数学史选讲	2016—01	48.00	544
斐波那契数列	2010—02	28.00	65
数学拼盘和斐波那契魔方	2010—07	38.00	72
斐波那契数列欣赏	2011—01	28.00	160
Fibonacci 数列中的明珠	2018—06	58.00	928
数学的创造	2011—02	48.00	85
数学美与创造力	2016—01	48.00	595
数海拾贝	2016—01	48.00	590
数学中的美	2011—02	38.00	84
数论中的美学	2014—12	38.00	351

刘培杰数学工作室
已出版(即将出版)图书目录——初等数学

书　名	出版时间	定　价	编号
数学王者　科学巨人——高斯	2015－01	28.00	428
振兴祖国数学的圆梦之旅:中国初等数学研究史话	2015－06	98.00	490
二十世纪中国数学史料研究	2015－10	48.00	536
数字谜、数阵图与棋盘覆盖	2016－01	58.00	298
时间的形状	2016－01	38.00	556
数学发现的艺术:数学探索中的合情推理	2016－07	58.00	671
活跃在数学中的参数	2016－07	48.00	675
数学解题——靠数学思想给力(上)	2011－07	38.00	131
数学解题——靠数学思想给力(中)	2011－07	48.00	132
数学解题——靠数学思想给力(下)	2011－07	38.00	133
我怎样解题	2013－01	48.00	227
数学解题中的物理方法	2011－06	28.00	114
数学解题的特殊方法	2011－06	48.00	115
中学数学计算技巧	2012－01	48.00	116
中学数学证明方法	2012－01	58.00	117
数学趣题巧解	2012－03	28.00	128
高中数学教学通鉴	2015－05	58.00	479
和高中生漫谈:数学与哲学的故事	2014－08	28.00	369
算术问题集	2017－03	38.00	789
自主招生考试中的参数方程问题	2015－01	28.00	435
自主招生考试中的极坐标问题	2015－04	28.00	463
近年全国重点大学自主招生数学试题全解及研究.华约卷	2015－02	38.00	441
近年全国重点大学自主招生数学试题全解及研究.北约卷	2016－05	38.00	619
自主招生数学解证宝典	2015－09	48.00	535
格点和面积	2012－07	18.00	191
射影几何趣谈	2012－04	28.00	175
斯潘纳尔引理——从一道加拿大数学奥林匹克试题谈起	2014－01	28.00	228
李普希兹条件——从几道近年高考数学试题谈起	2012－10	18.00	221
拉格朗日中值定理——从一道北京高考试题的解法谈起	2015－10	18.00	197
闵科夫斯基定理——从一道清华大学自主招生试题谈起	2014－01	28.00	198
哈尔测度——从一道冬令营试题的背景谈起	2012－08	28.00	202
切比雪夫逼近问题——从一道中国台北数学奥林匹克试题谈起	2013－04	38.00	238
伯恩斯坦多项式与贝齐尔曲面——从一道全国高中数学联赛试题谈起	2013－03	38.00	236
卡塔兰猜想——从一道普特南竞赛试题谈起	2013－06	18.00	256
麦卡锡函数和阿克曼函数——从一道前南斯拉夫数学奥林匹克试题谈起	2012－08	18.00	201
贝蒂定理与拉姆贝克莫斯尔定理——从一个拣石子游戏谈起	2012－08	18.00	217
皮亚诺曲线和豪斯道夫分球定理——从无限集谈起	2012－08	18.00	211
平面凸图形与凸多面体	2012－10	28.00	218
斯坦因豪斯问题——从一道二十五省市自治区中学数学竞赛试题谈起	2012－07	18.00	196

刘培杰数学工作室
已出版(即将出版)图书目录——初等数学

书　　名	出版时间	定　价	编号
纽结理论中的亚历山大多项式与琼斯多项式——从一道北京市高一数学竞赛试题谈起	2012—07	28.00	195
原则与策略——从波利亚"解题表"谈起	2013—04	38.00	244
转化与化归——从三大尺规作图不能问题谈起	2012—08	28.00	214
代数几何中的贝祖定理(第一版)——从一道 IMO 试题的解法谈起	2013—08	18.00	193
成功连贯理论与约当块理论——从一道比利时数学竞赛试题谈起	2012—04	18.00	180
素数判定与大数分解	2014—08	18.00	199
置换多项式及其应用	2012—10	18.00	220
椭圆函数与模函数——从一道美国加州大学洛杉矶分校(UCLA)博士资格考题谈起	2012—10	28.00	219
差分方程的拉格朗日方法——从一道 2011 年全国高考理科试题的解法谈起	2012—08	28.00	200
力学在几何中的一些应用	2013—01	38.00	240
高斯散度定理、斯托克斯定理和平面格林定理——从一道国际大学生数学竞赛试题谈起	即将出版		
康托洛维奇不等式——从一道全国高中联赛试题谈起	2013—03	28.00	337
西格尔引理——从一道第 18 届 IMO 试题的解法谈起	即将出版		
罗斯定理——从一道前苏联数学竞赛试题谈起	即将出版		
拉克斯定理和阿廷定理——从一道 IMO 试题的解法谈起	2014—01	58.00	246
毕卡大定理——从一道美国大学数学竞赛试题谈起	2014—07	18.00	350
贝齐尔曲线——从一道全国高中联赛试题谈起	即将出版		
拉格朗日乘子定理——从一道 2005 年全国高中联赛试题的高等数学解法谈起	2015—05	28.00	480
雅可比定理——从一道日本数学奥林匹克试题谈起	2013—04	48.00	249
李天岩一约克定理——从一道波兰数学竞赛试题谈起	2014—06	28.00	349
整系数多项式因式分解的一般方法——从克朗耐克算法谈起	即将出版		
布劳维不动点定理——从一道前苏联数学奥林匹克试题谈起	2014—01	38.00	273
伯恩赛德定理——从一道英国数学奥林匹克试题谈起	即将出版		
布查特一莫斯特定理——从一道上海市初中竞赛试题谈起	即将出版		
数论中的同余数问题——从一道普特南竞赛试题谈起	即将出版		
范·德蒙行列式——从一道美国数学奥林匹克试题谈起	即将出版		
中国剩余定理:总数法构建中国历史年表	2015—01	28.00	430
牛顿程序与方程求根——从一道全国高考试题解法谈起	即将出版		
库默尔定理——从一道 IMO 预选试题谈起	即将出版		
卢丁定理——从一道冬令营试题的解法谈起	即将出版		
沃斯滕霍姆定理——从一道 IMO 预选试题谈起	即将出版		
卡尔松不等式——从一道莫斯科数学奥林匹克试题谈起	即将出版		
信息论中的香农熵——从一道近年高考压轴题谈起	即将出版		
约当不等式——从一道希望杯竞赛试题谈起	即将出版		
拉比诺维奇定理	即将出版		
刘维尔定理——从一道《美国数学月刊》征解问题的解法谈起	即将出版		
卡塔兰恒等式与级数求和——从一道 IMO 试题的解法谈起	即将出版		
勒让德猜想与素数分布——从一道爱尔兰竞赛试题谈起	即将出版		
天平称重与信息论——从一道基辅市数学奥林匹克试题谈起	即将出版		
哈密尔顿一凯莱定理:从一道高中数学联赛试题的解法谈起	2014—09	18.00	376
艾思特曼定理——从一道 CMO 试题的解法谈起	即将出版		

刘培杰数学工作室
已出版(即将出版)图书目录——初等数学

书　名	出版时间	定　价	编号
阿贝尔恒等式与经典不等式及应用	2018－06	98.00	923
迪利克雷除数问题	2018－07	48.00	930
贝克码与编码理论——从一道全国高中联赛试题谈起	即将出版		
帕斯卡三角形	2014－03	18.00	294
蒲丰投针问题——从2009年清华大学的一道自主招生试题谈起	2014－01	38.00	295
斯图姆定理——从一道"华约"自主招生试题的解法谈起	2014－01	18.00	296
许瓦兹引理——从一道加利福尼亚大学伯克利分校数学系博士生试题谈起	2014－08	18.00	297
拉姆塞定理——从王诗宬院士的一个问题谈起	2016－04	48.00	299
坐标法	2013－12	28.00	332
数论三角形	2014－04	38.00	341
毕克定理	2014－07	18.00	352
数林掠影	2014－09	48.00	389
我们周围的概率	2014－10	38.00	390
凸函数最值定理:从一道华约自主招生题的解法谈起	2014－10	28.00	391
易学与数学奥林匹克	2014－10	38.00	392
生物数学趣谈	2015－01	18.00	409
反演	2015－01	28.00	420
因式分解与圆锥曲线	2015－01	18.00	426
轨迹	2015－01	28.00	427
面积原理:从常庚哲命的一道CMO试题的积分解法谈起	2015－01	48.00	431
形形色色的不动点定理:从一道28届IMO试题谈起	2015－01	38.00	439
柯西函数方程:从一道上海交大自主招生的试题谈起	2015－02	28.00	440
三角恒等式	2015－02	28.00	442
无理性判定:从一道2014年"北约"自主招生试题谈起	2015－01	38.00	443
数学归纳法	2015－03	18.00	451
极端原理与解题	2015－04	28.00	464
法雷级数	2014－08	18.00	367
摆线族	2015－01	38.00	438
函数方程及其解法	2015－05	38.00	470
含参数的方程和不等式	2012－09	28.00	213
希尔伯特第十问题	2016－01	38.00	543
无穷小量的求和	2016－01	28.00	545
切比雪夫多项式:从一道清华大学金秋营试题谈起	2016－01	38.00	583
泽肯多夫定理	2016－03	38.00	599
代数等式证题法	2016－01	28.00	600
三角等式证题法	2016－01	28.00	601
吴大任教授藏书中的一个因式分解公式:从一道美国数学邀请赛试题的解法谈起	2016－06	28.00	656
易卦——类万物的数学模型	2017－08	68.00	838
"不可思议"的数与数系可持续发展	2018－01	38.00	878
最短线	2018－01	38.00	879

幻方和魔方(第一卷)	2012－05	68.00	173
尘封的经典——初等数学经典文献选读(第一卷)	2012－07	48.00	205
尘封的经典——初等数学经典文献选读(第二卷)	2012－07	38.00	206

初级方程式论	2011－03	28.00	106
初等数学研究(Ⅰ)	2008－09	68.00	37
初等数学研究(Ⅱ)(上、下)	2009－05	118.00	46,47

刘培杰数学工作室
已出版(即将出版)图书目录——初等数学

书　名	出版时间	定　价	编号
趣味初等方程妙题集锦	2014－09	48.00	388
趣味初等数论选美与欣赏	2015－02	48.00	445
耕读笔记(上卷):一位农民数学爱好者的初数探索	2015－04	28.00	459
耕读笔记(中卷):一位农民数学爱好者的初数探索	2015－05	28.00	483
耕读笔记(下卷):一位农民数学爱好者的初数探索	2015－05	28.00	484
几何不等式研究与欣赏.上卷	2016－01	88.00	547
几何不等式研究与欣赏.下卷	2016－01	48.00	552
初等数列研究与欣赏·上	2016－01	48.00	570
初等数列研究与欣赏·下	2016－01	48.00	571
趣味初等函数研究与欣赏.上	2016－09	48.00	684
趣味初等函数研究与欣赏.下	即将出版		685
火柴游戏	2016－05	38.00	612
智力解谜.第1卷	2017－07	38.00	613
智力解谜.第2卷	2017－07	38.00	614
故事智力	2016－07	48.00	615
名人们喜欢的智力问题	即将出版		616
数学大师的发现、创造与失误	2018－01	48.00	617
异曲同工	即将出版		618
数学的味道	2018－01	58.00	798
数贝偶拾——高考数学题研究	2014－04	28.00	274
数贝偶拾——初等数学研究	2014－04	38.00	275
数贝偶拾——奥数题研究	2014－04	48.00	276
钱昌本教你快乐学数学(上)	2011－12	48.00	155
钱昌本教你快乐学数学(下)	2012－03	58.00	171
集合、函数与方程	2014－01	28.00	300
数列与不等式	2014－01	38.00	301
三角与平面向量	2014－01	28.00	302
平面解析几何	2014－01	38.00	303
立体几何与组合	2014－01	28.00	304
极限与导数、数学归纳法	2014－01	38.00	305
趣味数学	2014－03	28.00	306
教材教法	2014－04	68.00	307
自主招生	2014－05	58.00	308
高考压轴题(上)	2015－01	48.00	309
高考压轴题(下)	2014－10	68.00	310
从费马到怀尔斯——费马大定理的历史	2013－10	198.00	Ⅰ
从庞加莱到佩雷尔曼——庞加莱猜想的历史	2013－10	298.00	Ⅱ
从切比雪夫到爱尔特希(上)——素数定理的初等证明	2013－07	48.00	Ⅲ
从切比雪夫到爱尔特希(下)——素数定理100年	2012－12	98.00	Ⅲ
从高斯到盖尔方特——二次域的高斯猜想	2013－10	198.00	Ⅳ
从库默尔到朗兰兹——朗兰兹猜想的历史	2014－01	98.00	Ⅴ
从比勃巴赫到德布朗斯——比勃巴赫猜想的历史	2014－02	298.00	Ⅵ
从麦比乌斯到陈省身——麦比乌斯变换与麦比乌斯带	2014－02	298.00	Ⅶ
从布尔到豪斯道夫——布尔方程与格论漫谈	2013－10	198.00	Ⅷ
从开普勒到阿诺德——三体问题的历史	2014－05	298.00	Ⅸ
从华林到华罗庚——华林问题的历史	2013－10	298.00	Ⅹ

刘培杰数学工作室
已出版(即将出版)图书目录——初等数学

书　名	出版时间	定　价	编号
美国高中数学竞赛五十讲.第1卷(英文)	2014-08	28.00	357
美国高中数学竞赛五十讲.第2卷(英文)	2014-08	28.00	358
美国高中数学竞赛五十讲.第3卷(英文)	2014-09	28.00	359
美国高中数学竞赛五十讲.第4卷(英文)	2014-09	28.00	360
美国高中数学竞赛五十讲.第5卷(英文)	2014-10	28.00	361
美国高中数学竞赛五十讲.第6卷(英文)	2014-11	28.00	362
美国高中数学竞赛五十讲.第7卷(英文)	2014-12	28.00	363
美国高中数学竞赛五十讲.第8卷(英文)	2015-01	28.00	364
美国高中数学竞赛五十讲.第9卷(英文)	2015-01	28.00	365
美国高中数学竞赛五十讲.第10卷(英文)	2015-02	38.00	366
三角函数	2014-01	38.00	311
不等式	2014-01	38.00	312
数列	2014-01	38.00	313
方程	2014-01	28.00	314
排列和组合	2014-01	28.00	315
极限与导数	2014-01	28.00	316
向量	2014-09	38.00	317
复数及其应用	2014-08	28.00	318
函数	2014-01	38.00	319
集合	即将出版		320
直线与平面	2014-01	28.00	321
立体几何	2014-04	28.00	322
解三角形	即将出版		323
直线与圆	2014-01	28.00	324
圆锥曲线	2014-01	38.00	325
解题通法(一)	2014-07	38.00	326
解题通法(二)	2014-07	38.00	327
解题通法(三)	2014-05	38.00	328
概率与统计	2014-01	28.00	329
信息迁移与算法	即将出版		330
IMO 50年.第1卷(1959-1963)	2014-11	28.00	377
IMO 50年.第2卷(1964-1968)	2014-11	28.00	378
IMO 50年.第3卷(1969-1973)	2014-09	28.00	379
IMO 50年.第4卷(1974-1978)	2016-04	38.00	380
IMO 50年.第5卷(1979-1984)	2015-04	38.00	381
IMO 50年.第6卷(1985-1989)	2015-04	58.00	382
IMO 50年.第7卷(1990-1994)	2016-01	48.00	383
IMO 50年.第8卷(1995-1999)	2016-06	38.00	384
IMO 50年.第9卷(2000-2004)	2015-04	58.00	385
IMO 50年.第10卷(2005-2009)	2016-01	48.00	386
IMO 50年.第11卷(2010-2015)	2017-03	48.00	646

刘培杰数学工作室
已出版(即将出版)图书目录——初等数学

书　名	出版时间	定　价	编号
方程(第2版)	2017-04	38.00	624
三角函数(第2版)	2017-04	38.00	626
向量(第2版)	即将出版		627
立体几何(第2版)	2016-04	38.00	629
直线与圆(第2版)	2016-11	38.00	631
圆锥曲线(第2版)	2016-09	48.00	632
极限与导数(第2版)	2016-04	38.00	635
历届美国大学生数学竞赛试题集.第一卷(1938—1949)	2015-01	28.00	397
历届美国大学生数学竞赛试题集.第二卷(1950—1959)	2015-01	28.00	398
历届美国大学生数学竞赛试题集.第三卷(1960—1969)	2015-01	28.00	399
历届美国大学生数学竞赛试题集.第四卷(1970—1979)	2015-01	18.00	400
历届美国大学生数学竞赛试题集.第五卷(1980—1989)	2015-01	28.00	401
历届美国大学生数学竞赛试题集.第六卷(1990—1999)	2015-01	28.00	402
历届美国大学生数学竞赛试题集.第七卷(2000—2009)	2015-08	18.00	403
历届美国大学生数学竞赛试题集.第八卷(2010—2012)	2015-01	18.00	404
新课标高考数学创新题解题诀窍:总论	2014-09	28.00	372
新课标高考数学创新题解题诀窍:必修1～5分册	2014-08	38.00	373
新课标高考数学创新题解题诀窍:选修2-1,2-2,1-1,1-2分册	2014-09	38.00	374
新课标高考数学创新题解题诀窍:选修2-3,4-4,4-5分册	2014-09	18.00	375
全国重点大学自主招生英文数学试题全攻略:词汇卷	2015-07	48.00	410
全国重点大学自主招生英文数学试题全攻略:概念卷	2015-01	28.00	411
全国重点大学自主招生英文数学试题全攻略:文章选读卷(上)	2016-09	38.00	412
全国重点大学自主招生英文数学试题全攻略:文章选读卷(下)	2017-01	58.00	413
全国重点大学自主招生英文数学试题全攻略:试题卷	2015-07	38.00	414
全国重点大学自主招生英文数学试题全攻略:名著欣赏卷	2017-03	48.00	415
劳埃德数学趣题大全.题目卷.1:英文	2016-01	18.00	516
劳埃德数学趣题大全.题目卷.2:英文	2016-01	18.00	517
劳埃德数学趣题大全.题目卷.3:英文	2016-01	18.00	518
劳埃德数学趣题大全.题目卷.4:英文	2016-01	18.00	519
劳埃德数学趣题大全.题目卷.5:英文	2016-01	18.00	520
劳埃德数学趣题大全.答案卷:英文	2016-01	18.00	521
李成章教练奥数笔记.第1卷	2016-01	48.00	522
李成章教练奥数笔记.第2卷	2016-01	48.00	523
李成章教练奥数笔记.第3卷	2016-01	38.00	524
李成章教练奥数笔记.第4卷	2016-01	38.00	525
李成章教练奥数笔记.第5卷	2016-01	38.00	526
李成章教练奥数笔记.第6卷	2016-01	38.00	527
李成章教练奥数笔记.第7卷	2016-01	38.00	528
李成章教练奥数笔记.第8卷	2016-01	48.00	529
李成章教练奥数笔记.第9卷	2016-01	28.00	530

刘培杰数学工作室
已出版(即将出版)图书目录——初等数学

书　名	出版时间	定　价	编号
第19～23届"希望杯"全国数学邀请赛试题审题要津详细评注(初一版)	2014－03	28.00	333
第19～23届"希望杯"全国数学邀请赛试题审题要津详细评注(初二、初三版)	2014－03	38.00	334
第19～23届"希望杯"全国数学邀请赛试题审题要津详细评注(高一版)	2014－03	28.00	335
第19～23届"希望杯"全国数学邀请赛试题审题要津详细评注(高二版)	2014－03	38.00	336
第19～25届"希望杯"全国数学邀请赛试题审题要津详细评注(初一版)	2015－01	38.00	416
第19～25届"希望杯"全国数学邀请赛试题审题要津详细评注(初二、初三版)	2015－01	58.00	417
第19～25届"希望杯"全国数学邀请赛试题审题要津详细评注(高一版)	2015－01	48.00	418
第19～25届"希望杯"全国数学邀请赛试题审题要津详细评注(高二版)	2015－01	48.00	419
物理奥林匹克竞赛大题典——力学卷	2014－11	48.00	405
物理奥林匹克竞赛大题典——热学卷	2014－04	28.00	339
物理奥林匹克竞赛大题典——电磁学卷	2015－07	48.00	406
物理奥林匹克竞赛大题典——光学与近代物理卷	2014－06	28.00	345
历届中国东南地区数学奥林匹克试题集(2004～2012)	2014－06	18.00	346
历届中国西部地区数学奥林匹克试题集(2001～2012)	2014－07	18.00	347
历届中国女子数学奥林匹克试题集(2002～2012)	2014－08	18.00	348
数学奥林匹克在中国	2014－06	98.00	344
数学奥林匹克问题集	2014－01	38.00	267
数学奥林匹克不等式散论	2010－06	38.00	124
数学奥林匹克不等式欣赏	2011－09	38.00	138
数学奥林匹克超级题库(初中卷上)	2010－01	58.00	66
数学奥林匹克不等式证明方法和技巧(上、下)	2011－08	158.00	134,135
他们学什么:原民主德国中学数学课本	2016－09	38.00	658
他们学什么:英国中学数学课本	2016－09	38.00	659
他们学什么:法国中学数学课本.1	2016－09	38.00	660
他们学什么:法国中学数学课本.2	2016－09	28.00	661
他们学什么:法国中学数学课本.3	2016－09	38.00	662
他们学什么:苏联中学数学课本	2016－09	28.00	679
高中数学题典——集合与简易逻辑·函数	2016－07	48.00	647
高中数学题典——导数	2016－07	48.00	648
高中数学题典——三角函数·平面向量	2016－07	48.00	649
高中数学题典——数列	2016－07	58.00	650
高中数学题典——不等式·推理与证明	2016－07	38.00	651
高中数学题典——立体几何	2016－07	48.00	652
高中数学题典——平面解析几何	2016－07	78.00	653
高中数学题典——计数原理·统计·概率·复数	2016－07	48.00	654
高中数学题典——算法·平面几何·初等数论·组合数学·其他	2016－07	68.00	655

刘培杰数学工作室
已出版(即将出版)图书目录——初等数学

书　名	出版时间	定　价	编号
台湾地区奥林匹克数学竞赛试题.小学一年级	2017－03	38.00	722
台湾地区奥林匹克数学竞赛试题.小学二年级	2017－03	38.00	723
台湾地区奥林匹克数学竞赛试题.小学三年级	2017－03	38.00	724
台湾地区奥林匹克数学竞赛试题.小学四年级	2017－03	38.00	725
台湾地区奥林匹克数学竞赛试题.小学五年级	2017－03	38.00	726
台湾地区奥林匹克数学竞赛试题.小学六年级	2017－03	38.00	727
台湾地区奥林匹克数学竞赛试题.初中一年级	2017－03	38.00	728
台湾地区奥林匹克数学竞赛试题.初中二年级	2017－03	38.00	729
台湾地区奥林匹克数学竞赛试题.初中三年级	2017－03	28.00	730
不等式证题法	2017－04	28.00	747
平面几何培优教程	即将出版		748
奥数鼎级培优教程.高一分册	即将出版		749
奥数鼎级培优教程.高二分册.上	2018－04	68.00	750
奥数鼎级培优教程.高二分册.下	2018－04	68.00	751
高中数学竞赛冲刺宝典	即将出版		883
初中尖子生数学超级题典.实数	2017－07	58.00	792
初中尖子生数学超级题典.式、方程与不等式	2017－08	58.00	793
初中尖子生数学超级题典.圆、面积	2017－08	38.00	794
初中尖子生数学超级题典.函数、逻辑推理	2017－08	48.00	795
初中尖子生数学超级题典.角、线段、三角形与多边形	2017－07	58.00	796
数学王子——高斯	2018－01	48.00	858
坎坷奇星——阿贝尔	2018－01	48.00	859
闪烁奇星——伽罗瓦	2018－01	58.00	860
无穷统帅——康托尔	2018－01	48.00	861
科学公主——柯瓦列夫斯卡娅	2018－01	48.00	862
抽象代数之母——埃米·诺特	2018－01	48.00	863
电脑先驱——图灵	2018－01	58.00	864
昔日神童——维纳	2018－01	48.00	865
数坛怪侠——爱尔特希	2018－01	68.00	866
当代世界中的数学.数学思想与数学基础	2018－04	38.00	892
当代世界中的数学.数学问题	即将出版		893
当代世界中的数学.应用数学与数学应用	即将出版		894
当代世界中的数学.数学王国的新疆域(一)	2018－04	38.00	895
当代世界中的数学.数学王国的新疆域(二)	即将出版		896
当代世界中的数学.数林撷英(一)	即将出版		897
当代世界中的数学.数林撷英(二)	即将出版		898
当代世界中的数学.数学之路	即将出版		899

联系地址:哈尔滨市南岗区复华四道街10号　哈尔滨工业大学出版社刘培杰数学工作室
网　　址:http://lpj.hit.edu.cn/
邮　　编:150006
联系电话:0451－86281378　　13904613167
E-mail:lpj1378@163.com